Herbert Bernstein
Messtechnik in der Praxis
De Gruyter Studium

Weitere empfehlenswerte Titel

Elektronik
Herbert Bernstein, 2016
ISBN 978-3-11-046310-1, e-ISBN 978-3-11-046315-6,
e-ISBN (EPUB) 978-3-11-046348-4

Elektrotechnik in der Praxis
Herbert Bernstein, 2016
ISBN 978-3-11-044098-0, e-ISBN 978-3-11-044100-0,
e-ISBN (EPUB) 978-3-11-043319-7

Bauelemente der Elektronik
Herbert Bernstein, 2015
ISBN 978-3-486-72127-0, e-ISBN 978-3-486-85608-8,
e-ISBN (EPUB) 978-3-11-039767-3, Set-ISBN 978-3-486-85609-5

Informations- und Kommunikationselektronik
Herbert Bernstein, 2015
ISBN 978-3-11-036029-5, e-ISBN (PDF) 978-3-11-029076-6,
e-ISBN (EPUB) 978-3-11-039672-0

Messtechnik
2. Auflage
Herbert Bernstein, 2018
ISBN 978-3-11-054217-2, e-ISBN 978-3-11-054442-8,
e-ISBN (EPUB) 978-3-11-054229-5

Herbert Bernstein

Messtechnik in der Praxis

—

DE GRUYTER
OLDENBOURG

Autor
Dipl.-Ing. Herbert Bernstein
81379 München
Bernstein-Herbert@t-online.de

ISBN 978-3-11-052313-3
e-ISBN (PDF) 978-3-11-052314-0
e-ISBN (EPUB) 978-3-11-052319-5

Library of Congress Cataloging-in-Publication Data
A CIP catalog record for this book has been applied for at the Library of Congress.

Bibliografische Information der Deutschen Nationalbibliothek
Die Deutsche Nationalbibliothek verzeichnet diese Publikation in der Deutschen
Nationalbibliografie; detaillierte bibliografische Daten sind im Internet über
http://dnb.dnb.de abrufbar.

© 2018 Walter de Gruyter GmbH, Berlin/Boston
Coverabbildung: Wladimir Bulgar/Science Photo Library
Satz: PTP-Berlin, Protago-TEX-Production GmbH, Berlin
Druck und Bindung: CPI books GmbH, Leck
♾ Gedruckt auf säurefreiem Papier
Printed in Germany

www.degruyter.com

Vorwort

Die heutige hochtechnologische Wirtschaft mit weltweiten Qualitätsstandards benötigt „sichere und präzise" Messungen. Nur so sind z. B. weitreichende Arbeitsteilungen, eine lange Lebensdauer der Produkte sowie hoher Produkt- und Verbraucherschutz möglich. Grundlage hierfür sind internationale Normale und die Rückverfolgung jedes Messwertes mit bekannter Messunsicherheit. Der Vergleich von Messergebnissen ist eine wesentliche Grundlage unseres Wirtschaftslebens.

Eine der wichtigsten Voraussetzungen ist die Richtigkeit der für Kalibrierungen und Prüfungen verwendeten Mess- und Prüfmittel. Hierzu gehören vor allem die regelmäßige Kalibrierung mit der Feststellung der Messabweichung und die Bestimmung der Messunsicherheit.

Eine international anerkannte Vorgehensweise zur Messunsicherheitsberechnung liefert der GUM (Guide to the Expression of Uncertainty in Measurement) von 1993, der die Basis der DKD-3 (Angabe der Messunsicherheit bei Kalibrierungen von 1998). Dieses Buch ist für Praktiker gedacht, die die Kalibrierungen durchführen. Aus diesem Grund ist sie in einigen Punkten vereinfacht und erhebt nicht den Anspruch der Vollständigkeit.

Die messtechnische Erfassung der Umwelt ist für den Physiker und Ingenieur von jeher die Voraussetzung für seine Arbeit. Seit 1970 ist bei der immer umfangreicher werdenden Arbeit in der Praxis und im Betrieb auch für den Facharbeiter, Techniker, Ingenieur und Meister die Anwendung der Messgeräte und die Kenntnis der Messverfahren unentbehrlich. Das Buch ist ideal für die Prüfungsvorbereitung. Der Autor hat sich bemüht, selbst für komplexe Vorgänge oder Formeln praktische, kurze Erklärungen bzw. Näherungsrechnungen zu entwickeln, ohne die Darstellungen zu simplifizieren.

Aus dieser Überlegung heraus entstand das vorliegende Buch, das im Unterricht an der Technikerschule und bei der IHK eingesetzt wird. Es soll jedem, der in der Elektrotechnik während der Ausbildungszeit oder in der Berufsausübung zu messen hat, behilflich sein, die Zusammenhänge zu verstehen und die richtigen Verfahren auszuwählen. Es soll den Auszubildenden in der Berufsschule, den Facharbeiter in der Praxis und den Meister beim Entwurf beraten. Es wird auch dem Techniker und Ingenieur im Betrieb nützlich sein und in vielen Fällen sogar dem Fachmann anderer Berufe Hinweise auf die vielfältigen Möglichkeiten der elektrischen und elektronischen Messtechnik geben können.

https://doi.org/10.1515/9783110523140-001

Der Umfang des Buches reicht im Interesse der Vollständigkeit über das hinaus, was in der Berufs-, Meister- und Technikerschule zum Thema „Elektro-Messtechnik" vermittelt werden kann. Dem Fachlehrer und Dozenten bleibt daher die Auswahl überlassen.

Bei Fragen können Sie sich unter „Bernstein-Herbert@t-online.de" melden.

Bei meiner Frau Brigitte möchte ich mich für die Erstellung der Zeichnungen bedanken.

München, 2017
Herbert Bernstein

Inhalt

1 Grundlagen der Messtechnik

Das Ziel einer Messung ist, bestimmte charakteristische Merkmale eines Gegenstandes oder einer Leistung zu ermitteln und mit Hilfe einer Maßzahl oder einem Wert auf einer Skala anzugeben. Der Vorgang des Messens besteht also aus der Erfassung der eigentlichen Messgröße und der Normierung, d. h. der Zuordnung einer Maßzahl. Der Messgröße X wird die Maßzahl x als Vielfaches der Einheitsgröße N zugeordnet.

$$X = x \cdot N$$

Um eine so definierte Messung durchführen zu können, müssen also zwei Voraussetzungen erfüllt sein:
1. Die zu messende Größe muss eindeutig definiert und quantitativ bestimmbar sein.
2. Das Messnormal muss durch eine Konvention festgelegt sein.

Beide Voraussetzungen sind nicht selbstverständlich und demzufolge auch nicht immer erfüllt.

Beispiel. Für den Tourismus mag eine Angabe wie „Das Dorf liegt auf 1373 m ü. M." genügen. Die Messgröße ist offenbar die Höhe über Meer. Aber ist es klar, worauf sich der Zahlenwert bezieht? Das Bezugsnormal ist der Meeresspiegel.

1.1 Verlässlichkeit einer Messung

Damit das Ergebnis einer Messung weiterverwendet und richtige Rückschlüsse auf den zu messenden Gegenstand durchgeführt werden können, muss neben dem ermittelten Wert der Messgröße auch eine Aussage über die Qualität des Ergebnisses gemacht werden.

Hier gilt es zu beachten, dass der Wert der betrachteten Messgröße grundsätzlich nicht genau bestimmt werden kann. Das Ergebnis einer Messung ist stets bloß eine Schätzung für den (wahren) Wert der Messgröße, welcher grundsätzlich unbestimmbar bleibt.

Es gilt nun, eine Aussage über die Annäherung der Schätzung an den (unbekannten) Wert der Messgröße zu definieren. Oder anders ausgedrückt, eine Aussage über die Messunsicherheit durchzuführen, d. h. eine Angabe über die Wahrscheinlichkeit, dass das Ergebnis der Messung mit dem „wahren" Sachverhalt übereinstimmt.

1.1.1 Vollständiges Messergebnis und vollständiger Messwert

Messwerte werden heutzutage oftmals nur noch als Werte wahrgenommen. Die Messunsicherheit und oftmals sogar die Einheit, sowie die Auflösung werden vernachläs-

https://doi.org/10.1515/9783110523140-002

sigt. Die Angabe eines Messergebnisses ist nur dann vollständig, wenn sie sowohl den der Messgröße durch die Messung zugewiesenen Wert, als auch die mit dieser Zuweisung verbundene Messunsicherheit enthält. Hinzu kommen eine korrekte Einheit und die Anzahl an angegebenen Dezimalstellen.

Ein Messergebnis ist ein durch Messung gewonnener, einer Messgröße zugeordneter Wert.

$$I = 1{,}78302 \qquad \text{die Einheit fehlt}$$
$$I = 1{,}78302\,\text{A} \qquad \text{die Messunsicherheit fehlt}$$
$$I = (1{,}78302 \pm 0{,}01)\,\text{A} \quad \text{zu viele Nachkommastellen}$$

Korrekte Angabe eines Messergebnisses:

$$I = (1{,}78 \pm 0{,}01)\,\text{A} \quad \text{oder} \quad I = 1{,}78\,\text{A} \pm 0{,}01\,\text{A}$$

Die Messunsicherheit ist der Schätzwert zur Kennzeichnung eines Wertebereiches, innerhalb dessen der richtige Wert der Messgröße liegt, bzw. dem Messergebnis zugeordneter Parameter, der die Streuung der Werte kennzeichnet, die der Messgröße zugeordnet werden können, wie Abb. 1.1 zeigt.

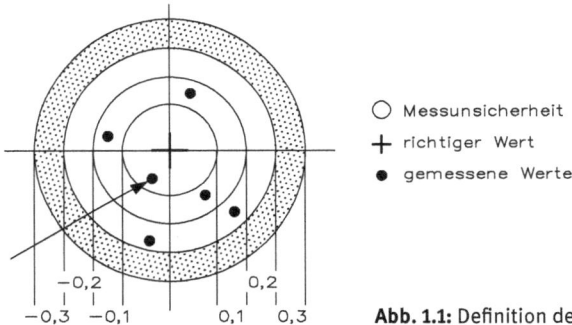

Abb. 1.1: Definition der Messunsicherheit.

Dem Messergebnis zugeordneter Parameter, der die Streuung der Werte kennzeichnet, die vernünftigerweise der Messgröße zugeordnet werden könnte.

Anmerkung.
- Der Parameter kann wie eine Standardabweichung (oder ein gegebenes Vielfaches davon) oder die halbe Weite eines Bereiches sein, der ein festgelegtes Vertrauensniveau hat.
- Messunsicherheit enthält im Allgemeinen viele Komponenten. Einige dieser Komponenten können aus der statistischen Verteilung der Ergebnisse einer Messreihe ermittelt und durch empirische Standardabweichungen gekennzeichnet werden.

Die anderen Komponenten, die sich ebenfalls durch Standardabweichungen charakterisieren lassen, werden aus angenommenen Wahrscheinlichkeitsverteilungen ermittelt, die sich auf die Erfahrung oder andere Informationen gründen.

– Es wird vorausgesetzt, dass das Messergebnis der beste Schätzwert für den Wert der Messgröße ist, und dass alle Komponenten der Unsicherheit zur Streuung beitragen, eingeschlossen diejenigen, welche von systematischen Einwirkungen herführen, z. B. solche die von Korrektionen und Bezugsnormalen stammen.

1.1.2 Definition nach DIN 1319-1

Der Kennwert, der aus Messungen gewonnen wird und zusammen mit dem Messergebnis zur Kennzeichnung eines Wertebereiches, dieser dient für den wahren Wert der Messgröße.

Anmerkung. Sofern Missverständnisse nicht zu erwarten sind, darf die Messunsicherheit auch kurz „Unsicherheit" genannt werden. Die Messunsicherheit ist positiv und wird ohne Vorzeichen angegeben. Ist u die quantitativ ermittelte Messunsicherheit und M das Messergebnis, so hat der zu diesen Angaben gehörige Wertebereich für den wahren Wert die Untergrenze $M - u$ und Obergrenze $M + u$. Es wird erwartet, dass dieser Wertebereich den wahren Wert enthält. Die Messunsicherheit ist ein quantitatives Maß für den nur qualitativ zu verwendenden Begriff der Genauigkeit, der allgemein die Annäherung des Messergebnisses an den wahren Wert der Messgröße bezeichnet. Von zwei Messungen derselben Messgröße ist diejenige genauer, der die kleinere Messunsicherheit zukommt. Weder darf die Messunsicherheit mit der Benennung „Genauigkeit" versehen werden, noch soll man die Benennung „Präzision" anstelle von „Genauigkeit" verwenden.

Die Messunsicherheit ist auf den Betrag des Messergebnisses bezogen.

Anmerkung. Ist u die Messunsicherheit und M ($\neq 0$) das Messergebnis, so ist die relative Messunsicherheit gleich

$$\frac{u}{|M|} = \text{relative Messunsicherheit.}$$

Die Einflusskomponente oder die Einflussgröße auf die Messunsicherheit ist eine Größe, die keine Messgröße ist, jedoch das Messergebnis beeinflusst. Abb. 1.2 zeigt die internen und externen Einflusskomponenten auf die Messunsicherheit.

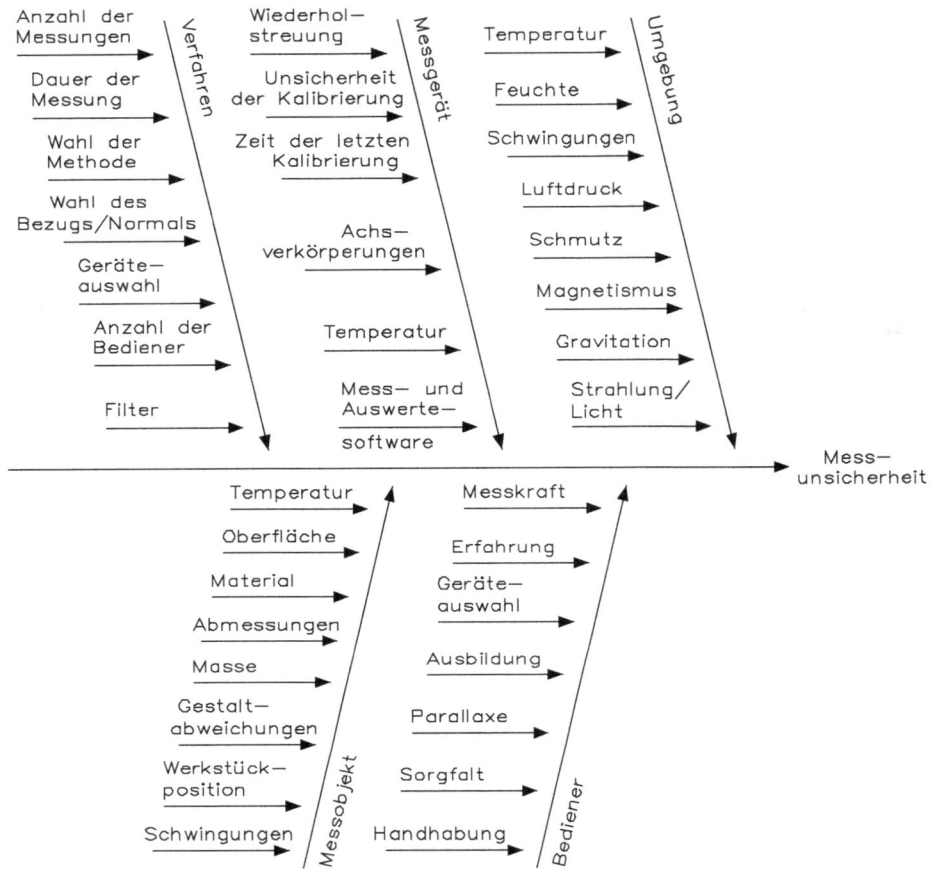

Abb. 1.2: Einflusskomponenten auf die Messunsicherheit.

1.1.3 Zusammenhang von Genauigkeit, Präzision und Auflösung

Unter der Auflösung wird die kleinste Zähleinheit, hier der Abstand der Ringe der Zielscheibe, verstanden. Die Streuung der Einschusslöcher gibt die Präzision an und sie ist ein Maß für die Reproduzierbarkeit der Treffer. Die Streuung der Einschusslöcher zum Zentrum der Zielscheibe wird durch die Genauigkeit ausgedrückt, wie Abb.1.3 zeigt. Es werden dabei nur die systematischen Abweichungen berücksichtigt.

Aufgrund der Zuordnung der Messunsicherheit zum Messwert bei einem vollständigen Messergebnis, können sich bei der Beurteilung bezüglich der Einhaltung von Spezifikationen (Sollwerten) verschiedene Situationen ergeben.

Fall 1: Wert liegt im Bereich der Übereinstimmung;

Fall 2: Wert liegt im Bereich der Nichtübereinstimmung;

Fall 3: Wert liegt im Unsicherheitsbereich.

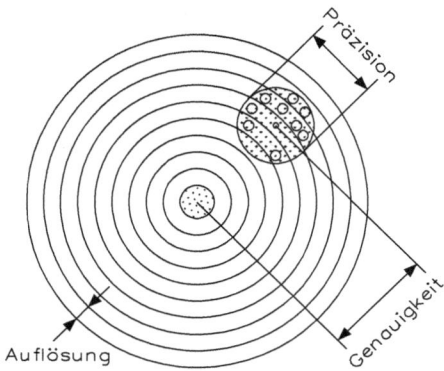

Abb. 1.3: Darstellung zwischen Genauigkeit, Präzision und Auflösung.

Es ergeben sich zwei unterschiedliche Messergebnisse, wie Abb. 1.4 zeigt.

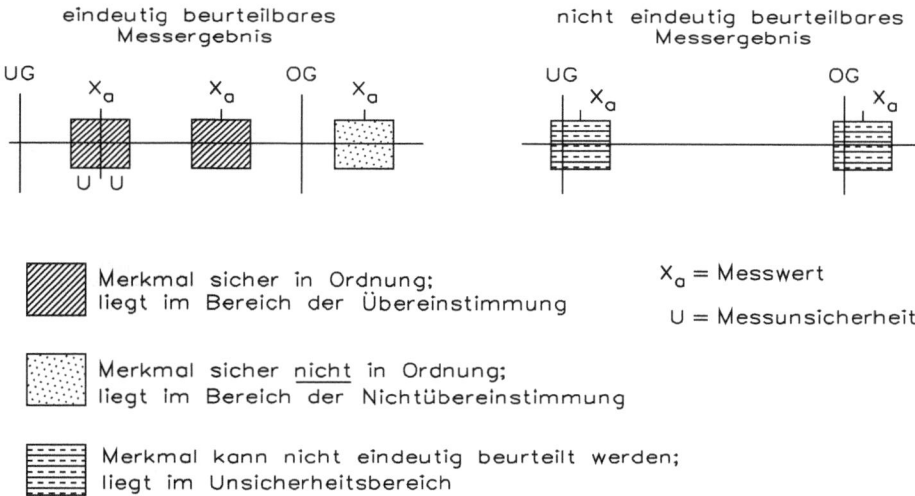

Abb. 1.4: Unterschied zwischen beurteilbarem und nicht beurteilbarem Messergebnis.

Beim Nachweis der Übereinstimmung wird der Spezifikationsbereich eingeschränkt und der Bereich der Übereinstimmung wird in Abb. 1.5 gezeigt.

Um eine sichere Aussage über die Nichteinhaltung mit einer Spezifikation zu treffen, ist der Spezifikationsbereich um die Messunsicherheit zu erweitern, wie Abb. 1.6 zeigt.

einseitige Spezifikation:

Bereich der
Über—
einstimmung   U

Spezifikations—
bereich

zweiseitige Spezifikation:

Bereich der
Über—
U   einstimmung   U

Spezifikationsbereich

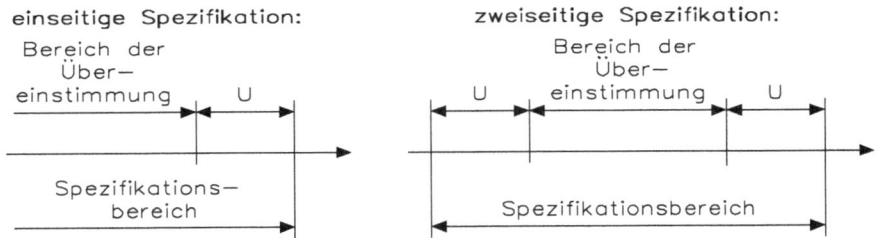

Abb. 1.5: Bereich der Übereinstimmung.

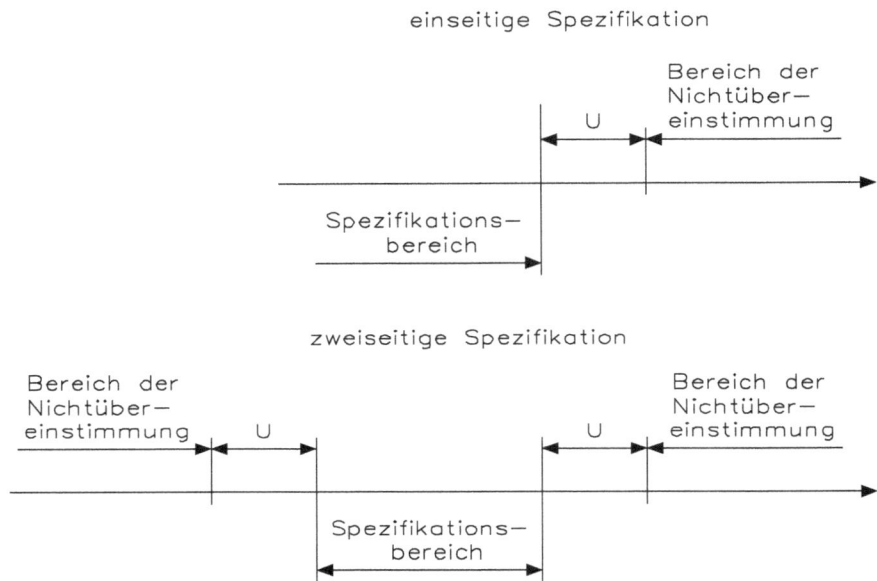

einseitige Spezifikation

Bereich der
Nichtüber—
U   einstimmung

Spezifikations—
bereich

zweiseitige Spezifikation

Bereich der
Nichtüber—
einstimmung   U

Bereich der
Nichtüber—
U   einstimmung

Spezifikations—
bereich

Abb. 1.6: Spezifikationen der Übereinstimmung.

1.1.4 Statistische Grundlagen für die Berechnung der Messunsicherheit

Allgemein zeigt die messtechnische Erfahrung, dass Messprozesse nicht so exakt kontrolliert und die Messbedingungen nicht so exakt angegeben werden können, dass einer Messgröße nur ein einziger Wert zugeordnet werden kann. Deshalb liegt die Lösung in der Beschreibung der nicht ganz vollständigen Kenntnisse durch Verteilungen von Werten, deren Gewicht eingeschätzt wird. Mehr oder weniger genaue Kenntnisse über verträgliche Werte einer messbaren Größe werden durch Verteilungen der möglichen Werte beschrieben.

Die Wahrscheinlichkeitsdichte bestimmt das Gewicht, das einem Wert Y der Größe X aufgrund der vorhandenen Kenntnisse beigemessen wird.

Häufigkeit

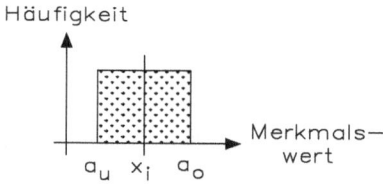

Abb. 1.7: Rechteckförmige Verteilung.

Um später eine entsprechende Messunsicherheitsberechnung durchführen zu können, sind Grundlagen der Wahrscheinlichkeitsberechnung bzw. Statistik notwendig. Diese werden im Folgenden kurz erläutert und sind auf das Wesentliche reduziert.

Die Kenntnisse über die messbare Größe X bestehen darin, dass man weiß: der Wert Y liegt mit Sicherheit zwischen einer unteren Grenze a_u und einer oberen Grenze a_o, wie Abb. 1.7 zeigt.

Die mathematische Formulierung lautet: Die Werte sind im Intervall von a_u bis a_o rechteckförmig verteilt (gleich wahrscheinlich) und Werte außerhalb des Intervalls sind unwahrscheinlich (Beispiele: Würfel, Digitalisierungsfehler, Fehlergrenzen oder Herstellerangaben/Normen).

- Modell der Auswertung: Die Größe X ist gleichförmig verteilt im Intervall a_u bis a_o
- Halbweite des Intervalls:

$$\Delta a = \frac{a_o - a_u}{2}$$

- Die Erwartung für das Ergebnis:

$$x_i = \frac{a_o - a_u}{2}$$

- Die Varianz beträgt:

$$u_{(x_i)}^2 = \frac{(\Delta a)^2}{3}$$

Die Varianz ist die Veränderlichkeit bei bestimmten Umformungen.

- Standardabweichung:

$$u_{(x_i)} = \frac{\Delta a}{\sqrt{3}} \quad \text{oder} \quad u_{(x_i)} = \frac{2 \cdot a}{\sqrt{12}}$$

Die Wahrscheinlichkeit bei einem Wurf mit einem realen Würfel, der auf jeder Seite eine Zahl von 1 bis 6 hat, zeigt Abb. 1.8.

Die Kenntnisse über die messbare Größe X bei einer trapezförmigen Verteilung bestehen darin, dass man weiß:

- Die Größe X ist die Summe/Differenz zweier messbarer Größen X_1 und X_2, d. h. $X = X_1 \pm X_2$.
- Die Kenntnisse über die Werte der Größen entsprechen einer Kombination zweier rechteckförmiger Verteilungen unterschiedlicher Halbweite mit den Grenzen a_{u1} und a_{o1} bzw. a_{u2} und a_{o2}.
- Die Kenntnisse über die einzelnen Größen X_1 und X_2 sind voneinander abhängig.

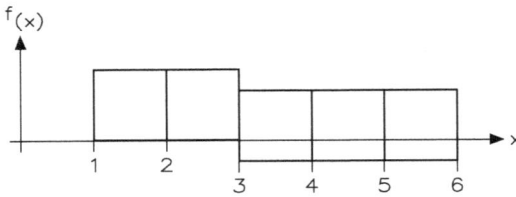

Abb. 1.8: Wahrscheinlichkeit bei einem Wurf mit einem realen Würfel (1 . . . 6).

Die mathematische Formulierung lautet: Die Werte im Intervall von $a_u = a_{u1} \pm a_{u2}$ bis $a_o = a_{o1} + a_{o2}$ sind trapezförmig verteilt und die Werte außerhalb des Intervalls sind unwahrscheinlich. Abb. 1.9 zeigt die trapezförmige Verteilung.

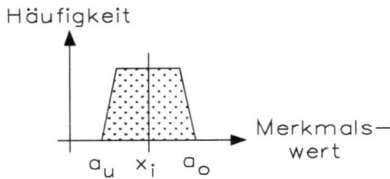

Abb. 1.9: Trapezförmige Verteilung.

– Die Erwartung für das Ergebnis:

$$x_1 = \frac{a_{o1} - a_{u1}}{2}, \quad x_2 = \frac{a_{o2} - a_{u2}}{2}, \quad x_i = \frac{a_o - a_u}{2}$$

– Halbweite:

$$\Delta a_1 = \frac{a_{o1} - a_{u1}}{2}, \quad \Delta a_2 = \frac{a_{o2} - a_{u2}}{2}$$

– Halbweite des Intervalls:

$$\Delta a = \frac{a_o - a_u}{2}$$

– Knickpunkt-Parameter, bezogen auf die Halbweite:

$$\beta = \frac{|\Delta a_1 - \Delta a_2|}{\Delta a_1 + \Delta a_2}$$

– Varianz:

$$u_{(x_i)}^2 = \frac{(\Delta a)^2}{\sqrt{6}} \cdot (1 + \beta^2)$$

– Standardabweichung:

$$u_{(x_i)} = \frac{\Delta a}{\sqrt{6}} \cdot \sqrt{1 + \beta^2}$$

Für den Würfel A ergibt sich Abb. 1.10 (a) (realer Würfel mit 1–6 Möglichkeiten) und für den Würfel B (nicht realer Würfel mit 1–3 Möglichkeiten) von Abb. 1.10 (b).

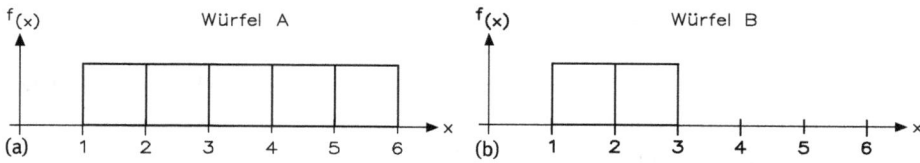

Abb. 1.10: Für zwei Würfel ergibt sich die trapezförmige Verteilung.

Die Wahrscheinlichkeit bei einem Wurf mit zwei Würfeln, einem realen Würfel (1–6) und einem nicht realen Würfel (1–3), wie Abb. 1.11 zeigt.

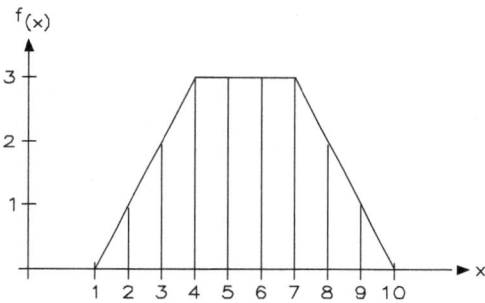

Abb. 1.11: Für zwei Würfel ergibt sich die trapezförmige Verteilung.

Die Möglichkeiten bei einem Wurf mit zwei Würfeln sind in Tab. 1.1 gezeigt.

Tab. 1.1: Möglichkeiten für zwei Würfel.

x_i	Möglichkeiten
1	—
2	(1,1)
3	(1,2) (2,1)
4	(1,3) (2,2) (3,1)
5	(1,4) (2,3) (3,2)
6	(1,5) (2,4) (3,3)
7	(1,6) (2,5) (3,4)
8	(2,6) (3,5)
9	(3,6)
10	—

1.2 Formulierung von Verteilungen

Die Kenntnisse über eine dreieckförmige Verteilung bei einer messbaren Größe X bestehen darin, dass man weiß:
- Die Größe X ist die Summe/Differenz zweier messbarer Größen X_1 und X_2, d. h. $X = X_1 \pm X_2$.
- Die Kenntnisse über die Werte der Größen entsprechen einer Kombination zweier rechteckförmiger Verteilungen gleicher Halbweite mit den Grenzen a_{u1} und a_{o1} bzw. a_{u2} und a_{o2}.
- Die Kenntnisse über die einzelnen Größen X_1 und X_2 sind voneinander unabhängig.

Mathematische Formulierung: Die Werte sind im Intervall von $a_u = a_{u1} \pm a_{u2}$ bis $a_o = a_{o1} \pm a_{o2}$ dreieckförmig verteilt (trapezförmige Verteilung mit Knickpunkt-Parameter $\beta = 0$). Werte außerhalb des Intervalls sind unwahrscheinlich (Beispiel: Gesamtaugenzahl zweier Würfel). Abb. 1.12 zeigt die dreieckförmige Verteilung.

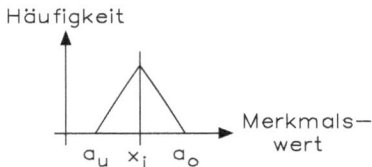

Abb. 1.12: Dreieckförmige Verteilung.

- Erwartung für das Ergebnis:

$$x_1 = \frac{a_{o1} - a_{u1}}{2}, \quad x_2 = \frac{a_{o2} - a_{u2}}{2}, \quad x_i = \frac{a_o - a_u}{2}$$

- Varianz:

$$u_{(x_i)}^2 = \frac{(\Delta a)^2}{6}$$

- Standardabweichung:

$$u_{(x_i)} = \frac{\Delta a}{\sqrt{6}}$$

- Halbweite des Intervalls:

$$\Delta a = \frac{a_o - a_u}{2} = \Delta a_1 + \Delta a_2 = 2 \cdot \Delta a_0$$

- Halbweite:

$$\Delta a_0 = \Delta a_1 = \Delta a_2 = \frac{a_{o1} - a_{u1}}{2} = \frac{a_{o2} - a_{u2}}{2}$$

Die Möglichkeiten bei einem Wurf mit zwei Würfeln sind in Tab. 1.2 und Abb. 1.13 gezeigt.

Tab. 1.2: Möglichkeiten für zwei reale Würfel.

x_i	Möglichkeiten
1	—
2	(1,1)
3	(1,2) (2,1)
4	(1,3) (2,2) (3,1)
5	(1,4) (2,3) (3,2) (4,1)
6	(1,5) (2,4) (3,3) (4,2) (5,1)
7	(1,6) (2,5) (3,4) (4,3) (5,2) (6,1)
8	(2,6) (3,5) (4,4) (5,3) (6,2)
9	(3,6) (4,5) (5,4) (6,3)
10	(4,6) (5,5) (6,4)
11	(5,6) (6,5)
12	(6,6)
13	—

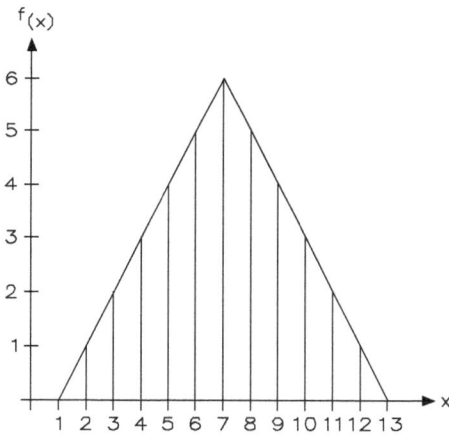

Abb. 1.13: Wahrscheinlichkeit bei einem Wurf mit zwei realen Würfeln (1–6).

Die Kenntnisse über die messbare Größe X bei der glockenförmigen Verteilung (gauß-sche Glockenkurve) bestehen darin, dass man weiß:
- Die Größe X ist verteilt, mit dem Erwartungswert μ und der Standardabweichung s (Beispiele: eigene Beobachtungsreihe).

Mathematische Formulierung: Die Verteilungsform entspricht einer glockenförmigen Normalverteilung von Abb. 1.14.
- Erwartung für das Ergebnis: $x_i = \mu$
- Varianz: $u^2_{(x_i)} = s$
- Standardabweichung: $u_{(x_i)} = s$

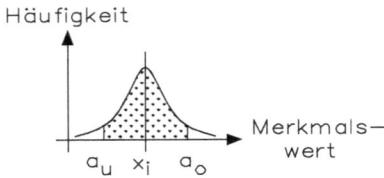

Abb. 1.14: Glockenförmige Verteilung (gaußsche Glockenkurve).

1.2.1 Unmittelbare Beobachtungen

Die Kenntnisse über die messbare Größe X bestehen darin, dass:
–   eine Reihe von Beobachtungen durchgeführt werden, die nicht vollständig über-einstimmende Werte $x_1, x_2, x_3, \ldots, x_n$ liefern, obwohl die Beobachtungen unter (scheinbar) gleichen Bedingungen durchgeführt werden.

Mathematische Formulierung:
–   Die Werte $x_1, x_2, x_3, \ldots, x_n$ sind Realisierungen eines Prozesses, dessen Parameter offensichtlich nicht so konstant sind, wie vorausgesetzt wird.
–   Die Auswertung erfolgt mit Methoden der Statistik.
–   Die einzelnen Werte werden als gleichgewichtig und voneinander unabhängig angesehen.
–   Die zugrunde liegende Verteilung wird am besten durch eine glockenförmige Normalverteilung beschrieben.

Abb. 1.15 zeigt eine einfache und zweifache Standardabweichung.

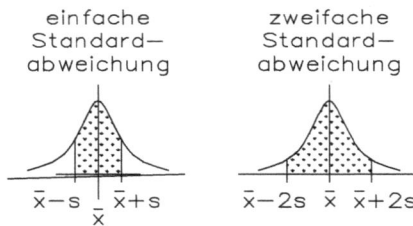

Abb. 1.15: Einfache (links) und zweifache (rechts) Standardabweichung: $\bar{x} + 2 \cdot s \rightarrow 95{,}5\,\%$, $\bar{x} + 1 \cdot s \rightarrow 68{,}3\,\%$.

–   Erwartung:
$$\bar{x} = \frac{x_1 + x_2 + x_3 + \cdots + x_n}{n} = \frac{\sum_{i=1}^{n} x_i}{n}$$
–   Standardabweichung bei Einzelbeobachtung:
$$s = \sqrt{\frac{\sum_{i=1}^{n} (x_i - \bar{x})^2}{n - 1}}$$
–   Standardabweichung des Mittels:
$$u = \frac{s}{\sqrt{n}}$$

1.2.2 Arithmetischer Mittelwert

Der arithmetische Mittelwert wird gebildet, indem man alle Einzelwerte addiert und diese Summe durch die Anzahl der Werte dividiert.

$$\bar{x} = \frac{x_1 + x_2 + x_3 + \cdots + x_n}{n} = \frac{\sum_{i=1}^{n} x_i}{n}$$

Der arithmetische Mittelwert
- bezieht alle Beobachtungswerte mit ein,
- kann ohne Ordnen der Stichprobe ermittelt werden,
- erstellt nur eine Aussage über die Lage einer Verteilung und nicht über ihre „Güte".

Beispiel. Zwei Schneidmaschinen kürzen Widerstände auf eine bestimmte Länge. Die Solllänge der Widerstände beträgt 13,4 mm.
Maschine (Werte in mm):

A:	13,3	13,4	13,3	13,4	13,4	13,5	13,3	13,4	13,5	13,5
B:	13,3	13,4	14,1	13,0	13,4	13,5	13,1	12,8	14,2	13,2

Mittelwerte: $\bar{x}_A = 13,4$ mm; $\bar{x}_B = 13,4$ mm
Fazit: Beide Mittelwerte sind gleich, jedoch arbeitet Maschine A wesentlich präziser.

Die Spannweite errechnet sich, indem man die Differenz zwischen dem größten und dem kleinsten Beobachtungswert bildet:

$$\omega = x_{max} - x_{min}$$

Die Spannweite
- ist unabhängig von der Angabe des Mittelwertes,
- ist leicht zu berechnen,
- ermöglicht raschen Überblick,
- ist allein von den Extremwerten einer Verteilung abhängig:
  Vorteil: wenn der Extremwert ein berechtigtes Risiko enthält,
  Nachteil: wenn der Extremwert eine Fehlmessung ist,
- ist sehr von Zufallseinflüssen abhängig (Fehlmessungen).

Maschine (Werte in mm):

A:	**13,3**	13,4	13,3	13,4	13,4	**13,5**	13,3	13,4	13,5	13,5
B:	13,3	13,4	14,1	13,0	13,4	13,5	13,1	**12,8**	**14,2**	13,2

Spannweite A: 0,2 mm
Spannweite B: 1,4 mm

1.2.3 Standardabweichung

Die Standardabweichung der Einzelbeobachtung berechnet sich, indem man von jedem Einzelwert den Mittelwert subtrahiert, das Ergebnis quadriert und aufsummiert. Anschließend den Wert durch (Anzahl der Beobachtungen – 1) dividiert und aus diesem Ergebnis die Wurzel zieht.

$$s = \sqrt{\frac{\sum_{i=1}^{n}(x_i - \bar{x})^2}{n-1}}$$

Die Standardabweichung der Einzelbeobachtung
- gibt die mittlere Abweichung einer Einzelmessung an,
- gibt Aussage über die „Güte" einer Verteilung,
- s hängt nur von der Präzision der Einzelmessung ab, nicht von deren Anzahl,
- s ist auch ein Maß für die Streuung mehrerer Einzelmessungen derselben Größe
- die Unsicherheit lässt sich dann durch die Standardabweichung des Mittels angeben.

Maschine (Werte in mm):

A:	13,3	13,4	13,3	13,4	13,4	13,5	13,3	13,4	13,5	13,5
B:	13,3	13,4	14,1	13,0	13,4	13,5	13,1	12,8	14,2	13,2

s_A: 0,0816 mm
s_B: 0,4472 mm

1.2.4 Standardabweichung des Mittels

Die Standardabweichung des Mittels errechnet man, indem die Standardabweichung durch die Wurzel aus der Anzahl der Beobachtungen dividiert wird.

$$u = \frac{s}{\sqrt{n}}$$

Die Standardabweichung des Mittels:
- bei Fehlerangaben von Messreihen wird üblicherweise der Standardfehler des Mittelwertes angegeben,
- u ist von s (Präzision der Einzelmessungen) und deren Anzahl abhängig,
- gibt Aussage über die „Güte" einer Verteilung, bezogen auf die Anzahl der Einzelbeobachtungen.

Maschine (Werte in mm):

A:	13,3	13,4	13,3	13,4	13,4	13,5	13,3	13,4	13,5	13,5
B:	13,3	13,4	14,1	13,0	13,4	13,5	13,1	12,8	14,2	13,2

u_A: 0,0258 mm
u_B: 0,1414 mm

1.2.5 Fehlerfortpflanzung

In vielen Fällen ist die gesuchte Größe nicht direkt messbar, sondern muss mit Hilfe von zugänglichen Größen indirekt bestimmt werden.

Der Wert G ist in einem Experiment die zu bestimmenden Größen $x, y, z, \ldots$, also die unmittelbar gemessenen Größen, die alle mit einem Fehler behaftet sind $(\Delta x, \Delta y, \Delta z, \ldots)$:

$$G = f(x, y, z, \ldots)$$

Es stellt sich dann die Frage, wie die Fehler der unmittelbar gemessenen Größen $x, y, z, \ldots$ den Fehler der Größe G beeinflussen. Die Messfehler der direkt gemessenen Größen $x, y, z, \ldots$ setzen sich in dem Ergebnis fort. Bei der Bestimmung von ΔG muss man zwei Fälle unterscheiden.

Sind die Messgrößen $x, y, z, \ldots$ unabhängig voneinander mit zufälligen Messabweichungen $\Delta x, \Delta y, \Delta z, \ldots$, so ergibt sich die wahrscheinlichere Messunsicherheit ΔG aus der so genannten quadratischen Addition (gaußsches Fehlerfortpflanzungsgesetz).

$$\Delta G = \sqrt{\left(\frac{\partial G}{\partial x} \cdot \Delta x \right)^2 + \left(\frac{\partial G}{\partial y} \cdot \Delta y \right)^2 + \left(\frac{\partial G}{\partial z} \cdot \Delta z \right)^2 + \cdots}$$

Dabei sind $\Delta x, \Delta y, \Delta z, \ldots \triangleq$ Vertrauensbereich des Mittelwertes der einzelnen Messgrößen und $\frac{\partial G}{\partial x}, \frac{\partial G}{\partial y}, \frac{\partial G}{\partial z}, \ldots \triangleq$ partielle Ableitung der Funktion $G = f(x, y, z, \ldots)$ nach den Messgrößen $x, y, z, \ldots$

In den meisten Fällen kann man auf die Bildung des partiellen Differentialquotienten verzichten, da sich die letzte Gleichung für bestimmte Arten von Funktionen vereinfachen lässt.

Anmerkung.
- Die gaußsche Fehlerfortpflanzung basiert auf rein statistischem Überlegen. Sie ist also zur Verarbeitung statistisch ermittelter Fehler geeignet.
- Sie ist zu empfehlen, wenn die einzelnen Messgrößen etwa gleichgroße Beiträge zur Gesamt-Messunsicherheit liefern.
- In der Gleichung ist berücksichtigt, dass sich die Fehler der einzelnen Messgrößen teilweise kompensieren.

Beispiel. Es soll das Beispiel der funktionellen Form betrachtet werden: $G = x^a y^b z^c$.

$$\frac{\partial G}{\partial x} = a x^{a-1} y^b z^c = a \frac{G}{x}, \qquad \frac{\partial G}{\partial y} = b x^a y^{b-1} z^c = b \frac{G}{y}, \qquad \frac{\delta G}{\delta z} = c x^a y^b z^{c-1} = c \frac{G}{z}$$

$$\Delta G = \sqrt{\left(a \cdot \frac{G}{x} \cdot \Delta x \right)^2 + \left(b \cdot \frac{G}{y} \cdot \Delta y \right)^2 + \left(c \cdot \frac{G}{z} \cdot \Delta z \right)^2}$$

Für den relativen Fehler erhält man in diesem Fall:

$$\frac{\Delta G}{G} = \sqrt{\left(a \cdot \frac{\Delta x}{x} \right)^2 + \left(b \cdot \frac{\Delta y}{y} \right)^2 + \left(c \cdot \frac{\Delta z}{z} \right)^2}$$

1.2.6 Lineare Fehlerfortpflanzung

Unter der Voraussetzung $\Delta x \ll x$, $\Delta y \ll y$, $\Delta z \ll z$, ... kann man aufgrund des taylorschen Satzes den Gesamtfehler ΔG wie folgt berechnen:

$$\Delta G = \left|\frac{\partial G}{\partial x}\right| \cdot \Delta x + \left|\frac{\partial G}{\partial y}\right| \cdot \Delta y + \left|\frac{\partial G}{\partial z}\right| \cdot \Delta z + \cdots$$

wobei $\Delta G \triangleq$ Maximalfehler (Größtfehler) und Δx, Δy, Δz, ... $\triangleq$ Vertrauensbereich des Mittelwertes oder geschätzter Fehler der Messgröße oder Fehlergrenze des Messgerätes.

Diese Gleichung entsteht aus $G(x + \Delta x, y + \Delta y, z + \Delta z, \ldots)$ durch eine Taylorentwicklung, die nach dem ersten Glied abgebrochen wurde.

Die Größe $\left|\frac{\partial G}{\partial x}\right|$ usw. sind die Beträge der partiellen Ableitungen nach den gemessenen Größen x, y, z, ... Die Betragsstriche bewirken, dass alle Summanden positiv werden, wodurch eine mögliche gegenseitige Kompensation von Einzelfehlern vermieden wird. So erhält man stets den größtmöglichen Fehler der Größe G.

Beachte.
– Der Größtfehler stellt den ungünstigsten Fall, eine obere Grenze für die Messunsicherheit dar. Er überschätzt die Messunsicherheit, da es sehr unwahrscheinlich ist, dass alle unabhängigen Größen gleichzeitig ihre maximalen bzw. minimalen Werte annehmen.
– Der Größtfehler ist zu empfehlen, wenn einige der Messunsicherheiten wesentlich größer sind als die anderen, dann ist die Gefahr der Überschätzung der Messunsicherheit ΔG geringer. Außerdem ist er anzuwenden, wenn die einzelnen Messgrößen nicht unabhängig voneinander sind.

Beispiel. Betrachtet man wieder das Potenzprodukt $G = x^a y^b z^c$ und erhält für den Größtfehler den einfachen Zusammenhang:

$$\Delta G = |a| \cdot \frac{\Delta x}{x} + |b| \cdot \frac{\Delta y}{y} + |c| \cdot \frac{\Delta z}{z}$$

1.3 Praxisgerechte Bestimmung der Messunsicherheiten

Aufgrund der bei Messung stets vorhandenen Unvollkommenheit der Kenntnisse lassen sich im Allgemeinen keine eindeutigen Werte als Ergebnis festlegen. Vielmehr müssen gewisse Variabilitätsbereiche „möglicher Werte" zugelassen werden. Dabei werden unter möglichen Werten alle Werte verstanden, die sowohl mit den allgemeinen, wissenschaftlichen Kenntnissen, also mit der allgemein als richtig anerkannten theoretischen Basis, als auch mit den speziellen Bedingungen der jeweiligen Messung im Einklang sind. Die Unvollkommenheit der Kenntnisse führt zu mehr oder weniger weiten Bereichen oder Verteilungen möglicher Werte.

Sinn und Zweck der Messunsicherheit ist es, diese Variabilität quantitativ zu fassen und in einem Zahlenwert auszudrücken. Dabei sind an das Maß, mit dem die Unvollkommenheit der Kenntnisse zum Ausdruck gebracht wird, mehrere Forderungen gestellt: Es soll erstens allgemein sein, d. h. anwendbar auf die bekannten oder denkbaren Fälle, zweitens die Unkenntnis kurz und übersichtlich zum Ausdruck bringen und drittens die Variabilität realistisch beschreiben.

Startpunkt ist das Modell der Auswertung: $Y = f(X_1, X_2, K, X_N)$ ist die physikalisch, messtechnische Grundlage der betreffenden Messung. Die Messgröße Y (oder die Messgrößen) in Beziehung setzt sich für die Messung aus relevant erachteten Größen $X_1, X_2, \ldots, X_N$ zusammen. Es kann aus einer oder mehreren Gleichungen bestehen, aber es kann auch ein allgemein formulierter Rechenalgorithmus sein.

Wesentlich ist, dass sich mit seiner Hilfe zu jedem gegebenen Wertesatz der Größen $X_1, X_2, \ldots, X_N$ ein eindeutiger Wert der Messgröße bestimmen lässt.

Die Unvollkommenheit der Kenntnisse wird berücksichtigt, indem für die Auswertung sowohl die Größen $X_1, X_2, \ldots, X_N$, die jetzt Eingangsgrößen der Auswertung genannt werden, und die Messgröße Y, die jetzt Ergebnisgröße genannt wird, durch Zufallsgrößen ersetzt werden. Ihre möglichen Werte werden durch Verteilungen charakterisiert, die angeben, welches Vertrauen den betreffenden Werten bei der realisierten oder zu realisierenden Messung entgegengebracht wird. Da die Ergebnisgröße Y mit den Eingangsgrößen $X_1, X_2, \ldots, X_N$ über das Modell der Auswertung verknüpft ist, führen die Verteilungen der Eingangsgrößen zu einer Verteilung der Ergebnisgröße.

Die Erwartungen der Verteilungen sind die besten Schätzwerte $x_1, x_2, \ldots, x_N$ und y der Eingangsgrößen bzw. der Ergebnisgröße, kurz die Eingangswerte

$$x_1 = E[X_1], \quad x_2 = E[X_2], \quad K, \quad x_N = E[X_N]$$

und das Messergebnis

$$y = E[Y]$$

der Auswertung. In der linearisierten Version ergibt das Messergebnis durch Einsetzen der Eingangswerte in das Modell der Auswertung:

$$y = f(X_1, X_2, K, X_N)$$

Die positive Quadratwurzel aus den Varianzen der Verteilung ist die den Schätzwerten beigordnete oder beizuordnende Standardmessunsicherheit:

$$u(x_1) = \sqrt{\text{Var}[X_1]}, \quad u(x_2) = \sqrt{\text{Var}[X_2]}, \quad K, \quad u(x_N) = \sqrt{\text{Var}[X_N]}$$

und

$$u(y) = \sqrt{\text{Var}[Y]}$$

Die Varianz der Ergebnisgröße ergibt sich in der linearisierten Version aus den Unsicherheitsbeiträgen der Eingangsgrößen und ihren Korrelationskoeffizienten nach dem Gesetz der Varianzfortpflanzung.

$$u^2(y) = \sum_{i_1,i_2=1}^{N} u_{i_1}(y) \cdot r(x_{i_1}, x_{i_2}) \cdot u_{i_2}(y)$$

Der Unsicherheitsbeitrag einer Eingangsgröße ist definiert als das Produkt $u_i(y) = c_i u(x_i)$ aus dem Sensitivitätskoeffizienten

$$c = \left.\frac{\partial f}{\partial X_i}\right|_{X_1=x_1, X_2=x_2, K, X_N=x_N} = \frac{\partial f}{\partial x_i}$$

und der Standardmessunsicherheit, die ihrem besten Schätzwert beigeordnet ist. Die Sensitivitätskoeffizienten beschreiben, wie empfindlich das Messergebnis von dem jeweiligen Eingangswert abhängt.

Mit den Korrelationskoeffizienten $r(x_{i1}, x_{i2})$ werden Abhängigkeiten eingeschätzt, die in den Kenntnissen über den Messprozess vorhanden sind, jedoch nicht im Modell der Auswertung aufgenommen wurden oder werden konnten. Die Koeffizienten sind dem Betrage nach nicht größer als Eins

$$|r(x_{i1}, x_{i2})| \leq 1$$

besitzen jedoch den Wert Eins

$$|r(x_i, x_i)| = 1$$

wenn sie sich auf die gleiche Eingangsgröße beziehen.

Im Allgemeinen wird für das Modell die Auswertung der Zusammenhänge in einer Messung so vollständig beschrieben, dass darüber hinausgehende Abhängigkeiten nicht berücksichtigt werden müssen.

In diesen Fällen verschwinden die Korrelationskoeffizienten, die sich auf verschiedene Eingangsgrößen beziehen, und das Gesetz der Varianzfortpflanzung geht in die bekannte Summe der Quadrate der Unsicherheitsbeiträge über

$$u^2(y) = \sum_{i=1}^{N} u_i^2(y)$$

Diese Methode stellt damit ein klar umrissenes Auswerteverfahren bereit, nach dem aus dem Modell der Auswertung und den Kenntnissen über die in das Modell aufgenommenen Eingangsgrößen das Messergebnis und die ihm beigeordnete Messunsicherheit berechnet wird. Es zeigt transparent, welche Zusammenhänge bei der Ermittlung benutzt werden und wie die Variabilitätsbereiche der relevanten Größen eingeschätzt werden.

Es muss jedoch nachdrücklich betont werden, dass dieses Verfahren nur eine Einschätzung der Wirklichkeit ist und sein will. Der Charakter der Einschätzung tritt unmittelbar bei der Beurteilung der Variabilitätsbereiche der Eingangsgrößen hervor. Er ist jedoch auch bei der Aufstellung des Modells der Auswertung vorhanden. Er gibt einerseits in übersichtlicher Form an, welche Größen als relevant angesehen werden, und beschreibt andererseits, welcher Zusammenhang zwischen den möglichen Werten der Messgröße mit den möglichen Eingangswerten gesehen wird. Insgesamt wird so nur eine Aussage gemacht, wie der jeweilige Messtechniker die Messung beurteilt.

1.3.1 Ermittlung des optimalen Schätzwertes

Die Ermittlung des besten bzw. optimalen Schätzwertes einer Größe und der ihm beigeordneten Standardmessunsicherheit wird unmittelbar dem vorgestellten Schema folgen, wenn die Kenntnisse über die Größe in einer Form vorliegen, aus der sie direkt in Verteilungen der möglichen Werte umgewandelt werden können. Ein Messverfahren mit einer hohen Auflösung muss bezüglich der einen oder anderen Eingangsgröße meist auf andere Weise ausgewertet werden. Bei ihnen wird nämlich bei wiederholten Beobachtungen oft eine Streuung der angezeigten oder abgelesenen Werte festgestellt, und zwar obgleich die bekannten, meist sogar kontrollierbaren Bedingungen der Messung als unverändert beurteilt werden. Die beobachtete Streuung offenbart demgegenüber, dass es einen oder auch mehrere Einflussparameter in der Messung gibt, die nicht so konstant gehalten werden oder werden können, dass bei den Wiederholungen der gleiche Wert gefunden wird. Sie ist eine Verteilung der Werte aufgrund der unvollkommenen realisierten Konstanz.

Bei dieser Methode werden die Kenntnisse aus den Beobachtungen in den besten Schätzwert und das Quadrat der Standardabweichung verdichtet. Das bedeutet nicht, dass die Behauptung aufgestellt wird, die Beobachtungen seien normal verteilt. Es bedeutet nur, dass unter den gegebenen Umständen der normal verteilte Kern der nicht bekannten Verteilung als ausreichende Näherung einer geeigneten Beschreibung angesehen wird.

Mit der ermittelten Verteilung lässt sich die Frage nach dem besten Schätzwert und der beigeordneten Standardmessunsicherheit beantworten, denn die Verteilung ist um den arithmetischen Mittelwert konzentriert. Er ist als bester Schätzwert anzusehen.

Der Schätzwert ist der arithmetische Mittelwert der Beobachtungen.

$$\bar{q} = \frac{1}{n} \sum_{i=1}^{N} q_i$$

Die beigeordnete Standardmessunsicherheit ergibt sich nach dem Verfahren zu

$$u^2(\bar{q}) = \frac{1}{n} \sum_{j=1}^{N} \frac{u^2(q_i)}{n^2} = \frac{s^2(q_1, q_2, K, q_n)}{n}$$

In der bayesschen Betrachtungsweise besteht kein wesentlicher Unterschied zwischen den Ermittlungsmethoden. In beiden Fällen geht es um die Einschätzung einer

Situation aus den jeweiligen Kenntnissen heraus. Sie unterscheiden sich nur in der Form der vorliegenden Kenntnisse. Während bei der einen Ermittlungsmethode die Verteilungsform nahezu direkt aus den Kenntnissen folgt, kann sie bei der anderen Ermittlungsmethode nur näherungsweise über eine statistische Vorauswertung der Beobachtungen erschlossen werden.

1.3.2 Erweiterte Messunsicherheit

Bei der Entscheidung, ob ein vermessenes Merkmal einer bestimmten Bedingung genügt, muss berücksichtigt werden, ob der Wert sicher oder nur gerade eben innerhalb der vorgegebenen Grenzen liegt. Obgleich die Standardmessunsicherheit die universelle Kennzahl zur Charakterisierung der Qualität eines Messergebnisses ist, ist sie für den Nachweis der Konformität wenig geeignet. Für diesen Nachweis wird nicht nur eine Qualitätskennzahl benötigt, sondern vielmehr ein Bereich, der einen hohen Anteil der Werte umfasst, die mit den Messbedingungen verträglich sind und als Wert der Messgröße angesehen werden können. In Industrie und Wirtschaft wird für diesen Zweck die erweiterte Messunsicherheit verwendet. Sie definiert das Produkt

$$U = k_p \cdot u(y)$$

aus der Standardmessunsicherheit und dem Erweiterungsfaktor k_p. Die Bezeichnung „Erweiterungsfaktor" ist nicht sehr treffend und wurde aus historischen Gründen gewählt. Weitaus treffender ist die wörtliche Übersetzung „Überdeckungsfaktor", die direkt von der englischen Bezeichnung „coverage factor" stammt. Dabei wird der Erweiterungsfaktor so gewählt, dass das Unsicherheitsintervall den gewünschten hohen Anteil der möglichen Werte überdeckt. Dieser Anteil wird als Überdeckungswahrscheinlichkeit P bezeichnet.

In Anlehnung an die Vorgehensweise in den europäischen Kalibrierdiensten wird meist die Überdeckungswahrscheinlichkeit $P = 0{,}95$ gewählt. Der zugehörige Erweiterungsfaktor ist dann durch eine detaillierte Analyse der Verteilungen zu gewinnen. Werden Messungen so geführt, dass die Unsicherheitsanalyse mehrere bestimmende, gleichgewichtige Einflüsse umfasst und die Verteilung der möglichen Werte der Messgröße durch eine glockenförmige Normalverteilung ausreichend approximiert werden kann, so ist der Erweiterungsfaktor für eine 95-%-Überdeckung in diesen Fällen der Wert $k_{0{,}95} = 2$.

Eine Überdeckungswahrscheinlichkeit von 0,95 ist für nahezu alle Fälle der Praxis voll ausreichend.

1.3.3 Sequenz der wichtigsten Schritte

Das Verfahren legt eine Vorgehensweise fest, nach der im Sinne der Beurteilung einer Messung das vollständige Messergebnis, d. h. das Messergebnis und die beigeordnete Messunsicherheit gemeinsam ermittelt werden. Das gilt sowohl für den Fall, dass nur die Standardmessunsicherheit berechnet wird, als auch für den Fall, dass die Angabe eines Unsicherheitsintervalls, also die erweiterte Messunsicherheit Ziel der Ermittlung ist. Die logische Abfolge des Verfahrens legt es darüber hinaus nahe, eine Unsicherheitsanalyse in vier deutlich getrennten Schritten auszuführen:

1. Aufstellen eines Modells der Auswertung
2. Vorbereitung der Werte der Eingangsgrößen (Messwerte und andere Daten)
3. Berechnung des Messergebnisses und der ihm beizuordnenden Messunsicherheit
4. Angaben des vollständigen Messergebnisses

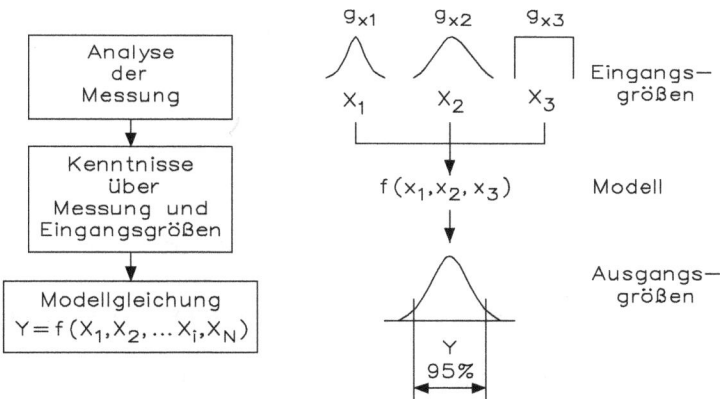

Abb. 1.16: Erstellung des Programmablaufs für die Auswertung.

Bei der Aufstellung des Modells sind für die nach Abb. 1.16 alle bekannten bzw. wesentlichen Zusammenhänge und Einflussgrößen auf das Messergebnis zu berücksichtigen.

Teilschritte:

1. Messaufgabe benennen
2. Messgröße identifizieren
3. Messverfahren beschreiben
4. Mathematische Zusammenhänge formulieren
5. Symbole erläutern

Beispiel (Kalibrierung eines Thermometers).

1. Messaufgabe benennen: Kalibrierung eines Temperaturmessgerätes mit Thermoelementfühler
2. Messgröße identifizieren: Bestimmung der Abweichung zwischen Prüfling und richtigem Wert einer Temperatur
3. Messverfahren beschreiben: Vergleich der Anzeigen von Normal (Referenzmessgerät) und Prüfling im Thermostat
4. Mathematische Zusammenhänge formulieren:

$$\Delta t = X_{ist} - X_{soll}, \quad U_{95} = k \cdot \sqrt{u_1^2 + u_2^2 + \cdots + u_n^2}$$

5. Symbole erläutern:
   Δt: Temperaturdifferenz
   X_{ist}: Anzeige Prüfling
   X_{soll}: Anzeige Referenz
   U_{95}: Messunsicherheit 95 % Wahrscheinlichkeit
   k: Erweiterungsfaktor
   U: Messunsicherheitsanteile

1.3.4 Kenntnisse über die Eingangsgrößen

Bei den Kenntnissen über die Eingangsgrößen sollen zwei Ermittlungsmethoden erklärt werden:

Ermittlungsmethode A: Auswertung von mehrmaligen Beobachtungen (Kenntnisse statistischer Art).
 – n Messungen der Größe q zur Bestimmung der Eingangsgröße x
 – Arithmetischer Mittelwert als bester Schätzwert der Eingangsgröße
 – Empirische Standardabweichung des Mittelwertes als Standardunsicherheit (Annahme)

Ermittlungsmethode B: Informationen, die nicht unmittelbar aus mehrmaligen Beobachtungen stammen (Kenntnisse nicht statistischer Art).
 – Herstellerangaben
 – Daten aus Kalibrierscheinen und Zertifikaten
 – Referenzdaten aus Handbüchern
 – Erfahrung/Kenntnisse über Verhalten/Eigenschaften von Materialien/Messgeräten

Die den Eingangswerten beizuordnenden Standardunsicherheiten werden nach zwei grundlegenden, verschiedenen Methoden ermittelt. Entweder nach Ermittlungsmethode A, d. h. der beste verfügbare Schätzwert eines Erwartungswertes, für den n unabhängige Beobachtungen unter den gleichen Messbedingungen ermittelt wurden, ist der arithmetische Mittelwert dieser Beobachtungen. Die einzelnen Beobachtungen unterscheiden sich in ihrem Wert aufgrund von zufälligen Streuungen und Einflüssen. Die Standardabweichung des Mittelwertes wird aus dem gewonnenen Mittelwert berechnet.

Aus diesen statistischen Informationen kann ein Messwert und die ihm beigeordnete Standardmessunsicherheit ermittelt werden (Beispiel: Angabe im Kalibrierschein).

⇒ Annahme einer Normalverteilung

Oder es liegt eine Beobachtungsreihe vor (Mittelwert aus mehreren Messungen des gleichen Merkmals). Bei $n < 10$ ist die Verlässlichkeit der Standardabweichung zu prüfen.

Oder nach Ermittlungsmethode B, d.h. der Schätzwert einer Eingangsgröße wurde nicht aus mehrmaligen Beobachtungen gewonnen, sondern begründet sich auf alle verfügbaren Informationen über die mögliche Streuung der Eingangsgröße. Zu den Informationen können gehören:

- Daten aus früheren Messungen
- Erfahrungen oder allgemeine Kenntnisse über Verhalten und Eigenschaften der relevanten Materialien und Messgeräte
- Angaben des Herstellers
- Daten von Kalibrierscheinen und anderen Zertifikaten
- Unsicherheiten, die Referenzdaten aus Handbüchern zugeordnet sind

Aus diesen nicht statistischen Informationen können für X nur Ober- und Untergrenzen abgeschätzt werden.

⇒ Annahme einer Rechteckverteilung

1.3.5 Addition der Eingangsgrößen nach dem Fehlerfortpflanzungsgesetz

Die einzelnen Standardunsicherheiten u werden im nächsten Schritt zur kombinierten Standardmessunsicherheit u_i zusammengefasst, indem das Fehlerfortpflanzungsgesetz nach Gauß angewandt wird, wie Abb. 1.17 zeigt.

$$u_{\mathrm{c}} = \sqrt{\sum_{i=1}^{n} \left(\frac{\partial f}{\partial x_i}\right)^2 \cdot (u_{xi})^2} = \sqrt{\left(\frac{\partial f}{\partial x_1}\right)^2 \cdot (u_{x1})^2 + \left(\frac{\partial f}{\partial x_2}\right)^2 \cdot (u_{x2})^2 + \cdots}$$

Die Werte aus $\frac{\partial f}{\partial x_i}$ stellen die partielle Ableitung der Modellgleichung $Y = f(X_1, X_2, \ldots, X_i, \ldots, X_n)$ nach der Eingangsgröße X_i dar und heißen Sensitivitätskoeffizient der Eingangsgröße X_i. Die Sensitivitätskoeffizienten quantifizieren die Empfindlichkeit des Modells.

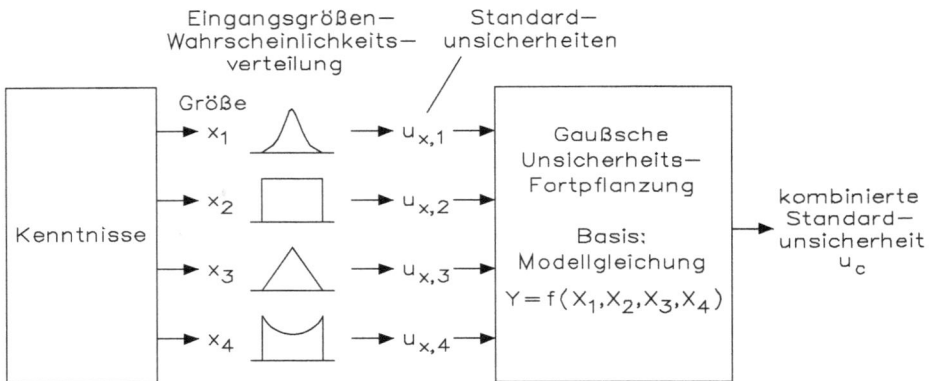

Abb. 1.17: Fehlerfortpflanzungsgesetz nach Gauß.

Die Berechnung der kombinierten Standardunsicherheit u_c (nach der Unsicherheitsfortpflanzungsformel von Gauß) lässt sich in vielen Fällen vereinfachen:

Summenfunktion $y = a \cdot x_1 \pm b \cdot x_2 \pm c \cdot x_3 \pm \cdots$ $(a, b, c, \ldots$ sind konstant)

$$u_c = \sqrt{(a \cdot u_{x1})^2 + (b \cdot u_{x2})^2 + (c \cdot u_{x3})^2 + \cdots}$$

$$u_c = \sqrt{u_1^2 + u_2^2 + u_3^2 + \cdots}$$

1.3.6 Korrelation zwischen einzelnen Einflussgrößen

Um gegenseitige Abhängigkeiten, welche zwischen den Eingangsgrößen auftreten können, richtig behandeln zu können, wird der Begriff der Kovarianz eingeführt und anhand der Ausgangsgrößen, oder besser: anhand von Reihen, erklärt. Danach führt man den Transfer von den Ausgangsgrößen zu den Eingangsgrößen, indem man sich zunächst auf die Betrachtung zweier Größen konzentriert. Nun sind verschiedene Wege zur weiteren Verallgemeinerung von zwei auf eine beliebige Anzahl von Eingangsgrößen möglich, welche man aber nicht berücksichtigen muss.

Nicht alle Einflussgrößen, welche auf ein Messergebnis wirken, treten unabhängig voneinander auf und einige beeinflussen sich gegenseitig. In diesem Falle spricht man von einer (gegenseitigen) Korrelation. An Stelle der Varianz, welche die Breite des Vertrauensbereichs charakterisiert tritt nun die korrelierte Varianz, oder kurz: Kovarianz.

Von korrelierten Größen, oder Reihen ist dann die Rede, wenn sich kein direkter mathematischer Zusammenhang durch eine Funktion beschreiben lässt, aber andererseits eine gewisse tendenzielle Übereinstimmung zu erkennen ist.

Bei der Kovarianz verhalten sich beide Reihen gleichsinnig oder anders ausgedrückt: positiv korreliert.

Bei der Kontravarianz „wächst eine Reihe und die andere fällt" oder anders ausgedrückt: negativ korreliert.

Beispiel (Korrelierte Einflussgrößen). Zwei Prüflinge werden mit einem Bezugsnormal verglichen. Beide Thermometer zeigen die Tendenz bei größeren Temperaturen zu wenig anzuzeigen. In beiden Fällen gibt es eine negative Korrelation mit dem Bezugsnormal. Untereinander besteht eine positive Korrelation, welche aber keinen kausalen Zusammenhang zwischen beiden Messreihen herleiten lässt, weil die Ursache der Korrelation eine dritte Größe ist.

Zur Berechnung der Korrelation zweier Reihen $\underline{X}$ und $\underline{Y}$ berechnet man zuerst deren Erwartungswerte μ_x und μ_y. Beide Reihen müssen die gleiche Anzahl von Elementen haben, weil ansonsten die skalare Multiplikation zwischen den Reihen nicht definiert ist. Betrachtet man nun die jeweiligen Reihen als Vektoren mit den Elementen

$$\underline{X} = \{x_1, x_2, \ldots, x_n\} \quad \text{und} \quad \underline{Y} = \{y_1, y_2, \ldots, y_n\}$$

dann bildet man folgendes – um $1/n$ normiertes – Skalarprodukt zwischen den Vektoren und weist diesem Produkt die Bezeichnung COV (für Kovarianz) zu:

$$\text{COV}(\underline{X}, \underline{Y}) = \frac{1}{n} \cdot \sum_{i=1}^{n} (x_i - \mu_x) \cdot (y_i - \mu_y)$$

Die Ergebnisse sind gleich. Ergeben sich für COV Werte um 0, sind die Reihen nicht korreliert (eine exakte 0 erreicht man in der Praxis eigentlich nie). Positiv korrelierte Größen ergeben positive Ergebnisse und negative Korrelationen entsprechend negative Ergebnisse.

In der Messtechnik mit zwei abhängigen Eingangsgrößen interessiert uns bei der Bestimmung der Messunsicherheiten die Abhängigkeit von Ausgangsgrößen nicht sonderlich, weil das Ergebnis einer Messung normalerweise eine Messgröße ist. Vielmehr will man wissen, ob eine Eingangsgröße eine andere derart beeinflusst, dass die Messunsicherheit des Ergebnisses mit beeinflusst wird. Man nutzt hierzu den Ansatz, dass man die Messunsicherheit zu einem Messergebnis M (eine Ausgangsgröße) aus zwei unabhängigen Eingangsgrößen X und Y erhält, welche man um einen kleinen Betrag variieren soll. Diese kleine Variation könnte unser Unsicherheitsbeitrag der Eingangsgröße sein. Dann gilt:

$$M = c_x \underline{X} + c_y \underline{Y} \quad (c_x, c_y = \text{Sensitivitätskoeffizienten})$$

Weiterhin geht man entsprechend dem bereits mehrfach dargestellten, üblichen Weg der Messwertermittlung vor. Man bestimmt die Erwartungswerte der Eingangsgrößen $\underline{X}$ und $\underline{Y}$: μ_x und μ_y. Anschließend berechnet man die (empirische) Varianz des Ergebnisses und stellt der Vollständigkeit halber die Sensitivitätskoeffizienten gleich mit dar:

$$\sigma_{x,y} = \frac{1}{n} \cdot \sum_{i=1}^{n} [c_x(x_i - \mu_x) + (c_y(y_i - \mu_y)]^2$$

Nun lässt sich für den Fall der Abhängigkeit eines Messergebnisses von zwei Eingangsgrößen die Bestimmungsgleichung für das Messunsicherheitsbudget neu formulieren. Also wird aus

$$U = k \cdot \sqrt{\sum_{i=1}^{n} G_i (c_i \cdot u_i)^2}$$

unter Berücksichtigung möglicher Korrelationen für zwei Eingangsgrößen:

$$U_k = k \cdot \sqrt{G_x \cdot (c_x \cdot u_x)^2 + G_y \cdot (c_y \cdot u_y)^2 + \sqrt{G_x \cdot G_y} \cdot 2 \cdot c_x \cdot c_y \cdot \rho_{x,y}}$$

Diese Gleichung wäre sofort anwendbar, wenn man es nur mit zwei Eingangsgrößen zu tun hätte. Verallgemeinert für n Größen hat sie folgendes Aussehen:

$$U_k = k \cdot \sqrt{\sum_{i=1}^{n} \sum_{j=1}^{n} \sqrt{G_x \cdot G_y} \cdot c_i \cdot c_j \cdot \rho_{i,j}}$$

1.3.7 Berechnung des Messergebnisses und der beigeordneten Messunsicherheit

Die Unsicherheitsanalyse einer Messung – häufig auch Messunsicherheitsbudget bezeichnet – sollte eine Liste aller Quellen für die Unsicherheit während der Messung zusammen mit den zugehörigen Standardmessunsicherheiten und eine Angabe enthalten, wie sie ermittelt wurden. Bei mehrfach wiederholten Beobachtungen ist auch die Anzahl n der durchgeführten Beobachtungen anzugeben.

Aus Gründen der Übersichtlichkeit ist es empfehlenswert, die für die Analyse wesentlichen Daten auch in tabellarischer Form zusammenzustellen. In Tab. 1.3 sollte allen Größen ein physikalisches Formelzeichen x_i oder eine kurze Kennung zur Identifizierung beigeordnet werden. Für jede Größe sollte Tab. 1.3 darüber hinaus wenigstens den Schätzwert x_i, die zugehörige Standardmessunsicherheit $u(x_i)$, den Sensitivitätskoeffizienten c_i und den Unsicherheitsbeitrag $u_i(y)$ enthalten. Für die in Tab. 1.3 eingetragenen Zahlenwerte sollte die Dimension der jeweiligen Größe angegeben werden.

Ein formales Beispiel für eine solche Anordnung ist in Tab. 1.3 angegeben, die für unkorrelierte Eingangsgrößen gilt.

Tab. 1.3: Formales Beispiel für unkorrelierte Eingangsgrößen.

Größe	Schätzwert	Standardmessunsicherheit	Sensitivitätskoeffizient	Unsicherheitsbeitrag
X_i	x_i	$u(x_i)$	c_i	$u_i(y)$
X_1	x_1	$u(x_1)$	c_1	$u_1(y)$
X_2	x_2	$u(x_2)$	c_2	$u_2(y)$
...	...	...	...	...
X_N	x_N	$u(x_n)$	C_n	$u_N(y)$
Y	y			$u(y)$

Die dem Messergebnis beizuordnende Standardmessunsicherheit $u(y)$ unten rechts in Tab. 1.3 ist die Wurzel aus der Quadratsumme aller Unsicherheitsbeiträge in der Spalte rechts außen.

Beispiel (Temperaturmessgerätekalibrierung). Tab. 1.4 zeigt ein Messprotokoll mit Berechnung verschiedener Werte.

Da im Beispiel nur mit fünf Messwerten gearbeitet wurde, muss ein statistischer Sicherheitsfaktor von 1,4 berücksichtigt werden (Unsicherheit Prüfling). Tab. 1.5 zeigt das Messunsicherheitsbudget.

Tab. 1.4: Messprotokoll mit Berechnung verschiedener Werte.

Temperatur	Anzeigewert		Abweichung	DakkS-Nr.	Abweichung Referenz
	Referenz	Prüfling			
60	60,01	61,1		4711	−0,05
Eingestellter Wert	60,04	61,1			**Standard-abweichung s**
	60,02	61,3			0,1
	60,04	61,3			**Mittlere Standard-abweichung u**
	60,03	61,1			0,05
Zwischen-ergebnis	60,03	61,18			**Unsicherheit Prüfling ($u \cdot 1,4 \cdot 2$)**
Ergebnis	60,08	61,2	1,12		0,137

$$s = \sqrt{\frac{\sum_{i=1}^{n} [x_i - \bar{x}]^2}{n-1}} \qquad u = \frac{s}{\sqrt{n}}$$

1.3.8 Angabe des vollständigen Messergebnisses

In der EA (European cooperation for Accredition of Laboratories) ist beschlossen worden, dass von den EA-Mitgliedern akkreditierten Kalibrierlaboratorien eine erweiterte Messunsicherheit U in den Kalibrierscheinen anzugeben ist, die sich aus der dem Schätzwert y der Ergebnisgröße beigeordneten Standardmessunsicherheit $u_{(y)}$ durch Multiplikation mit einem Erweiterungsfaktor K ergibt:

$$U_{95} = K_u(y)$$

Tab. 1.5: Messunsicherheitsbudget.

Größe	Bezeichnung	Unsicherheit	Quelle	Verteilung	Divisor zur Berechnung der Standard- unsicherheit	Standard- unsicher- heit u	Einheit
u_1	Inhomogene räumliche Verteilung	100	Info aus DakkS-Labor*	Rechteck	$\sqrt{3}$	57,735	mK
u_2	Zeitliche Stabilität	50	Info aus DakkS-Labor*	Rechteck	$\sqrt{3}$	28,868	mK
u_3	Referenz	30	Info aus DakkS-Labor*	Normal	2	15,000	mK
u_4	Alterung/Drift Referenz	20	Vergangenheitsdaten, Schätzung	Rechteck	$\sqrt{3}$	11,547	mK
u_5	Unsicherheit Prüfling	137	Eigene Messung	Normal	2	68,500	mK
u_6	Digit Prüfling	50	Toleranzangabe des Herstellers	Rechteck	$\sqrt{3}$	28,868	mK
$MU = \sum Ux^2$						100,253	mK
Erweiterte U: $(K \cdot u)$						200,51	mK

* Deutsche Akkreditionsstelle

In Fällen, in denen der Messgröße eine Normalverteilung (Gauß-Verteilung) zugeordnet werden kann und in denen die dem Schätzwert der Ergebnisgröße beigeordnete Standardmessunsicherheit ausreichend zuverlässig ist, ist standardmäßig der Erweiterungsfaktor $K = 2$ zu verwenden.

Die erweiterte Messunsicherheit entspricht einer Überdeckungswahrscheinlichkeit von etwa 95 %. Diese Bedingungen werden auch auf die Kalibrierungen zutreffen.

Die Annahme einer Normalverteilung kann nicht in jedem Falle als gegeben angesehen werden. In den Fällen jedoch, in denen mehrere (d. h. $N \geq 3$) Unsicherheitsbeiträge, die aus Wahrscheinlichkeitsverteilungen unabhängiger Größen, z. B. Normal- oder Rechteckverteilungen, gewonnen wurden, vergleichbare Beiträge zu der dem Schätzwert der Ergebnisgröße beizuordnenden Standardmessunsicherheit liefern, sind die Bedingungen des zentralen Grenzwertsatzes erfüllt, so dass in sehr guter Näherung angenommen werden kann, dass für die Ergebnisgröße eine Normalverteilung vorliegt. Abb. 1.18 zeigt die Normalverteilungen.

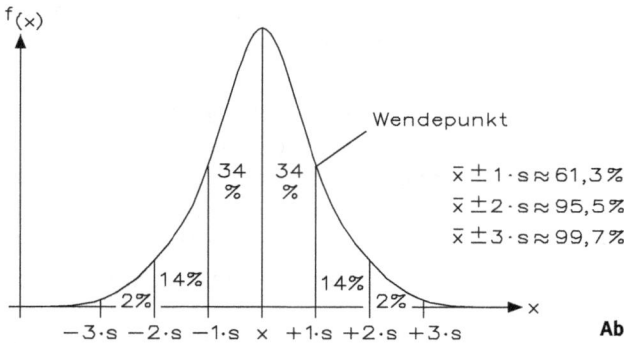

Abb. 1.18: Normalverteilungen.

$$\bar{x} \pm 1 \cdot s \approx 61,3\%$$
$$\bar{x} \pm 2 \cdot s \approx 95,5\%$$
$$\bar{x} \pm 3 \cdot s \approx 99,7\%$$

Beispiel (Temperaturmessgerätekalibrierung). Erweiterte Messunsicherheit:

$$MU = k \cdot u = 2 \cdot 100,25\,\text{mK}$$
$$= 200,51\,\text{mK}$$
$$= 0,20\,\text{K}$$

In Kalibrierscheinen ist das vollständige Messergebnis, das aus dem Schätzwert y der Messgröße und der beigeordneten erweiterten Messunsicherheit U besteht, in der Form $y \pm U$ anzugeben. Diese Angabe ist mit einer Anmerkung zu versehen, die im allgemeinen Fall folgenden Inhalt aufweisen sollte: Die angegebene Messunsicherheit ist das Produkt der Standardmessunsicherheit und dem Erweiterungsfaktor $k = 2$. Sie entspricht bei einer Normalverteilung einer Überdeckungswahrscheinlichkeit von etwa 95 %. Der für Kalibrierlaboratorien verbindliche Text lautet: Angegeben ist die erweiterte Messunsicherheit, die sich aus der Standardmessunsicherheit durch Multiplikation mit dem Erweiterungsfaktor $k = 2$ ergibt. Der Wert der Messgröße liegt mit einer Wahrscheinlichkeit von 95 % im zugeordneten Werteintervall.

Der Zahlenwert der Messunsicherheit ist mit höchstens zwei signifikanten Stellen anzugeben. Der Zahlenwert des Messergebnisses ist in der abschließenden Angabe auf die letzte gültige Ziffer im Wert der dem Messergebnis beigeordneten erweiterten Messunsicherheit zu runden.

Zielrichtung bei der Bestimmung des Freiheitsgrades (des Ergebnisses) ist es, zu prüfen, ob es möglich ist, für die zugeordnete, erweiterte Messunsicherheit eine Normalverteilung anzunehmen. Da die Normalverteilung eine ideale Kurve ist und voraussetzt, dass man unendlich viele, unabhängige Eingangsgrößen hat, welche statistisch um einen Erwartungswert streuen, kann man erkennen, dass man in der Praxis diese idealtypische Messung nie erreichen kann. Man nähert sich aber bereits mit wenigen Eingangsgrößen (ca. 50) recht gut dem Ideal. Da man nun möchte, dass die Messunsicherheiten der Ergebnisse miteinander vergleichbar sind, gibt man diese an, als ob sie normalverteilt wären, was sie ja in den meisten Fällen (fast) auch sind. Hierzu prüft man als Voraussetzung, ob genügend unabhängige Eingangsgrößen zu der Messunsicherheit beitragen und dann kann man die Normalverteilung ansetzen.

Was sind die Freiheitsgrade:
– Der Freiheitsgrad einer (Eingangs-)Größe erlaubt eine Aussage über die Abhängigkeit der Größe von der Menge seiner Eingangswerte (Beobachtungen).
– Der Freiheitsgrad ist für das Gesamtergebnis nicht mehr wichtig. Aber er ist notwendig, um beurteilen zu können, inwieweit das Messergebnis von einzelnen Eingangsgrößen unabhängig ist. Insbesondere für die Angabe der Messunsicherheit ist eine Betrachtung des Freiheitsgrades von Bedeutung, wohingegen sie für das Messergebnis selber keine Rolle spielt.
– Liegt eine dominante Abhängigkeit von einer einzelnen geschätzten (!) Größe vor, ist es in der Regel nicht möglich, einfach einen Überdeckungsfaktor von $k = 2$ anzunehmen, um ein Vertrauensniveau von $S_s = 0,95$ zu erreichen.

Bevor diese Problematik weiter erläutert wird, stellt man den Freiheitsgrad, für den man das Formelzeichen v verwendet, vor:

Der Freiheitsgrad einer Datenmenge ist gleich der Anzahl der einzelnen Elemente dieser Menge, abzüglich der Anzahl der hieraus gewonnenen Informationen.

Wenn man aus einer Datenmenge mit n Elementen den Mittelwert bildet, legt man eine erste Kenngröße der Menge fest. Gleichzeitig reduziert man den Freiheitsgrad der Menge auf $v = n - 1$. Ermittelt man weiterhin die Standardabweichung, legt man eine weitere Kenngröße fest und der neue Freiheitsgrad beträgt nunmehr $v = n - 2$.

Eine Verteilung ist ab etwa 50 statistischen Freiheitsgraden recht gut der Normalverteilung angenähert. Für den Freiheitsgrad $v = 49$ erreicht man hier bereits ein Vertrauensniveau von $S_s = 0,66$ einen Faktor $t = 1,01$ und für das bei uns übliche Vertrauensniveau $S_s = 0,95$ liest man $t = 2,01$ aus Tab. 1.5 ab. Dadurch kommt der üblicherweise eingesetzte Überdeckungsfaktor $k = 2$ zur Wirkung. Bei geringeren Freiheitsgraden wird k entsprechend größer gewählt. Die Bestimmung des Freiheitsgrades für das Ergebnis des Entscheidungskriteriums ist, mit welchem Überdeckungsfaktor man arbeiten kann.

Bringt man nun verschiedene Messunsicherheitseinflüsse in einem gemeinsamen Budget zusammen, bleibt es nicht aus, dass man auch das Zusammenwirken verschiedener Verteilungen miteinander bewerten muss.

Am einfachsten ist es, wenn sich zwei normalverteilte Größen miteinander verrechnen lassen. Wenn man sich auf den zentralen Grenzwertsatz der Wahrscheinlichkeitstheorie stützt, kann man darlegen, dass bei der Zusammenführung zweier Eingangsgrößen durch Überlagerung, Addition oder Multiplikation die Ergebnisgröße ebenfalls normalverteilt sein muss.

Auch für andere Verteilungen sind die Zusammenhänge nicht wesentlich komplizierter. Man hat bereits betrachtet, wie sich schon durch eine geringe Zahl an Faltungen eine ehemals rechteckverteilte Größe der Normalverteilung annähert. Demnach liegt auch schon die Vermutung nahe, dass man nur genügend viele – auch verschieden verteilte – Eingangsgrößen zusammenführen muss, um ein Ergebnis zu erreichen, welches genügend zufällig verteilt ist, um sich einer Normalverteilung anzunähern.

Nun ist es wichtig sicherzustellen, dass man auch ausreichend Zufall in das Ergebnis eingebracht hat, um der Statistik zu genügen. Am Besten erfasst man dies durch ein mathematisch exaktes Testkriterium.

Für empirisch ermittelte Messunsicherheitsbeiträge mit n Beobachtungen ist $v = n - 1$ zu verwenden. Für alle anderen Eingangsgrößen und deren Verteilungen gibt es eine erste Näherung, welche den Freiheitsgrad aus den Quotienten der Unsicherheit zur Messgröße herleitet:

$$v_i = 0{,}5 \cdot \left(\frac{U}{u(x_i)} \right)^2$$

Für den Fall, dass man keinen ausreichend großen Freiheitsgrad erreicht, hat man dennoch die Möglichkeit, das Ergebnis als normalverteilt anzugeben. Hierzu muss ein größerer Überdeckungsfaktor gewählt werden. Solche Fälle findet man immer dann vor, wenn der dominante Einfluss in einem Messunsicherheitsbudget aus einer Messreihe mit wenigen Beobachtungen bestimmt wird und der Freiheitsgrad dieser Reihe entsprechend gering ist. Zunächst bestimmt man den Freiheitsgrad des Ergebnisses und nutzt dann die Verteilung. Hier entnimmt man den t-Faktor für den ermittelten Freiheitsgrad. Diese Größe benutzt man dann an Stelle des ansonsten üblichen Überdeckungsfaktors.

2 Zeigerinstrumente (analoge Messtechnik)

In der praktischen Messtechnik (Messgeräte unter 200 €) unterscheidet man zwischen
- analogen Messgeräten
- digitalen Messgeräten

Analoge Messgeräte sind Zeigerinstrumente und bei diesen erfolgt die Anzeige auf einer Skala durch einen Zeiger. Digitale Messgeräte geben das Messergebnis über eine mehrstellige 7-Segment-Anzeige aus. Die digitalen Messgeräte werden in Kapitel 4 behandelt. Abb. 2.1 zeigt den Unterschied zwischen analogen und digitalen Messgeräten.

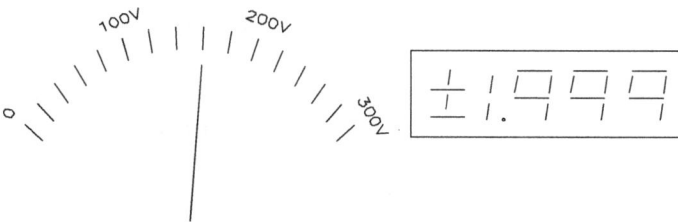

Abb. 2.1: Unterschied zwischen analogen und digitalen Messgeräten.

Das analoge Messgerät zeigt Messwerte zwischen 0 V und 300 V an. Bei dem digitalen Messgerät handelt es sich um eine 3½-stellige Anzeige und es wird ein Messwert von +1.353 angezeigt. Während für ein analoges Messgerät kaum eine Elektronik erforderlich ist, benötigt ein digitales Messgerät eine aufwendige Zusatzelektronik.

Wissenschaft und Technik haben sich erst im heutigen Sinne entwickeln können, seit der Mensch begonnen hat, seine Beobachtungen zahlenmäßig durch Messungen zu erfassen und vergleichbar zu machen. Heiß, warm, kühl, kalt – das sind die Werte einer Skala, die schon einen Vergleich erlauben, die aber für unsere Begriffe viel zu ungenau sind. Um die physikalische Größe Temperatur zu messen, benötigt man eine Einheit. Eine solche Einheit soll möglichst leicht verständlich und möglichst leicht darstellbar sein. Bei der Temperatur hat man festgelegt, dass der Unterschied zwischen Schmelzpunkt des Eises (0 °C) und Siedepunkt des Wassers (100 °C) in einhundert gleiche Teile geteilt werden soll.

Da es sehr viele Möglichkeiten gibt, Einheiten festzulegen, sind auch sehr viele Einheitensysteme entstanden. Bei den Längenmaßen waren es seit alter Zeit die natürlichen Maße Fuß, Elle oder Schritt. Und schon seit alter Zeit hat man versucht, eine Vereinheitlichung zu schaffen, da nun einmal die Fußgröße der Menschen verschieden ist.

Auch die Unterteilung im Einheitensystem kann sehr verschieden sein. In den angelsächsischen Ländern rechnet man mit Yard (Schritt) gleich drei Fuß; ein Fuß

https://doi.org/10.1515/9783110523140-003

gleich 12 Zoll, also einem System mit ungleicher Unterteilung. Besser sind Systeme mit dekadischen Vielfachen, bei denen die nächste Einheit zehnmal so groß ist oder den zehnten Teil darstellt. Bei unserem Zahlensystem lässt sich damit leichter rechnen. Die Längeneinheit Meter ist, wie die meisten heutigen Maßeinheiten, dezimal unterteilt. Eine Ausnahme bilden die Zeiteinheiten mit dem Zwölfersystem (12 Stunden) und der Sechziger-Unterteilung in Minuten und Sekunden.

In fast allen Ländern der Welt sind die Maßsysteme vereinheitlicht und die meisten Länder der Welt benützen Dezimalsysteme. Die Normen der Länder sind untereinander wieder angeglichen worden, da die Wissenschaft und Technik heute unbedingt eine internationale Zusammenarbeit erforderlich machen. Die deutsche Norm (DIN) deckt sich weitgehend mit den internationalen Empfehlungen der „International Standardisation Organisation" (ISO). Ebenso sind die Formelzeichen für die Größen und die Kurzzeichen für die Einheiten weitgehend international übereinstimmend festgelegt.

Bei der Messung gehören Größe und Einheit zusammen. Das Ergebnis einer Messung gibt das Vielfache der Einheit im vorliegenden Fall an. Bei den dekadischen Systemen werden Vielfache und Teile durch Vorsätze gekennzeichnet und man verwendet heute derartige Vorsätze für alle Einheiten von 10^{-12} bis 10^{12}.

2.1 Analoge Messinstrumente

Bei elektrischen Größen wird stets eine Wirkung gemessen, da man die Elektrizität nicht unmittelbar mit unseren Sinnesorganen wahrnehmen kann, wie etwa der Strom beim Messen eines Widerstands. Die Wirkungen der Elektrizität sind vielfältig und dementsprechend auch die elektrischen Messverfahren. Am häufigsten wird die Wechselwirkung zwischen Elektrizität und Magnetismus ausgewertet. Über 90 % aller praktisch eingesetzten Zeigermessgeräte beruhen auf der magnetischen Wirkung.

In der Praxis kann elektrische Energie in jede andere Energieform umgewandelt werden und mit ihrer Wirkung zur Ausführung von Messungen dienen:

- Magnetische Wirkung: Jeder Stromfluss ruft ein Magnetfeld hervor und somit wird dieses Verfahren in 90 % der elektrischen Messtechnik verwendet.
- Mechanische Wirkung: Beim elektrostatischen Prinzip stoßen sich gleichnamig elektrisch geladene Körper ab. Das Piezo-Kristall biegt sich, wenn eine Spannung angelegt wird.
- Wärmewirkung: Bei der direkten Wirkung erwärmt der Strom einen Heizdraht und damit verändert sich die Längenausdehnung. Verwendet man die indirekte Wirkung, wird der erwärmte Draht mittels eines Thermoelements gemessen.
- Lichtwirkung: Man unterscheidet zwischen Gasentladung und Glühlampe. Die Art und Länge des Glimmlichts hängt von der Spannung ab und die Helligkeit des Glühfadens ist von der elektrischen Leistung abhängig.

– Chemische Wirkung: Die Menge der Gasentwicklung ist von der elektrischen Arbeit abhängig.

Alle Messgeräte dieser Art gehen auf die physikalische Tatsache zurück, dass ein elektrischer Strom ein Magnetfeld hervorruft, welches von der Stromstärke abhängig ist. Schickt man den zu messenden Strom durch eine Spule, dann wird ein Weicheisenstück in Abhängigkeit von der Stromstärke mehr oder weniger tief in die Spule hineingezogen (Abb. 2.2 (a)).

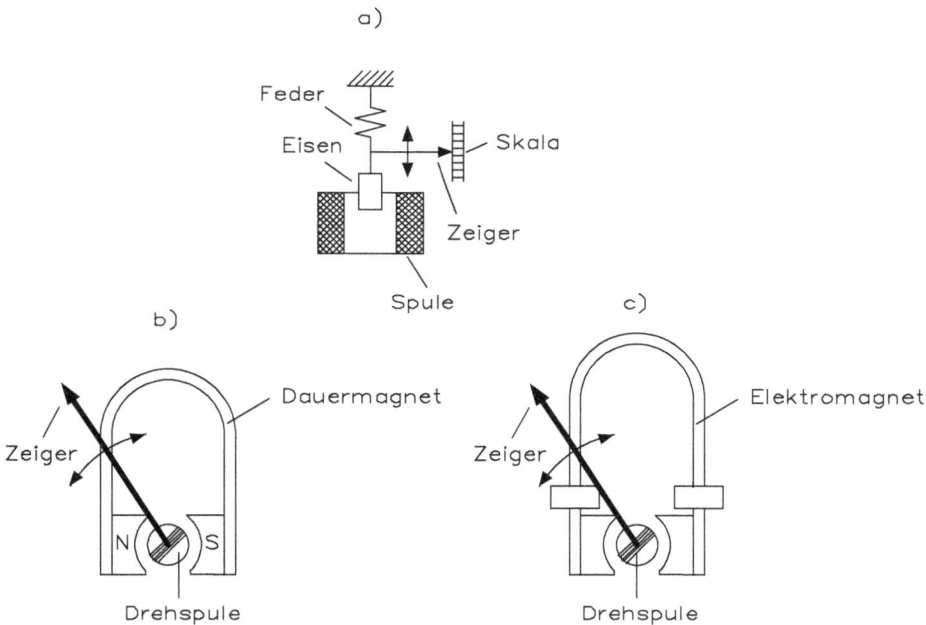

Abb. 2.2: Prinzip der magnetischen Wirkung. (a) Beim Dreheisen-Messwerk wird das Weicheisenstück in eine stromdurchflossene Spule hineingezogen. (b) Beim Drehspul-Messwerk dreht sich die stromdurchflossene Spule im Feld eines Dauermagneten. (c) Beim elektrodynamischen Messwerk dreht sich die stromdurchflossene Spule im Feld eines Elektromagneten.

Ist die stromdurchflossene Spule drehbar zwischen den Polen eines Dauermagneten gelagert, dann dreht sie sich gegen eine Spannfeder, je nach der Stromstärke (Abb. 2.2 (b)). Die Abhängigkeit von zwei Strömen kann gemessen werden, wenn die Drehspule sich im Feld eines Elektromagneten bewegt (Abb. 2.2 (c)). Spannungsmessungen werden ebenfalls meistens auf derartige Strommessungen zurückgeführt.

Reine Spannungsmessung ist mit elektrostatischem Verfahren möglich, bei denen zwei gleichnamig aufgeladene Platten sich abstoßen (Abb. 2.3 (a)). Hierbei fließt, im Gegensatz zu dem magnetischen Verfahren, kein Strom, die Messung wird also leis-

a) b)

bewegliche Zeiger
Platte

feste
Platte

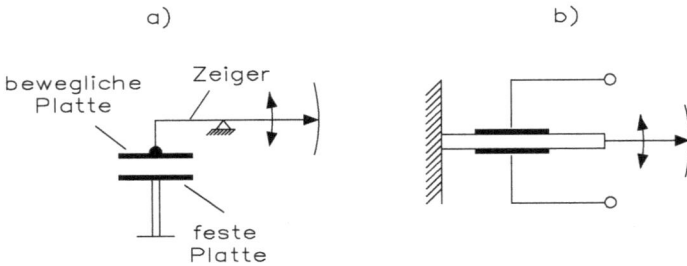

Abb. 2.3: Prinzip der mechanischen Wirkung. (a) Beim elektrostatischen Messwerk stoßen sich gleichnamig elektrisch geladene Körper ab. (b) Ein Piezo-Kristall verformt sich, wenn Spannung angelegt wird.

tungslos durchgeführt. Ebenso kann eine mechanische Wirkung unmittelbar durch eine elektrische Spannung hervorgerufen werden, wenn man die Messspannung an ein besonderes Kristallplättchen, einem Piezo-Kristall, anlegt, der sich dann unter Einfluss der Spannung mechanisch verbiegt (Abb. 2.3 (b)).

Durch den Stromfluss in einem elektrischen Leiter entsteht Wärme, die wiederum als ein Maß für die Stärke des Stromes verwendet werden kann. Entweder misst man die Längenausdehnung eines Drahtes bei der Erwärmung infolge des durchfließenden Stromes (Abb. 2.4 (a)), oder man misst die Durchbiegung eines Bimetallstreifens. Weiterhin kann die Erwärmung durch ein Thermoelement bestimmt werden (Abb. 2.4 (b)). Der Messstrom wird durch einen Widerstandsdraht geleitet. Ein Thermoelement berührt den Draht oder sitzt ganz dicht daran. Die Thermospannung ist ein Maß für die Temperatur und damit für die Stromstärke.

Lichtwirkung (Abb. 2.5) benützt man bei manchen Messverfahren durch Feststellung der Dauer einer Glimmentladung oder durch Messung der Helligkeit einer Glühlampe, beides als Maß für die angelegte Spannung oder den durchfließenden Strom.

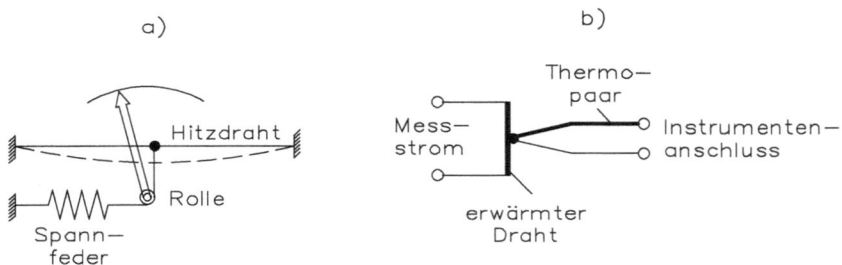

a) b)

Thermo—
paar

Hitzdraht Mess— Instrumenten—
strom anschluss

Rolle

Spann— erwärmter
feder Draht

Abb. 2.4: Prinzip der Wärmewirkung. (a) Beim Heizdraht-Messwerk erwärmt der Strom den Heizdraht und die Längenausdehnung bewirkt einen Zeigerausschlag. (b) Beim Bimetall-Messwerk erwärmt der Strom den Draht und seine Temperatur wird mittels Thermoelement gemessen.

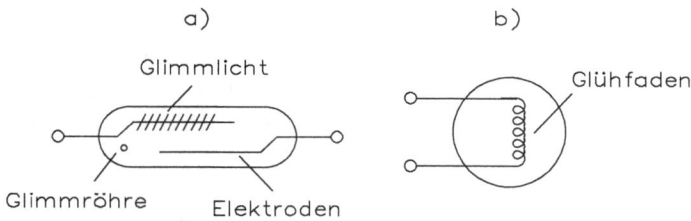

Abb. 2.5: Prinzip der Lichtwirkung. (a) Bei der Gasentladung ist Art und Dauer des Glimmlichts spannungsabhängig. (b) Die Helligkeit des Glühfadens ist von der elektrischen Leistung abhängig.

Chemische Wirkungen werden benützt durch Messung der Ausscheidung von Gasen oder Abscheidung von Metallen oder Salzen bei der Elektrolyse (Abb. 2.6).

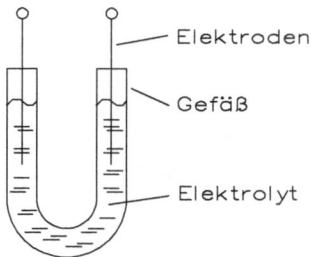

Abb. 2.6: Bei der Elektrolyse ist die Menge der Gasentwicklung von der elektrischen Arbeit abhängig.

In manchen Fällen erscheint das Messverfahren grundsätzlich umständlich und kompliziert, ist aber in der Praxis oft das einfachste Prinzip. Es ist vergleichbar mit der Energieumwandlung. So wird beispielsweise die chemische Energie der Kohle erst zur Verdampfung von Wasser verwendet, dann wird die Dampfturbine betrieben und anschließend in einem Generator mit Hilfe von magnetischen Feldern in elektrischen Strom umgewandelt. Trotzdem ist dies das wirtschaftlichere Verfahren gegenüber der unmittelbaren Umwandlung chemischer Energie in elektrischen Strom in einer Taschenlampenbatterie. Ähnlich verhält sich die Messtechnik. Das anscheinend einfachste Verfahren der unmittelbaren Umwandlung elektrischer Energie in mechanische Bewegung im Piezokristall wird nur äußerst selten angewendet, dagegen der Umweg über die magnetischen Verfahren am häufigsten. Welche Methode am besten geeignet ist, kann nur von Fall zu Fall entschieden werden. Hohe Forderungen an die Genauigkeit oder geringe zur Verfügung stehende Energie können besondere, außergewöhnliche Messverfahren erforderlich machen.

Ein Messwert muss erkennbar werden, entweder angezeigt auf einer Skala oder aufgezeichnet auf einem Registrierstreifen oder auch unmittelbar in Ziffern ablesbar. Den größten Anteil aller elektrischen Messgeräte nehmen immer noch die Zeigergeräte ein, obwohl die elektronischen Messinstrumente zahlreiche Vorteile aufweisen.

Im Laufe der Zeit haben sich unterschiedliche Formen entwickelt, die den verschiedensten Bedürfnissen angepasst wurden. Diese Formen waren zum Teil bedingt durch das physikalische Verfahren, zum Teil durch den Aufstellungsort der Messgeräte, ob fest montiert in einer Schalttafel oder als transportables Tischgerät. Sie sind zum Teil auch bedingt durch den Preis des Gerätes, da eine Verbesserung der Anzeige oft eine erhebliche Verteuerung bedeutet.

Bei den Messgeräten mit mechanischem Zeiger herrscht der Kreisbogenzeiger vor. In erster Linie ist das bedingt durch die Bauart des Messgerätes, da zum Beispiel bei den viel verwendeten Drehspulgeräten dies die einfachste Konstruktion ist. Die drehbare Spule ist unmittelbar mit dem mechanischen Zeiger zu einer Einheit verbunden. Fordert man in Sonderfällen eine gerade und ebene Skala, dann kann man durch Umlenkung oder Seilführung diese Forderung erfüllen. Wenn die Stirnfläche möglichst geringen Raum einnehmen soll, kann sich der Zeiger in einem Zylinderausschnitt drehen und das Gerät flach hinter der Schalttafel angeordnet werden.

Zur Bewegung eines mechanischen Zeigers benötigt man eine bestimmte Energie, die nicht in allen messtechnischen Fällen zur Verfügung steht.

Eine fast trägheitslose Anzeige erhält man bei einem Oszilloskop, bei den elektronischen Messgeräten und in der virtuellen Messerfassung bzw. Messverarbeitung durch einen PC oder Laptop. In der Elektronenstrahlröhre wird der Strahl magnetisch oder elektrisch abgelenkt. Mechanisch bewegte Teile existieren überhaupt nicht. Hier kann man sehr rasche Bewegungen ausführen lassen und das Messgerät als Schreiber für sehr schnell ablaufende Vorgänge oder Schwingungen benützen. Für einfache Messungen ist das Verfahren zu teuer, für Laborzwecke dagegen heute allgemein in Benutzung.

Bei Registriergeräten ist die mechanische Aufzeichnung die einfachste. Der Energiebedarf (Eigenverbrauch) ist noch höher als bei dem mechanischen Zeigergerät. Der Schreibstift muss den Reibungswiderstand auf dem ablaufenden Papierstreifen überwinden können. Geringer Energiebedarf und die Möglichkeit zur Aufzeichnung rasch ablaufender Vorgänge ist kennzeichnend für die fotografisch registrierenden Lichtschreiber-Geräte.

2.1.1 Messwerk, Messinstrument und Messgerät

Um Verwechslungen und Irrtümer zu vermeiden, sollten nur genormte Bezeichnungen verwendet werden. Die Normen unterscheiden die drei wichtigen Begriffe Messwerk, Messinstrument und Messgerät. Zum Messwerk gehört nur das bewegliche Organ mit dem Zeiger, die Skala und weitere Teile, die für die Funktion ausschlaggebend sind, wie z. B. eine feste Spule oder der Dauermagnet. Durch eingebaute Vorwiderstände, Umschalter, Gleichrichter und das Gehäuse wird das Messwerk zum Messinstrument ergänzt. Das Messwerk allein ist also zwar funktionsfähig aber nicht unmittelbar verwendbar, das Messinstrument dagegen kann in dieser Form schon

Teile und Zubehör elektrischer Zeigermessgeräte (nach VDE 0410):

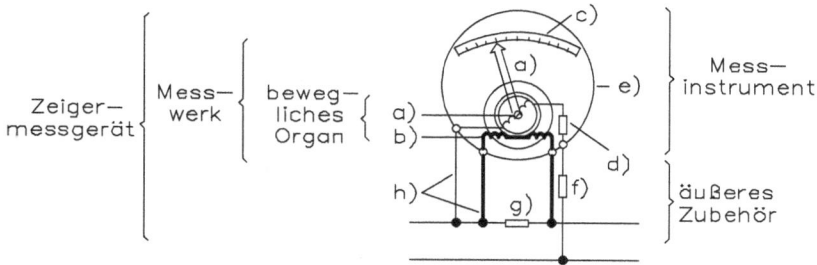

a) bewegliches Organ mit Zeiger (z.B. mit Drehspule im Spannungspfad)

b) feste Spule (im Strompfad)

c) Skala

a + b + c = Messwerk

d) eingebautes Zubehör; z.B. Vorwiderstand im Spannungspfad

e) Gehäuse

a + b + c + d + e = Messinstrument

f) getrennter Vorwiderstand

g) getrennter Nebenwiderstand (Shunt)

h) Messleitungen

f + g + h = äußeres Zubehör

Messinstrument + äußeres Zubehör = a … h = Zeigermessgerät

Abb. 2.7: Teile und Zubehör elektrischer Messgeräte.

endgültig benutzt werden, z. B. bei Tischgeräten. Kommen noch äußere Zubehörteile hinzu, wie etwa Messleitungen oder getrennte Vor- und Nebenwiderstände, getrennte Gleichrichter und andere, dann ist ein vollständiges Messgerät zusammengestellt. Abb. 2.7 zeigt Teile und Zubehör elektrischer Messgeräte. Tab. 2.1 beinhaltet die Benennung der Messgeräte.

Auch die Benennung der Messgeräte-Arten ist in den Normen festgelegt und soll der Beschreibung entsprechend verwendet werden. In erster Linie unterscheidet man sie nach dem physikalischen Vorgang der Messung (Tab. 2.1). Die Messwerke sind danach in zehn Gruppen eingeteilt. Die Reihenfolge und Einteilung ist kein Werturteil und gibt keine Auskunft über die Zweckmäßigkeit des Einsatzes. Sie besagt lediglich etwas über die grundsätzlichen Eigenschaften und damit über die Verwendungsmöglichkeit. So kann beispielsweise ein Drehspulinstrument mit einem feststehenden Dauermagnet und einer beweglichen Spule nur für Messungen von Gleichströmen geeignet sein. Das Gleiche gilt bei der Umkehrung, dem Drehmagnetinstrument, bei der die stromdurchflossene Spule fest steht und ein Dauermagnet beweglich angeordnet ist. Dreheiseninstrumente wurden früher oft als Weicheiseninstrumente bezeichnet. Das ist heute überholt, da heute das bewegliche Eisenteil stets drehbar ge-

Tab. 2.1: Benennung der Messgeräte.

	Kennzeichnung
(a) Nach Art des Messwerks	
1. Drehspulinstrumente	Feststehender Dauermagnet, bewegliche Spule(n)
2. Drehmagnetinstrumente	Bewegliche(r) Dauermagnet(e), feststehende Spule(n)
3. Dreheiseninstrumente	Bewegliche(s) Eisenteil(e), feststehende Spule(n)
4. Eisennadelinstrumente	Bewegliche(s) Eisenteil(e), fester Dauermagnet; feste Spule
5. Elektrodynamische Instrumente	Feststehende Stromspule(n), bewegliche Messspule(n)
6. Elektrostatische Instrumente	Feststehende Platte(n), bewegliche Platte(n)
7. Induktionsinstrumente	Feststehende Stromspule(n), bewegliche Leiter (Scheiben)
8. Heizdrahtinstrumente	Vom Stromdurchgang erwärmter Draht
9. Bimetallinstrumente	Vom Stromdurchgang erwärmter Draht
10. Vibrationsinstrumente	Schwingfähige bewegliche Organe
(b) Nach Art der Messumformer	
1. Thermoumformer-Messgeräte	Thermopaar liefert Messspannung
2. Gleichrichter-Messgeräte	Gleichrichter formt Wechselstrom in Gleichstrom um
(c) Nach Art von Sondermaßnahmen	
1. Quotientenmesser	Das Verhältnis elektrischer Größen wird gemessen
2. Summen- oder Differenzmesser	Mit zwei Wicklungen werden Ströme summiert
3. Astatische Instrumente	Paarweise gekoppelte Messwerke mit entgegen gerichteten Feldern
4. Eisengeschirmte Instrumente	Eisenabschirmung gegen Fremdfelder

lagert ist. Die Eisennadelinstrumente unterscheiden sich von den Dreheiseninstrumenten durch den zusätzlich vorhandenen Dauermagneten, dessen Wirkung durch den Stromfluss in der Spule verstärkt oder geschwächt wird. Elektrodynamische Instrumente haben eine feststehende und eine bewegliche Spule und können damit das Produkt zweier Ströme anzeigen. Auch Instrumente mit mehreren Spulen im beweglichen Organ oder festen Teil tragen die gleiche Bezeichnung. Elektrostatische Instrumente bestehen aus festen und beweglichen Platten. Induktionsinstrumente arbeiten mit Strömen, die in beweglichen Leitern oder Metallscheiben induziert werden. Heizdrahtinstrumente messen die Längenausdehnung eines vom Stromfluss erwärmten Drahtes und Bimetallinstrumente die Bewegung des erwärmten Bimetallorgans. Die Vibrationsinstrumente schließlich besitzen mechanisch schwingfähige Teile, Zungen oder Platten, die in Resonanz kommen können.

Eine weitere Unterteilung wird nach Art der Zusatzgeräte zur Messwertumformung vorgenommen. Die Umformung ist häufig dann erforderlich, wenn Wechselströme mit Messwerken gemessen werden sollen, die ihrer Eigenschaft nach nur für Gleichströme geeignet sind. Schließlich kann man noch nach Sondermaßnahmen unterteilen. Durch Anbringung mehrerer Spulen im beweglichen Organ oder festen Teil ist die Bildung von Quotientenwerten möglich. Ebenso kann man eine Summen- oder Differenzbildung aus zwei Messwerten erreichen.

Bei Messverfahren der magnetischen Gruppe haben magnetische Fremdfelder einen starken verfälschenden Einfluss. Als Gegenmaßnahme kann man im astatischen Instrument zwei Messwerke paarweise koppeln, so dass die Fremdeinflüsse sich aufheben. Auch durch magnetische Abschirmung kann ein Fremdfeldeinfluss ausgeschaltet werden.

2.1.2 Beschriftung der Messgeräte

Für die Beschriftung von elektrischen Messgeräten sind ebenfalls VDE-Normen aufgestellt. Alle in Deutschland für den Inlandsbedarf hergestellten Messgeräte müssen diese Regeln befolgen. Auch bei Auslandslieferungen wird nur auf besondere Anforderung davon abgewichen. Für die Einheiten auf Messinstrumentenskalen sind Beispiele von Kurzzeichen angeführt (Tab. 2.2). Diese umfassen nicht nur die Grundeinheiten, sondern auch die Teile und Vielfache davon, also zum Beispiel nicht nur A für die Einheit des Stromes in Ampere, sondern auch bei Bedarf mA für Milliampere, µA für Mikroampere oder selbst kA für Kiloampere. Bei elektrischer Messung nicht elektrischer Größen können die Anzeigegeräte auch mit diesen Einheiten unmittelbar beschriftet werden, wie zum Beispiel für Temperaturanzeige in °C, Weglängen in mm oder Prozentanteile von Gasmischungen in % CO_2 oder % O_2.

Tab. 2.2: Kurzzeichen für Einheiten auf Messinstrumentenskalen.

		kA	Kiloampere	A	Ampere	mA	Milliampere	µA	Mikroampere
		kV	Kilovolt	V	Volt	mV	Millivolt	µV	Mikrovolt
MW	Megawatt	kW	Kilowatt	W	Watt	mW	Milliwatt		
		kvar	Kilovar	var	var*				
MHz	Megahertz	kHz	Kilohertz	Hz	Hertz				
MΩ	Megaohm	kΩ	Kiloohm	Ω	Ohm				
				cos φ	Leistungsfaktor				
				Ah	Amperestunden				
		kWh	Kilowattstunden	Wh	Wattstunden				
				Ws	Wattsekunden				

* Volt-Ampere reaktiv

Zur schnellen Orientierung über die Daten und Eigenschaften eines vorhandenen Messinstrumentes werden Kurzzeichen und Sinnbilder auf den Skalen eingetragen. Diese Sinnbilder dürfen nicht als Schaltbilder in Schaltungen und Stromlaufplänen verwendet werden. Die Sinnbilder sind meistens in einer Gruppe auf der Skala zusammengefasst und müssen beim Umgang mit Messgeräten vertraut und geläufig sein.

Skalensinnbilder

—	für Gleichstrom (DC)	Ⓠ	Drehspul—Messwerk
∿̄	für Gleich— und Wechselstrom	⊬ ⊻	als Gleichrichter Zusatz zu Thermoumformer
∼	für Wechselstrom (AC)	∨	ⓠ isolierter Thermoumformer
≈	für Drehstrom mit einem Messwerk		
≈	für Drehstrom mit zwei Messwerken	Ⓧ	Drehspul—Quotientenmesswerk
≈	für Drehstrom mit drei Messwerken	⤙	Drehmagnet—Messwerk
		⤙	Drehmagnet—Quotientenmesswerk
1,5	Klassenzeichen, bezogen auf Messbereich—Endwert	⋛	Dreheisen—Messwerk
1,5	Klassenzeichen, bezogen auf Skalenlänge bzw. Schreibbreite	⋛	Dreheisen—Quotientenmesswerk
⓵	Klassenzeichen, bezogen auf richtigen Wert	⊹	elektrodynamisches Messwerk (eisenlos)
⊥	senkrechte Nennlage	⊛	elektrodynamisches Quotienten—messwerk (eisenlos)
⊓	waagerechte Nennlage	⊕	elektrodynamisches Messwerk (eisengeschlossen)
∠60°	schräge Nennlage, (mit Neigungswinkelangabe)	⊗	elektrodynamisches Quotienten—messwerk (eisengeschlossen)
☆	Prüfspannung	⊙	Induktions—Messwerk
⊓	Hinweis auf getrennten Nebenwiderstand	⊙	Induktions—Quotientenmesswerk
⊓⊓	Hinweis auf getrennten Vorwiderstand	∿	Hitzdraht—Messwerk
◯	magnetischer Schirm (Eisenschirm)	◜	Bimetall—Messwerk
◌	elektrostatischer Schirm	⊤	elektrostatisches Messwerk
ast	astatisches Messwerk	∨	Vibrationsmesswerk
⚠	Achtung (Gebrauchsanleitung beachten)!	⊕	mit eingebautem Verstärker

Bei Messgeräten mit mehreren Messpfaden müssen die einzelnen Mess—pfade gegeneinander und gegen Erde geprüft werden. Die Größe der Prüfspannung ist abhängig von der Größe der Nennspannung des Mess—gerätes.
Nennspannung bis 40 V, Prüfspannung 500 V: Stern, ohne Zahl
Nennspannung 40 V bis 650 V, Prüfspannung 2 kV: Stern, Zahl = 2
Nennspannung 650 V bis 1000 V, Prüfspannung 3 kV: Stern, Zahl = 3

Abb. 2.8: Sinnbilder für elektrische Messgeräte.

Die erste Gruppe gibt die Stromart an, für die das Messgerät verwendbar ist (Abb. 2.8). Unterschieden wird für reinen Gleichstrombetrieb (DC = Direct Current), für reinen Wechselstrombetrieb (AC = Alternating Current) und verwendbar für Gleich- und Wechselstrom (AC/DC). Bei Drehstrom wird durch Fettdruck gekennzeichnet, ob ein, zwei oder drei Messwerke in dem Messgerät eingebaut sind, die dann auf einen einzigen Zeiger mit einer Skala arbeiten.

Die Prüfspannung gibt an, wie der Aufbau, der Klemmenabstand und die Isolation geprüft sind. Meistens beträgt die Prüfspannung 2 kV, bei einfacheren Messgeräten, vor allem auch in der Nachrichtentechnik 500 V. In diesem Falle enthält der Prüfspannungsstern keine Zahlenangabe.

Die vorgeschriebene Gebrauchslage muss unbedingt eingehalten werden, da man andernfalls eine Ungenauigkeit in der Anzeige erhält. Gewöhnlich wird nur angegeben, ob für senkrechten Einbau (in einer Schalttafel) oder waagerechten Gebrauch, bei Tischgeräten, geeignet. In Sonderfällen kann bei Präzisionsinstrumenten auch noch eine Einschränkung über die zulässige Abweichung gegeben werden.

Die Genauigkeitsklasse besteht aus einer Zahlenangabe, die zwischen 0,1 und 5 liegt. In der Regel wird auf den Skalenendwert bezogen. Tab. 2.3 zeigt die Messgeräteklassen.

Tab. 2.3: Messgeräteklassen.

	Feinmessgeräte			Betriebsmessgeräte			
Klasse	0,1	0,2	0,5	1	1,5	2,5	5
Anzeigefehler ± %	0,1	0,2	0,5	1	1,5	2,5	5

Die größte Gruppe der Sinnbilder gibt Daten über die Messgeräte-Arbeitsweise und das Zubehör an. Die Sinnbilder sind leicht zu merken, da sie den Aufbau vereinfacht kennzeichnen. Die Hauptgruppen sind weiter unterteilt, als in der Tabelle der Benennung. So gibt es getrennte Sinnbilder für einfache Drehspulmesswerke mit einer Drehspule und Drehspulmesswerke mit gekreuzten Spulen zur Messung von Verhältniswerten (Quotienten).

Die Angaben über Zubehör umfassen die Messumformer und die getrennten, zum Messgerät gehörenden Vor- und Nebenwiderstände. Elektrostatische oder magnetische Abschirmung wird angegeben, damit man den Einsatz richtig beurteilen kann. In manchen Fällen ist ein Schutzleiteranschluss vorgesehen und besonders gekennzeichnet. Ebenso ist die Nullstellung für die mechanische Einstellung des Zeigers auf die Nullmarke der Skala gekennzeichnet.

In besonderen Fällen wird auf die Gebrauchsanweisung verwiesen. Bei besonderen Einbauvorschriften werden diese angegeben, zum Beispiel durch die Vorschrift, das Messgerät in eine Eisentafel bestimmter oder beliebiger Dicke einzubauen. Messgeräte, die Erschütterungen ausgesetzt werden, sind einer Schüttelprüfung unterzogen worden.

Messinstrumente werden durch einen Kreis, Messwerke durch einen kleineren Kreis dargestellt. In den Kreis des Messinstrumentes wird die Einheit eingetragen oder das Kurzzeichen für die Messgröße oder ein Zeiger. Bei den Messwerken kann bei Bedarf zwischen Strom- und Spannungspfad durch eine dicke oder eine dünne Linie unterschieden werden. Zwei parallel gezeichnete Pfade bedeuten Summe- oder Differenzbildung, zwei senkrecht gekreuzte Pfade geben an, dass dieses Messwerk das

Produkt aus zwei Messgrößen bildet. Schräg gekreuzte Pfade bedeuten Quotientenbildung.

Die Art der Anzeige und der Registrierung und weitere Eigenschaften sind durch Kennzeichen anzugeben, so zum Beispiel auch die Stromart und die Schaltung. Diese Kennzeichen dürfen nur in Verbindung mit Schaltzeichen verwendet werden. Abb. 2.9 zeigt ein Beispiel für eine Skalenbeschriftung.

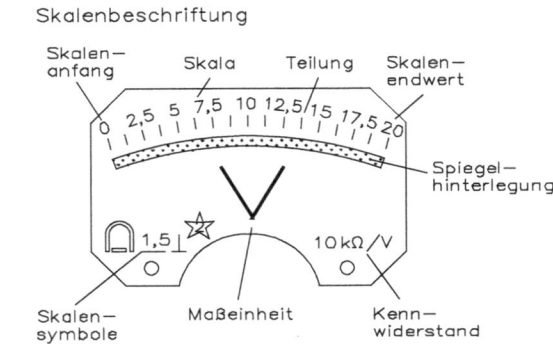

Abb. 2.9: Skalenbeschriftung für ein Zeigermessgerät.

Bei Zusatzgeräten sind die Messwandler wichtig. Sie sind dem allgemeinen Schaltzeichen für Transformatoren entsprechend darzustellen, bekommen aber vereinheitlichte Buchstaben für die Anschlüsse. Großbuchstaben kennzeichnen die Primärseite, Kleinbuchstaben die Sekundärseite. Die Buchstaben K und L sind für Stromwandler, die Buchstaben U und V für Spannungswandler vorgeschrieben.

Vor- und Nebenwiderstände werden wie gewöhnliche ohmsche Widerstände dargestellt. In Sonderfällen, wenn es sich um rein ohmsche Widerstände mit der Phasenverschiebung 0° handelt, kann dies mit dem Zusatz 0° angegeben werden. Bei reinen Blindwiderständen kann entsprechend 90° an das Schaltzeichen geschrieben werden.

Einige weitere Schaltzeichen müssen häufig in Verbindung mit Messgeräten verwendet werden. Hierzu gehören die Messgleichrichter oder als Messwertumformer der Hallgenerator, der Thermoumformer und temperatur- und beleuchtungsabhängige Widerstände oder Halbleiter.

Für vollständige Messanlagen benötigt man die allgemein verwendeten Schaltzeichen, zum Beispiel für Sicherungen, Relais, Leuchtmelder oder Schauzeichen (alte Radiogeräte). Bei den elektronischen Messgeräten kommen außerdem noch viele Schaltzeichen der Nachrichtentechnik, Röhren- und Halbleitertechnik hinzu. Dies gilt insbesondere für digitale Multimeter und Kathodenstrahl-Oszilloskop.

Meldegeräte stellen in vielen Fällen Messgeräte dar, bei dem ein Höchstwert oder ein Sollwert gemeldet wird. Man verwendet ein Quadrat, wie bei den registrierenden Messgeräten und zeichnet die betreffende Ausführung ein. Beim Temperaturmelder deutet das Schaltzeichen ein Thermometer an, beim Thermoelement ist es die Lötstelle und beim Lichtmelder der eingebaute Fotowiderstand.

2.1.3 Messinstrumentengehäuse

Die äußere Form eines Messinstrumentes wird durch das Gehäuse bestimmt. Grundsätzlich ist es möglich, fast jedes beliebige Messwerk in jede beliebige Gehäuseform einzubauen. Mit dem Größenverhältnis ist man natürlich begrenzt, da es nicht möglich ist, ein Messwerk für wenige Mikroampere in ein Großgehäuse zu setzen, da dann der Eigenbedarf für die Bewegung des großen Zeigers zu hoch wird. Der Eigenbedarf soll immer nur einen vernachlässigbar kleinen Anteil des Messwertes ausmachen. Grundsätzlich kann man sagen, dass bei Schalttafelgeräten der Eigenbedarf höher ist als bei Tischgeräten.

Bei Schalttafelinstrumenten ist die Normung wichtiger als bei Tischinstrumenten und daher auch wesentlich ausführlicher festgelegt, da die Gesamtanordnung auf der Schalttafel von der Form des Messinstrumentes abhängt. Heute bevorzugt man die Einbauform, bei der das Gehäuse hinter der Schalttafelebene sitzt und das Instrument versenkt eingebaut wird. Früher benützte man häufiger die Aufbauform, bei der kein so großer Ausschnitt in der Schalttafel erforderlich ist. Dies hängt in erster Linie mit der Wandlung im Material der Schalttafeln zusammen. Größere Ausschnitte waren bei den früher verwendeten Marmor- oder Schiefer-Schalttafeln schwer auszuführen. Heute werden Metall- oder Kunststoffplatten verwendet.

Bei runden Frontrahmen kann die Skala im 70°-, 90°- oder bis 270°-Format ausgeführt werden. Der Frontrahmen kann auch bei rundem Gehäuse rechteckig ausgebildet werden, wenn es die Gesamtaufteilung zweckmäßig erscheinen lässt. Sehr beliebt sind heute quadratische und rechteckige Formen, die einen gedrängten Aufbau erlauben. Das hat sich daraus ergeben, dass heute meist sehr viel mehr Messwerte auf einer Schalttafel anzuzeigen sind als früher. Bei quadratischen Instrumenten hat man wieder die Möglichkeit, entweder eine Sektorskala auszuführen oder die Quadratskala. Diese hat den Vorteil der besonders guten Raumausnützung, verglichen mit der zur Verfügung stehenden Skalenlänge. Außerdem können sehr sinngemäße Zeigerbilder erreicht werden, die auf einen raschen Blick eine Warnung bei ungewöhnlichem Zeigerstand erlauben. Auch bei quadratischen Instrumenten verwendet man 270°-Skalen, wenn eine besonders große Skalenlänge auf geringstem Raum gefordert wird.

Profilinstrumente ergeben ein geradliniges Skalenbild in vertikaler oder horizontaler Richtung. Profil- und Quadratinstrumente eng zusammenzubauen ist dann möglich, wenn die genormten Frontrahmenmaße eingehalten werden. Von den Einheiten 48 mm und 72 mm ausgehend hat man durch jeweilige Verdoppelung eine Reihe, von Normabmessungen vorgeschrieben, die heute bei der Fertigung eingehalten werden. Der Messgeräteblock zeigt dann ein geschlossenes Bild und besonders wichtige Instrumente können durch Stellung und Größe hervorgehoben werden.

Bei Tischinstrumenten unterscheidet man eigentlich nur wenige Formen. Die Präzisionsinstrumente sind im Allgemeinen dadurch gekennzeichnet, dass sie nur zwei oder drei Anschlussklemmen besitzen und die etwa geforderte Messbereichserweiterung durch äußere Zusatzwiderstände vorgenommen wird. Beim Universal-Tischinstrument sind die Vor- und Nebenwiderstände, Umschalter, Gleichrichter und eventuell auch die Messwandler eingebaut. Die Bereichswahl geschieht durch Drehschalter. Die Abmessungen sind nur wenigen Normvorschriften unterworfen, da dazu kein Bedürfnis besteht. Im labormäßigen Aufbau einer Messschaltung spielt die Größe keine wesentliche Rolle. Aus Fertigungsgründen haben verschiedene Herstellerfirmen allerdings für ihre Tischinstrumente einheitliche Gehäuse geschaffen.

2.1.4 Skalen

Für die Ablesemöglichkeit eines Messinstrumentes ist die Ausführung der Skala entscheidend. Gefordert wird eine möglichst große Skalenlänge, ausreichende Unterteilung und gute Erkennbarkeit. Die Skalenlänge bedingt unterschiedlichen Platzbedarf, je nach Ausführung. Die am leichtesten ablesbare Linearskala kann in Rechteckgehäusen am einfachsten verwirklicht werden. In den meisten Fällen wird eine Sektorskala von 70° bis 90° verwendet, da keinerlei besondere Übertragungsglieder nötig sind. Der Zeiger spielt unmittelbar über der Skala. Bei größerem Winkel, bis 270°, sinkt der Platzbedarf; doch ist die Ablesung nicht so übersichtlich. In manchen Fällen werden sogar 360°-Skalen ausgeführt.

Die Teilung einer Skala hängt einerseits von der physikalischen Wirkungsweise des Messwerks, andererseits von den Betriebsforderungen ab. Viele Wünsche lassen sich durch konstruktive Maßnahmen erfüllen, selbst wenn theoretisch für eine Messwerksart ein anderer Verlauf zu erwarten ist. Die quadratische Teilung kommt bei vielen Messwerken als natürliche Teilung vor. Der Ausschlag ist abhängig vom Quadrat des Messwertes. Die quadratische Teilung bringt einen gedehnten Endbereich, der vielfach erwünscht ist.

Manche Messwerke liefern von sich aus eine ungleichmäßige Teilung, die keinen bestimmten Gesetzen gehorcht. In manchen Fällen kann der Verlauf korrigiert werden, manchmal unterlässt man das aus Preisgründen. Gleichmäßige Teilung bedeutet gleichen Abstand aller Teilstriche. Die Ablesung ist am einfachsten, die Übersichtlichkeit am besten. Gleichmäßige Teilung ist bei einigen Messwerksarten von selbst gegeben, bei anderen durch Zusatzmaßnahmen erreichbar.

Der Nullpunkt der Skala liegt gewöhnlich links. Viele Messwerke erlauben aber auch eine Anordnung des Nullpunkts in der Mitte der Skala mit stromrichtungsabhängigem Zeigerausschlag nach beiden Seiten. In anderen Fällen kann der Nullpunkt unterdrückt sein, wenn der Anfangsbereich uninteressant ist. Gelegentlich ergibt sich sogar die Nullpunktanordnung an der rechten Seite der Skala mit gegenläufigem Verlauf. Dies trifft zum Beispiel bei direkt zeigenden Ohmmetern zu, die dann mit Doppelskala ausgerüstet sind.

Soll der Anfangsbereich besonders genau ablesbar sein, ohne den Gesamtbereich zu sehr zu beschneiden, kann man einen Teil der Skala dehnen. Selbstverständlich ist das nicht willkürlich, sondern nur in Abhängigkeit von der Messwerkskonstruktion möglich. Bei Überlastskalen ist ebenfalls der Anfangsbereich gedehnt, der letzte Teil nur grob ablesbar. Bei unterdrücktem Nullpunkt dagegen beginnt umgekehrt die Skala erst mit einem höheren Wert und zeigt den Endbereich deutlich.

Wenn Anfangs- und Endbereich nur angezeigt, nicht aber gemessen werden, gibt man den eigentlichen Messbereich durch Punkte auf der Skala an. Innerhalb dieser Punkte werden die Genauigkeitsbestimmungen eingehalten.

Die Anzahl der Teilstriche auf der Skalenlänge hängt von den Betriebsbedingungen (Abb. 2.10) ab. Ein Präzisionsinstrument muss feinere Unterteilungen haben, als ein Übersichtsinstrument in einer Schalttafel. Bei Schalttafelinstrumenten, die auf größere Entfernung erkennbar sein sollen, wird die Grobskala (Abb. 2.10 (a)) bevorzugt. Eine größere Anzahl von Teilstrichen kann doch nicht unterschieden werden und würde nur verwirren, bei Präzisionsinstrumenten wird dagegen die Feinskala (Abb. 2.10 (b)) bevorzugt. Bei Angaben der Skalenlänge wird über die Mitte der kleinen Teilstriche gemessen. Der Wert von einem Teilstrich zum nächsten soll entweder 1, 2 oder 5 und die Teile und Vielfache davon betragen. Bei unbeschrifteten Skalen, wie sie bei Präzisionsinstrumenten gelegentlich vorkommen, wird der Wert eines Skalenteils angegeben. Ein Skalenteil ist der Abstand zweier benachbarter Teilstriche.

2.1.5 Drehmomente und Einschwingen

Um einen Zeigerausschlag über eine Kreisskala zu erreichen, muss eine Drehbewegung erzeugt werden. Eine derartige Drehbewegung wird durch ein Drehmoment erzeugt, eine Kraft, die an einem Hebelarm angreift.

a)	``0  5  10  15  20  25``	Grobskala
b)	``0  20  40  60  80  100``	Feinskala
c)	``020 40  60  80  100``	quadratische Teilung
d)	``0 20  40  60  80  100``	ingleichmäßige Teilung
e)	``50 40 30 20 10  0  10 20 30 40 50``	gleichmäßige Teilung mit Mittel—Nullpunkt
f)	``0  5  10  15  20  25`` / ``∞ 500 100 80 60  40  20  0`` / ``1k``	Doppelskala untere gegenläufig
g)	``0  5  10  15 20 25``	gedehnter Anfangsbereich
h)	``100 150 180 200 210 220  230``	unterdrückter Nullpunkt
i)	``0  5  10  15  20 50 100``	erweiterte (Überlast)—Skala
j)	``0 50  100  150  200  250 300``	Angabe des Mess—bereiches durch Punkte

Die Skalenlänge wird über die Mitte der kleinen Teilstriche gemessen.

Bei Sektorskalen ist es die Bogenlänge in mm. Der Wert eines Teilstriches soll 1; 2 oder 5 betragen. Ein Skalenteil ist der Abstand zweier benachbarter Teilstriche.

Skalenanfangswert ist der Wert des ersten Striches der Teilung.

Skalenendwert ist der Wert des letzten Striches der Teilung.

Skalennullpunkt ist der mit Null beschriftete Strich der Skala.

Mechanischer Nullpunkt ist der Punkt, auf den sich der Zeiger nach Abschalten des Instrumentes einstellt.

Anzeigebereich ist der gesamte Skalenumfang.

Anzeigebereich und Messbereich können verschieden sein.

Innerhalb des Messbereichs werden die Genauigkeitsbestimmungen eingehalten.

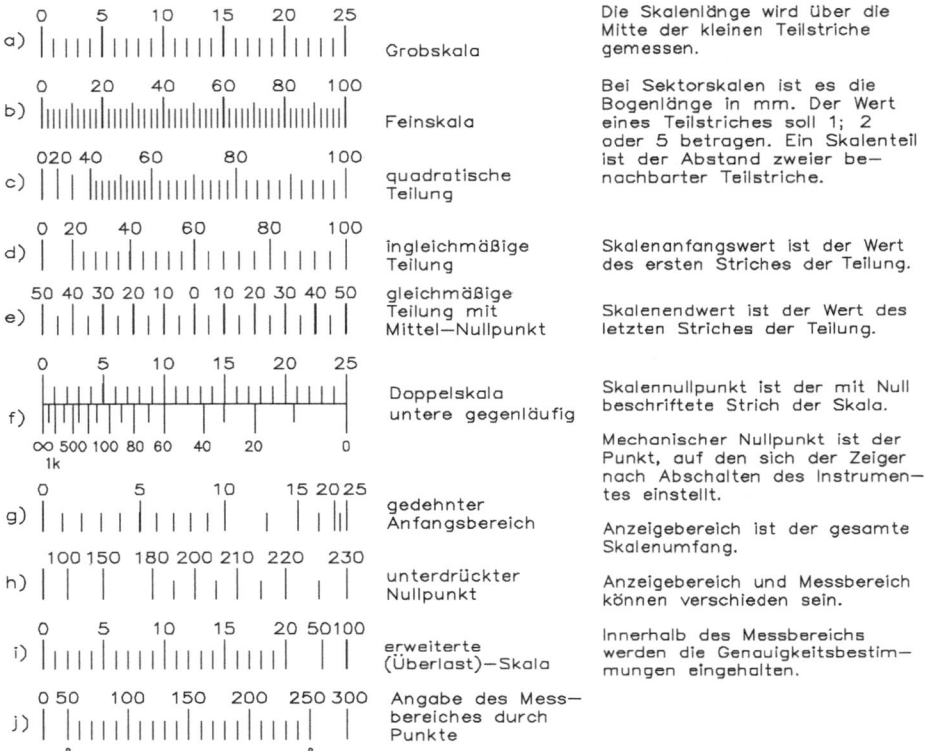

Abb. 2.10: Unterschiedlicher Aufbau von Skalen.

Von der Messgröße (Strom, Spannung usw.) wird auf das bewegliche Organ des Messwerks ein Drehmoment ausgeübt. Ohne weitere Maßnahmen schwingt das bewegliche Organ bis zum Endanschlag (Abb. 2.11). Wenn eine Spiralfeder gespannt wird, übt sie ein Rückdrehmoment aus, d. h., sie versucht das bewegliche Organ wieder in die Ursprungslage zurückzuführen. Bis auf wenige Ausnahmen verwenden alle Messwerke für ihr bewegliches Organ ein Rückdrehmoment. Dies muss nicht unbedingt durch eine Spiralfeder ausgeübt werden. Auch ein gespanntes Band, das verdreht wird, ver-

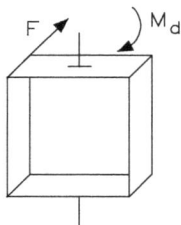

Die Messgröße übt auf den beweglichen Rahmen ein Drehmoment aus. Ohne Gegenmoment schwingt der Rahmen bis zum Endanschlag.

Abb. 2.11: Drehmoment am beweglichen Messrahmen eines Messwerks.

a) b)

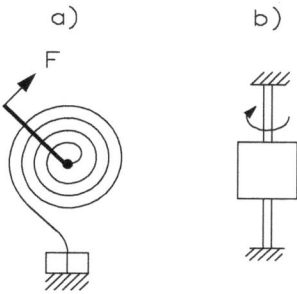

Abb. 2.12: Federdrehmoment (a) und Torsionsmoment (b). Wenn eine Spiralfeder gespannt wird, übt sie ein Rückdrehmoment aus. Wenn ein gespanntes Band verdreht wird, übt es ebenfalls ein Rückdrehmoment aus (Verdrehung = Torsion).

sucht, in die Ausgangslage zurückzudrehen. Man spricht von einem Torsionsverdrehungsmoment. Abb. 2.12 (a) zeigt eine gespannte Spiralfeder und dadurch übt diese ein Rückdrehmoment aus. In Abb. 2.12 (b) wird ein gespanntes Band verdreht und dieses übt ebenfalls ein Rückdrehmoment aus.

Drehmoment der Messgröße und Drehmoment der Feder sind stets entgegengesetzt gerichtet. In der Stellung, in der die Drehmomente dem Betrag in $p \cdot$ mm nach gleich groß sind, bleibt das bewegliche Organ stehen. Man hat nur dafür zu sorgen, dass für jedes Messdrehmoment eine einzige Stellung Gleichgewicht mit dem Rückdrehmoment hat. Das lässt sich erreichen, indem man dem Federdrehmoment einen linearen Verlauf gibt. Der Betrag steigt bei Bewegung des Zeigers über die Skala gleichmäßig an.

Das Messgrößen-Drehmoment hat bei jeder Messgröße eine andere Kurve. Sie kann Parabelform aufweisen, waagerecht verlaufen oder auch eine andere Form annehmen. Wichtig ist nur, dass sich nur ein einziger Schnittpunkt mit dem Federdrehmoment ergibt. Sind die beiden Drehmomente ihrer Kurvenform und Größe nach bekannt, dann kann jeder Skalenpunkt bestimmt werden. Man zeichnet die Kurvenschar der Messgrößendrehmomente in Prozent des Höchstwertes, der den Endausschlag bedeuten soll. Dann trägt man die Kurve des Rückdrehmomentes ein. Die Schnittpunkte ergeben Anfangs-, End- und Zwischenwerte der Skala. Wenn die Messgrößendrehmomente gleiche vertikale Abstände haben, wird auch der Skalenverlauf gleichmäßig. Bei quadratischer Zunahme des Messdrehmoments mit der Messgröße sind die vertikalen Abstände der Drehmomentkurven ebenfalls quadratisch vergrößert. Die Skalenpunkte haben keine gleichen Abstände mehr.

Würde das Messgrößendrehmoment mehrere Schnittpunkte mit der Federkurve ergeben, dann würden sich mehrere stabile Lagen ergeben; eine eindeutige Zeigereinstellung wäre nicht möglich. Derartige Kurvenverläufe sind jedoch unbrauchbar.

Beim Einschalten eines Messwerks wird die Gleichgewichtslage aus Messdrehmoment und Rückdrehmoment nicht momentan erreicht und nicht unmittelbar eingenommen. Im Allgemeinen schwingt das bewegliche Organ zuerst infolge der Trägheit über die Gleichgewichtslage hinaus, kehrt dann unter die Gleichgewichtslage zurück und erreicht erst nach einigen Pendelbewegungen die Ruhe (Abb. 2.13). Man versucht, durch die Konstruktion einen Bestwert zwischen Zeit für Erreichen der Soll-

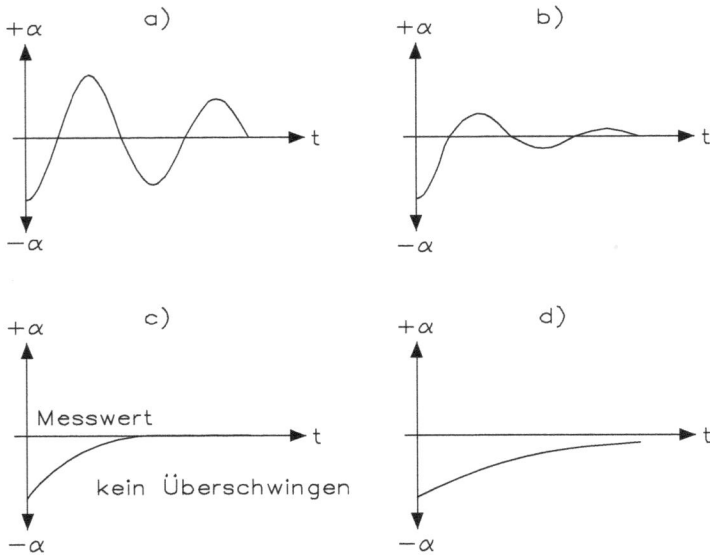

Abb. 2.13: Möglichkeiten der Dämpfung bei einem Zeigermessgerät: (a) schwach, (b) stark, (c) aperiodisch, (d) kriechend.

lage und Pendelbewegungen durch entsprechende Dämpfung der Bewegung zu erreichen. Bei schwacher, ungenügender Dämpfung vergehen einige Sekunden, bis die Solllage eingenommen wird. Bei starker Dämpfung werden nur ein bis zwei Bewegungen über die Ruhelage hinaus ausgeführt. Von aperiodischer Dämpfung spricht man dann, wenn der Messwert praktisch ohne Überschwingen erreicht wird. Kriechende Dämpfung liegt vor, wenn eine sehr lange Zeit vergeht, bis der Messwert erreicht wird. Starke Dämpfung ist nicht immer zu verwirklichen, da diese Forderung wieder der Forderung nach kurzer Einstellzeit und nach geringen Verlusten widerspricht.

2.1.6 Zeiger, Lager und Dämpfung

Wieviel Konstruktionsarbeit in einem Messinstrument steckt, zeigen allein die vielen verschiedenen Zeigerformen, die im Laufe der Zeit entwickelt worden sind. Ein Zeiger soll möglichst leicht, dabei fest, möglichst elastisch, dabei maßhaltig gerade, möglichst gut erkennbar, dabei schlank sein. Alles Forderungen, die einander widersprechen. Außerdem muss der Zeiger möglichst in jeder Lage vollkommen im Gleichgewicht sein. Da Fertigungsstreuungen unvermeidlich sind, werden die Zeiger mit einem Balancierkreuz und verstellbaren Gegengewichten versehen, die in jedem einzelnen Stück abgeglichen und dann festgelegt werden (Abb. 2.14). In der Halterung sitzt der Zeigerbalken und am Ende der Teil, der über der Skala spielt, das Messer oder die Lanze.

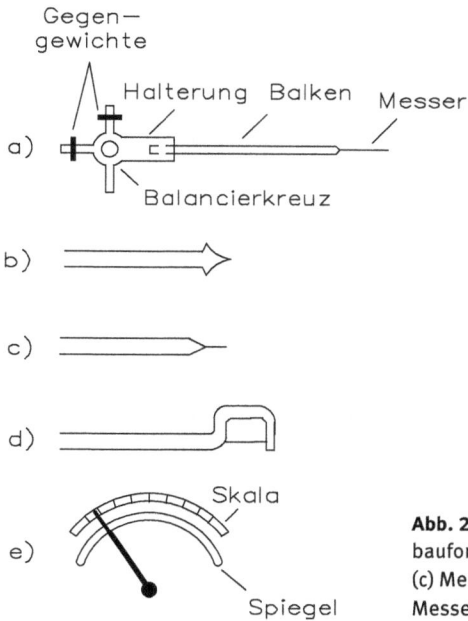

Abb. 2.14: Aufbau eines Messerzeigers und die Zeiger-bauformen: (a) Aufbau eines Zeigers, (b) Lanzenzeiger, (c) Messerzeiger, (d) Fadenzeiger, (e) Spiegelskala mit Messerzeiger zum parallaxenfreien Ablesen.

Als Material verwendet man für den Zeiger Duraluminium. Der Schwerpunkt muss genau in die Drehachse fallen und das Ausbalancieren erfolgt durch aufschraubbare Gegengewichte. Lanzenzeiger nimmt man für Grobinstrumente, die auf weite Entfernung abgelesen werden. Messerzeiger und Fadenzeiger verwendet man für Präzisionsinstrumente.

Da es nicht möglich ist, den Zeiger unmittelbar auf der Skala aufliegen zu lassen, ändert sich die Ablesung, wenn man schräg auf den Zeiger sieht. Der Messerzeiger soll das verhindern. Sein Ende ist senkrecht zur Skala gestellt und die Ablesung wird richtig, wenn man nur einen Strich sieht. Noch genauer wird die Ablesung senkrecht zum Zeiger, wenn ein Spiegel in die Skala eingelegt ist (Abb. 2.14 (e)). Man visiert dann über das Messer des Zeigers und bringt es mit dem Spiegelbild zur Deckung. Der Ablesefehler durch nicht senkrechte Draufsicht wird Parallaxenfehler genannt.

Bei der Lagerung der beweglichen Organe werden höchste Forderungen an die Präzision der Herstellung erhoben. Die Lagerung muss möglichst reibungsarm, dabei möglichst frei von Spiel und trotzdem stoßsicher sein. Bei Spitzenlagerung (Abb. 2.15) sind Krümmungsradien der Spitzen von wenigen tausendstel Millimetern üblich. Die Lager sind bei guten Instrumenten Halbedelsteine. Der Lagerdruck pro Quadratzentimeter ist bei dem geringen Krümmungsradius mehrere Tonnen. Bei stoßweisem Aufsetzen der Instrumente ist daher mit einer Beschädigung der Spitzen zu rechnen. Bei Spitzenlagerung werden Spiralfedern zur Rückstellung und meist auch gleich zur Stromzuführung für das bewegliche Organ verwendet.

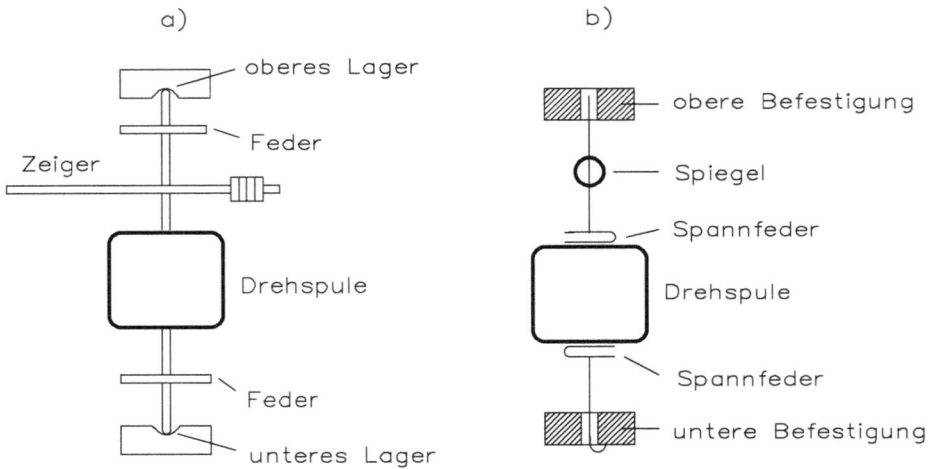

Abb. 2.15: Möglichkeiten der Zeigeraufhängung: (a) Spitzenlagerung, Federn als Rückstellkraft; (b) Spannbandlagerung, Torsion des Bandes als Rückstellkraft.

Bei Spannbandlagerung hängt das bewegliche Organ gespannt zwischen zwei Bändern, die gleichzeitig als Torsionsfedern das Rückstellmoment liefern. Lagerreibung scheidet hierbei aus. Spannbandlagerung ist empfindlicher und teurer und deshalb im Allgemeinen den Präzisionsinstrumenten vorbehalten. Den geringsten Widerstand setzt ein bewegliches Organ dem Messdrehmoment entgegen, wenn es nur an einem Band aufgehängt wird. Bedingung ist hierbei, da das Organ frei pendelt, dass vor der Messung das Instrument nach einer Wasserwaage genau horizontal gestellt wird. Beim Transport muss außerdem das bewegliche Organ festgestellt (arretiert) werden.

Die Konstruktion der Dämpfungsglieder (Abb. 2.16) ist sehr unterschiedlich. Eine rein mechanische Art ist die Luftkammerdämpfung. Am Zeiger sitzt ein Kolben oder Flügel, der Luft aus einer Kammer verdrängen muss. Durch Größe und Form der Kammer und des Flügels lässt sich die Dämpfung beeinflussen. Häufig verwendet man

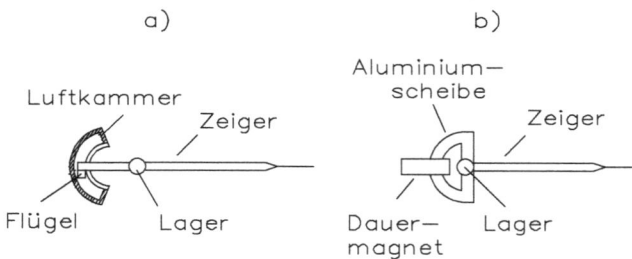

Abb. 2.16: Praktische Möglichkeiten der Dämpfung. (a) Luftkammerdämpfung: Der Luftwiderstand dämpft die Zeigerschwingung. (b) Wirbelstromdämpfung: Eine Aluminiumscheibe am Zeiger wird durch Induktionsströme bei Bewegung im Feld des Dauermagneten abgebremst.

Wirbelstromdämpfung. Hierbei bewegt sich eine Aluminiumscheibe zwischen den Polen eines kleinen Dauermagneten. In der Scheibe werden Wirbelströme induziert, die die Bewegung abbremsen. Auch hier kann durch Form und Abmessungen der Scheibe und durch Stärke und Form des Magneten die Dämpfungsstärke gewählt werden. Je schneller die Bewegung ist, desto stärker werden die Dämpfungskräfte.

2.1.7 Genauigkeitsklassen und Fehler

Keine Messung kann absolut genau sein. Man kann nur versuchen, mit möglichst geringen Abweichungen an den wahren Wert heranzukommen. Wenn der mögliche Fehler bekannt ist, kann der Wert eines Messergebnisses beurteilt werden. Grundsätzlich sind der Aufwand an Messeinrichtungen und der Preis eines Messgerätes umso höher, je geringer der Fehler sein soll. Hierbei muss man nach einer Kompromisslösung suchen. Grob unterscheidet man zwischen Feinmessgeräten und Betriebsmessgeräten.

Nach der VDE-Norm für elektrische Messgeräte (VDE 0410) sind Genauigkeitsklassen festgelegt. Messgeräte, die alle Forderungen ihrer Klasse erfüllen, dürfen das Klassenzeichen auf der Skala führen (Tab. 2.4). Am wichtigsten ist der Anzeigefehler, der durch Fertigungstoleranzen, Lagerreibung und Skalenausführung bedingt ist. Er wird in Prozent des Skalenendwertes angegeben. Feinmessgeräte verwenden die Klassen 0,1 mit ±0,1 % Anzeigefehler, 0,2 mit ±0,2 % Anzeigefehler und ±0,5. Betriebsmessgeräte sind in Klassen 1, 1,5, 2,5 und 5 unterteilt.

Der Lagefehler wird bei einer Abweichung um 5° von der vorgeschriebenen Gebrauchslage festgestellt. Der Temperaturfehler darf bei Temperaturen zwischen 10 °C und 30 °C seinen Klassenwert nicht überschreiten. Anwärmfehler dürfen bei Feinmessgeräten nicht auftreten. Bei Betriebsmessgeräten werden sie nach einer Stunde Betrieb mit 80 % des Messbereichsendwertes festgestellt. Die Fremdfeldfehler sind in unterschiedlicher Höhe bei den verschiedenen Messgerätearten zulässig. Das Fremdfeld zur Überprüfung muss 400 A/m betragen. Wenn eine Nennfrequenz für den Betrieb angegeben ist, wird der Frequenzeinfluss bei Abweichungen von ±10 % der Nennfrequenz ermittelt. Bei Leistungsmessern wird der Spannungseinfluss bei Abweichungen von ±20 % der Nennspannung gemessen. Der Einbaufehler wird bei Schalttafelinstrumenten bei dem Einbau in eine Eisentafel von 2,5 mm bis 3,5 mm Dicke ermittelt.

Als Fehler bezeichnet man die Differenz zwischen angezeigtem und richtigem Wert. Wird also weniger angezeigt, als der richtige Wert, dann ist der Fehler negativ. Die Korrektur ist die negative Fehlerangabe. Durch Zufügen der Korrektur zum angezeigten Wert, kommt man zum richtigen Wert. Bei der Eichung (Justierung) von Messinstrumenten werden die Fehler- und die Korrekturkurven über den ganzen Skalenbereich aufgenommen. Positiver Korrekturwert bedeutet, dass der richtige Wert größer ist als der angezeigte Wert. Negativer Korrekturwert bedeutet, dass der richtige Wert kleiner ist als der angezeigte Wert.

Tab. 2.4: Klasseneinteilung und Bedingungen.

Art	Klasse	Bedingungen							
		Anzeige-fehler	Lage-fehler	Temperatur-fehler	Anwärm-fehler	Fremdfeldfehler	Frequenz-fehler	Spannungs-fehler	Einbau-fehler
Feinmess-geräte	0,1	±0,1 %	±0,1 %	±0,1 %	—	±3 % bei Drehspulinstrumenten	±0,1 %	±0,1 %	±0,05 %
	0,2	±0,2 %	±0,2 %	±0,2 %	—	±1,5 % bei abgeschirmten Instrumenten	±0,2 %	±0,2 %	±0,1 %
	0,5	±0,5 %	±0,5 %	±0,5 %	—	±0,75 %	±0,5 %	±0,5 %	±0,25 %
Betriebs-messgeräte	1	±1 %	±1 %	±1 %	±0,5 %	±6 % bei Drehspulinstrumenten	±1 %	±1 %	±0,5 %
	1,5	±1,5 %	±1,5 %	±1,5 %	±0,75 %	±1,5 % bei abgeschirmten Instrumenten	±1,5 %	±1,5 %	±0,75 %
	2,5	±2,5 %	±2,5 %	±2,5 %	±1,25 %	±0,75 %	±2,5 %	±2,5 %	±1,25 %
	5	±5 %	±5 %	±5 %	±2,5 %		±5 %	±5 %	±2,5 %

Außer den erfassbaren Fehlern der Messgeräte selbst, können noch eine Reihe weiterer Fehlerquellen bei einer Messung auftreten. Fehlerhaftes Zubehör kann die Messung verfälschen. Allerdings gehören auch die Zubehörteile zu den von der VDE-Norm erfassten Einrichtungen. Für Neben- und Vorwiderstände, Messwandler, Messumformer sind die entsprechenden Genauigkeitsklassen-Vorschriften aufgestellt, wie für die Messinstrumente selbst.

Schaltungsfehler sind zu unterteilen in vermeidbare und unvermeidbare Fehlerquellen. Zu den unvermeidbaren Fehlern gehört zum Beispiel bei Strom- und Spannungsmessung zur Widerstandsbestimmung der Eigenverbrauch des zweiten Messinstrumentes. Dieser Fehler kann aber, wenn er richtig erkannt ist, rechnerisch berichtigt werden. Vermeidbare Schaltungsfehler unterlaufen häufig dem Anfänger, der sich selbst zum sorgfältigen Aufbau der Messschaltungen erziehen muss.

Persönliche Fehler sind Irrtümer in der Ablesung der Skalenwerte, Parallaxenfehler und andere. Hierzu gehört auch die Wahl des richtigen Messbereichs, damit die Ablesung möglichst im letzten Skalendrittel erfolgt. Behandlungsfehler durch Stoß und Schlag können alle späteren Messungen durch Beschädigung der Lager beeinträchtigen.

Für die Praxis gilt:
- Lageeinfluss: Festgestellt bei Neigung um 5°
- Temperatureinfluss: Festgestellt bei Änderung von ±10 °C gegenüber Raumtemperatur 20 °C
- Anwärmeinfluss: Festgestellt nach 60 Minuten Betrieb mit 80 % des Messbereichsendwertes
- Fremdfeldeinfluss: Festgestellt bei Fremdfeld mit 0,5 Millitesla
- Frequenzeinfluss: Festgestellt bei 15–65 Hz, bzw. ±10 % der angegebenen Nennfrequenz
- Spannungseinfluss: Festgestellt für Leistungsmesser bei ±20 % der Nennspannung
- Einbaueinfluss: Festgestellt bei Einbau in Eisentafel von 3 ± 0,5 mm Dicke

Durch einen Strommesser fließt ein Strom von 19 A, der Zeiger des Messgerätes zeigt aber 17 A an. Wie Abb. 2.17 zeigt, ergeben sich Fehler F, der angezeigte Wert a und der richtige Wert r.

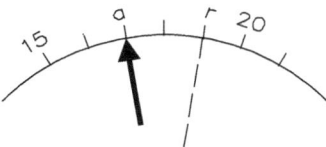

a = angezeigter Wert
r = richtiger Wert

Abb. 2.17: Fehler und Korrektur.

Der Fehler ist die Differenz zwischen angezeigtem und richtigem Wert. Die Korrektur ist die negative Fehlerangabe:

$$\text{Fehler:}\quad F = a - r$$
$$= 17 - 19$$
$$= -2\,\text{A}$$

$$\text{Korrektur:}\quad K = -2\,\text{A}$$
$$= +2\,\text{A}$$

Weitere Fehlerquellen:
(a) Zubehörfehler
(b) Schaltungsfehler
(c) persönliche Fehler z. B.
 – Bedienungsfehler
 – Behandlungsfehler
 – Ablesefehler
 – Parallaxenfehler

– Ein positiver Korrekturwert bedeutet: Der richtige Wert ist größer als der angezeigte Wert.
– Ein negativer Korrekturwert bedeutet: Der richtige Wert ist kleiner als der angezeigte Wert.

Anzeige und Korrektur ergeben den richtigen Wert:

$$a + K = r$$
$$17 + 2 = 19\,\text{A}$$

Der absolute Fehler F des Messgerätes kann positive und negative Werte annehmen und es ergibt sich

$$F = a - r$$

Dabei ist a der angezeigte Wert und r der wahre Wert, der zunächst unbekannt ist.
Der relative Fehler f beschreibt die Genauigkeit des Messgerätes:

$$f = \frac{F}{r} = \frac{a-r}{r} = \frac{a}{r} - 1 \quad \text{oder} \quad f = \frac{a-r}{B}, \quad B = \text{Bereichsendwert}$$

Für die Fehlerberechnung gilt noch

$$F = \pm \frac{B \cdot G}{100}$$

$$p = \pm \frac{F \cdot 100}{a} \text{ in \% } = \pm \frac{B \cdot G}{a} \text{ in \%}$$

B: Bereichswert
a: angezeigter Wert
F: Fehlerbetrag
G: Genauigkeitsklasse
p: Fehler in % von A

Beispiel. Wie groß ist der tatsächliche und der prozentuale Fehler bei einem Messinstrument der Genauigkeitsklasse 2,5 mit einem Bereichsendwert von 500 mA bei einer Anzeige von 80 mA?

$$F = \pm\frac{B \cdot G}{100} = \pm\frac{500\,\text{mA} \cdot 2,5}{100} = \pm 12,5\,\text{mA}$$

$$p = \pm\frac{F \cdot 100}{a} = \frac{12,5\,\text{mA} \cdot 100}{80\,\text{mA}} = 15,6\,\% \quad \text{oder}$$

$$p = \pm\frac{B \cdot G}{a} = \frac{500\,\text{mA} \cdot 2,5}{80\,\text{mA}} = 15,6\,\%$$

2.1.8 Justierung (Eichung) von Betriebsmessgeräten

Jedes Messgerät muss justiert (geeicht) sein und auch von Zeit zu Zeit nachjustiert werden. Die erste Justierung (Eichung) erfolgt durch den Hersteller und wird durch das Klassenzeichen bestätigt, welches nur geführt werden darf, wenn an allen Stellen der Skala der Fehler innerhalb der durch die Klassenbezeichnung genannten Grenzen bleibt. Im Betrieb kann durch Alterung, Überlastung oder unsachgemäße Behandlung eine Verschlechterung eintreten. Die Nachjustierung ermöglicht die Kontrolle. Entweder begnügt man sich danach mit einer geringeren Genauigkeitsklasse, wenn die ursprünglichen Angaben nicht mehr zutreffen, oder das Messinstrument wird zur Reparatur gegeben. Aber selbst wenn der Fehler innerhalb der Klassengrenzen liegt, lässt sich eine höhere Messgenauigkeit erreichen, wenn eine Fehlerkurve aufgenommen wird.

Bei einer Justierung (Eichung) braucht man ein Vergleichsinstrument einer höheren Genauigkeitsklasse von einwandfreier Beschaffenheit. Mit dem Vergleichsinstrument soll ein Zehntel des Fehlers, der für den Prüfling zulässig ist, noch erkennbar sein. Die nachstehenden Schaltungen beziehen sich auf die Justierung von Betriebsmessgeräten. Feinmessgeräte werden nach dem Kompensationsverfahren justiert.

Bei der Justierung von Strommessern werden Normal (Präzisionsmessgerät) und Prüfling in Reihe geschaltet (Abb. 2.18). Im gleichen Stromkreis liegt ein Begrenzungswiderstand, der verhindert, dass der Messbereich überschritten wird. Weiterhin wird je ein stetig verstellbarer Widerstand (Potentiometer) für Grob- und Feineinstellung in Reihe geschaltet. Nach Überprüfung der Nullkorrektur für Normal- und Prüfinstrument werden 10 bis 20 Messwerte eingestellt, abgelesen und in einem Prüfprotokoll

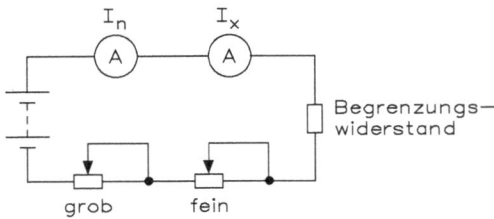

Abb. 2.18: Justierung von Betriebsmessgeräten (Strommessern); Normal (Präzisionsmessgerät) und Prüfling werden in Reihe geschaltet. Bei der Justierungsmessung soll 1/10 des für den Prüfling zugelassenen Fehlers noch feststellbar sein. Das Vergleichsmessgerät muss mindestens einer höheren Güteklasse angehören als der Prüfling.

festgehalten. Beim Vergleichsinstrument wählt man jeweils runde Werte. Das Prüfprotokoll muss außer den Hersteller- und Typenangaben des Normals und des Prüflings deren Werknummern und den geprüften Messbereich enthalten.

Die Genauigkeitsklasse G wird als möglicher Fehler in % vom Bereichsendwert angegeben.

$$\text{Fehlerkorrektur:} \quad K = -F$$
$$M = a + K$$
$$\text{Justierung:} \quad F = a - M$$
$$K = M - a$$

M: korrigierter Messwert (oder Anzeige des Feinmessgerätes bei der Justierung)
K: Korrekturwert

Beispiel. Laut Fehlerkurve eines Messgerätes beträgt bei einer Anzeige von 35 mV der Fehler −1,8 mV. Welche Korrektur ist anzubringen? Wie ist der korrigierte Wert?

$$K = -F = -(-1,8\,\text{mV}) = +1,8\,\text{mV}$$
$$M = a + K = 35\,\text{mV} + 1,8\,\text{mV} = 36,8\,\text{mV}$$

Beispiel. Bei der Justierung eines Strommessers mit dem Bereichsendwert 25 mA zeigt bei Einjustierung des Normalinstrumentes auf einen Messwert von 5 mA der Prüfling einen Strom von 4,82 mA. Wie groß sind der Fehler und der Korrekturwert für diesen Punkt?

$$F = a - M = 4,82\,\text{mA} - 5\,\text{mA} = -0,18\,\text{mA}$$
$$K = M - a = 5\,\text{mA} - 4,82\,\text{mA} = +0,18\,\text{mA}$$

Von den Werten wird eine Tabelle angefertigt (ein Beispiel für ein Prüfprotokoll ist in Tab. 2.5 gezeigt), in die als Sollwert die Ablesungen des Normals und als Istwert die Ablesungen des Prüflings eingetragen werden. Entsprechend verfährt man bei der Eichung von Spannungsmessern. Die beiden Messgeräte sind hierbei parallel geschaltet. An einem Spannungsteiler aus Grob- und Feinwiderstand werden die gewünschten Spannungen eingestellt (Abb. 2.19). Selbstverständlich ist die Spannungsquelle bei allen Justierschaltungen entsprechend den Eigenschaften der Messinstrumente zu wählen.

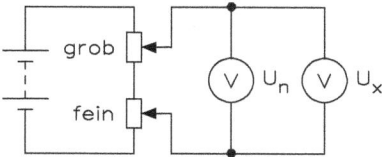

Abb. 2.19: Justierung von Betriebsmessgeräten (Spannungsmessern); Normal (Präzisionsmessgerät) und Prüfling werden parallel geschaltet. Bei der Justierungsmessung soll 1/10 des für den Prüfling zugelassenen Fehlers noch feststellbar sein. Das Vergleichsmessgerät muss mindestens einer höheren Güteklasse angehören als der Prüfling.

Tab. 2.5: Beispiel für ein Prüfprotokoll.

Sollwert (Normal- instrument)	Istwert (Prüfling)	Absoluter Fehler $F = I_x - I_n$	Korrektur $K = I_n - I_x$	Relativer Fehler $f_r = \dfrac{F \cdot 100}{I_n}$	Prozentualer Fehler $f = \dfrac{F \cdot 100}{I_{n\,max}}$
I_n	I_x	F	$K = -F$	f_r in %	f in %
0	0	0	0	0	0
5,00	5,55	+0,55	−0,55	+11	+1,1
10,00	10,70	+0,70	−0,70	+7	+1,4
15,00	15,60	+0,60	−0,60	+4	+1,2
20,00	20,00	±0,00	±0,00	±0	±0
25,00	24,35	−0,65	+0,65	−2,6	−1,3
30,00	29,70	−0,30	+0,30	−1,0	−0,6
35,00	34,25	−0,75	+0,75	−2,14	−1,5
40,00	39,50	−0,50	+0,50	−1,25	−1,0
45,00	45,40	+0,40	−0,40	+0,88	+0,8
50,00	50,45	+0,45	−0,45	+0,9	+0,9

Für Tab. 2.5 gelten die Formeln:
- Absoluter Fehler:

$$F = I_x - I_n \quad \text{oder} \quad U = U_x - U_n \quad \text{usw.}$$

- Korrektur:

$$K = I_n - I_x = -F$$

- Relativer Fehler (bezogen auf Anzeige):

$$f_r = \frac{F \cdot 100}{I_n}$$

- Prozentualer Fehler (bezogen auf Endwert):

$$f = \frac{F \cdot 100}{I_{n\,max}}$$

Die Justierung eines Leistungsmessers kann durch Vergleich mit einem anderen Leistungsmesser ausgeführt werden (Abb. 2.20). Der Strompfad und der Spannungspfad werden dabei getrennt geschaltet, da andernfalls die volle Nennleistung aufgebracht werden muss. Bei getrennter Schaltung kann die Spannung im Strompfad niedrig gehalten werden. Wenn kein Leistungsmesser höherer Güteklasse als Vergleichsinstrument zur Verfügung steht, verwendet man die Schaltung mit je einem Strom- und Spannungsmesser (Abb. 2.21).

Aus Soll- und Istwert wird der absolute Fehler berechnet. Der gleiche Betrag, mit entgegengesetztem Vorzeichen, wäre als Korrektur anzubringen. Der relative Fehler bezieht sich auf den angezeigten Wert des Normalinstrumentes. Schließlich wird daraus der prozentuale Fehler berechnet, der auf den Skalenendwert bezogen wird. In dem Beispiel ist an einer Stelle der prozentuale Fehler 1,5 %.

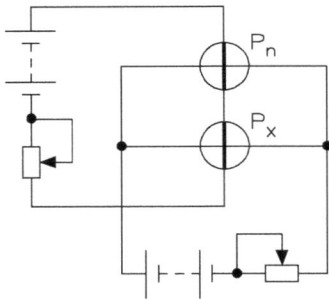

Abb. 2.20: Justierung von Leistungsmessern mit getrennten Spannungsquellen. Die Strompfade sind in Reihe und die Spannungspfade parallel geschaltet.

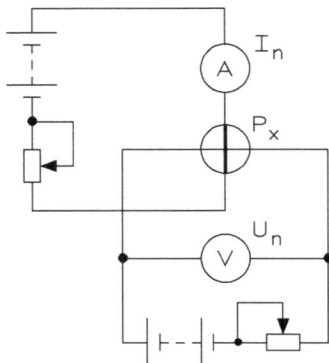

Abb. 2.21: Justierung von Leistungsmessern mit Strom- und Spannungsmessern.

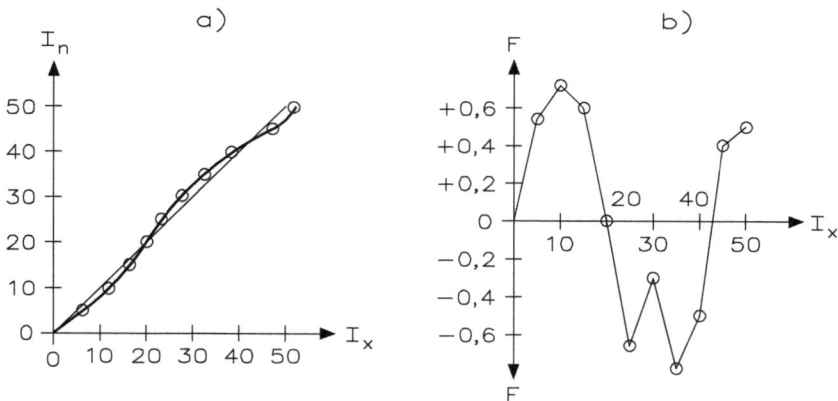

Abb. 2.22: Beispiel für eine Justierkurve (a) und eine Fehlerkurve (b) aus Tab. 2.5.

Aus den Tabellenwerten können Kurven (Abb. 2.22) gezeichnet werden, die ein anschauliches Bild ergeben. Die Eichkurve zeigt den Verlauf der Soll- und Istwerte. Die Fehlerkurve, in größerem Maßstab gezeichnet, zeigt die Fehlerverteilung über den Skalenbereich.

Für die Ermittlung des wahren Wertes können zwei Verfahren eingesetzt werden:
- Mit Referenzmessgerät, aber der Fehler des Referenzmessgerätes bleibt unberücksichtigt
- Mit Hilfe der Statistik, aber es ergibt sich eine statistische Unsicherheit

Für die Ermittlung der wahren Werte mit Hilfe der Statistik gibt es folgende Verfahren:
- Einzelmessung:

$$\bar{x} = \frac{1}{n} \cdot \sum_{i=1}^{i=n} X_i$$

$\bar{x}$: Mittelwert → wahrer Wert
X_i: i-te Einzelmessung
- Absoluter Fehler der Einzelmessung:

$$\delta_i = x_i - \bar{x}$$

n: Anzahl der Messungen
- Durchschnittsfehler:

$$\bar{\delta} = \frac{1}{n} \cdot \sum_{i=1}^{i=n} |\delta_i|$$

$\bar{\delta}$: Durchschnittsfehler

– Standardabweichung:

$$S = \sqrt{\frac{\sum_{i=1}^{i=n} \delta_i^2}{n-1}}$$

δ_i: absoluter Fehler jeder Einzelmessung
– Vertrauensbereich:

$$\bar{x} - v = \bar{x} - \frac{t}{\sqrt{n}} \cdot S$$

Es soll eine Messreihe mit einem Voltmeter im Messbereich von 100 V durchgeführt werden, wie Tab. 2.6 zeigt.

Tab. 2.6: Ergebnisse einer Messreihe.

n	U_n (V)	n	U_n (V)	n	U_n (V)
1	101,5	11	96,8	21	95,4
2	100,8	12	96,4	22	101
3	98,3	13	100,3	23	99,3
4	98,9	14	98,3	24	102,4
5	98,4	15	99,7	25	98
6	99,5	16	101,6	26	100,4
7	101.4	17	102	27	100
8	100,1	18	102,3	28	100,7
9	104,4	19	100,5	29	101,6
10	97,7	20	99,4	30	97,6

Damit ergibt sich für die Messreihe eine Gesamtzahl von $n = 30$. Der Mittelwert $\bar{x}$ errechnet sich aus n Messungen:

$$\bar{x} = \frac{x_1 + x_2 + x_3 + \cdots + x_n}{n}$$

Aus Tab. 2.6 ergibt sich ein genäherter Mittelwert von $U = 99,65$ V. Das Ergebnis ist jedoch nicht gleichzusetzen mit dem wahren Wert, insbesondere nicht, wenn die Messreihe nur einige Messungen aufweist und die Einzelmessungen deutlich voneinander abweichen.

Abb. 2.23 zeigt einen Kurvenverlauf, der die Wahrscheinlichkeitsdichte in Abhängigkeit von den einzelnen Messergebnissen aus der Messreihe darstellt, wenn die sogenannte Normalverteilung der Zufallsgröße angenommen wird. Die Wahrscheinlichkeitsdichte gibt an, mit welcher Wahrscheinlichkeit die einzelnen x-Werte in einen bestimmten Intervall Δx fallen. So ist die Fläche der Glockenkurve ein Maß dafür, welcher Prozentsatz zwischen den Grenzwerten x_u und x_o liegt. Die Gesamtfläche unter der Funktion $f_w(x)$ der Gesamtzahl aller Messwerte, also 100 %. Das Maximum der Glockenkurve liegt beim Erwartungswert μ.

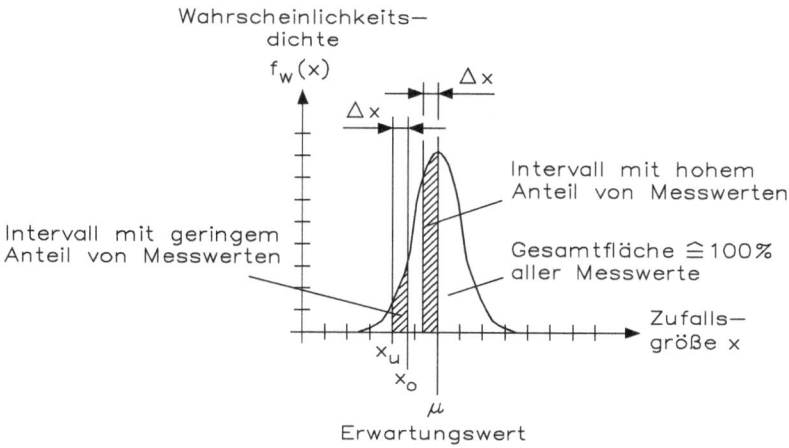

Abb. 2.23: Wahrscheinlichkeitsdichte mit Normalverteilung (Glockenkurve).

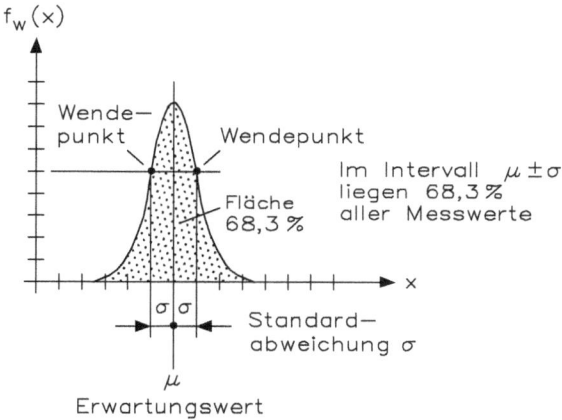

Abb. 2.24: Bestimmung der Wahrscheinlichkeit des Auftretens bestimmter Anzeigenwerte, die Standardabweichung.

Eine Kenngröße von $f_W(x)$ ist die Standardabweichung σ (sigma). Im Abstand von $\pm\sigma$ (Abb. 2.24) liegen die Wendepunkte der Glockenkurve. Damit kennzeichnet die Standardabweichung den Einfluss zufälliger Fehler auf den Messwert.

Betrachtet man den Flächenanteil zwischen den Grenzen $\mu \pm \sigma$, dann ist 68,3 % der Gesamtfläche unter der Glockenkurve, d. h. 68,5 % aller Anzeigenwerte, mit dem eine Messreihe aus vielen Einzelmessungen erstellt worden ist, liegen im Bereich $\mu \pm \sigma$. Hierbei ist ein Messgerät mit normalverteilter Fehlercharakteristik Voraussetzung.

Tab. 2.7: Statische Sicherheit, abhängig vom Intervall $\Delta x = x - \bar{x}$.

Δx	Statische Sicherheit in %	Δx	Statische Sicherheit in %	Δx	Statische Sicherheit in %
0	0				
$\pm 0,1 \cdot \sigma$	7,97	$\pm 1,1 \cdot \sigma$	72,9	$\pm 2,1 \cdot \sigma$	96,6
$\pm 0,2 \cdot \sigma$	15,9	$\pm 1,2 \cdot \sigma$	77	$\pm 2,2 \cdot \sigma$	97,2
$\pm 0,3 \cdot \sigma$	23,6	$\pm 1,3 \cdot \sigma$	80,6	$\pm 2,3 \cdot \sigma$	97,9
$\pm 0,4 \cdot \sigma$	31,1	$\pm 1,4 \cdot \sigma$	83,8	$\pm 2,4 \cdot \sigma$	98,4
$\pm 0,5 \cdot \sigma$	38,3	$\pm 1,5 \cdot \sigma$	86,6	$\pm 2,5 \cdot \sigma$	98,8
$\pm 0,6 \cdot \sigma$	45,1	$\pm 1,6 \cdot \sigma$	89	$\pm 2,6 \cdot \sigma$	99,1
$\pm 0,7 \cdot \sigma$	51,6	$\pm 1,7 \cdot \sigma$	91,1	$\pm 2,7 \cdot \sigma$	99,3
$\pm 0,8 \cdot \sigma$	57,6	$\pm 1,8 \cdot \sigma$	92,8	$\pm 2,8 \cdot \sigma$	99,5
$\pm 0,9 \cdot \sigma$	63,2	$\pm 1,9 \cdot \sigma$	94,3	$\pm 2,9 \cdot \sigma$	99,6
$\pm \sigma$	68,3	$\pm 2 \cdot \sigma$	95,5	$\pm 3 \cdot \sigma$	99,7

Tab. 2.7 zeigt eine Aufstellung der jeweils in das Intervall $\mu \pm \Delta x$ fallenden Messergebnisse, bezogen auf die Gesamtzahl n aller Messungen. Aus diesen Erkenntnissen folgt für die Entwicklung von Messeinrichtungen, dass die Standardabweichung möglichst klein gehalten werden muss, wenn ein Messinstrument bei einer Einzelmessung einen zuverlässigen Wert erzeugen soll. Ist σ klein, dass man einen maximalen absoluten Fehler von $\pm 3\sigma$ akzeptieren kann, dann liegen nach Tab. 2.7 99,7 % aller Messwerte innerhalb dieser Fehlergrenzen und nur in 0,3 % der Messungen könnte ein größerer zufälliger Fehler auftreten. In Abb. 2.25 ist die Normalverteilung für drei verschiedene Werte von σ gezeigt. Die Gesamtfläche unter den drei Kurven ist jeweils gleich.

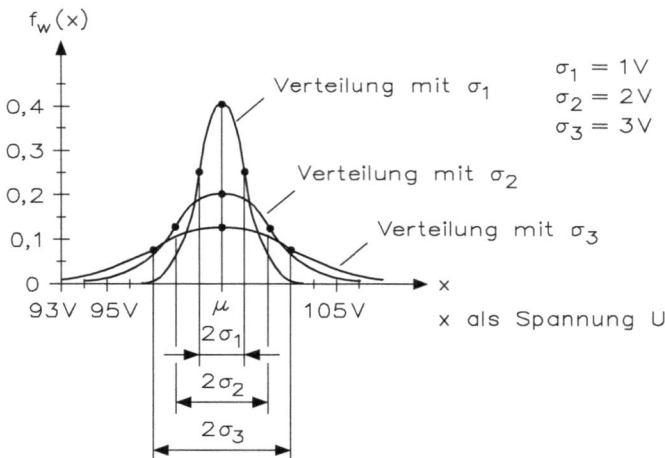

Abb. 2.25: Verlauf der Wahrscheinlichkeitsdichte f_w bei unterschiedlichen Standardabweichungen.

Als Beispiel für zufällige Fehler soll ein Zeigermessinstrument dienen.

- Schwankende Eigenschaften von Messinstrumenten (Wackelkontakt, kalte Lötstellen, schwankende Übergangswiderstände in den Messzuleitungen) und nicht oder nur schwer erfassbare Einflussgrößen wie z. B. Luftfeuchtigkeit.
- Ablesefehler durch Parallaxe beim Beobachter. Wie man in Abb. 2.26 erkennen kann, wird nur dann der richtige Messwert abgelesen, wenn das Auge des Beobachters genau senkrecht über dem Zeiger steht. Bei seitlicher Blickrichtung treten zufällige Ablesefehler auf. Der Fehler wird umso geringer, je näher der Zeiger über der Skala angebracht ist und je weniger die Blickrichtung von der Senkrechten abweicht.

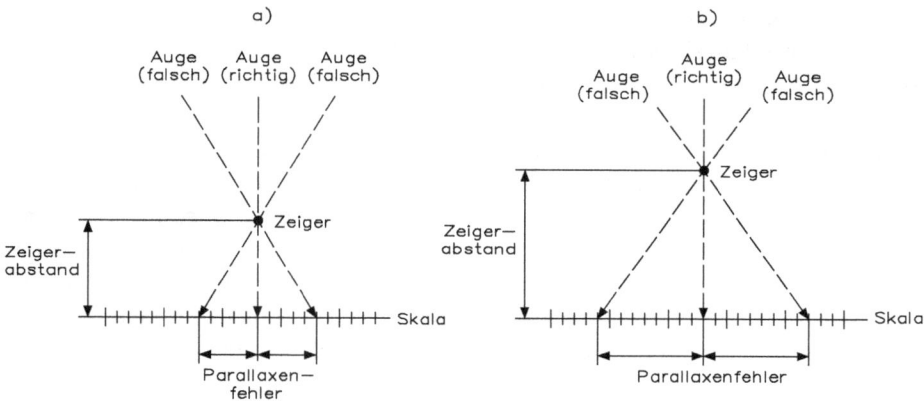

Abb. 2.26: Parallaxenfehler beim Ablesen des Messwertes; (a) geringer Abstand des Zeigers von der Skala = kleiner Parallaxenfehler, (b) großer Abstand des Zeigers von der Skala = großer Parallaxenfehler.

Bei Feinmessgeräten wird unter der Skala häufig ein Spiegel angebracht, um die senkrechte Blickrichtung zu kontrollieren, indem sich der Zeiger mit seinem Spiegelbild deckt.

Zufällige Fehler verursacht durch nicht erfassbare oder nur schwer beeinflussbare Änderungen des Messobjekts, dessen Umgebung (Umwelt, Beobachter) oder des Messgerätes selbst haben eine nicht vorhersehbare Größe (Betrag) und Vorzeichen. Durch mehrfaches Messen gleicher physikalischer Größen erhält man somit aufgrund der zufälligen Fehler unterschiedliche Messergebnisse. Durch die statistische Auswertung dieser Ergebnisse kann man Rückschlüsse auf den wahren Messwert (Sollwert) und die Messunsicherheit erhalten.

Als den wahrscheinlichsten Wert mehrerer abweichender Messungen kann man den Durchschnitt (arithmetischer Mittelwert) der einzelnen Werte ansehen. Werden von einem Beobachter unter gleichen Bedingungen einer Messreihe n unabhängige

Einzelwerte $x_1, x_2, \ldots, x_{n-1}, x_n$ ermittelt, lässt sich der arithmetische Mittelwert x errechnen.

Dieser wahrscheinliche Wert ist nicht unbedingt der richtige Wert. Je enger die Einzelwerte der Messreihe zusammenliegen, je mehr Messwerte ermittelt wurden, desto größer wird die Wahrscheinlichkeit, dass der arithmetische Mittelwert x der richtige Wert ist.

Anmerkung. Einzelwerte sind voneinander unabhängig, wenn nachfolgende Messungen nicht durch die vorausgegangene beeinflusst werden. x ist ein Schätzwert für den Erwartungswert.

Als Standardabweichung S oder mittlere quadratische Abweichung wird die Zufallsstreuung von n Einzelwerten einer Messreihe um ihren Mittelwert x bezeichnet. Berechnet wird sie durch nachstehende in der Praxis verwendete Formel für n Einzelmessungen.

Als Messergebnis einer entsprechenden Messreihe wird meist der Mittelwert $\bar{x}$ angegeben. Es ist aber keinesfalls sicher, dass dieser Wert gleich dem Erwartungswert, d. h. dem wahren Wert der Messgröße entspricht. Aufgrund der Streuung (Standardabweichung S) ist das Messergebnis mehr oder weniger unsicher. Es ist aber möglich, zwei Grenzwerte, die Vertrauensgrenzen für den Erwartungswert anzugeben, innerhalb derer der wahre Wert mit einer gewissen statischen Sicherheit (Vertrauensniveau) zu erwarten ist. Dieser Bereich wird als Vertrauensbereich für den Erwartungswert bezeichnet.

Tab. 2.8 gibt einige Vertrauensfaktoren t und den Wert für $t/\sqrt{n}$ als Funktion der statistischen Sicherheit P und der Anzahl n der Einzelwerte an.

Tab. 2.8: Vertrauensfaktor als Funktion der statistischen Sicherheit P.

P	68,3 %		95 %		99 %	
n	t	$\frac{t}{\sqrt{n}}$	t	$\frac{t}{\sqrt{n}}$	t	$\frac{t}{\sqrt{n}}$
3	1,32	0,76	4,3	2,5	9,9	5,7
6	1,11	0,45	2,6	1,05	4,0	1,6
10	1,06	0,34	2,3	0,72	3,25	1,03
20	1,03	0,23	2,1	0,47	2,9	0,64
100	1,00	0,10	2,0	0,20	2,6	0,26

Oft wird

$$v = \pm \frac{t}{\sqrt{n}} \cdot S$$

als Unsicherheit bezeichnet. Die Unsicherheit v gibt also an, wie stark der Mittelwert x bei einer Wiederholung der Messungen streuen kann.

Bei der Fehlerfortpflanzung wird eine elektrische Größe aus zwei oder mehreren Werten abgeleitet, so z. B. der ohmsche Widerstand R oder die elektrische Leistung P aus Spannung U und Strom I: $R = U/I$, $P = U \cdot I$, so kann sich der Fehler bei der Spannungs- und Strommessung so auswirken, dass sich entweder beide Fehler verstärken oder aber entgegenwirken.

Gleiches gilt auch bei der Addition ($R_g = R_1 + R_2 + \cdots$) oder Subtraktion ($U = U_1 - U_2$) von Messwerten.

Allgemein gilt für die Fehlerfortpflanzung bei der Addition und Subtraktion zweier oder mehrerer Messwerte die folgende Näherungsformel. Werden zwei (A_1, A_2) oder mehrere Messwerte addiert oder subtrahiert, so addieren sich die absoluten Fehler (z. B. $F_1 + F_2$).

| +, da der ungünstigste Fall angenommen werden muss! |

$$W_g \approx (A_1 \pm F_1) \pm (A_2 \pm F_2) = (A_1 \pm A_2) \pm (F_1 + F_2) = (A_1 \pm A_2) \cdot 1 \pm \frac{F_1 + F_2}{A_1 \pm A_2}$$

| + für Addition und − für Subtraktion! |

Vorsicht: Sind die Messwerte A_1 und A_2 groß und wird ihre Differenz klein, so kann der Gesamtfehler (sowohl $F_g = F_1 + F_2$ als auch f_g) sehr groß werden. Es ist daher bei Messverfahren mit Differenzbildung größte Vorsicht geboten und nach Möglichkeit sollte man sie vermeiden.

Beispiel.

Messwert $A_1 = 1000\,\text{V}$ absoluter Fehler $F_1 = \pm 10\,\text{V}$ ($\hat{=} \pm 1\,\%$)

Messwert $A_2 = 1050\,\text{V}$ absoluter Fehler $F_1 = \pm 10,5\,\text{V}$ ($\hat{=} \pm 1\,\%$)

Addition:

$$(1000\,\text{V} + 1050\,\text{V}) \pm (10\,\text{V} + 10,5\,\text{V})$$
$$2050\,\text{V} \pm 20,5\,\text{V} \qquad \hat{=} \pm 1\,\%$$

Differenz:

$$(1000\,\text{V} - 1050\,\text{V}) \pm (10\,\text{V} + 10,5\,\text{V})$$
$$-50\,\text{V} \pm 20,5\,\text{V} \qquad \hat{=} \pm 41\,\%$$

Für die Fehlerfortpflanzung bei der Multiplikation und Division zweier oder mehrerer Messwerte gilt die folgende Näherungsformel: Werden zwei (A_1, A_2) oder mehrere Messwerte multipliziert oder dividiert, so addieren sich die relativen Fehler (z. B. $f_1 + f_2$).

$$(A_1 \pm F_1) \overset{\times}{:} (A_2 \pm F_2) = (A_1 \pm A_1 \cdot f_1) \overset{\times}{:} (A_2 \pm A_2 \cdot f_2)$$

$$= A_1 \cdot (1 \pm f_1) \overset{\times}{:} A_2 \cdot (1 \pm f_2)$$

$$= A_1 \overset{\times}{:} A_2 \cdot (1 \pm f_1 \pm f_2 \pm \underline{f_1 \cdot f_2})$$

wird sehr klein und kann entfallen
z. B. 0,02 · 0,02 = 0,0004

$$= \underline{A_1 \overset{\times}{:} A_2} \cdot [1 \pm \underline{(f_1 + f_2)}]$$

× für Multiplikation   +, da der ungünstigste Fall
: für Division   angenommen werden muss

Anmerkung. Der relative Fehler der n-ten Potenz einer Näherungszahl ist das n-fache des relativen Fehlers der Basis.

2.1.9 Bedienungsregeln und Beurteilung

Für die praktische Messtechnik sind einige wichtige Regeln zu befolgen, damit die Messungen mit Zeigermessgeräten befriedigende und optimale Ergebnisse bringen. Eine dieser Regeln besagt, dass die Messung möglichst im letzten Drittel des Messbereichs erfolgen soll. Das hat folgenden Grund: Der Anzeigefehler eines Messinstrumentes wird auf den Skalenendwert bezogen. Bei beispielsweise eines Skalenbereichs von 100 V und Genauigkeitsklasse 1,5 bedeutet das ±1,5 V Unsicherheit. Bei Anzeige von 100 V kann also der richtige Wert zwischen 98,5 V und 101,5 V liegen.

In der Mitte des Skalenbereichs, bei einem angezeigten Wert von 50 V ist die Möglichkeit für den richtigen Wert zwischen 48,5 und 51,5 V. Bezogen auf den angezeigten Wert sind das ±3 % Fehler, also halber Betrag des Endwertes gleich doppelter Fehler. Wird bei 1/10 des Endwertes abgelesen, dann ist der Fehler, bezogen auf den angezeigten Wert, bereits zehnfach. Bei 10-V-Anzeige kann der richtige Wert zwischen 8,5 und 11,5 liegen. Ein Diagramm zeigt beispielsweise das starke Ansteigen des tatsächlichen Fehlers im Anfangsbereich der Skala bei den verschiedenen Güteklassen der Betriebsmessgeräte.

Die zehn wichtigsten Bedienungsregeln sind:
1. Gebrauchsanweisung beachten
2. Passendes Messgerät wählen
3. Passendes Zubehör verwenden
4. Nullstellung korrigieren
5. Betriebsgrenzen einhalten (Lage, Temperatur usw.)
6. Überlastung vermeiden
7. Mit dem größten Messbereich beginnen
8. Passenden Messbereich wählen
9. Falls vorgesehen, Arretierung benützen
10. Messgerät schonend behandeln

Einige sind selbstverständlich, wie die Beachtung der Bedienungsanweisung und die Auswahl des für diese Messung passenden Messgerätes und Zubehörs. Andere werden häufig vergessen und dadurch vergrößern diese den Fehler unnötig, wie die Korrektur der mechanischen Nullstellung des Zeigers vor Beginn jeder Messung. Die zulässigen Grenzen der Gebrauchslage, der Temperatur usw. dürfen nicht überschritten werden, da sonst der Fehler größer wird, als der Genauigkeitsklasse entsprechend zu erwarten ist. Überlastung von Messgeräten muss unbedingt vermieden werden. Selbst wenn das Gerät nicht zerstört ist, sind nach einer Überlastung häufig größere Fehler vorhanden, als der Genauigkeitsklasse entspricht. Bei Vielfach-Messinstrumenten soll daher stets bei Beginn der Messung auf den größten Messbereich geschaltet werden. Erst nach dieser Kontrolle schaltet man stufenweise auf kleinere Messbereiche, bis die Anzeige möglichst im letzten Drittel liegt. Hierbei ist allerdings noch der Eigenverbrauch zu berücksichtigen. Man kennzeichnet dafür vielfach Messinstrumente durch ihren Kennwiderstand in Ohm pro Volt, vor allem Drehspulinstrumente zur Spannungsmessung an hochohmigen Widerständen (Tab. 2.9). Der Kennwiderstand ist der Kehrwert des Stromes bei Vollausschlag. Mit dem Kennwiderstand kann man außerdem Spannungsmessbereichserweiterungen leicht berechnen, wie noch behandelt wird.

Tab. 2.9: Stromaufnahme und Kennwiderstand.

Strom bei Vollausschlag I_1 in mA	Kennwiderstand R_K in Ω/V
10	100
3	333
2	500
1	1000
0,5	2000
0,1	10000
0,05	20000
0,02	50000

Neben dem Kennwiderstand dienen verschiedene andere Zahlenangaben zur Beurteilung eines Messgerätes. Die Empfindlichkeit ist das Verhältnis der Verschiebung des Zeigers zur Messgröße, z. B. in mm/V.

Manche Herstellerfirmen geben den Gütefaktor an, eine Verhältniszahl in Abhängigkeit vom Drehmoment und dem Gewicht des beweglichen Organs. Der Gütefaktor von Betriebsmessgeräten liegt zwischen 1 und 2, der Gütefaktor von Feinmessgeräten bei 0,2.

Tab. 2.10 gibt eine Übersicht über die wichtigsten Messgerätearten mit den handelsüblichen Grenzen des Eigenverbrauchs in Watt und der ausgeführten Messbereiche für die reinen Zeigermesswerke. Durch Vor- und Nebenwiderstände und Messwandler können die Bereiche fast beliebig erweitert werden.

Tab. 2.10: Eigenverbrauch und Bereiche von reinen Zeigermesswerken.

Messwerksart	Eigenverbrauch	Messbereiche
Drehspul-Galvanometer	$\approx 10^{-4}$ W	0,3–15 µA
Drehspul-Feinmesswerke	≈ 50 µW	25–250 µA
Drehspul-Betriebsmesswerke	$\approx 0,5$ mW	0,4–10 mA
Dreheisen-Messwerke	≈ 2 VA	0,03–12 A
Elektrodynamische Messwerke	≈ 5 VA	500 W
Vibrationsmesswerke	≈ 50 mW	≈ 50 Hz bei 100–500 V

2.2 Arbeitsweise von Zeigermessgeräten

In der Praxis kennt man zahlreiche Zeigermessgeräte:
- Dreheisen-Messwerk
- Dreheisen-Quotientenmesswerk
- Eisennadel-Messwerk
- Drehmagnet-Messwerk
- Drehspul-Messwerk
- Zeiger-Galvanometer
- Drehspul-Quotienten-(Kreuzspul-)Messwerk
- Elektrodynamisches Messwerk
- Elektrodynamisches Quotientenmesswerk
- Elektrostatisches Messwerk
- Induktions-Messwerk
- Heizdraht-Messwerk
- Bimetall-Messwerk
- Vibrations-Messwerk
- Elektrizitätszähler

Für jeden Anwendungsfall gibt es das richtige Messgerät, wobei einige Zeigermessgeräte heute nur noch selten zum Einsatz kommen. Abb. 2.27 zeigt ein analoges Zeiger-Multimeter.

2.2.1 Dreheisen-Messwerk

Eines der ersten elektrischen Messwerke war das Weicheisen-Messwerk. In der ursprünglichen Form bestand es einfach aus einem Weicheisenstück, welches, an einer Feder aufgehängt, bei Stromfluss in die herum angeordnete Spule hineingezogen wurde. Die Skala war neben der Feder angeordnet. Die Stromrichtung spielt keine Rolle, da das Weicheisenstück in jedem Falle angezogen wird, weil es selbst keine magnetische Polung besitzt. In einer verbesserten Form wurde mit einem Winkel-

Abb. 2.27: Analoges Zeiger-Multimeter.

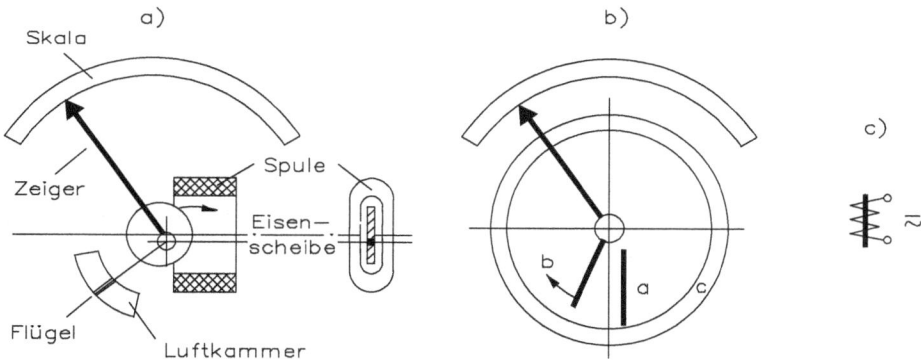

Abb. 2.28: Flachspul-Messwerk (links) mit exzentrisch gelagerter Eisenscheibe und Rundspul-Messwerk (a = festes Eisenstück, b = bewegliches Eisenstück und c = Rundspule) und Sinnbild.

hebel der Zeiger über eine Sektorskala bewegt. Das Skalen-Sinnbild deutet heute noch die ursprüngliche Bauweise an.

In der heutigen Bauform des Flachspul-Messwerks hat sich am Prinzip nichts geändert (Abb. 2.28 (a)). Das Weicheisenstück ist als exzentrisch gelagerte Scheibe ausgebildet und wird bei Stromfluss in die flach gewickelte Spule hineingezogen. Mit der Weicheisenscheibe ist der Zeiger unmittelbar verbunden. Abb. 2.29 zeigt ein Dreheisen-Messwerk.

Bevorzugt wird bei den modernen Dreheisen-Messwerken die Rundspulausführung (Abb. 2.28 (b)). Hier sind zwei Weicheisenstücke im Innern einer Zylinderspule angebracht. Ein Stück sitzt fest an der Innenseite der Spulenwand, das andere ist eine bewegliche Fahne und mit dem Zeiger verbunden. Bei Stromfluss werden beide Eisenstücke gleichsinnig magnetisiert und sie üben daher abstoßende Kräfte aufeinander aus. Das bewegliche Stück kann ausweichen und dreht den Zeiger um die Achse. Bei

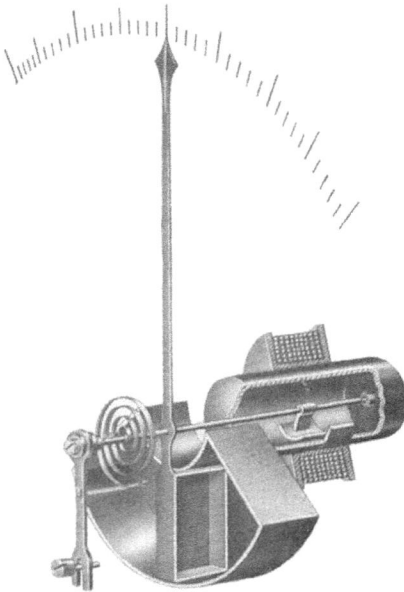

Abb. 2.29: Dreheisen-Messwerk
(Werkfoto: Hartmann und Braun).

einer abgewandelten Form ist nur ein einziges Eisenstück, das bewegliche, vorhanden. Es ist exzentrisch gelagert und wird bei Stromfluss in der Spule zur Innenwand gezogen. Vorwiegend verwendet man heute die Bauart, bei der die beiden Stücke nicht als Fahnen ausgebildet sind, sondern gekrümmt an der Innenwand anliegen.

Wenn man bei dieser Bauform dem beweglichen Eisenstück verschiedene Formen gibt, kann man den Skalenverlauf weitgehend beeinflussen (Abb. 2.30). Im Grundsatz ist der Skalenverlauf quadratisch, durch die abgeänderte Form des einen Eisenstückes kann man aber heute eine fast gleichmäßige Teilung der Skala erzielen. Außerdem ist es möglich, einfach durch andere Eisenform, entweder den Anfangsbereich oder den Endbereich weitgehend zu unterdrücken oder zu dehnen.

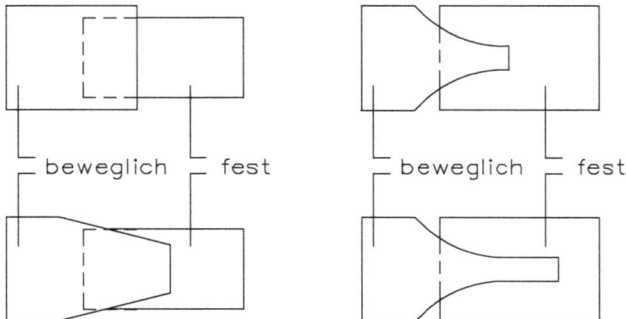

Abb. 2.30: Verschiedene Formen der Eisenplatten dienen zur Beeinflussung des Skalenverlaufs.

Dreheisen-Messwerke sind die einfachsten und preiswerten Messwerke für Strom- und Spannungsmesser. Das Messwerk verwendet keine bewegliche Spule und benötigt daher keine bewegliche Stromzuführung. Sie sind hoch überlastbar und können für direkte Anzeige bis 100 A gebaut werden. Sie sind mit der gleichen Skala für Gleich- und Wechselstrom verwendbar.

Den Vorteilen stehen selbstverständlich verschiedene Nachteile (Tab. 2.11) gegenüber. Der Eigenverbrauch ist verhältnismäßig hoch, die Empfindlichkeit gering. Die niedrigsten Bereiche sind etwa 30 mA und 6 V. Gegen Fremdfelder sind Dreheisen-Messwerke empfindlich. Bei Gleichstrommessungen kann beim Hin- und Rückgang ein geringer Hysteresefehler auftreten, da ein geringer Restmagnetismus auch im besten Material nicht zu vermeiden ist. Nebenwiderstände sind unzweckmäßig.

Tab. 2.11: Vor- und Nachteile des Dreheisen-Messwerks.

Vorteile	Nachteile
Robust	Hoher Eigenverbrauch (0,1–5 VA)
Keine bewegliche Spule	Geringe Empfindlichkeit
Keine bewegliche Stromzuführung	Niedrigste Bereiche ($\approx$ 30 mA und $\approx$ 6 V)
Hoch überlastbar (50-facher Strom für 1 s)	Fremdfeldempfindlich
Billig	Hysteresefehler bei Gleichstrom
Für Gleich- und Wechselstrom	Keine Nebenwiderstände
Direkte Bereiche bis 100 A	Ungleichmäßiger Skalenverlauf
Anpassungsfähiger Skalenverlauf	

Aus allen Eigenschaften zusammen ergibt sich als beste Verwendungsmöglichkeit der Einsatz als Betriebs-Schalttafel-Instrument für Energiemessung.

Für Sonderzwecke werden auch Dreheisen-Quotientenmesswerke gefertigt. Sie bestehen aus zwei Spulen. Das bewegliche Eisenstück ragt in beide hinein und der Gesamtausschlag ist vom Verhältnis der beiden Ströme abhängig (Abb. 2.31).

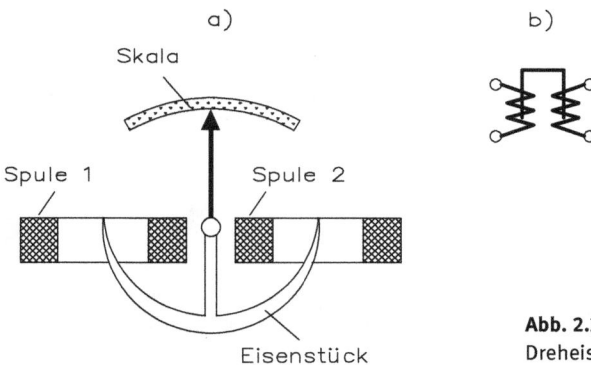

Abb. 2.31: Sonderform und Sinnbild des Dreheisen-Quotientenmesswerks.

Das Sinnbild deutet die beiden Spulen und das gemeinsame Eisenstück an. Die Dämpfung des Dreheisen-Messwerks wird bevorzugt durch Luftkammerdämpfung vorgenommen.

2.2.2 Drehmagnet- und Eisennadel-Messwerk

Bei einem Drehmagnet-Messwerk bewegt sich ein drehbarer Magnet im Feld einer feststehenden Spule. Beim Eisennadel-Messwerk bewegt sich dagegen ein Eisenteil zwischen den Polschuhen eines feststehenden Dauermagneten und im Feld einer feststehenden Spule. Die älteste Form ist das Eisennadel-Galvanometer. Hier ist der feste Dauermagnet durch das Feld des Erdmagnetismus ersetzt. Die Eisennadel ist also eine Kompassnadel, die vom Stromfluss in der umgebenden Spule aus der Nord-Süd-Richtung abgelenkt wird. Eine der einfachsten heutigen Ausführungen ist das Anzeigegerät für Lade- und Entladeströme (Abb. 2.32). Bei Drehmagnet-Messwerken (Abb. 2.33) liefert ein kleiner Richtmagnet die Rückstellkraft und bestimmt die Nulllage.

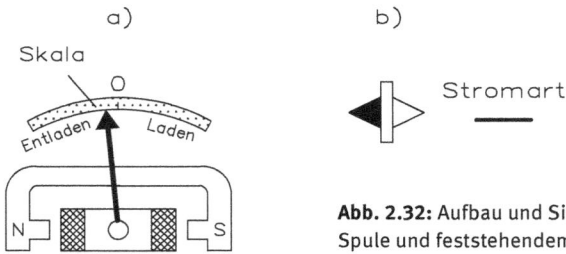

Abb. 2.32: Aufbau und Sinnbild des Eisennadel-Messwerks mit Spule und feststehendem Dauermagneten.

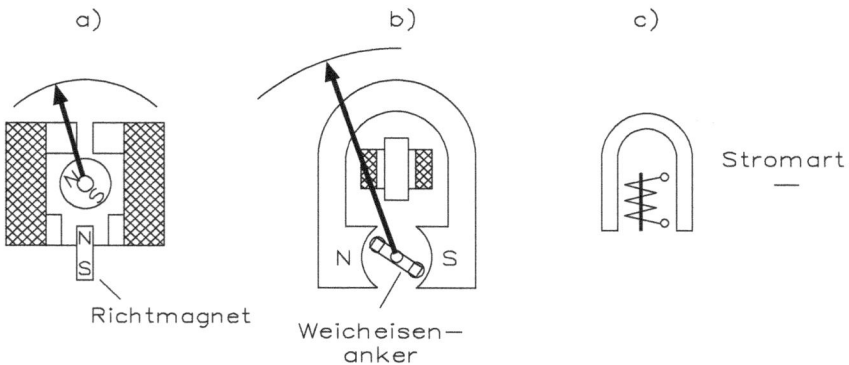

Abb. 2.33: Aufbau des Drehmagneten-Messwerks (links) mit Festspule und beweglicher Magnetscheibe. Aufbau des Eisennadel-Messwerks (Mitte) mit Hufeisenmagnet und Innenspule. Sinnbild (rechts) für Drehmagneten- und Eisennadel-Messwerk.

Bei Eisennadel-Messwerken wird die Nulllage und die Rückstellkraft durch das Permanent-Magnetfeld geliefert. Das Feld der Messspule kann entweder unmittelbar einwirken oder ebenfalls durch Polschuhe auf das drehbare Eisenteil konzentriert werden. Die Form der Eisennadel kann verschieden sein. Am häufigsten findet man die Form einer Hantel oder die Nierenform. Die Messspule kann auch innerhalb des Dauermagneten angeordnet sein. Für sehr hohe Ströme sind Eisennadel-Messwerke gebaut worden, bei denen der stromführende Leiter gerade hindurchgeführt wird. Ein Weicheisenanker mit Polschuhen überträgt das Feld auf die Eisennadel. Der Dauermagnet ist senkrecht dazu angeordnet.

Die Eigenschaften der beiden Messwerkarten, ihre Vor- und Nachteile, machen sie ganz besonders geeignet für die Verwendung in Fahrzeugen. Sie sind weitgehend unempfindlich gegen Erschütterungen, Vibrationen und Stöße, da sie keine bewegliche Spule, keine bewegliche Stromzuführung und keine Rückstellfeder besitzen. Sie sind außerdem sehr hoch überlastbar, preiswert in der Herstellung und können für direkte Anzeige bis zu 60 A und 600 V gebaut werden. Ihrer Eigenschaft nach sind sie stromrichtungsabhängig, daher nur für Gleichstrom verwendbar, was wiederum für Flugzeuge fast immer geeignet ist. Der hohe Eigenverbrauch bis zu 10 W spielt bei Bordnetzüberwachung keine Rolle, ebenso kann die geringe Genauigkeit mit Genauigkeitsklasse 5 oder selbst mit Fehlern bis +10 % (ohne Klassenzeichen) meist in Kauf genommen werden. Lediglich muss die Fremdfeldempfindlichkeit berücksichtigt werden. Der Einbau ist so vorzunehmen, dass sie entweder magnetisch abgeschirmt oder weit weg von Fremdfeldquellen angeordnet werden. Die Baugröße kann sehr gering gehalten werden, was wieder bei Fahrzeuggeräten wichtig ist. Die Vor- und Nachteile für beide Messwerke sind in Tab. 2.12 gezeigt.

Tab. 2.12: Vor- und Nachteile des Drehmagnet- und Eisennadel-Messwerks.

Vorteile	Nachteile
Robust	Hoher Eigenverbrauch (1–10 W)
Keine bewegliche Spule	Geringe Empfindlichkeit
Keine bewegliche Stromzuführung	Niedrigste Bereiche (≈ 0.5 mA und ≈ 40 mV)
Keine Rückstellfeder	Fremdfeldempfindlich
Hoch überlastbar	Hysteresefehler bei Gleichstrom
Preiswert	Keine Nebenwiderstände
Für Gleich- und Wechselstrom	Ungleichmäßiger Skalenverlauf
Direkte Bereiche bis 60 A und 500 V	

Sowohl vom Eisennadel-Messwerk als auch vom Drehmagnet-Messwerk sind Verhältniswertmesser (Quotientenmesswerke) gebaut worden. Beim Eisennadel-Messwerk sind zwei Weicheisenkerne kreuzweise zueinander angeordnet, jeder mit einer Spule versehen. Im ausgeschalteten Zustand hat das Instrument keine Richtkraft und zeigt eine beliebige Stelle an. Werden die beiden Spulen von Strömen durchflossen, dann stellt sich das Weicheisenstück entsprechend der Stärke der Felder ein. Verändert sich einer der Ströme, ändert sich die Anzeige ebenfalls und das Resultat ist der Verhältniswert.

Beim Drehmagnet-Quotientenmesswerk ist der drehbare Magnet als Scheibe ausgebildet. Hier umfassen ihn zwei gekreuzt zueinander angeordnete Spulen, von denen eine unterteilt ist. Auch hier wird eine Einstellung des Zeigers in Abhängigkeit vom Verhältnis der beiden Spulenströme erreicht. Verwendet werden derartige Messwerke als direkt zeigende Ohmmeter für das Verhältnis von Spannung zu Strom, als Temperaturanzeigegeräte für die Anzeige der Messtemperatur in Bezug auf die Vergleichstemperatur und als Frequenzmesser.

2.2.3 Drehspul-Messwerk

Kennzeichnend für Drehspul-Messwerke sind der feste Dauermagnet und die drehbare Spule. Bedingt durch die Polung des Magneten, ist die Anzeige stromrichtungsabhängig, also nur für Gleichstrom geeignet. Das Drehspul-Messwerk ist das am häufigsten verwendete Zeigermesswerk in der heutigen Elektromesstechnik, da es sehr vielseitig anpassungsfähig ist. Es hat demnach in vielen Konstruktionsversuchen Wandlungen durchlaufen. Die Ursprungsform, die man auch heute noch findet, ist der Hufeisenmagnet mit Polschuhen (Abb. 2.34). Zwischen den Polschuhen und dem festen Weicheisenkern dreht sich die Spule in einem Magnetfeld, das radial-homogen sein soll, das heißt, die Feldlinien sollen geradlinig radial vom Polschuh zum Kern laufen.

Zwei Spiralfedern, einseitig oder symmetrisch oben und unten angeordnet, dienen als Rückstellfedern und gleichzeitig als Stromzuführung für die bewegliche, vom Messstrom durchflossene Spule.

Um die Masse der bewegten Spule und damit das erforderliche Drehmoment gering zu halten, wird der dünne Spulendraht, herunter bis zu 0,02 mm Durchmesser, auf einen leichten Aluminium-Trägerrahmen gewickelt. Der Rahmen erfüllt gleichzeitig noch die Aufgabe der Dämpfung des Einschwingens und bewirkt gleichzeitig eine Wirbelstromdämpfung. Am Rahmen sind die Spitzen für die Lagerung und der Zeiger befestigt, die alle zusammen das bewegliche Organ darstellen.

Auf die Drehspule wirken bei Stromfluss die Kräfte des Spulenfeldes und des Permanentmagnetfeldes ein, die zusammen das Messdrehmoment ergeben. Die Spule bewegt sich solange unter Einfluss des Messdrehmomentes, bis das Rückstellmoment der Federn dem Betrag nach gleichgroß geworden ist. Da sich in der Fertigung Permanentmagnete nie ganz genau gleich herstellen lassen, ist im Allgemeinen zum ersten Abgleich nach dem Zusammenbau ein festschraubbares Eisenstück als magnetischer Nebenschluss zwischen den Polen angeordnet, das auch später bei Nachjustierung unter Umständen nachgestellt werden kann, wenn der Magnet an Kraft verloren haben sollte.

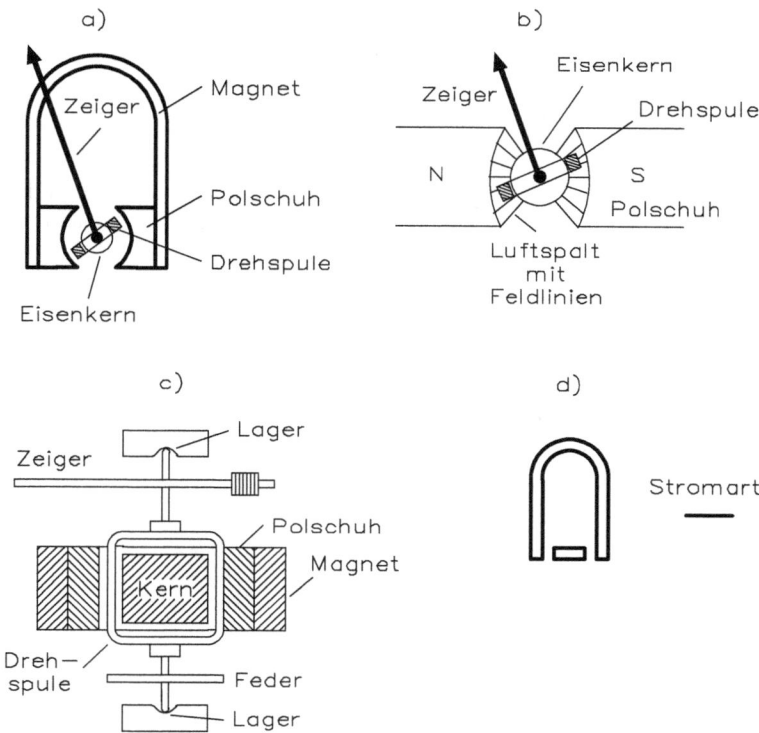

Abb. 2.34: Aufbau und Sinnbild eines Drehspul-Messwerks und Anordnung der Drehspule (Drauf- und Seitenansicht).

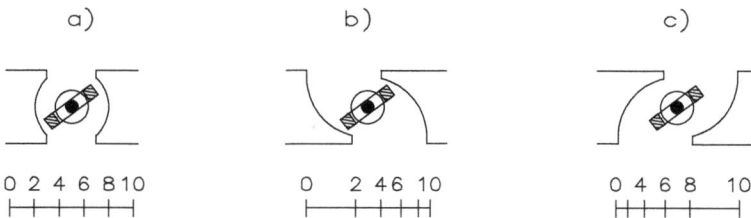

Abb. 2.35: Ein symmetrischer Luftspalt erlaubt eine gleichmäßige Skala (a), ein unsymmetrischer Luftspalt ermöglicht einen gedehnten Anfangs- (b) bzw. Endbereich (c).

Von sich aus liefert das Drehspul-Messwerk einen gleichmäßigen Skalenverlauf (Abb. 2.35) bei symmetrischem Luftspalt. Durch Abänderung der Polschuhform kann entweder ein gedehnter Anfangsbereich oder ein gedehnter Endbereich erzielt werden.

Die stärkste Entwicklung hat in letzter Zeit die Magnetform betroffen. Vom Hufeisenmagneten, der ein verhältnismäßig großes Streufeld besitzt, ging man zum polschuhlosen Ringmagneten über. Eine weitere Verbesserung und Erhöhung der Induktion im Luftspalt brachte die Verwendung der Oerstitmagnete und die Verwendung von Magneten mit Weicheisen-Außenring. Der letzte Schritt der Entwicklung ist das Kernmagnetsystem. Hierbei ist der Innenkern der Permanentmagnet, und ein Außenring aus Weicheisen schließt die Kraftlinien. Der Aufwand an Magnetmaterial beträgt nur 1000 gegenüber der alten Form, die Baugröße ist stark reduziert, der Aufbau ist vereinfacht und die Wirkungsweise nicht beeinträchtigt, sondern noch verbessert.

Abb. 2.36: Drehspul-Messwerk (Werkfoto: Hartmann und Braun).

Eine Sonderform stellt das Gleichpol-Messwerk dar, mit dem ein Zeigerausschlag von 270° erreicht werden kann.

Für sehr viele Messzwecke überwiegen die Vorteile beim Drehspul-Messwerk gegenüber den Nachteilen. Vor allem ist es die hohe Genauigkeit, der geringe Eigenverbrauch, die Fremdfeld-Unempfindlichkeit und die gleichmäßig geteilte Skala, die das Drehspul-Messwerk für alle Präzisionsmessungen und für viele Betriebsmessungen geeignet macht, unter Inkaufnahme der Nachteile der Empfindlichkeit gegen Überlastung, Stoß und Erschütterung und des relativ hohen Preises, Die Messbereiche lassen sich durch Vor- und Nebenwiderstände beliebig erweitern. Für Messungen des Wechselstromes verwendet man heute vorgeschaltete Messgleichrichter. Die Vor- und Nachteile für beide Messwerke sind in Tab. 2.13 gezeigt.

Tab. 2.13: Vor- und Nachteile des Drehspul-Messwerks.

Vorteile	Nachteile
Geringer Eigenverbrauch (1 µW–1 mW)	Bewegliche Spule
Hohe Empfindlichkeit 1 mm/µA	Bewegliche Stromzuführung
Niedrigster Bereich ab 10 µA	Überlastempfindlich
Fremdfeldunempfindlich	Erschütterungsempfindlich
Hohe Genauigkeit bis ±0,1 %	Teuer
Gleichmäßige Skala	Nur für Gleichstrom
Messbereich einfach zu erweitern	Größter direkter Messbereich 100 mA

2.2.4 Zeiger-Galvanometer

Besonders hochempfindliche Messgeräte bezeichnet man als Galvanometer. Sie weisen schon bei niedrigsten Strömen oder Spannungen Vollausschlag auf. Meistens sind sie ungeeicht und dienen als Nullinstrumente zur Anzeige des stromlosen Zustandes, z. B. bei Brücken- und Kompensationsmessungen. In diesem Falle ist die Skala nur mit Teilstrichen ohne Wertangaben versehen, und der Nullpunkt liegt in der Mitte. Zur genaueren Ablesung, auch des geringsten Ausschlages, wird der Bereich um den Nullpunkt oft mit einer Lupe betrachtet (Abb. 2.37). Grundsätzlich können alle Messwerkarten als Galvanometer gebaut werden, doch sind die Drehspul-Galvanometer am meisten verbreitet.

Die Konstruktion des Galvanometers hängt vom Verwendungszweck ab. Bei Betriebsmessgeräten mit Galvanometer werden Zeigergeräte gewählt, da sie nicht so kritisch in der Behandlung sind. Die Spitzenlagerung muss besonders gut und

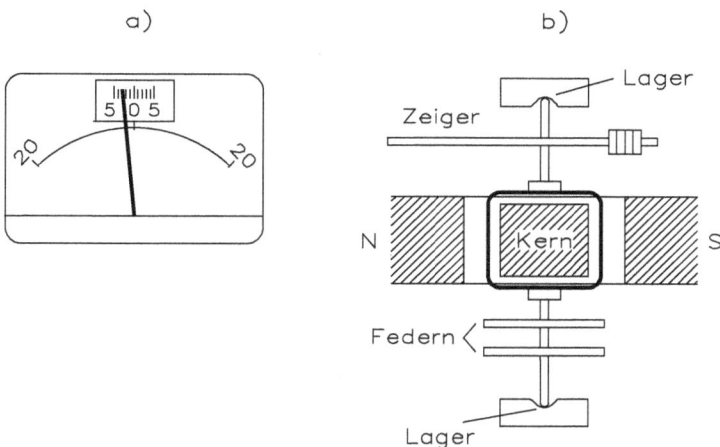

Abb. 2.37: Galvanometerskala mit Lupenablesung (a) und Anordnung des Kerns mit Spitzenlagerung (b).

reibungsarm ausgeführt werden. Mit Zeiger-Galvanometern kommt man selbstverständlich nicht an die Grenzen der Höchstempfindlichkeit heran, da die bewegte Masse des Zeigers und die Spitzenlagerung einen höheren Eigenverbrauch bedingen. Die Spannband-Lagerung mit Spiegel ist noch verhältnismäßig robust und trotzdem empfindlicher als die Spitzenlagerung. Sie steht in der Mitte zwischen der Zeigerausführung und der Bandaufhängung. Die Drehspul-Galvanometer mit Bandaufhängung und Spiegel sind die Messgeräte mit dem geringsten Eigenverbrauch und der höchsten Empfindlichkeit überhaupt. Im Allgemeinen handelt es sich um reine Laborgeräte, da sie mit größter Vorsicht behandelt werden müssen. Schon ein hartes Aufstellen kann das Messwerk zerstören. Vor jeder Messung müssen sie genau horizontal ausgerichtet werden und bei jeder Ortsveränderung muss die, in ihrer Aufhängung frei pendelnde Drehspule, arretiert werden.

Lichtzeiger waren (vor 1970) früher den Laborinstrumenten vorbehalten gewesen. Heute werden auch Geräte gefertigt, die eine geschlossene Einheit darstellen. Sie enthalten in einem gemeinsamen Gehäuse die Lampe mit der Optik, das Messwerk, den Umlenkspiegel und die Skala. Der Strahl wird ein- oder mehrfach umgelenkt, um kurze Baulänge zu erzielen. So ist es möglich, Geräte mit 1 m Zeigerlänge in die handliche Form eines Tischinstrumentes zu bringen. Da in einem Gehäuse Streulicht kaum zu vermeiden ist, setzt man in den Strahlengang häufig eine Blende mit einem Spalt, die auf der Skala dann eine Schattenmarke mit einem Strich erzeugt. In dieser Ausführung bezeichnet man die Messgeräte als Lichtmarken-Galvanometer.

Beim reinen Lichtzeiger-Galvanometer wird auf der Skala ein Lichtpunkt sichtbar. Die Beleuchtungseinrichtung, das Galvanometer und die Skala sind getrennte Einheiten, die einzeln aufgestellt und zueinander ausgerichtet werden müssen. Der Raumbedarf ist groß, allerdings kann auch der Lichtzeiger fast beliebig lang ausgeführt werden. Oft ist für Präzisionsmessungen ein eigener Raum für die fest installierte Anlage eingerichtet.

Bei den Galvanometern sind einige Sonderformen entwickelt worden. Beim Saiten-Galvanometer führt nur ein einzelner Leiter durch das Magnetfeld, der meist aus einem metallisierten Quarzfaden besteht. Auf dem Leiter ist der Spiegel befestigt. Beim Schleifen-Galvanometer liegt eine Leiterschleife zwischen den Magnetpolen. Beide Formen haben sehr geringe Trägheit und Masse und sind als Lichtstrahl-Schwingungsschreiber geeignet. Ihre Eigenschwingungszahl liegt um 700 Hz und Abb. 2.38 zeigt ein Lichtzeiger-Galvanometer.

Bei ballistischen Galvanometern wird der Höchstausschlag bei einem Stromstoß gemessen. Bei Kriechgalvanometern ist keine Rückstellkraft vorhanden und der Zeiger zeigt eine Strommengen-Summe.

Die Vor- und Nachteile für dieses Messwerk sind in Tab. 2.14 gezeigt.

Abb. 2.38: Lichtzeiger-Galvanometer (Werkfoto: Hartmann und Braun).

Tab. 2.14: Vor- und Nachteile eines Zeiger-Galvanometers.

Vorteile	Nachteile
Geringer Eigenverbrauch (10 pW–10 nW)	Bewegliche Spule
Höchste Empfindlichkeit 10 mm/nA	Sehr überlastempfindlich
Niedrigster Bereich ab 10 pA	Erschütterungsempfindlich
Gleichmäßige Skalenteilung	Teuer
Fremdfeldunempfindlich	Nur für Gleichstrom
Messbereich einfach zu erweitern	Skala nicht geeicht
	Waagerechte Aufstellung nötig

2.2.5 Drehspul-Quotientenmesswerk

Sehr häufig müssen in der Elektromesstechnik Größen gemessen werden, die als Quotient (Verhältniswert) von zwei Werten darzustellen sind. Hierzu gehört zum Beispiel die direkte Messung des Widerstandes R als Quotient aus Spannung und Strom:

$$R = \frac{U}{I}$$

Bei der Einzelmessung werden entweder zwei Messgeräte benötigt, wenn die Messungen unbedingt gleichzeitig ausgeführt werden müssen, oder man misst nacheinander. Bei Quotientenmesswerken beeinflussen beide Größen des Quotienten den Zeiger gleichzeitig.

Bei Drehspul-Quotientenmesswerken erreicht man das, indem man zwei gekreuzt zueinander angeordnete Spulen auf den gleichen Körper wickelt und mit dem Zeiger zum beweglichen Organ vereinigt. Daher rührt auch der Name Kreuzspul-Messwerk (Abb. 2.39). Der Luftspalt muss ungleichmäßig verlaufen. Damit kommt jeweils eine der beiden Spulen in den engeren Bereich, wenn die andere in den weiteren kommt. Bei der Spule, die in den engeren Bereich kommt, nimmt das Drehmoment zu, bei der anderen Spule nimmt das Drehmoment ab. Damit ergibt sich eine Stellung, bei der die beiden Drehmomentkurven sich schneiden und daher im Gleichgewicht sind. Diese Stellung nimmt das bewegliche Organ nach dem Einschalten beider Stromkreise ein. Das Sinnbild des Drehspul-Quotientenmesswerks deutet die gekreuzten Spulen an.

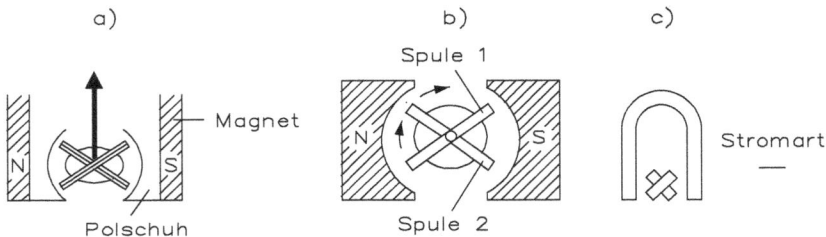

Abb. 2.39: Drehspul-Quotientenmesswerk (a) und Sinnbild (b) mit zwei gekreuzten Spulen (c) in einem ungleichmäßigen Luftspalt (elliptischer Verlauf).

Wenn die Drehmomentkurven für verschiedene Absolutwerte aufgenommen werden, ergibt sich jeweils bei gleichem Verhältnis der beiden Einzelwerte zueinander die gleiche Zeigerstellung, das bedeutet bei einer Widerstandsmessung beispielsweise, dass die Messspannung höher oder niedriger sein kann. Dementsprechend ist auch der Strom höher oder niedriger und das Verhältnis der beiden bleibt gleich.

Konstruktiv ist der ungleichmäßige, elliptisch geformte Luftspalt entweder dadurch zu erreichen, dass der Kern elliptisch geformt ist oder dass die Ausdrehung der Polschuhe exzentrisch ist. Durch die Form des Luftspaltverlaufs kann man weitgehend den Skalenverlauf gestalten. Quotientenmesswerke dienen nicht nur als Widerstands-Messgeräte, sondern sind für alle anderen Verhältniswertmessungen ebenso verwendbar. Hierbei kann es sich um die Messung gegenüber einem Vergleichswiderstand handeln, oder um die Messung von Temperaturen durch einen temperaturabhängigen Widerstand. Abb. 2.40 zeigt ein Drehspul-Messwerk.

Abb. 2.40: Drehspul-Messwerk
(Werkfoto: Hartmann und Braun).

Wie beim Drehspul-Messwerk die modernste Form das Kernmagnet-Messwerk ist, wurden auch Kreuzspul-Messwerke mit Kernmagnet ausgerüstet. Der Luftspalt ist in diesem Falle gleichbleibend, da der Feldverlauf von den Polen des Kerns zum äußeren Weicheisenring von sich aus ungleichmäßig ist.

Eine weitere Sonderform ist das T-Spul-Messwerk. Hier ist der Kern als Ring ausgebildet. Die zweite Spule, die Querspule greift über den Ring. Bei Stromfluss in den Spulen versucht die Querspule starr in der neutralen Zone zu bleiben. Sie wirkt dadurch rückstellend und wird als elektrische Feder bezeichnet, da sie das Rückdrehmoment liefert. Bei stromloser Messspule stellt die Querspule das bewegliche Organ in Nullstellung. Bei Stromfluss in der Messspule wird der Messwert angezeigt. Mit einer dritten, zusätzlichen Spule erhält man das Drehspul-Kreuzspulmesswerk. Eine der drei Spulen wirkt auch hier als elektrische Feder, die anderen beiden arbeiten als Quotientenmesser. Diese Messgeräteart wird als Brückenanzeigegerät eingesetzt.

Bei allen Kreuzspul-Messwerken sind die Stromzuführungen zu den beweglichen Spulen als weiche, richtkraftlose Goldbänder ausgeführt. In stromlosem Zustand hat der Zeiger keine feste Lage. Diese Eigenschaft muss bekannt sein, damit man nicht zu Fehlschlüssen vor dem Einschalten kommt oder bei Ausfall eines Stromkreises Fehlmessungen ausgeführt werden. Abb. 2.41 zeigt ein Ohmmeter.

Abb. 2.41: Ohmmeter
(Werkfoto: Hartmann und Braun).

2.2.6 Elektrodynamisches Messwerk

Kennzeichnend für ein elektrodynamisches Messwerk (Abb. 2.42) sind die eine feststehende und die zweite bewegliche Spule. Im einfachsten Falle sind die beiden Spulen konzentrisch zueinander angeordnet. Gewöhnlich ist die Festspule immer unterteilt. Das Sinnbild deutet die unterteilte Festspule und die Drehspule an. Die beiden Spulenströme wirken gleichsinnig auf den Zeiger und der Ausschlag ist proportional zum Produkt beider Ströme.

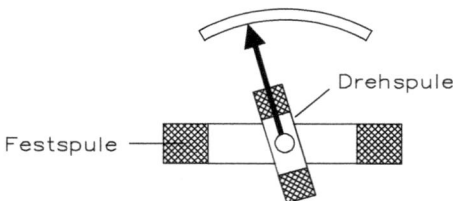

Abb. 2.42: Aufbau des elektrodynamischen Messwerks.

Der wesentlichste Nachteil der einfachen Konstruktion ist die starke Abhängigkeit von Fremdfeldern. Bei Drehspul-Messwerken ist die Feldliniendichte im Luftspalt sehr hoch und externe Fremdfelder haben daher prozentual nur einen sehr geringen Einfluss. Bei eisenlosen elektrodynamischen Messgeräten ist dagegen die Messfeldstärke gering und externe Fremdfelder beeinflussen das Messgerät sehr stark. Eine Möglichkeit der Abhilfe ist der Bau eines Doppelsystems, eines sogenannten astatischen Systems (Abb. 2.43). Beim astatischen Messsystem addieren sich die Messkräfte und dadurch heben sich die Fremdkräfte auf. Das astatische Messsystem besteht aus zwei Festspulen (F_1 und F_2) und zwei Drehspulen (D_1 und D_2).

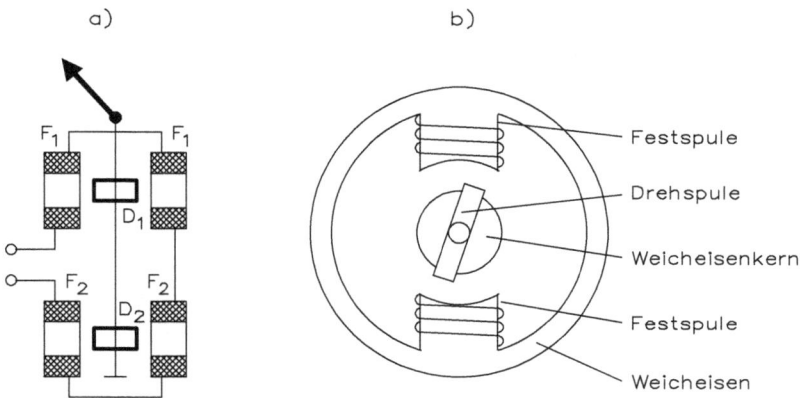

Abb. 2.43: Aufbau des astatischen (a) und eines eisengeschlossenen elektrodynamischen Messwerks (b).

Astatische Messwerke sind empfindlich und teuer. Wo irgend möglich vermeidet man sie, vor allem bei Betriebsmessgeräten. Dort wählt man entweder den Weg der magnetischen Abschirmung oder das eisengeschlossene System. Magnetische Abschirmung hat wiederum den Nachteil, dass die Eisenabschirmung in ausreichendem Abstand vom Messwerk selbst angeordnet sein muss. Besser ist daher die Konstruktion als eisengeschlossenes System. Hierbei verlaufen die magnetischen Feldlinien fast nur in Eisen, geschlossen über den äußeren Ring und den inneren Kern. Fremdfeldeinfluss ist praktisch ausgeschlossen, dafür treten Hysteresefehler auf. Wo diese ausreichend klein gehalten werden können, besonders durch Auswahl geeigneter Eisensorten, ist das eisengeschlossene Messwerk (Abb. 2.44) zu bevorzugen.

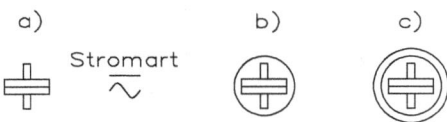

Abb. 2.44: Sinnbild für ein eisenloses (a), magnetisch geschirmtes (b) und eisengeschlossenes (c) elektrodynamisches Messwerk.

In den meisten Anwendungen wird beim elektrodynamischen Messwerk ein Pfad als Strompfad der andere als Spannungspfad geschaltet und damit eine Leistungsanzeige erzielt, da die Leistung das Produkt aus Strom und Spannung ist. Die feststehende Spule ist normalerweise der Strompfad, damit man höhere Ströme unmittelbar durch das Messwerk leiten kann. Die bewegliche Drehspule ist der Spannungspfad. In den Schaltungen werden die beiden Spulen nach Abb. 2.45 (links) angedeutet, manchmal auch in vereinfachter Form als Messwerk mit Strom- und Spannungspfad.

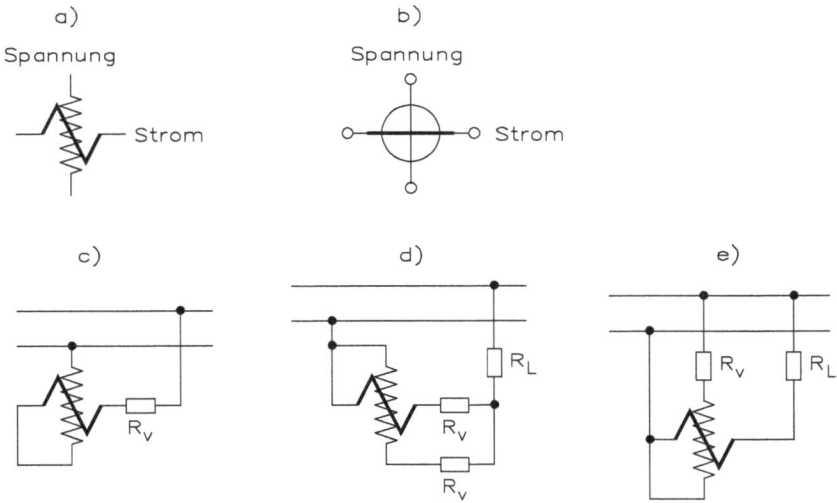

Abb. 2.45: Darstellung von Strom- und Spannungspfad (a) des elektrodynamischen Messwerks. Die Schaltungsvarianten des elektrodynamischen Messwerks zeigen einen (b) Spannungsmesser ($\alpha \sim U^2$), (c) Strommesser ($\alpha \sim I^2$), (d) Leistungsmesser ($\alpha \sim U \cdot I$), wobei die Skala des Leistungsmessers linear ist.

Abb. 2.46 zeigt ein elektrodynamisches Messwerk.

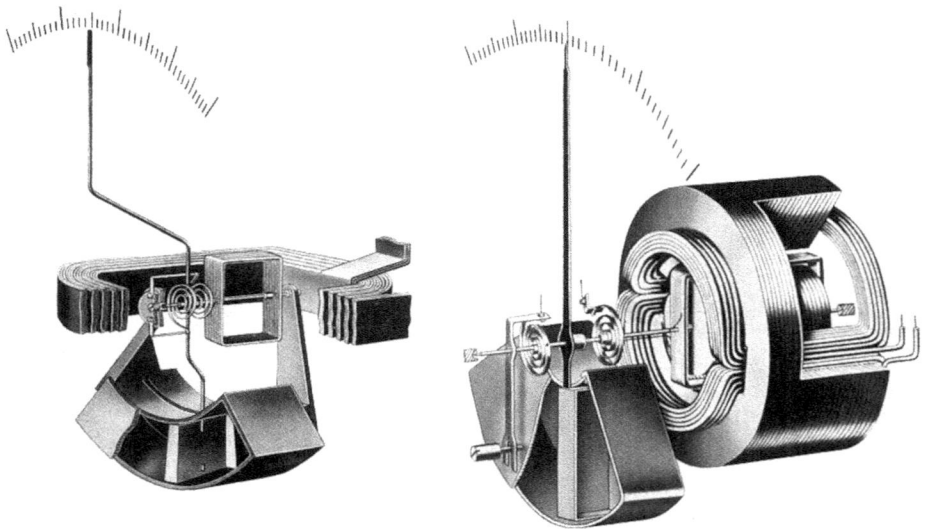

Abb. 2.46: Elektrodynamisches Messwerk (Werkfoto: Hartmann und Braun).

Wenn die Stromrichtung in einem der beiden Pfade umgekehrt wird, kehrt sich auch der Ausschlag um. Wird dagegen die Stromrichtung gleichzeitig in beiden Pfaden umgekehrt, bleibt der ursprüngliche Ausschlag erhalten, da die Multiplikation zweier negativer Werte ein positives Ergebnis bringt. Das bedeutet, dass ein elektrodynamisches Wattmeter für Gleichstrom und ebenso für Wechselstrom geeignet ist. Bei Gleichstrom wird das Produkt $U \cdot I$ angezeigt, bei Wechselstrom die Wirkleistung $P = U \cdot I \cdot \cos \varphi$, da eine zeitliche Verschiebung von Strom und Spannung sich entsprechend auf die Anzeige auswirkt, weil der Zeiger im gleichen Augenblick von beiden Messgrößen beeinflusst wird.

Abb. 2.47 zeigt ein cos-φ-Messwerk.

Abb. 2.47: cos-φ-Messwerk (Werkfoto: Hartmann und Braun).

Grundsätzlich ist es möglich, elektrodynamische Messwerke als Spannungsmesser zu schalten, wenn auch diese Anwendung selten ist. Ebenso kann man elektrodynamische Messwerke als Strommesser verwenden. Auch dies ist nicht sehr zweckmäßig. Die gegebene Anwendung ist die Schaltung als Leistungsmesser. Hierbei liegt normalerweise der Strom unmittelbar in Reihe geschaltet mit der Last, dem Verbraucher, während der Spannungspfad gewöhnlich über einen Vorwiderstand angeschlossen ist. Der Strompfad ist vielfach für einen Strom von 5 A ausgelegt, der Spannungspfad mit einem eingebauten Vorwiderstand, der die Spannung auf 250 V begrenzt. Die Skala des elektrodynamischen Leistungsmessers verläuft gleichmäßig geteilt.

2.2.7 Elektrodynamisches Quotientenmesswerk

Elektrodynamische Quotientenmesswerke verwenden entweder eine Festspule und ein bewegliches Kreuzspulsystem oder zwei Festspulen und eine bewegliche Drehspule (Abb. 2.48). In der letzten Form werden sie als Kreuzfeld-Messwerk bezeichnet.

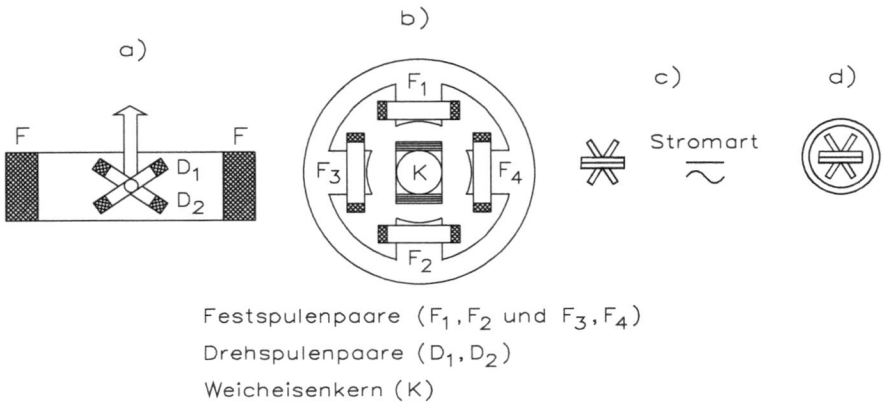

Festspulenpaare $(F_1, F_2$ und $F_3, F_4)$
Drehspulenpaare (D_1, D_2)
Weicheisenkern (K)

Abb. 2.48: Aufbau eines elektrodynamischen Quotientenmesswerks (Kreuzspulsystem) (a) mit zwei gekreuzten Drehspulen D_1 und D_2 und einer Festspule F; (b) beim Kreuzfeld-System mit zwei Festspulenpaaren, einer Drehspule D und einem Weicheisenkern. Die Sinnbilder zeigen ein eisenloses (c) und ein eisengeschlossenes (d) elektrodynamisches Quotientenmesswerk.

Das Sinnbild deutet das Festspulenpaar und die gekreuzten Drehspulen an. Auch hier gibt es eisenlose und eisengeschlossene Messwerke.

Mit elektrodynamischen Quotientenmesswerken lassen sich viele Messungen in direkter Anzeige ausführen, die andernfalls mehrere Einzelmessungen erfordern. Man findet sie daher als direkt zeigende Kapazitäts- und Induktivitätsmessgeräte, als Frequenzmessgeräte und auch als Widerstandsmessgeräte.

Bei Kreuzfeld-Messwerken sind zwei Spulenpaare senkrecht zueinander angeordnet. Beim eisengeschlossenen Messwerk sitzen die Spulen auf den vier Polschuhen eines gemeinsamen Ringes. Die Drehspule ist im Zentrum, beweglich um den Kern angeordnet. Die Felder der beiden Spulenpaare stehen senkrecht zueinander. Wenn die Drehspule von einem Strom durchflossen wird, stellt sie sich im Verhältnis der beiden Festspulenströme ein.

Eine Sonderform ist das Induktions-Dynamometer. Hier sind zwei parallel gewickelte Drehspulen zwischen den Polen eines Elektromagneten mit der Festspule angeordnet. In der Schaltung werden das elektrodynamische Kreuzspulsystem und das Induktions-Dynamometer gezeigt. Der Zeigerausschlag ist proportional zum Verhältnis der Wirkströme:

$$\alpha \sim \frac{I_2 \cdot \cos \varphi_2}{I_1 \cdot \cos \varphi_1}$$

Bei der Schaltung eines elektrodynamischen Kreuzspul-Messwerks als Frequenzmesser wird die Festspule als Strompfad geschaltet (Abb. 2.49 (b)). Die beiden gekreuzten beweglichen Spulen sind Spannungspfade. In einen Zweig schaltet man einen

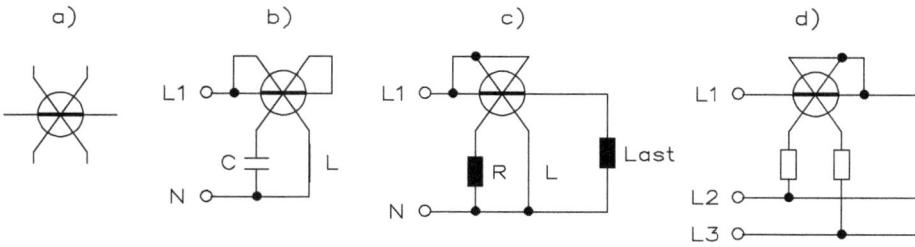

Abb. 2.49: Anwendungen des elektrodynamischen Quotientenmesswerks: (a) Anordnung des Kreuz-spulsystems, (b) Messwerk als Frequenzmesser, (c) Messwerk als Leistungsfaktormesser $\alpha \sim \varphi$, (d) Messwerk als Leistungsfaktormesser im Drehstromnetz.

Kondensator, in den anderen Zweig eine Induktivität. Die Blindwiderstände dieser beiden Zweige verhalten sich bei Frequenzänderungen gegensätzlich. Bei steigender Frequenz nimmt der Blindwiderstand in der Induktivität zu, beim Kondensator ab. Bezogen auf den gemeinsamen Strompfad ändert sich also mit der Frequenz das Verhältnis der beiden Ströme im Spannungspfad und damit ist die Anzeige abhängig von der Frequenz.

Bei der Schaltung als Leistungsfaktormesser liegt die Festspule im Stromzweig der Last. Die beiden Kreuzspulen sind Spannungspfade, davon einer mit rein ohmschem Vorwiderstand und der andere mit 90° Phasenverschiebung durch eine vorgeschaltete Spule L. Der Zeigerausschlag wird proportional zum Phasenwinkel φ, da die Einstellung auf den Anteil des Blindstromes im Strompfad bezogen wird.

Bei einem Dreiphasennetz kann man ebenfalls ein elektrodynamisches Quotientenmesswerk zur unmittelbaren Anzeige des Leistungsfaktors benützen, wenn der Strompfad in einen Außenleiter geschaltet wird und die beiden Spannungspfade zwischen dem ersten und den beiden anderen Außenleitern liegen. Die Schaltung ist arbeitsfähig, wenn symmetrische Last vorliegt.

Bei der Kapazitätsmessung lässt sich der unbekannte Kondensator im Vergleich zu einem Normalkondensator bestimmen. Auch mit Induktions-Dynamometern ist Kapazitätsmessung möglich. Bei Induktions-Dynamometern ist die Festspule an das Netz angeschaltet. Eine der beweglichen Spulen liegt mit 90° Phasenverschiebung über einen Kondensator ebenfalls am Netz. Die andere Spule ist nicht mit dem Netz verbunden. In dieser Spule wird durch Induktion eine Spannung hervorgerufen, die noch durch die Spule eine induktive Phasenverschiebung erzeugt. Der Zeigerausschlag ist von den Größen Frequenz, Kapazität, Induktivität und ohmscher Widerstand abhängig. Wenn jeweils drei der vier Größen festliegen und als Vergleichswerte herangezogen werden, kann der vierte Wert gemessen werden. Für die gegebenen Vergleichswerte lässt sich die Skaleneichung unmittelbar in den Einheiten des vierten Wertes vornehmen.

2.2.8 Elektrostatisches Messwerk

Elektrostatische Messwerke beruhen in ihrer Arbeitsweise auf dem physikalischen Gesetz, da sich gleichnamige elektrische Ladungen abstoßen. Die dabei auftretenden mechanischen Kräfte sind gering, so dass im Allgemeinen relativ hohe Spannungen vorhanden sein müssen, ehe eine brauchbare Anzeige erzielt werden kann. Die Vorstufe ist ein lange bekanntes Gerät zum Nachweis elektrostatischer Ladungen, das Elektroskop (Abb. 2.50), das bereits benützt wurde, als man noch mit Reibungselektrizität experimentierte. Es besteht aus einem Metallträger und einem sehr leichten, dünnen Goldblättchen. Bei Aufladung spreizt sich das Elektroskop, da der Träger und das Blättchen gleichnamig geladen sind.

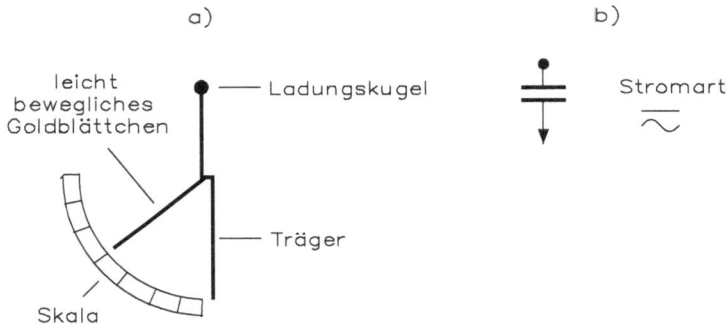

Abb. 2.50: Aufbau eines Goldblatt-Elektroskops und Sinnbild.

In der heutigen Bauart handelt es sich um Konstruktionen mit getrennten, voneinander isolierten Platten, also einer Art Kondensatoren, bei denen eine Platte beweglich ist. Das Sinnbild deutet diese Bauart an. Bei der Messung muss der Kondensator nur aufgeladen werden, ein weiterer Stromfluss findet nicht statt. Elektrostatische Messwerke sind demnach reine Spannungsmesser ohne Stromfluss und Eigenverbrauch.

Für Spannungsbereiche zwischen 1 kV und 15 kV baut man Platten-Spannungsmesser (Abb. 2.51 (a)). Eine leicht bewegliche Platte ist zwischen zwei festen Platten angeordnet. Sie ist im oberen Gelenk drehbar. Bei Anschluss einer Gleichspannung wird die bewegliche Platte von der mit ihr elektrisch verbundenen, gleichnamig gepolten abgestoßen und von der anderen, isolierten, entgegengesetzt gepolten angezogen. Die Platte bewegt über eine Übersetzung den Zeiger.

Elektrostatische Geräte sind gegen elektrische Fremdfelder empfindlich. Durch Abschirmung kann man den Nachteil beseitigen. Beim Schutzring-Elektrometer ist die bewegliche Platte von einer ringförmigen Platte umgeben. Als Laborgerät werden die auftretenden mechanischen Kräfte durch eine Waage gemessen.

Elektrostatische Messgeräte mit mechanischem Zeiger oder mit Lichtzeiger werden heute meistens als Quadranten-Messwerke gebaut. Je vier Festplatten sind in den

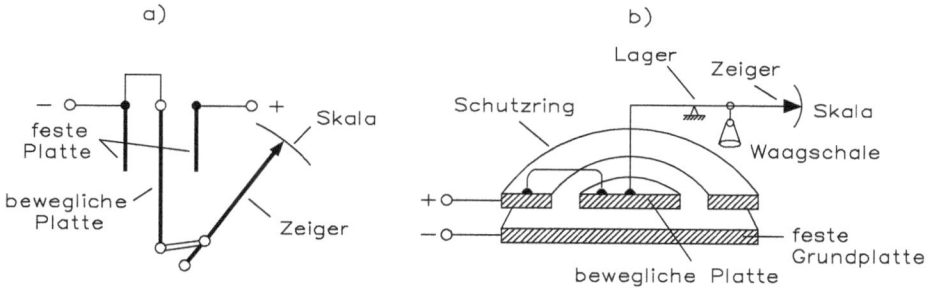

Abb. 2.51: Aufbau des Platten-Spannungsmessers (a) und des Schutzring-Elektrometers (b).

vier Quadranten der Ebene angeordnet. Je zwei benachbarte verwenden entgegengesetzte Ladung, die gegenüberstehenden weisen gleichnamige Ladung aus. Mit einem zweiten Satz bilden sie eine Kammer. Zwischen den beiden Ebenen ist die Nadel drehbar angeordnet. Sie ist mit dem einen Pol der Spannungsquelle verbunden und wird nun von den gleichnamig geladenen Platten abgestoßen, von den ungleichnamig geladenen angezogen und in der Kammer gedreht. Die Nadel ist an einem Torsionsfaden aufgehängt, der die Rückstellkraft liefert. Bei Lichtzeiger-Instrumenten ist am Torsionsfaden der Spiegel befestigt, bei Messwerken mit mechanischem Zeiger ist der Zeiger an der Nadel angebracht.

Um die Einstellkraft zu vergrößern, kann man mehrere Kammern übereinander anordnen und erhält dann das sogenannte Vielzellen-Messwerk. Die Plattenform und auch die Nadelform kann verändert werden, um den Skalenverlauf zu beeinflussen. Eine annähernd gleichmäßig geteilte Skala erhält man, wenn die Platten zu

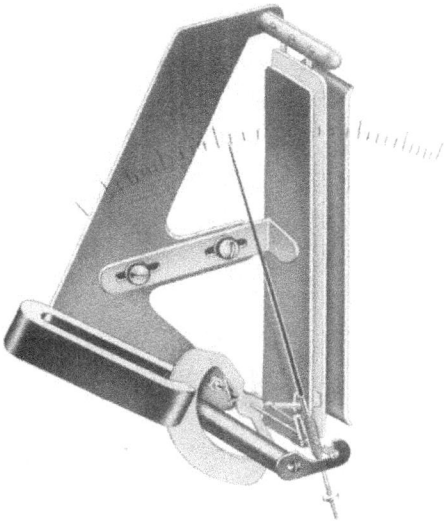

Abb. 2.52: Elektrostatisches Messgerät
(Werkfoto: Hartmann und Braun).

einer Spitze ausgezogen sind. Auch durch entsprechende Form der Nadel kann der Drehmomentverlauf beeinflusst werden.

Elektrostatische Messwerke sind für Gleich- und Wechselspannungen geeignet, da bei Wechselspannung das Umpolen in der zweiten Halbwelle beide Platten betrifft, und die Kraftwirkung erhalten bleibt. Lediglich fließt bei Wechselstrom ein entsprechender Blindstrom, je nach Kapazität des Messwerks. Messbereiche mit 1 Million Volt können direkt erfasst werden. Die Anzeige ist bis zu Frequenzen von 100 MHz brauchbar. Der Blindstrom der handelsüblichen Messwerke liegt bei einer Eigenkapazität von 1 nF für 50 Hz bei wenigen Mikroampere.

2.2.9 Induktions-Messwerk

Bei Induktions-Messwerken werden in einem Leiter, meist als Trommel- oder Plattenform ausgebildet, Ströme induziert, die den beweglichen Leiter in Drehung versetzen. Induktions-Messwerke sind nur bei Wechselstrom verwendbar. Bei der Trommelform ist die frei drehbare Aluminiumtrommel im Innern des vierpoligen Gehäuses um den Kern herum angeordnet (Abb. 2.53). Je zwei gegenüberliegende Spulen sind zu einem Paar in Reihe geschaltet. An der Trommel sind der Zeiger und die Rückholfeder befestigt. Die auftretenden Kräfte verdrehen die Trommel solange, bis das Federdrehmoment innen das Gleichgewicht hält. Voraussetzung für die Ausbildung eines Drehfeldes, das in der Lage ist, die Trommel mitzunehmen, ist eine Phasenverschiebung zwischen den Strömen in den beiden Wicklungspaaren. Man erreicht dies

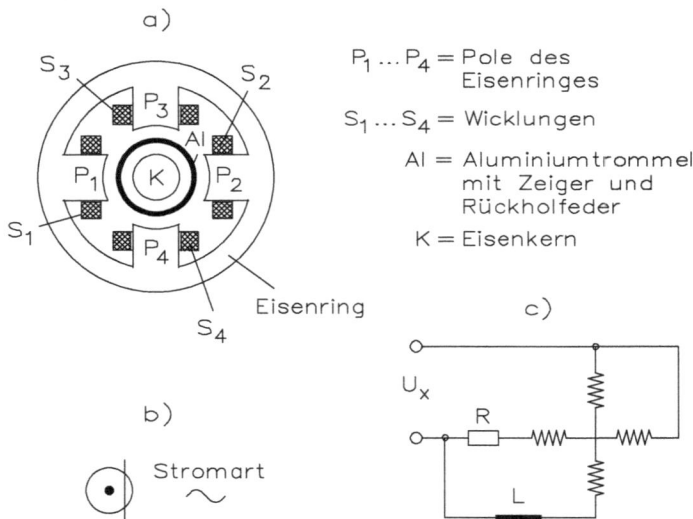

Abb. 2.53: Aufbau des Induktions-Messwerks in Trommelausführung (Drehfeld-Messwert) mit Sinnbild, Anordnung der Wicklungen und Schaltung als Spannungsmesser.

durch Vorschalten einer Drossel in einem Zweig. Das Sinnbild deutet die Wicklung und die Trommel an. In Schaltungen werden die beiden Spulenpaare häufig in gekreuzter Form dargestellt.

Induktions-Messwerke können für verschiedene Messaufgaben eingesetzt werden. Ein Beispiel ist der Spannungsmesser. Beide Wicklungspaare liegen an der gleichen Messspannung. In Reihe mit einem Paar ist ein ohmscher Vorwiderstand geschaltet, in Reihe mit dem anderen eine Spule, die die Phasenverschiebung von 90° bewirkt. Hier werden also beide Wicklungen als Spannungspfade verwendet.

Außer der Trommelform gibt es noch die Scheibenform. Diese Ausführung nennt man Wanderfeld-Messwerk im Gegensatz zum Drehfeld-Messwerk der Trommelform. Der Leiter, in dem die Wirbelströme induziert werden, ist eine Aluminiumscheibe, die drehbar gelagert ist. Entweder wird sie gegen das Rückdrehmoment einer Feder ausgelenkt oder sie kann frei umlaufen und ein Zählwerk betätigen. Über die Scheibe greifen die Pole von Elektromagneten. Auf den zwei Schenkeln des einen Kerns sitzen die beiden Hälften der unterteilten ersten Wicklung. Der zweite Kern steht senkrecht hierzu und trägt die zweite Wicklung. Die Magnete bezeichnet man als Triebwerk. Die zeitliche Verschiebung der Flüsse verursacht das Wanderfeld, von dem die Scheibe mitgenommen wird, da die induzierten Ströme als Wirbelströme ebenfalls Magnetfelder ausbilden.

Eine Sonderform ist das Spaltpol-Triebwerk (Abb. 2.54). Hier sind die Magnetpole aufgespalten. Der eine Teil trägt je eine Kurzschlusswicklung. Die Magnetflüsse in den beiden Polen sind dadurch zeitlich gegeneinander verschoben und liefern ein Wanderfeld, welches die dazwischenliegende Aluminiumscheibe in Drehung versetzt.

Wenn ein Wicklungspaar mit wenigen Windungen dicken Drahtes ausgeführt wird, kann es als Strompfad geschaltet werden. In diesem Falle kann man einen Leistungsmesser aufbauen. Der Strompfad liegt in Reihe mit dem Verbraucher. Für den Spannungspfad wird die Phasenverschiebung von 90° durch Vorschaltung einer Spule und Parallelschaltung eines ohmschen Widerstandes erreicht.

Mit Induktions-Messwerken lassen sich Verhältniswertmessgeräte konstruieren. Wenn auf eine gemeinsame Aluminiumscheibe zwei getrennte Triebwerke einwirken, ist das erzeugte Drehmoment vom Quotienten der beiden Ströme abhängig. Das Sinnbild deutet die beiden Wicklungen mit der gemeinsamen Trommel oder Scheibe an. Auch die Induktions-Quotientenmesswerke sind nur für Wechselstrom verwendbar, da sie ebenfalls auf der Induktion von Wirbelströmen in der drehbaren Scheibe beruhen.

Induktions-Quotientenmesswerke lassen sich als Zeiger-Frequenzmesser und als Anzeigegeräte bei Fernmessungen verwenden. In diesem Falle arbeitet man bevorzugt mit Verhältniswertmessung, um von Spannungs- und Frequenzschwankungen unabhängig zu sein. Das Hauptanwendungsgebiet der Wanderfeld-Messgeräte ist der Elektrizitätszähler für Wechselstrom.

Vorderansicht

Seitenansicht

Eisenkern

Aluminium—
scheibe

S_1

S_2

S_3

b

Al

a

Eisenkern

Draufsicht

S_3

S_1

S_2

b

a

Al

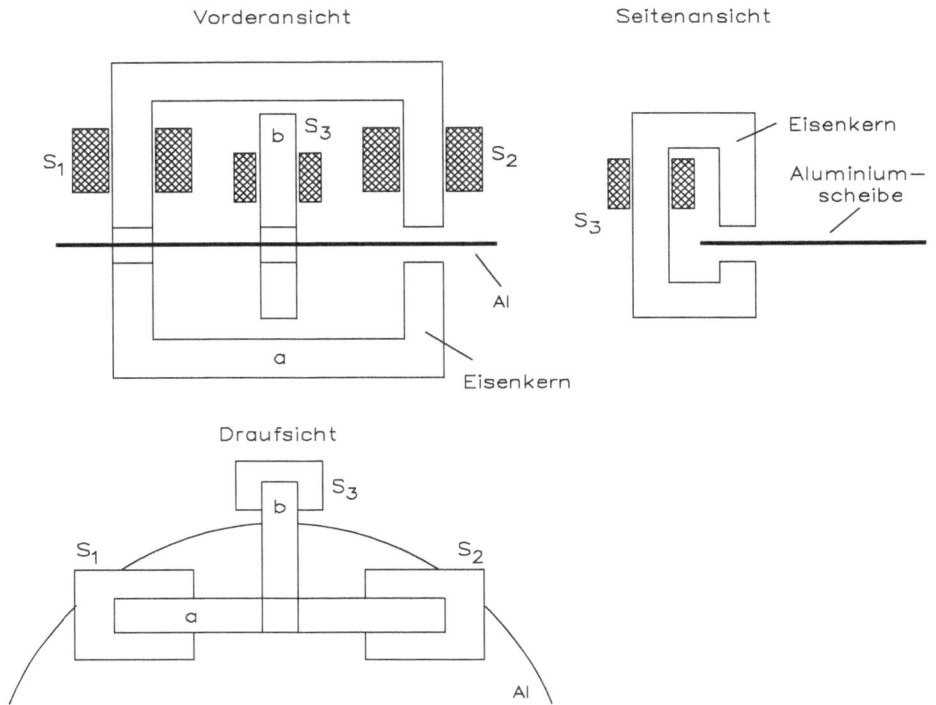

Abb. 2.54: Aufbau des Wanderfeld-Messgerätes. Um Pol 1 (S_1 und S_2) liegt je eine Kurzschlusswicklung. Die magnetischen Flüsse in den beiden Teilpolen sind dadurch zeitlich verschoben und liefern ebenfalls ein Wanderfeld.

Abb. 2.55: Induktions-Messwerk
(Werkfoto: Hartmann und Braun).

2.2.10 Heizdraht-Messwerk

Heizdraht-Messwerke werden heute kaum noch gefertigt. Sie sind zu empfindlich gegen Überlastung und weisen einen zu hohen Eigenverbrauch auf. Ihr Vorzug ist die Verwendbarkeit für Gleich- und Wechselströme bis etwa 1 MHz. Die Konstruktion ist einfach. Ein Draht wird in den Stromkreis geschaltet und vom Stromdurchgang erwärmt. Mit der Erwärmung ist eine Ausdehnung verbunden, die gemessen wird (Abb. 2.56). Der Heizdraht muss oxydationsbeständig sein und darf keine bleibende Dehnung erhalten. Verwendet werden Platinlegierungen, die sich aber nur mit Temperaturen bis 250 °C betreiben lassen.

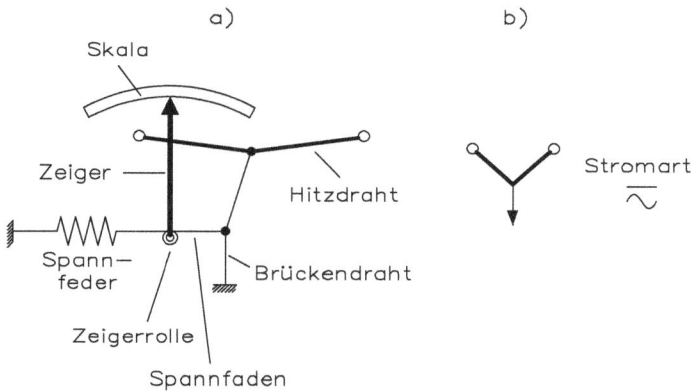

Abb. 2.56: Aufbau und Sinnbild eines Heizdraht-Messwerks.

Der Heizdraht hat einen Durchmesser zwischen 0,05 mm bis 2 mm und besteht hauptsächlich aus einer Platinlegierung. Die Belastung kann zwischen 100 µA und 1 A betragen. Mit einem Eigenverbrauch von ca. 1 W ist zu rechnen. Das Messgerät ist für Gleich- und Wechselstrom (bis 1 MHz) geeignet.

2.2.11 Bimetall-Messwerk

Ebenfalls auf Wärmeeinwirkung beruhen die Bimetall-Messwerke. Ein Bimetall-(Zweimetall-)Streifen besteht aus zwei verschiedenen Metallen unterschiedlicher Wärmeausdehnung, die fest miteinander verbunden (verschweißt) sind. Bei Erwärmung dehnt sich eine Schicht mehr aus als die andere, und der Streifen biegt sich daher durch (Abb. 2.57). Das Sinnbild deutet den durchgebogenen Bimetallstreifen an.

Der Bimetallstreifen kann unmittelbar in den Stromkreis geschaltet und durch den Stromdurchgang erwärmt werden. Ist der Streifen als Spirale gewickelt, dann rollt er sich auf oder dreht sich zusammen und bewegt den Zeiger. Wenn schon beim

Abb. 2.57: Aufbau und Sinnbild des Bimetall-Messwerks.

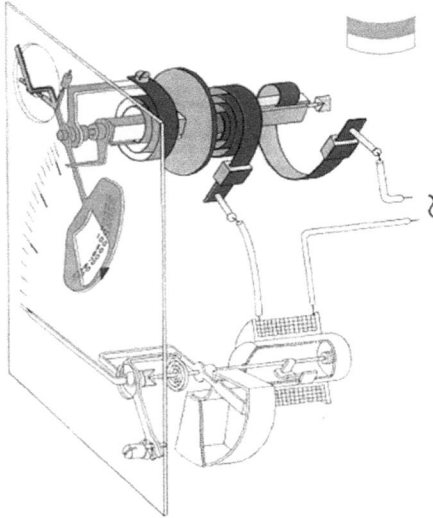

Abb. 2.58: Bimetall-Messwerk
(Werkfoto: Gossen).

Heizdraht-Messwerk die Einstellzeit verhältnismäßig groß ist, wird sie beim Bimetall-Messwerk noch größer. Das bedeutet, die Einstellung ist sehr träge. Diese Eigenschaft kann man sich aber gerade dann zunutze machen, wenn bei einem stark schwankenden Messwert der Mittelwert angezeigt werden soll. Mit einem Bimetall-Messwerk geschieht das ohne weitere Hilfsmaßnahmen. Da die Wärmewirkung ausgenützt wird, ist das Messwerk sowohl für Gleich- als auch für Wechselstrom geeignet. Das Drehmoment ist sehr hoch und man findet daher oft Bimetall-Messwerke in schreibenden Messgeräten. Da die Konstruktion einfach ist, ist das Messwerk billig. Außerdem ist es robust, unempfindlich gegen Erschütterungen und stark überlastbar. Abb. 2.58 zeigt ein Bimetall-Messwerk.

2.2.12 Vibrations-Messwerk

Vibrations-Messwerke dienen in erster Linie zur Frequenzmessung. Sie beruhen auf der mechanischen Resonanz eines schwingfähigen Körpers, zum Beispiel einer Stahlzunge (Abb. 2.59). Wird die Zunge durch einen Elektromagneten angeregt, kommt sie bei Wechselstrom in Eigenresonanz, wenn die Netzfrequenz mit der mechanischen Frequenz der Eigenschwingung übereinstimmt. Die mechanische Resonanzfrequenz ist vom Material, der Länge und dem Querschnitt der Blattfeder abhängig. Bei genauer Übereinstimmung ist der höchste Schwingungsausschlag vorhanden. Bei Abweichung der Netzfrequenz von der Eigenfrequenz geht der Ausschlag zurück. Bei 1 Hz Unterschied kann die Schwingungsweite auf weniger als die Hälfte abfallen. Das Sinnbild deutet die vibrierende Zunge an.

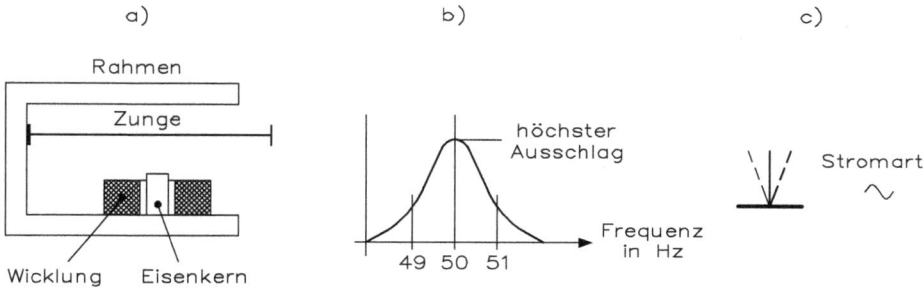

Abb. 2.59: Aufbau (a), Resonanzkurve (b) einer Zunge und Symbol (c) eines Vibrations-Messwerks.

Bei Frequenzmessern nach diesem Prinzip ordnet man eine Reihe von Zungen nebeneinander an, von denen jede eine andere Eigenfrequenz hat. Die mittlere Zunge hat die Nennfrequenz, die benachbarten eine stufenweise höhere oder niedrigere. In Ruhelage sieht man alle Plättchen am Ende der Zungen gleich groß (Abb. 2.60). Bei Nennfrequenz, zum Beispiel 50 Hz, schwingt die Mittelzunge voll aus und die beiden benachbarten Zungen schwingen noch etwas mit, entsprechend der Resonanzkurve. Liegt die Frequenz in der Mitte von zwei Nennwerten, schwingen zwei benachbarte Zungen in gleicher Schwingungsweite.

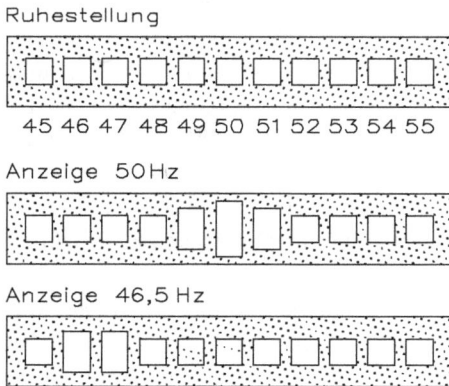

Abb. 2.60: Vibrations-Messwerk in der Ruhestellung, bei 50 Hz und bei 46,5 Hz.

Zungenfrequenzmesser sind robust und einfach aufgebaut. Man verwendet sie bei Netzfrequenzmessungen bis 300 Hz. Häufig werden sie als Doppelsysteme gebaut. In dieser Form benützt man sie zum Frequenzvergleich beim Synchronisieren von zwei getrennten Netzen. Der Unterschied der Frequenz ist leicht und sinnfällig zu erkennen. Bei Übereinstimmung müssen beide Mittelzungen voll ausschwingen. Abb. 2.61 zeigt den Aufbau eines Vibrations-Messwerks.

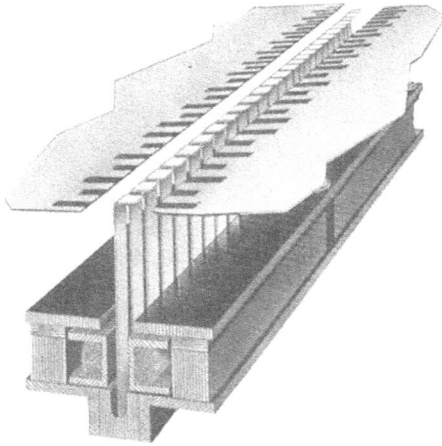

Abb. 2.61: Vibrations-Messwerk (Werkfoto: Hartmann und Braun).

2.2.13 Elektrizitätszähler

Elektrizitätszähler messen die elektrische Arbeit, das Produkt aus Leistung und Zeit, in vereinfachter Form auch nur das Produkt aus Strom und Zeit in Ampere-Stunden (Ah) bei konstanter Netzspannung.

Nur für Gleichstrom verwendbar sind die Elektrolytzähler (um 1900). Es handelt sich um einen Amperestunden-Zähler, der auf dem physikalischen Zusammenhang des Stromdurchganges und der abgeschiedenen Gas- oder Metallmenge beruhen. Bei einer Form wird Quecksilber abgeschieden und in einem geeichten Rohr gesammelt. Nach Erreichen des Skalenendes muss der Zähler gekippt und das Quecksilber wieder in die obere Kammer zurückgeführt werden. Beim Sinnbild für zählende Messwerke wird nicht die Messwerkart gekennzeichnet. Die Messeinheit kann in das Sinnbild eingetragen werden, also z. B. Ah, Wh oder kWh für Amperestunden-, Wattstunden- oder Kilowattstunden-Zähler. Abb. 2.62 zeigt die Ansicht eines mechanischen Elektrizitätszählers.

Die Magnetmotorzähler (um 1930) weisen einen scheibenförmigen Anker mit Kollektor und zwei Dauermagnete auf. Mit dem Anker ist über einen Schneckentrieb das Zählwerk gekoppelt. Diese Zähler sind ebenfalls nur für Gleichstrom verwendbar und messen die Amperestunden.

Abb. 2.62: Ansicht eines mechanischen Elektrizitätszählers.

Der elektrodynamische Motorzähler (ab 1940) ist ein Wattstundenzähler, verwendbar für Gleich- und Wechselstrom. Der Konstruktion nach handelt es sich um einen Kollektormotor. Der Anker ist als Trommelanker ausgebildet und liegt über einen Vorwiderstand an der Netzspannung. Die feststehende Wicklung liegt im Strompfad des Verbrauchers. Der elektrodynamische Motorzähler wird vorwiegend in Gleichstromnetzen verwendet, bei Wechselstrom nur unter ungünstigen Betriebsbedingungen, bei stark schwankender Frequenz oder nicht sinusförmiger Kurvenform. Da die Bedeutung der Gleichstromnetze immer weiter zurückgeht, ist der Anteil an Gleichstromzählern ständig geringer geworden.

Dagegen hat sich für Wechselstromnetze der Induktionsmotor-Zähler vollständig durchgesetzt, wird aber seit 2004 von dem elektronischen Zähler abgelöst. Seine Konstruktion ist einfach und robust. Er hat keine Stromzuführung zu beweglichen Teilen und ist daher weitgehend überlastbar. Im Prinzip handelt es sich um ein Wanderfeld-Messwerk. Zwischen den Polen von Elektromagneten dreht sich eine kreisförmige Aluminiumscheibe. Ein hufeisenförmiger Magnet mit der Stromwicklung greift mit beiden Polen über die Scheibe. Senkrecht dazu ist der Magnet mit der Spannungswicklung, das sogenannte Spannungseisen angeordnet. Gemessen werden die Wattstunden, also die Wirkleistung multipliziert mit der Zeit. Mit einem Permanentmagneten, der ebenfalls über die Scheibe greift, erreicht man ein Bremsmoment. Eine Hemmfahne sorgt dafür, dass die Scheibe spätestens nach einer Umdrehung nach dem Abschalten des Stromes stehenbleibt. Mit der Scheibe ist das Zählwerk über einen Schneckentrieb verbunden. Der Induktionsmotor-Zähler ist mit Spring-ziffern unmittelbar in Kilowattstunden geeicht. Abb. 2.63 zeigt das Schaltschema mit genormten Klemmenbezeichnungen für einen Einphasen-Elektrizitätszähler.

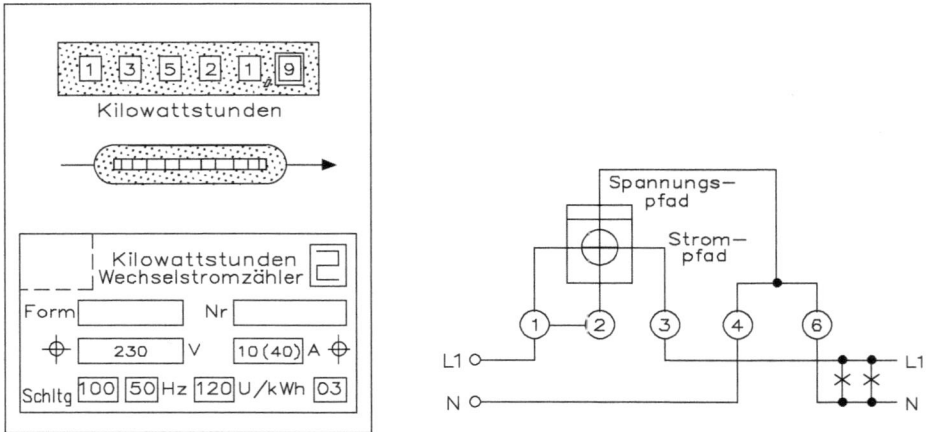

Abb. 2.63: Schaltschema mit genormten Klemmenbezeichnungen für einen Einphasen-Elektrizitätszähler.

Im Interesse der Verbraucher sind die Vorschriften über Zähler sehr ausführlich fest-gelegt. Alle Zähler unterliegen dem Eichzwang durch die Elektrizitätswerke. Die zum Anlauf nötige Leistung beträgt 0,3 % der Nennlast, die Grenzleistung 200 % bis 400 % der Nennlast. Die Bezeichnungen, Schaltungen und Klemmenanschlüsse sind ge-normt. Bei Einphasenzählern ist Klemme 1 Anschluss des Strompfades netzseitig, Klemme 3 verbraucherseitig. Klemme 2 ist der Anschluss des Spannungspfades netz-seitig, Klemme 4 der netzseitige Anschluss für den zweiten Pol des Spannungspfades und Klemme 6 der zweite Pol für die Verbraucherseite.

Die Nennwerte für Zähler sind ebenfalls in Vorschriften festgelegt. Für direkten Anschluss sind die Nennströme je nach Stromart 10 A, 30 A und 50 A. Bei Anschluss über Stromwandler ist der Strompfad einheitlich für 5 A ausgelegt. Ebenso sind die Nennspannungen geformt, bei Wandleranschluss für 100 V, sonst entsprechend den Netzspannungen.

Für die Berechnung gilt

$$P = \frac{n_z}{k}.$$

P: kW

n_z: Drehzahl der Zählerscheibe in 1/h oder h^{-1}

k: Zählerkonstante in 1/kWh oder kWh^{-1}

Beispiel. Mit einem Wechselstromzähler lässt sich die Leistungsaufnahme P eines elektrischen Küchenherds bestimmen. Der Einphasenzähler mit der Zählerkonstanten $k = 1200\,\text{kWh}^{-1}$ an $U = 230\,\text{V}$ angeschlossen. An der Zählerscheibe werden in zwei Minuten 78 Umdrehungen gemessen. Wie groß ist die Leistungsaufnahme?

$$n_z = 78\,\text{Umdr.} \; \frac{60\,\text{min}}{2\,\text{min}} = 2340\,\text{Umdr.}$$

$$P = \frac{n_z}{k} = \frac{2340\,\text{Umdr. (h}^{-1})}{1200\,\text{kWh}^{-1}} = 1,94\,\text{kW}$$

2.3 Messungen elektrischer Grundgrößen

Durch Vor- und Nebenwiderstände lassen sich die Zeigermessgeräte erweitern.

2.3.1 Messwiderstände

Messwiderstände dienen zur Messbereichserweiterung und als Vergleichswiderstände. Sie müssen den gleichen hohen Anforderungen an Konstanz, Genauigkeit und Belastbarkeit genügen, wie die Messwerke selbst. Messwiderstände können mit einem Messwerk zusammengebaut und zu einem Messinstrument vereinigt sein, sie können aber auch getrennt verwendet werden und dann mit einem Messinstrument zusammen zu einem Messgerät geschaltet werden.

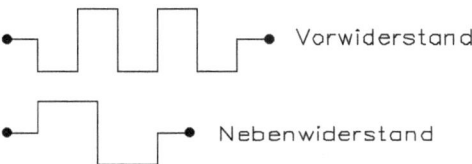

Vorwiderstand

Nebenwiderstand

Abb. 2.64: Sinnbild für getrennte Vor- und Nebenwiderstände bei Zeigerinstrumenten.

Die beiden Hauptgruppen sind der Vor- und der Nebenwiderstand. Ein Vorwiderstand ist einem Messwerk im Spannungspfad vorgeschaltet und dient zur Spannungsbereichserweiterung. Ein Nebenwiderstand ist im Nebenschluss zum Messwerk geschaltet und dient zur Strombereichserweiterung. Auf getrennten Messwiderständen sind Sinnbilder zur Kennzeichnung ihrer Verwendung als Vor- oder Nebenwiderstand angebracht (Abb. 2.64). Diese Sinnbilder wurden früher auch als Schaltzeichen verwendet. Nach gültiger Norm (seit 1969) ist das nicht mehr zulässig. Als Schaltzeichen wird das allgemeine Zeichen für einen ohmschen Widerstand verwendet.

Die wichtigsten Forderungen an Messwiderstände sind: enge Fertigungstoleranz, Temperaturkonstanz und zeitliche Konstanz. Die Fertigungstoleranzen können durch nachträglichen Abgleich der Massenprodukte in sehr engen Grenzen gehalten werden. Toleranzen von 0,05 % sind ohne weiteres zu erzielen. Für die Temperaturkonstanz ist dagegen die Auswahl des Materials entscheidend. Vorwiegend wird Manganin als Widerstandslegierung für Messwiderstände benützt. Die Kurve der Widerstandsänderung bei Erwärmung liegt hierfür sehr günstig. Wenn die Betriebstemperatur 20 °C ist, wird die Abweichung bei 10 °C etwa 0,20 ‰ sein, bei 30 °C liegt sie unter 0,1 ‰, bei 40 °C ist sie wieder Null und erst darüber wächst sie schneller. Bis 60 °C bleiben die Abweichungen unter 0,4 ‰.

Vorwiderstände sind dem Wert nach höher als Nebenwiderstände, die bei hohen Strömen bis auf Milliohm (mΩ) heruntergehen. Wegen der hohen Ströme müssen Nebenwiderstände auch großen Querschnitt und gute Wärmeableitung aufweisen. Man fertigt sie häufig in Stabform mit angeschweißten oder hart gelöteten Anschlusslaschen. Die Kontaktfläche der Anschlüsse muss besonders groß sein, damit der Kontaktübergangswiderstand nicht in die Größenordnung des Nebenwiderstandes selbst fällt. Eine andere Form ist die Stegform. Hier ist der Abgleich dadurch einfach, dass der Stegquerschnitt durch Anfeilen solange vermindert wird, bis der Sollwert erreicht ist.

Für Wechselstrom müssen Messwiderstände über die sonstigen Forderungen hinaus noch möglichst frei von Blindanteilen sein, d. h. möglichst kapazitätsarm und induktionsarm. Induktionsarme Wicklung erzielt man bei drahtgewickelten Widerständen durch bifilare, zweifädige Wicklung (Abb. 2.65). Die Induktivitäten der Hin- und Rückleitung heben sich auf. Durch Aufteilung der Wicklung können sich auch die Wicklungskapazitäten weitgehend aufheben.

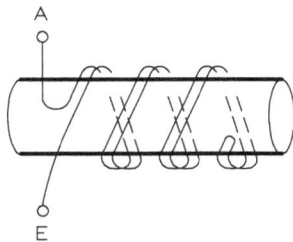

Abb. 2.65: Aufbau von bifilaren Wicklungen.

Bei Messwiderstandsreihen bevorzugt man eine Stöpselverbindung. Der konische Stöpsel wird drehend in die konische Bohrung gesetzt und gibt dabei sehr guten Kontakt. Durch passende Zusammenstellung von Widerstandswerten kann man mit einer derartigen Gruppe für Laborzwecke und als Vergleichswiderstände jede beliebige Zusammenstellung wählen. Die Klasseneinteilung der Messwiderstände geht von 0,05 über 0,1 und 0,2 bis 0,5. Hierbei bedeutet die Klassennummer ebenfalls, wie bei Messwerken, die zulässige Toleranz in Prozent nach oben und unten. Für Normalwiderstände sind Toleranzen bis ±0,001 % erreichbar.

2.3.2 Universal-Messinstrumente

Als Universal-Messinstrumente bezeichnet man Instrumente mit mehreren Berei-chen, eventuell auch für mehrere Stromarten, die alle Zubehörteile enthalten. Im weiteren Sinne sind Strom- und Spannungsbereiche und eventuell auch Widerstands-Messbereiche vorgesehen, doch bezeichnet man auch reine Spannungsmesser mit mehreren Bereichen, die für Gleich- und Wechselspannung umschaltbar sind, als Universalinstrument. Der Aufbau ist meistens kompakt und handlich (Abb. 2.66), die Ausführung robust und für den Betrieb geeignet, vorwiegend mit Güteklasse 1 oder 1,5. In manchen Ausführungen ist der Umschalter ein Universalschalter, bei anderen Formen werden die Bereiche mit einem und die Stromartumschaltung mit einem anderen Schalter geschaltet.

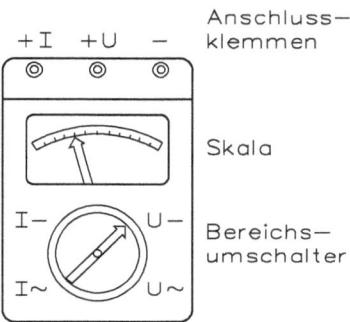

Abb. 2.66: Aufbau eines Universal-Zeigermessgerätes mit drei Messanschlüssen.

In weitaus den meisten Fällen sind Drehspul-Messwerke eingebaut, da bei Drehspul-Messwerken die Bereichserweiterung sehr einfach durch Vor- und Nebenwiderstände erfolgen kann (Abb. 2.64). Bei Messwerken mit 3 mA für Endausschlag und weniger ist der Verlust in den Zusatzwiderständen gering. Bis 10 A können auch die Neben-widerstände in das gemeinsame Gehäuse eingebaut werden. Je nach Schaltungsart sind zwei, drei oder vier Anschlussklemmen vorgesehen. Es gibt auch Ausführungen, bei denen auf einen Umschalter verzichtet wird, dafür müssen die Anschlüsse umge-klemmt werden, wenn der Messbereich gewechselt werden soll. Die Zuverlässigkeit des Umschalters ist weitgehend entscheidend für die Güte des Messgerätes, da Kon-taktwiderstände die Messungen verfälschen können.

Bei der Umschaltung von Strommessung auf Spannungsmessung können die nicht benötigten Messwiderstände entweder ganz abgetrennt werden (Abb. 2.67) oder sie bleiben eingeschaltet. Die Nebenwiderstände werden nicht einzeln geschaltet, sondern stets liegt bei Strommessung die ganze Kette parallel zum Messwerk. Ein Teil ist parallel geschaltet und der Rest liegt als Vorwiderstand im Stromkreis. Da-mit vermeidet man die Gefahr der Überlastung beim Umschalten, wenn kurzzeitig der Kontakt nicht sicher ist. Bei Spannungsmessern für Gleich- und Wechselspan-

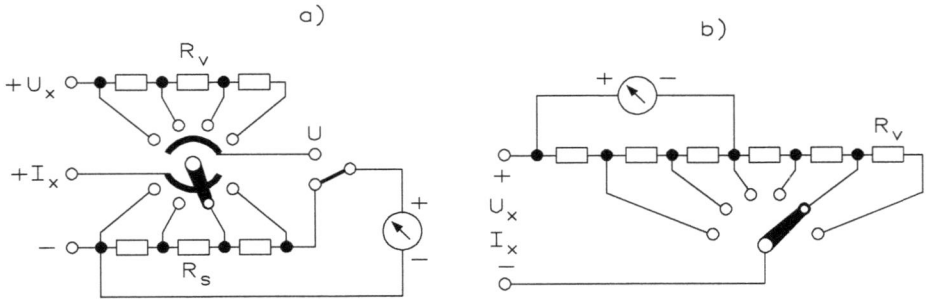

Abb. 2.67: Strom- und Spannungsmesser für Gleichstrom mit (a) drei und (b) zwei Anschlussklemmen (die Nebenwiderstände bleiben auch bei der Spannungsmessung eingeschaltet).

nung ist der Einbau eines Messwandlers vorteilhaft. Die Gleichrichtung erfolgt mit Messgleichrichtern. Als Messgleichrichter werden vielfach Silizium-Gleichrichter mit hoher Lebensdauer und sehr guter Kennlinienkonstanz verwendet.

Die Messbereichserweiterung für einen Spannungsmesser errechnet sich aus

$$R_i = \frac{U_i}{I_i} = r_k \cdot U_i$$

R_i: Messwerkwiderstand
U_i: Spannung für Vollausschlag

$$R_g = r_k \cdot U = \frac{U}{I_i} = R_i + R_v$$

I_i: Strom für Vollausschlag
r_k: Kennwiderstand in Ω/V

$$U = U_i + U_v$$

R_v: Vorwiderstand
U_v: Spannung an R_v

$$R_v = r_k \cdot U_v = \frac{U_v}{I_i}$$
$$= R_g - R_i = R_i(n-1), \quad n = \frac{U}{U_i}$$

U: Messbereichsspannung
R_g: Gesamtwiderstand
n: Vervielfachungsfaktor

Beispiel. Ein Messwerk mit Vollausschlag bei 80 mV und 2 mA soll einen Vorwiderstand erhalten, um den Endausschlag bei 3 V zu erreichen.

$$R_i = \frac{U_i}{I_i} = \frac{80\,\text{mV}}{2\,\text{mA}} = 40\,\Omega, \quad R_g = \frac{U}{I_i} = \frac{3\,\text{V}}{2\,\text{mA}} = 1,5\,\text{k}\Omega$$

$$R_v = R_g - R_i = 1,5\,\text{k}\Omega - 40\,\Omega = 1,46\,\text{k}\Omega$$

oder:

$$r_k = \frac{1}{I_i} = \frac{1}{2\,\text{mA}} = 500\,\Omega/\text{V}$$

$$U_v = U - U_i = 3\,\text{V} - 0,08\,\text{V} = 2,92\,\text{V}, \quad R_v = r_k \cdot U_v = 500\,\frac{\Omega}{\text{V}} \cdot 2,92\,\text{V} = 1,46\,\text{k}\Omega$$

Die Messbereichserweiterung für einen Strommesser errechnet sich aus

$$R_i = \frac{U_i}{I} = r_k \cdot U_i, \quad r_k = \frac{1}{I_i}$$

$$R_i = \frac{R_i \cdot R_n}{R_i + R_n} = \frac{U_i}{I}, \quad n = \frac{I}{I_i}$$

$$I = I_i + I_n$$

$$R_n = \frac{U_i}{I_n} = \frac{U_i}{I - I_i} = \frac{R_i \cdot R_g}{R_i - R_g} = \frac{R_i}{n - 1}$$

R_n: Nebenwiderstand
I_n: Strom durch Nebenwiderstand (Shunt)
I: Messbereichsstrom
R_g: Gesamtwiderstand
n: Vervielfachungsfaktor

Beispiel. Ein Messwerk hat bei Vollausschlag 60 mV und 1 mA. Der Nebenwiderstand (Shunt) für einen Strommessbereich von 500 mA ist zu berechnen.

$$I_n = I - I_i = 500\,\text{mA} - 1\,\text{mA} = 499\,\text{mA}, \quad R_n = \frac{U_i}{I_n} = \frac{60\,\text{mV}}{499\,\text{mA}} = 0,12024\,\Omega$$

oder:

$$n = \frac{I}{I_i} = \frac{500\,\text{mA}}{1\,\text{mA}} = 500,$$

$$R_i = \frac{U_i}{I_i} = \frac{60\,\text{mV}}{1\,\text{mA}} = 60\,\Omega, \quad R_n = \frac{U_i}{I_n} = \frac{60\,\text{mV}}{499\,\text{mA}} = 0,12024\,\Omega$$

Bei den weit verbreiteten Universal-Strom- und Spannungsmessern für Gleich- und Wechselstrom sind meistens Messgleichrichter in Brückenschaltung eingebaut. Zum Ausgleich des Innenwiderstandes des Gleichrichters sind Ausgleichswiderstände vorgesehen. Die Skalen für Gleich- und Wechselstrom sind meistens etwas unterschiedlich, da die Messgleichrichter-Kennlinie nicht linear ist. Bei der Ablesung darf keine Verwechslung vorkommen.

Manche Geräte verwenden, unter etwas größeren Verlusten, auch eine einheitliche Skala für beide Stromarten. Der Stromartenumschalter ist in einigen Ausführungen mit dem Bereichsumschalter kombiniert. Grundsätzlich soll man bei Messungen mit dem höchsten Bereich beginnen und dann erst umschalten, und ebenso soll das Messgerät grundsätzlich mit Umschalterstellung auf den höchsten Spannungsbereich verwahrt werden, da dann am wenigsten Irrtümer beim Einschalten vorkommen können.

Bei einigen Messgeräten war früher als Erleichterung bei Messung von Strom und Spannung im gleichen Stromkreis je ein getrennter Anschluss für U und I mit einem gemeinsamen zweiten Pol für beide vorhanden. Bei Strommessungen liegt der Strompfad im Stromkreis, bei Spannungsmessungen ist automatisch durch den Umschalter der Strompfad kurzgeschlossen. Der Verbraucher bleibt also angeschaltet und die Spannungsmessung erfolgt unter Betriebsbedingungen. In Sonderausführung sind Universal-Messinstrumente auch für Messungen mit hohem Kennwiderstand, für Hochfrequenzmessungen und für zusätzliche Messung von Leistung oder Widerstand lieferbar.

2.3.3 Strommessung

Die Grundschaltung für den Gebrauch von Strommessern ist die Reihenschaltung mit der Spannungsquelle und dem Verbraucher. Strommesser sind stets niederohmige Messinstrumente. Bei direktem Anschluss an die Spannungsquelle würden sie fast einen Kurzschluss bilden und dabei zerstört werden. Strommesser sind in den Einheiten Ampere (A), Milliampere (mA), Mikroampere (µA) oder Kiloampere (kA) geeicht. Die Messwerke selbst haben vielfach Vollausschlag bei einigen Milliampere. Durch Nebenwiderstände oder Stromwandler können die Messbereiche erweitert werden. So werden Strommesser mit Drehspulmesswerk für Messbereiche von 1 µA bis etwa 1000 A geliefert. Bei zusätzlich eingebautem Messgleichrichter werden Messinstrumente bis 100 A geliefert und ebenso sind Dreheisenmesswerke bis 100 A lieferbar, beginnend mit Bereichen von 0,1 A.

Bei Strommessungen (Abb. 2.68) sind die kirchhoffschen Regeln zu beachten. In einem verzweigten Stromkreis teilt sich der Gesamtstrom auf. Die Ströme stehen im umgekehrten Verhältnis zueinander, wie die parallelen Widerstände. Durch den größ-

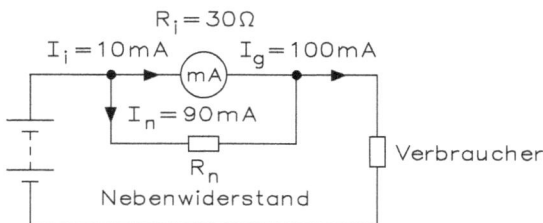

Abb. 2.68: Strommesser sind immer mit dem Verbraucher in Reihe geschaltet.

ten Widerstand fließt der kleinste Strom. Im unverzweigten Stromkreis fließt an allen Stellen der gleiche Strom. Es ist also gleichgültig, an welcher Stelle der Schaltung der Strommesser eingesetzt wird.

Die Messbereichserweiterung durch Nebenwiderstände beruht ebenfalls auf den kirchhoffschen Regeln. Wenn ein Messwerk einen höheren Strom messen soll, als es allein verträgt, muss der überschüssige Teil in einem Nebenzweig vorbeigeleitet werden. Zur richtigen Berechnung der Nebenwiderstände zur Messbereichserweiterung. müssen die elektrischen Daten des Messwerks selbst bekannt sein. Hierzu gehören der Strom bei Vollausschlag, der Innenwiderstand und der Spannungsfall bei Vollausschlag. Der Strom I_i und der Innenwiderstand R_i gelten für das reine Messwerk. Die Spannung U_i dagegen trifft sowohl für das Messwerk, als auch für den Nebenwiderstand zu, da beide an den gleichen Punkten im Stromkreis liegen. Mit „n" wird der Vervielfachungsfaktor der Bereichserweiterung bezeichnet. Aus diesen Angaben lassen sich die Daten der Nebenwiderstände für gewünschte Messbereiche eines gegebenen Messwerks errechnen. Mit dem folgenden Beispiel ist der Nebenwiderstand zu berechnen:

Strom bei Vollausschlag: I_i

Innenwiderstand der Drehspule: R_i

Spannungsfall bei Vollausschlag: $U_i = I_i \cdot R_i$

Kennwiderstand in Ohm pro Volt:

$$r_k = \frac{R_i}{U_i} = \frac{1}{I_i}$$

Für die Messbereichserweiterung:

I_g: gewünschter Messbereich (Gesamtstrom)

I_n: Strom durch Nebenwiderstand $I_n = I_g - I_i$

R_n: Nebenwiderstand

$$R_n = \frac{U_i}{I_n} = \frac{R_i}{n - 1}$$

n : Vervielfachungsfaktor des gewünschten Messbereichs

Für Abb. 2.68 gilt als Beispiel: $n = 10$

$$R_n = \frac{R_i}{n - 1} = \frac{30\,\Omega}{10 - 1} = 3,33\,\Omega \quad \text{oder} \quad U_i = I_i \cdot R_i = 10\,\text{mA} \cdot 30\,\Omega = 300\,\text{mV}$$

$$R_n = \frac{U_i}{I_n} = \frac{300\,\text{mV}}{90\,\text{mA}} = 3,33\,\Omega$$

Bei Vielfachinstrumenten werden Nebenwiderstände im Allgemeinen nur bis zu Messbereichen von 10 A fest eingebaut. Für höhere Strombereiche verwendet man getrennte Nebenwiderstände. Derartige Nebenwiderstände haben Stromklemmen und Potentialklemmen. Das Messwerk ist stets an den Potentialklemmen anzuschließen (Abb. 2.69). Auf gute Kontaktgabe ist zu achten, da Kontaktübergangswiderstände leicht in die Größenordnung der Nebenwiderstände fallen können.

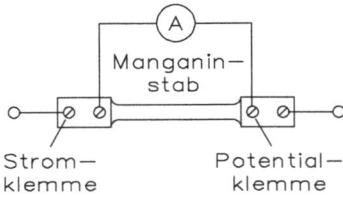

Abb. 2.69: Anschluss eines getrennten Nebenwiderstandes für $I = 100\,A$.

Bei Mehrfach-Strommessern ist auf richtige Schaltung zu achten. Niemals darf unter Strom umgeschaltet werden, wenn die Gefahr besteht, dass kurzzeitig kein Kontakt zum Nebenwiderstand vorhanden ist. In diesem Falle würde der Gesamtstrom über das Messwerk fließen und dieses zerstören. Wenn nicht die einfachste Ausführung der getrennten Klemmenanschlüsse gewählt wird, schaltet man alle Nebenwiderstände sämtlicher Bereiche in Reihe und diese Widerstandsreihenschaltung bleibt ständig mit dem Messwerk verbunden. Bei Bereichsumschaltung werden lediglich die Abgriffe gewählt. Bei dieser Schaltung ist stets der Rest der Widerstände als Vorwiderstand vor das Messwerk geschaltet. Für das Messwerk besteht keine Gefahr bei der Umschaltung, und Kontaktfehler spielen keine Rolle.

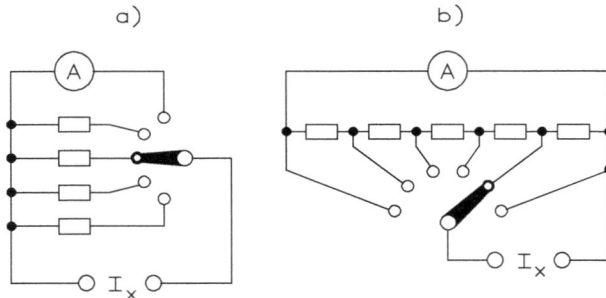

Abb. 2.70: Bei der Schaltung (a) handelt es sich um umschaltbare Strombereiche, jedoch ist dies eine ungünstige Schaltung, da bei schlechter Kontaktgabe das Messwerk überlastet wird. Bei der Schaltung (b) besteht keine Gefahr für das Messwerk und der Kontaktwiderstand arbeitet ohne Einfluss.

Nebenwiderstände verwendet man in erster Linie bei Drehspul-Messwerken (Abb. 2.70). Hierbei ist es grundsätzlich unerheblich, ob nur Gleichstrombereiche oder, mit zusätzlichem Messgleichrichter, auch Wechselstrombereiche vorhanden sind. Bei Dreheisen-Messwerken verwendet man zur Bereichsumschaltung angezapfte Wicklungen.

2.3.4 Spannungsmessung

Bei Spannungsmessungen wird grundsätzlich das Messinstrument parallel zum Verbraucher geschaltet. Bei Parallelschaltung zum Verbraucher wird der daran herrschende Spannungsfall bestimmt. Direkte Anschaltung an die Spannungsquelle ist, unter der Voraussetzung des richtigen Messbereichs, möglich, weil Spannungsmesser hochohmige Messinstrumente sind (Abb. 2.71). Spannungsmesser werden in Kilovolt (kV), Volt (V), Millivolt (mV) und Mikrovolt (µV) geeicht. Bei Drehspul-Messwerken werden Spannungsmesser von etwa 1 mV bis 1 kV geliefert. Bei zusätzlich eingebautem Messgleichrichter ist meist der niedrigste Messbereich etwa 30 mV, der höchste wieder 1 kV. Dreheisen-Messwerke werden von 3 V bis 1 kV hergestellt.

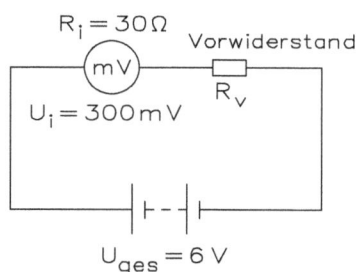

Abb. 2.71: Spannungsmesser sind mit dem Verbraucher in Reihe geschaltet.

Werden mehrere Verbraucher parallel geschaltet, dann liegt an allen die gleiche Spannung. Bei Reihenschaltung teilt sich die Gesamtspannung im Verhältnis der Widerstände auf. Die Teilspannungen stehen im gleichen Verhältnis zueinander, wie die Teilwiderstände. Am höchsten Widerstand herrscht die höchste Spannung.

Zur Messbereichserweiterung eines Messwerks werden Vorwiderstände in den Stromkreis geschaltet, die den überschüssigen Spannungsanteil aufnehmen. Ein Drehspul-Messwerk allein hat bereits bei etwa 50 mV bis 500 mV Vollausschlag. Zur Berechnung der Messbereichserweiterung für höhere Spannungen benötigt man die gleichen Messwerkdaten wie zur Strom-Messbereicherweiterung. Zusätzlich ist die Angabe des Kennwiderstandes r_k sehr nützlich. r_k ist der Kehrwert des Stromes bei Vollausschlag des Messwerks und wird in Ohm pro Volt angegeben. Der Gesamtwiderstand im Messkreis muss gleich dem Produkt aus der gewünschten höchsten Spannung und dem Kennwiderstand sein. Mit dem folgenden Beispiel ist der Reihenwiderstand zu berechnen:

Spannung bei Vollausschlag: U_i
Innenwiderstand der Drehspule: R_i
Strom bei Vollausschlag:

$$I_i = \frac{U_i}{R_i}$$

Kennwiderstand in Ohm pro Volt:

$$r_k = \frac{R_i}{U_i} = \frac{1}{I_i}$$

Für die Messbereichserweiterung:

I_g: Gesamtspannung (gewünschter Messbereich)
U_v: Spannungsfall am Vorwiderstand $U_v = U_g - U_i$
R_v: Vorwiderstand

$$R_v = \frac{U_v}{I_i} = r_k \cdot U_g - R_i = R_i(n-1)$$

n: Vervielfachungsfaktor des gewünschten Messbereichs

Für Abb. 2.71 gilt als Beispiel: $n = 20$

$$R_v = R_i(n-1) = 30\,\Omega(20-1) = 570\,\Omega$$

oder

$$r_k = \frac{R_i}{U_i} = \frac{30\,\Omega}{300\,\text{mV}} = 100\frac{\Omega}{V}, \quad R_v = r_k \cdot U_g - R_i = 100\frac{\Omega}{V} \cdot 6\,V - 30\,\Omega = 570\,\Omega$$

oder

$$I_i = \frac{U_i}{R_i} = \frac{300\,\text{mV}}{30\,\Omega} = 10\,\text{mA}, \quad R_v = \frac{U_g - U_i}{I_i} = \frac{6\,V - 0{,}3\,V}{10\,\text{mA}} = 570\,\Omega$$

Der Strom im Messkreis darf niemals den Strom für Vollausschlag überschreiten. Die Leistungsaufnahme des Vorwiderstandes ist aus diesem Strom und dem Spannungsfall am Widerstand zu berechnen. Unter Verwendung des Wertes n, des Vervielfachungsfaktors des Messbereichs, ist die Berechnung des Vorwiderstandes für einen gewünschten Messbereich ebenfalls einfach.

Bei guten Messinstrumenten begnügt man sich oft nicht mit einfachen Vorwiderständen, da bei höheren Spannungen die Erwärmung und die damit verbundene Widerstandsänderung bereits ins Gewicht fällt. Man unterteilt den Widerstand in mehrere Einzelwiderstände mit entgegengesetztem Temperaturkoeffizienten. Mit einer solchen Schaltung ist weitgehende Temperaturkompensation (Abb. 2.72) möglich.

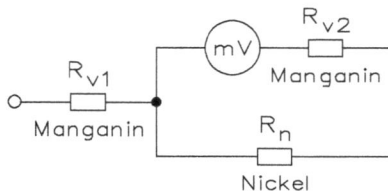

Abb. 2.72: Kompensation des Temperaturfehlers bei mV-Metern.

Bei Vielfach-Spannungsmessern (Abb. 2.73) werden mehrere Teilwiderstände in Reihe geschaltet. Grundsätzlich ist es auch möglich, für jeden Bereich einen eigenen Vorwiderstand vorzuschalten. Die Umschaltung ist – im Gegensatz zum Vielfach-Strommesser – nicht kritisch. Die Vorwiderstände sind im Vergleich zu Kontaktübergangswiderständen hoch, und bei Kontaktunterbrechung kann das Messwerk nicht beschädigt werden.

Der Widerstand aus Manganin (86 Cu, 45 Ni, 1 Mn) hat einen Temperaturkoeffizienten von $\alpha = 2 \cdot 10^{-5}$ K^{-1} und der aus Nickel hat einen Temperaturkoeffizienten von $\alpha = 6 \cdot 10^{-3}$ K^{-1}. Für die Reihenschaltung gilt der Gesamttemperaturbeiwert α:

$$\alpha = \frac{\alpha_1 \cdot R_1 + \alpha_2 \cdot R_2}{R_1 \cdot R_2}$$

Für die Parallelschaltung gilt der Gesamttemperaturbeiwert α und der Gesamtwiderstand R:

$$\alpha = R \cdot \frac{\alpha_1 \cdot R_2 + \alpha_2 \cdot R_1}{R_1 \cdot R_2}$$

Abb. 2.73 zeigt eine Spannungserweiterung durch angezapfte Wicklung und Widerstandsschaltung für Vielfach-Spannungsmesser.

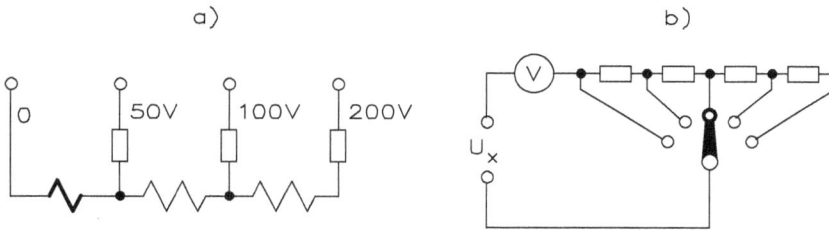

Abb. 2.73: Spannungserweiterung durch angezapfte Wicklung und Widerstandsschaltung für Vielfach-Spannungsmesser.

Bei Dreheisen-Messwerken verwendet man auch bei Spannungsbereichsänderungen angezapfte Wicklungen mit zusätzlichen Vorwiderständen. Bei Nebenwiderständen würde sich der Temperatureinfluss der Spule verhältnismäßig zu stark bemerkbar machen.

Bei Spannungsmessungen an hochohmigen Widerständen und Spannungsquellen mit hohem Innenwiderstand ist mit einer Verfälschung des wahren Wertes zu rechnen, wenn der Eigenwiderstand des Spannungsmessers in die gleiche Größenordnung fällt, wie der Widerstand, an dem gemessen wird. Hier sind besondere Messinstrumente mit hohem Innenwiderstand zu verwenden oder Korrekturen rechnerisch zu ermitteln.

2.3.5 Widerstandsbestimmung durch Strom- und Spannungsmessung

Eine unmittelbare Messung von Widerständen ist nicht ohne weiteres möglich. Es gibt eine ganze Reihe verschiedener Messverfahren, von denen das einfachste die Bestimmung eines Widerstandes durch Messung von Strom und Spannung ist. Wenn Widerstände nicht gemessen, sondern nur geprüft werden sollen, vorwiegend auf vorhandenen Stromdurchgang, dann verwendet man einfachste Methoden. Eine reine Spannungsquelle und ein Strommelder sind alles, was für einen Durchgangsprüfer benötigt wird. Der Strommelder kann ein Schauzeichen, ein Summer oder eine Glühlampe sein. Die Einheiten, in denen Widerstände gemessen oder bestimmt werden, umfassen den weiten Bereich der technisch vorkommenden Werte von Ohm (Ω) über Kiloohm (kΩ) und Megaohm (MΩ) bis Teraohm ($10^{12}\,\Omega$).

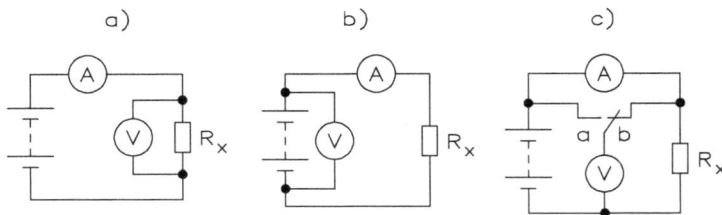

Abb. 2.74: Widerstandsbestimmung durch Strom- und Spannungsmessung. Die Schaltung (a) ist geeignet für niedrige und Schaltung (b) für hohe Widerstandswerte. Durch Umschalten (Schaltung (c)) wird in Stellung a der Strom und in Stellung b die Spannung erfasst.

Bei Strom- und Spannungsmessung (Abb. 2.74) wird im gleichen Stromkreis der Strom durch den Widerstand und die Spannung am Widerstand gemessen. Dabei besteht die Gefahr bei Messung mit einem einzigen Vielfachinstrument in zwei aufeinander folgenden Messungen, da sich in der Zwischenzeit der andere Wert, zum Beispiel die Spannung, verändert haben kann. Man bevorzugt daher die gleichzeitige Ablesung mit zwei getrennten Messinstrumenten. Hierbei ist wieder zu berücksichtigen, dass das zweite Messinstrument einen bestimmten Eigenverbrauch hat. In der linken Schaltung zeigt der Strommesser zusätzlich den Strom durch den Spannungsmesser an. Bei Messung hoher Widerstände können beide Teilströme in gleicher Größenordnung liegen. Die Schaltung ist daher besonders zur Bestimmung niedriger Widerstände geeignet. Bei Schaltung (Mitte) zeigt der Spannungsmesser um den Spannungsfall am Strommesser zu viel an. Diese Anordnung ist daher zur Bestimmung hoher Widerstände zu bevorzugen. Die Fehlanzeigen können bei bekannten Messwerksdaten korrigiert werden. Bei Umschaltbarkeit des Voltmeters kann die jeweils günstigste Schaltung gewählt werden.

Die linke Schaltung in Abb. 2.74 ist für niederohmige Widerstände geeignet und für die Berechnung gelten folgende Formeln:

$$R_x = \frac{U}{I - I_v} = \frac{U}{I - \frac{U}{R_v}}$$

U, I: angezeigte Werte
R_x: unbekannter Widerstand
R_A: Wert des Amperemeters
I_v: Strom durch Voltmeter

Wenn R_x klein gegen R_v ist, dann ergibt

$$R_x = \frac{U}{I}$$

Das Amperemeter zeigt um den Strom I_v zuviel an:

$$I_v = \frac{U}{R_v}$$

Beispiel. Bei der Schaltung für niederohmige Widerstände sind $U = 5,3$ V, $I = 35$ mA und $R_v = 1$ kΩ. Welchen Wert hat der wahre und unkorrigierte Widerstandswert?

$$R_x = \frac{U}{I - \frac{U}{R_v}} = \frac{5,3\,\text{V}}{35\,\text{mA} - \frac{5,3\,\text{V}}{1\,\text{k}\Omega}} = 178,5\,\Omega \quad \text{(korrigiert)}$$

$$R_x = \frac{U}{I} = \frac{5,3\,\text{V}}{35\,\text{mA}} = 151,5\,\Omega \qquad \text{(nicht korrigiert)}$$

Für die Messschaltung (Mitte) gelten die Formeln:

$$R_x = \frac{U - U_A}{I} = \frac{U - I \cdot R_A}{I}$$

U, I: angezeigte Werte
R_x: unbekannter Widerstand
U_A, R_A: Werte des Amperemeters
I_v: Strom durch Voltmeter

Wenn R_x groß gegen R_v ist, dann gibt

$$R_x = \frac{U}{I}$$

Das Voltmeter zeigt um den Spannungsfall U_A zuviel an: $U_A = I \cdot R_A$

Beispiel. Bei der Schaltung für hochohmige Widerstände sind $U = 3,2$ V, $I = 800$ mA und $R_A = 0,6$ Ω. Welchen Wert hat der wahre und unkorrigierte Widerstandswert?

$$R_x = \frac{U - I \cdot R_A}{I} = \frac{3,2 \text{ V} - 800 \text{ mA} \cdot 0,6 \text{ Ω}}{800 \text{ mA}} = 3,4 \text{ Ω} \quad \text{(korrigiert)}$$

$$R_x = \frac{U}{I} = \frac{3,2 \text{ V}}{800 \text{ mA}} = 4 \text{ Ω} \qquad\qquad \text{(nicht korrigiert)}$$

Wenn ein Vergleichswiderstand enger Toleranz in der gleichen Größenordnung zur Verfügung steht, kann man den unbekannten Widerstand durch Stromvergleich ermitteln. Wie bei allen anderen dieser Methoden ist keine direkte Anzeige möglich. In jedem Falle müssen die Messergebnisse rechnerisch ausgewertet werden.

Der Spannungsfall an einem Widerstand kann auch durch einen Strommesser bestimmt werden. Der Strom im Messkreis wird so eingestellt, dass der parallel zum Prüfling liegende Strommesser Vollausschlag zeigt. Damit ist der Spannungsfall am Widerstand bestimmt, wenn die Messwerkdaten bekannt sind.

Auch bei der Methode des Spannungsvergleichs muss ein bekannter Normalwiderstand vorhanden sein. Die Spannungsfälle an R_x und R_n entsprechen dem Widerstandsverhältnis. Der Spannungsmesser kann hier direkt in Ohm geeicht werden, wenn vor der Messung der Strom so eingestellt wird, dass die Anzeige an R_n richtig ist. Das Messinstrument muss hochohmig gegenüber den beiden Messwiderständen sein, da andernfalls die Messung verfälscht wird.

Bei der Methode des Widerstandsvergleichs wird ein veränderbarer Normalwiderstand, zum Beispiel ein Dekadenwiderstand, so eingestellt, dass bei Umschaltung von R_x auf R_n der gleiche Strom fließt. Bei dieser Einstellung ist R_x gleich R_n.

Selbst durch reine Spannungsmessung kann ein unbekannter Widerstand bestimmt werden. Der Innenwiderstand des Voltmeters muss hierbei bekannt sein. Man misst zuerst die Gesamtspannung ohne den Prüfling. In einer zweiten Messung liegt der Prüfling als Vorwiderstand im Stromkreis und das Messinstrument zeigt die Gesamtspannung abzüglich des Spannungsfalls am Prüfling. Aus den beiden Messwerten kann der unbekannte Widerstand ermittelt werden. R_x soll dabei ungefähr in der Größenordnung des Voltmeterwiderstandes R_m liegen.

2.3.6 Widerstandsmessung mit Ohmmetern

Direkt zeigende Ohmmeter beruhen auf Strommessung bei bekannter, konstant bleibender Spannung. Der Spannungswert wird vor der eigentlichen Messung kontrolliert. In der einfachsten Form wird ein Vorwiderstand in den Stromkreis geschaltet, so dass das Messinstrument bei der gegebenen Spannung Vollausschlag hat. Die Überprüfung erfolgt durch Kurzschluss der Anschlussklemmen für R_x. Wird R_x in den Stromkreis gelegt, geht der Ausschlag zurück. Als Spannungsquelle dient im Allgemeinen bei derartigen Messeinrichtungen eine Batterie von 3 V. Zum Ausgleich

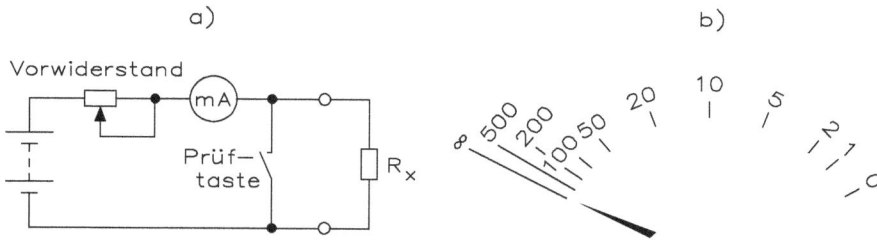

Abb. 2.75: Direkt zeigendes Ohmmeter mit Skala und mit einstellbarem Vorwiderstand zum Ausgleich von Spannungsänderung und Prüftaste.

der schwankenden Batteriespannung kann der Messwerkausschlag durch einen magnetischen Nebenschluss im Messwerk korrigiert werden. Besser ist der Ausgleich durch einen einstellbaren Vorwiderstand (Abb. 2.75). Mit der Prüftaste werden die R_x-Klemmen überbrückt und das Ohmmeter mit dem Einsteller abgeglichen.

Die Skala eines solchen Ohmmeters ist rückläufig. R_x hat Null Ohm, wenn der Strom seinen Höchstwert hat. Oft wird die Milliampere- oder Volt-Justierung beibehalten und die Ohmskala zusätzlich aufgetragen. Die Ohmwerte drängen sich auf der Skala gegen Ende stark zusammen. Niedrige Widerstände werden daher genauer gemessen. Der ablesbare Bereich endet gewöhnlich etwa bei 50 kΩ, wenn 3-V-Batteriespannung verwendet wird, reicht aber, je nach Messwerk, manchmal bis 1 MΩ. Der Endwert „∞ Ω" deckt sich mit dem Nullpunkt der Voltskala. Weil die Spannungsquelle, das Messwerk und der Prüfling in Reihe geschaltet sind, nennt man die Schaltung auch „Reihen-Ohmmeter". Gewöhnlich werden Gleichspannungsquellen und Drehspul-Messwerke verwendet. Zur Nulleinstellung ist auch die Spannungsteilerschaltung möglich, die vor allem dann verwendet wird, wenn verschiedene Spannungsquellen Verwendung finden sollen.

Beim Parallel-Ohmmeter liegen Spannungsquelle, Messwerk und Prüfling parallel. Praktisch wird der Spannungsfall am Prüfling bestimmt. Die Skala der Ohmwerte verläuft gleichsinnig mit der Spannungsskala, da bei 0 Ω auch 0 V Spannungsfall herrscht. Die volle Spannung ist dann vorhanden, wenn die Klemmen offen sind, also bei unendlich hohem Widerstand. Der Abgleich auf die Sollspannung, für die die Skala vorbereitet ist, wird durch einen parallel zu R_x liegenden Nebenwiderstand R_n vorgenommen. Bei Messwerken mit unterdrücktem Nullpunkt können gleichmäßig geteilte Bereiche erzielt werden.

2.3.7 Brückenmessungen

Brückenschaltungen werden für viele verschiedene Messschaltungen eingesetzt, doch in erster Linie dienen sie zur Widerstandsmessung. Die einfache Grundschaltung der Wheatstone-Brücke wiederholt sich bei allen abgewandelten Schaltungen.

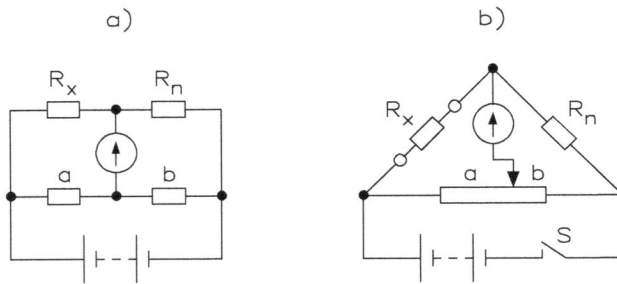

Abb. 2.76: Grundschaltung (links) der Messbrücke und der Spannungsteiler ist als Schleifdraht ausgebildet.

Sie beruht auf dem Vergleich zweier Spannungsteiler-Abgriffe (Abb. 2.76). An einer gemeinsamen Spannungsquelle liegen zwei Spannungsteiler in Parallelschaltung, die Widerstände a und b bilden den einen, die Widerstände R_x und R_n den zweiten Spannungsteiler. Die Abgriffe der beiden Spannungsteiler sind über ein Galvanometer miteinander verbunden. Wenn die Teilerverhältnisse gleich sind, sind auch die Spannungsfälle gleich, und zwischen den beiden Abgriffen besteht kein Spannungsunterschied. Der Brückenzweig ist in diesem Falle stromlos. Unter dieser Voraussetzung gilt die grundlegende Brückenformel

$$R_x : R_n = a : b, \quad R_x = R_n \cdot \frac{a}{b}$$

Wenn das Verhältnis $a : b$ veränderbar ist, kann jeder Wert R_x bestimmt werden. Bei der einfachsten Form der Schleifdrahtbrücke wird der Spannungsteiler $a + b$ durch einen Widerstandsdraht mit gleichbleibendem Querschnitt und einem Schleifer gebildet. Bei konstantem Drahtquerschnitt kann das Längenverhältnis eingesetzt werden. Die Brücke wird abgeglichen, indem man den Schleifer verschiebt, bis das Galvanometer Null zeigt. Die Skala des Galvanometers ist nicht beschriftet, der Zeiger hat Mittel-Nullstellung.

Gewöhnlich ist der Normalwiderstand umschaltbar, da die Ablesung am genauesten ist, wenn R_n und R_x von gleicher Größenordnung sind. Mit fünf Normalwiderständen von 1 Ω bis 10 kΩ beherrscht man den Bereich von 0,1 Ω bis 1 MΩ (Abb. 2.77). Bei Industrieausführungen derartiger Widerstandsbrücken ist der Schleifdraht nicht gerade ausgespannt, sondern als Potentiometer ausgebildet. Der Drehgriff ist unmittelbar in Verhältniswerten $a : b$ beschriftet. Die verschiedenen Vergleichswiderstände sind umschaltbar. Nach Abgleich wird der eingestellte Verhältniswert nur mit den glatten Werten von R_n multipliziert, um R_x zu erhalten.

Bei einem einfachen Schleifdraht kann das Längenverhältnis an Stelle des Widerstandsverhältnisses von $a : b$ eingesetzt werden. Der Fehler wird nach den beiden Enden zu rasch größer. Die Ablesung im mittleren Drittel ist am genauesten, da, ohne besondere Maßnahmen, die Verhältniswerte von Null an einem Ende über 1 : 1 in der

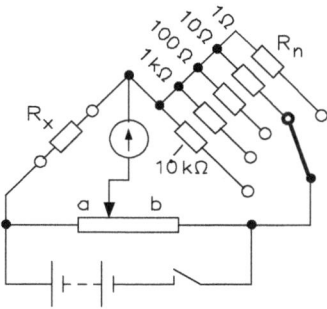

Abb. 2.77: Messbrücke mit umschaltbaren Normalwiderständen. Der Messbereich liegt zwischen 100 mΩ und 1 MΩ.

Mitte bis unendlich am anderen Ende steigen. Zur Einengung kann zu beiden Seiten des Brückendrahtes je ein Widerstand in Reihe geschaltet werden. Der Schleifdraht ist elektrisch verlängert. Das Verhältnis reicht aber beispielsweise nur von 0,5 bis 50.

Ein wesentlicher Vorzug aller Brückenschaltungen ist die Unabhängigkeit von der Versorgungsspannung. Bei Änderung der Spannung ändert sich nichts am Verhältnis der Spannungsfälle. Lediglich geht der Strom zurück und damit wird die Ablesegenauigkeit des Galvanometers ein wenig beschränkt. Spannungsänderungen von 20 % wirken sich praktisch nicht aus. Im Stromversorgungskreis muss ein Schalter eingebaut sein, damit die Batterie nicht über den Brückendraht entladen wird. Meist ist dies ein Tastschalter, da bei nicht abgeglichener Brücke sonst das Galvanometer überlastet werden könnte. Erst nachdem durch Grobabgleich der Zeiger nicht mehr über den Skalenbereich hinausgeht, wird der Schalter endgültig geschlossen und der Feinabgleich vorgenommen.

Bei Widerständen mit Blindanteil kann eine Wechselstromversorgung vorgesehen werden, z. B. durch einen Tongenerator (Abb. 2.78). Als Nullinstrument nimmt man dann zum Beispiel einen Kopfhörer und gleicht auf Tonminimum ab.

Zur Messung sehr kleiner Widerstände zwischen 10^{-6} Ω und 1 Ω dient die Doppelbrücke (Abb. 2.79). Die Doppelbrücke wird nach dem Erfinder Thomson genannt und es gilt:

$$\frac{R_x}{R_n} = \frac{R_1}{R_2} = \frac{R_3}{R_4}$$

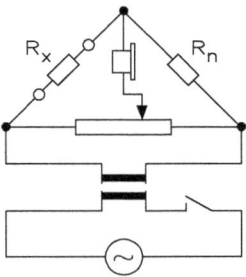

Spannungsschwankungen bis ±20 % verursachen keine Fehler bei Brückenmessungen

1,5 V / 400 Hz

Abb. 2.78: Wechselstrombrücke mit Summer (400 Hz).

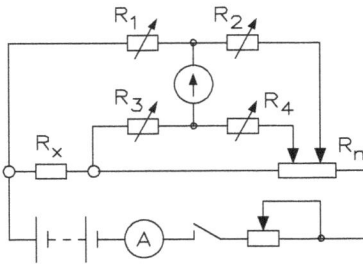

$$\frac{R_x}{R_n} = \frac{R_1}{R_2} = \frac{R_3}{R_4}$$

nach Abgleich:

$$R_x = R_n$$

Wenn der Brückenzweig stromlos ist (Galvanometer—ausschlag Null), dann ist $R_x = R_n$

Amperemeter A dient zur Kontrolle des maximal zulässigen Stromes

Abb. 2.79: Doppelmessbrücke nach Thomson.

Für den Fall, dass $R_3/R_4 = R_1/R_2$ ist, gilt für den unbekannten Widerstand:

$$R_x = \frac{R_n \cdot R_1}{R_2} = \frac{R_n \cdot R_3}{R_4}$$

Nach Abgleich ist $R_x = R_v$.

2.3.8 Kompensationsmessungen

Ähnlich der Brückenmessung ist auch die Kompensationsmessung eines der grundlegenden, vielfach abgewandelten Messverfahren. In der ursprünglichen Form dient die Kompensationsmessung zur Spannungsmessung, mit der Besonderheit, dass belastungslos, also die Leerlaufspannung U_0 gemessen wird. Außerdem können durch die Kompensationsmethode Widerstände und Ströme gemessen und Messinstrumente justiert werden.

Alle Kompensationsschaltungen beruhen auf der Tatsache, dass bei zwei gleich großen, entgegengesetzt geschalteten Spannungsquellen kein Strom fließt. Hierbei gilt der zweite kirchhoffsche Satz, dass in einem geschlossenen Stromkreis (Abb. 2.80) die Summe aller Spannungen gleich der Summe aller Spannungsfälle ist.

Wenn an Stelle des einen Stromkreises zwei Stromkreise gebildet werden, die einen Widerstand R gemeinsam verwenden, dann kann der Spannungsfall U der zweiten Spannungsquelle U_0 entgegengeschaltet werden. Längs des Widerstandes R verändert sich beim Verstellen des Schleifers der Spannungsfall $I \cdot r$. Ist U kleiner als U_0, fließt ein Strom über das Galvanometer in einer Richtung, ist U größer als U_0, dann fließt ein Strom in der anderen Richtung. Wenn U gleich B ist, fließt kein Strom. B ist in seiner Wirkung aufgehoben, kompensiert.

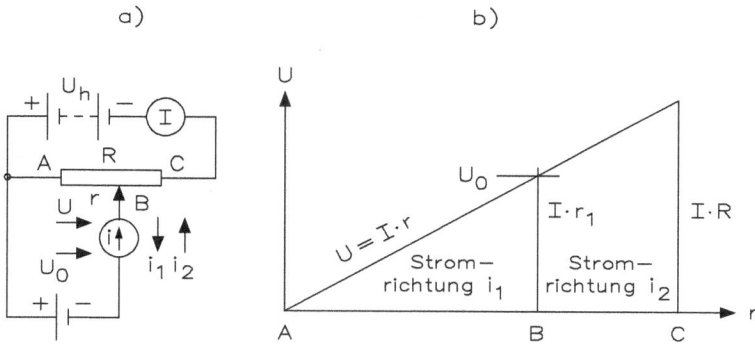

Abb. 2.80: Schaltung und Diagramm für eine Kompensationsmessung. Am Widerstand der Kompensationsmessung wird bei der Schaltung zwischen A und B die Spannung $U = I \cdot r$ abgegriffen und bei B ist $I \cdot r = U_0$ und $i = 0$. Das Diagramm zeigt die Spannung U in Abhängigkeit von der Stellung des Schleifers: Im Bereich AB ist U kleiner als U_0, Stromrichtung i_1. Im Bereich BC ist U größer als U_0, Stromrichtung i_2. Bei Stellung B ist $U = U_0$, Strom i gleich Null. Die Leerlaufspannung ist in ihrer Wirkung durch U aufgehoben (kompensiert).

Bei der einfachen Kompensation benötigt man einen geeichten Widerstand mit Abgriffen und Feineinstellung. R soll sehr hochohmig sein. Kompensiert wird mit einer bekannten Vergleichsspannung U_v. Bei dieser Schaltung wird die unbekannte Spannungsquelle noch etwas belastet, daher die Klemmenspannung U_x und nicht die U_0 gemessen, doch kann R so hoch sein, dass der Unterschied nicht mehr ins Gewicht fällt.

Unbelastet wird U_x gemessen, wenn ein geeichter Widerstand und ein Strommesser zur Verfügung stehen. I wird durch einen Hilfswiderstand auf einen gegebenen Sollwert abgeglichen, z. B. 10 mA. Der Spannungsfall am geeichten Teilwiderstand r ist demnach bekannt. Bei Kompensation – Galvanometer ist stromlos – kann U_x bestimmt werden. Hiermit können nur Spannungen gemessen werden, die kleiner als die Hilfsspannung sind.

Widerstände lassen sich mit sehr engen Toleranzen herstellen. Mit dem Weston-Normalelement steht weiterhin eine sehr genaue, allerdings nur wenig belastbare Spannungsquelle für Vergleichszwecke zur Verfügung. Bei der doppelten Kompensation verzichtet man auf den Strommesser und gleicht den Hilfsstromkreis mit einem Normalelement ab. Hierfür ist ein Festwiderstand von z. B. 1018,3 Ω eingebaut, der bei genau 1 mA Strom einen Spannungsfall von 1,0183 V hat und das Normalelement U_N kompensiert. Der Stromabgleich wird mit dem veränderbaren Widerstand R_H durchgeführt. Danach schaltet man auf die unbekannte Spannungsquelle um und liest an dem in Volt (für 1 mA Hilfsstrom) geeichten Teilwiderstand r die unbekannte U_x ab, nachdem dafür kompensiert wurde. Zum Schutz des Galvanometers ist ein Vorwiderstand eingebaut, der erst nach dem Grobabgleich zur letzten Feineinstellung überbrückt werden darf.

2.3.9 Kapazitätsmessung

Die Messung (Abb. 2.81) der Kapazität von Kondensatoren ist für die gesamte Elektrotechnik und Elektronik wichtig und lässt sich mit unterschiedlichen Schaltungen messen. Die einfachste Methode, ohne besondere Hilfsmittel, ist die Bestimmung über eine Strom- und Spannungsmessung.

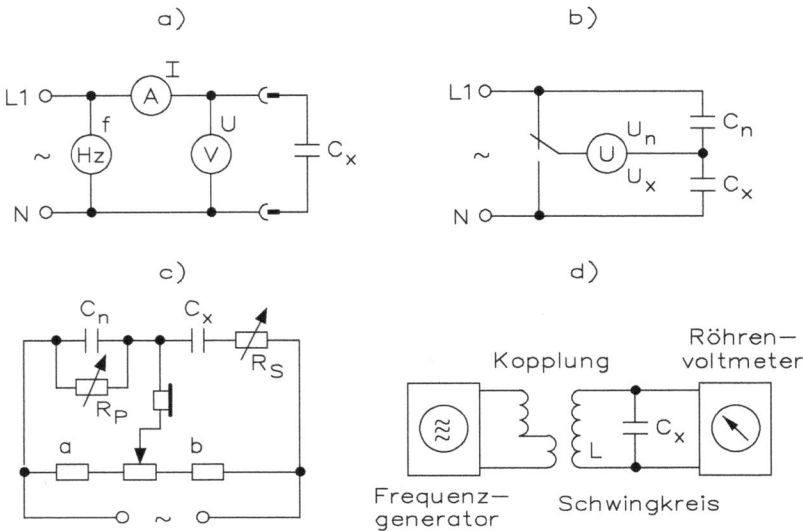

Abb. 2.81: Messverfahren zur Kapazitätsmessung: (a) Kapazitätsbestimmung durch Spannungs-, Strom- und Frequenzmessung, (b) Messung durch Spannungsvergleich, (c) Kapazitätsmessbrücke mit Summer, (d) Messung durch das Resonanzverfahren.

Genaugenommen muss auch die Frequenz bestimmt werden, doch kann man sich bei der Netzfrequenz auf Einhaltung des Nennwertes verlassen. Wenn auch die Nennspannung als konstant angesehen werden kann, reicht ein einziger Strommesser aus. Bei 230 V und 50 Hz ist C_x in µF gleich 15,1 mal in Ampere.

Beispiel. Bei einer Frequenz von 50 Hz wird ein unbekannter Kondensator bei einer Spannung von 230 V und einem Strom von 277 mA gemessen. Welchen Wert hat der Kondensator?

$$C_x = \frac{I}{2 \cdot \pi \cdot f \cdot U} = \frac{277\,\text{mA}}{2 \cdot 3{,}14 \cdot 50\,\text{Hz} \cdot 230\,\text{V}} = 3{,}83\,\text{µF}$$

Steht ein veränderbarer Kondensator bekannter Größe oder eine entsprechende Kondensatorgruppe zur Verfügung, dann kann die Messung als Kapazitätsvergleich durchgeführt werden. Bei gleichem Strom ist die Kapazität gleich. Entsprechend lässt sich ein Spannungsvergleich durchführen. Die Kapazitäten stehen im umgekehrten Verhältnis zueinander wie die gemessenen Teilspannungen.

Beispiel. Bei einer Kapazitätsmessung durch Spannungsvergleich ist an einer Normalkapazität von 0,5 µF eine Spannung von 28,6 V gemessen worden. Die Spannung an der unbekannten Kapazität beträgt 15,8 V. Welchen Wert hat C_x?

$$C_x = C_N \cdot \frac{U_N}{U_x} = 0,5 \,\mu F \cdot \frac{28,6 \,V}{15,8 \,V} = 0,905 \,\mu F$$

Unter Verwendung von Quotientenmesswerken ist direkte Kapazitätsmessung möglich. Bei einem Induktions-Quotientenmesswerk werden die Ströme im unbekannten und einem bekannten Vergleichskondensator miteinander ins Verhältnis gesetzt. Die Justierung (Eichung) kann in Kapazitätswerten ausgeführt werden. Eine entsprechende Schaltung ist mit elektrodynamischen Quotientenmesswerken möglich.

Sehr häufig arbeitet man mit Kapazitäts-Messbrücken, da die gewöhnlichen Werkstatt-Messbrücken für Widerstandsmessung leicht für Kapazitätsmessung umzustellen oder vorzubereiten sind. Lediglich sind die Anschlussstellen für den bekannten und unbekannten Wert gegenüber der Widerstandsmessung zu vertauschen, da die Kapazität zu dem Kehrwert des eigentlich ermittelten kapazitiven Widerstandes proportional ist.

Beispiel. Bei einer Kapazitätsmessbrücke ist bei einer Normalkapazität von 25 nF das Tonminimum bei einem Brückenverhältnis 0,52 erreicht. Welchen Wert hat C_x?

$$C_x = C_N \cdot \frac{a}{b} = 25 \,nF \cdot 0,52 = 13 \,nF$$

Gute Ergebnisse erzielt man auch mit der Resonanz-Messmethode. Hier wird der unbekannte Kondensator in einen Resonanzkreis mit bekannten Daten eingefügt. Aus der Frequenz bei Resonanz und der Induktivität kann C_x ermittelt werden. Die Skala kann auch in C_x justiert werden.

Beispiel. Bei Kapazitätsmessung durch Resonanzverfahren ist mit einer Normalinduktivität L_N = 2 mH bei einer Frequenz von 184 kHz der Maximalausschlag des hochohmigen Voltmeters erreicht. Wie groß ist die unbekannte Kapazität?

$$C_x = \frac{1}{\omega^2 \cdot L} = \frac{1}{(2 \cdot \pi \cdot f)^2 \cdot L} = \frac{1}{(2 \cdot 3,14 \cdot 184 \,kHz)^2 \cdot 2 \,mH} = 374 \,pF$$

2.3.10 Induktivitätsmessung

Bei Kapazitätsmessungen spielt der Verlustanteil im Allgemeinen keine Rolle. Anders bei Induktivitätsmessungen. Der Gleichstromwiderstand fällt meist erheblich ins

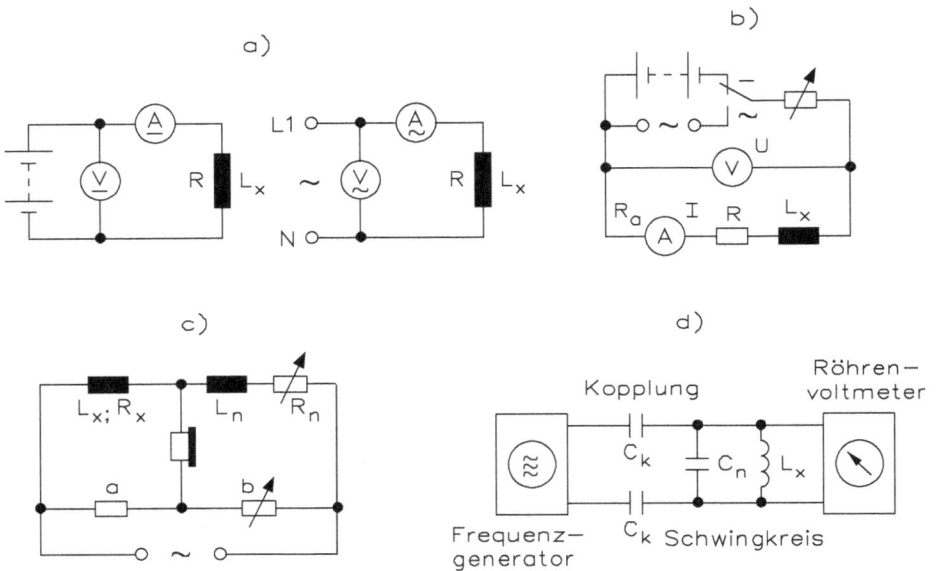

Abb. 2.82: Messverfahren zur Induktivitätsmessung: (a) Induktivitätsbestimmung durch Messung des Wirk- und des Scheinwiderstandes, (b) Messung durch kombinierte Strom-Spannungsmessung für Gleich- und Wechselstrom, (c) Induktivitätsmessbrücke mit Summer, (d) Messung durch das Resonanzverfahren.

Gewicht und muss getrennt bestimmt werden. Bei einer Strom-Spannungsmessung wird daher zuerst mit einer niedrigen Gleichspannung der rein ohmsche Widerstand bestimmt. Diese Messung kann natürlich auch mit einer Gleichstrom-, Widerstands-Messbrücke oder mit einem anderen Verfahren durchgeführt werden. Danach bestimmt man mit einer Wechselspannungsquelle den Scheinwiderstand Z und berechnet aus Wirk- und Scheinwiderstand (Abb. 2.82) den induktiven Blindwiderstand und daraus die Induktivität. Es gibt Messgeräte, bei denen beide Messungen vorbereitet und nach Umschaltung unmittelbar nacheinander ausgeführt werden können.

Beispiel. Bei einer Spule wurde gemessen: Bei einer Gleichspannung von 10 V fließt ein Strom von 250 mA und bei einer Wechselspannung von 10 V/50 Hz beträgt der Strom 80 mA. Wie groß sind der ohmsche Widerstand der Spule und die Induktivität?

$$R = \frac{U}{I} = \frac{10\,\text{V}}{250\,\text{mA}} = 40\,\Omega, \quad Z = \frac{U}{I} = \frac{10\,\text{V}}{80\,\text{mA}} = 125\,\Omega$$

$$X_\text{L} = \sqrt{Z^2 - R^2} = \sqrt{(125\,\Omega)^2 - (40\,\Omega)^2} = 118{,}4\,\Omega$$

$$L_x = \frac{X_\text{L}}{2 \cdot \pi \cdot f} = \frac{118{,}4\,\Omega}{2 \cdot 3{,}14 \cdot 50\,\text{Hz}} = 377\,\text{mH}$$

Auch aus der Wirkleistung und Scheinleistung kann die Induktivität berechnet werden. Die Wirkleistung wird mit einem elektrodynamischen Wattmeter, die Scheinleistung durch Strom-Spannungsmessung bestimmt und daraus der Blindwiderstand und die Induktivität berechnet. Besondere Maßnahmen sind erforderlich, wenn die betriebsmäßige Induktivität gemessen werden soll, falls die Spule im Betrieb durch Gleichstrom vorbelastet und nicht eisenfrei ist. Durch die Vorbelastung ändert sich die Permeabilität des Eisenkerns und damit die Induktivität der Eisenkernspule. Die Verhältnisse müssen bei der Messung nachgebildet werden.

Normale Messbrücken sind bei Wechselstrom-Speisung leicht auf Induktivitätsmessung umzustellen. An Stelle der Vergleichswiderstände können Vergleichsspulen eingeschaltet werden. Die Brückenformel nach Abgleich gilt hier ebenso wie bei Widerstandsmessungen, da die Induktivität dem induktiven Widerstand, der eigentlich gemessen wird, direkt proportional ist. Durch einen Zusatzwiderstand zur Vergleichsspule kann das Tonminimum geschärft werden, da dann die Phasenlage in den Brückenzweigen gleich wird. Die Bestimmung des Wirkwiderstandes der unbekannten Spule ist damit möglich. Als Indikator setzt man zweckmäßig auch bei diesen Brücken eine Röhre (magisches Auge) ein. Wenn die Vergleichsspule veränderbar gemacht wird, kann in einer Brückenschaltung R_x und L_x der unbekannten Spule ermittelt werden.

Beispiel. Mit einer gleichen Wicklung von $R = 40\,\Omega$ ergibt sich bei einem anderen Eisenkern an einer Wechselspannung von 20 V/50 Hz ein Strom von 10 mA. Welchen Wert hat die Induktivität jetzt?

$$R = 40\,\Omega, \quad Z = \frac{U}{I} = \frac{20\,\text{V}}{10\,\text{mA}} = 2\,\text{k}\Omega \quad (\text{mehr als } 10 \cdot R)$$

$$L_x = \frac{Z}{2 \cdot \pi \cdot f} = \frac{2\,\text{k}\Omega}{2 \cdot 3{,}14 \cdot 50\,\text{Hz}} = 6{,}36\,\text{H}$$

Bei Brückenschaltungen ist es auch möglich, für Induktivitätsmessung eine Vergleichskapazität einzusetzen. Eine Abwandlung ist die Resonanzbrücke, bei der die Spule mit einem Kondensator in Reihe geschaltet ist. Resonanzverfahren spielen bei der Messung kleiner Induktivitäten in der Größenordnung von Millihenry (mH) und Mikrohenry (µH) die Hauptrolle. Die Verluste eines Schwingkreises sind in erster Linie auf die Spulenverluste zurückzuführen. Aus dem Verlauf der Schwingkreiskurve kann der Gütefaktor und damit der Verlust bestimmt werden. Gemessen wird die Bandbreite bei 70,7 % der Maximalspannung bei Resonanz. Der Gütefaktor ist dann gleich Resonanzfrequenz geteilt durch Bandbreite.

Beispiel. Bei einer Messbrücke ist bei einer Normalinduktivität $L_N = 50\,\text{mH}$ das Tonminimum bei $a = 750$ und $b = 250$ erreicht. Wie groß ist L_x?

$$L_x = L_N \cdot \frac{a}{b} = 50\,\text{mH} \cdot \frac{750}{250} = 150\,\text{mH}$$

Zur Resonanzmessung benötigt man einen variablen Frequenzgenerator. Die Ausgangsspannung des Generators wird dem Schwingkreis zugeführt, der aus einem bekannten Kondensator und der unbekannten Spule besteht. Die Frequenz wird verändert, bis das angeschlossene hochohmige Voltmeter den Maximalwert zeigt. Damit liegt die Resonanzfrequenz fest. Nach der Schwingkreisformel lässt sich die Induktivität aus der Resonanzfrequenz und der bekannten Kapazität errechnen. Durch Verstimmung ermittelt man die Bandbreite. Die Ankoppelung des Schwingkreises an den Generator muss kapazitiv über Koppelkondensatoren oder induktiv über eine Koppelspule vorgenommen werden. Die Kopplung darf nur lose sein.

Beispiel. Bei einer Resonanzmessung ist bei einer Normalkapazität von 5 nF das Maximum bei 7,5 kHz erreicht. Wie groß ist L_x?

$$L_x = \frac{1}{\omega^2 \cdot C_N} = \frac{1}{(2 \cdot \pi \cdot f)^2 \cdot C_N} = \frac{1}{(2 \cdot 3,14 \cdot 7,5 \text{ kHz})^2 \cdot 5 \text{ nF}} = 90,3 \text{ mH}$$

2.3.11 Wechselstrom-Messbrücken

Für die praktische Messtechnik wurden zahlreiche Wechselstrom-Messbrücken entwickelt.

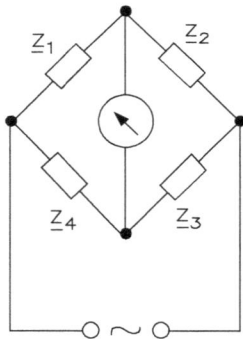

Abb. 2.83: Universelle Wechselstrom-Messbrücke.

Die Wechselstrom-Messbrücke (Abb. 2.83) ist im Gleichgewicht, wenn das Produkt der gegenüberliegenden komplexen Widerstände gleich ist. Es gilt:
Beträge: $\underline{Z}_1 \cdot \underline{Z}_3 = \underline{Z}_2 \cdot \underline{Z}_4$
Phasenwinkel: $\varphi_1 + \varphi_3 = \varphi_2 + \varphi_4$

Diese Schaltung gilt als Grundlage für die nachfolgenden Messbrücken.

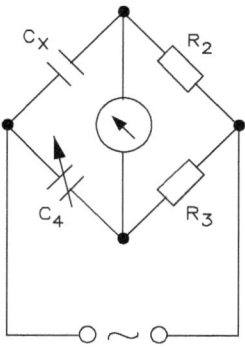

Abb. 2.84: Einfache Kapazitätsmessbrücke.

Mit dieser Messbrücke (Abb. 2.84) lassen sich kleinere und mittlere Kapazitäten bei vernachlässigbaren Verlusten messen. Die Berechnung erfolgt nach

$$\frac{C_x}{C_4} = \frac{R_3}{R_2}$$

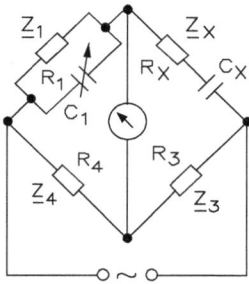

Abb. 2.85: Wien-Brücke und Wien-Robinson-Brücke.

Die Wien-Brücke (Abb. 2.85) dient zur Kapazitätsmessung durch Vergleich mit einem verstellbaren Präzisionskondensator C_1 mit Parallelwiderstand R_1, und mit der Wien-Robinson-Brücke lässt sich eine Frequenzmessung durchführen. Für die Wien-Brücke gilt:

$$R_x = \frac{R_1}{1 + (2 \cdot \pi \cdot f \cdot R_1 \cdot C_1)^2}, \quad C_x = C_1 + \frac{1}{(2 \cdot \pi \cdot f)^2 \cdot R_1^2 \cdot C_1}$$

Für die Frequenzmessung der Wien-Robinson-Brücke gilt:

$$C_1 = C_x = C$$
$$R_1 = R_x = R$$
$$R_3 = 2 \cdot R_4$$
$$\omega = 1/RC$$

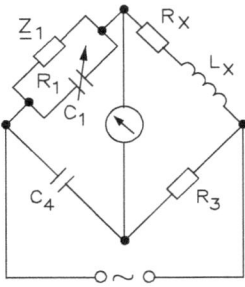

Abb. 2.86: Maxwell-Brücke.

Die Maxwell-Brücke (Abb. 2.86) dient zur Messung von Spulen und Kondensatoren. Es gilt:

$$L_x = \frac{R_1 \cdot R_3 \cdot C_4}{1 + (2 \cdot \pi \cdot f \cdot C_1)^2}, \quad R_x = \frac{R_3}{C_1} \cdot \left(1 - \frac{1}{(\omega \cdot R_1 \cdot C_1)^2}\right)$$

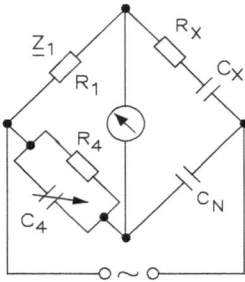

Abb. 2.87: Schering-Brücke.

Die Schering-Brücke (Abb. 2.87) dient zur Bestimmung von Verlustwinkeln bei Kondensatoren. Es gilt

$$R_x = R_1 \cdot \frac{C_4}{C_N}, \quad C_x = C_N \cdot \frac{R_4}{R_1}, \quad \tan \delta_x = \omega \cdot R_4 \cdot C_4$$

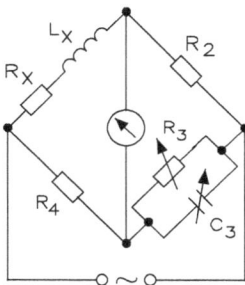

Abb. 2.88: Maxwell-Wien-Brücke.

Die Maxwell-Wien-Brücke (Abb. 2.88) dient zur Bestimmung von kleinen und mittleren Induktivitäten und der Abgleich ist frequenzabhängig:

$$R_x = \frac{R_2 \cdot R_4}{R_3}, \quad L_x = R_2 \cdot R_4 \cdot C_3$$

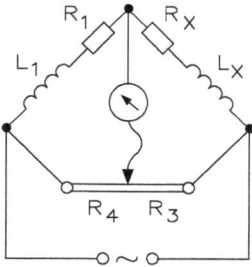

Abb. 2.89: Frequenzunabhängige Maxwell-Brücke.

Die frequenzunabhängige Maxwell-Brücke (Abb. 2.89) dient als Vergleich zweier Spulen oder Kondensatoren. Es gilt:

$$R_x = \frac{R_1 \cdot R_3}{R_4}, \quad L_x = \frac{L_1 \cdot R_3}{R_4}, \quad C_x = \frac{C_1 \cdot R_3}{R_4}$$

2.4 Messverfahren in der Starkstromtechnik

Unter Leistungsmessung versteht man ohne besonderen Hinweis die Messung der Wirkleistung P eines Verbrauchers oder einer Gruppe von Verbrauchern. Im Gleichstromnetz oder bei reinen ohmschen Widerständen ist keine Phasenverschiebung vorhanden. In diesem Falle ist die Leistung gleich dem Produkt aus Strom und Spannung und kann durch Messung von Strom und Spannung bestimmt werden (Abb. 2.90).

Ist ein Blindanteil vorhanden, dann wird mit der gleichen Schaltung bei Wechselstrom die Scheinleistung ermittelt. Wenn es sich nur um informatorische Messung handelt, mit geringen Ansprüchen an die Genauigkeit, dann kann ein Amperemeter in Watt justiert werden, unter Voraussetzung von konstanter Netzspannung. Auf der Skalenbeschriftung sind die Stromwerte bereits mit der Nennspannung multipliziert. Auch hier wird natürlich bei Wechselstrom die Scheinleistung gemessen.

2.4.1 Leistungsmessung im Einphasennetz

Bei Labormessungen kann man die Wirkleistung durch Messung von drei Strömen oder drei Spannungen ermitteln. Hier ist das Resultat ebenfalls rechnerisch auszuwerten. Für Betriebsmessungen scheidet deshalb das Verfahren aus. Bei der Drei-Amperemeter-Methode werden der Gesamtstrom, ein Vergleichsstrom durch einen bekannten

a)

Verbraucher
(Last)

$$P = U \cdot I \ [\text{W, V, A}]$$

(Bei Wechselstrom wird hier
die Scheinleistung in VA
[Volt—Ampere] ermittelt)

b)

Voraussetzung:
Netzspannung
konstant mit
Nennwert

Nur richtig bei Nennwert der Netzspannung.
Bei Wechselstrom wird die Scheinleistung
ermittelt

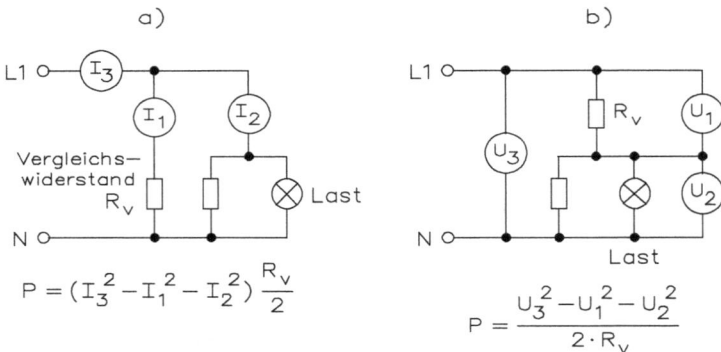

$$P = I \cdot U_{\text{nenn}}$$

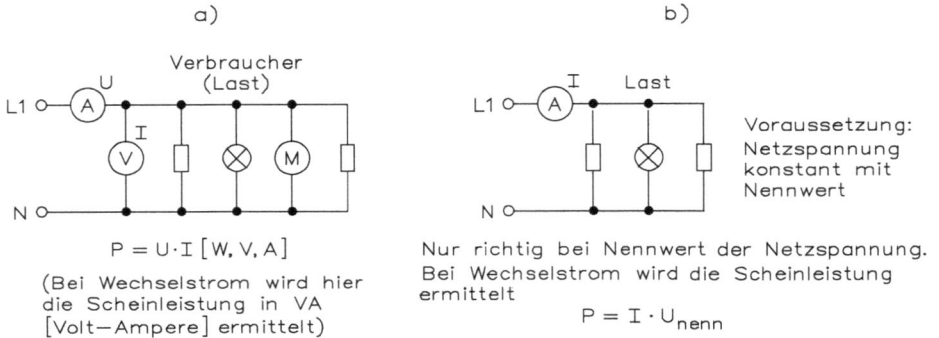

Abb. 2.90: (a) Leistungsbestimmung in Einphasen- bzw. Gleichstromnetz durch Strom- und Span-
nungsmessung mit $P = U \cdot I$ [W, V, A]. (Bei Wechselstrom wird hier die Scheinleistung in VA
[Volt-Ampere] ermittelt. (b) Leistungsmessung mit in Watt hergestelltem Strommesser mit $P = I \cdot U$.
Nur richtig bei Nennwert der Netzspannung. Bei Wechselstrom wird die Scheinleistung ermittelt.

a)

Vergleichs—
widerstand
R_v

$$P = (I_3^2 - I_1^2 - I_2^2) \frac{R_v}{2}$$

b)

Last

$$P = \frac{U_3^2 - U_1^2 - U_2^2}{2 \cdot R_v}$$

Abb. 2.91: Drei-Amperemeter- und Drei-Voltmeter-Verfahren zur Leistungsbestimmung.

Widerstand und der unbekannte Strom gemessen (Abb. 2.91 (a)). Diese Schaltung eignet sich für hohe Ströme bei niedrigen Spannungen. Beim Drei-Voltmeter-Verfahren
wird die Gesamtspannung, die Spannung an einem bekannten Vorwiderstand als Vergleichswert und die Spannung an den Verbrauchern gemessen (Abb. 2.91 (b)). Bei geringen Leistungen und niedrigen Strömen ist diese Schaltung vorzuziehen.

Die Berechnung für das Drei-Amperemeter-Verfahren lautet:

$$P = (I_3^2 - I_1^2 - I_2^2) \cdot \frac{R_v}{2}$$

Die Berechnung für das Drei-Voltmeter-Verfahren lautet:

$$P = \frac{U_3^2 - U_1^2 - U_2^2}{2 \cdot R_v}$$

Bei den beiden Verfahren wird die Wirkleistung bestimmt. Die Drei-Voltmeter-Schaltung ist für geringe Leistung und niedrige Ströme geeignet. Die Drei-Amperemeter-Schaltung ist für größere Ströme bei geringeren Spannungen geeignet. Beide Schaltungen sind für Betriebsmessungen ungeeignet.

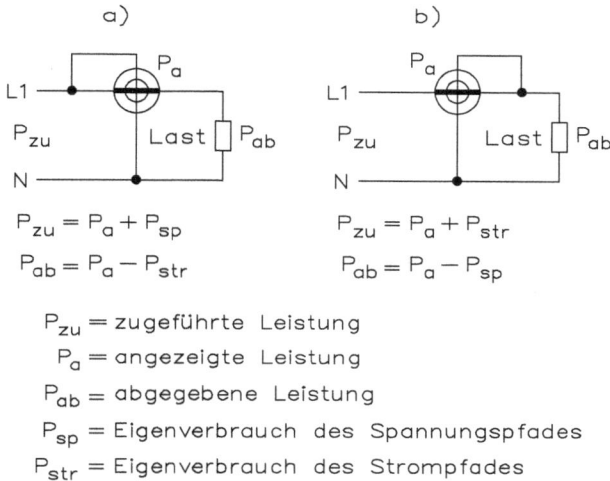

a)

b)

$P_{zu} = P_a + P_{sp}$

$P_{ab} = P_a - P_{str}$

$P_{zu} = P_a + P_{str}$

$P_{ab} = P_a - P_{sp}$

P_{zu} = zugeführte Leistung

P_a = angezeigte Leistung

P_{ab} = abgegebene Leistung

P_{sp} = Eigenverbrauch des Spannungspfades

P_{str} = Eigenverbrauch des Strompfades

Abb. 2.92: Schaltungen für ein elektrodynamisches Messwerk: (a) stromrichtige und (b) spannungsrichtige Schaltung.

Bei allen betriebsmäßigen Leistungsmessungen verwendet man heute ausschließlich elektrodynamische Messwerke als Wattmeter (Abb. 2.92). Diese Messwerke zeigen die Wirkleistung an, können jedoch auch als Blindleistungsmesser geschaltet werden. Im Normalfall spielt der Eigenverbrauch des Wattmeters keine Rolle gegenüber dem Verbraucher. Bei sehr genauer Messung ist der Eigenverbrauch zu berücksichtigen und aus den Messwerkdaten zu korrigieren. Bei Schaltung links misst der Strompfad richtig, der Spannungspfad jedoch zu hoch. Bei Schaltung rechts wird die richtige Spannung am Verbraucher gemessen, jedoch im Strompfad um den Strom des Spannungspfades zu viel gemessen. Da Strom- und Spannungseinfluss sich gleichzeitig auf das bewegliche Organ des Messwerks auswirken, wird eine zeitliche Verschiebung selbsttätig berücksichtigt und die Wirkleistung $P = U \cdot I \cdot \cos \varphi$ angezeigt.

Der Strompfad vom Leistungsmesser ist im Dauerbetrieb bis zu 20 % überlastbar, kurzzeitig bis zu 1000 %, ohne dass ein Schaden entsteht (feststehende Spule, dicker Draht). Der Spannungspfad ist im Dauerbetrieb bis zu 20 % überlastbar, kurzzeitig bis zu 100 %, ohne dass ein Schaden entsteht (drehende Spule, dünner Draht). Der Zeigerausschlag α ist direkt proportional zu der Leistung P:

$$\alpha \approx P$$

Bei der stromrichtigen Messung ergeben sich folgende Zusammenhänge:
- Betrachtung der Quellenleistung P_Q:

$$\alpha = k \cdot (P_Q - P_U)$$

k: Konstante des Messwerks
P_Q: Quellenleistung
P_U: Eigenverbrauch des Spannungspfades
- Betrachtung der Verbraucherleistung P_V:

$$\alpha = k \cdot (P_V + P_I)$$

P_V: Verbraucherleistung
P_I: Eigenverbrauch der Stromspule

Die Anzeige α entspricht damit der um die Verluste P_U des Spannungspfades oder der um die Verluste P_I des Strompfades vermehrten Verbraucherleistung P_V.

Bei der spannungsrichtigen Messung ergeben sich folgende Zusammenhänge:
- Betrachtung der Quellenleistung P_Q:

$$\alpha = k \cdot (P_Q - P_I)$$

P_I: Eigenverbrauch der Stromspule
- Betrachtung der Verbraucherleistung P_V:

$$\alpha = k \cdot (P_V + P_U)$$

P_U: Eigenverbrauch des Spannungspfades

Die Anzeige α entspricht damit der um die Verluste P_U des Spannungspfades oder der um die Verluste P_I des Strompfades vermehrten Verbraucherleistung P_V.

Der Eigenverbrauch P_U und P_I geht also additiv (P_V) oder subtraktiv (P_Q) in die angezeigte Leistung ein. Die ermittelte Verbraucherleistung ist immer größer als die tatsächliche Verbraucherleistung.

Um die von der Quelle abgegebene Leistung $P_Q = P_V + P_I + P_U$ in der quellenrichtigen Schaltung (Abb. 2.93) richtig messen zu können, muss an der Zeitachse ein additives Moment erzeugt werden, das der Verlustleistung im Spannungsfeld P_U proportional ist. Da für beide Leistungen P_Q und P_U die Spannung den gleichen Wert hat, wird diese also richtig erfasst. Leitet man den Strom, der im Spannungspfad fließt, über eine zweite, gleich ausgeführte Stromspule, so wird eine zusätzliche Durchflutung erzeugt.

$$\alpha = k \cdot (P_V + P_I) + \underbrace{k \cdot P_U}$$

$\hookrightarrow$ zusätzlich, aufgrund der zweiten Spule

$$\alpha = k \cdot \underbrace{(P_V + P_I + P_U)}_{P_Q}$$

$$\alpha = k \cdot P_Q$$

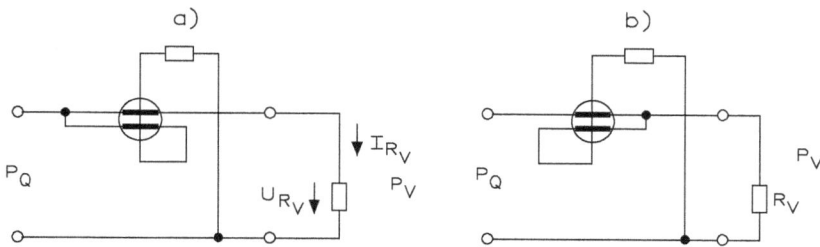

Abb. 2.93: Selbstkorrektur des Eigenverbrauchs, (a) quellenrichtig, (b) verbraucherrichtig.

Um die vom Verbraucher aufgenommene Leistung $P_V = P_Q - P_I - P_U$ in der verbraucherrichtigen Schaltung richtig messen zu können, muss an der Zeitachse ein subtraktives Moment erzeugt werden, das der Verlustleistung im Spannungsfeld P_U proportional ist. Da für beide Leistungen P_V und P_U die Spannung den gleichen Wert hat, wird diese also richtig erfasst. Leitet man den Strom, der im Spannungspfad fließt, über eine zweite, gleich ausgeführte Stromspule, so wird eine zusätzliche Durchflutung erzeugt, die subtraktiv auf die Quellenleistung P_Q einwirkt.

$$\alpha = k \cdot (P_Q - P_I) - \underbrace{k \cdot P_U}$$

$\hookrightarrow$ zusätzlich aufgrund der zweiten Spule

$$\alpha = k \cdot \underbrace{(P_Q - P_I - P_U)}_{P_V}$$

$$\alpha = k \cdot P_V$$

Messbereicherweiterungen müssen sowohl den Strom- als auch den Spannungspfad berücksichtigen. Will man beispielsweise mit einem Wattmeter, das für 230 V ausgelegt ist, bei 24 V messen, dann würde Vollausschlag erst bei sehr viel höherem Strom erreicht sein. Die Bereichserweiterung für den Spannungspfad ist durch Vorwiderstände möglich. Bei mehr als 600 V verwendet man in Wechselstromnetzen Spannungswandler. Gewöhnlich ist der Spannungspfad für 100 V bemessen. Bei Gleichstromnetzen muss auch die Strombereicherweiterung durch Zusatzwiderstände erfolgen, wenn man nicht von vornherein die Spule im Strompfad für höhere Ströme auslegt. Der Nebenwiderstand wird parallel zum Strompfad geschaltet.

In Wechselstromnetzen bevorzugt man stets den Anschluss über Messwandler. Gewöhnlich sind die Strompfade der Messwerke für 5 A und die Spannungspfade für 100 V bemessen. Diese Werte werden auch als sekundärseitige Werte der Messwandler eingehalten, so dass jedes normale Messwerk an jeden normalen Messwandler angeschlossen werden kann. Die Klemmenbezeichnungen der Messwandler sind genormt (Abb. 2.94). Das Messwerk wird also stets an die Klemmen mit den Kleinbuchstaben angeschlossen. Der Eigenverbrauch von Wandler plus Messwerkspfad ist in der Praxis nicht zu berücksichtigen.

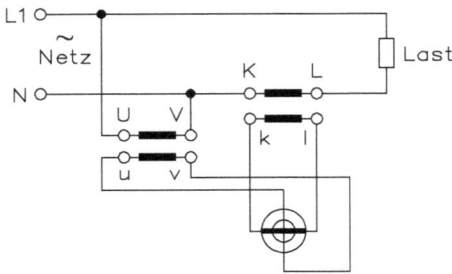

Abb. 2.94: Anschluss eines Wattmeters über Strom- und Spannungswandler.

2.4.2 Leistungsmessung im Drehstromnetz

Bei Drehstromnetzen müssen für die Leistungsmessung die verschiedenen Betriebsfälle berücksichtigt werden, ob es sich um Dreileiter-, Vierleiter- oder Fünfleiternetze handelt, ob die Belastung gleichmäßig oder ungleichmäßig ist.

Im gleichmäßig belasteten Vier- oder Fünfleiternetz kann die Leistungsmessung in einer einzigen Phase erfolgen und das Ergebnis mit drei multipliziert werden (Abb. 2.95 (a)). Wenn sich an der Belastung nichts ändern kann, wird das Messinstrument schon mit den dreifachen Werten beschriftet.

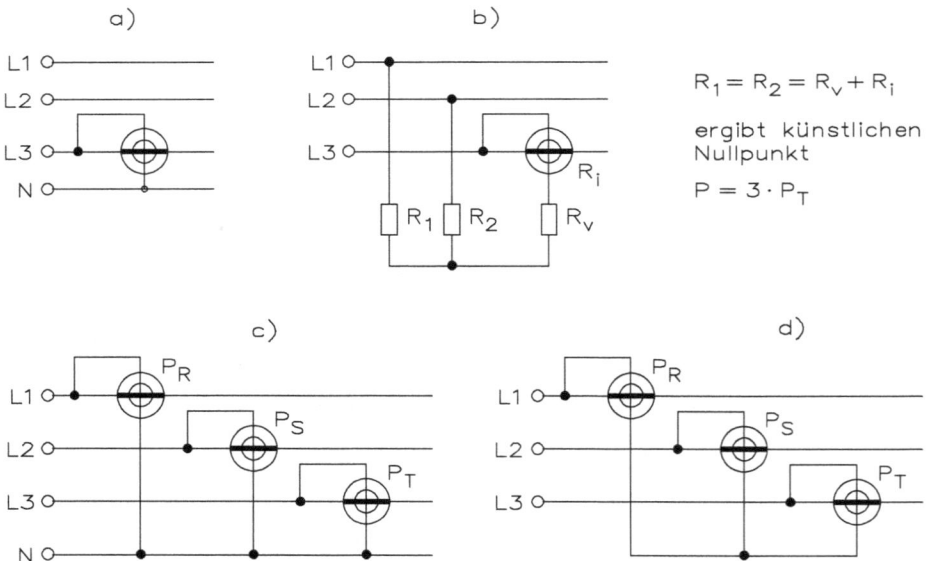

Abb. 2.95: Möglichkeiten zur Leistungsmessung im Drehstromnetz: (a) gleichmäßig belastetes Vierleiternetz, (b) gleichmäßig belastetes Vierleiternetz. Ist $R_1 = R_2$ und $= R_v + R_i$, es ergibt sich ein künstlicher Nullpunkt. (c) Ungleich belastetes Vierleiternetz: $P = P_{L1} + P_{L2} + P_{L3}$, (d) ungleich belastetes Dreileiternetz: $P = P_{L1} + P_{L2} + P_{L3}$.

Bei einem gleichmäßig belasteten Dreileiternetz wird ein künstlicher Nullpunkt geschaffen (Abb. 2.95 (b)). Die drei Widerstände müssen gleich groß sein, d. h. der Vorwiderstand des Spannungspfades muss mit dem Innenwiderstand des Messwerks zusammen so groß sein wie einer der beiden anderen Widerstände. Die angezeigte Leistung ist ebenfalls mit drei zu multiplizieren. Die Klemmenbezeichnungen der Messwerkanschlüsse sind genormt. Bei einem ungleich belasteten Vierleiternetz kann die Gesamtleistung durch Addition der drei Einzelleistungen ermittelt werden, die in jeder Phase gemessen werden (Abb. 2.95 (c)). Die entsprechende Schaltung ist im ungleich belasteten Dreileiternetz durch Schaltung eines künstlichen Nullpunktes möglich (Abb. 2.95 (d)). Für diese Schaltungen gibt es Dreifach-Wattmeter, bei denen drei einzelne Messwerke auf einem gemeinsamen Summenzeiger arbeiten. Hierfür sind die genormten Klemmenbezeichnungen besonders wichtig.

Im ungleich belasteten Dreileiternetz ist die Gesamtleistung auch bereits mit zwei Messwerken zu bestimmen, wenn man die Strompfade in zwei Phasen und die Spannungspfade jeweils gegen die dritte Phase misst (Abb. 2.96). Diese Zwei-Wattmeter-Schaltung (Aron-Schaltung) wird viel verwendet. Die Gesamtleistung ist gleich der Summe der beiden Teilleistungen. Ein Nachteil ist, dass bei einer Phasenverschiebung von mehr als 60° das eine Messwerk negative Werte anzeigt. Für die Zwei-Wattmeter-Schaltung gibt es Leistungsmesser mit Doppelmesswerk. Beide elektrisch völlig getrennten Messwerke arbeiten als Summenmesser auf einem gemeinsamen Zeiger.

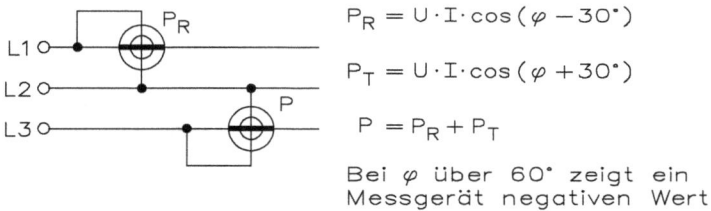

$$P_R = U \cdot I \cdot \cos(\varphi - 30°)$$
$$P_T = U \cdot I \cdot \cos(\varphi + 30°)$$
$$P = P_R + P_T$$

Bei φ über 60° zeigt ein Messgerät negativen Wert

Abb. 2.96: Zwei-Wattmeter-Schaltung (Aron-Schaltung).

Für die Zwei-Wattmeter-Schaltung (Aron-Schaltung) gilt:

$$P_{L1} = U \cdot I \cdot \cos(\varphi - 30°)$$
$$P_{L3} = U \cdot I \cdot \cos(\varphi + 30°)$$
$$P = P_{L1} + P_{L3}$$

Bei größeren Leistungen werden Wattmeter auch bei Drehstromnetzen am besten über Strom- und Spannungswandler angeschlossen. Man bezeichnet den Anschluss über Stromwandler, bei direkter Verbindung des Spannungspfades als halbindirekte Schaltung. Alle Strompfade sind gewöhnlich für 5 A und alle Spannungspfade für 100 V bemessen.

Als indirekte Messung bezeichnet man den Anschluss jedes Messpfades über Messwandler, also sowohl der Strom- als auch der Spannungspfad der Zwei- oder Drei-Wattmeter-Schaltung.

Die Leistungsmessung im Ein- und Dreiphasennetz ist außerdem mit Induktions-Messwerken möglich, wird aber heute kaum noch angewandt. Im Gegensatz dazu wird die Arbeitsmessung ausschließlich mit Induktions-Messwerken ausgeführt.

2.4.3 Blindleistungsmessung

Die Blindleistung Q kann im Einphasennetz aus Wirkleistung und Scheinleistung errechnet werden. Die Wirkleistung wird von einem elektrodynamischen Wattmeter angezeigt, die Scheinleistung aus Strom- und Spannungsmessung bestimmt (Abb. 2.97). Die Blindleistung ist die geometrische (vektorielle) Differenz aus Schein- und Wirkleistung. Außerdem kann aus diesen Messungen der Leistungsfaktor berechnet werden. $\cos \varphi$ ist das Verhältnis von Wirkleistung zu Scheinleistung.

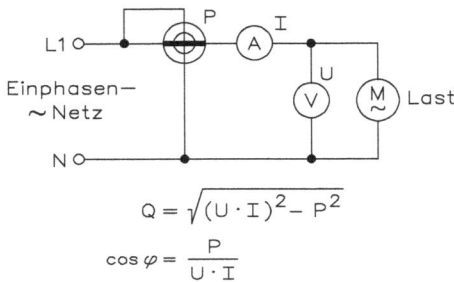

$$Q = \sqrt{(U \cdot I)^2 - P^2}$$

$$\cos \varphi = \frac{P}{U \cdot I}$$

Abb. 2.97: Messen der Blindleistung aus Wirkleistung, Spannung und Strom.

Die Blindleistung Q errechnet sich aus

$$Q = \sqrt{S^2 - P^2} = \sqrt{(U \cdot I)^2 - P^2}, \quad \cos \varphi = \frac{P}{S} = \frac{P}{U \cdot I}$$

Beispiel. Wie groß ist die Blindleistung und der $\cos \varphi$, wenn das Wattmeter 1,5 kW, das Voltmeter 230 V und das Amperemeter 8,5 A anzeigen?

$$Q = \sqrt{(U \cdot I)^2 - P^2} = \sqrt{(230\,\text{V} \cdot 8,5\,\text{A})^2 - 1,5\,\text{kW}^2} = 1,25\,\text{kvar}$$

$$\cos \varphi = \frac{P}{U \cdot I} = \frac{1,5\,\text{kW}}{230\,\text{V} \cdot 8,5\,\text{A}} = 0,767 \rightarrow 39,9°$$

Um mit einem elektrodynamischen Wattmeter die Blindleistung im Einphasennetz direkt anzuzeigen, muss künstlich eine Phasenverschiebung von 90° erzielt werden. Hierzu wird eine Drossel im Spannungspfad vorgeschaltet und mit einem Ausgleichswiderstand für genaue 90°-Verschiebung gesorgt.

Im gleichmäßig belasteten Drehstrom-Dreileiternetz wird die Blindleistung gemessen, wenn der Strompfad an eine Phase und der Spannungspfad an die beiden anderen angeschlossen wird. Der Spannungspfad muss in diesem Falle für die Sternspannung bemessen sein. Um die Gesamtblindleistung zu erhalten, muss der angezeigte Wert mit $\sqrt{3}$ multipliziert werden. Bei fest eingebautem Messinstrument kann die Skala gleich in diesen Beträgen ausgeführt werden.

Bei höheren Spannungen und Strömen kann mit halbindirekter oder indirekter Schaltung gemessen werden. Bei halbindirekter Messung sind der Spannungspfad über einen Vorwiderstand und der Strompfad über einen Stromwandler angeschlossen (Abb. 2.98). Bei Strömen über 5 A und Spannungen über 600 V verwendet man ausschließlich die indirekte Schaltung mit Anschluss beider Messpfade über Messwandler.

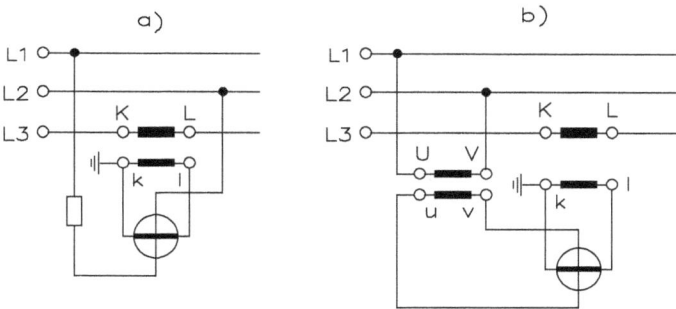

Abb. 2.98: Blindleistungsmessung mit Stromwandler (halbindirekter Anschluss) und mit Spannungs- und Stromwandler (indirekter Anschluss).

Bei Blindleistungsmessung im Dreiphasennetz kann auch die Zwei-Wattmeter-Methode zur Anwendung kommen. In je eine Phase wird je ein Strompfad geschaltet. Die beiden Spannungspfade liegen an jeweils den anderen beiden Phasen. Diese Schaltung gilt für Dreileiter-Netze bei beliebiger Belastung.

2.4.4 Leistungsfaktormessung

Als Leistungsfaktor wird der Cosinus des Phasenwinkels bezeichnet, die Größe $\cos \varphi$, da das Produkt aus Strom und Spannung mit diesem Faktor multipliziert werden muss, um die Wirkleistung zu erhalten. Umgekehrt kann aus Wirkleistung und Scheinleistung der Leistungsfaktor errechnet werden. Die Wirkleistung wird mit einem elektrodynamischen Leistungsmesser ermittelt und die Scheinleistung durch Strom- und Spannungsmessung (Abb. 2.99). Der Leistungsfaktor $\cos \varphi$ ist dann Wirkleistung P geteilt durch Scheinleistung $U \cdot I$.

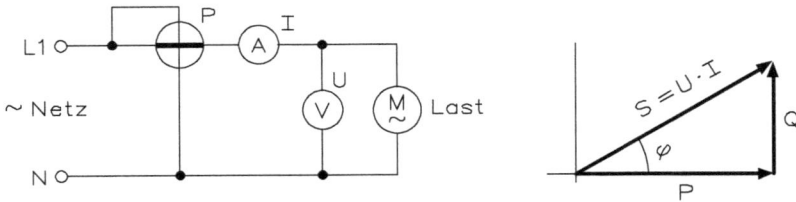

$$\text{Leistungsfaktor} = \cos\varphi$$

$$\cos\varphi = \frac{\text{Wirkleistung}}{\text{Scheinleistung}} = \frac{P}{S}$$

Bei Einphasenwechselstrom:

$$\cos\varphi = \frac{P}{U \cdot I}$$

Bei Drehstrom:

$$\cos\varphi = \frac{P}{U \cdot I \cdot \sqrt{3}}$$

$$\tan\varphi = \frac{\text{Blindleistung}}{\text{Wirkleistung}} = \frac{Q}{P}$$

Abb. 2.99: Bestimmung des Leistungsfaktors im Einphasennetz aus Wirkleistungs-, Spannungs- und Strommessung.

Zeichnerisch gibt das Leistungsdreieck die Verhältnisse wieder. Die Wirkleistung wird als positive reale Größe horizontal nach rechts aufgetragen. Induktive Blindleistung wird senkrecht nach oben, kapazitive Blindleistung senkrecht nach unten gezeichnet. Die Scheinleistung S bildet die Grundseite des rechtwinkligen Dreiecks. Hieraus können die Winkelfunktionen für φ entnommen werden. So lässt sich zum Beispiel der Phasenwinkel auch aus der Messung von Blindleistung und Wirkleistung errechnen, da dieses Verhältnis die Tangensfunktion darstellt.

Beispiel. Der Wirkleistungsmesser an einem Einphasennetz zeigt $P = 1000$ W, das Voltmeter hat $U = 230$ V und das Amperemeter hat $I = 5$ A. Wie groß ist $\cos\varphi$?

$$S = U \cdot I = 230\,\text{V} \cdot 5\,\text{A} = 1150\,\text{VA}$$

$$\cos\varphi = \frac{P}{S} = \frac{1000\,\text{W}}{1150\,\text{VA}} = 0{,}869 \rightarrow 29{,}59°$$

Beispiel. Der Wirkleistungsmesser an einem Drehstromnetz zeigt $P = 3$ kW, das Voltmeter hat $U = 400$ V und das Amperemeter hat $I = 5$ A. Wie groß ist $\cos\varphi$?

$$S = \sqrt{3} \cdot U \cdot I = \sqrt{3} \cdot 400\,\text{V} \cdot 5\,\text{A} = 3{,}46\,\text{kVA}$$

$$\cos\varphi = \frac{P}{S} = \frac{3\,\text{kW}}{3{,}46\,\text{kVA}} = 0{,}867 \rightarrow 29{,}8°$$

Als direkt zeigende Messinstrumente für die Messung des Leistungsfaktors sind Kreuzfeld- und Kreuzspul-Messwerke geeignet. Beim Kreuzfeld-Messwerk kann bei Leistungsfaktormessung im Einphasennetz die Drehspule in den Strompfad gelegt werden. Vor eine der Festspulen wird ein ohmscher Widerstand, vor die andere eine Drossel mit möglichst genau 90° Phasenverschiebung gelegt. Beim Kreuzspul-Messwerk bildet die aufgeteilte Festspule den Strompfad. Vor die beiden gekreuzten Spulen des beweglichen Organs sind wiederum ein ohmscher Widerstand im einen und ein induktiver Widerstand im anderen Zweig vorgeschaltet. In der normalen Schaltungsdarstellung wird das Messwerk mit dem Strompfad und den beiden Spannungspfaden realisiert. Wenn die Festspule nicht aufgeteilt ist, wird der gemeinsame Verbindungspunkt der Kreuzspulen unmittelbar an ein Ende der Festspule gelegt. Die andere Seite führt über den betreffenden Vorwiderstand zum Neutralleiter N. Da mit einer Drossel keine reine induktive Phasenverschiebung von genau 90° erreichbar ist, wird zum vollständigen Ausgleich ein Zusatzwiderstand eingeschaltet.

Für Leistungsfaktormesser gilt als Grenze für die Verwendung von Vorwiderständen im Spannungspfad wiederum etwa 600 V. Darüber wählt man Spannungswandler. Der Strompfad ist auch wieder für 5 A bemessen. Bei höheren Strömen erfolgt Anschluss über Stromwandler. Je nach Betriebswerten wird die direkte Schaltung bis 5 A und 600 V, halbindirekte Schaltung bei mehr als 5 A aber weniger als 600 V und indirekte Schaltung für mehr als 5 A und mehr als 600 V gewählt.

Im Dreiphasennetz bei drei Leitern und gleicher Belastung kann mit einem Messwerk gemessen werden. Der Strompfad liegt in einer Phase, die beiden Spannungspfade mit ohmschen Vorwiderständen von dieser einen zu den beiden anderen Phasen geschaltet. Die gleiche Schaltung für indirekte Messung verwendet einen Dreiphasen-Spannungswandler. Für die Klemmenbezeichnungen gelten wieder die gleichen Normen wie für Leistungsmesser-Anschlüsse (Abb. 2.100).

Die Skalen der Leistungsfaktormesser sind sehr verschieden ausgeführt. Eine Möglichkeit ist eine einfache Skala, von etwa 0,2 bis 1 ausreichend. Kommt sowohl induktive, als auch kapazitive Phasenverschiebung in Betracht, dann teilt man die Skala so, dass rein ohmsche Belastung mit dem Leistungsfaktor 1 in der Mitte liegt

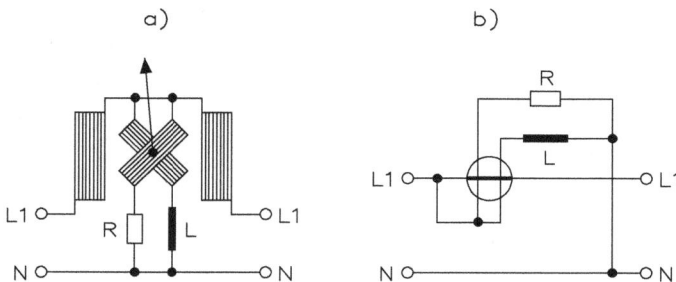

Abb. 2.100: Leistungsfaktormessung im Drehstromnetz.

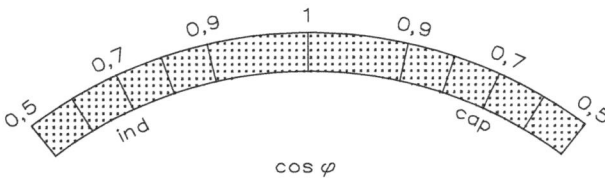

Abb. 2.101: Beispiel für die Skala eines Leistungsfaktormessgeräts.

(Abb. 2.101). Im stromlosen Zustand wird ein undefinierter Wert angezeigt. Wenn vom gleichen Messinstrument der Leistungsfaktor bei abgegebener und aufgenommener Leistung angezeigt werden soll, muss eine Vierquadranten-Skala gewählt werden. Hier ist sowohl für Abgabe als für Bezug der Leistungsfaktor für induktive und kapazitive Phasenverschiebung abzulesen.

2.4.5 Messen der elektrischen Arbeit

Arbeit ist gleich Leistung mal Zeit. Wenn die elektrische Leistung von 1 Watt für eine Sekunde zur Verfügung steht, dann wird dadurch eine Arbeit von 1 Wattsekunde abgegeben. Die größeren Einheiten sind die Wattstunde (Wh) und die Kilowattstunde (kWh). (h ist die Abkürzung für hora, lateinisch die Stunde). Arbeitsmessungen sind demnach möglich durch Messung (Abb. 2.102) der Leistung mit einem Wattmeter und Messung der Einschaltdauer mit einer Uhr. Betriebsmäßig wird grundsätzlich mit zählenden Messgeräten gearbeitet, den Elektrizitätszählern. Die Schaltung entspricht dem Wattmeter mit Strompfad und Spannungspfad. Das Ziffernwerk ist mit der umlaufenden Scheibe des Induktionsmotors über einen Schneckentrieb gekoppelt. Bei Wechselstrom muss der Wirkleistungszähler die reine Wirkleistung mit der Zeit multiplizieren, also den Leistungsfaktor mit berücksichtigen, da bei den normalen Tarifen nur die Wirkleistung bezahlt wird. Ein Zähler kann aber auch zur Messung der Blindarbeit geschaltet werden.

Die Klemmenbezeichnungen der Zähler sind in den Normen festgelegt. Ausführliche Angaben enthält VDE 0418. Bei Einphasen-Wechselstromzählern für direkten Anschluss ist die netzseitige Klemme des Strompfades mit 1, die verbraucherseitige Klemme mit 3 bezeichnet. Der andere Leiter ist ankommend an 4, abgehend an 6 anzuschließen. Mit diesen beiden Klemmen ist das Ende des Spannungspfades verbunden, während der Anfang an Klemme 2 liegt.

Beispiel. Ein elektrisches Gerät für $U = 230\,\mathrm{V}$ hat die Nennleistung $P = 600\,\mathrm{W}$. Wie groß ist die dem Netz entnommene elektrische Arbeit W in kWh bei $t = 2\,\mathrm{h}$?

$$W = P \cdot t = 0,6\,\mathrm{kW} \cdot 2\,\mathrm{h} = 1,2\,\mathrm{kWh}$$

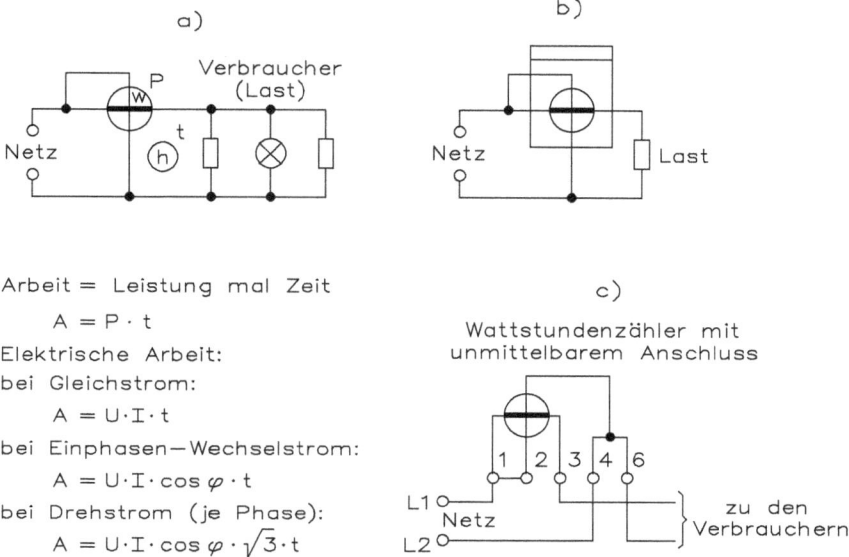

Abb. 2.102: Messung der elektrischen Arbeit: (a) Bestimmung aus Einzelmessung von Wirkleistung und Zeit, (b) Messen mittels Messgerät (Elektrizitätszähler), (c) Zähleranschluss und Klemmenbezeichnung bei Einphasennetzen.

Beispiel. Beim Betrieb eines Verbrauchers verändert sich der Zählerstand in der Zeit von $t = 8\,\mathrm{h}$ von $W_1 = 18\,250\,\mathrm{kWh}$ auf $W_2 = 18\,265\,\mathrm{kWh}$. Wie groß war die Leistungsaufnahme P?

$$W = W_2 - W_1 = 18\,265\,\mathrm{kWh} - 18\,250\,\mathrm{kWh} = 15\,\mathrm{kWh}$$

$$P = \frac{W}{t} = \frac{15\,\mathrm{kWh}}{8\,\mathrm{h}} = 1{,}875\,\mathrm{kW}$$

Wie bei Wattmetern, kann auch bei Zählern im Wechselstromnetz über Messwandler angeschlossen werden. Die Nennströme der Strompfade für direkten Anschluss sind bei Einphasenstrom 10 A und 20 A, bei Drehstrom 5, 10, 20, 30 und 50 A. Für den Anschluss über Stromwandler (Abb. 2.103) werden grundsätzlich alle Strompfade für 5 A bemessen, da dies der genormte Sekundärstrom der Stromwandler ist. Liegt der Strom also höher als 20 A bzw. 50 A, dann verwendet man halbindirekten Anschluss über Stromwandler mit unmittelbarem Anschluss des Spannungspfades.

Ist die Spannung im zu messenden Netz höher als 230 V bei Einphasen- und höher als 400 V bei Drehstromzählern, dann wird auch der Spannungspfad über einen Messwandler angeschlossen. In diesem Falle ist der Spannungspfad des Zähler-Messwerks für 100 V bemessen.

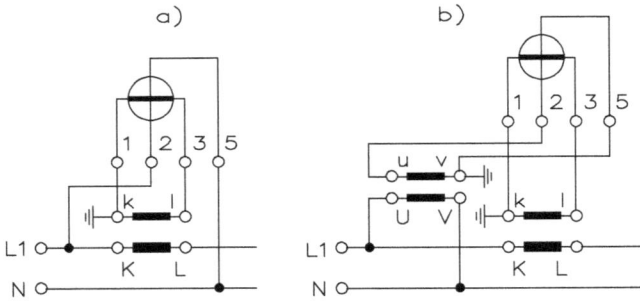

Abb. 2.103: Anschluss eines Einphasenwechselstromzählers über Stromwandler und über Spannungs- und Stromwandler.

Drehstromzähler werden mit zwei oder drei messenden Systemen ausgerüstet, entsprechend der Zwei- und Drei-Wattmeterschaltung bei der Leistungsmessung. Die Messwerke arbeiten auf ein gemeinsames Zählwerk, an dem das Gesamtergebnis abgelesen werden kann. Für Verbrauchsberechnung dürfen in Deutschland auch in symmetrisch belasteten Drehstromnetzen Zähler mit Einzelmesswerk nicht verwendet werden. Bei Dreileiternetzen sind Zähler mit Doppelsystem zu verwenden (Abb. 2.104). Allerdings können auch die Zähler mit drei Messwerken, die im ungleich belasteten Vierleiternetz eingesetzt werden müssen, im Dreileiternetz Verwendung finden. Auch für die Zähler mit mehreren Messwerken sind die Klemmenbezeichnungen genau festgelegt und für jeden der vier Leiter der Drehstromnetze eindeutig bestimmt.

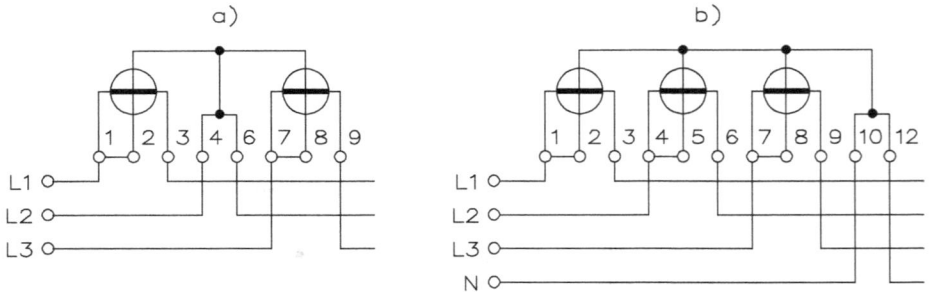

Abb. 2.104: Zähleranschluss bei Dreileiter-Drehstrom- mit Klemmenbezeichnungen und bei Vierleiter-Drehstromzählern.

Mehrtarifzähler berücksichtigen Tarifvereinbarungen über verbilligten Nachtstrom durch automatische Zählwerksumschaltung durch eine Schaltuhr, die von einem Synchronmotor getrieben wird (Abb. 2.105).

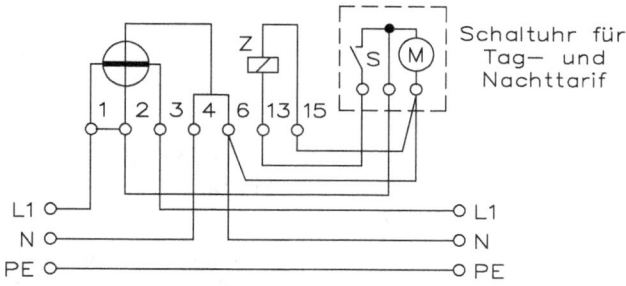

Abb. 2.105: Zähler mit Zweitarif-Auslöser; Z: Zählwerksumschaltrelais, M: Synchronmotor der Schaltuhr, S: Schalter.

2.4.6 Isolationsmessung

Elektrische Leitungen, Anlagen und Geräte müssen sorgfältig isoliert sein, damit keine Gefahr bei der Benutzung und kein Stromverlust auftreten können. Da die Isolationswiderstände hochohmig sind, muss bei der Messung für eine ausreichend hohe Prüfspannung gesorgt werden, damit überhaupt noch messbare Ströme auftreten. Diese Hilfsspannung liegt gewöhnlich zwischen 100 V und 2000 V. Grundsätzlich ist mit Gleichspannung zu messen, da bei Wechselspannung starke Verfälschung durch Kapazitäten vorkommen kann. Im einfachsten Falle wird die Spannungsquelle mit einem Voltmeter in Reihe zwischen die zu prüfende Leitung und Erde geschaltet, um die Isolation gegenüber dem Erdpotential zu messen (Abb. 2.106). Der Widerstand des Voltmeters, R_v, ist bei der Messung zu berücksichtigen.

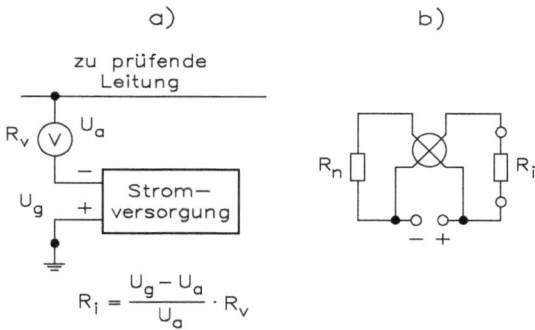

$$R_i = \frac{U_g - U_a}{U_a} \cdot R_v$$

U_g = Gesamtspannung

U_a = angezeigte Spannung

R_v = Widerstand des Voltmeters

R_i = Isolationswiderstand

Abb. 2.106: (a) Einfache Messung mit Gleichspannung (500 V) und Voltmeter und (b) das Verfahren eines Kreuzspul-Messwerks für Isolationsmessungen.

Bei Isolationsmessungen sind Kreuzspul-Messwerke von Vorteil, da sie nicht von der absoluten Höhe der Hilfsspannung abhängig sind. Als Verhältniswertmesser zeigt das Messwerk den Isolationswiderstand im Verhältnis zu einem Vergleichswiderstand an. Weit verbreitet ist das Kurbelinduktor-Isolationsmessgerät. Die Prüfspannung wird durch einen handbetriebenen Generator geliefert. Die Drehgeschwindigkeit muss so angepasst werden, dass sich beim Drücken der Prüftaste der Zeiger auf Null einspielt. Die Skala des Messwerks ist in $M\Omega$ angegeben.

In verbesserter Ausführung wird die Spannung des Handkurbel-Generators herauftransformiert, gleichgerichtet und geglättet. Als Messwerk ist ein Kreuzspul-Messwerk eingesetzt, so dass die Geschwindigkeit der Kurbelbewegung nicht kritisch ist. Ein Nachteil der handbetätigten Isolationsmesser ist die schwierige Bedienung. Mit einer Hand muss die Kurbel gedreht werden, mit der anderen Hand das Gerät festgehalten werden, und außerdem sollen die Prüfleitungen mit dem Netz in Berührung gebracht und eventuell umgeklemmt werden.

Für Messung in elektrischen Starkstromanlagen muss der Bereich zwischen $0.1\,\Omega$ und $1\,M\Omega$ gut ablesbar sein.

Bei der Prüfung von Isoliermaterialien und Werkstoffen, die als Kondensator-Dielektrikum verwendet werden, müssen Isolationswiderstände bis $1000\,M\Omega$ und mehr messbar sein. Diese Messverfahren kommen nur für Laboratorien nicht für den Betrieb in Betracht. Durch Kondensatorentladung kann man Widerstände bis 10^{14} Ohm bestimmen, das sind $100\,T\Omega$. Mit einer Gleichspannung wird ein Kondensator aufgeladen. Parallel zum Kondensator liegt als Anzeigegerät ein statisches Voltmeter. Die Spannung wird so eingestellt, dass der Zeiger auf den Skalenwert 100 kommt. Dann wird durch einen Umschalter der geladene Kondensator mit dem Hochohmwiderstand R_X verbunden. Mit einer Stoppuhr misst man die Zeit, die vergeht, bis der Kondensator auf $36{,}8\,\%$ entladen ist. Auf der Skala ist hier ein Eichstrich angebracht. Da die Entladung eines Kondensators einer genau bekannten Kurve folgt und von der Kapazität und dem Widerstand abhängt, kann man daraus den Widerstand berechnen. Der Wert $36{,}8\,\%$ wird deshalb gewählt, weil sich dabei die einfache Gleichung für $R_X = \tau/C$ ergibt.

Bei Isolationsmessung in Anlagen der elektrischen Energieversorgung ist zu unterscheiden zwischen der betriebsmäßigen Messung und Überwachung der unter Spannung stehenden Anlagen und der Messung bei abgetrennter Anlage, zum Beispiel nach der Installation.

Abb. 2.107 zeigt die Isolationsüberwachung im ungeerdeten Zweileiternetzwerk und im Dreiphasennetz in Betrieb.

Nach VDE 0100 darf in Betrieb der Fehlerstrom $1\,mA$ nicht übersteigen. Daraus lässt sich der Mindestisolationswert erstellen (Tab. 2.15).

Im ungeerdeten Zweileiternetz kann die laufende Überwachung durch zwei Spannungsmesser erfolgen, die für die Netzspannung zu bemessen sind. Im ordnungsgemäßen Zustand zeigt jedes Messgerät die halbe Netzspannung. Bei einem Isolationsfehler eines Leiters gegen Erde geht die Anzeige des einen Instrumentes zurück und

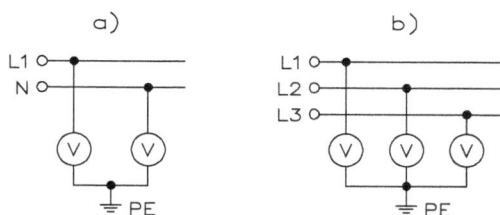

Abb. 2.107: Isolationsüberwachung im ungeerdeten Zweileiternetzwerk (links) und im Dreiphasennetz in Betrieb. Normale Anzeige (a): Je halbe Netzspannung; bei Isolationsfehler geht diese Anzeige zurück und die andere steigt. Normale Anzeige (b): Sternspannung; bei Erdschluss einer Phase geht die Anzeige auf Null, die anderen zeigen die Leiterspannung.

Tab. 2.15: Mindestisolationswert.

Nennspannung	Isolationswert
115 V	115 kΩ
230 V	230 kΩ
400 V	400 kΩ

die des anderen steigt an. Ebenso kann mit drei Voltmetern der Isolationszustand im Drehstromnetz überwacht werden. Bei Erdschluss einer Phase geht die Anzeige dieses Messgerätes auf Null, während die anderen beiden die Leiterspannung anzeigen. Im guten Zustand zeigen alle drei Voltmeter gleichmäßig die Sternspannung an.

Die Isolationswerte von Anlagen müssen nach den VDE-Vorschriften so hoch sein, dass in Betrieb ein Fehlerstrom den Wert von 1 mA nicht überschreitet. Daraus ergibt sich die Regel, dass der Isolationswert in kΩ so hoch sein muss wie die Betriebsspannung in Volt. Dies gilt für jeden abgesicherten Abschnitt, und zwar für die Isolation der Adern untereinander und der Adern gegen Erde.

2.4.7 Fehlerort-Bestimmung

Wenn in einer elektrischen Anlage ein Fehler erkannt ist, muss der Fehlerort bestimmt werden. Bei Installationsanlagen bereitet das meistens keine Schwierigkeiten, da der Fehlerort rasch einzukreisen ist. Anders ist es bei Kabeln und Freileitungen. Hier will man möglichst den Fehlerort vom Ausgangspunkt her bestimmen können. Kabelfehler sind dabei naturgemäß schwerer zu ermitteln, da sie sich selbst bei ungefährer Bestimmung noch der unmittelbaren Kontrolle entziehen und teure Erdarbeiten nötig machen.

Die möglichen Fehler in Abb. 2.108 sind: Aderschluss, Aderbruch und Erdschluss. Das kann sich auf einzelne Adern oder auf alle Adern eines Kabels beziehen. In jedem Falle sind andere Messmethoden anzuwenden.

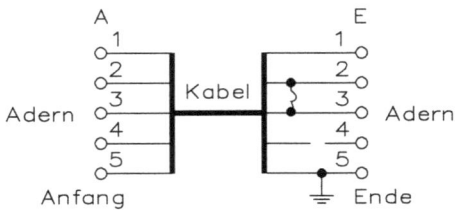

Ader 1: fehlerfrei (gesund)
Ader 2 und 3: Aderschluss
Ader 4: Aderbruch
Ader 5: Erdschluss

Abb. 2.108: Mögliche Kabelfehler.

Abb. 2.109 zeigt die Prüfung von möglichen Kabelfehlern.
Messung: jede Ader gegen jede mit Ohmmeter prüfen
Enden offen: Messung zwischen 2 und 3 ergibt niederohmigen Widerstand
Fehlerfrei: unendlicher Widerstand

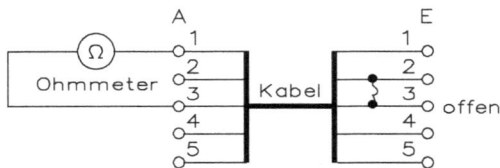

Abb. 2.109: Prüfung auf Aderschluss. Die Messungen werden mit Gleichstrom ausgeführt. Wechselstrommessungen sind häufig wegen der Kabelkapazität fehlerhaft.

Die Prüfung auf vorhandene Fehlerart muss der Fehlerortung vorausgehen. Auf Aderschluss wird, bei offenen Enden des Kabels mit einem Ohmmeter geprüft (Abb. 2.110). Jede Ader ist gegen jede zu messen. Fehlerfreie Adern haben unendlich hohen Widerstand, fehlerhafte Adern einen niedrigen Widerstand gegeneinander.

Abb. 2.110 zeigt die Prüfung von möglichen Kabelfehlern.
Messung für Aderbruch: Jede Ader gegen Erde mit Ohmmeter prüfen
Messung bei Enden geerdet: Messung bei Ader 4 ergibt unendlichen Widerstand und
fehlerfreie Adern ergeben einen niedrigen Widerstand.
Messung für Erdschluss: Jede Ader gegen Erde mit Ohmmeter.
Messung bei Enden offen: Messung von Ader 5 ergibt einen niedrigen Widerstand,
bei fehlerfreien Adern ergibt sich ein unendlicher Widerstand.

Bei Prüfung auf Aderbruch (Abb. 2.109) werden alle Aderenden gemeinsam geerdet. Die Messung erfolgt mit einem Ohmmeter, jede Ader gegen Erde. Adern, die in Ordnung sind, weisen einen niedrigen Widerstand auf, unterbrochene Adern einen unendlich hohen Widerstand.

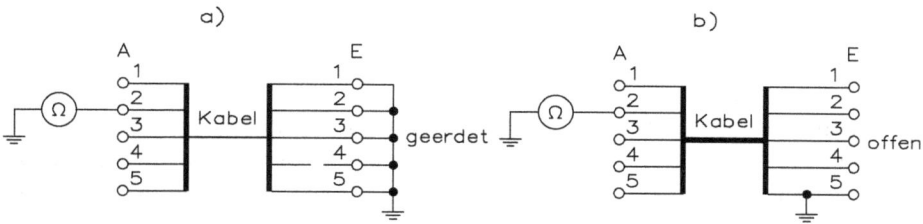

Abb. 2.110: Prüfung auf Aderbruch und Erdschluss.

Zur Prüfung auf Erdschluss bleiben die Aderenden offen. Gemessen wird mit dem Ohmmeter, jede Ader gegen Erde. Gesunde Adern haben einen unendlichen, defekte Adern einen niedrigen Widerstand.

Abb. 2.111 zeigt zwei Verfahren für die Fehlerort-Messungen.

(a) Die Ader 5 hat Erdschluss in der Entfernung x bei Kabellänge l. Fehlerfreie Ader 1 mit fehlerhafter Ader 5 am Ende verbinden, dann Brücke abgleichen. Es ergibt sich

$$x = 2l \cdot \frac{a}{a + b}$$

(b) Eine oder mehrere Adern weisen einen Erdschluss in einer Entfernung von x bei Kabellänge l auf. Zwei beliebige Hilfsadern am Ende mit fehlerhafter Ader verbinden. Brücke in Schalterstellung S1–S3 dreimal abgleichen. Es ergibt sich

$$x = l \cdot \frac{a_2 - a_1}{a_3 - a_1}$$

Die eigentliche Fehlerortung beruht fast immer auf einer Brückenschaltung. Wenn eine einzelne Ader Erdschluss hat, kann eine weitere, gleichartige, gesunde Ader des Kabels als Rückleitung verwendet werden. Die Enden der defekten und der gesunden Ader werden verbunden. Unter der Voraussetzung, dass der Querschnitt über die

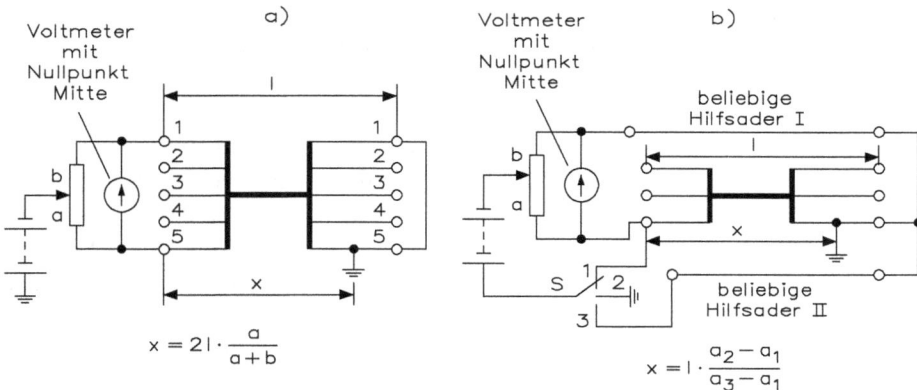

Abb. 2.111: Fehlerort-Messungen.

ganze Kabellänge gleich ist, liegt der Fehlerort in der Entfernung x von der einen und $2 \cdot l - x$ von der anderen Seite. Mit dem Brückendraht wird die Brücke abgeglichen und daraus x errechnet.

Wenn alle Adern Erdschluss haben, werden zwei beliebige Hilfsadern am Kabelende mit einer Ader des defekten Kabels verbunden. Der Brückenzweig wird in Stellung 1 mit dem Kabelanfang, in Stellung 2 mit Erde und in Stellung 3 mit dem Kabelende verbunden. Aus den drei verschiedenen Stellungen des Schleifers (Schleiferdrahtanteil a) und aus der einfachen Länge l wird der Fehlerort errechnet.

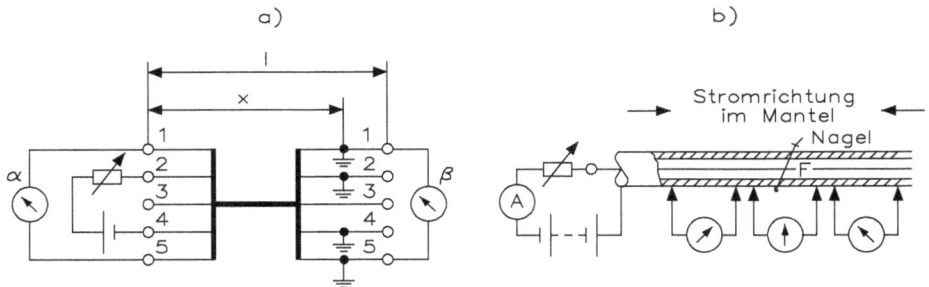

Abb. 2.112: Fehlerort-Messung und Punktordnung.

Wenn mindestens vier Adern eines Kabels an der gleichen Stelle Erdschluss haben, kann mit diesen Adern die Brücke gebildet werden (Abb. 2.112). Am Anfang und am Ende wird je ein gleichartiges Galvanometer angeschlossen. Aus der Länge l und den beiden Galvanometer-Ausschlägen kann der Fehlerort x errechnet werden. Zwei gleichartige Galvanometer mit den Ausschlägen α und β lassen den Fehlerort x berechnen mit

$$x = 2 \cdot l \cdot \frac{\alpha}{\alpha - \beta}$$

Wenn in einem Mantelkabel ein Erdschluss vorhanden ist, kann der genaue Punkt der Fehlerstelle durch Messung des Spannungsfalls und der Stromrichtung des rückfließenden Stromes im Kabelmantel ermittelt werden. Dies ist wichtig, um bei einem ausgegrabenen Kabel die notwendige Schnittstelle zu finden.

Bei Aderbruch führt man die Messung über die Kapazität der Stücke durch (Abb. 2.113). Das Ende der defekten Ader wird mit dem Ende einer fehlerfreien Ader verbunden. Die Schaltung kann sich über das Leitungsstück x und $2 \cdot l - x$ aufladen. Die Brücke wird so abgeglichen, dass bei Ladung und Entladung kein Ausschlag auftritt. Dann steht der Schleifer an einer Stelle, die den Längen entspricht und der Fehlerort kann berechnet werden nach:

$$x = 2 \cdot l \cdot \frac{b}{a + b}$$

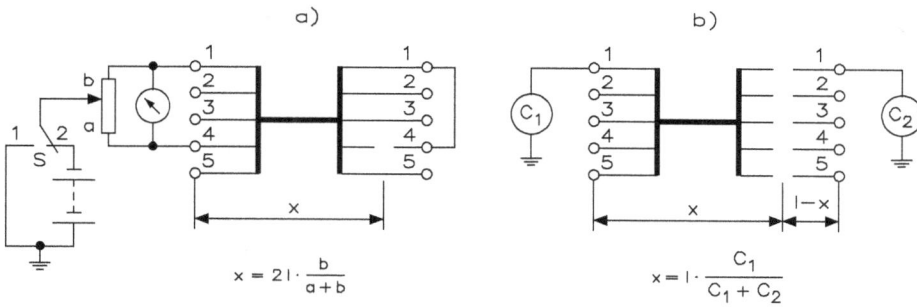

Abb. 2.113: Fehlerort-Messung bei Leitungsbruch in Ader 4 und bei Bruch aller Adern.

Bei Bruch aller Adern wird die Kapazität der beiden Stücke gegen Erde gemessen. Hierbei muss eine Messung am Kabelanfang, die zweite Messung am Kabelende durchgeführt werden. Zweckmäßig misst man die Kapazitäten mehrerer Adern und bildet den Mittelwert. Die Aderkapazitäten werden gegen Masse gemessen und C_1 ist die Kapazität der Länge x. C_2 ist die Kapazität der Länge $l - x$. Aus den Kapazitätswerten kann der Fehlerort errechnet werden nach:

$$x = l \cdot \frac{C_1}{C_1 + C_2}$$

2.4.8 Erdwiderstandsmessung

Messungen von Erdwiderständen müssen stets mit Wechselstrom durchgeführt werden, da Gleichstrommessungen durch Polarisation verfälscht werden. Polarisation ist Gasabscheidung an einer Elektrode mit Veränderung des Durchgangswiderstandes.

Der Übergangswiderstand an einem einzelnen Erder kann nicht allein gemessen werden (Abb. 2.114 (a)). Zur Messung ist ein geschlossener Stromkreis erforderlich, der durch einen anderen Erder gebildet werden kann (Abb. 2.114 (b)). Allerdings liegen jetzt zwei unbekannte Übergangswiderstände in diesem Stromkreis. Durch Verwen-

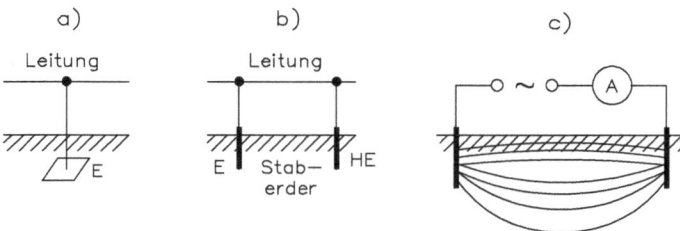

Abb. 2.114: Schaltungen für die Messungen des Erdwiderstandes.

dung eines Hilfserders HE wird ein Stromkreis geschaffen, in dem allerdings jetzt zwei unbekannte Erdwiderstände liegen.

Beim Einsatz von Hilfserdern ist zu beachten, dass sie mindestens in 20 m Abstand gesetzt werden sollen, weil der Strom sich im Erdreich über einen großen Querschnitt verteilt (Abb. 2.114 (c)). Das Potentialgefälle in der Nähe des Erders ist am größten und bleibt von einem gewissen Abstand an gleich.

Eine Sonde in der Mitte zwischen zwei Erdern hat je 50 % Potentialdifferenz nach beiden Seiten (Abb. 2.115). Der Erdwiderstand R_x muss in drei Messungen ausgeführt werden, damit sich eine Potentialverteilung zwischen Erder und Hilfserder ergibt. Die Berechnung lautet:

Messung a: $R_x + R_{H1}$
Messung b: $R_x + R_{H2}$
Messung c: $R_{H1} + R_{H2}$

$$R_x = \frac{a + b - c}{2}$$

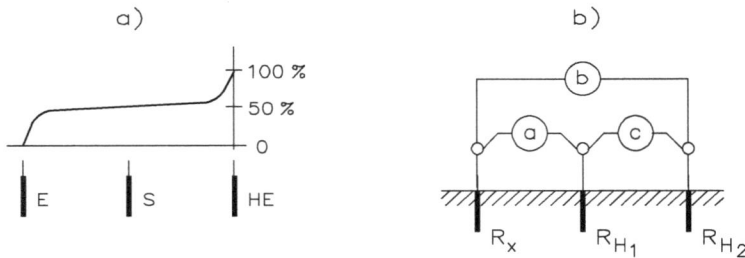

Abb. 2.115: Messung und Potentialverteilung.

Bei der Messung mit drei Erdern, einem zu messenden und zwei Hilfserdern, führt man in den drei Stromkreisen drei einzelne Widerstandsmessungen durch. Bei jeder Messung erfasst man die Summe zweier Übergangswiderstände und kann zum Schluss die drei Unbekannten aus den drei Gleichungen errechnen. Die Messung kann mit einer einfachen Wechselstrombrücke durchgeführt werden. Der Übergangswiderstand der Hilfserder soll in etwa gleicher Größenordnung liegen, wie der Widerstand des unbekannten Erders. Das Diagramm (Abb. 2.115 (a)) zeigt das Potentialgefälle zwischen Erder E und Hilfserder HE. Die Sonde S im Mittelbereich hat je 50 %.

Die tatsächlich vorkommenden Werte sind sehr unterschiedlich, abhängig von der Art des Erders, der Beschaffenheit des Erdreichs und der Feuchtigkeit des Erdreichs. Gute Blitzableiter-Erden haben wenige Ohm Widerstand. Humusboden leitet besser als Kies und Geröll, und feuchter Boden leitet besser als trockener. Der Erdwiderstand kann durch Vergrößern der Oberfläche des Erders verringert werden.

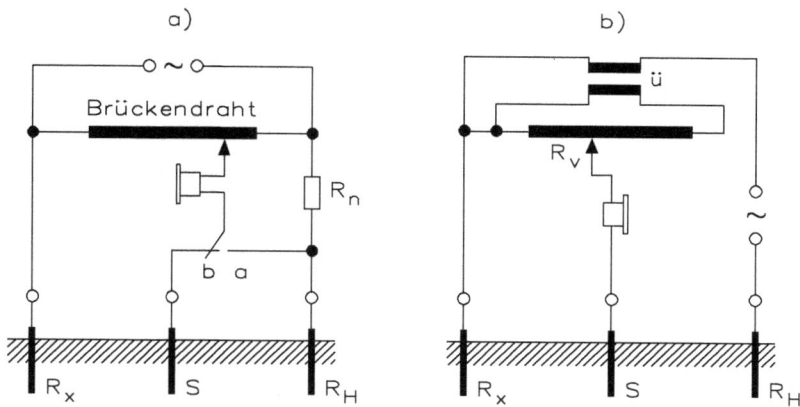

Abb. 2.116: Unterschiedliche Methoden zur Messung des Erdwiderstandes.

Bei Brückenmessungen kann man mit zwei oder mit einer Messung zu einem Ergebnis kommen. Mit einem bekannten Vergleichswiderstand wird der Erdwiderstand von zwei Messungen bestimmt und daraus der unbekannte Erdwiderstand berechnet (Abb. 2.116 (a)). Bei Anwendung des Kompensationsverfahrens (Abb. 2.116 (b)) kommt man mit einer Messung zum Ziel.

3 Oszilloskop

Bei den Standardoszilloskopen unterscheidet man zwischen dem analogen und dem digitalen Messgerät. Ein analoges Oszilloskop arbeitet in Echtzeit, d. h. das eingehende Signal wird sofort am Bildschirm sichtbar. Ein digitales Oszilloskop tastet zuerst das Eingangssignal ab und speichert es in einem Schreib-Lese-Speicher (RAM) zwischen. Wenn die Messung abgeschlossen ist, erscheint das gespeicherte Messsignal am Bildschirm.

Als Oszilloskop bezeichnet man eine Messeinrichtung, mit der sich schnell ablaufende Vorgänge, vorwiegend Schwingungsvorgänge aus der Elektrotechnik, Elektronik, Mechanik, Pneumatik, Hydraulik, Mechatronik, Nachrichtentechnik, Informatik, Physik usw. sichtbar auf einem Bildschirm verfolgen lassen. Arbeitet man mit einem analogen Oszilloskop, lassen sich die zu messenden Vorgänge kurzzeitig betrachten, denn es besteht keine Speichermöglichkeit. Sollen die Kurvenzüge einer Messung jedoch gespeichert werden, benötigt man ein digitales Oszilloskop. Wenn ein digitales Oszilloskop eingesetzt wird, sind für den Praktiker folgende Gründe unbedingt zu beachten:
– Einmalige Ereignisse sind über einen längeren Zeitraum sichtbar.
– Bei niederfrequenten Vorgängen lässt sich das charakteristische Flimmern oder Flackern der Bildschirmdarstellung beseitigen.
– Jede Veränderung während eines Schaltungsabgleichs kann man langfristig auf dem Bildschirm betrachten.
– Aufgenommene Signale sind mit Standard-Kurvenformen, die gespeichert vorliegen, vergleichbar.
– Transiente Vorgänge, die häufig nur einmal auftreten, lassen sich unbeaufsichtigt überwachen (Eventoskop-Funktion).
– Für Dokumentationszwecke lassen sich die Kurvenformen aufzeichnen, die man dann in Texte einbinden kann.

Herkömmliche (analoge) Oszilloskope bieten im Allgemeinen nicht die Möglichkeit, derartige Vorgänge über längere Zeit auf dem Bildschirm festzuhalten, sofern sie überhaupt dafür geeignet sind. Tatsächlich sind dann auch die meisten Messvorgänge mit diesem Oszilloskop praktisch nicht sichtbar. Die einzige Lösung, sie dauerhaft aufzuzeichnen, besteht in der Bildschirmfotografie. Demgegenüber vermindert sich dieser Aufwand mit Hilfe einer Bildspeicherröhre beträchtlich, doch sind die höheren Anschaffungskosten keineswegs vernachlässigbar. Prinzipiell sind bei Oszillografen zwei Varianten (Abb. 3.1) vorhanden: das herkömmliche analoge Oszilloskop und das digitale Speicheroszilloskop.

https://doi.org/10.1515/9783110523140-004

Herkömmliches Speicheroszilloskop
(Speicherröhre)

Digital—Speicheroszilloskop

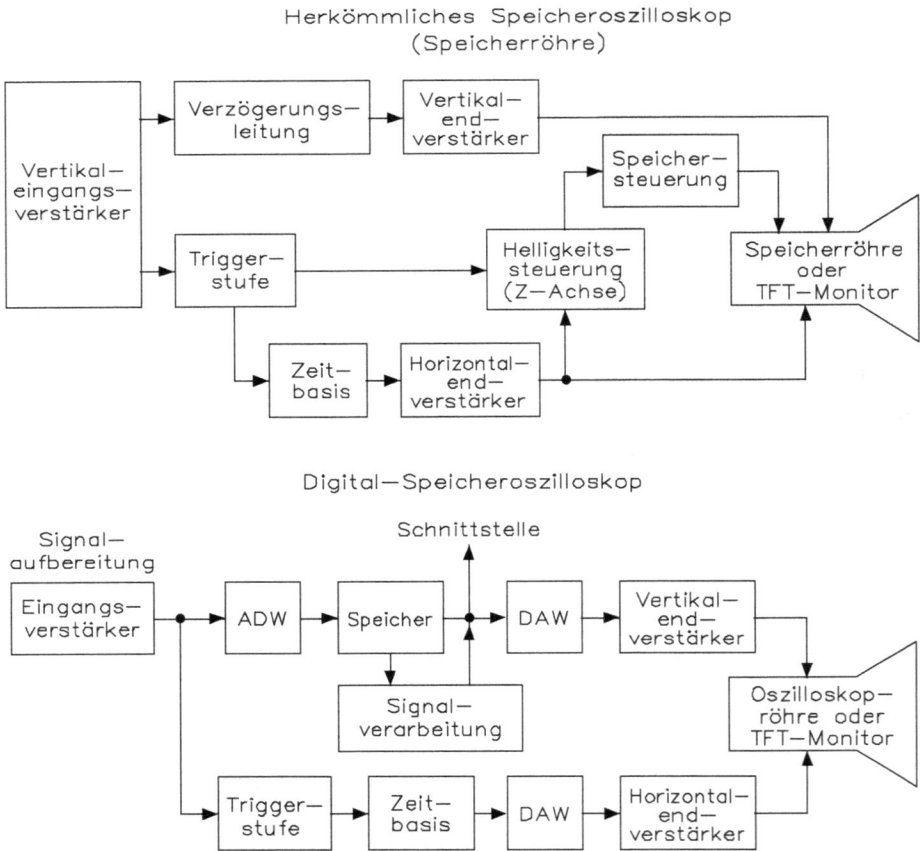

Abb. 3.1: Vergleich zwischen einem herkömmlichen analogen Oszilloskop und einem digitalen Speicheroszilloskop.

Die Anfänge der Bildspeicherung in Oszilloskopen beruhen auf der Basis eines bistabilen Bildschirmmaterials. In der Praxis wurden dazu Elektronenstrahlröhren verwendet, deren Bildschirm aus Material mit bistabilen Eigenschaften besteht und somit zweier (stabiler) Zustände fähig ist, nämlich beschrieben oder unbeschrieben. Die bistabile Speicherung zeichnet sich durch einfachste Handhabung aus und ist zudem wohl das kostengünstigere Verfahren der herkömmlichen Speicherverfahren, da man ein Standardoszilloskop mit einer anderen Bildröhre und wenigen Steuereinheiten nachrüsten kann. Die wesentlichen Anwendungen dieses Speicherverfahrens findet man deshalb auch in der Mechanik, bei Signalvergleichen und bei der Datenaufzeichnung. Die meisten bistabilen Oszilloskopröhren verfügen über einen in zwei Bereiche unterteilten Bildschirm, d. h., dass die Speicherung eines Signals auf der einen Bildschirmhälfte vom Geschehen auf der anderen unbeeinflusst bleibt, was zweifellos ein wichtiger Vorteil ist. Das schafft die Möglichkeit, eine bekannte Kurvenform als Muster

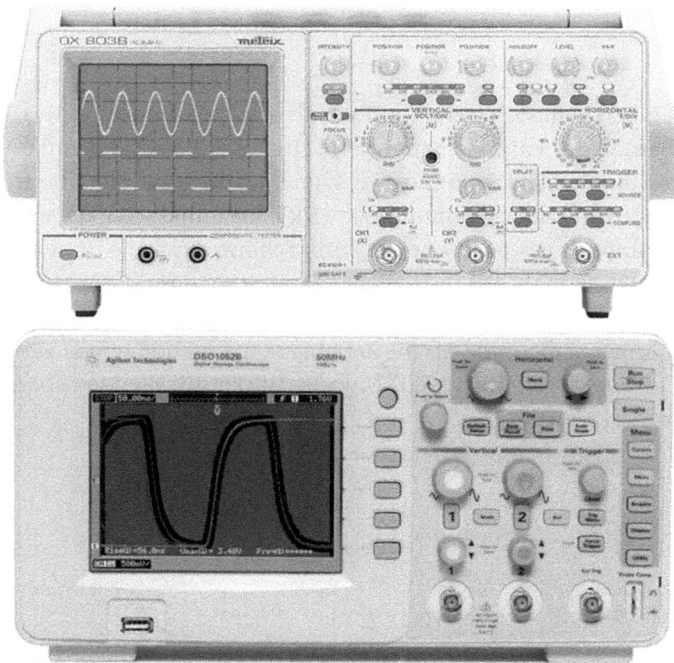

Abb. 3.2: Vergleich zwischen einem analogen Oszilloskop und einem digitalen Speicheroszilloskop.

zu speichern und gegen eine andere Kurvenform zu vergleichen. Allerdings kann dies auch sehr einfach und zugleich wirkungsvoll mit einem digitalen Speicheroszilloskop geschehen. Damit stand bereits seit 1970 fest, dass die bistabile Speicherung keine Zukunft hat. Abb. 3.2 zeigt den Vergleich der Front zwischen einem analogen Oszilloskop und einem digitalen Speicheroszilloskop.

3.1 Aufbau eines analogen Oszilloskops

Das Elektronenstrahloszilloskop oder Kathodenstrahloszilloskop (KO) ist seit 80 Jahren zu einem vertrauten und weitverbreiteten Messgerät in vielen Bereichen der Forschung, Entwicklung, Instandhaltung und im Service geworden. Die Popularität ist durchaus angebracht, denn kein anderes Messgerät bietet eine derartige Vielzahl von Anwendungsmöglichkeiten.

Im Wesentlichen besteht ein analoges Oszilloskop aus folgenden Teilen:
– Elektronenstrahlröhre
– Vertikal- oder Y-Verstärker
– Horizontal- oder X-Verstärker
– Zeitablenkung

– Triggerstufe
– Netzteil

Ein Oszilloskop ist wesentlich komplizierter im Aufbau als andere anzeigende Messgeräte (Abb. 3.3). Zum Betrieb der Kathodenstrahlröhre sind eine Reihe von Funktionseinheiten nötig, unter anderem die Spannungsversorgung mit der Heizspannung, mehrere Anodenspannungen und Hochspannung bis zu 5 kV. Die Punkthelligkeit wird durch eine negative Vorspannung gesteuert und die Punktschärfe durch die Höhe der Gleichspannung an der Elektronenoptik. Eine Gleichspannung sorgt für die Möglichkeit der Punktverschiebung in vertikaler, eine andere für Verschiebung in horizontaler Richtung. Die sägezahnförmige Spannung für die Zeitablenkung wird in einem eigenen Zeitbasisgenerator erzeugt. Außerdem sind je ein Verstärker für die Messspannung in X- und Y-Richtung eingebaut.

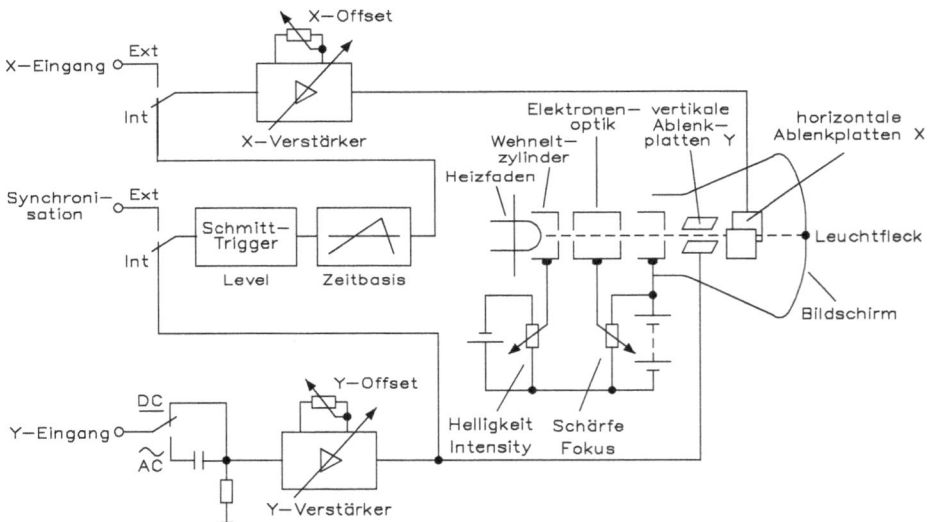

Abb. 3.3: Blockschaltbild eines analogen Einkanal-Oszilloskops.

Die Bedienungselemente sind in Tab. 3.1 zusammengefasst.

An die Sägezahnspannung werden hohe Anforderungen gestellt. Sie soll den Strahl gleichmäßig in waagerechter Richtung von links nach rechts über den Bildschirm führen und dann möglichst rasch von rechts nach links zum Startpunkt zurückeilen. Der Spannungsanstieg muss linear verlaufen und der Rücklauf ist sehr kurz. Außerdem ist die Sägezahnspannung in ihrer Frequenz veränderbar.

Tab. 3.1: Bedienungselemente.

Beschriftung	Funktion
POWER	Netzschalter, Ein/Aus
INTENS	Rasterbeleuchtung, Helligkeitseinstellung des Oszilloskops
FOCUS	Schärfeeinstellung
INPUT A (B)	Eingangsbuchsen für Kanal A (B)
AC-DC-GND	Eingang über Kondensator (AC), direkt (DC) oder auf Masse (GND) geschaltet
CHOP	Strahlumschaltung mit Festfrequenz von einem Vertikalkanal zum anderen
ALT	Strahlumschaltung am Ende des Zeitablenkzyklus von einem Vertikalkanal zum anderen
INVERT CH.B	Messsignal auf Kanal B wird invertiert
ADD	Addition der Signale von A und B
POSITION	Vertikale Strahlverschiebung, horizontale Strahlverschiebung
X-MAGN	Dehnung der Zeitablenkung
Triggerung: A; B EXT Line	Zeitablenkung getriggert durch – Signal von Kanal A (B) – externes Signal – Signal von der Netzspannung
LEVEL	Einstellung des Triggersignalpegels
NIVEAU	Endstellung der LEVEL-Einstellung
AUTO	Automatische Triggerung der Zeitablenkung beim Spitzenpegel, ohne Triggersignal ist die Zeitablenkung frei laufend
+/– TIME/DIV	Triggerung auf positiver bzw. negativer Flanke des Triggersignals Zeitmaßstab in µs/DIV oder ms/DIV
VOLT/DIV	Vertikalabschwächer in mV/DIV oder V/DIV
CAL	Eichpunkt für Maßstabsfaktoren

3.1.1 Elektronenstrahlröhre

Kathodenstrahlen entstehen in stark evakuierten Röhren (Druck kleiner als 1 Pa), wenn an den Elektroden der Heizung eine hohe Gleichspannung liegt. Die erzeugten Kathodenstrahlen bestehen aus Elektronen hoher Geschwindigkeit und breitet sich geradlinig aus. Sie schwärzen beispielsweise fotografische Schichten. Glas, Leuchtfarben und bestimmte Mineralien werden von ihnen zum Leuchten gebracht (Fluoreszenz). Über magnetische und elektrische Felder lassen sich die Elektronenstrahlen entsprechend der angelenkten Polarität auslenken.

Elektronen mit hoher Austrittsgeschwindigkeit entfernen sich genügend weit von der Kathode und erreichen den Wirkungsraum des elektrischen Felds zwischen Anode und Kathode. Die Kraft dieses Felds treibt die Elektronen mit zunehmender Geschwindigkeit zur Anode hin. Für die Austrittsarbeit benötigt ein Elektron eine bestimmte Energie, die für verschiedene Werkstoffe entsprechend groß ist.

Fließt ein Strom durch einen Leiter, entsteht die erforderliche Wärmeenergie für eine Thermoemission. Wenn der glühende Heizfaden selbst Elektronen emittiert, spricht man von einer „direkt geheizten Kathode". In der Röhrentechnik setzte man ausschließlich Wolfram-Heizfäden ein, die bei sehr hoher Temperatur arbeiten, weil die Leitungselektroden in reinen Metallen eine große Austrittsarbeit vollbringen müssen. Heute verwendet man meistens „indirekt geheizte Kathoden" aus Barium-Strontium-Oxid (BaSrO). Bei üblichen Ausführungen bedeckt das emittierende Mischoxid die Außenfläche eines Nickelröhrchens.

Die Elektronenstrahlröhre beinhaltet eine indirekt beheizte Kathode. Die Heizspirale ist in einem Nickelzylinder untergebracht und heizt diesen auf etwa 830 °C auf, wobei ein Strom von etwa 500 mA fließt. An der Stirnseite des Zylinders ist Strontiumoxid und Bariumoxid aufgebracht. Durch die Heizleistung entsteht unmittelbar an dem Zylinder eine Elektronenwolke. Da an der Anode der Elektronenstrahlröhre eine hohe positive Spannung liegt, entsteht ein Elektronenstrahl, der sich vom Zylinder zur Anode mit annähernd Lichtgeschwindigkeit bewegt. Durch die Anordnung eines „Wehnelt"-Zylinders über dem Nickelzylinder, verbessert sich die Elektronenausbeute erheblich und gleichzeitig lässt sich der Wehnelt-Zylinder für die Steuerung des Elektronenstroms verwenden.

Die Elektronen, von der Kathode emittiert, werden durch das elektrostatische Feld zwischen Gitter G_1 und Gitter G_2 (die Polarität der Elektroden ist in der Abbildung zu ersehen) „vorgebündelt". Die Bewegung eines Elektrons quer zur Richtung eines elektrischen Felds entspricht einem waagerechten Wurf und die Flugbahn hat die Form einer Parabel. An Stelle der Fallbeschleunigung tritt die Beschleunigung auf, die das elektrische Feld erzeugt.

Durch das negative Potential an dem Wehnelt-Zylinder (Abb. 3.4), lässt sich der Elektronenstrahl zu einem Brennpunkt „intensivieren". Aus diesem Grunde befindet sich hier die Einstellmöglichkeit für die Helligkeit (Intensity) des Elektronenstrahls.

Nach der Kathode beginnt der Elektronenstrahl auseinander zu laufen, bis er in ein zweites elektrostatisches Feld eintritt, das sich zwischen Anode A_1 und A_2 befindet und einen längeren Bündelungsweg aufweist. Anode A_1 ist die Hauptbündelungs- oder Fokussierungselektrode. Durch Änderung der Spannung an diesem Punkt lässt sich der Strahl auf dem Bildschirm der Elektronenstrahlröhre scharf bündeln.

Die Beschleunigung der Elektronen von der Kathode zum Bildschirm erfolgt durch das elektrostatische Feld entlang der Achse der Elektronenröhre. Dieses Feld ist gegeben durch den Potentialunterschied zwischen der Kathode und den zwischengefügten Elektroden A_1 und A_2. Diese Beschleunigungselektroden erfüllen noch zusätzlich folgende Aufgaben: Sie sorgen für eine Abgrenzung zwischen den einzelnen Elektroden-

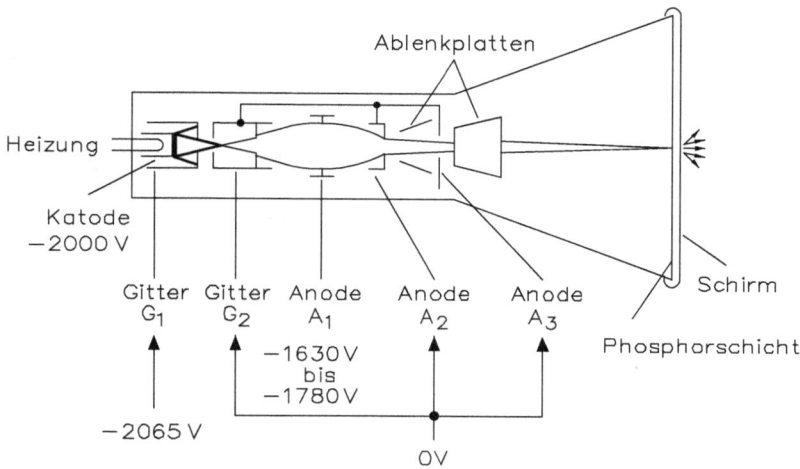

Abb. 3.4: Querschnitt einer Elektronenstrahlröhre.

gruppen jeweils vor und nach der Bündelung. Auf diese Weise wird eine gegenseitige Beeinflussung zwischen dem Steuergitter am Wehneltzylinder (Helligkeitsregelung) und der Fokussierungsanode A_1 verhindert.

Zwischen der „Elektronenkanone" und dem Bildschirm befinden sich zwei Ablenkplattenpaare. Diese Platten sind so angeordnet, dass die elektrischen Felder zwischen jeweils zwei Platten zueinander im rechten Winkel stehen. Durch den Einfluss des elektrischen Felds zwischen zwei Platten jeden Paares wird der Elektronenstrahl zu der Platte abgelenkt, die ein positives Potential hat. Das Gleiche gilt für das andere Plattenpaar. So ist es möglich, dass sich der Elektronenstrahl fast trägheitslos in zwei Ebenen ablenken lässt z. B. in den X- und Y-Koordinaten des Bildschirms. Im Normalbetrieb wird die X-Ablenkung des Gerätes über einen Sägezahngenerator erzeugt, der den Strahl von links nach rechts über den Bildschirm „wandern" lässt, während das zu messende Signal die Y-Ablenkung erzeugt.

Nach dem Verlassen der Elektronenkanone durchläuft der Elektronenstrahl zunächst das elektrische Feld der vertikal ablenkenden Platten (Y-Ablenkplatten). Die horizontal ablenkenden Platten (X-Ablenkplatten) liegen meist näher beim Leuchtschirm und deshalb benötigen sie für die gleiche Auslenkung eine höhere Spannung. Der Ablenkkoeffizient AR der Elektronenstrahlröhre gibt die Strahlauslenkung für den Wert von „1 Div" (Division, d. h. zwischen 8 mm und 12 mm für eine Maßeinheit) und liefert für die Ablenkplatten die notwendige Spannung. Normalerweise liegen diese Werte je nach Röhrentyp zwischen einigen µV/Div bis 100 V/Div. Die von einem Ablenkplattenpaar verursachte Strahlauslenkung verringert sich bei gleicher Ablenkspannung mit wachsender Geschwindigkeit der durchfliegenden Elektronen. Die Leuchtdichte auf dem Schirm wächst mit der Geschwindigkeit der auftreffenden Elektronen. Moderne Elektronenstrahlröhren besitzen deshalb zwischen den

X-Ablenkplatten und dem Leuchtschirm eine Nachbeschleunigungselektrode. Die Elektronen erhalten die für eine hohe Leuchtdichte erforderliche Geschwindigkeit nach dem Durchlaufen der Ablenkplatten. Auf diese Weise erzielt man einen kleinen Ablenkkoeffizienten und eine große Leuchtdichte.

Durch Veränderung der mittleren Spannung (ohne Steuersignal) an den Ablenkplatten, lässt sich die Ruhelage des Elektronenstrahls in horizontaler und in vertikaler Richtung verschieben. Die Potentiometer für diese Strahlverschiebung gehören zum Verstärker für die entsprechende Ablenkrichtung.

Im Prinzip sind fünf Möglichkeiten zur Beeinflussung (Abb. 3.5) des Elektronenstrahls durch die beiden Ablenkplattenpaare vorhanden. Im ersten Beispiel hat die obere Vertikalplatte eine negative Spannung, während die untere an einem positiven Wert liegt. Aus diesem Grund wird der Elektronenstrahl durch die beiden *Y*-Platten nach unten abgelenkt, denn der Elektronenstrahl besteht aus negativen Ladungsein-

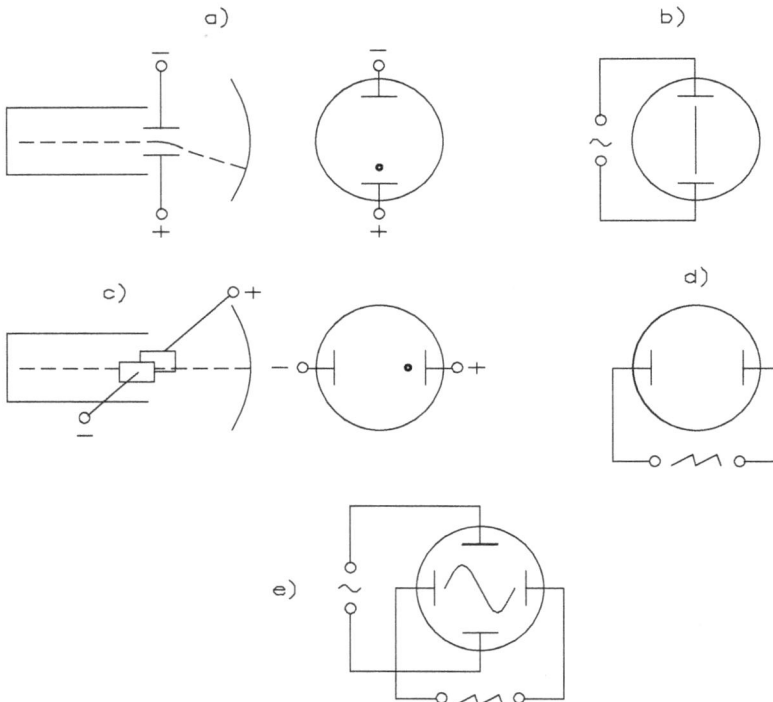

Abb. 3.5: Möglichkeiten der Beeinflussung des Elektronenstrahls durch die beiden Ablenkplattenpaare. (a) Der Strahl aus negativen Elektronen wird in Richtung der positiven Platte abgelenkt (Vertikal-Ablenkung, *Y*-Platten). (b) Der Strahl aus negativen Elektronen wird in Richtung der positiven Platte abgelenkt (Horizontal-Ablenkung, *X*-Platten). (c) Wechselspannung an einem Plattenpaar ergibt eine Linie (Strich). (d) Sägezahnspannung an einem Plattenpaar ergibt auch eine Linie (Strich). (e) Sägezahn- und Wechselspannung ergeben eine Sinuskurve.

heiten. Hat die linke Horizontalplatte eine negative und die rechte eine positive Spannung, wird der Elektronenstrahl durch die beiden X-Platten nach rechts abgelenkt. Legt man an die beiden Y-Platten eine sinusförmige Wechselspannung an, entsteht im Bildschirm eine senkrechte und gleichmäßige Linie. Eine senkrechte Linie entsteht, wenn man an die beiden X-Platten eine Wechselspannung anlegt. In der Praxis arbeitet man jedoch mit einer Sägezahnspannung mit linearem Verlauf vom negativen in den positiven Spannungsbereich. Ist das Maximum erreicht, erfolgt ein schneller Spannungssprung vom positiven in den negativen Bereich und es erfolgt der Strahlrücklauf. Legt man an die Y-Platten eine Wechselspannung und an die X-Platten die Sägezahnspannung, kommt es zur Bildung einer Sinuskurve im Bildschirm, vorausgesetzt, die zeitlichen Bedingungen sind erfüllt.

Den Abschluss der Elektronenstrahlröhre bildet der Bildschirm mit seiner Phosphorschicht. Den Herstellerunterlagen entnimmt man folgende Daten über den Bildschirm:
-   Schirmform (Rechteck, Kreis usw.)
-   Schirmdurchmesser oder Diagonale
-   nutzbare Auslenkung und X- und Y-Richtung
-   Farbe der Leuchtschicht
-   Helligkeit des Leuchtflecks in Abhängigkeit der Zeit (Nachleuchtdauer)

Wenn die Frequenz genügend groß ist, vermag das menschliche Auge, das sehr träge ist, eine Verringerung der Leuchtdichte kaum zu erkennen.

Der Schirm darf sich durch die auftreffenden Elektronen nicht negativ aufladen, da sich gleichnamige Ladungen abstoßen. Die Phosphorkristalle der Leuchtschicht emittieren deshalb Sekundärelektronen, die zur positiven Beschleunigungsanode fliegen.

Abb. 3.6 zeigt die Entstehung eines Leuchtflecks am Bildschirm. Einige Röhren enthalten, ähnlich wie Fernsehbildröhren, auf der Rückseite des Schirms eine sehr dünne Aluminiumschicht. Diese Metallschicht lässt den Elektronenstrahl durchlau-

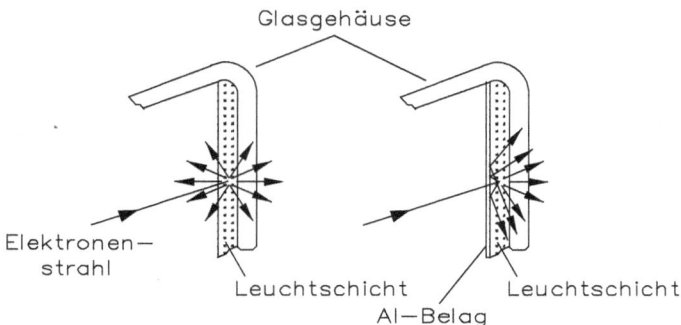

Abb. 3.6: Entstehung eines Leuchtflecks am Bildschirm der Elektronenstrahlröhre.

fen, reflektiert aber das in der Leuchtschicht erzeugte Licht nach außen. Diese Maßnahme verbessert den Bildkontrast und die Lichtausbeute. Die mit der Nachbeschleu-
nigungsanode leitend verbundene Aluminiumschicht kann die negativen Ladungsträger des Elektronenstrahls ableiten.

Abb. 3.7 zeigt die beiden Möglichkeiten für ein Innen- und Außenraster einer Elektronenstrahlröhre. Ein durch Flutlicht beleuchtetes Raster erleichtert das Ablesen der
Strahlauslenkung. Wenn dieses Raster innen aufgebracht ist, liegt es mit der Leuchtschicht praktisch in einer Ebene. Die Messergebnisse sind in diesem Fall nicht vom
Blickwinkel des Betrachters abhängig und man erreicht ein parallaxfreies Ablesen.

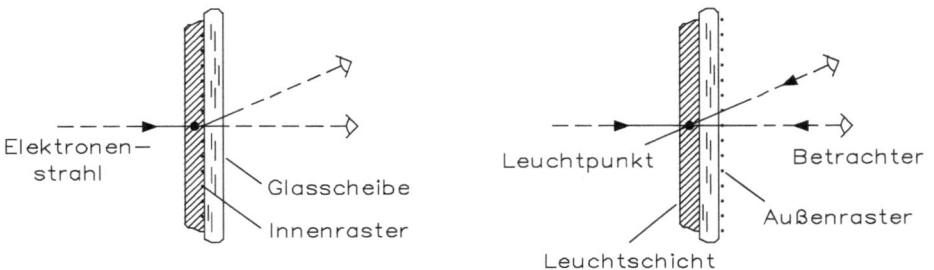

Abb. 3.7: Innen- und Außenraster einer Elektronenstrahlröhre.

Zweckmäßig wählt man ein Raster, dessen Linien in einem Abstand von 10 mm parallel zueinander entfernt verlaufen. Da dies häufig nicht der Fall ist, spricht man von
den „Divisions" bei den Hauptachsen. Die Hauptachsen erhalten noch eine Feintei-
lung im Abstand von 2 mm bzw. 0,2 Div. Die Hauptachsen weisen weniger als zehn
Teilstrecken mit jeweils einer Länge von 10 mm auf, wenn die nutzbare Auslenkung
der Elektronenstrahlröhre kleiner ist als 100 mm.

Wichtig ist auch die Beleuchtungseinrichtung der Rasterung. Die Beleuchtung
erfolgt durch seitliches Flutlicht und ist in der Helligkeit einstellbar. Bei vielen Oszilloskopen ist der Ein-Aus-Schalter drehbar und nach dem Einschalten kann man
über SCALE ILLUM, SCALE oder ILLUM die Helligkeit entsprechend einstellen. Dies
ist besonders wichtig bei fotografischen Aufnahmen.

Der Elektronenstrahl lässt sich durch elektrische oder magnetische Felder auch
außerhalb der Steuerstrecken (zwischen den Plattenpaaren) ablenken. Um den unerwünschten Einfluss von Fremdfeldern zu vermeiden (z. B. Streufeld des Netztransformators), enthält die Elektronenstrahlröhre einen Metallschirm mit guter elektrischer
und magnetischer Leitfähigkeit. Daher sind diese Abschirmungen fast immer aus Mu-
Metall, ein hochpermeabler Werkstoff.

3.1.2 Horizontale Zeitablenkung und *X*-Verstärker

Die beiden *X*- und *Y*-Verstärker in einem Oszilloskop bestimmen zusammen mit der Zeitablenkeinheit (Sägezahngenerator) und dem Trigger die wesentlichen Eigenschaften für dieses Messgerät. Aus diesem Grunde sind einige Hersteller im oberen Preisniveau zur Einschubtechnik übergegangen. Ein Grundgerät enthält unter anderem den Sichtteil (Elektronenstrahlröhre) und die Stromversorgung. Für die Zeitablenkung (*X*-Richtung) und für die *Y*-Verstärkung gibt es zum Grundgerät die passenden Einschübe mit speziellen Eigenschaften.

Die horizontale oder *X*-Achse einer Elektronenstrahlröhre ist in Zeiteinheiten unterteilt. Der Teil des Oszilloskops, der zuständig für die Ablenkung in dieser Richtung ist, wird aus diesem Grunde als „Zeitablenkgenerator" oder Zeitablenkung bzw. Zeitbasisgenerator bezeichnet. Außerdem befinden sich vor dem *X*-Verstärker folgende Funktionseinheiten, die über Schalter auswählbar sind:

- Umschalter für den internen oder externen Eingang
- Umschalter für ein internes oder externes Triggersignal
- Umschalter für die Zeitbasis
- Umschalter für das Triggersignal
- Umschalter für *Y*-*T*- oder *X*-*Y*-Betrieb

Außerdem lässt sich durch mehrere Potentiometer der *X*-Offset, der Feinabgleich der Zeitbasis und die Triggerschwelle beeinflussen.

Die *X*-Ablenkung auf dem Bildschirm kann auf zwei Arten erfolgen: entweder als stabile Funktion der Zeit bei Gebrauch des Zeitbasisgenerators oder als eine Funktion der Spannung, die auf die *X*-Eingangsbuchse gelegt wird. Bei den meisten Anwendungsfällen in der Praxis wird der Zeitbasisgenerator verwendet.

Bei dem *X*-Verstärker handelt es sich um einen Spezialverstärker, denn dieser muss mehrere 100 V an seinen Ausgängen erzeugen können. Eine Elektronenstrahlröhre mit dem Ablenkkoeffizient $AR = 20$ V/Div benötigt für eine Strahlauslenkung von 10 Div an den betreffenden Ablenkplatten eine Spannung von $U = 20$ V/Div · 10 Div = 200 V. Da der interne bzw. der externe Eingang des Oszilloskops nur Spannungswerte von 10 V liefert, ist ein entsprechender *X*-Verstärker erforderlich. Der *X*-Verstärker muss eine Verstärkung von $v = 20$ aufweisen und bei einigen Oszilloskopen findet man außerdem ein Potentiometer für die direkte Beeinflussung der Verstärkung im Bereich von $v = 1$ bis $v = 5$. Wichtig bei der Messung ist immer die Stellung mit $v = 1$, damit sich keine Messfehler ergeben. Mittels des Potentiometers „X-Adjust", das sich an der Frontplatte befindet, lässt sich eine Punkt- bzw. Strahlverschiebung in positiver oder negativer Richtung durchführen.

Der Zeitbasisgenerator und seine verschiedenen Steuerkreise werden durch den „TIME/Div" oder „V/Div"-Schalter in den Betriebszustand gebracht. Wie bereits erklärt, ist eine Methode, ein feststehendes Bild eines periodischen Signals zu erhalten, die Triggerung oder das Starten des Zeitbasisgenerators auf einen festen Punkt des zu messenden Signals. Ein Teil dieses Signals steht dafür in Position A und B des Triggerwahlschalters „A/B" oder „extern" zur Verfügung. Bei einem Einstrahloszilloskop hat man nur einen Y-Verstärker, der mit „A" gekennzeichnet ist. Ein Zweistrahloszilloskop hat zwei getrennte Y-Verstärker und mittels eines mechanischen bzw. elektronischen Schalters kann man zwischen den beiden Verstärkern umschalten.

Die Triggerimpulse können zeitgleich entweder mit der Anstiegs- oder Abfallflanke des Eingangssignals erzeugt werden. Dies ist abhängig von der Stellung des ±-Schalters am Eingangsverstärker. Nach einer ausreichenden Verstärkung wird das Triggersignal über einen speziellen Schaltkreis, dessen Funktionen von der Stellung des Schalters NORM/TV/MAINS auf der Frontplatte abhängig sind, weiterverarbeitet. Für diesen Schalter gilt:

- NORM (normal): Der Schaltkreis arbeitet als Spitzendetektor, der die Triggersignale in eine Form umwandelt, die der nachfolgende Schmitt-Trigger weiter verarbeiten kann.
- TV (Television): Hier wird vom anliegenden Videosignal entweder dessen Zeilen- oder Bild-Synchronisationsimpuls getrennt, je nach Stellung des TIME/DIV-Schalters. Die Bildimpulse erhält man bei niedrigen und Zeilenimpulse bei hohen Wobbelgeschwindigkeiten.
- MAINS (Netz): Das Triggersignal wird aus der Netzfrequenz von der Sekundärspannung des internen Netztransformators erzeugt.

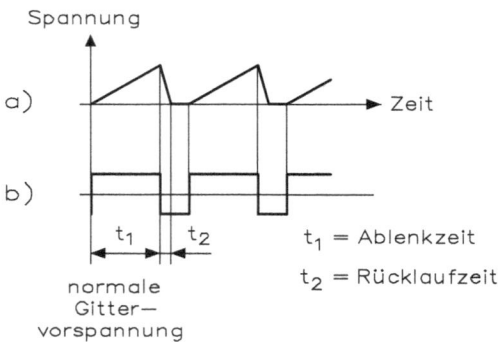

Abb. 3.8: Verlauf der X-Ablenkspannung (Sägezahnfunktion) und die Arbeitsweise des Rücklaufunterdrückungsimpulses wird durch die Zeit t_2 definiert.

Der Zeitablenkgenerator erzeugt ein Signal, dessen Amplitude mit der Zeit linear ansteigt, wie der Kurvenzug (Abb. 3.8 (a)) zeigt. Dieses Signal wird durch den X-Verstärker verstärkt und liegt dann an den X-Platten der Elektronenstrahlröhre. Beginnend an der linken Seite des Bildschirms (Zeitpunkt Null) wandert der vom Elektronenstrahl auf der Leuchtschicht erzeugte Lichtpunkt mit gleichbleibender Geschwindigkeit entlang der X-Achse, vorausgesetzt, der X-Offset wurde auf die Nulllinie eingestellt. Andernfalls ergibt sich eine Verschiebung in positiver bzw. negativer Richtung. Am Ende des Sägezahns kehrt der Lichtpunkt zum Nullpunkt zurück und ist bereit für die nächste Periode, die sich aus der Kurvenform des Zeitablenkgenerators ergibt.

An die Sägezahnspannung werden hohe Anforderungen, besonders an die Linearität, gestellt. Sie soll den Strahl gleichmäßig in waagerechter Richtung über den Bildschirm führen und dann möglichst schnell auf den Nullpunkt (linke Seite) zurückführen. Der Spannungsanstieg muss linear verlaufen. Lädt man einen Kondensator über einen Widerstand auf, ergibt sich eine e-Funktion und daher ist diese Schaltung nicht für einen Sägezahngenerator geeignet. In der Praxis verwendet man statt des Widerstands eine Konstantstromquelle. Da diese einen konstanten Strom liefert, lädt sich der Kondensator linear auf. Diese Schaltungsvariante ist optimal für einen Sägezahngenerator geeignet. Die Entladung kann über einen Widerstand erfolgen, da an den Strahlrücklauf keine hohen Anforderungen gestellt werden. Die Zeit, die für eine volle Schreibbreite und das Zurückkehren zum Nullpunkt benötigt wird, ist gleich der Dauer einer vollen Periode der Zeitablenkung. Während der Leuchtpunkt zum Startpunkt zurückkehrt, hat das Oszilloskop keine definierte Zeitablenkung und daher ist man bemüht, diese Zeit so kurz wie möglich zu halten.

Der Elektronenstrahl, der normalerweise auch während der Rücklaufphase auf dem Bildschirm abgebildet würde, wird automatisch durch die Zeitbasis unterdrückt. Die Rücklaufunterdrückung, wird als Aus- oder Schwarztastung definiert, erfolgt durch Anlegen eines negativen Impulses an das Steuergitter der Elektronenstrahlröhre. Dadurch wird der Elektronenstrahl ausgeschaltet. Dieses geschieht während der abfallenden Flanke der Sägezahnspannung.

Die Zeit (oder Ablenkgeschwindigkeit) der Zeitbasis wird über einen Schalter auf der Frontplatte des Oszilloskops gewählt. Der Schalter mit der entsprechenden Einstellung bestimmt den Zeitmaßstab der X-Achse und ist unterteilt in Zeiteinheiten pro Skalenteil z. B. µs/Div (Mikrosekunde/Skalenteil), ms/Div (Millisekunde/Skalenteil) und s/Div (Sekunde/Skalenteil). Ein Wahlschalter ermöglicht die Auswahl zwischen der internen Zeitablenkung oder einer externen Spannung, die an die „X-INPUT"-Buchse gelegt wird. Da diese externe Spannung jede gewünschte Kurvenform aufweisen kann, ist es möglich, das Verhalten dieser Spannung gegenüber der am Y-Eingang liegenden, zu sehen.

Zeitgleich mit dem Ende des Anstiegs der Sägezahnspannung werden drei Vorgänge innerhalb der Steuerung des Oszilloskops ausgelöst:
–   Der Kondensator im Ladekreis wird entladen und damit der Strahlrücklauf ausgelöst.
–   Ein negatives Austastsignal für die Strahlrücklaufunterdrückung wird erzeugt.
–   Es wird ein Signal erzeugt, das den Beginn eines neuen Ladevorgangs verhindert, bevor der Kondensator vollständig entladen ist.

Der erste Triggerimpuls nach Ende dieses Signals erzeugt einen weiteren Ladevorgang. Der Zeitabstand zwischen jedem Ablauf der Zeitbasis ist also bestimmt durch den Zeitabstand zwischen den folgenden Triggerimpulsen, d. h. je höher die Signalfrequenz, umso höher ist die Wiederholfrequenz der Abläufe der Zeitbasis.

3.1.3 Triggerung

Während des Triggervorgangs (trigger = anstoßen, auslösen) steuert entweder eine interne oder externe Spannung den Schmitt-Trigger an.

- Interne Triggerung: Liegt am Eingang ein periodisch wiederkehrendes Signal an, so muss über die Zeitablenkung sichergestellt werden, dass in jedem Zyklus der Zeitbasis ein kompletter Strahl geschrieben wird, der Punkt für Punkt deckungsgleich ist mit jedem vorherigen Strahl. Ist dies der Fall, ergibt sich eine stabile Darstellung. Bei dieser Triggerung wird diese Stabilität durch Verwendung des am Y-Eingang liegenden Signals zur Kontrolle des Startpunkts jedes horizontalen Ablenkzyklus erreicht. Man verwendet dazu einen Teil der Signalamplitude des Y-Kanals zur Ansteuerung einer Triggerschaltung, die die Triggerimpulse für den Sägezahngenerator erzeugt. Damit stellt das Oszilloskop sicher, dass die Zeitablenkung nur gleichzeitig mit Erreichen eines Impulses ausgelöst werden kann. Abb. 3.9 zeigt den zeitlichen Zusammenhang zwischen Eingangsspannung, Ablenkspannung und Schirmbild, wobei links ohne und rechts mit einer Signalverstärkung im Y-Kanal gearbeitet wird.
- Externe Triggerung: Ein extern anliegendes Signal, das mit dem zu messenden Signal am Y-Eingang verknüpft ist, lässt sich ebenso zur Erzeugung von Triggerimpulsen verwenden.

Der Schmitt-Trigger wandelt die ankommenden Spannungen, die verschiedene Charakteristiken aufweisen können, in eine Serie von Impulsen mit fester Amplitude und Anstiegszeit um. Am Ausgang des Schmitt-Triggers befindet sich eine Kondensator-Widerstandsschaltung zur Erzeugung von Nadelimpulsen und nach dieser Differenzierung wird der Zeitbasisgenerator ausgelöst.

Die Triggerimpulse am Eingang des Automatikschaltkreises (Abb. 3.9) sorgen für die Erzeugung eines konstanten Gleichspannungspegels am Ausgang. Dieser Ausgang ist auf den Eingang am Zeitbasisgenerator geschaltet.

Sind keine Triggerimpulse mehr am Eingang des Zeitbasisgenerators vorhanden oder fällt die Amplitude unter einen bestimmten Pegel, wird der Gleichspannungspegel, der durch den Automatikschaltkreis erzeugt wird, abgeschaltet. Damit lässt sich der Zeitbasisgenerator in die Lage versetzen, selbsttätige Ladevorgänge auszulösen. Es kommt also zur Selbsttriggerung oder einem undefinierten Freilauf. Der Ablauf der Zeitbasis ist dann nicht mehr von der Existenz der Triggerimpulse abhängig. Obwohl sich der Freilauf des Zeitbasisgenerators nicht für Messungen verwenden lässt, hat er eine spezielle Funktion. Ohne diese Möglichkeit würde ein am Eingang des Oszilloskops zu stark abgeschwächtes Signal oder eine falsche Stellung des Triggerwahlschalters, keine Anzeige erzeugen. Der Anwender könnte nicht sofort erkennen, ob tatsächlich ein Eingangssignal vorhanden ist oder nicht.

Es gibt praktische Anwendungsfälle in der Messtechnik, bei denen größere Freiheit bei der Wahl des Triggerpunktes erforderlich ist, oder aber eine Änderung im

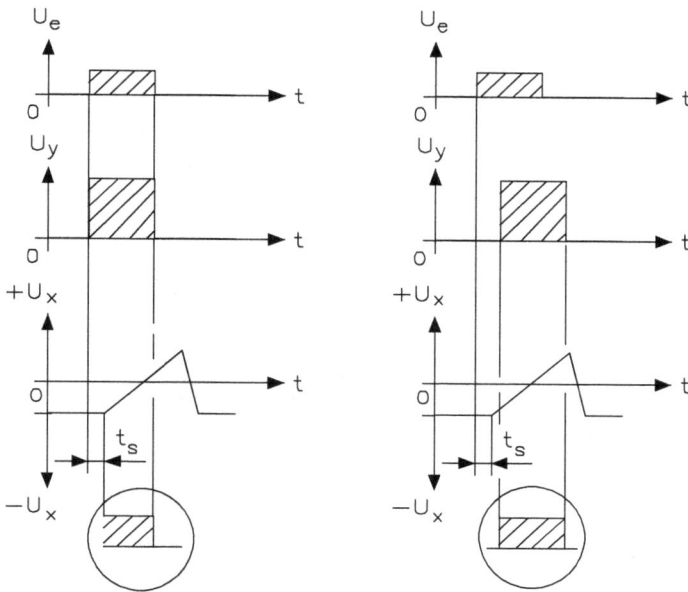

Abb. 3.9: Zeitlicher Zusammenhang zwischen Eingangsspannung, Ablenkspannung und Schirmbild, wobei die Kurvenzüge ohne (links) und mit (rechts) einer Signalverstärkung im Y-Kanal arbeiten.

Amplitudenpegel des Eingangssignals verursacht eine nicht exakte Triggerung. In diesem Falle kann man auf die externe Triggermöglichkeit zurückgreifen.

Ein externes Triggersignal wird auf die Buchse mit der Bezeichnung „TRIG" an der Frontplatte gegeben und der benachbarte Triggerwahlschalter in die Stellung „EXT" gebracht. Das Signal wird dann in gleicher Weise weiterbehandelt wie das für ein internes Triggersignal der Fall ist.

Die Schwellwerttriggerung kann in positiver und negativer Richtung (Abb. 3.10) erfolgen. Damit lässt sich der Zeitbasisgenerator triggern und dieser erzeugt die Sägezahnspannung und die sie begleitenden Impulse für die Rücklaufunterdrückung.

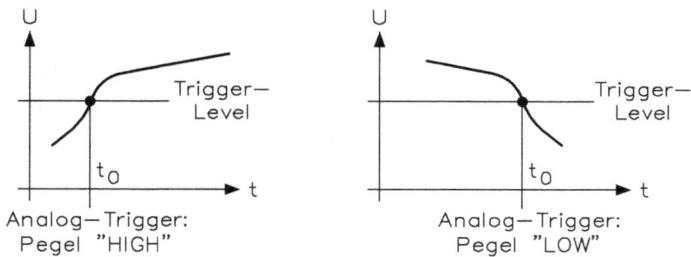

Abb. 3.10: Schwellwerttriggerung eines analogen Eingangssignals in positiver und negativer Richtung.

Die Sägezahnspannung liegt nach ihrer Verstärkung an den X-Platten der Elektronenstrahlröhre und erzeugt so die Zeitablenkung. Der linear ansteigende Teil der Sägezahnspannung wird durch ein Integrationsverfahren erzeugt. Ein Kondensator lädt sich über einen Widerstand an einer Konstantstromquelle auf. Die Erhöhung der Kondensatorspannung in Abhängigkeit von der Zeit ist nur vom Wert des Kondensators und von der Größe des Ladestroms abhängig. Die Größe des Ladestroms lässt sich durch den Wert des in Reihe geschalteten Widerstands bestimmen, d. h. beides, der Reihenwiderstand und der Kondensator werden durch die Stellung des TIME/Div-Schalters auf der Frontplatte gewählt. Dreht man den Feineinsteller auf diesem Schalter aus seiner justierten Stellung CAL heraus, wird die Wobbelgeschwindigkeit kontinuierlich kleiner und die Darstellung auf dem Bildschirm erscheint in komprimierter Form, die man nicht für seine Messzwecke verwenden soll.

Zeitgleich mit dem Ende der Anstiegsflanke der Sägezahnspannung werden folgende drei Vorgänge ausgelöst:
- Der Kondensator im Ladekreis wird entladen und damit der Strahlrücklauf ausgelöst.
- Ein negatives Austastsignal für die Strahlrücklaufunterdrückung wird erzeugt.
- Es wird ein Signal erzeugt, das den Beginn eines neuen Ladevorgangs verhindert, bevor der Kondensator vollständig entladen ist.

Der erste Triggerimpuls nach Ende dieses Signals erzeugt einen weiteren Ladevorgang. Der Zeitabstand zwischen jedem Ablauf der Zeitbasis ist also bestimmt durch den Zeitabstand zwischen den nachfolgenden Triggerimpulsen. d. h. je höher die Signalfrequenz, umso höher ist die Wiederholfrequenz der Abläufe in der Zeitbasis.

Wie bereits erwähnt, werden die Impulse von dem Schmitt-Trigger über den Automatikschaltkreis so umgewandelt, dass sie als Gleichspannungspegel am Eingang des Zeitbasisgenerators anliegen. Sind die Triggerimpulse an diesem Eingang nicht mehr vorhanden oder fällt ihre Amplitude unter einen bestimmten Pegel, so setzt der Gleichspannungspegel, der durch den Automatikschaltkreis erzeugt wird, den Zeitbasisgenerator in die Lage, selbsttätig Ladevorgänge auszulösen. Es wird also eine Selbsttriggerung oder ein Freilauf erfolgen. Der Abstand der Zeitbasis ist dann nicht mehr von der Existenz der Triggerimpulse abhängig.

Für spezielle Anwendungen in der Messpraxis ist es erwünscht, auf dem Bildschirm eine Anzeige zu erhalten, die die Signale in den Y-Eingängen des Oszilloskops als eine Funktion anderer Variabler als der Zeit darstellt, wenn mit Lissajous-Figuren gearbeitet wird. In diesem Fall muss der Zeitbasisgenerator ausgeschaltet sein, d. h. der „TIME/Div-Schalter" ist in eine dazu markierte Stellung V/Div geschaltet, und das neue Referenzsignal wird auf die „X-INPUT"-Buchse auf der Frontplatte gelegt. Der Ablenkfaktor lässt sich mittels eines zweistufigen Eingangsabschwächers wählen. Das Referenzsignal wird verstärkt und direkt auf den X-Endverstärker durchgeschaltet. Während der Zeitbasisgenerator ausgeschaltet ist, geht die Y-Kanalumschaltung auto-

matisch in den „chopped"-Betrieb mit Strahlunterdrückung während der Umschalt-
zeit über. Die Strahlrücklaufunterdrückung (*X*-Kanal) ist nicht mehr in Betrieb.

Die *X*-Endeinheit verstärkt entweder die Sägezahnspannung des Zeitbasisgenerators oder das externe Ablenksignal und schaltet es auf die *X*-Platte der Elektronenstrahlröhre. Der „X-MAGN"-Einstellknopf ist kontinuierlich einstellbar und
wird benötigt, um die Verstärkung nochmals um den Faktor 5 zu erhöhen. Wird
dieser Drehknopf auf der X1-Stellung nach links bewegt, erzeugt die entsprechende
Schaltung eine kontinuierliche Erhöhung der Wobbelgeschwindigkeit, d. h. die Darstellung lässt sich kontinuierlich dehnen. Der auf diesem Drehknopf befindliche
Einsteller „X-POSITION" sorgt für die horizontale Positionseinstellung des Strahls auf
dem Bildschirm.

3.1.4 *Y*-Eingangskanal mit Verstärker

Ein am Eingang eines *Y*-Kanals anliegendes Signal wird entweder direkt über den
DC-Anschluss oder über einen isolierenden Kondensator (AC) an den internen Stufenabschwächer gekoppelt. Der Kondensator ist erforderlich, wenn man ein sehr kleines Wechselspannungssignal messen muss, das einem großen Gleichspannungssi-
gnal überlagert ist.

Der Stufenabschwächer, der über einen Schalter (V/cm oder V/Div) auf der Frontplatte des Geräts eingestellt wird, bestimmt den Ablenkfaktor. Das abgeschwächte
Eingangssignal läuft dann über eine Anpassungsstufe, die die Impedanz des Eingangs bestimmt, zu dem eigentlichen Vorverstärker. Die verschiedenen Stufen eines
jeden Kanals sind direkt gekoppelt, wie auch die Stufen innerhalb des Vorverstärkers
selbst. Diese Kopplungsart ist notwendig, um eine verzerrungsfreie Darstellung auch
eines niederfrequenten Signals zu ermöglichen. Im Falle eines Verstärkers mit Wech-
selspannungskopplung, würde die am Eingang liegende Spannung die verschiedenen
Verstärkerstufen über Kondensatoren erreichen und damit werden niedrige Frequenzen mehrfach abgeschwächt.

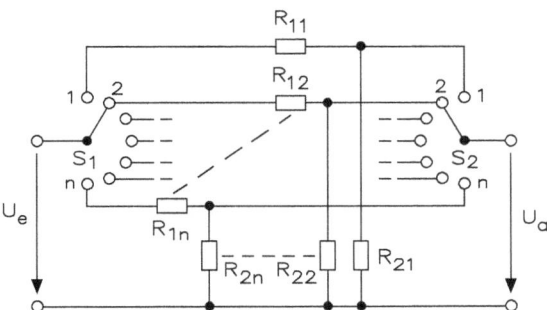

Abb. 3.11: Aufbau eines internen Spannungsteilers für den Stufen-abschwächer am Eingang des *Y*-Kanals.

Der elektrische Aufbau eines internen Spannungsteilers für den Stufenabschwächer (Abb. 3.11) besteht aus einem 2-Ebenenschalter und zahlreichen Widerständen. Die Eingangsspannung U_e liegt zuerst an dem mechanischen Schalter S_1 und wird von dort auf die einzelnen Spannungsteiler geschaltet. Die Ausgänge der Spannungsteiler sind über den zweiten Schalter S_2 zusammengefasst und es ergibt sich das entsprechende Ausgangssignal mit optimalen Amplitudenwerten für die nachfolgenden Y-Vorverstärker.

Das Problem bei einem Spannungsteiler sind die Bandbreiten, die durch die Widerstände und kapazitiven Leitungsverbindungen auftreten. Oszilloskope über 100 MHz sind meistens mit einem separaten 50-Ω-Eingang ausgestattet, um das Problem mit den Bandbreiten zu umgehen. Die Bandbreite ist die Differenz zwischen der oberen und unteren Grenzfrequenz, d. h. die Bandbreite ist der Abstand zwischen den beiden Frequenzen, bei denen die Spannung noch 70,7 % der vollen Bildhöhe erzeugt. Die volle, dem Ablenkkoeffizienten entsprechende Bildhöhe wird bei den mittleren Frequenzen erreicht. Seit 1970 basieren die Oszilloskope auf der Gleichspannungsverstärkung mittels Transistoren bzw. Operationsverstärkern und damit gilt für die untere Grenzfrequenz $f_u = 0$ bzw. die Bandbreite ist gleich der oberen Grenzfrequenz. Bei den meisten Elektronenstrahlröhren ab 1980 erreicht man Grenzfrequenzen von 150 MHz bis 2 GHz. Bei den Oszilloskopen wird jedoch die Bandbreite in der Praxis nicht von der Elektronenstrahlröhre, sondern von den einzelnen Verstärkerstufen bestimmt. Da mit steigender Bandbreite der technische Aufwand und die Rauschspannung steigen, wählt man die Bandbreite nur so hoch, wie es der jeweilige Verwendungszweck erfordert:

– NF-Oszilloskop: Benötigt man ein Oszilloskop für den niederfrequenten Bereich (< 1 MHz), ist ein Messgerät mit einer Bandbreite bis 5 MHz völlig ausreichend. Dieser Wert bezieht sich immer auf den Y-Eingang. Die Bandbreite des X-Verstärkers ist meist um den Faktor 0,1 kleiner, da bei der höchsten Frequenz am Y-Eingang und der größten Ablenkgeschwindigkeit in X-Richtung ca. zehn Schwingungen auf dem Schirm sichtbar sind.
– HF-Oszilloskop: Für die Fernsehgeräte, den gesamten Videobereich und teilweise auch für die Telekommunikation benötigt man Bandbreiten bis zu 50 MHz.
– Samplingoszilloskop: Für die Darstellung von Spannungen mit Frequenzen zwischen 100 MHz bis 5 GHz sind Speicheroszilloskope erhältlich. Bei ihnen wird das hochfrequente Signal gespeichert, dann mit niedrigerer Frequenz abgetastet und auf dem Schirm ausgegeben.

Ein Oszilloskop soll die zu untersuchende Schaltung nicht beeinflussen. Da Oszilloskope immer als Spannungsmesser arbeiten, werden sie parallel zum Messobjekt geschaltet. Der Innenwiderstand eines Oszilloskops muss daher möglichst groß sein. Dem sind jedoch in der Praxis folgende Grenzen gesetzt:

- Zur Einstellung unterschiedlicher Messbereiche befindet sich am Eingang eines Oszilloskops ein justierter Spannungsteiler. Damit das eingestellte Spannungsteilerverhältnis innerhalb einer ausreichenden Genauigkeit liegt, müssen die Spannungsteilerwiderstände klein sein gegenüber dem Eingangswiderstand des nachfolgenden Vorverstärkers.
- Mit steigendem Widerstandswert der Spannungsteilerwiderstände steigt aber die Rauschspannung.

Daher ergeben sich in der Praxis verschiedene Eingangswiderstände zwischen 500 kΩ und 10 MΩ. Der Eingangsspannungsteiler ist immer so aufgebaut, dass der Eingangswiderstand über alle Messbereiche konstant bleibt. Oszilloskope mit Bandbreiten über 100 MHz sind häufig mit einem zusätzlichen 50-Ω-Eingang ausgerüstet. Damit liegt man im Bereich der in der HF-Technik üblichen Abschlusswiderstände, zum anderen bleibt dadurch trotz der großen Bandbreite das Rauschen gering.

Ebenfalls wichtig für den Y-Eingang ist die Anstiegszeit t_r (rise time). Es handelt sich um die Zeit, die der Elektronenstrahl bei idealem Spannungssprung am Y-Eingang benötigt, um von 10 % auf 90 % des Endwertes anzusteigen. Die Anstiegszeit kennzeichnet, wie gut sich das jeweilige Oszilloskop zur Darstellung impulsförmiger Signale eignet, wie diese z. B. in der Fernseh- und Digitaltechnik vorkommen. Die Größe der Anstiegszeit wird von der Bandbreite des Y-Verstärkers bestimmt. Enthält der Verstärker viele RC-Glieder, die man aus Stabilitätsgründen benötigt, ergibt sich eine erhebliche Reduzierung der Grenzfrequenz. Das Frequenzverhalten eines Gleichspannungsverstärkers entspricht daher dem eines RC-Tiefpassfilters, d. h. die Ausgangsspannung steigt bei sprunghafter Änderung der Eingangsspannung nach einer e-Funktion an. Wenn sich die Spannung nach einer e-Funktion von 10 % auf 90 % ändert, ergibt sich eine Zeitkonstante von $\tau = 2{,}2$, also

$$t_r = 2{,}2 \cdot \tau = 2{,}2 \cdot R \cdot C$$

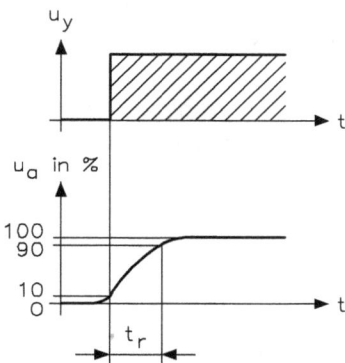

Abb. 3.12: Anstiegsgeschwindigkeit.

Der zeitliche Verlauf der Anstiegsgeschwindigkeit (Abb. 3.12) bei einem Oszilloskop ist von der Eingangsbeschaltung abhängig. Für die Grenzfrequenz f_0 des RC-Tiefpassfilters, die der Bandbreite Δf des Verstärkers entspricht, gilt

$$f_0 = \Delta f = \frac{1}{2 \cdot \pi \cdot R \cdot C}$$

$$t_r = \Delta f = R \cdot C \cdot \frac{1}{2 \cdot \pi \cdot R \cdot C} = \frac{2,2}{2 \cdot \pi} = 0,35 = \text{konstant}$$

Damit gilt:

$$t_r = 0,35 \cdot \frac{1}{\Delta f}.$$

Die Anstiegszeit beträgt demnach
- bei $\Delta f = 100\,\text{kHz}$: $t_r = 3,5\,\mu s$
- bei $\Delta f = 10\,\text{MHz}$: $t_r = 35\,\text{ns}$
- bei $\Delta f = 50\,\text{MHz}$: $t_r = 7\,\text{ns}$

Diese Werte kann man anhand der Datenblätter überprüfen.

Die große Bandbreite der Verstärker wird häufig dadurch erreicht, dass man den Einfluss der Schaltkapazitäten durch kleine Induktivitäten teilweise kompensiert. Das kann jedoch zu einem Überschwingen führen, d. h. der Elektronenstrahl geht wie der mechanische Zeiger eines nicht gedämpften Drehspulmesswerks erst über seinen Endwert hinaus. Damit das Überschwingen den dargestellten Impuls nicht sichtbar verfälscht, wird das Überschwingen unter 5 %, meist sogar unter 2 % der Amplitude gehalten.

3.1.5 Zweikanaloszilloskop

In der Praxis findet man kaum noch Oszilloskope mit nur einem Y-Kanal, da man meistens in der praktischen Messtechnik zwei Vorgänge gleichzeitig auf dem Bildschirm betrachten muss. Die Hersteller bieten zwei verschiedene Systeme für Zweikanal- bzw. Zweistrahloszilloskope an.

Die in Zweistrahloszilloskopen (Abb. 3.13) eingesetzten Zweistrahlröhren verwenden zwei vollständig getrennte Strahlsysteme in einem Röhrenkolben. Beide Systeme schreiben auf den gemeinsamen Schirm. Da es darauf ankommt, die zeitliche Lage der beiden Vorgänge zu vergleichen, werden die beiden X-Ablenkplattenpaare gemeinsam von einer Zeitablenkeinheit angesteuert. Da diese Technik sehr aufwendig ist, findet man diese Messgeräte kaum.

Beim Zweikanaloszilloskop (Abb. 3.14) hat man dagegen einen elektronischen Umschalter, über den die zwei Eingangskanäle zu einem gemeinsamen Ausgang zusammengefasst werden, ein Flipflop für die Z-Steuerung, den Choppergenerator und die Zeitbasissteuerung. Jeder Ausgang des Flipflops steuert einen elektronischen

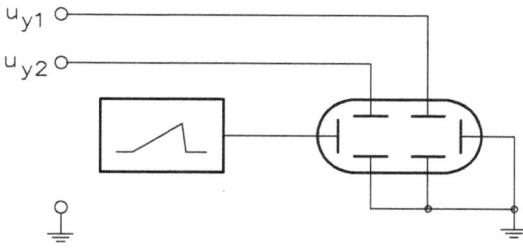

Abb. 3.13: Prinzip und Aufbau eines Zweistrahloszilloskops.

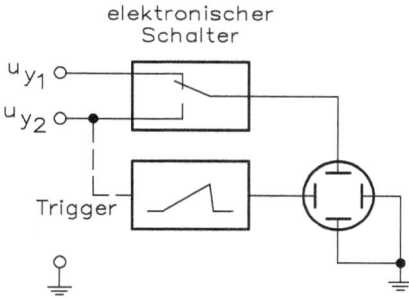

Abb. 3.14: Chopperbetrieb für ein Zweikanaloszilloskop.

Schalter und die Funktionen des Flipflops lassen sich durch die zwei Schalter $Y_{A\,OFF}$ und $Y_{B\,OFF}$ auf der Frontplatte auswählen. Damit sind vier Messfunktionen möglich:

- Y_A und Y_B sind ausgeschaltet: Das Flipflop kann nicht arbeiten und beide Ausgänge sind so gesetzt, dass die Vorverstärkerausgänge keine vertikale Ablenkung erzeugen können.
- Y_A ist eingeschaltet, Y_B ist ausgeschaltet: Der Zustand des Flipflops ist so, dass Y_B nicht dargestellt werden kann, während das Signal von Y_A über den Bildschirm sichtbar ist.
- Y_A ist ausgeschaltet, Y_B ist eingeschaltet: Der Zustand des Flipflops ist so, dass Y_A nicht dargestellt werden kann, während das Signal von Y_B über den Bildschirm sichtbar ist.
- Y_A und Y_B sind eingeschaltet: Das Flipflop wird von dem Ausgang der Z-Steuerung angestoßen und erzeugt so abwechselnde Darstellungen beider Kanäle.

Der Chopperbetrieb für ein Zweikanaloszilloskop wird durch einen elektronischen Umschalter vor dem Y-Verstärker realisiert. Der Sägezahngenerator wird von einer der beiden zu messenden Spannungen U_{Y1} oder U_{Y2} getriggert. Der elektronische Umschalter sorgt dafür, dass in kurzen Zeitabständen abwechslungsweise die beiden Eingangsspannungen an die Y-Platten gelegt werden.

Die Z-Steuerung hat zwei Funktionen:

- Chopperbetrieb: Das Flipflop wird mit Triggerimpulsen versorgt und gibt an das Steuergitter der Elektronenstrahlröhre die entsprechenden Austastimpulse ab. Abwechselnd wird die Schaltung von zwei Eingängen gesteuert. Vom Zeitbasis-

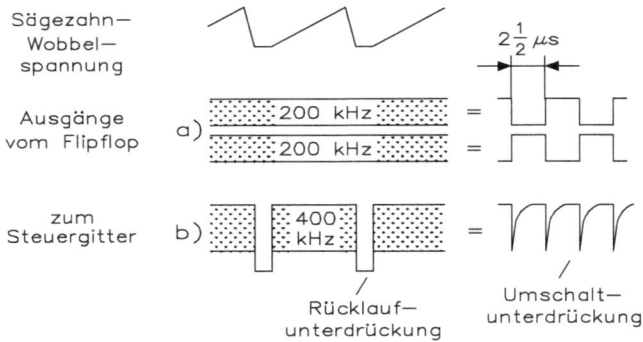

Abb. 3.15: Impulsdiagramm für den Chopperbetrieb.

generator kommt ein Austast- oder ein Rücklaufunterdrückungsimpuls bei jedem Ende der ansteigenden Flanke der Sägezahnspannung, während der Choppergenerator ein Rechtecksignal von 400 kHz erzeugt. Die Art, in welcher die beiden Eingangssignale verarbeitet werden, um die Zustände der Ausgangsimpulse zu erhalten, wird vorbestimmt durch die Stellung des Zeitbasiswahlschalters. Daraus resultiert nach der Frequenzteilung mittels eines flankengesteuerten T-Flipflops, dass der Ausgang eines jeden Y-Kanals abwechselnd in Intervallen von 2,5 µs während eines jeden Ablaufs der Zeitbasis dargestellt wird. Das Impulsdiagramm (Abb. 3.15) für den Chopperbetrieb zeigt die Arbeitsweise.

Der hier erwähnte Vorgang ist bekannt als „chopped" (zerhackte) Kanalumschaltung. Der andere Ausgang der Austastschaltung, der am Steuergitter der Elektronenstrahlröhre liegt, besteht aus zwei Arten von Austastimpulsen. Dem normalen Impuls für die Rücklaufunterdrückung und dem Impuls, der erforderlich ist, um den Strahl beim Umschalten von dem einen Kanal auf den anderen zu unterdrücken.

– Alternierender Betrieb: Bei eingestellter hoher Wobbelgeschwindigkeit (> 0,5 µs/ cm oder 0,5 µs/Div) wird das Signal vom Choppergenerator unterdrückt. Der Z-Steuerungsausgang des Flipflops ist jetzt ein Rechtecksignal mit gleicher Frequenz wie das Zeitbasissignal. Es wird also hier der Ausgang eines jeden Y-Kanals wechselweise dargestellt.

Der Wechsel erfolgt jetzt nicht mehr in einer festen Frequenz wie beim Chopperbetrieb, sondern immer während des Rücklaufs des Zeitbasissignals. Diese Betriebsart ist als alternierender Betrieb (Abb. 3.16) bekannt. Der andere Ausgang der Austastschaltung steuert wiederum die Rücklaufunterdrückung am Steuergitter der Elektronenstrahlröhre an.

Der Chopperbetrieb eignet sich besser für die Anzeige von niederfrequenten Signalen bei langsamen Zeitbasisgeschwindigkeiten, da in dieser Betriebsart sehr schnell umgeschaltet werden kann. Der alternierende Betrieb eignet sich besser für

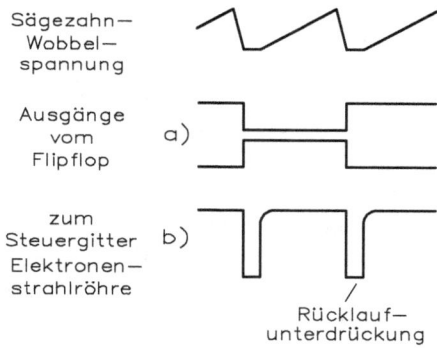

Abb. 3.16: Impulsdiagramm für den Chopperbetrieb im alternierenden Betrieb.

höhere Frequenzen, die eine schnellere Zeitbasiseinstellung erfordern. Bei konventionellen Oszilloskopen lässt sich über einen Umschalter zwischen dem ALT- und dem CHOP-Betrieb umschalten, d. h. der Anwender kann manuell zwischen den beiden Betriebsarten wählen. Moderne Oszilloskope schalten dagegen automatisch zwischen ALT- und CHOP-Betrieb in Abhängigkeit von der Zeitbasisgeschwindigkeit um, damit eine bestmögliche Signaldarstellung gewährleistet ist. Es lässt sich aber auch noch manuell umschalten.

3.1.6 Tastköpfe

Es gibt in der Praxis zahlreiche Messanordnungen, bei denen der Eingangswiderstand von 1 MΩ mit einer Eingangskapazität von ca. 30 pF nicht ausreicht. Vor allem die Parallelkapazität wirkt häufig störend, denn der kapazitive Blindwiderstand hat bei 1 MHz noch $X_C = 5,3\,\text{k}\Omega$ und bei 10 MHz reduziert sich der Wert auf $X_C = 530\,\Omega$. Bei dieser Betrachtung ist noch nicht die Kapazität der Messleitung berücksichtigt. Der hochohmige Gleichstromeingangswiderstand ist bei diesen Frequenzen praktisch kurzgeschlossen. Abhilfe schafft ein Tastkopf Abb. 3.17) mit eingebautem und frequenzkompensiertem Spannungsteiler.

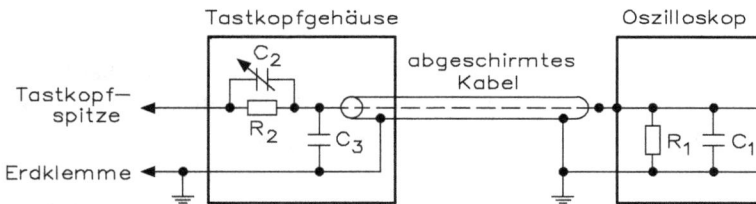

Abb. 3.17: Aufbau eines kapazitätsarmen Tastkopfes.

Ist der Eingangswiderstand des Oszilloskops mit $R_1 = 1\,M\Omega$ und $R_2 = 9\,M\Omega$ festgelegt, erhält man ein Teilerverhältnis von 10 : 1, das mit diesem Tastkopf betriebene Oszilloskop zeigt daher nur 1/10 der angelegten Spannung an. Der Eingangswiderstand steigt auf das 10-fache an und die Belastung der Messstelle – auch die kapazitive Belastung – verringert sich auf 1/10.

Bei der Verwendung eines Tastkopfes muss immer vor der Messung ein Abgleich mit dem eingebauten Rechteckgenerator im Oszilloskop vorgenommen werden. Dieser erzeugt ein Rechtecksignal mit einer konstanten Frequenz von 2,2 kHz und einer konstanten Amplitude von 5 V. Dieses Signal lässt sich auf der Kontaktfläche mit der Bezeichnung „PROBE.ADJ" auf der Frontplatte abgreifen.

Wegen der eingebauten Spannungsteiler bezeichnet man die Tastköpfe vielfach auch als Teilerköpfe. Es ist immer zu beachten, dass ein um den Faktor 0,1 kleinerer Ablenkkoeffizient eingestellt werden muss, um mit einem Tastkopf eine ebenso große Darstellung auf dem Bildschirm zu erhalten, d. h. 200 mV/Div statt 2 V/Div.

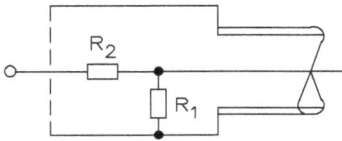

Abb. 3.18: Tastkopf mit rein ohmschem Spannungsteiler für Teilerverhältnisse von 10 : 1 oder 100 : 1.

Bei niederfrequenten Hochspannungen genügt meist ein einfacher ohmscher Spannungsteiler (Abb. 3.18). Damit lässt sich z. B. eine Hochspannung auf eine Größenordnung herabsetzen, die sich dann auf dem Bildschirm darstellen lässt. Eine Frequenzkompensation kann entfallen, da der kapazitive Blindwiderstand von 30 pF bei 50 Hz etwa 100 MΩ beträgt.

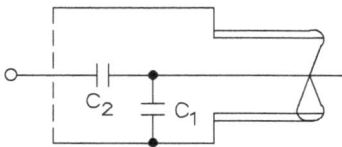

Abb. 3.19: Tastkopf mit rein kapazitivem Spannungsteiler für Teilerverhältnis von 1000 : 1.

Für Schaltungen, bei denen der galvanische Nebenschluss durch den ohmschen Spannungsteiler stört, verwendet man einen kapazitiven Teilerkopf (Abb. 3.19). Durch den Teilerkopf wird gleichzeitig die Eingangskapazität stark verringert. Damit lässt sich eine Eingangskapazität von ca. 3 pF und ein Teilerverhältnis von 1000 : 1 erreichen.

Wenn man mit einem 10-MHz-Oszilloskop eine Frequenz von 20 MHz misst, wird diese nicht mehr dargestellt oder die Darstellung ist verfälscht. Mit dem HF-Tastkopf (Abb. 3.20) lässt sich jedoch die Amplitude dieser HF-Spannung messen, aber nicht mehr die Frequenz. Der HF-Gleichrichter besteht aus dem Kondensator C_1, der Diode

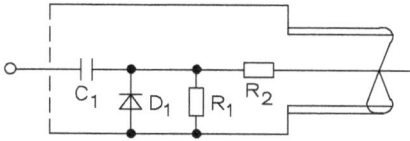

Abb. 3.20: Tastkopf für den HF-Bereich.

D_1 und dem Widerstand R_1. Aus der HF-Spannung entsteht nun eine Gleichspannung, die auf dem Bildschirm dargestellt wird. Der Widerstand R_2 erhöht den Eingangswiderstand und gibt an den Tastkopf ein definiertes Teilerverhältnis ab.

Der HF-Tastkopf erzeugt am Ausgang eine konstante Gleichspannung, solange die Periodendauer der HF-Spannung und die Periodendauer der Signale, mit denen die HF-Spannung z. B. amplitudenmoduliert anliegt, klein ist gegenüber der Zeitkonstante von $R_1 \cdot C_1$ des Gleichrichters. Beim HF-Tastkopf wählt man die Zeitkonstante groß, damit sich ein großer Frequenzbereich in eine konstante Gleichspannung umsetzen lässt. Auf die HF-Spannung amplitudenmodulierter Signale, deren Periodendauer groß gegenüber der Zeitkonstante der Gleichrichterschaltung ist, erscheint am Ausgang der Gleichrichterschaltung eine Wechselspannung, die der Gleichspannung überlagert ist. Bei entsprechender Wahl der Zeitkonstanten des Tastkopfes ist es also möglich, den niederfrequenten Anteil eines amplitudenmodulierten HF-Trägers auf dem Bildschirm darzustellen. HF- und Demodulatortastkopf unterscheiden sich daher grundsätzlich nur in den Werten des Widerstands R_1 und des Kondensators C_1. In Demodulatortastköpfen findet man häufig noch einen Kondensator, der in Reihe mit dem Widerstand R_2 geschaltet ist. Damit lässt sich die Gleichspannung abblocken und nur die Wechselspannung wird zum Oszilloskop übertragen. Die Demodulationsbandbreite der Tastköpfe liegt meistens zwischen 0 Hz und 30 kHz für Tonsignale und 0 Hz bis 8 MHz für Fernsehsignale.

3.1.7 Inbetriebnahme des Oszilloskops

Bei der Auslieferung eines Oszilloskops ist in Europa die Netzspannung auf 230 V eingestellt. Ist eine andere Netzspannung vorhanden, müssen die Anschlüsse am Netztrafo entsprechend der Serviceanleitung umgeklemmt werden. Das Oszilloskop muss unter Berücksichtigung der örtlichen Sicherheitsbestimmungen geerdet werden und das kann erfolgen über
– die Erdungsklemme auf der Vorderseite des Messgerätes oder
– über das Netzanschlusskabel (das festmontierte Netzkabel ist dreiadrig).

Eine Doppelerdung sollte möglichst immer vermieden werden, weil dadurch die Netzbrummfrequenz erhöht wird.

Für den Abgleich der Tastköpfe und vor jeder Messung sind immer folgende Arbeiten durchzuführen:

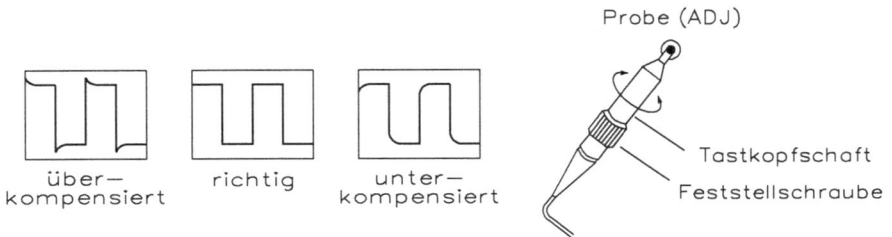

Abb. 3.21: Maßnahmen zum Abgleich der Tastköpfe.

- Die Tastköpfe werden mit den Eingangsbuchsen Y_A und Y_B verbunden
- Das Gerät wird eingeschaltet und der Helligkeitsregler auf Mittelwert gebracht
- Die anderen Einstellorgane auf der Frontplatte sind gemäß Abb. 3.21 einzustellen
- Die gewünschte Helligkeit lässt sich einstellen.

Das Oszilloskop ist gegen Fehlbedienungen aller Art weitgehend geschützt. Es kann jedoch zu einer Zerstörung kommen, wenn die spezifizierte maximale Eingangsspannung überschritten wird. Dies gilt besonders für den „X INPUT/TRIG-Eingang". Tab. 3.2 zeigt typische Werte für die maximale Eingangsspannung.

Tab. 3.2: Werte für die maximale Eingangsspannung.

Eingang	Maximale Eingangsspannung
X INPUT	250 V (DC + AC_{SS})
TRIG	250 V (DC + AC_{SS})
Y_A	500 V (DC + AC_{SS})
Y_B	500 V (DC + AC_{SS})

Die Erdung eines jeden Messkabels ist über die Abschirmung des Kabels gegeben, wobei auf folgende zwei Gefahren besonders zu achten ist:
- Erdung unter Spannung befindlicher Teile in der gemessenen Spannung über das Oszilloskop
- Kurzschlüsse eines Schaltungsteils mit der Erdungsklemme

Die meisten Oszilloskope sind mit einem externen Gitterraster versehen. Die gezeigten Linien des Rasters und der Strahl befinden sich auf verschiedenen Ebenen. Die Ausrichtung von Strahl und Raster hängt also vom Betrachtungspunkt des Anwenders ab. Ändert sich der Betrachtungspunkt, verschiebt sich auch die Deckungsgleichung. Diese scheinbare Bewegung des Strahls bezogen auf das Raster, wird als Parallaxenverschiebung bezeichnet. Der Ablesefehler als Folge dieser Parallaxenverschiebung sollte möglichst klein gehalten werden. Dies lässt sich am besten dadurch erreichen, dass man den Strahl immer aus einer gleichen „normalen" Position zum Bildschirm betrachtet.

Bei Abgleicharbeiten und Gleichspannungsmessungen kennt man in der Praxis im Wesentlichen zwei Fehlerquellen:

– ein Fehler, der in der Belastung durch das messende Gerät begründet liegt
– ein Fehler, der durch die Ungenauigkeit des Messgerätes entsteht

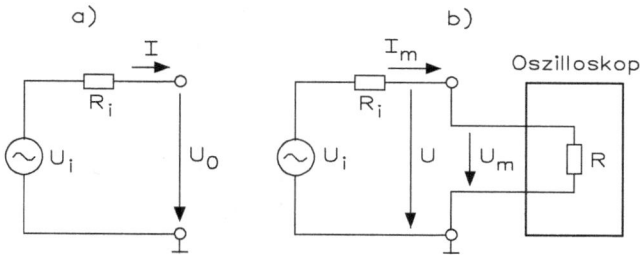

Abb. 3.22: Ersatzschaltbild für einen Leerlaufbetrieb und den Belastungsfall durch das angeschlossene Oszilloskop.

Führt man mit einem Oszilloskop eine Messung durch, so wird die Messklemme an einem bestimmten Schaltungs- bzw. Messpunkt angeschlossen. Damit entsteht für diesen Messpunkt immer eine Belastung (Abb. 3.22). Es gilt

U_i: Quellspannung
R_i: Innenwiderstand
U: Ausgangsspannung
R: Eingangswiderstand des Oszilloskops
U_m: Messspannung
I: Strom ohne zusätzliche Belastung (Leerlaufbedingung)
I_m: Strom mit zusätzlicher Belastung durch das Oszilloskop (Belastungsbedingung)

Der Leerlauffall berechnet sich aus $U = U_i - I \cdot R_i$ und da $I = 0$ ist, gilt $U = U_i$. Den Belastungsfall berechnet man mit:

$$U = U_i - I_m \cdot R_i \quad \text{und für} \quad I_m = \frac{U_i}{R_i + R} \quad \text{gilt}$$

$$U_m = U_i - \left(\frac{U_i}{R_i + R} \cdot R_i \right) = U_i \left(1 - \frac{R_i}{R_i + R} \right)$$

Bei einer minimalen Belastung ist

$$U_m \approx U_i \quad \text{bzw.} \quad \frac{R_i}{R_i + R} = 0.$$

Angenommen, der Innenwiderstand R_i ist gegeben, dann muss der Eingangswiderstand R gegen R_i groß sein! Ist z. B. $R = 10 \cdot R_i$, so erhält man für $U = 0{,}9 \cdot U_i$ und dies entspricht einem Fehler von 10 %. Ein Fehler dieser Größenordnung ist für viele Messungen zulässig!!!

Der Eingangswiderstand eines Oszilloskops ist in einem Datenblatt mit 1 MΩ angegeben. Der Belastungsfehler lässt sich durch Erhöhung dieses Widerstands mittels Zuschalten eines Reihenwiderstands in der Eingangsleitung (Messkabel) reduzieren. Ein Messkopf mit 10 : 1 enthält einen solchen Widerstand mit dem Wert von 9 MΩ. Der Eingangswiderstand erhöht sich also um den Faktor 10 auf 10 MΩ. Daraus resultiert, dass durch die Spannungsteilung einer Kombination aus Tastkopf und Oszilloskop, eine Erhöhung des Ablenkfaktors um den gleichen Faktor vorhanden ist, d. h. dass das Oszilloskop nun eine minimale Empfindlichkeit bei Gleichspannungskopplung erreicht.

Bei Amplitudenmessungen kann mit einer Genauigkeit gemessen werden, die über alles keinen größeren Fehler als ±5 % ergibt (gilt nur für die normale Justierung). Wenn eine größere Messgenauigkeit gefordert wird, lässt sich das Oszilloskop „punktjustieren", d. h. die Justierung erfolgt bei bestimmten Ablenkspannungen für jeden Ablenkfaktor. Der Vergleich erfolgt mit einem genauen Spannungsmessgerät, wie einem Präzisionsvoltmeter oder einem Digitalvoltmeter. Die endgültige Genauigkeit des Oszilloskops ist dann lediglich durch Ablesefehler und die Genauigkeit des Messstandards begrenzt.

Bei der folgenden Betrachtung soll die Ungenauigkeit des Messstandards als vernachlässigbar gering vorausgesetzt werden. Das ist mit Sicherheit der Fall, wenn man ein Digitalvoltmeter als Messnormal verwendet. Im Nachfolgenden werden zwei wichtige Begriffe bzw. Methoden erklärt:

– Fehler: die Differenz zwischen der gemessenen und der tatsächlichen Spannung.
– Korrektur: die Spannung, die zu der gemessenen Spannung hinzu addiert werden muss, um die tatsächliche Spannung zu erhalten.

Beispiel. Die tatsächliche Spannung beträgt 10 V, die gemessene dagegen 9,7 V. Der Fehler ist also 9,7 V – 10,0 V = –0,3 V oder wird mit –3 % angegeben. Die Korrektur ist 10 V – 9,7 V = ±0,3 V oder

$$\frac{0,3\,\text{V} \cdot 100}{9,7\,\text{V}} = +3,1\,\%$$

Abb. 3.23 ergibt eine Bandbreite der Wechselspannung mit 10-facher Empfindlichkeit (AC · 10) eine Anstiegsgeschwindigkeit von t_r = 70 ns und eine Bandbreite für Wechsel- oder Gleichspannungen mit t_r = 35 ns. Das bedeutet, dass die Verzerrung von Signalen aus schnellen Bauelementen (Signale mit kurzen Anstiegs- und/oder Abfallzeiten) umso geringer ist, je geringer die Eigenanstiegszeit des Oszilloskops ist. Abb. 3.23 zeigt die Beziehung zwischen Wiederholfrequenz eines Signals und der Messgenauigkeit.

im Vergleich
zu 100 kHz

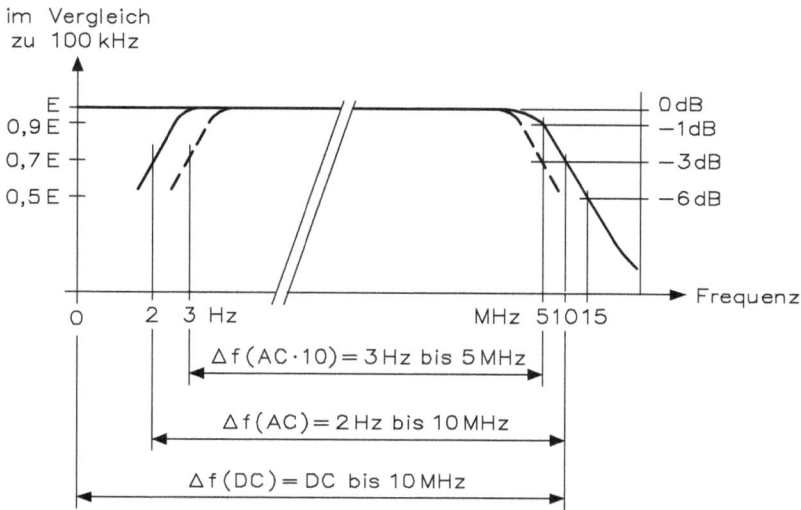

Abb. 3.23: Frequenzgangkurve eines Oszilloskops zwischen der Beziehung von Bandbreite Δf und Eingangsschalter AC · 10/AC/DC.

Wie wichtig die Wahl der direkten (Gleichspannungs-)Kopplung am Eingang zur Messung von Signalen niedriger Frequenzen ist, kann man sofort erkennen. Wird eine größere Genauigkeit als spezifiziert gefordert, lässt sich dann der entsprechende Korrekturfaktor ermitteln.

3.1.8 ALT- und CHOP-Betrieb

Hierbei handelt es sich um die maximale Amplitude des Signals, die ohne Verzerrung verarbeitet werden kann, wobei alle Signalabschnitte durch Ändern der vertikalen Position immer noch angezeigt werden können. Bei Oszilloskopen sind dies typischerweise 24 Divisions.

Es mag den Anschein haben, dass die einfache Addition von zwei Signalen wenig praktischen Nutzen hat. Wird jedoch eines von zwei zusammenhängenden Signalen invertiert und werden die beiden Signale anschließend addiert, so handelt es sich um eine Subtraktion. Diese ist wiederum sehr nützlich, um Gleichtaktstörungen (z. B. Netzbrummen) zu entfernen oder differentielle Messungen durchzuführen.

Durch die Subtraktion des Eingangssignals vom Ausgangssignal eines Systems wird nach geeigneter Skalierung die durch das Messobjekt verursachte Verzerrung sichtbar.

Auf dem Bildschirm des Oszilloskops kann immer nur eine Signalspur dargestellt werden. Bei vielen Oszilloskop-Anwendungen werden jedoch Signale verglichen, um zum Beispiel den Zusammenhang zwischen Eingang und Ausgang oder die Signalverzögerung durch das System zu untersuchen. Hierfür ist ein Instrument erforderlich, das mehr als ein Signal gleichzeitig anzeigen kann.

Um dies zu erreichen, kann der Elektronenstrahl auf zwei Weisen gesteuert werden:

1. Das Oszilloskop kann abwechselnd zuerst eine Schreibspur und dann die andere Schreibspur komplett abbilden; dies ist der sogenannte alternierende Betrieb oder einfach ALT-Betrieb.
2. Das Oszilloskop kann die Schreibspuren in einzelnen Abschnitten abbilden, indem sehr schnell zwischen ihnen umgeschaltet wird; dies ist der sogenannte Chopper-Betrieb oder einfach CHOP (chopping = Zerhacken). Hiermit werden während eines Strahldurchlaufs zwei Schreibspuren stückweise abgebildet.

Der Chopper-Betrieb eignet sich besser für die Anzeige von niederfrequenten Signalen bei langsamen Zeitbasis-Geschwindigkeiten, da in dieser Betriebsart sehr schnell umgeschaltet werden kann.

Der alternierende Betrieb eignet sich besser für höhere Frequenzen, die eine schnellere Zeitbasis-Einstellung erfordern. Die in diesem Buch als Beispiele benutzten Oszilloskope wählen automatisch ALT- oder CHOP-Betrieb in Abhängigkeit von der Zeitbasis-Geschwindigkeit, um eine bestmögliche Signaldarstellung zu gewährleisten. Für bestimmte Signale kann aber auch manuell zwischen ALT- und CHOP-Betrieb umgeschaltet werden.

Die wichtigste Spezifikation jedes Oszilloskops ist die Bandbreite. Die Bandbreite beschreibt den Frequenzgang des vertikalen Systems und ist definiert als die maximale Frequenz, die bei einer Amplitude auf dem Bildschirm angezeigt werden kann, welche nicht mehr als 3 dB kleiner ist als die tatsächliche Signalamplitude.

Der -3-dB-Punkt ist die Frequenz, bei der die angezeigte Signalamplitude U_{disp} bei 71 % des tatsächlichen Wertes des Eingangssignals U_{input} angezeigt wird, wie nachstehend gezeigt.

Bei

$$\text{dB (Volt)} = 20 \log(\text{Spannungsverhältnis})$$
$$-3\,\text{dB} = 20 \log(U_{\text{disp}}/U_{\text{input}})$$
$$-0{,}15 = 20 \log(U_{\text{disp}}/U_{\text{input}})$$
$$= (U_{\text{disp}}/U_{\text{input}})$$
$$U_{\text{disp}} = 0{,}71(U_{\text{input}})$$

Aus praktischen Gründen wird die Bandbreite häufig so betrachtet, als ob der Frequenzgang bis zur Grenzfrequenz flach verläuft und dann mit 6 dB/Oktave (20 dB/Dekade) von dieser Frequenz abfällt. Hierbei handelt es sich natürlich um eine Vereinfachung. In Wirklichkeit nimmt die Empfindlichkeit des Verstärkers bei niedrigen Frequenzen langsam ab und erreicht -3 dB bei der Grenzfrequenz. In Abb. 3.24 sind zwei Sinusfrequenzen mit unterschiedlichen Zeitbasis-Einstellungen gezeigt.

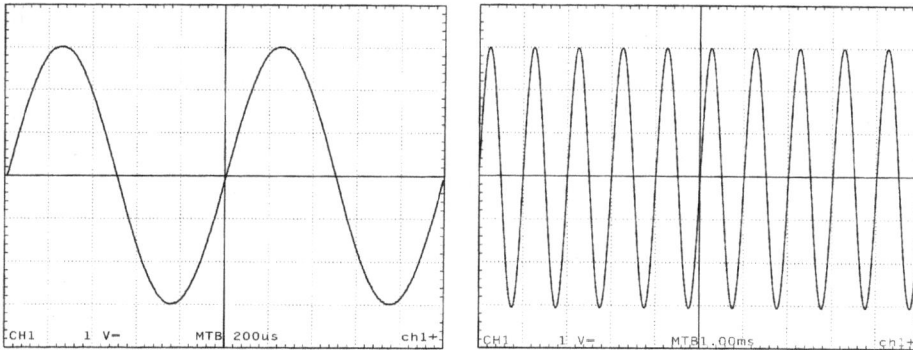

Abb. 3.24: 1-kHz-Signal mit unterschiedlichen Einstellungen der Zeitbasis (links: 1 ms/Div, rechts: 200 μs/Div).

Bei Oszilloskopen mit großer Bandbreite, normalerweise Typen mit Bandbreiten von 100 MHz und mehr, kann die Bandbreite auf typisch 20 MHz reduziert werden, was für die Durchführung von hochempfindlichen Messungen sehr vorteilhaft ist, da hierbei gleichzeitig Rauschpegel und Interferenzen reduziert werden.

Anstiegszeit und Bandbreite sind voneinander abhängig. Die Anstiegszeit wird normalerweise als die Zeit angegeben, die ein Signal für den Übergang vom 10-%-Pegel auf den 90-%-Pegel des stabilen Maximalwertes benötigt.

3.2 Praktische Handhabung eines Oszilloskops

Die innenliegende Fläche des Leuchtschirms ist mit gezeichneten oder eingeätzten horizontalen und vertikalen Linien versehen, die ein Gitter bilden – das sogenannte Raster. Das Raster besteht normalerweise aus acht vertikalen und zehn horizontalen 8 mm bis 12 mm großen Quadraten, den „Divisions". Einige Rasterlinien sind weiter in Subdivisions unterteilt und es gibt spezielle Linien, die mit 0 % und 100 % bezeichnet sind. Diese Linien werden zusammen mit den Rasterlinien von 10 % und 90 % benutzt, um eine sogenannte Anstiegszeitmessung durchzuführen.

Auf der Front des Oszilloskops befindet sich der Einsteller „Intensity", wo sich die Helligkeit der Anzeige einstellen lässt. Die modernen Oszilloskope verfügen über einen Schaltkreis, der die Helligkeit automatisch an die jeweiligen Zeitbasisgeschwindigkeiten anpasst. Wenn sich der Elektronenstrahl sehr schnell bewegt, wird der Leuchtstoff kürzer angeregt, sodass die Helligkeit erhöht werden muss, um die Schreibspur erkennen zu können. Wenn sich der Elektronenstrahl langsam bewegt, wird der Leuchtfleck sehr hell, sodass die Helligkeit reduziert werden muss, um ein Einbrennen des Leuchtstoffs zu vermeiden. Hierdurch wird die Elektronenstrahlröhre geschont und hält dementsprechend länger. Für zusätzliche Texteinblendungen

(Spannung, Strom, AC/DC, U_{eff}, U_s, U_{ss}, Frequenz usw.) auf dem Bildschirm ist ein getrennter Helligkeitseinsteller vorgesehen.

Mit dem Fokuseinsteller auf der Vorderseite des Oszilloskops wird die Größe des Leuchtflecks eingestellt, um eine scharfe Darstellung der Schreibspur zu erhalten. Bei einigen Oszilloskopen lässt sich der Fokus ebenfalls durch das Oszilloskop selbst optimieren, damit die Schreibspur bei verschiedenen Helligkeiten und Zeitbasisgeschwindigkeiten immer exakt angezeigt wird. Trotzdem ist für die manuelle Einstellung immer ein separater Fokuseinsteller vorgesehen.

Mit der „Trace Rotation" (Schreibspurdrehung) lässt sich die Basislinie parallel zu den horizontalen Rasterlinien ausrichten. Das Magnetfeld der Erde ist von Ort zu Ort unterschiedlich und kann sich auf den dargestellten Strahldurchlauf auswirken. Mit dem Einsteller „Trace Rotation" lässt sich die resultierende Verschiebung kompensieren. Die Einstellung liegt im Grunde fest und wird normalerweise nur verändert, wenn das Oszilloskop an einen anderen Aufstellort gebracht wurde.

Zur Benutzung des Oszilloskops in dunklen Räumen oder für Aufnahmen von Bildschirmdarstellungen kann man die Rasterbeleuchtung über den „ILLUM-Drehknopf" (Illumination, Helligkeit) stufenlos einstellen.

Die Helligkeit der Schreibspur lässt sich mit Hilfe eines externen Signals elektrisch variieren und man hat hierzu eine Z-Modulation. Dies ist nützlich, wenn die horizontale Ablenkung extern erzeugt wird und um mit der X-Y-Darstellung diverse Frequenzzusammenhänge herauszufinden. Für die Zuführung dieses Signals ist normalerweise eine BNC-Buchse an der Rückseite des Geräts vorhanden.

3.2.1 Einstellen der Empfindlichkeit

Das vertikale System skaliert das Eingangssignal so, dass es auf dem Bildschirm dargestellt werden kann. Oszilloskope zeigen Signale mit Spitze-Spitze-Spannung U_{ss} oder U_{pp} (Peak-to-Peak) von mV bis 1 kV an. Alle diese Spannungen müssen so angezeigt werden können, dass ihre Werte anhand des Rasters abzulesen und damit zu messen sind. Große Signalamplituden müssen abgeschwächt und kleine Signale verstärkt werden. Hierfür sorgt der Empfindlichkeits- oder Abschwächereinsteller. Die Empfindlichkeit wird in Volt pro Division gemessen. Wenn die Einstellung der Empfindlichkeit und die Anzahl der vertikalen Divisions, die der Strahl durchläuft, bekannt sind, kann man die unbekannte Spitzenspannung der Signalamplitude ermitteln.

Bei den meisten Oszilloskopen lässt sich die Empfindlichkeit in den Schritten einer 1-2-5-Folge einstellen, d. h. 10 mV/Div, 20 mV/Div, 50 mV/Div, 100 mV/Div und so weiter. Die Empfindlichkeit wird durch Drehen eines Schalters oder durch Drücken der Amplitudentasten nach oben/unten für die vertikale Empfindlichkeit eingestellt. Wenn sich das Signal mit diesen Schritten nicht wie gewünscht auf dem Bildschirm skalieren lässt, kann der Variable-Einsteller (VAR) zu Hilfe genommen werden, der bei Laboroszilloskopen fast immer vorhanden ist. Die Messung einer Anstiegszeit mit

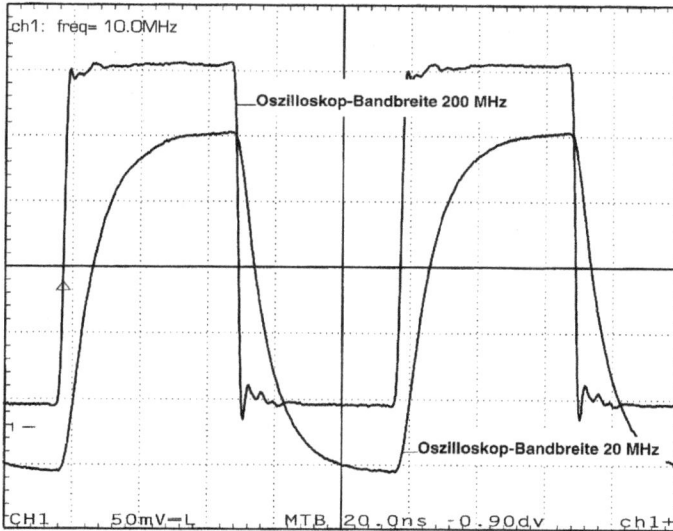

Abb. 3.25: Messung eines 10-MHz-Rechtecksignals mit einem 20-MHz- und einem 200-MHz-Oszilloskop.

Hilfe des Rasters ist ein Beispiel dafür. Bei der Messung eines 10-MHz-Rechtecksignals (Abb. 3.25) mit einem 20-MHz- und einem 200-MHz-Oszilloskop kann man deutlich die Nachteile eines „langsamen" Oszilloskops erkennen.

Der VAR-Einsteller (variable) ermöglicht eine stufenlose Einstellung zwischen den 1-2-5-Schritten. Im Allgemeinen ist bei der Benutzung des VAR-Einstellers die genaue Empfindlichkeit nicht bekannt, man weiß nur, dass sich der Wert irgendwo zwischen zwei Schritten der 1-2-5-Folge befindet. Die Y-Ablenkung für den Kanal ist jetzt unkalibriert oder „uncal". Auf diesen Zustand wird normalerweise durch eine entsprechende Anzeige auf der Frontplatte oder auf dem Bildschirm des Oszilloskops hingewiesen.

Bei modernen Oszilloskopen ist die Empfindlichkeit zwischen Minimum und Maximum stufenlos einstellbar, bleibt jedoch dank der modernen Verfahren zur Steuerung und Kalibrierung trotzdem kalibriert. Bei älteren Oszilloskopen lässt sich die Empfindlichkeitseinstellung für den Kanal anhand der Skala um den Empfindlichkeitseinsteller ermitteln. Bei neueren Messgeräten wird die Empfindlichkeit auf dem Bildschirm separat in einer Informationsleiste digital ausgegeben.

Bei Standardoszilloskopen hat man einen speziellen Drehknopf für die X-Dehnung „X-MAG" (MAGNIFY) und dadurch ist die Darstellung (Abb. 3.26) einer „normalen" und einer „gedehnten" Anzeige möglich. Bei modernen Oszilloskopen schließt man den Tastkopf an das Tastkopf-Kalibriersignal an, drückt die „AUTOSET"-Taste und damit ist die Zeitbasis so eingestellt, dass ca. zehn Perioden des Tastkopf-Kalibriersignals auf dem Bildschirm angezeigt werden. Die Zeitbasiseinstellung wird auf dem Bildschirm ausgegeben. Drückt man die Taste „10× MAGN" oder „MAGNIFY", so wird jetzt eine Zeitbasiseinstellung angezeigt, die zehnmal schneller ist als der vorherige Wert. Bei einigen Messsystemen wird außerdem ein sogenannter Speicherbalken angezeigt, der angibt, welcher Abschnitt des gespeicherten Signals auf dem Bildschirm dargestellt wird. Mit dem horizontalen „X-POS"-Einsteller kann man nun das vergrößerte Signal „durcharbeiten" und die Besonderheiten des Signals „langsam" betrachten bzw. untersuchen.

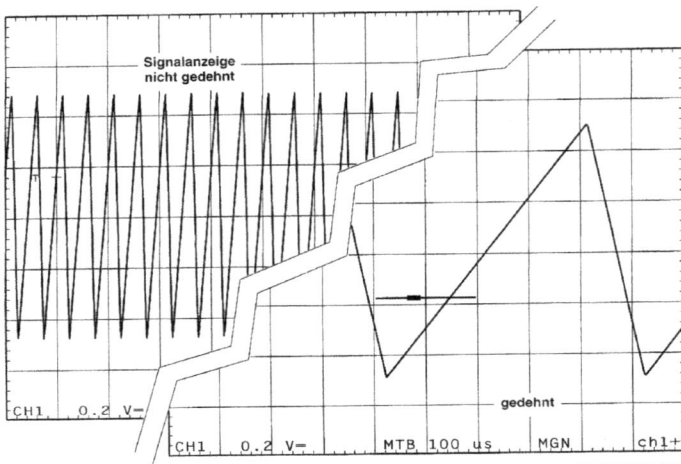

Abb. 3.26: Darstellung einer „normalen" und einer „gedehnten" Anzeige.

Wichtig in der praktischen Messtechnik ist die Verzögerungsleitung, ein Schaltungsteil, das sich innerhalb des vertikalen Ablenksystems befindet. Hier lässt sich die Triggerschaltung und das horizontale System beeinflussen. So schnell Triggerschaltungen und Zeitbasis auch ausgelegt sind, sie benötigen doch eine gewisse Zeit, um auf eine gültige Triggerbedingung zu reagieren. Die Zeitbasis hat eine geringe nicht lineare Periode am Anfang des Durchlaufs, bis die volle Geschwindigkeit erreicht ist. Bei Oszilloskopen mit geringerer Bandbreite sind diese Zeitspannen, die in der Größenordnung von Nanosekunden liegen, vernachlässigbar im Vergleich zu den schnellsten Signalen, die das Oszilloskop anzeigen kann. Bei Oszilloskopen mit höherer Bandbreite und Zeitbasisgeschwindigkeiten bis 2 ns/Div spielen diese Zeitspannen jedoch eine Rolle. Um Ereignisse in der Größenordnung von wenigen Nanosekunden darstellen zu können, muss die Zeitbasis getriggert werden, bevor das Triggerereignis in der Signalform den Bildschirm erreicht, d. h. dass der Elektronenstrahl bereits den Bildschirm überstreichen muss, wenn die Triggerinformation des Signals bei den Ablenkplatten eintrifft. Auf diese Weise lässt sich dann die gesamte ansteigende oder abfallende Flanke anzeigen, und zwar zusammen mit den Signaldaten einige Nanosekunden vor dem Triggerzeitpunkt. Die Signaldaten, die wenige Nanosekunden vor dem eigentlichen Triggerzeitpunkt vorhanden sind, definiert man als „Pre-Trigger"-Information. Dies wird erreicht, indem eine Signal-Verzögerungsleitung nach dem Abnahmepunkt des Triggersignals und vor dem Endverstärker in das vertikale System eingefügt wird. Die Verzögerungsleitung speichert das Signal für eine Zeitdauer, die proportional zu ihrer Länge ist. Bis das Signal das Ende der Verzögerungsleitung erreicht, ist die Zeitbasis gestartet und der Durchlauf aktiviert.

Auf die doppelte Zeitbasis kommt man, wenn man den Tastkopf mit dem Tastkopf-Kalibriersignal verbindet und die AUTOSET-Taste drückt. Anschließend ist die „DTB"-Taste im Bereich für die verzögerte Zeitbasis zu drücken.

Mit den Einstellern „DTB ON" und einem DTB-Menü ist die Position und Strahltrennung die Hauptzeitbasis in der oberen Hälfte des Bildschirms angeordnet und die verzögerte Zeitbasis in der unteren Hälfte positioniert. Mit den Zeitbasiseinstellern „DELAY" und „DTB" wählt man eine der ansteigenden Flanken des Tastkopf-Kalibriersignals und vergrößert sie. In der Praxis muss man nach dieser Veränderung die Schreibspurhelligkeit nachstellen. Abb. 3.27 zeigt die Auswirkung einer Verzögerungsleitung auf eine schnell ansteigende Flanke eines Messsignals. Bei dieser Messung sind immer die angezeigte Verzögerungsgeschwindigkeit und die Geschwindigkeit der verzögerten Zeitbasis zu beachten. Die Verzögerungszeit nimmt zu, wenn sich der aufgehellte Bereich nach rechts, also von der MTB-Triggerung weg bewegt.

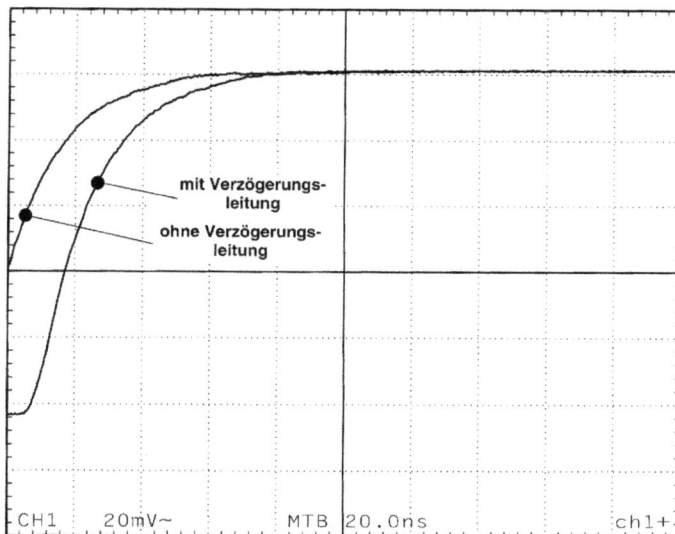

Abb. 3.27: Auswirkung einer Verzögerungsleitung auf eine schnell ansteigende Flanke eines Messsignals.

3.2.2 Anschluss eines Oszilloskops an eine Messschaltung

Mit dem Kopplungseinsteller wird vorgegeben, auf welche Weise das Eingangssignal von der BNC-Eingangsbuchse auf der Frontplatte an das interne Vertikalablenksystem für diesen Kanal weitergeleitet wird. Es gibt drei Möglichkeiten für die Einstellungen:
- DC-Kopplung
- AC-Kopplung
- Masseverbindung für den Abgleich

Die DC-Kopplung sorgt für eine direkte Signalverbindung. Alle Signalkomponenten von der Wechsel- und Gleichspannung beeinflussen direkt die Ablenkeinheiten des Bildschirms. Bei der AC-Kopplung wird ein Kondensator zwischen der BNC-Buchse und dem Abschwächer in Reihe geschaltet. Alle DC-Anteile des Signals sind somit für den Y-Verstärker blockiert, jedoch werden die niederfrequenten AC-Anteile ebenfalls blockiert oder stark abgeschwächt. Die untere Grenzfrequenz ist diejenige, bei der das Signal mit nur 70,7 % seiner eigentlichen Amplitude dargestellt wird. Die NF-Grenzfrequenz hängt in erster Linie von dem Wert des Kondensators für die Eingangskopplung ab. Abb. 3.28 zeigt eine vereinfachte Eingangsschaltung für die AC- und DC-Kopplung sowie der Eingangsmasseverbindung und der Wahl der Eingangsimpedanz von 50 Ω bei HF-Messungen.

Verbunden mit dem Einsteller für die Kanalkopplung ist die Massefunktion für das Eingangssignal. Hiermit wird das Signal vom Abschwächer getrennt und der Abschwächereingang mit dem Massepegel des Oszilloskops verbunden.

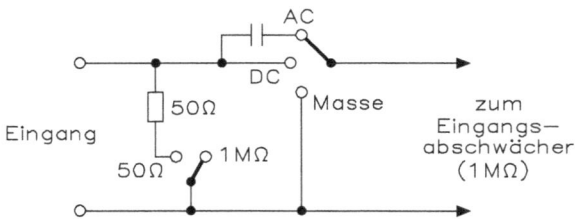

Abb. 3.28: Vereinfachte Eingangsschaltung für die AC- und DC-Kopplung sowie der Eingangsmasseverbindung und der Wahl für eine Eingangsimpedanz von 50 Ω bei HF-Messungen.

Wenn man „Masse" gewählt hat, wird eine Linie bei 0 V angezeigt. Diese Linie stellt das Bezugsniveau oder die Basislinie dar, die sich mit dem Y-Positions-Einsteller verschieben lässt.

Fast alle Standard-Oszilloskope weisen eine Eingangsimpedanz von 1 MΩ auf und parallel ist eine Eigenkapazität von ca. 30 pF vorhanden. Dieser Wert ist für die meisten universellen Anwendungen akzeptabel, da er die Schaltungen nur geringfügig belastet. Einige Signale werden von Spannungs- bzw. Stromquellen mit einer Ausgangsimpedanz von 50 Ω erzeugt. Um diese Signale exakt messen zu können und eine Verzerrung zu vermeiden, müssen sie korrekt übertragen und abgeschlossen werden. Bei den Messungen setzt man Verbindungskabel mit einem Wellenwiderstand von 50 Ω ein, die mit einer 50-Ω-Last abgeschlossen sein müssen. Bei einigen Oszilloskopen ist diese 50-Ω-Last als eine durch den Benutzer anwählbare Funktion vorgesehen. Um eine versehentliche Aktivierung zu vermeiden, muss die Auswahl durch Knopfdruck oder Cursorsteuerung auf dem Bildschirm aufgerufen und bestätigt werden. Aus dem gleichen Grund sollte man für die 50-Ω-Eingangsimpedanz immer bestimmte Tastköpfe verwenden.

Mit dem POS-Einsteller für die vertikale Position wird die Schreibspur in Y-Richtung auf dem Bildschirm verschoben und entsprechend justiert. Der Massepegel lässt sich feststellen, indem für die Eingangskopplung „Masse" bzw. „Ground" gewählt wird, damit kein anderes Eingangssignal anliegt. Moderne Oszilloskope verfügen über eine separate Anzeige für den Massepegel, mit der der Benutzer immer den Bezugspegel für die Signalform finden kann.

Der dynamische Bereich zeigt an, um welche maximale Amplitude es sich beim Signal handelt, die ohne Verzerrungen arbeitet, wobei sich alle Signalabschnitte durch Änderung der vertikalen Position immer noch anzeigen lassen. Bei modernen Oszilloskopen sind dies typischerweise 24 Divisions (drei Bildschirmbreiten).

Eine wichtige Funktion stellt die Addition und die Invertierung an den Y-Eingängen dar. In der Theorie hat es häufig den Anschein, dass eine einfache Addition von zwei Eingangssignalen nicht unbedingt einen praktischen Nutzen hat. Wird jedoch eines von zwei zusammenhängenden Signalen invertiert und werden die beiden Signale anschließend addiert, so handelt es sich um eine Subtraktion. Diese ist wiederum sehr nützlich, um Gleichtaktstörungen (z. B. Netzbrummen) zu entfernen oder wenn man differentielle Messungen durchzuführen hat. Durch die Subtraktion des Eingangssignals vom Ausgangssignal eines Systems, wird nach geeigneter Skalierung die durch das Messobjekt verursachte Verzerrung sichtbar. Da sich viele elektronische Systeme invertierend verhalten, lässt sich eine gewünschte Subtraktion, einfach erreichen, indem man die beiden Eingangssignale des Oszilloskops addiert. Bei Oszilloskopen mit einer großen Bandbreite (über 100 MHz) ist ein Schalter vorhanden, mit dem sich die Bandbreite auf 20 MHz reduzieren lässt. Dies ist sehr vorteilhaft für die Durchführung von hochempfindlichen Messungen, da sich hierbei gleichzeitig Rauschpegel und Interferenzen reduzieren lassen.

Anstiegszeit und Bandbreite sind voneinander abhängig. Die Anstiegszeit wird normalerweise als die Zeit angegeben, die ein Signal für den Übergang vom 10-%-Pegel auf den 90-%-Pegel des stabilen Maximalwertes benötigt. Bei einem Oszilloskop entspricht die Anstiegszeit dem schnellsten Übergang, der theoretisch dargestellt werden kann. Das Hochfrequenzverhalten eines Oszilloskops hat eine sorgfältig bestimmte Kurve und hiermit lässt sich sicherstellen, dass Signale mit einem hohen Gehalt an Oberschwingungen, z. B. Rechtecksignale, wirklichkeitsgetreu auf den Bildschirm reproduziert werden. Wenn die Dämpfung zu schnell erfolgt, kann dies bei schnell ansteigenden Flanken zu Überschwingungen führen und wenn die Dämpfung zu langsam erfolgt, also zu früh auf der Frequenzkurve beginnt, wird das gesamte Hochfrequenzverhalten beeinträchtigt und die Rechtecksignale verlieren ihre „Rechteckigkeit".

Das Verhalten von Anstiegszeit und Bandbreite ist bei allen universellen Oszilloskopen ähnlich, sodass man hierdurch eine einfache Formel ableiten kann, die die Bandbreite Δf und die Anstiegszeit t_r miteinander in Beziehung setzt:

$$t_r = \frac{0,35}{\Delta f \text{ (Hz)}} \text{ [s]}$$

und für Hochfrequenzoszilloskope ergibt sich damit

$$t_r = \frac{350}{\Delta f \text{ (MHz)}} \text{ [ns]}.$$

Bei einem 100-MHz-Oszilloskop beträgt die Anstiegszeit $t_r = 3,5$ ns. Um das Ablesen zu erleichtern, verfügen diese Oszilloskope über spezielle Linien, die mit 0 % und 100 % gekennzeichnet sind. Diese Linien dienen zur Messung der Anstiegszeit. Mit dem VAR-Empfindlichkeitseinsteller werden der obere und untere Teil des zu messenden Signals auf die 0-%-Linie bzw. 100-%-Linie eingestellt. Die Anstiegszeit lässt sich dann auf der X-Achse als Zeit zwischen den Schnittpunkten des Signals mit der 10-%- und der 90-%-Rasterlinie messen.

Um die Anstiegszeit eines Oszilloskops zu messen, geht man ebenso vor, jedoch muss das Testsignal eine Anstiegszeit aufweisen, die viel kürzer ist als die des Oszilloskops, d. h. sie muss für einen Fehler von 2 % mindestens 5-mal kürzer sein. Die angezeigte Anstiegszeit ist eine kombinierte Funktion der Oszilloskop-Anstiegszeit und der Signal-Anstiegszeit. Der Zusammenhang lässt sich folgendermaßen darstellen:

$$t_{r\text{(angezeigt)}} = \sqrt{t_{r\text{(Signal)}}^2 + t_{r\text{(Scope)}}^2}$$

Diese Formel ist sehr wichtig für die Messpraxis!

Die Triggerung (Abb. 3.29) eines Oszilloskops erfolgt mit dem Ausgangssignal des Sägezahngenerators, Zeitbasisgeschwindigkeit, Rücklaufzeit und Hold-Off-Zeit. Die Durchlauf- und die Zeitbasisgeschwindigkeit werden in Sekunden pro Division (s/Div bis zu 20 ns/Div) angegeben und von einem genauen Sägezahngenerator erzeugt. Mit dem X-POS-Einsteller für die horizontale Position oder die X-Achsen-Position kann die Schreibspur horizontal auf dem Bildschirm verschoben werden. Das bedeutet, dass sich ein bestimmter Punkt der Schreibspur auf einer vertikalen Rasterlinie definieren lässt, um als Startpunkt für eine Zeitmessung zu dienen.

Mit der variablen Zeitbasis kann man von den Zeitbasisgeschwindigkeiten abweichen. Hiermit lässt sich z. B. eine Periode einer beliebigen Signalform über die gesamte Bildschirmbreite darstellen. Ähnlich wie bei der VAR-Einstellung für die Y-Achse weisen dann die meisten Oszilloskope daraufhin, dass die variable Zeitbasis benutzt wird und die X-Achse nicht kalibriert ist. Moderne Oszilloskope können auch

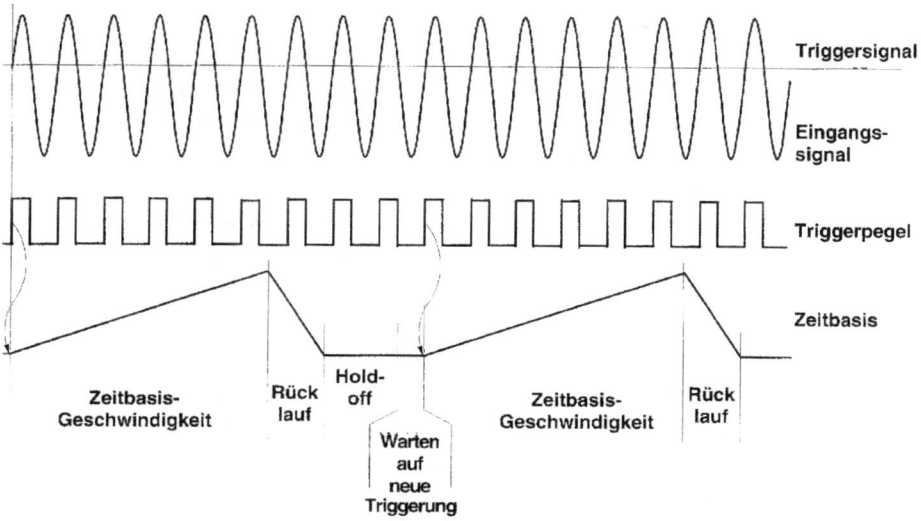

Abb. 3.29: Ausgangssignal des Sägezahngenerators mit der Zeitbasisgeschwindigkeit, der Rücklauf-zeit und der Hold-Off-Zeit.

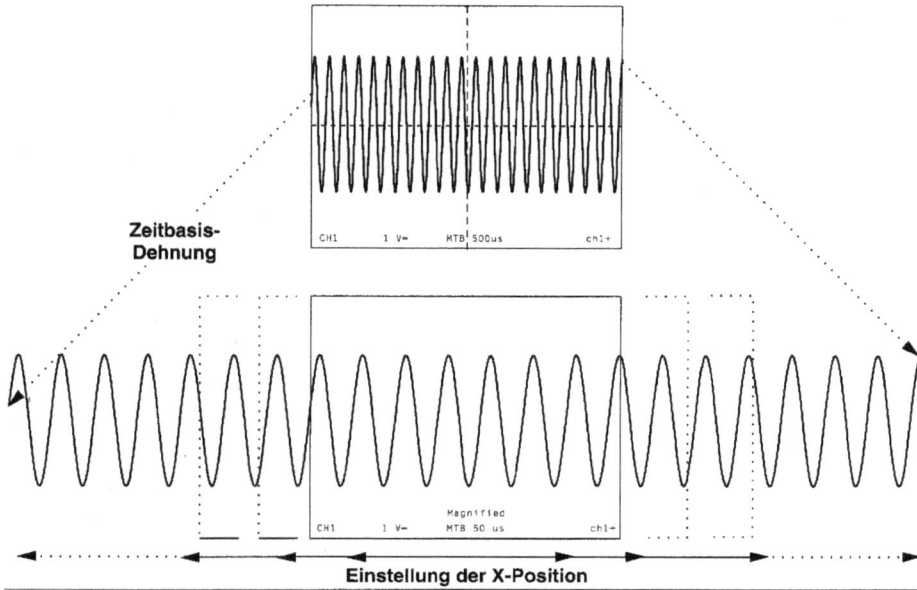

Abb. 3.30: Zeitbasisdehnung und Einstellung der *X*-Position.

bei stufenloser Einstellung kalibriert arbeiten, da die gesamte Bildschirmbreite zur Verfügung steht, um den interessierenden Signalabschnitt anzuzeigen, und daher lassen sich diese Messungen mit besserer Zeitauflösung durchführen. Auch die Wahrscheinlichkeit von Bedienungsfehlern lässt sich erheblich reduzieren, wie es bei älteren bzw. einfachen Oszilloskopen der Fall ist.

Bei der Zeitbasisdehnung (Abb. 3.30) wird der Zeitmaßstab (Durchlauf der X-Ablenkung) gedehnt und zwar normalerweise um das Zehnfache. Die tatsächliche Zeitbasisgeschwindigkeit, wie sie auf dem Bildschirm zu sehen ist, ist daher 10-mal schneller. Ein typisches Oszilloskop mit einer unvergrößerten Zeitbasis von 20 ns/Div kann jetzt mit 2 ns/Div arbeiten. Dargestellt wird ein auf der Schreibspur verschiebbarer Ausschnitt des Signals. Die Zeitbasisdehnung bietet im Vergleich zur einfachen Erhöhung der Zeitbasisgeschwindigkeit den Vorteil, dass hier das Originalsignal beibehalten wird und sich gleichzeitig wesentlich genauer betrachten lässt.

Bei zahlreichen Anwendungen, in denen komplexe Signale eine wesentliche Rolle spielen, muss ein kleiner Signalabschnitt so dargestellt werden, dass er den gesamten Bildschirm füllt. Dies ist z. B. der Fall, wenn eine bestimmte Videozeile eines Composite-Video-Signals untersucht werden soll. Hier reicht die normale Triggerung der Standardzeitbasis nicht aus. Aus diesem Grunde verfügen moderne Oszilloskope über eine zweite Zeitbasis.

Die Hauptzeitbasis MTB (main time base) kann auf ein Haupttriggerereignis in der Signalform triggern, z. B. auf das vertikale Synchronisationssignal des Videosystems. Ein Teil der MTB-Schreibspur wird heller dargestellt. Eine zweite Zeitbasis, die sogenannte verzögerte Zeitbasis DTB (delayed timebase) wird am Anfang des aufgehellt dargestellten Signalabschnitts gestartet, und ihre Geschwindigkeit lässt sich separat schneller einstellen als die Ablenkung der Hauptzeitbasis. Die Verzögerung zwischen dem Start der MTB und dem Anfang des aufgehellten Signalabschnitts kann man ebenfalls einstellen. Es ist sogar möglich, die DTB nicht dann zu starten, wenn die gewählte Verzögerungszeit abgelaufen ist, sondern zu diesem Zeitpunkt zunächst eine Triggerschaltung für die DTB zu armieren.

Erst wenn im Anschluss danach ein neues Triggerereignis eintrifft, wird der Durchlauf der Zeitbasis DTB gestartet. Bei einer doppelten Zeitbasis lässt sich der Elektronenstrahl also abwechselnd mit zwei verschiedenen Geschwindigkeiten durch die zwei Zeitbasen über den Bildschirm auslenken.

Beispiel für den Betrieb (Abb. 3.31) mit doppelter Zeitbasis (500 µs/Div und 50 µs/Div) und einer Verzögerung von vier Divisions. Zuerst läuft die Hauptzeitbasis mit 500 µs/Div und hierdurch wird eine Signalform auf dem Bildschirm aufgezeichnet. Während dieses Durchlaufs hellt die Schreibspur nach 2 ms auf, was vier Divisions entspricht. Diese Zeit lässt sich durch den Verzögerungseinsteller vorgeben.

Die Dauer des aufgehellten Bereichs wird mit dem Einsteller für die DTB-Zeitbasisgeschwindigkeit vorgegeben und beträgt in diesem Beispiel 50 µs/Div.

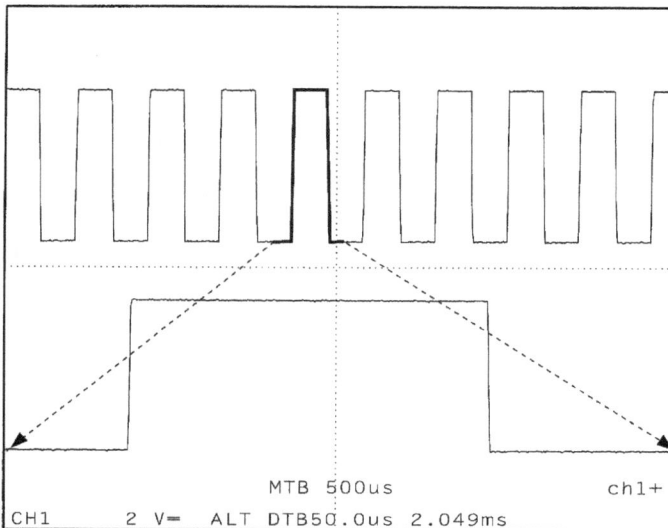

Abb. 3.31: Betrieb mit doppelter Zeitbasis (500 μs/Div und 50 μs/Div) und einer Verzögerung von vier Divisions.

Wenn die verzögerte Zeitbasis nach der Verzögerung von 2 ms startet, wird nur 1/10 der Original-Schreibspur der Hauptzeitbasis angezeigt, jedoch über den gesamten Bildschirm. Wird die Verzögerungszeit verstellt, so ändert sich auch der Startpunkt der verzögerten Zeitbasisabtastung auf der Hauptzeitbasis. Durch eine Änderung der Zeitbasisgeschwindigkeit der verzögerten Zeitbasis, lässt sich die Länge des dargestellten Abschnitts der Hauptzeitbasis verstellen.

Die Hauptzeitbasis kann man ausschalten, wenn der interessierende Signalabschnitt mit der verzögerten Zeitbasis angezeigt wird. Hierdurch wird die verzögerte Schreibspur heller dargestellt. Ein typisches Oszilloskop der oberen Preisklasse mit zwei Zeitbasen bietet die folgenden Betriebsarten zur Zeitbasis an:

- MTB (main time base oder Hauptzeitbasis): Es wird nur die Hauptzeitbasis angezeigt und das Oszilloskop verhält sich wie ein Messgerät mit einfacher Zeitbasis.
- MTBI (main time base intensify oder aufgehellte Hauptzeitbasis): Es wird nur der MTB-Durchlauf angezeigt, jedoch ein Teil der Schreibspur erscheint aufgehellt, um die Startposition und den Durchlauf der DTB anzuzeigen.
- MTBI und DTB: wie MTBI, jedoch mit DTB-Durchlauf.
- DTB (delayed timebase oder verzögerte Zeitbasis): zeigt nur den DTB-Durchlauf an.

3.2.3 Triggerverhalten an einer Messschaltung

Für das Triggerverhalten eines Oszilloskops müssen zuerst die Zeitbasisschaltungen betrachtet werden, denn diese verfügen über mehrere Betriebsarten. Bei normalen analogen Oszilloskopen kennt man folgende Möglichkeiten:

– Normal: Die Zeitbasis muss meistens über ein externes Signal getriggert werden, um eine Schreibspur erzeugen zu können. Die Regel hierbei ist einfach: „Kein Signal → keine Schreibspur". Das Eingangssignal wird der gewählten Triggerquelle zugeführt, das groß genug sein muss, um die Zeitbasis triggern zu können. Wenn kein Eingangssignal vorhanden ist, wird keine Schreibspur auf dem Bildschirm abgebildet.

– Automatisch: Mit dieser Betriebsart kann auch dann eine Schreibspur angezeigt werden, wenn kein Eingangssignal vorhanden ist. Liegt kein Signal an den Y-Eingängen vor, auf das sich triggern lässt, ermöglicht der Automatikbetrieb den Freilauf der Zeitbasis bei einer niedrigen Frequenz, sodass eine Schreibspur auf dem Bildschirm angezeigt wird. Hiermit lässt sich die vertikale Position der Schreibspur einstellen, z. B. wenn es sich bei dem Signal um eine reine Gleichspannung handelt.

– Single: Beim Eintreffen eines Triggersignals erfolgt nur ein einmaliger Zeitbasisdurchlauf. Die Triggerschaltung muss für jedes Triggerereignis armiert, d. h. vorbereitet sein. Wenn die Triggerung nicht vorbereitet wurde, ist die Zeitbasis durch die nachfolgenden Triggerereignisse gesperrt und kann nicht starten. Die Triggerschaltung wird erneut armiert, indem die Taste mit der Aufschrift „Single" oder „Reset" – je nach Oszilloskop – gedrückt wird. Um eventuelle Unsicherheiten bei Einzelablenkungen zu eliminieren, zeigen moderne Oszilloskope ihre Triggerpegel in Volt oder als horizontale Linien auf dem Bildschirm an.

Das Eingangssignal wird für die vertikale Ablenkung und meistens auch für die Triggerung verwendet. Aber wie folgt der Elektronenstrahl bei jedem Durchlauf des Bildschirms immer wieder genau den gleichen Weg?

Die Antwort liegt in der Arbeitsweise der Triggerschaltung. Ohne Triggerung ergibt sich ein Durcheinander (Abb. 3.32) von Signalformen mit beliebigen Startpunkten.

Bei jedem Zeitbasisdurchlauf sorgt die Triggerschaltung dafür, dass die Zeitbasis an einem genau definierten Punkt durch das Eingangssignal gestartet wird. Dieser genaue Startpunkt lässt sich durch den Anwender definieren. Hierzu sind folgende Möglichkeiten vorhanden:

– Triggerquelle: Hier kann man vorgeben, von welcher Quelle das Triggersignal stammt. In der Mehrzahl der Fälle verwendet man es vom Eingangssignal selbst. Wenn man nur einen Kanal für die Messung einsetzt, wird die Triggerquelle über diesen Kanal eingestellt. Sind mehrere Kanäle in einer Messung erforderlich, muss man eine von diesen als Triggerquelle wählen. „Composite"-Triggerung setzt man ein, um abwechselnd von verschiedenen Kanälen in der Reihenfolge

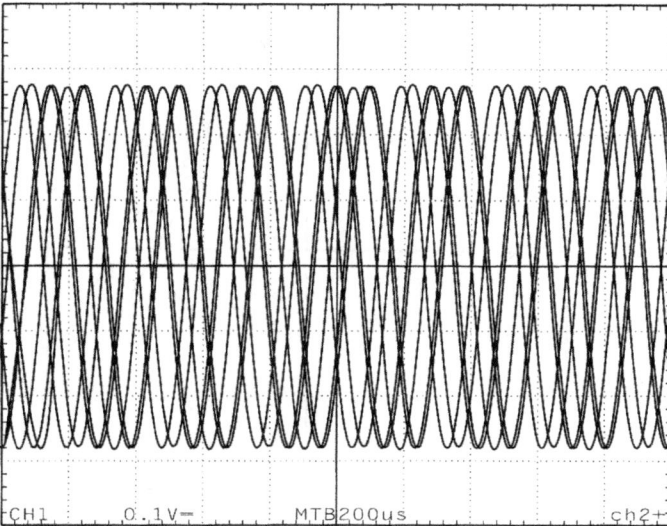

Abb. 3.32: Darstellung einer nicht getriggerten Signalform.

ihrer Anzeige zu triggern. Hiermit lassen sich Signale anzeigen, die nicht in zeitlichem Zusammenhang stehen müssen, z. B. wenn unterschiedliche Frequenzen an den einzelnen Eingängen vorhanden sind. Verfügt das Oszilloskop über einen externen Triggereingang EXT, kann es den Triggerpunkt von einem Signal ableiten, das an diesem Eingang zugeführt wird. Für die Durchführung von 50-Hz- oder 100-Hz-Messungen an elektrischen Systemen mit normaler Netzfrequenz sorgt die Netztriggerung. Diese Möglichkeit bietet sich an, um netzabhängige Störungen aufzuspüren.

– Triggerpegel: Mit dem Einsteller „Triggerpegel" lässt sich der Spannungspegel (Abb. 3.33) einstellen, den die Signalamplitude von der gewählten Triggerquelle überschreiten muss, damit die Triggerschaltung die Zeitbasis startet.

Mit dem Flankeneinsteller (slope) wird vorgegeben, ob die Triggerung auf einer steigenden (positiven) oder fallenden (negativen) Flanke des Quellsignals erfolgt. Mittels der Triggerkopplung lässt sich vorgeben, auf welche Weise das gewählte Quellsignal an die Triggerschaltung weitergeleitet wird. Durch die DC-Kopplung ist die Quelle direkt mit der Triggerschaltung verbunden. Bei der AC-Kopplung liegt ein Kondensator in Reihe, der Gleichspannungsanteil für die Triggerung wird „abgeblockt" und nur der Anteil der Wechselspannung erscheint auf dem Bildschirm.

Mit der Funktion „Level p-p" lässt sich der Bereich der Triggerpegeleinstellung etwas kleiner einstellen als der Spitze-Spitze-Wert des Quellsignals. Bei dieser Betriebsart ist es nicht möglich, einen Triggerpegel außerhalb des Eingangssignals einzustellen, sodass das Oszilloskop immer getriggert wird, wenn ein Signal vorhanden ist.

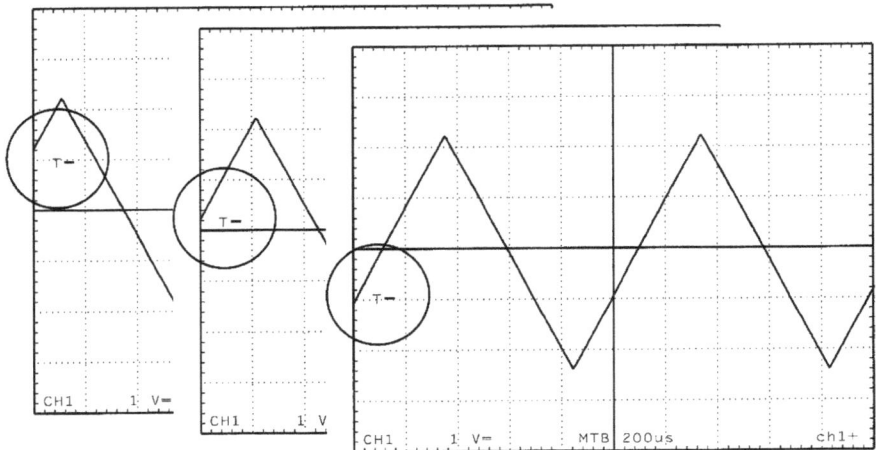

Abb. 3.33: Einfluss der Triggerpegeleinstellung.

Über die Einstellung „HF-Rej." (high frequency rejector) wird das Quellsignal über ein Tiefpassfilter weitergeleitet, um die hohen Eingangsfrequenzen zu unterdrücken. Damit lässt sich auch dann auf ein niederfrequentes Signal triggern, wenn dieses mit einem starken HF-Rauschen überlagert ist.

Eine NF-Unterdrückung ist vorhanden, wenn die Einstellung „LF-Rej." (low frequency rejector) eingestellt wurde. Das Quellsignal wird über ein Hochpassfilter weitergeleitet, um die niedrigen Frequenzen zu unterdrücken. Dies ist z. B. nützlich, wenn Signale angezeigt werden sollen, die größere Netzbrummamplituden beinhalten.

In der Betriebsart „TV-Triggerung" ist der Pegeleinsteller außer Funktion und das Oszilloskop benutzt die Synchronisationsimpulse eines Videosignals. Für die TV-Triggerung (Abb. 3.34) gibt es zwei Möglichkeiten:
- Bildtriggerung (TV Frame, TVF): Jedes TV-Bild besteht aus zwei Halbbildern und jedes enthält die Hälfte der Zeilen, die für ein komplettes Bild erforderlich sind. Die beiden Halbbilder sind miteinander auf dem Fernsehbildschirm verschachtelt, sodass ein Vollbild entsteht. Durch die Technik wird die für den Sendekanal erforderliche Bandbreite und das Flackern des Bilds reduziert. Zu Beginn jedes Halbbilds tritt eine spezielle Folge von Synchronisationsimpulsen auf, so genannte Teilbildsynchronisierimpulse oder Vertikalimpulse, auf die das Oszilloskop entsprechend triggert. Moderne Oszilloskope können zwischen dem ersten und dem zweiten Halbbild unterscheiden.
- Zeilentriggerung (TV Line, TVL): Jedes Halbbild enthält eine Reihe von Zeilen. Jede Zeile beginnt mit einem Zeilensynchronisationsimpuls oder „Line-Sync". Das Oszilloskop triggert mit jedem dieser Impulse und zeichnet alle Zeilen übereinander auf. Einzelne Zeilen lassen sich somit betrachten, indem man die doppelte Zeitbasis und die TV-Bild-Triggerung benutzt, oder indem man sie

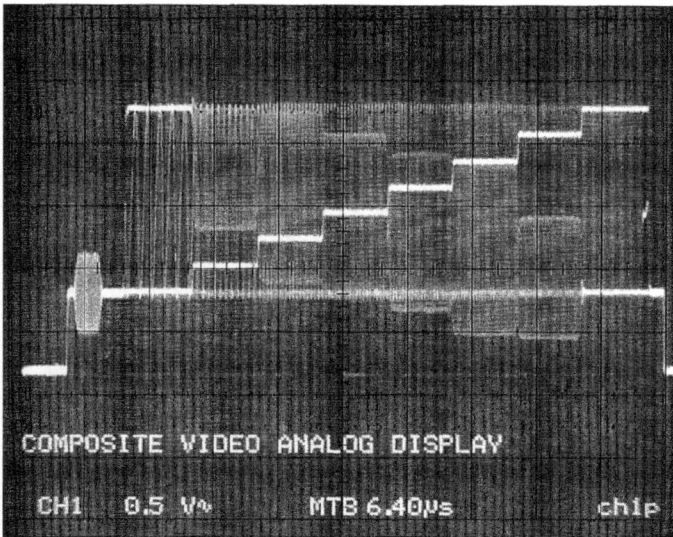

Abb. 3.34: Aufbau eines Videozeilensignals mit den Synchronisationsimpulsen.

mit Hilfe eines speziellen Zubehörs, dem „Video-Line-Selector" anwählt. Hier ist ein Zähler eingebaut und man muss nur die gewünschte Zeilenzahl innerhalb des Videosignals auswählen.

Einige Signale in der Praxis weisen mehrere mögliche Triggerpunkte (Abb. 3.35) auf und es ist gezeigt, wie mit der Trigger-Hold-off-Funktion ein digitales Signal richtig gemessen wird. Obwohl es sich über einen längeren Zeitraum wiederholt, ist die kurzzeitige Situation unterschiedlich. Um einige Impulse etwas genauer betrachten zu können, muss die Zeitbasis schneller laufen, aber jetzt ändert sich der dargestellte Signalabschnitt bei jedem Durchlauf. Um dies zu vermeiden, vergrößert der Trigger-Hold-off die Zeit zwischen den Durchläufen, sodass sich immer auf die gleiche Flanke triggern lässt.

Im Abschnitt über die Zeitbasis wurde geschildert, dass die DTB nach einer Verzögerung auf dem MTB-Durchlauf gestartet wird. Diese Verzögerung lässt sich vom MTB-Triggerpunkt aus messen und erst nach dieser Verzögerungszeit wird die DTB durch das Verzögerungssystem gestartet. Diese Betriebsart bezeichnet man als DTB-Start. Die DTB lässt sich ähnlich wie die MTB auch in einem getriggerten Modus betreiben. Das Oszilloskop verfügt über Einsteller für die DTB-Triggerquelle, den Triggerpegel, die Triggerflanke und die Triggerkopplung, jedoch funktionieren diese Einsteller unabhängig von der MTB. Wenn man diese Betriebsart gewählt hat, wird die DTB bei Ablauf der Verzögerungszeit für die Triggerung vorbereitet (armiert), jedoch erst durch ein neues Triggerereignis gestartet, das als Eingangssignal erkannt wird. Diese Betriebsart bezeichnet man als getriggerte DTB.

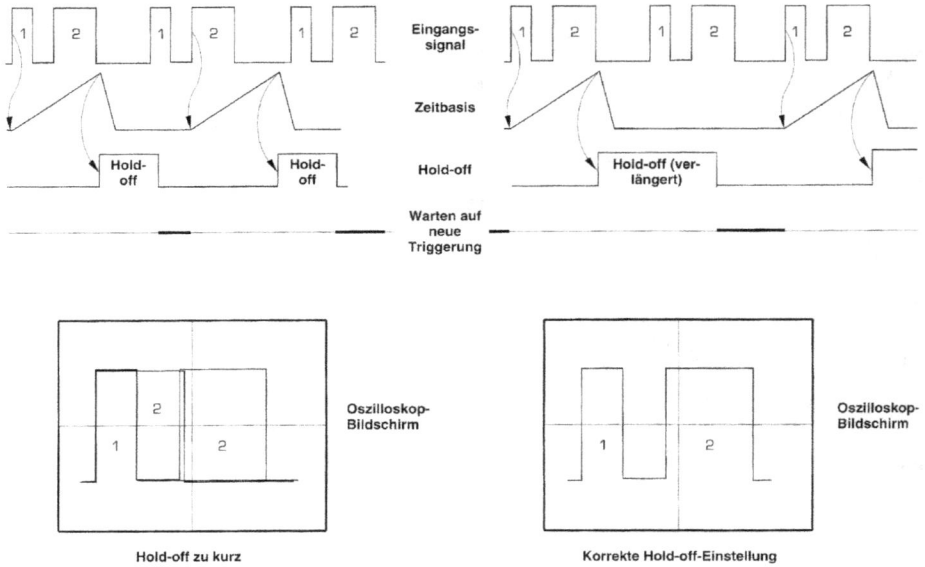

Abb. 3.35: Triggerung von komplexen Signalen mittels der „Hold-off-Funktion".

3.3 Digitales Speicheroszilloskop

Wie bereits erklärt wurde, beträgt die Nachleuchtdauer des Leuchtstoffs P31 einer normalen Elektronenstrahlröhre weniger als eine Millisekunde. In einigen Fällen findet man Elektronenstrahlröhren mit dem Leuchtstoff P7, der eine Nachleuchtdauer von 300 ms aufweist. Die Elektronenstrahlröhre zeigt das Signal nur solange an, bis es zu einer Anregung des Leuchtstoffs kommt. Wenn dieses Signal nicht mehr vorhanden ist, klingt die Schreibspur beim P31 schnell und beim P7 etwas langsamer ab.

Was geschieht aber, wenn ein sehr langsames Signal an einem Oszilloskop anliegt oder wenn es wenige Sekunden andauert oder – noch problematischer – wenn es nur einmal auftritt? In diesen Fällen ist es so gut wie unmöglich, das Signal mit einem analogen Oszilloskop anzuzeigen. Hier wird ein Verfahren benötigt, mit dem der durch das Signal zurückgelegte Weg auf der Leuchtschicht erhalten bleibt. Früher erreichte man dies durch den Einsatz einer speziellen Elektronenstrahlröhre, der „Speicherröhre, bei der ein elektrisch geladenes Gitter hinter der Leuchtstoffschicht angeordnet war, um die Spur des Elektronenstrahls zu speichern. Diese Röhren sind sehr teuer und im mechanischen Aufbau empfindlich, und sie konnten die Schreibspur nur für eine begrenzte Zeit festhalten.

3.3.1 Merkmale eines digitalen Oszilloskops

Die digitale Speicherung überwindet nicht nur alle Nachteile des analogen Oszilloskops, sondern bietet zusätzlich folgende Leistungsmerkmale:

- Durch den Pre-Trigger (Vortriggerung) lassen sich Informationen im großen Umfang speichern und anzeigen, die vor der eigentlichen Triggerfunktion aufgetreten sind.
- Es lassen sich Informationen durch die Post-Trigger in großem Umfang speichern und anzeigen, die nach der Triggerung vorhanden sind.
- Es sind vollautomatische Messungen möglich, wobei sich auch ein oder mehrere Messcursors für ein optimales Ablesen verwenden lassen. Bei dem simulierten Oszilloskop sind zwei Messcursors vorhanden.
- Die Signalformen können unbegrenzt intern und auch extern gespeichert werden.
- Die gespeicherten Signalformen lassen sich zur Speicherung, Auswertung oder späteren Analyse in einen PC übertragen.
- Für Dokumentationszwecke erstellt man Hardcopies über einen Drucker und die erstellten Bilder lassen sich auch in die Textverarbeitung einbinden.
- Neu erfasste Signalformen können mit Referenz-Signalformen verglichen werden, entweder durch den Benutzer oder vollautomatisch durch einen PC.
- Es können Entscheidungen auf „Pass/Fail-Basis" getroffen werden („Go/No Go"-Tests).
- Die Informationen der Signalform lassen sich nachträglich mathematisch verarbeiten und für eine grafische Darstellung aufbereiten.

3.3.2 Interne Funktionseinheiten

Wie der Name bereits definiert, erfolgt bei einem digitalen Speicheroszilloskop die Speicherung eines Signals in digital codierter Form. Wenn das Speicheroszilloskop (Abb. 3.36) ein Eingangssignal erfasst, wird die Eingangsspannung in regelmäßigen Zeitintervallen abgetastet, bevor es an die Ablenksysteme der Elektronenröhre weitergeleitet wird.

Diese Momentanwerte oder Samples werden von einem Analog-Digital-Wandler ADW abgefragt, um binäre Werte zu erzeugen, die jeweils eine Sample-Spannung darstellt. Diesen Prozess bezeichnet man als Digitalisierung der analogen Eingangsspannung. Die binären Werte werden in einem statischen Schreib-Lese-Speicher (RAM) abgelegt und die Geschwindigkeit, mit der die Samples aufgenommen werden, bezeichnet man als Abtastrate. Die Steuerung für den gesamten Arbeitsablauf definiert man als Abtasttakt. Die Abtastrate für allgemeine Anwendungen reicht von 20 MS/s (Mega-Samples pro Sekunde) bis zu 20 GS/s (Giga-Samples pro Sekunde). Die gespeicherten Daten werden aus dem RAM zerstörungsfrei ausgelesen und über den nachfolgenden Digital-Analog-Wandler wieder in eine analoge Spannungsform umgesetzt,

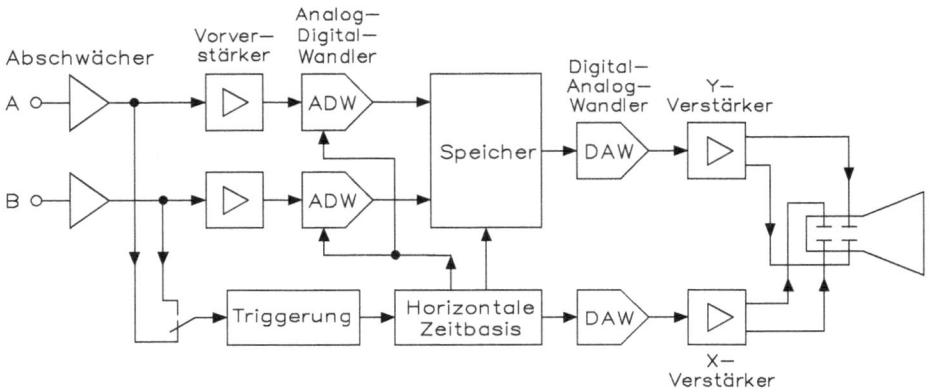

Abb. 3.36: Blockschaltbild eines digitalen Speicheroszilloskops.

um eine Signalform auf dem Bildschirm zu rekonstruieren. Die Speicherung erfolgt in den statischen RAM-Bausteinen, da diese erheblich schneller sind als die dynamischen RAM-Bausteine.

Ein digitales Speicheroszilloskop enthält mehr als nur analoge Schaltungen zwischen den Eingangsanschlüssen und dem Bildschirm. Eine Signalform wird erst in einem Schreib-Lese-Speicher abgelegt, bevor sie sich wieder darstellen lässt, d. h. es tritt eine gewisse Totzeit zwischen der Erfassung und der Ausgabe auf. Die Darstellung auf dem Bildschirm erfolgt immer als Rekonstruktion der aufgenommenen Signale und es handelt sich nicht um eine diskrete und kontinuierliche Anzeige des an den Eingangsbuchsen anliegenden Signals. Die Messung erfolgt also nicht in Echtzeit, sondern verzögert.

3.3.3 Digitale Signalspeicherung

In der elektronischen Messtechnik, in der Datenerfassung und bei analogen Verteilungssystemen müssen auf periodischer Basis die entsprechenden Analogsignale an den Eingängen abgetastet werden. Liegt z. B. an einem Analog-Digital-Wandler eine analoge Spannung an, so muss vor der Umsetzung diese Spannung in einem Abtast- und Halteverstärker zwischengespeichert werden. Ändert sich die Spannung am Eingang des Analog-Digital-Wandlers während der Umsetzphase, tritt ein erheblicher Messfehler auf. In der Praxis spricht man aber nicht von einem Abtast- und Halteverstärker, sondern von einer S&H-Einheit (Sample & Hold). Die Aufgabe eines Abtast- und Halteverstärkers ist die Zwischenspeicherung von analogen Signalen für eine kurze Zeitspanne, während sich die Eingangsspannung in dieser Zeit wieder ändern kann. Das Resultat dieser Abtastung ist mit der Multiplikation des Analogsignals mit einem Impulszug gleicher Amplitude identisch und es entsteht eine modulierte Pulsfolge. Die Amplitude des ursprünglichen Signals ist in der Hüllkurve des modulierten Pulszugs enthalten.

Ein S&H-Verstärker besteht im einfachsten Fall aus einem Kondensator und einem Schalter. An dem Schalter liegt die Eingangsspannung und ist der Schalter geschlossen, kann sich der Kondensator auf- bzw. entladen. Ändert sich die Eingangsspannung, ändert sich gleichzeitig auch die Spannung am Kondensator. Öffnet man den Schalter, bildet die Spannung am Kondensator die Ausgangsspannung, die weitgehend konstant bleibt, wenn der nachfolgende Verstärker einen hochohmigen Eingangswiderstand aufweist.

In der Schaltung für den S&H-Verstärker hat man einen Eingangsverstärker, der in Elektrometerverstärkung arbeitet, d. h. der Eingangswiderstand ist sehr hochohmig und er hat eine Verstärkung von $v = 1$. Die Ausgangsspannung des Eingangsverstärkers folgt unmittelbar der Eingangsspannung, wenn der Schalter geschlossen ist. Dieser Schalter wird über die Ansteuerung freigegeben. Im Abtastbetrieb (Sample) soll die Ausgangsspannung der Eingangsspannung direkt folgen, vergleichbar mit einem Spannungsfolger. Die Verzerrungen sollten in dieser Betriebsart minimal sein ($> 0,01\,\%$), d. h. die Differenzspannung zwischen Ein- und Ausgang soll für jede Ausgangsspannung und bei jeder Frequenz Null betragen.

Schaltet die Steuerung um, wird der Schalter geöffnet und die Spannung (Ladung) des Kondensators liegt an dem Ausgangsverstärker. Die Ausgangsspannung bleibt konstant, denn die Eingangsspannung hat keine Auswirkungen mehr auf den Kondensator. Jetzt befindet sich der S&H-Verstärker im Haltebetrieb (Hold) und die Ausgangsspannung kann sich nicht mehr ändern. Als Speicherelement dient der Kondensator zwischen dem Schalter und Masse. Dieser Kondensator wird auch als Haltekondensator bezeichnet.

In der Praxis hat die S&H-Einheit neben dem Ein- und Ausgang noch einen Steuereingang mit der Bezeichnung S/H (Sample/Hold). Liegt ein 0-Signal an, folgt die Ausgangsspannung direkt der Eingangsspannung und man befindet sich im Abtastbetrieb. Schaltet dieser Steuereingang auf 1-Signal, wird der momentane Spannungswert im Kondensator zwischengespeichert und ist als konstanter Wert für die Ausgangsspannung vorhanden.

Der Haltekondensator muss ein Kondensator mit geringen Leckströmen und Dielektrizitätsverlusten sein. In der Praxis verwendet man daher meistens Polystyren-, Polypropylen-, Polycarbonat oder Teflon-Typen. Der hier beschriebene Schaltungsaufbau und der Kondensator arbeiten unter optimalen Betriebsbedingungen. Abweichungen davon werden hervorgerufen durch:
- Spannungsfall an den Kondensatoren bedingt durch Leckströme
- Spannungsänderungen an den Kondensatoren durch Ladungsüberkopplungen, die beim Auftreten von Ausschaltflanken der Schaltersignale auftreten
- Nichtlinearitäten der beiden Operationsverstärker
- Einschränkungen des Frequenzgangs bei beiden Operationsverstärkern und des Haltekondensators

- Nichtlinearität des Haltekondensators bedingt durch dielektrische Verluste
- Ladungsverluste an dem Haltekondensator infolge des kapazitiven Spannungsteilers in Verbindung mit einer Streukapazität, wenn man einen „verunglückten" Schaltungsaufbau hat

In der Praxis verwendet man für den Schalter keinen mechanischen Typ, sondern einen elektronischen Schalter. Typische Leckströme sind bei diesen Schaltern in der Größenordnung von 1 pA, wenn diese an ihren nominellen Betriebsspannungen liegen. Das gilt natürlich auch für den Ausgangsverstärker. Es ist kein Problem, den Kondensator bei eingeschaltetem Schalter (mechanisch oder elektronisch) auf den korrekten Wert aufzuladen. Wenn jedoch der Schalter abgeschaltet wird, gibt es durch die Gate-Drain-Kapazität bei einem elektronischen Schalter eine Ladungsüberkopplung auf den Haltekondensator, wodurch sich die gespeicherte Ladung ändert. Dies bemerkt man, wenn man verschiedene Kondensatortypen einsetzt und das unter den verschiedenen Betriebszuständen im Labor testet.

3.3.4 Analog-Digital-Wandler

Der Ausgang der S&H-Einheit führt direkt zum Analog-Digital-Wandler und dieser setzt den analogen Wert in ein digitales Format um. In der Praxis findet man einen schnellen Flash-Wandler.

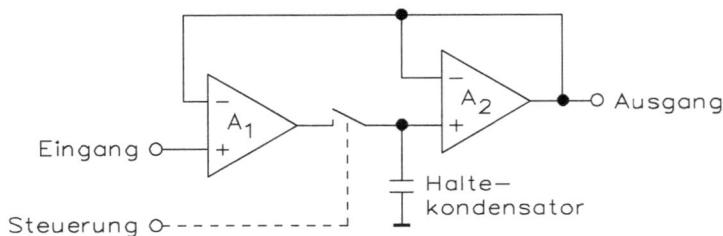

Abb. 3.37: Einfluss der vertikalen Auflösung auf die angezeigte Signalform.

Der AD-Wandler muss die Amplitude des Samples bestimmen, indem er sie mit einer Reihe von Referenzspannungen vergleicht. Je mehr Komparatoren im Flash-Wandler vorhanden sind, umso größer wird das digitale Format. Die 12-Bit-Umsetzung bezeichnet man als vertikale Auflösung und je höher sie ist, desto kleiner sind die Signaldetails (Abb. 3.37), die in der Wellenform sichtbar werden.

Die vertikale Auflösung wird im Bitformat ausgedrückt. Hierbei handelt es sich um die Gesamtzahl der Bits, d. h. die Größe des digitalen Ausgangswortes, die zusammen ein Ausgangswort ergeben. Die Anzahl der Spannungspegel, die auf diese Weise erkannt und codiert werden können, lässt sich wie folgt bestimmen:

$$\text{Anzahl der Pegel} = 2^{\text{Anzahl der Bits}}$$

Die meisten digitalen Speicheroszilloskope arbeiten mit 8-Bit-Umsetzern und können daher ein Signal mit 2^8 = 256 verschiedener Spannungspegel erzeugen. Hiermit lässt sich das Signal in genügend Einzelheiten darstellen, damit man exakte Untersuchungen und Messungen durchführen kann. Auf die Weise erreichen die kleinsten angezeigten Signalschritte etwa die gleiche Größe wie der Durchmesser des Leuchtflecks auf dem Bildschirm. Ein digitales Ausgangswort in einem digitalen Speicheroszilloskop, das den Wert Samples darstellt, umfasst ein 8-Bit- bzw. 1-Byte-Format.

Die Höhe der Auflösung ist immer eine Kostenfrage. Bei der Konstruktion des Flash-Wandlers ist für jedes zusätzliche Bit im Ausgangswort die doppelte Anzahl an Komparatoren erforderlich und es wird auch ein größerer Codeumsetzer benötigt. Dadurch nimmt der Analog-Digital-Wandler doppelt viel Platz auf dem Umsetzerchip ein und benötigt die doppelte Verlustleistung, was sich wiederum auf die umgebende Schaltung auswirkt. Eine zusätzliche 1-Bit-Auflösung ist also immer mit erheblichen Kosten verbunden.

3.3.5 Zeitbasis und horizontale Auflösung

Die Aufgabe des horizontalen Systems in einem digitalen Speicheroszilloskop besteht darin, sicherzustellen, dass sich genügend Samples zum richtigen Zeitpunkt aufnehmen lassen. Wie bei einem analogen Oszilloskop, hängt die Geschwindigkeit immer von der horizontalen Ablenkung der Zeitbasiseinstellung (s/Div) ab.

Die Gruppe von Samples, die zusammen eine Signalform bilden, wird als Aufzeichnung (record) definiert. Eine Aufzeichnung kann verwendet werden, um ein oder mehrere Bildschirmanzeigen zu rekonstruieren. Die Anzahl der gespeicherten Samples entspricht der Aufzeichnungslänge oder der Erfassungslänge bzw. der Größe des Erfassungsspeichers, ausgedrückt in Bytes oder Kbytes, wobei 1 Kbyte einer Speichergröße von 1024 Samples entspricht.

Normalerweise zeigen Oszilloskope 512 Samples auf der horizontalen Achse an. Aus Gründen der einfachen Bedienung wird die Anzahl der Samples mit einer horizontalen Auflösung von 50 Samples pro Division angezeigt, d. h. dass die horizontale Achse eine Länge von 512/50 = 10,24 Divisions besitzt. Hiervon ausgehend, lässt sich das Zeitintervall zwischen den Samples berechnen mit

$$\text{Abtastintervall} = \frac{\text{Zeitbasiseinstellung (S/Div)}}{\text{Anzahl der Samples}}$$

Bei einer Zeitbasiseinstellung von 1 ms/Div und 50 Samples pro Division, lässt sich das Abtastintervall folgendermaßen berechnen:

$$\text{Abtastintervall} = 1\,\text{ms}/50 = 20\,\mu\text{s}$$

Die Abtastrate entspricht dem Reziprokwert des Abtastintervalls mit

$$\text{Abtastrate} = \frac{1}{\text{Abtastintervall}}$$

Normalerweise ist die Anzahl der darstellbaren Samples festgelegt und eine Änderung der Zeitbasiseinstellung wird erreicht, indem man die Abtastrate ändert. Die für ein bestimmtes Messgerät angegebene Abtastrate gilt daher nur für eine bestimmte Zeitbasiseinstellung. Bei langsameren Zeitbasiseinstellungen wird eine geringere Abtastrate verwendet. Bei einem Oszilloskop mit einer maximalen Abtastrate von 100 MS/s ist das die Zeitbasiseinstellung, bei der tatsächlich mit dieser Geschwindigkeit abgetastet wird:

$$\text{Zeitbasiseinstellung} = 50\,\text{Samples} \cdot \text{Abtastintervall}$$
$$= 50/\text{Abtastrate}$$
$$= 50/100 \cdot 10^{6}$$
$$= 500\,\text{ns/Div}$$

Es ist wichtig, diese Zeitbasiseinstellung zu kennen, da dies die Einstellung für die schnellste Erfassung von nicht-repetierenden Signalen darstellt. Hiermit erhält man die größtmögliche Zeitauflösung. Diese Zeitbasiseinstellung ist die maximale Single-Shot-Zeitbasiseinstellung, bei der die maximale Echtzeitabtastung benutzt wird. Dies ist die definierte Abtastrate, die man bei den Spezifikationen des Messgerätes unbedingt beachten sollte.

Bei vielen Messungen mit dem digitalen Speicheroszilloskop geht es darum, die Schalteigenschaften eines Signals zu messen, z. B. die Anstiegs- und die Abfallzeiten. Wie bereits gezeigt wurde, wird der schnellste Übergang, den das Gerät genau verarbeiten kann, durch die Anstiegszeit des Messgerätes bestimmt. Bei einem analogen Oszilloskop hängt die Systemanstiegszeit vollständig von den analogen Schaltkreisen mit Transistor und Operationsverstärker ab. Wenn ein digitales Speicheroszilloskop eingesetzt wird, hängt der schnellste erfassbare Übergang von den analogen Schaltkreisen und von der Zeitauflösung ab. Für eine korrekte Messung der Anstiegszeit müssen genügend Details der zu messenden Flanke erfasst werden, was bedeutet, dass eine Reihe von Samples während des Übergangs aufgenommen werden müssen. Diese Anstiegszeit bezeichnet man dann als nutzbare Anstiegszeit eines digitalen Speicheroszilloskops und sie ist immer von der Zeitbasiseinstellung abhängig.

Als die ersten Versuche zur Erfassung und Messung an Anstiegsgeschwindigkeiten unternommen wurden, Signale zu digitalisieren, zeigte eine Studie, dass der Abtasttakt für eine korrekte Rekonstruktion des Signals eine Frequenz aufweisen muss, die mindestens doppelt so groß sein muss, wie die höchste Frequenz des Signals selbst. Diese Tatsache ist allgemein bekannt als das „Shannonsche Abtasttheorem". Bei dieser Studie ging es allerdings um Anwendungen im Bereich der Kommunikationstechnik und nicht um Oszilloskope.

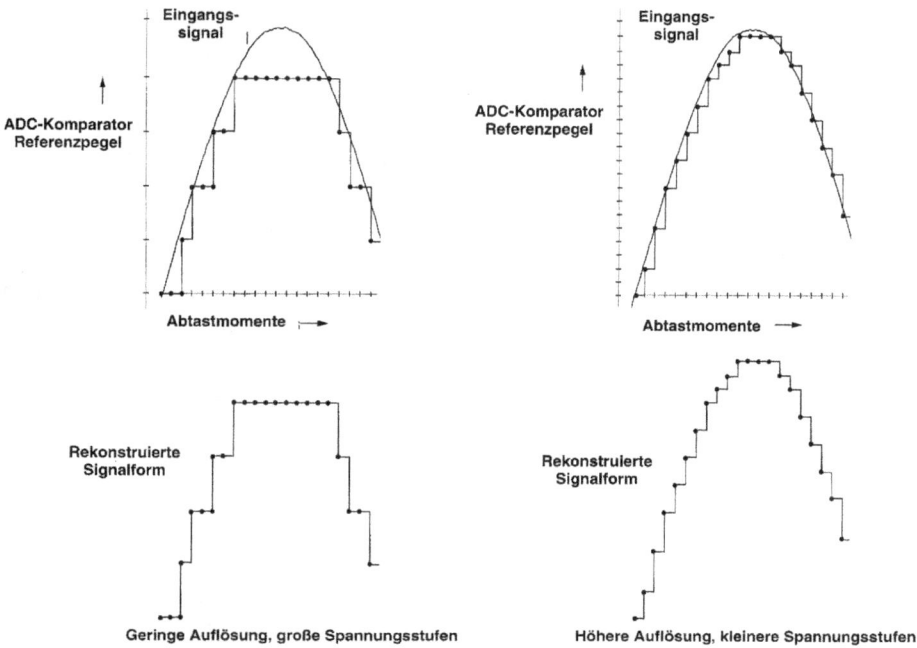

Abb. 3.38: Sinussignal mit unterschiedlicher Abtastung bei der doppelten Signalfrequenz nahe den Extremwerten und nahe den Nulldurchgängen.

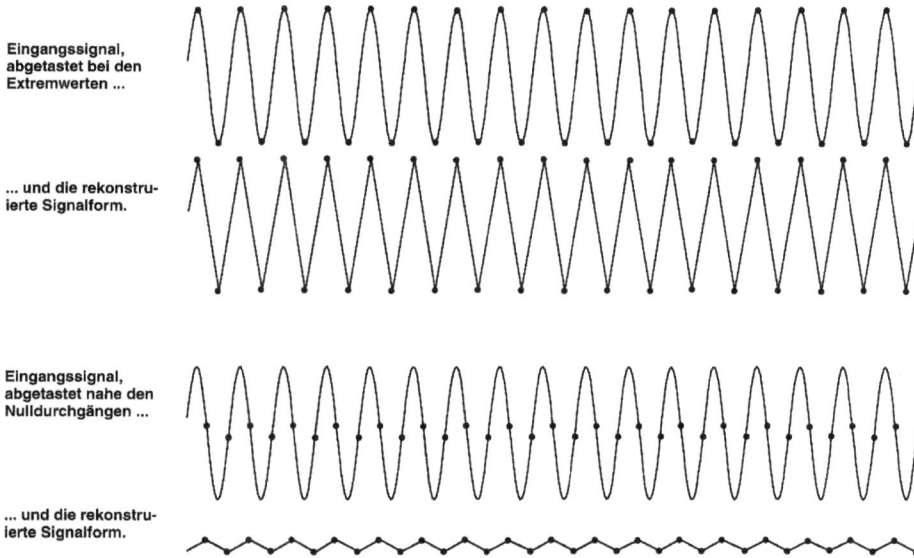

Abb. 3.39: Signalabtastung mit drei Samples pro Periode.

Betrachtet man das Oszillogramm (Abb. 3.38), so lässt sich erkennen, dass die Frequenz eines Signals tatsächlich wiedergewonnen werden kann, wenn ein Abtasttakt verwendet wird, der das Doppelte der Signalfrequenz beträgt. Bei geeigneten Rekonstruktionsmöglichkeiten erhält man hiermit eine Signalform, die der des ursprünglichen Signals sehr nahe kommt. Aber ist das alles wirklich so einfach? Nimmt man an, die Samples werden zu geringfügig unterschiedlichen Zeitpunkten mit dem gleichen Abtasttakt aufgenommen, aber nicht unbedingt bei den Extremwerten des Signals, so sind alle Amplitudeninformationen jetzt fehlerhaft oder können sogar vollständig verloren gehen. Wenn die Samples genau bei den Nulldurchgängen aufgenommen werden, lässt sich überhaupt kein Signal erkennen, da alle Samples den gleichen Signalwert darstellen, nämlich Null.

Oszilloskope werden benutzt, um diverse Messsignale zu untersuchen. Hierfür ist nicht nur eine gute Frequenzdarstellung erforderlich, sondern auch eine genaue Abbildung der Signalform mit der richtigen Amplitude. Wie das Oszillogramm (Abb. 3.39) zeigt, wird das Signal bei drei Samples pro Periode nicht besonders wirklichkeitsgetreu wiedergegeben. Eine Regel besagt, dass zehn Samples pro Periode im Allgemeinen als Minimum für eine Signaldarstellung mit ausreichenden Details gelten. In einigen Fällen sind nur wenige Einzelheiten erforderlich und fünf Samples pro Periode sind dann als ausreichend zu betrachten, um einen Eindruck von dem Signal (Abb. 3.40) zu vermitteln.

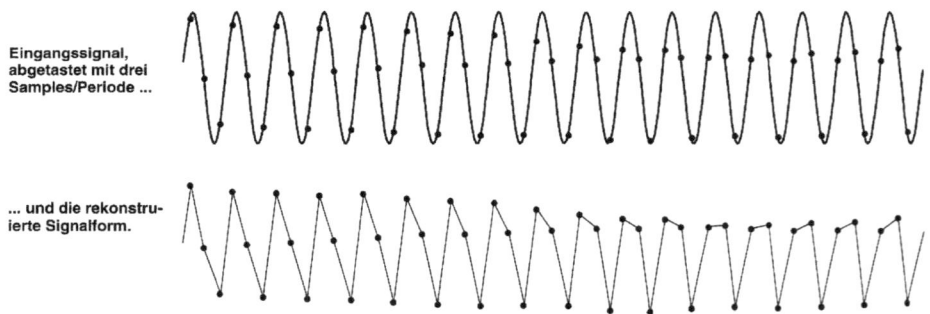

Abb. 3.40: Signalabtastung mit fünf Samples pro Periode.

Bei einem Oszilloskop mit einer maximalen Abtastrate von 200 MS/s, ergibt dies eine maximal zu erfassende Signalfrequenz von 20 MHz bis 40 MHz. In diesen Fällen lässt sich die Wiedergabetreue verbessern, indem spezielle Anzeigesysteme vorhanden sind, die die Samples mit der am besten passenden Sinuskurve miteinander verbinden. Dieses Verfahren wird in Datenblättern als Sinusinterpolation bezeichnet.

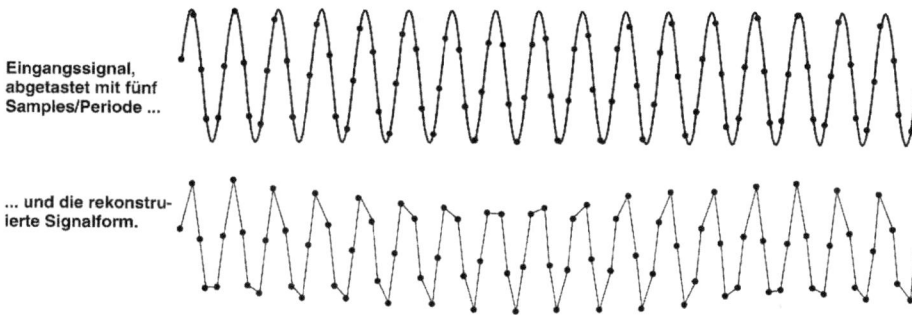

Abb. 3.41: Unterabtastung eines Sinussignals und dies führt bei falscher Einstellung zum Aliasing-Effekt.

Wie man erkennen kann, ist eine minimale Anzahl von Samples erforderlich um eine Signalform wieder wirklichkeitsgetreu rekonstruieren zu können. In allen Fällen muss der Abtasttakt fünf- bis zehnmal höher sein als die Frequenz. Wenn der Abtasttakt kleiner ist als die Signalfrequenz, erhält man unerwartete Ergebnisse. Hierzu soll die Situation vom Oszillogramm (Abb. 3.41) betrachtet werden. Wie diese Darstellung zeigt, werden aufeinanderfolgende Samples von verschiedenen Perioden der Signalform aufgenommen. Dies geschieht jedoch gerade so, dass jedes neue Sample mit einem etwas längeren Zeitabstand in Bezug auf den Nulldurchgang erfasst wird. Wenn man jetzt die Samples anzeigen lässt und eine Signalform daraus rekonstruiert, erhält man wieder eine Sinuskurve. Die rekonstruierte Signalform weist allerdings eine andere Frequenz auf als das ursprüngliche Eingangssignal. Diesen Effekt bezeichnet man als Aliasing oder als „Geistsignal". Es kann jedoch die Signalform dargestellt werden, und oft sogar mit der richtigen Amplitude!

3.3.6 Möglichkeiten des Abtastbetriebs

Bei der bisher beschriebenen Digitalisierung handelt es sich um eine Echtzeiterfassung oder Echtzeitabtastung. Alle Samples werden in einer festgelegten Reihenfolge aufgenommen, nämlich in der gleichen Reihenfolge, wie sie auf dem Bildschirm erscheinen. Ein einziges Triggersignal löst die gesamte Signalerfassung aus. Für viele Anwendungen reicht die bei der Echtzeitabtastung (Abb. 3.42) verfügbare Zeitauflösung jedoch nicht aus. Hier sind die Signale allerdings repetierend, d. h. das gleiche Signalmuster wird in regelmäßigen Abständen wiederholt.

Bei diesen Signalen können Oszilloskope eine Signalform aus Samplegruppen aufbauen, die in aufeinanderfolgenden Signalperioden erfasst werden. Jede neue Samplegruppe lässt sich, ausgehend von einem neuen Triggerereignis, erfassen. Dieses Verfahren bezeichnet man als Äquivalenzzeitabtastung. Nach einem Triggerereignis erfasst das Oszilloskop einen kleinen Teil des Signals, z. B. fünf Samples,

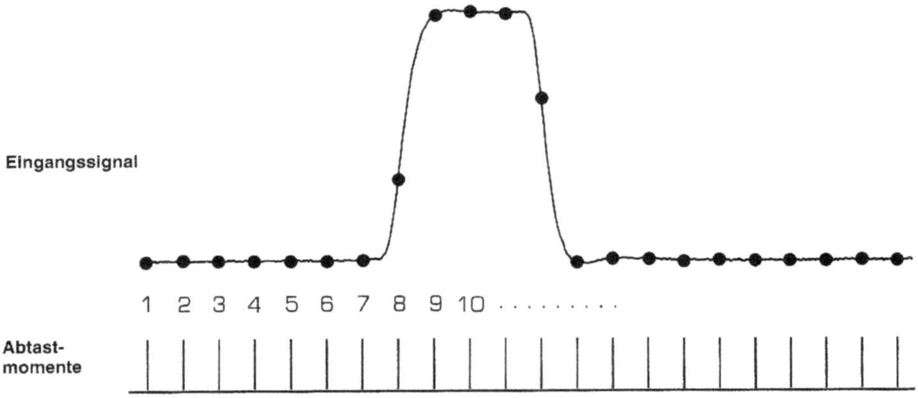

Eingangssignal

Abtast-
momente

1 2 3 4 5 6 7 8 9 10 · · · · · · · ·

Abb. 3.42: Eingangssignal mit den Abtastmomenten für eine Echtzeitabtastung.

und speichert diese Werte im Schreib-Lese-Speicher ab. Bei einem weiteren Triggerereignis lassen sich fünf Samples aufnehmen, die an eine andere Stelle im selben
Speicher geschrieben werden, und so weiter. Nach einer Reihe von Triggerereig-
nissen werden genügend Samples gespeichert, um eine komplette Signalform auf
dem Bildschirm rekonstruieren zu können. Die Äquivalenzzeitabtastung ermöglicht
schnelle Zeitbasiseinstellungen und eine hohe Zeitauflösung. Dadurch hat es den
Anschein, als ob das Gerät eine virtuelle Abtastgeschwindigkeit oder äquivalente
Abtastrate besitzt, die wesentlich höher ist als die eigentliche Abtastgeschwindigkeit
des Analog-Digital-Umsetzers.

Die Äquivalenzzeitabtastung verbessert die Zeitauflösung eines Oszilloskops indem eine repetierende Signalform aus verschiedenen Perioden rekonstruiert wird. Betrachtet man z. B. ein digitales Speicheroszilloskop mit einer Zeitbasiseinstellung von
5 ns/Div, das 50 Samples pro Division darstellen kann, so lässt sich damit die Äquivalenzzeitabtastrate folgendermaßen ermitteln:

$$\text{Äquivalenzzeitabtastrate} = \frac{50}{5\,\text{ns}} = \frac{50}{5 \cdot 10^{-9}} = 10\,000\,\text{MS/s} = 10\,\text{GS/s}$$

Diese Äquivalenzzeitabtastrate stellt eine indirekte Möglichkeit zur Angabe der horizontalen Auflösung bei hohen Zeitbasiseinstellungen dar. Sie gibt auch die Abtastgeschwindigkeit an, die erforderlich sein würde, um die gleiche Zeitauflösung bei
Echtzeitabtastung zu erhalten. Die Äquivalenzzeitabtastrate ist wesentlich höher als
die Echtzeitabtastrate, die sich zur Zeit realisieren lässt. Bei der Äquivalenzzeitabtastrate unterscheidet man zwischen folgenden zwei Verfahren:
- regellose Abtastung
- sequenzielle Abtastung (random sampling bzw. sequential sampling)

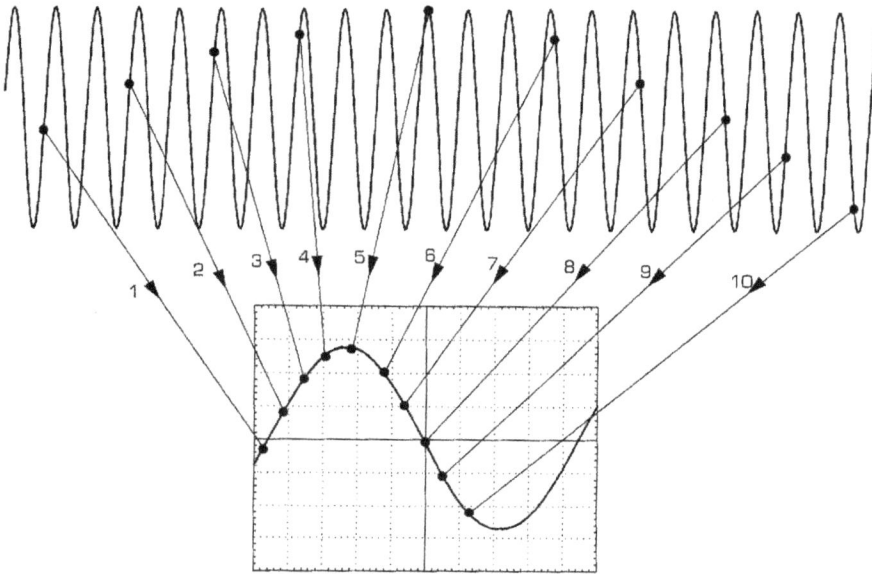

Abb. 3.43: Bildaufbau für eine sequenzielle Abtastung.

Bei der sequenziellen Abtastung werden die Samples in einer festliegenden Reihenfolge von links nach rechts über den Bildschirm (Abb. 3.43) aufgenommen. Jedes Sample wird infolge eines neuen Triggerereignisses erfasst. Um eine komplette Aufzeichnung zu erhalten, sind so viele virtuelle Triggerereignisse erforderlich, wie Speicherplätze vorhanden sind.

Das erste Sample wird direkt nach dem ersten Triggerereignis erfasst und sofort abgespeichert. Das zweite Triggerereignis dient zum Starten eines Zeitsystems, das für eine kleine Zeitverzögerung Δt vor der Abtastung des zweiten Samples sorgt. Die Zeitauflösung im Signalspeicher entspricht der kleinen Verzögerung Δt und ist bei den digitalen Speicheroszilloskopen kleiner als 50 ps. Nach dem dritten Triggerereignis sorgt das Zeitsystem für eine Zeitverzögerung von $2 \cdot \Delta t$ vor der Erfassung des dritten Samples usw. Jedes neue Sample „n" wird nach einer jeweils etwas längeren Verzögerungszeit $(n - 1)\Delta t$ in Bezug auf ein ähnliches Triggerereignis erfasst. Das führt dazu, dass sich die Anzeige aus Samples zusammensetzt, die in einer festen Reihenfolge erscheinen, wobei sich das erste am linken Bildrand befindet und die neuen Samples diesem nach rechts hin folgen.

Die Anzahl der Erfassungszyklen und damit die Anzahl der Triggerereignisse entspricht der Aufzeichnungslänge. Die sequenzielle Abtastung ermöglicht eine Post-Trigger-Verzögerung, kann aber keine Pre-Trigger-Informationen liefern. Eine komplette Aufzeichnung mit schnellen Zeitbasiseinstellungen ist innerhalb kürzester Zeit möglich und erfolgt wesentlich schneller als bei der Random-Abtastung.

Bei Geräten, die mit Random-Sampling arbeiten, wird eine Gruppe von Samples zu einem beliebigen Zeitpunkt erfasst und zwar unabhängig vom Triggerereignis. Diese Samples verwenden ein bekanntes Zeitintervall, das durch den Abtasttakt vorgegeben wird. Während die Samples kontinuierlich aufgenommen und gespeichert werden, wartet das Instrument auf das Auftreten eines Triggerereignisses.

Sobald ein Triggerereignis eintritt, misst ein Zeitsystem die Zeit bis zum nächsten Abtastzeitpunkt (Abb. 3.44). Da das Abtastintervall festgelegt ist, kann das Oszilloskop anhand dieser Zeitmessung den Speicherplatz für alle erfassten Samples berechnen.

Wenn alle Samples des ersten Erfassungslaufs gespeichert sind, wird eine neue Gruppe von Samples erfasst und ein neues Triggerereignis abgewartet. Sobald dieses eintritt, kann mit einer neuen Zeitmessung die Position neuer Samples ermittelt werden. Die neuen Samples liegen dann „hoffentlich" zwischen den Positionen, die während der ersten Sequenz abgespeichert wurden. Auf diese Weise wird die Schreibspur aus den einzelnen Samples-Gruppen zusammengesetzt, die an beliebigen Positionen auf der Achse erscheinen.

Bei den kleinsten Zeitbasiseinstellungen dauert eine komplette Aufzeichnung mit Random-Sampling viel länger als mit der sequenziellen Abtastung, da das Füllen aller leeren Speicherplätze von der statistischen Wahrscheinlichkeit abhängig ist. Ein großer Vorteil des Random-Samplings besteht darin, dass hierbei sowohl Pre-Trigger- als auch Post-Trigger-Verzögerungen möglich sind.

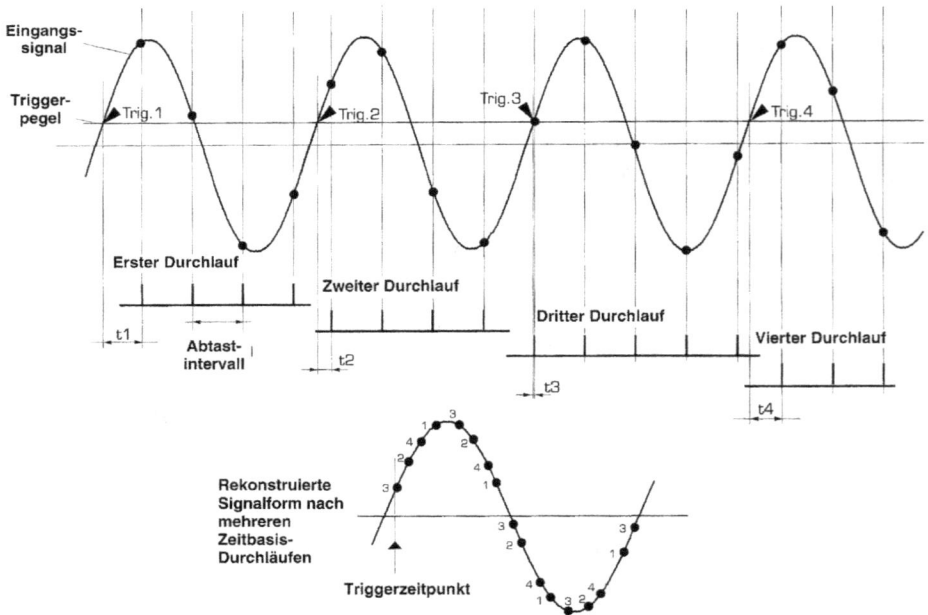

Abb. 3.44: Bildaufbau, wenn das digitale Speicheroszilloskop nach dem Random-Sampling-Verfahren arbeitet.

3.4 Funktionen und Bedienelemente

Bei einem digitalen Speicheroszilloskop sind einige Bedienungselemente vorhanden, die es bei analogen Oszilloskopen nicht gibt. Aus diesem Grunde findet man spezielle Makros und Softkeys, mit denen man die einzelnen Funktionen steuern kann. Mit Hilfe dieses dualen Bedienungskonzepts lässt sich das Messgerät einfacher einstellen und die Signalkurven schneller positionieren. Rote und grüne Leuchtdioden an der Frontseite kennzeichnen die eingestellten Betriebsarten und bilden „Starlights", d. h. hier handelt es sich um farbige Leuchtmuster, die je nach eingestellten Geräteparametern die einzelnen Gerätestatussignale anzeigen.

3.4.1 Parametereinstellungen

Gezielte Parameter sind an allen Eingangskanälen direkt veränderbar, sodass sich auch sporadische Benutzer des Messgerätes schnell zurechtfinden. Anwenderdefinierbare Softkeys unterstützen den Gedanken der einfachen Bedienung, indem häufig genutzte Funktionen auf eine Bildschirmtaste gelegt werden können. Über diese Softkey-Taste lassen sich komplette Programmsequenzen starten, d. h. anwenderspezifische Funktionsabläufe auslösen. So werden Messreihen als Makros erstellt und die Testprogramme laufen per Tastendruck auch ohne angeschlossenen PC ab. Bis zu 240 Funktionsschritte sind auf acht separate Sequenzen aufteilbar, die automatisch einzeln oder nacheinander ablauffähig sind. Programmiert werden die Sequenzen, indem das digitale Speicheroszilloskop in einen Lernbetrieb (Edit-Modus) geschaltet wird. Jeder manuelle Bedienvorgang auf der Frontplatte wird in das Programm übernommen. Damit können auch Nichtprogrammierer diverse Testroutinen oder ATE-Programme erstellen. Zusätzliche Funktionen wie Pause, Wait oder Plot dienen als Warteschleifen oder zum automatischen Ausdrucken. Als Sequenz ist eine Kombination aus einer Folge von Geräteabläufen zu erstellen. Die große Auswahl von Bildschirmbetriebsarten wie Refresh, Persistence, Roh, X-Y, mit Pre- oder Post-Trigger und Zoom, sorgen für eine schnelle und präzise Aufzeichnung und Darstellung der Signalcharakteristiken. Tab. 3.3 zeigt eine Auswahl von Instruktionen zum Erstellen von Makros.

Bei analogen Oszilloskopen wird jeder Zeitbasisdurchlauf durch ein Triggerereignis ausgelöst und damit lässt sich das Signalverhalten ab dem Triggerzeitpunkt untersuchen. Bei vielen Anwendungen liegt der interessante Signalabschnitt jedoch nicht unmittelbar nach dem Signaldetail, das eine stabile Triggerung ermöglicht, sondern die Triggerung kann später oder sogar früher auftreten. Wenn man die Signaldetails vor der Triggerung benötigt, verwendet man die Pre-Triggerung. Damit ist man in der Lage, auf ein Signal zu triggern, das vor dem Triggerzeitpunkt abgespeichert wurde. Damit steht eine Möglichkeit zur Verfügung, detaillierte Mehrkanalanzeigen für ein

Tab. 3.3: Auswahl von Instruktionen zum Erstellen von Makros.

Lock-Frontpanel	Sperrt die komplette Eingabetastatur des DSO, sodass z. B. während eines Funktionstests keine unbeabsichtigte Veränderung der Geräteeinstellung vorgenommen werden kann
Unlock-Frontpanel	Entriegelt die DSO-Tastatur zur weiteren Eingabe von Signalparametern
Output	Steuert einen definierten TTL-Ausgabeimpuls in der Sequenz, um externe Geräte zu steuern
Print	Ermöglicht die gezielte Dokumentation der gemessenen Parameter auf dem eingebauten Vierfarbenplotter oder Thermoschreiber
Plot	Ermöglicht die gezielte Dokumentation des Bildschirminhalts auf dem eingebauten Vierfarbenplotter oder Thermoschreiber
Text	Erlaubt ein direktes Einblenden einer Benutzerinformation auf dem Bildschirm
Pause	Eingabe eines definierten Pausenzählers in h, min oder s. Nach Ablauf der Zeitvorgabe wird das Programm fortgesetzt
Wait until Continue	Die Programmsequenz wird unterbrochen und kann gezielt vom Anwender durch einen im Bildschirm eingeblendeten Softkey gestartet werden. Diese Funktion eignet sich zur Adaption an unterschiedliche Testpins eines zu untersuchenden Systems
Insert-Autoplot	Dokumentiert den Bildschirminhalt auf dem eingebauten Vierfarbenplotter, Thermoschreiber oder auf einem externen Laserdrucker
Insert-Autosave	Speichert die aufgezeichneten Signalkurven während des Programmablaufs auf der internen Festplatte, RAM, Diskette, USB-Stick oder Memory-Card ab
Plot & Save	Die Bildschirmdokumentation und Speicherung der Daten wird mit einem Befehl ausgeführt
Wait for Input	Hiermit wird auf das Eingangssignal gewartet, auf das getriggert werden soll
Call-Sequenz	Ist mit einem Sprungbefehl vergleichbar und ruft ein weiteres Sequenzprogramm gezielt auf

System mit Eingangs- und Ausgangssignalen abzuspeichern und die Ursache für das Störverhalten des Systems nachträglich zu untersuchen.

3.4.2 Triggerfunktionen

In anderen Fällen soll vielleicht ein Signalabschnitt genauer analysiert werden, der nach dem Triggerereignis liegt. Um zum Beispiel das Maß des Jitters in einem Rechtecksignal festzustellen, lässt sich ein Oszilloskop mit Post-Triggerverzögerung oder Post-Trigger-Anzeige einsetzen. Das Oszilloskop wird dann auf eine Flanke getriggert und die Zeitbasis stellt man auf eine höhere Geschwindigkeit ein, um den Jitter anzuzeigen. Wenn ein Triggerereignis erkannt wird, startet der Post-Trigger-Verzögerungs-Timer. Dieser Timer lässt sich so einstellen, dass er die Dauer einer vollen Periode zählt. Nach Ablauf der vorgegebenen Verzögerungszeit beginnt das Oszilloskop mit der Erfassung des Signals. In diesem Beispiel geschieht dies genau vor der nächsten ansteigenden Flanke des Rechtecksignals.

Da der Verzögerungs-Timer mit einem sehr stabilen quarzgeregelten digitalen Takt arbeitet, der unabhängig von dem zu messenden Signal funktioniert, erscheint jeder Jitter im Signal in der erfassten Flanke als Instabilität, d. h. dass sich in aufeinander folgenden Erfassungsläufen die Flanken zu verschiedenen Zeitpunkten (unterschiedliche Positionen auf dem Bildschirm) in Bezug auf das Triggerergebnis finden und untersuchen lassen.

Oszilloskope mit Pre-Trigger- und Post-Trigger-Funktion müssen über Bedienelemente verfügen, um diese Funktionen zu steuern. Hierbei kann es sich um einen Einsteller für die Triggerposition handeln, mit dem die Triggerposition auf dem Bildschirm oder in der Aufzeichnung verschoben werden kann. Bei einigen Geräten lässt sich die Triggerposition nur auf eine begrenzte Anzahl von vorprogrammierten Werten einstellen, z. B. auf den Anfang, die Mitte oder das Ende der Signalaufzeichnung. Wenn man die Triggerposition in einem weiteren Bereich kontinuierlich einstellen kann, ist dies allerdings sehr vorteilhaft in der praktischen Messtechnik. Bei modernen Hochleistungsgeräten lässt sich der Triggerzeitpunkt auf jede beliebige Stelle in der gesamten Aufzeichnung positionieren. Der Triggerzeitpunkt ist auch stufenlos und in einem weiten Bereich einstellbar.

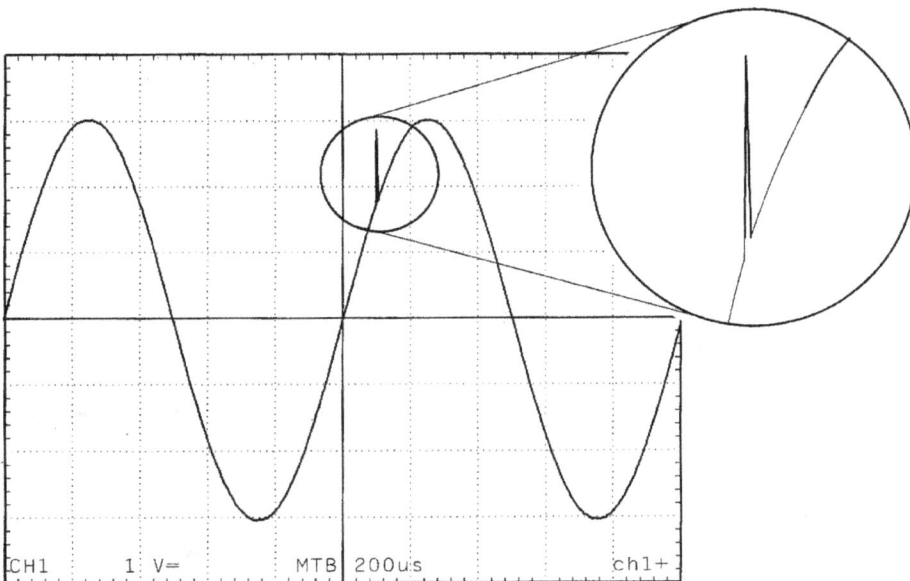

Abb. 3.45: Messung einer Wechselspannung mit einem überlagerten Glitch.

Das Oszillogramm (Abb. 3.45) zeigt eine Messung einer Wechselspannung mit überlagertem Glitch, der durch eine Spannungsspitze (Spike) verzerrt worden ist. Der Glitch lässt sich auf ein Nebensprechen zurückführen, das von anderen Schaltungen erzeugt, durch eine gestörte Leitung in unmittelbarer Nähe des Messobjekts verursacht wird oder von einer anderen Fehlerquelle stammt. Solche Glitches stellen oft die Ursache für eine Fehlfunktion des Systems dar. Wie kann man diese Störimpulse mit einem Oszilloskop aufspüren? Mit einem analogen Oszilloskop lassen sich diese Glitches nur anzeigen, wenn sie repetierend sind und synchron mit dem Hauptsignal (in diesem Fall mit dem Sinussignal) vorliegen.

Wenn man Glück hat und viele Glitches auftreten, könnte man diese Glitches vielleicht als „Schleier" um das Hauptsignal erkennen. Normalerweise treten diese Glitches jedoch nur ab und zu auf und sind nicht mit dem Hauptsignal synchron, da sie in der Praxis immer von einem anderen System stammen.

Kann man diese Glitches mit einem digitalen Oszilloskop erkennen? Nicht unbedingt, man muss sich erst vergewissern, dass das Messgerät für die Erfassung schneller Glitches vorbereitet ist. Wie bereits gezeigt wurde, tastet das digitale Oszilloskop das Eingangssignal zu bestimmten Zeitpunkten ab. Die Zeit zwischen den Samples hängt von der Zeitbasiseinstellung ab. Wenn ein Glitch auftritt, der schmaler bzw. kürzer ist als die Zeitauflösung, ist es reine Glückssache, ob dieser erfasst wird oder nicht. Hierfür bietet sich die Spitzenwerterkennung oder Glitch-Erfassung als bessere Lösung an.

Mit der Spitzenwerterkennung überwacht das Oszilloskop die Amplitude der Signalform kontinuierlich und speichert vorübergehend die positiven und die negativen Extremwertamplituden mit Hilfe von Spitzenwertdetektoren ab. Wenn ein Sample angezeigt werden soll, wird der Inhalt des positiven oder des negativen Spitzenwertdetektors digitalisiert und anschließend wird die gespeicherte Spannung im Detektor wieder gelöscht. Die angezeigten Samples geben also abwechselnd den positiven oder den negativen Spitzenwert an, wie er seit der letzten Digitalisierung im Signal erkannt wurde. Mit Hilfe der Spitzenwerterkennung lassen sich Signale finden, die andernfalls auf Grund einer zu geringen Abtastgeschwindigkeit eventuell vom Anwender übersehen werden oder infolge von Aliasing verzerrt auftreten.

Die Spitzenwerterkennung ist auch sehr nützlich für die Erfassung von modulierten Signalen, wie dies bei der Messung einer AM-Signalform (Abb. 3.46) der Fall ist. Für diese Art von Signalen muss die Zeitbasis so eingestellt werden, dass sie der Modulationsfrequenz entspricht, die sich typischerweise im Audiobereich befindet, während die Trägerfrequenz normalerweise bei 455 kHz oder darüber liegt. Ohne die Glitch-Erfassung lässt sich das Signal nicht korrekt speichern, während mit der Glitch-Erfassung ein Bild dargestellt wird, das dem eines analogen Oszilloskops gleicht.

Die Spitzenwerterkennung erfolgt in einem digitalen Speicheroszilloskop mit Hilfe von Hardware-Spitzendetektoren, bei analogen Oszilloskopen mittels analoger Spitzenwertdetektoren oder über eine schnelle Abtastung mittels AD-Wandler, die nach dem einfachen Schrittverfahren arbeiten. Ein analoger Spitzenwertdetektor ist

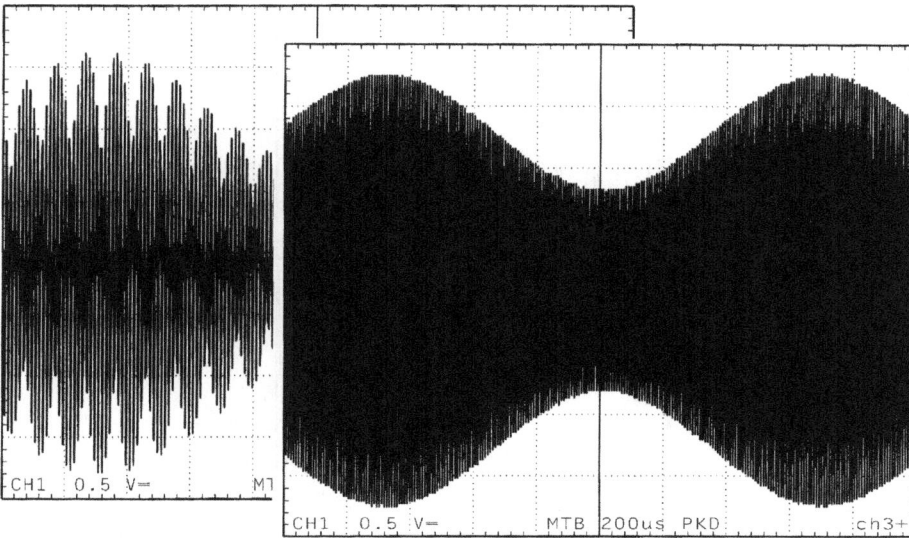

Abb. 3.46: Erfassung eines amplitudenmodulierten Signals mit und ohne Spitzenwerterkennung.

ein spezielles Bauelement, das die positiven oder negativen Spitzenwerte des Signals als Spannungen in einem Kondensator über eine Diode speichert. Es hat den Nachteil, dass es relativ langsam ist und kann normalerweise nur Glitches speichern, die bei einer angemessenen Amplitude mehrere Mikrosekunden dauern.

Digitale Spitzenwertdetektoren sind um den Analog-Digital-Wandler herum aufgebaut, in dem die Abtastung kontinuierlich mit höchstmöglicher Geschwindigkeit erfolgen muss. Die Spitzenwerte werden dann in einem speziellen Speicher abgelegt und zu dem Zeitpunkt, an dem ein Sample angezeigt werden soll, auch als Samplewert behandelt wird. Der digitale Spitzenwertdetektor hat den Vorteil, dass er ebenso schnell arbeitet wie die Digitalisierung. Moderne Speicheroszilloskope erfassen schmale Glitches von 5 ns bei der korrekten Amplitude und zwar selbst bei einer langsamen Zeitbasiseinstellung von 1 s/Div.

Das digitale Speicheroszilloskop, wie es bisher beschrieben wurde, zeigt eine Signalform auf ähnliche Weise an wie ein analoges Oszilloskop: Ausgehend von einem Triggerereignis erfasst das Oszilloskop die Samples und speichert sie an aufeinanderfolgenden Positionen im Erfassungsspeicher ab. Wenn die letzte Speicherposition mit neuen Daten gefüllt ist, stoppt der Erfassungslauf, damit das Gerät die Signaldaten in den Anzeigespeicher kopieren kann. Während dieser Zeit werden keine neuen Daten aufgenommen, ebenso wie ein analoges Oszilloskop während der Rückstellung seiner Zeitbasis keine Schreibspur anzeigen kann.

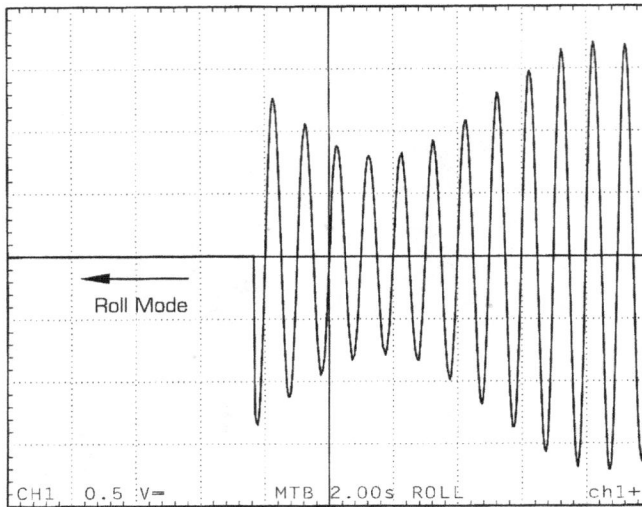

Abb. 3.47: Rollmodus bei einem digitalen Speicheroszilloskop für die Aufnahme von niederfrequenten Signalen.

Für die Erfassung von niederfrequenten Signalen, bei denen Änderungen eher Minuten als Mikrosekunden dauern, können digitale Speicheroszilloskope mit dem Rollmodus so betrieben werden, dass sie eine vollkommen kontinuierliche Anzeige liefern.

In dieser Betriebsart werden die Samples aufgenommen und sofort in den Anzeigespeicher (Abb. 3.47) kopiert. Diese neuen Samples erscheinen jedoch am linken Bildrand und die angezeigte Signalform wird nach rechts entsprechend der gewählten Zeitdauer kontinuierlich verschoben.

Die ältesten Samples verschwinden im Rollmodus, wenn sie den rechten Bildrand erreichen und gehen damit unwiderruflich verloren. Auf diese Weise bietet das Oszilloskop einen kontinuierlichen Überblick über das jüngste Signalverhalten in Abhängigkeit von der Zeit. Mit dem Rollmodus kann das Oszilloskop wie ein Streifenschreiber eingesetzt werden, um Phänomene anzuzeigen, die sich langsam ändern, z. B. bei chemischen bzw. verfahrenstechnischen Prozessen oder beim Laden und Entladen von Batterien usw. Auch die Auswirkung von Temperaturänderungen auf das Verhalten eines Systems lässt sich hiermit beobachten.

Bei analogen Oszilloskopen kann die Zeitbasis bis zum 10-fachen gedehnt werden, um kleine Details genauer untersuchen zu können. Bei digitalen Speicheroszilloskopen lässt sich die angezeigte Signalform in mehreren Schritten dehnen. Die Zeitbasisdehnung erfolgt normalerweise in Zweier-Potenz: 2-fache, 4-fache, 8-fache und 16-fache Dehnung. Die vertikale Vergrößerung dient praktisch als Ersatz für eine höhere vertikale Empfindlichkeit bei gespeicherten Signalformen, z. B. für eine Single-Shot-Erfassung.

3.4.3 Spezielle Triggerfunktionen

Da man mit einem digitalen Speicheroszilloskop auch Signaldaten über einen längeren Zeitraum speichern kann, eignet es sich ideal für die Erfassung von Signalen, die sehr selten oder nur einmal auftreten, wie dies bei Single-Shot-Ereignissen oder beim Blockieren eines Systems der Fall ist. Für die Erfassung dieser Signale ist ein vielseitiges Triggersystem erforderlich, um diesen speziellen Zustand zu erkennen und die Erfassung zu starten. Häufig reicht eine Flankentriggerung, wie das beim analogen Oszilloskop der Fall ist, nicht aus, sodass zusätzliche Triggermöglichkeiten für diese Anwendungsfälle entwickelt wurden.

Bei digitalen Schaltkreisen in Logikhardware werden Signale über eine Vielzahl von parallelen Leitungen, den Bussystemen mit den Adress-, Daten- und Steuerleitungen weitergeleitet. Der momentane Zustand der gesamten Hardware wird durch den Zustand von einigen dieser Leitungen zu einem bestimmten Zeitpunkt beschrieben. Um den Zustand der Hardware zu erkennen, muss das Gerät eine Reihe dieser Leitungen abtasten. Mit der Bitmuster-Triggerung lassen sich einige dieser Leitungen, z. B. vier Leitungen, überwachen. Sobald ein durch den Benutzer vorgegebenes Bitmuster (z. B. 1101) oder Wort erkannt wird, triggert das Oszilloskop. Da die Bitmuster-Triggerung für digitale Logikschaltungen konzipiert wurde, können die einzelnen Leitungen auf 0-, 1- oder Z-Zustände überwacht werden oder ihr Zustand wird ignoriert (don't care oder *x*). Den Z-Zustand verwendet man bei Tri-State-Ausgängen, wenn der Ausgang hochohmig ist und weder ein definiertes 0- noch ein 1-Signal erzeugt.

Die Logikhardware ist häufig um ein zentrales Taktsystem herum aufgebaut. Die Hardware speichert die einzelnen Eingangssignale nach einem Befehl und synchron zum Taktsystem in den Bausteinen ab und daher müssen die Messinstrumente die gleichen Funktionen durchführen können. Bei der Zustandstriggerung werden die Eingangssignale wie bei der Bitmuster-Triggerung behandelt, jedoch lässt sich eines der Eingangssignale jetzt als Taktsignal einsetzen. Das Oszilloskop triggert, wenn das Eingangswort an drei Eingängen, die im Oszilloskop auf der steigenden oder fallenden Flanke des Taktsignals überprüft werden, mit dem vom Benutzer vorgegebenen Triggerwort übereinstimmen.

Bei der Glitch-Triggerung (Abb. 3.48) kann das Oszilloskop auf kurze Impulse wie Glitches und Spannungsspitzen triggern, die zu einer Fehlfunktion eines Systems führen können. Bei Systemen, die für Signale von Gleichspannung bis zu einer bestimmten Grenzfrequenz konzipiert wurden, können Signale mit höheren Frequenzen in die Leitung induziert werden, z. B. infolge von Nebensprechen oder Einstreuung von Hochleistungstransienten. Das Oszilloskop lässt sich so einstellen, dass es auf Impulse triggert, die kürzer sind als eine halbe Periodendauer der höchsten zulässigen Frequenz, da davon ausgegangen werden kann, dass diese nicht während des normalen Betriebs auftreten.

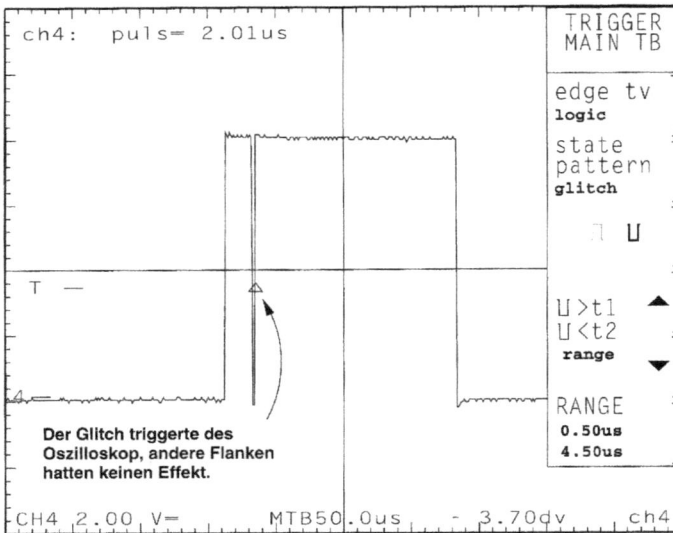

ch4:   puls= 2.01us

TRIGGER
MAIN TB

edge tv
logic
state
pattern
glitch

⊓ ⊔

T —

⊔ >t1
⊔ <t2
range

Der Glitch triggerte des
Oszilloskop, andere Flanken
hatten keinen Effekt.

RANGE
0.50us
4.50us

CH4 2.00 V=   MTB50.0us   - 3.70dv   ch4

Abb. 3.48: Glitch-Triggerung mit ihren Einstellmöglichkeiten.

Ein weiterer Anwendungsbereich ist die Untersuchung von Logikhardware, bei der sich alle Zustände gleichzeitig mit einem Systemtakt ändern. Die Dauer aller Impulse in einer solchen Hardware muss einem ganzzahligen Vielfachen des Systemtaktzyklus entsprechen. In derartigen Systemen können manchmal Fehler auftreten, die auf Impulsen von anderer Dauer beruhen. Das Oszilloskop lässt sich jetzt so einstellen, dass es auf Impulse triggert, die kürzer sind als ein Taktzyklus.

Mit der zeitqualifizierten Triggerung lässt sich das Oszilloskop auf jede der bereits beschriebenen Betriebsarten triggern, wenn die Bedingung für eine bestimmte Zeitdauer erfüllt ist. Hierbei kann es sich um eine minimale Zeitdauer (wenn gültig länger als ...), um eine maximale Zeitdauer oder um eine Zeitdauer zwischen einem Minimal- und einem Maximalwert handeln. Die zeitqualifizierte Triggerung ist sehr nützlich, um auf Ereignisse zu triggern, die nicht dem normalen Verhalten eines Systems entsprechen. Sie lässt sich auch benutzen, um Unterbrechungen (Interrupts) in einem Signal aufzuspüren, das eigentlich kontinuierlich aktiv sein sollte.

Die Triggerung nach der Ereignisverzögerung lässt sich verwenden, um auf eine Kombination von Eingangssignalen zu triggern, von denen eines zur Verzögerung des Erfassungslaufs dient. Der Triggerzyklus wird durch ein Haupttriggersignal – normalerweise von einem der Eingangskanäle – gestartet. Nachdem das Oszilloskop dieses empfangen hat, beginnt es mit der Prüfung eines zweiten Eingangssignals (dies kann auch das gleiche wie das Haupttriggersignal sein, liegt aber auf einem anderen Punkt) und zählt die Anzahl der Triggerereignisse (Abb. 3.49) auf diesem Eingangssignal. Wenn die vorgegebene Ereignisanzahl erreicht ist, wird der Erfassungslauf gestartet.

Trigger-Einstellungen: CH1, positive Flanke
Ereignisverzögerung auf CH2, Anzahl = 4

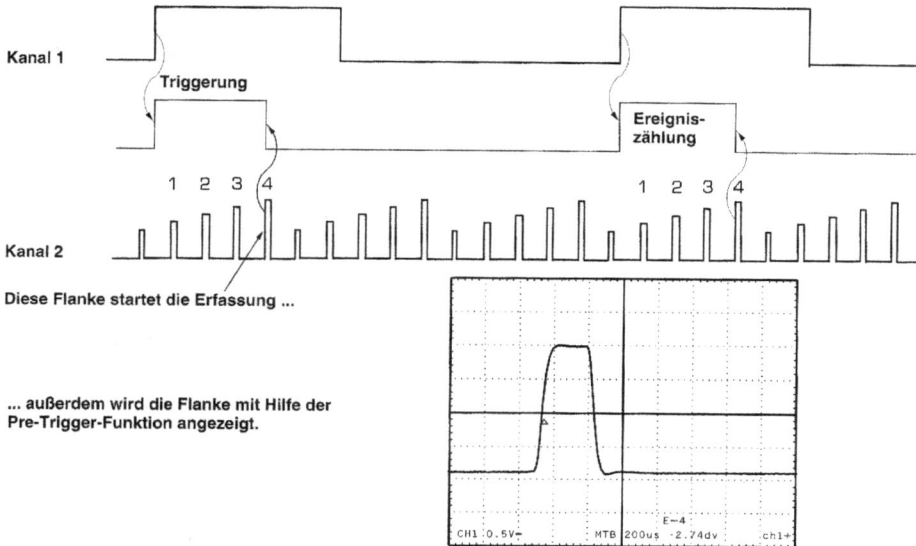

Kanal 1

Triggerung

Ereignis-
zählung

1 2 3 4   1 2 3 4

Kanal 2

Diese Flanke startet die Erfassung ...

... außerdem wird die Flanke mit Hilfe der
Pre-Trigger-Funktion angezeigt.

CH1 0.5V÷   MTB 200µs -2.74dv   ch1÷
E–4

Abb. 3.49: Möglichkeiten für eine Triggerung nach der Ereignisverzögerung.

Typische Anwendungen für eine Triggerung nach der Ereignisverzögerung sind serielle Datenübertragungsleitungen, Regelsysteme und elektrische Schaltungen in mechanischen Vorrichtungen.

Die N-Zyklus-Triggerung verwendet man, um jedes n-te Auftreten eines Eingangssignals auszuwählen und dieses dem normalen Triggersystem zuzuführen. Dieses Verfahren ist nützlich, wenn ein Signal durch eine Subharmonische verzerrt wird, d. h. wenn das Signal periodisch verläuft, aber nicht alle Perioden identisch sind, z. B. in einem System, in dem eine feste Frequenz benutzt wird, aber jeder 12. Impuls breiter ist als die anderen. Wenn man hier „N-Zyklus 12" einstellt, reagiert das Oszilloskop nur auf einen dieser breiten Impulse. Wenn eine Signalform einmal gespeichert ist, lässt sich diese für die spätere Analyse oder für Referenz- bzw. Vergleichszwecke in einen Backup-Speicher – auch bekannt als Register oder Speicherplatz – kopieren. Digitale Speicheroszilloskope verfügen über mehrere Speichereinheiten und können damit 2 bis 200 Schreibspuren speichern. Die Speicher sind häufig als Signalspeicher organisiert, in denen jede Schreibspur einer Mehrkanalerfassung einzeln gespeichert wird, oder als Aufzeichnungsspeicher, in denen sich komplette Erfassungsabläufe unabhängig von der Anzahl der Kanäle gleichzeitig abspeichern lassen. Die letztgenannte Methode (Abb. 3.50) bietet den Vorteil, dass alle relevanten Zeitinformationen zusammengehalten werden.

Die Möglichkeit zur Speicherung von Signalen ist auch für die Servicetechniker wichtig, die ihre Messungen vor Ort durchführen müssen. In den Speichern lassen

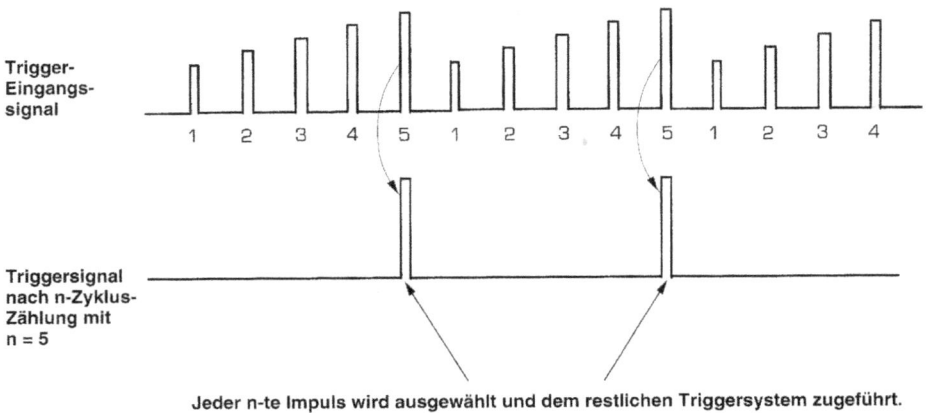

Abb. 3.50: Ablauf einer N-Zyklus-Triggerung.

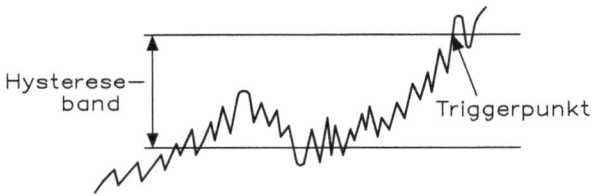

Abb. 3.51: Hysterese- und Bandtriggerung, wenn verrauschte Signale gemessen werden.

sich dann alle relevanten Signalformen hinterlegen, um diese später auszudrucken oder zur weiteren Analyse an einen PC zu übertragen.

In einigen Anwendungen ist das Triggern verrauschter Signale (Abb. 3.51) schwierig, da sich die Amplitude zu jedem Zeitpunkt ändert. Eine Lösung bietet das vom Anwender definierbare Hystereseband. Mit dem Hystereseband sind periodische und transiente Signale aufzuzeichnen. Die Triggerfunktion stellt sicher, dass das digitale Speicheroszilloskop nur dann triggert, wenn das Hystereseband entweder in positiver oder negativer Richtung mit dem Signal durchlaufen wird. Die Bandtriggerung überwacht, wie der Name bereits sagt, ein definiertes Triggerband. Wird dieses Band erreicht oder überschritten, erfolgt eine Triggerung. Die Überwachung einer bestimmten Temperatur ist mit dieser Technik einfach möglich. Hier sind Sollwerte vorzugeben und die entsprechenden Abweichungen werden registriert bzw. gezeichnet.

3.4.4 Triggermethoden für Störimpulse

Um schnelle Störimpulse mit einem digitalen Oszilloskop erfassen und aufzeichnen zu können, ist eine Glitch-Erkennung bis 10 ns in den Messgeräten vorhanden. Dies bedeutet, dass Störimpulse bei einem Signalwechsel zwischen zwei aufzuzeichnenden Sample-Punkten erfasst und dargestellt werden.

Zusätzlich zu dieser Eigenschaft ist es beispielsweise bei Netzüberwachungen wichtig, Störimpulse, die auf der Sinuslinie aufsetzen, zu erfassen. Mit der V-Glitch-Technik (Abb. 3.52) lassen sich diese Störungen an jedem Punkt der Signalperiode erfassen, selbst wenn die Spannungsamplitude des Störimpulses die Höhe der Sinusspannung nicht erreicht.

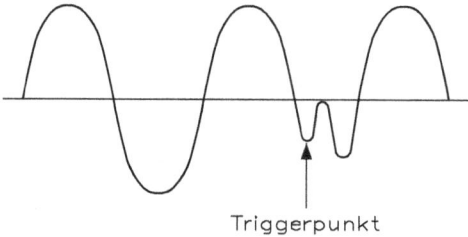

Abb. 3.52: V-Glitch-Triggerung zur Erfassung eines Störimpulses in einer Sinusschwingung.

In elektronischen Schaltungen können Impulse auftreten, die kleiner als die spezifizierten Schwellwertspannungen sind. Mit dem Runt-Trigger (Abb. 3.53) ist ein Amplitudenbereich mit unterem und oberem Spannungsbereich definierbar. Sofern die zu überwachenden Signale diese beiden definierten Schwellwerte durchlaufen, werden die Signale als „gut" erkannt. Wird ein Schwellwertbereich nicht durchschritten, liegt ein Amplitudenfehler vor, der das digitale Speicheroszilloskop triggert. Damit lassen sich sporadisch auftretende Fehler mit niedrigen Spannungsimpulsen erfassen und darstellen. Anwendungen sind in der Netzüberwachung zu finden.

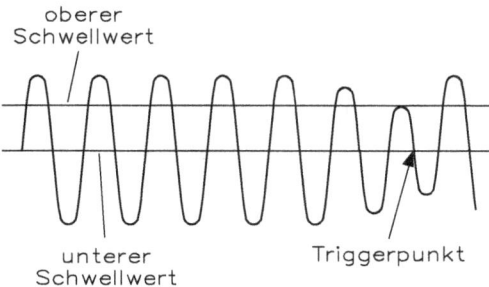

Abb. 3.53: Signalerfassung mittels Runt-Triggerung.

Auf dem Bildschirm wird eine Rekonstruktion des Signals dargestellt, die aus den gespeicherten Samples zusammengesetzt wurde. Diese Samples werden angezeigt und mit einer Linie verbunden. Hierfür gibt es verschiedene Möglichkeiten. Die einfachste Möglichkeit besteht darin, die Punkte mit einer Geraden zu verbinden. Dieses Verfahren wird als lineare Interpolation bezeichnet und reicht aus, wenn die Samples sehr nahe nebeneinander liegen, z. B. bei 50 Samples pro Division. Hiermit lassen sich die

Flanken eines Signals darstellen, wenn Samples vor und nach dem Übergang erfasst wurden. Wenn die Anzeige horizontal gedehnt wird, indem man den Abstand zwischen den erfassten Samples vergrößert, führt dies zu einer Verringerung der Signalhelligkeit. Die Oszilloskope berechnen daher interpolierte oder Anzeige-Samples, damit die Anzahl der angezeigten Samples ausreichend ist. Bei größerer Dehnung wird es wichtig, dass eine kontinuierliche Kurve durch die Samples gezogen wird, statt sie mit geraden Linien zu verbinden. Für diesen Fall arbeitet das Oszilloskop mit Sinus-Interpolation, bei der das am besten passende Sinussignal mit geeigneter Amplitude und Frequenz durch die erfassten Samples verbunden wird. Die Sinus-Interpolation ermöglicht eine Rekonstruktion, die auch bei kleinerer Anzahl Samples pro Division einen gleichmäßigen Verlauf wie bei der Darstellung mit einem analogen Oszilloskop aufweist.

Um zu prüfen, welche Samples tatsächlich erfasst wurden, steht normalerweise der Dot-Modus zur Verfügung, der die Interpolation außer Funktion setzt. Wenn dieser Modus angewählt ist, werden die Samples als einzelne helle Punkte angezeigt, die nicht miteinander verbunden sind.

Wenn Signale verglichen werden, z. B. eine neu erfasste Signalform mit Signalkurven, die zuvor gespeichert wurden, kann es nützlich sein, die Signale in getrennten Bildschirmbereichen darzustellen. Hierfür ist ein Fenster-Modus vorgesehen, mit dem der Bildschirm für die Anzeige von verschiedenen Signalen in zwei oder mehr Bereiche unterteilt wird. Durch Reduzieren der vertikalen Amplitudenanzeige kann im Fenster-Modus der volle dynamische Bereich eines digitalen Speicheroszilloskops genutzt werden. Auf diese Weise lässt sich die Messgenauigkeit optimieren, während die Amplitude des angezeigten Signals reduziert wird.

3.4.5 Auswertung von Messsignalen

Oszilloskope dienen zum Anzeigen von Signalformen und zum Messen von Signalparametern wie Spitze-Spitze-Amplitude, Effektiv-Amplitude, DC-Pegel, Frequenz, Impulsbreite, Anstiegszeit usw. Diese Parameter lassen sich bei allen Signalformen mit bekannten mathematischen Verfahren ermitteln.

Bei einem analogen Oszilloskop muss der Techniker die Messungen manuell vornehmen, z. B. indem er die angezeigte Kurvenform interpretiert, das Rastermaß (Division) zählt, um elementare Amplitudenwerte oder Zeitintervalle zu ermitteln, mathematische Beschreibungen anwendet und das Messergebnis berechnet. Diese Schritte sind bei einfachen Signalformen möglich, jedoch nur mit eingeschränkter Genauigkeit. Bei komplexen Signalen werden diese Prozesse zunehmend schwieriger und können mit entsprechender Raterei verbunden sein.

Wenn ein digitales Speicheroszilloskop dagegen einmal eine Signalform erfasst hat, stehen alle Informationen zur Verfügung, um diese Parameter automatisch zu berechnen, sodass man schnell und einfach genaue und zuverlässige Ergebnisse erhält.

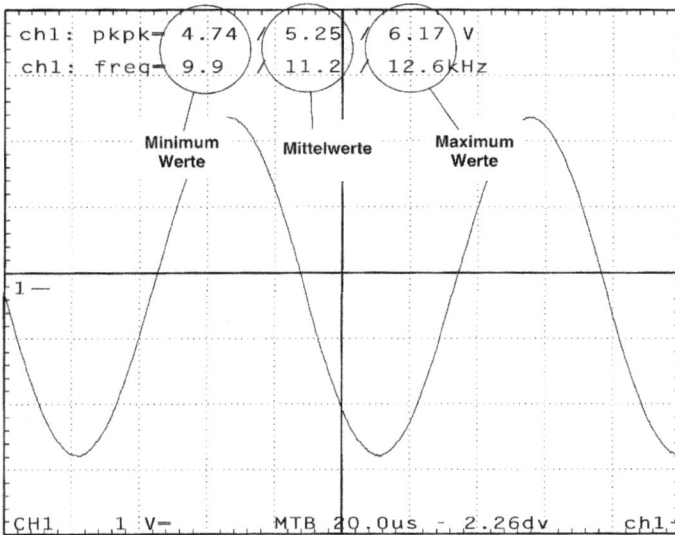

Abb. 3.54: Bildschirmanzeige eines digitalen Speicheroszilloskops.

Eine Bildschirmanzeige (Abb. 3.54) zeigt Spitze-Spitze-Spannungen und Frequenz-Messwerte in statistischem Format, Minimumwert, Mittelwert und Maximumwert, die über der Zeit angegeben sind.

Die meisten digitalen Speicheroszilloskope können zwei oder mehrere Messungen an den Eingangssignalen gleichzeitig ausführen, d. h. auf einem Kanal oder auf mehreren Kanälen. Dadurch kann man Signale miteinander vergleichen, z. B. lassen sich Amplituden des Eingangs- und des Ausgangssignals eines Verstärkers oder Abschwächers übereinander schieben und auswerten.

Sehr praktisch ist es auch, wenn sich mit dem Oszilloskop Messungen an gespeicherten Signalformen und neu erfassten Signalen durchführen lassen, sodass man das tatsächliche Verhalten mit Standardsignalen vergleichen kann, oder der Einfluss der Zeit an den vorgenommenen Modifikationen sichtbar wird. Bei den meisten Messungen werden die Ergebnisse auch im statistischen Format ausgegeben. Das bedeutet, dass sich der Minimumwert, der Maximumwert und der Mittelwert einer bestimmten Messung jederzeit in Bezug auf eine längere Erfassungsperiode berechnen und darstellen lässt. Hiermit kann der Messtechniker Tendenzen in dem Verhalten eines Systems aufdecken, ohne dass die Anzeige ständig überwacht werden muss.

Jede oszilloskopische Messung stellt im Grunde eine Analyse der erfassten Daten dar. Das Messergebnis bezieht sich daher auf die erfasste Signalform, die im Speicher des Oszilloskops hinterlegt ist. Das bedeutet, dass die Einstellung des Oszilloskops das Messergebnis beeinflussen kann.

Beispiel. Wenn eine langsame Zeitbasiseinstellung von 1 ms/Div gewählt wurde, wird eine Anstiegsmessung für eine Flanke, die erwartungsgemäß zwischen 50 ns und 100 ns liegt, durch die Zeitauflösung des Erfassungslaufs beeinflusst. Bei einer solchen Messung muss die Zeitbasis so eingestellt werden, dass die ansteigende Flanke mit genügend Details dargestellt wird. Hier spielt die nutzbare Systemanstiegszeit eine große Rolle.

Die erfassten Signaldaten enthalten eine Fülle an Informationen. Das übliche Format für die Datendarstellung ist eine Signalform, bei der die Spannung auf der vertikalen Achse aufgetragen wird und die Zeit auf der horizontalen Achse. Hierbei handelt es sich um die Y-T-Darstellung.

Moderne Speicheroszilloskope verfügen über einen digitalen Signalprozessor, der die mathematischen Funktionen durchführen kann. Die Mittelwertbildung wird in der Praxis dazu verwendet, um das auf einem Signal überlagerte Rauschen zu reduzieren, indem aufeinander folgende Erfassungsläufe kombiniert werden. Jedes Sample der resultierenden Signalform wird durch Mittelwertbildung, ausgehend von den Samples berechnet, die bei den aufeinander folgenden Erfassungsläufen an der gleichen Position vorlagen. Da das Rauschen naturgemäß bei jedem neuen Erfassungslauf unterschiedlich auftritt, unterscheiden sich die Werte der Samples in den aufeinander folgenden Erfassungsläufen geringfügig. Die Unterschiede lassen sich durch die Mittelwertbildung reduzieren, sodass man eine „glattere" Signalform erhält, während die Bandbreite nicht beeinträchtigt wird. Bei der Mittelwertbildung reagiert das Oszilloskop allerdings etwas langsamer auf Signaländerungen.

Die meisten digitalen Speicheroszilloskope arbeiten mit einer vertikalen 8-Bit-Auflösung, d. h. dass die erfasste Signalform durch 256 unterschiedliche Spannungspegel aufgezeichnet wird. Die Auflösung kann durch die Mittelwertbildung von aufeinander folgenden Erfassungsläufen erhöht werden. Je mehr Erfassungsläufe zur Berechnung verwendet werden, desto höher wird die vertikale Auflösung. Bei jeder Verdopplung der Anzahl Erfassungsläufe, wird automatisch ein zusätzliches Bit zu der Auflösung hinzugefügt.

Bei Signalen, die sich im Laufe der Zeit ändern, wenn z. B. Änderungen in der Amplitude erwartet werden oder ein Jitter (Abb. 3.55) auftritt, ist es sinnvoll, sich nicht nur die momentane Signalform zu betrachten, sondern das Verhalten der Signalform während einer Reihe von Erfassungsläufen. Wenn der Hüllkurven-Modus (Envelope) aktiv ist, baut das Oszilloskop die Anzeige auf, indem es die Minimum- und Maximumwerte für jede Aufzeichnungsposition während der aufeinander folgenden Erfassungsläufe speichert. Die resultierende Darstellung zeigt den kumulativen Effekt der langfristigen Änderungen. Hiermit können langfristige Jitter und langfristige Amplitudenänderungen gemessen werden.

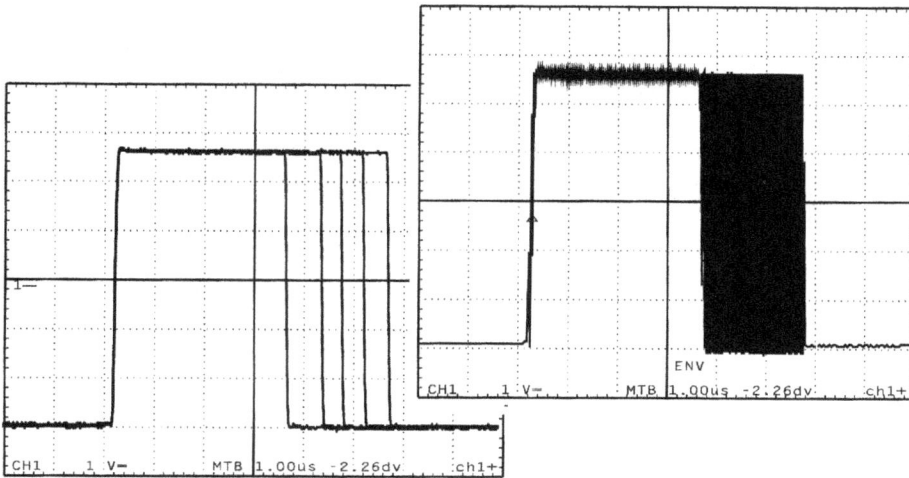

Abb. 3.55: Anzeige eines Jitter-Impulses mit und ohne Hüllkurven-Modus.

3.4.6 Digitale Filterung

Die Filterung einer Signalform ist eine Funktion, bei der die Bandbreite durch die Verarbeitung der erfassten Signaldaten reduziert wird. Der Ausdruck „Filterung" bezieht sich auf die Tatsache, dass diese Verarbeitungsfunktion den gleichen Effekt hat wie ein Tiefpassfilter, dem das Eingangssignal des Oszilloskops zugeführt wird.

Die digitale Filterung lässt sich dadurch erreichen, indem jedes Sample in einer Aufzeichnung mit den benachbarten Samples der gleichen Aufzeichnung gemittelt wird. Dadurch reduziert sich das Rauschen, jedoch auch die Bandbreite. Im Gegensatz zur Mittelwertbildung reduziert die Filterung zwar die Bandbreite, um das Rauschen zu verringern, aber man kann die Filterung auch für Single-Shot-Signale benutzen, während für die Mittelwertbildung mehrere Erfassungsläufe eines repetierenden Signals erforderlich sind.

Gespeicherte Signale können zusammen mit neu erfassten Signalformen dargestellt werden, z. B. um das Verhalten einer bekanntermaßen fehlerfreien Einheit mit dem einer fehlerhaften Einheit zu vergleichen. In vielen Fällen werden diese Signalvergleiche vorgenommen, um festzustellen, ob ein System seinen Spezifikationen entspricht, beispielsweise in der Fertigungsprüfung. Mit Oszilloskopen, die über eine „Pass/Fail-Testfunktion" verfügen, lässt sich diese Prüfung einfach vollautomatisch durchführen. Ein Standardsignal wird einschließlich Toleranzwerten in einem der Register gespeichert. Dieses Signal bezeichnet man als „Maske". Das Oszilloskop erfasst jetzt das Signal von den einzelnen Bauteilen oder Komponenten und vergleicht jeden neuen Erfassungslauf mit der Maske. Wenn das Signal innerhalb der Grenzwerte liegt, reagiert das Oszilloskop mit einer „pass"-Angabe. Überschreitet das Signal an irgendeiner Stelle die Grenzwerte, erfolgt eine „fail"-Meldung.

Die Fast-Fourier-Transformation ist ein mathematisches Verfahren, bei dem die einzelnen in einem Signal enthaltenen Frequenzen extrahiert und mit ihren jeweiligen Amplituden angezeigt werden. Die FFT ist ein nützliches Hilfsmittel, um herauszufinden, wie stark ein Signal verzerrt ist, um die Frequenz in einer komplexen Signalform zu identifizieren, oder um sich das Nebensprechen von Systemen betrachten zu können. Bei dem FFT-Spektrum (Abb. 3.56) in der unteren Bildhälfte handelt es sich um ein Netzspannungssignal mit 50 Hz.

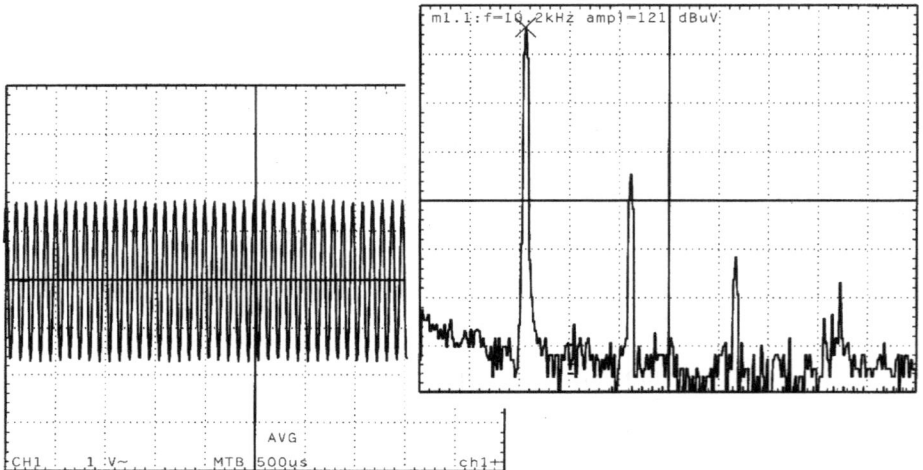

Abb. 3.56: Analyse des Frequenzspektrums des Eingangssignals und das FFT-Spektrum ist in der unteren Bildhälfte zu erkennen.

Der eingeschaltete Cursor zeigt die Grundfrequenz von 50 Hz und Cursor 2 die 5. Oberwelle. So ist mit einem digitalen Speicheroszilloskop eine schnelle orientierende Oberschwingungsanalyse möglich. Die FFT-Funktion erlaubt das Zuschalten von zwei Bewertungsfenstern, dem Rechteck- und dem Hanningfenster. Die FFT wird über ein Zeitfenster von 1000 Messwerten gebildet und das Zeitfenster lässt sich innerhalb des Speichers beliebig positionieren.

– Rechteckspannung: Abb. 3.57 zeigt die Ausgangsfunktion einer FFT.

$$f(t) = u_0 + u_1 \cos \omega t + u_2 \cos 2\omega t + \cdots + u_3 \cos 3\omega t + u_4 \cos 4\omega t + \cdots$$

$$f(t) = \frac{4 \cdot U}{\pi} \left(\sin \omega t + \frac{1}{3} \sin 3\omega t + \frac{1}{5} \sin 5\omega t + \cdots \right)$$

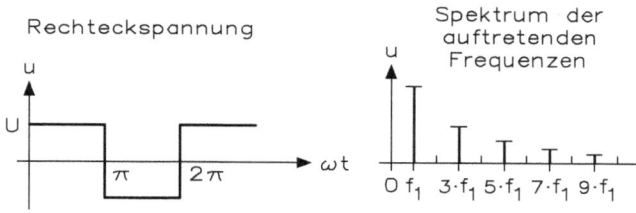

Abb. 3.57: Ausgangsfunktion einer FFT für die Rechteckspannung.

- Dreieckspannung: Abb. 3.58 zeigt die Ausgangsfunktion einer FFT.

$$f(t) = \frac{8 \cdot U}{\pi^2} \left(\sin \omega t + \frac{1}{3^2} \sin 3\omega t + \frac{1}{5^2} \sin 5\omega t + \cdots \right)$$

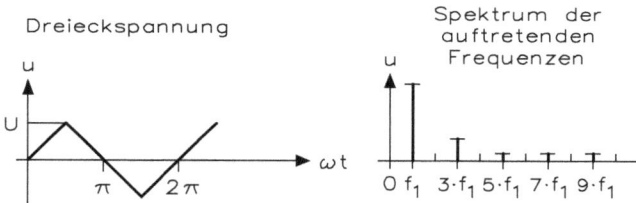

Abb. 3.58: Ausgangsfunktion einer FFT für die Dreieckspannung.

- Sägezahnspannung: Abb. 3.59 zeigt die Ausgangsfunktion einer FFT.

$$f(t) = \frac{2 \cdot U}{\pi} \left(\sin \omega t - \frac{1}{2} \sin 2\omega t + \frac{1}{3} \sin 3\omega t - \cdots + \cdots \right)$$

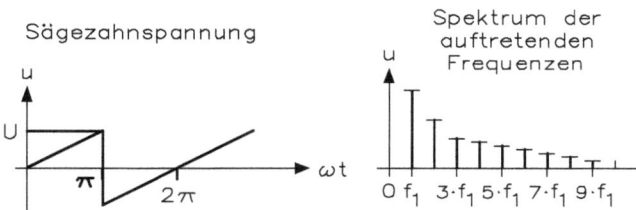

Abb. 3.59: Ausgangsfunktion einer FFT für die Sägezahnspannung.

- Trapezspannung: Abb. 3.60 zeigt die Ausgangsfunktion einer FFT.

$$f(t) = \frac{4 \cdot U}{\pi \cdot \alpha} \left(\sin \alpha \cdot \sin \omega t + \frac{\sin 3\alpha}{3^2} \cdot \sin 3\omega t + \frac{\sin 5\alpha}{5^2} \cdot \sin 5\omega t + \cdots \right)$$

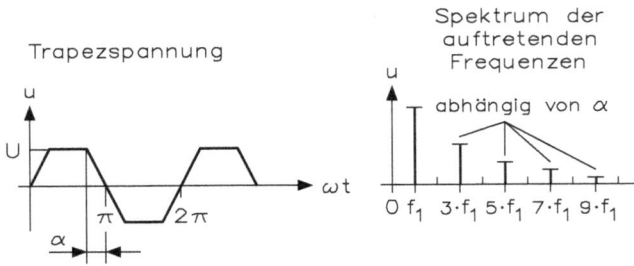

Abb. 3.60: Ausgangsfunktion einer FFT für die Trapezspannung.

– Doppelweg-Gleichrichtung: Abb. 3.61 zeigt die Ausgangsfunktion einer FFT.

$$f(t) = \frac{4 \cdot U}{\pi} \left(\frac{1}{2} - \frac{1}{1 \cdot 3} \cos 2\omega t - \frac{1}{3 \cdot 5} \cdot \cos 4\omega t - \frac{1}{5 \cdot 7} \cdot \cos 6\omega t - \cdots \right)$$

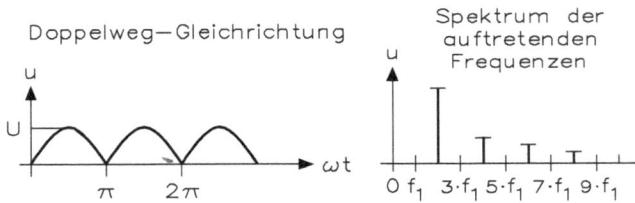

Abb. 3.61: Ausgangsfunktion einer FFT für die Doppelweg-Gleichrichtung.

– Rechteckspannung: Abb. 3.62 zeigt die Ausgangsfunktion einer FFT mit einem Tastverhältnis > 2.

$$f(t) = \frac{2 \cdot U}{\pi} \left(\frac{\alpha}{2} + \frac{\sin \alpha}{1} \cdot \cos \omega t + \frac{\sin 2\alpha}{2} \cdot \cos 2\omega t + \frac{\sin 3\alpha}{3} \cdot \cos 3\omega t + \cdots \right)$$

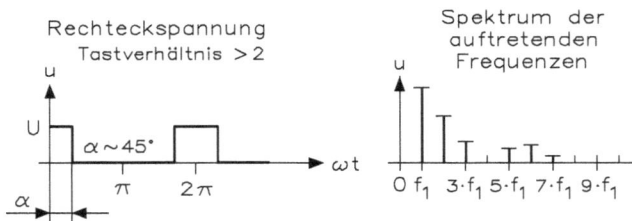

Abb. 3.62: Ausgangsfunktion einer FFT für die Rechteckspannung mit einem Tastverhältnis > 2.

– Nadelimpulse: Abb. 3.63 zeigt die Ausgangsfunktion einer FFT.

$$f(t) = \frac{4 \cdot U}{\pi} \left(\frac{\alpha}{2} + \frac{\sin \alpha}{1} \cdot \cos \omega t + \frac{\sin 3\alpha}{3} \cdot \cos 3\omega t + \frac{\sin 5\alpha}{5} \cdot \cos 5\omega t + \cdots \right)$$

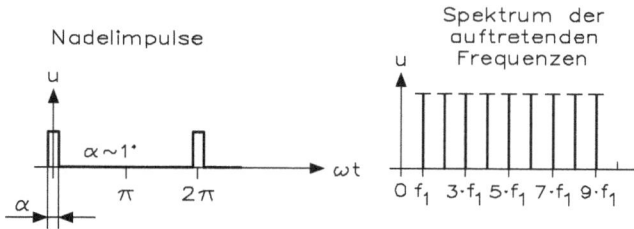

Abb. 3.63: Ausgangsfunktion einer FFT für die Nadelimpulse.

3.4.7 Verarbeitung von Messsignalen

Oft müssen die in dem Oszilloskop gespeicherten Informationen an einen PC übertragen werden. In anderen Fällen muss man die gemessenen Informationen des Oszilloskops in einem angeschlossenen PC speichern und damit stehen die Daten für eine mathematische Weiterverarbeitung zur Verfügung. In beiden Fällen benötigt man ein Instrument, das über Kommunikationsmöglichkeiten verfügt, d. h. dass das Oszilloskop mit Kommunikationshardware und entsprechender Software ausgestattet sein muss. In der Praxis wählt man zwischen zwei Arten von Schnittstellen: die RS232 und GPIB (General Purpose Interface Bus), bekannt auch als IEEE-488-Bus. Diese Kommunikationsschnittstellen sind bei den meisten digitalen Speicheroszilloskopen als Option erhältlich.

RS232 ist eine serielle Standardschnittstelle, die bei PC-Geräten für die Kommunikation per Modem und für den Anschluss von Geräten wie Maus, Drucker usw. weit verbreitet ist. Da für jedes, mit einem PC, verbundene Gerät eine eigene Schnittstelle am PC erforderlich ist, kann nur eine begrenzte Anzahl von Geräten – häufig nur zwei – an den PC angeschlossen werden. Viele Software-Pakete greifen auf diese serielle Kommunikation zurück, da hierfür nur minimale Änderungen am PC vorgenommen werden müssen und eine relativ einfache Verkabelung ausreicht. Es ist daher einfach, diese Schnittstelle standardmäßig im Oszilloskop vorzusehen, sodass die Signalformen zur Archivierung, Nachverarbeitung, Übertragung mittels Internet usw. an jeden beliebig verfügbaren PC übertragen werden kann.

GPIB ist ein paralleler Bus, der für die Verwendung in Messsystemen konzipiert wurde. Hiermit lassen sich mehrere Geräte gleichzeitig über ein gemeinsames Bussystem verbinden. Über den Bus können die Geräte jederzeit während des Testprotokolls auf den Controller zugreifen, z. B. wenn ein Messfehler gefunden wird. Der PC, der diesen Bus steuert, kann ein spezieller GPIB-Controller sein, obwohl heute sehr häufig ein Standard-PC mit GPIB-Karte benutzt wird. Eine GPIB-Karte gehört nicht zur serienmäßigen Ausstattung eines PC und muss zusätzlich hinzugefügt werden, was aber kein großes Problem darstellt. Die für GPIB-Systeme verfügbare Software schafft typischerweise eine komplette Testumgebung und integriert dabei eine Vielzahl verschiedener Geräte in einem einzigen Messsystem.

Bei vielen mobilen Messanwendungen benötigen Techniker und Ingenieure die Messergebnisse in schriftlicher Form. Der Ausdruck lässt sich später für Referenzzwecke verwenden, z. B. wenn neue Einstellungen vorgenommen werden müssen oder wenn Fehlfunktionen gemeldet werden. Die meisten digitalen Speicheroszilloskope können Hardcopies über einen digitalen Plotter oder Drucker, wie er für PCs verwendet wird, ausgeben, und einige können auch einen Streifenschreiber ansteuern, da diese immer noch in vielen Messlabors im Einsatz sind. Die Hardcopy-Möglichkeit ist meistens eine Funktion, die mit einer serienmäßig vorhandenen oder wahlweise erhältlichen Schnittstelle verbunden ist. Wenn gerade kein Drucker oder Plotter am Messort verfügbar ist, ist es immer vorteilhaft, wenn das Oszilloskop sehr viel Speicherkapazität besitzt, um die erforderlichen Messdaten dauerhaft zu speichern und später auszudrucken.

In vielen Anwendungen der Messpraxis liegen andere Signale vor als reine Sinus-, Dreieck- oder Rechtecksignale, z. B. Herzschlagsignale in der Medizintechnik oder das Prellen von Schaltkontakten in Relais. Die Funktion solcher Systeme sollte vorzugsweise mit Signalen geprüft werden, die den in der Praxis anzutreffenden Signalen möglichst ähnlich sind. Zu diesem Zweck wurden Arbitrary-Funktionsgeneratoren entwickelt. Bei einem solchen Funktionsgenerator lassen sich die Ausgangssignale mit Hilfe einer Gruppe von Datenworten als Funktion der Zeit beschreiben. Die Ausgangsspannung wird erzeugt, indem die aufeinander folgenden Datenworte einem DA-Umsetzer zugeführt werden.

Ein ARB-Generator lässt sich hervorragend mit einem digitalen Speicheroszilloskop kombinieren. Das digitale Speicheroszilloskop besitzt die einzigartige Fähigkeit, einen Teil des tatsächlichen Signals zu erfassen und als Gruppe von digitalen Worten zu speichern. Diese Aufzeichnung lässt sich dann an einen Arbitrary-Funktionsgenerator übertragen, sodass man das erfasste Signal dann jederzeit und beliebig oft reproduzieren kann. Die Amplitude des Signals lässt sich dabei skalieren, seine Frequenz modifizieren und die Daten können an einen PC gesendet und dort verändert werden, sodass der ARB-Funktionsgenerator eine modifizierte „Aufzeichnung" des Originalsignals darstellt.

Um die Kombination aus ARB-Funktionsgenerator und digitalem Speicheroszilloskop bedienungsfreundlich zu gestalten, sind diese Oszilloskope mit einer „direct dump"-Funktion ausgestattet. Um das erfasste Signal an den Funktionsgenerator zu übertragen, damit dieser es reproduzieren kann, ist dann nur ein einziges Kabel zwischen dem Oszilloskop und dem ARB-Funktionsgenerator erforderlich.

3.4.8 Spezialfunktionen eines digitalen Speicheroszilloskops

Oszilloskope dienen zur Messung von zwei grundlegenden Größen: Spannung und Zeit. Von diesen beiden Größen werden alle Messungen abgeleitet – entweder manuell mit den Cursors oder automatisch. Wenn man eine Messung durchführen soll, muss man die Möglichkeiten seines Oszilloskops genau kennen. Versuchen Sie nicht, mit einem 20-MHz-Oszilloskop ein 10-MHz-Rechtecksignal zu betrachten, denn Sie werden nicht die tatsächliche Form des Rechtecksignals erkennen können. Das 10-MHz-Rechtecksignal besteht aus einem fundamentalen 10-MHz-Sinussignal und seinen Oberwellen bei 30 MHz, 50 MHz, 70 MHz usw. Den Effekt der 30-MHz-Oberwellen werden Sie wohl teilweise erkennen können (jedoch nicht mit der richtigen Amplitude), aber die nächste Frequenzkomponente ist 2,5-mal größer als die Bandbreite des Oszilloskops! Die Signalanzeige wird daher mehr einem Sinussignal als einem Rechtecksignal ähnlich sein.

Das Gleiche gilt auch für die Messung von Anstiegszeiten. Wenn man ein Oszilloskop mit einer Systemanstiegszeit benutzt, die 10-mal kürzer ist als die des Signals, wird der Einfluss der Systemanstiegszeit auf die Messung fast vernachlässigbar sein. Hat das Oszilloskop und das Signal jedoch die gleiche Anstiegszeit, beträgt der Fehler 41 %.

Wenn mit dem horizontalen Einsteller für die Zeitbasis gearbeitet wird, ist der Tastkopf mit CH1 (Kanal 1 oder Kanal A) mit dem Tastkopf-Kalibriersignal zu verbinden. Danach ist die AUTOSET-Taste zu drücken und die Tasten „ns" und „s" unter TIME/DIV zu betätigen. Jetzt werden mehrere Perioden des Tastkopf-Kalibriersignals mit langsamerer Zeitbasisgeschwindigkeit bzw. weniger Perioden mit höherer Geschwindigkeit angezeigt. Die Zeitbasisanzeige auf dem Bildschirm ändert sich in eine 1-2-5-Folge. Die TIME/DIV-Tasten „ns" und „s" gleichzeitig drücken und man erhält eine kalibrierte stufenlose Zeitbasis (VARinable), ähnlich wie vorher bei der Amplitude. Die Taste „ns" drücken und die erste Periode des Signals erscheint auf dem Bildschirm.

Bei doppelter Zeitbasis den Tastkopf mit CH1 (Kanal 1 oder Kanal A) verbinden und dann die AUTOSET-Taste drücken. Die DTB-Taste im Bereich für die verzögerte Zeitbasis oder die obere DTB-ON-Softtaste drücken. Mit den Einstellern für Position und Strahltrennung die Hauptzeitbasis in der oberen Hälfte des Bildschirms anordnen und die verzögerte Zeitbasis in der unteren Hälfte positionieren. Mit den Zeitbasiseinstellern DELAY und DTB eine der ansteigenden Flanken des Tastkopf-Kalibriersignals anwählen und vergrößern und, wenn erforderlich, die Schreibspurhelligkeit nachstellen. Beachten Sie die angezeigte Verzögerungszeit und die Geschwindigkeit der verzögerten Zeitbasis. Die Verzögerungszeit nimmt zu, wenn sich der aufgehellte Bereich nach rechts von der MTB-Triggerung entfernt.

Bei der automatischen, getriggerten und Single-Shot-Zeitbasis verbindet man den Tastkopf mit CH1 und dem Tastkopf-Kalibriersignal. Die „AUTOSET"-, „TB MODE"- oder „HOR MODE"-Taste drücken und mit den Softtasten die Option TRIG aus dem

Menü wählen. Das Oszilloskop benötigt jetzt ein Triggersignal, um den Zeitbasis-durchlauf zu starten. Den Tastkopf vom CH1-Eingang abnehmen und die Schreibspur verschwindet vom Bildschirm: kein Signal → keine Schreibspur! Sobald die AUTO-Option gewählt wird, erscheint die Schreibspur wieder. Jetzt die SINGLE-Option aus dem gleichen Menü wählen und die Schreibspur verschwindet erneut. Den Einsteller für die Schreibspur-Helligkeit rechtsherum drehen. Jetzt die SINGLE-Taste drücken und, lässt man die Taste los, erscheint eine kurze Schreibspur auf dem Bildschirm. Bei jedem Tastendruck wird ein Durchlauf ausgelöst.

Bei der Einstellung für die Triggerung verwendet man die Möglichkeiten des Funktionsgenerators. Dieser ist auf eine sinusförmige Wechselspannung von $1\,V_{SS}/1\,kHz$ einzustellen, der Sweep ist auszuschalten, ebenso der Offset.

Der Ausgang des Funktionsgenerators ist über ein BNC-Kabel mit dem Kanal CH1 zu verbinden. Die AUTOSET-Taste drücken und mit dem Einsteller X-POS die Schreibspur nach rechts verschieben, um den Beginn des Durchlaufs (Abb. 3.64) zu sehen.

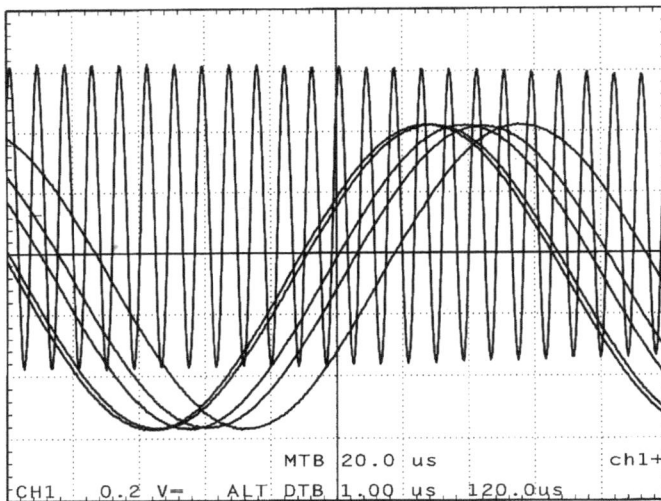

Abb. 3.64: Messen mit MTB und DTB im START-Modus.

Bei der Spitze-Spitze-Triggerung ist der Einsteller für den Triggerpegel zu betätigen. Hier kann man beobachten, wie sich der Startpunkt auf der Flanke nach oben und unten bewegt. Die Ausgangsamplitude des Funktionsgenerators ist zu ändern und der Triggerpegel soll erneut eingestellt werden. Das Oszilloskop triggert immer auf die Signalform und der Triggerpegel lässt sich während der Einstellung als Prozentsatz der Spitze-Spitze-Signalamplitude angeben.

Arbeitet das digitale Oszilloskop mit der Triggerflanke, ist die Taste TRIG1 im Bereich für Kanal 1 zu drücken. Das Oszilloskop triggert jetzt auf die fallende Flanke. Das Flankensymbol unten rechts auf dem Bildschirm ändert sich, wenn die Taste TRIG1 gedrückt wird.

Bei der Triggerung eines anderen Kanals wird der CH2-Eingang mit dem TTL-Ausgang an der Rückseite des Funktionsgenerators verbunden. Die AUTOSET-Taste drücken und die Schreibspuren so positionieren, dass sie sich nicht überlappen. Die Angabe der Triggerquelle unten rechts auf dem Bildschirm beobachten und Taste TRIG2 drücken. Das Oszilloskop triggert jetzt von Kanal 2. Entfernen Sie das BNC-Kabel vom CH2-Eingang, um dies nachzuprüfen.

Wenn mit der Triggerung auf einem bestimmten Spannungspegel gearbeitet werden soll, ist der Ausgang des Funktionsgenerators über ein BNC-Kabel mit CH1 zu verbinden. Die AUTOSET-Taste drücken und mit der unteren Softtaste im Trigger-Menü die Triggerkopplung auf DC einstellen. Jetzt erscheint das Symbol „T-" oder „M-" am linken Bildrand und hiermit wird der Triggerpegel auf das Signal angegeben. Betätigen Sie nun den Triggerpegeleinsteller (Abb. 3.65). Das T-Symbol bewegt sich auf dem Signal nach oben oder unten, während auf dem Bildschirm die jeweilige Spannung angegeben wird, bei der das Oszilloskop triggert. Es kann auch ein Triggerpegel außerhalb der Spitze-Spitze-Signalamplitude eingestellt werden, aber dadurch geht die Triggerung verloren. Jetzt wissen Sie, wie man einen Triggerpegel exakt einstellen kann und somit lassen sich weitere Single-Shot-Messungen durchführen.

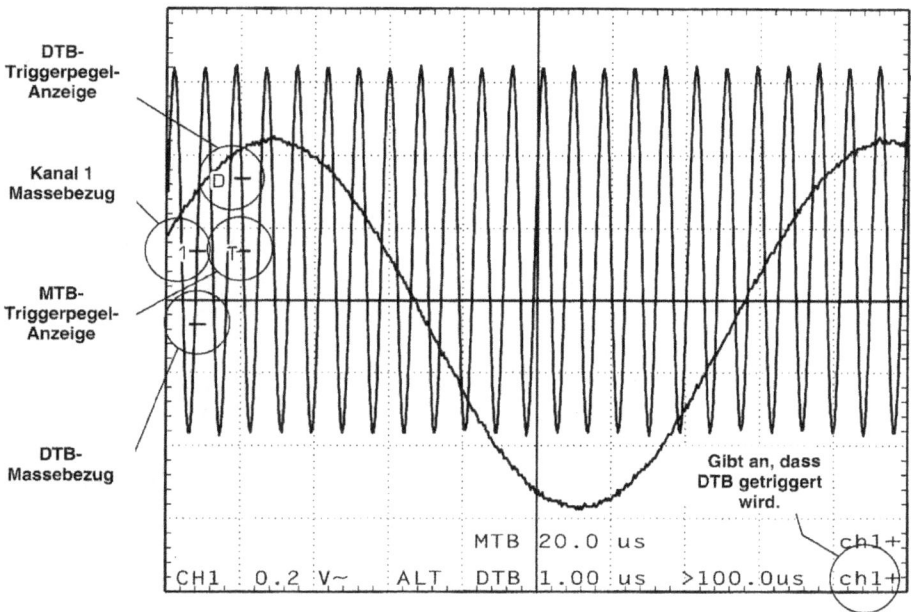

Abb. 3.65: Messen mit MTB und DTB im getriggerten Modus.

Hierzu verbinden Sie den Tastkopf mit CH1 und mit dem Tastkopf-Kalibrierausgang. Die AUTOSET-Taste drücken und den Tastkopf vom Kalibrierausgang abnehmen. Den Einsteller für die Bildschirmhelligkeit ganz nach rechts drehen, damit die Schreibspur mit maximaler Helligkeit dargestellt wird. Jetzt die Taste „HOR MODE" oder „TB MODE" drücken und mit den Softtasten die Menü-Option SINGLE wählen. CH1 auf DC-Kopplung stellen und dann die Taste „TRIGGER" oder „TRIGGER MTB" drücken und „Level OFF" wählen. Mit der unteren Softtaste die Triggerkopplung auf DC einstellen und damit erscheint das Triggerpegelsymbol „M-" oder „T-" am linken Bildrand. Betätigen Sie jetzt den Triggerpegeleinsteller und das Triggerpegelsymbol bewegt sich auf dem Bildschirm nach oben und unten, während die Spannung angezeigt wird, auf die das Oszilloskop jeweils triggert. Diese Spannung auf 200 mV einstellen. Jetzt die Taste SINGLE oder SINGLE RESET drücken und damit leuchtet die rote LED neben der Triggerpegeleinstellung auf, um darauf hinzuweisen, dass das Oszilloskop auf ein Signal wartet, auf das es triggern kann. Den Bildschirm genau beobachten und mit der Tastkopfspitze den Tastkopf-Kalibrierausgang berühren und die Schreibspur läuft einmal über den Bildschirm. Wenn der Kalibrierausgang noch einmal mit dem Tastkopf berührt wird, hat dies keinerlei Auswirkung, bis die Triggerschaltung wieder armiert worden ist.

Bei der Triggerung mit doppelter Zeitbasis ist der Funktionsgenerator auf ein Sinussignal einzustellen, die Startfrequenz auf 120 kHz, die Stoppfrequenz auf 121 kHz und die Sweepdauer soll 50 ms betragen. Die Amplitude des Signals beträgt 1 V_{SS} bei einem kontinuierlichen Sweep und den Ausgang des Funktionsgenerators über ein BNC-Kabel mit dem CH1-Eingang verbinden. Danach die verzögerte Zeitbasis einschalten und den Modus START nach der Verzögerung wählen. Die DTB-Zeitbasisgeschwindigkeit auf 1 µs/Div und die Verzögerung auf 120 µs einstellen. Mit den Einstellern für Strahltrennung und Position, die Bildschirmanzeige so verändern, dass ein ähnliches Bild erscheint. Die Signalperioden am rechten Bildrand bewegen sich auf der X-Achse und die Perioden lassen sich in diesem Fall nicht exakt untersuchen. Wählen Sie jetzt für den DTB den Modus TRIG D von Kanal 1 und es erscheint „CH1". Für die DTB-Triggerung die DC-Kopplung einstellen und den DTB-Triggerpegel mit dem LEVEL-DTB-Einsteller einstellen. Am linken Bildrand erscheint das Symbol „D-" und die Triggerpegelanzeige für DTB. Jetzt drückt man die CH1-Taste, um eine positive Flanke für die DTB-Triggerung von Kanal 1 zu wählen. Die Bildschirmanzeige für die Darstellung muss jetzt dem Oszillogramm (Abb. 3.65) entsprechen. Beachten Sie die Änderung des Verzögerungswerts, denn jetzt wird das Symbol „>" für größer vor der Verzögerungszeit angezeigt, d. h. dass die Triggerschaltung für die DTB nach der Triggerung der MTB auf das erste Auftreten von 500 mV auf der ersten positiven Flanke wartet, das länger als 100 µs dauert. Verändern Sie nun die Verzögerungszeit mit der DELAY-Einstellung und der aufgehellte Bereich verschiebt sich auf dem MTB-Durchlauf zwischen qualifizierenden Triggerpunkten, während die DTB stabil bleibt. Verändern Sie den DTB-Triggerpegel und beobachten Sie, wie sich der Anfang des aufgehellten Bereichs auf dem Sinussignal nach oben und unten verschiebt.

3.4.9 Automatische Messung mit der Cursorsteuerung

Bei den bisher durchgeführten Messungen wurden das Raster und die Einstellwerte für den Abschwächer in Verbindung mit der Zeitbasis verwendet. Moderne Oszilloskope verfügen über einen Cursor, mit dem sich die Messungen schneller und einfacher durchführen lassen. Cursors sind Linien, die durch den Elektronenstrahl auf dem Bildschirm erzeugt werden. Diese Cursorlinien können vertikal und horizontal verlaufen. Ihre Position auf dem Bildschirm bezieht sich auf Spannung und Zeit und kann verwendet werden, um Spannung und Zeit zu messen oder andere Messwerte hiervon abzuleiten, z. B. Frequenz, Anstiegszeit usw.

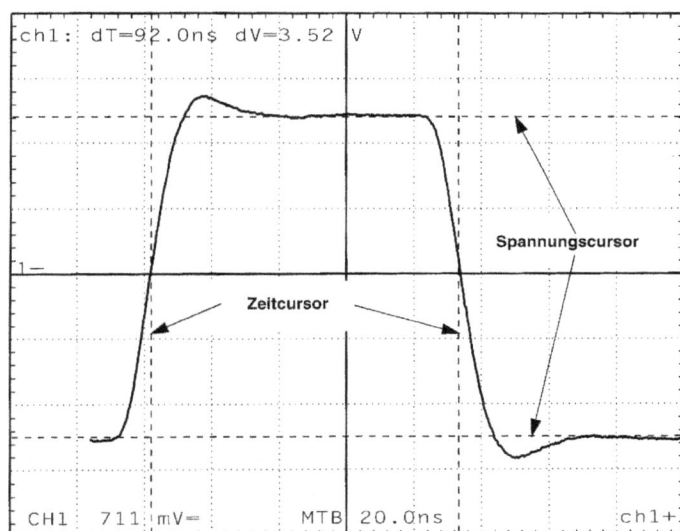

Abb. 3.66: Arbeitsweise eines bildschirmbezogenen Cursors.

Die Zeit- und Spannungswerte des Cursors ändern sich automatisch, wenn die Empfindlichkeit oder die Zeitbasis anders eingestellt werden. Der Messwert (Abb. 3.66) kann als Absolutspannung, d. h. als Spannung gegen Masse, als Relativsprung, d. h. als Spannungsdifferenz zwischen den Cursors oder als Prozentsatz angezeigt werden. Prozentangaben sind besonders nützlich für die Messung von Impulssignalen, weil sich die Parameter wie das Tastverhältnis als Prozentsatz der Periode ausdrücken lassen.

Es gibt zwei Arten von Cursorsystemen. Das erste System findet man bei analogen Messinstrumenten und in einigen Digitalmessgeräten, den so genannten bildschirmbezogenen Cursors. Die Cursors sind nicht mit dem Eingangssignal verbunden und müssen daher von Hand auf die Signalform ausgerichtet werden, um Messungen durchführen zu können. Bei dieser manuellen Ausrichtung können Fehler unterlaufen, da der Benutzer sich auf die Anzeige von Signalform und Cursor verlassen muss. Signalform und Cursor können durch kleine Anzeigengenauigkeiten jedoch unterschiedlich beeinflusst werden, sodass es zu Messfehlern kommt.

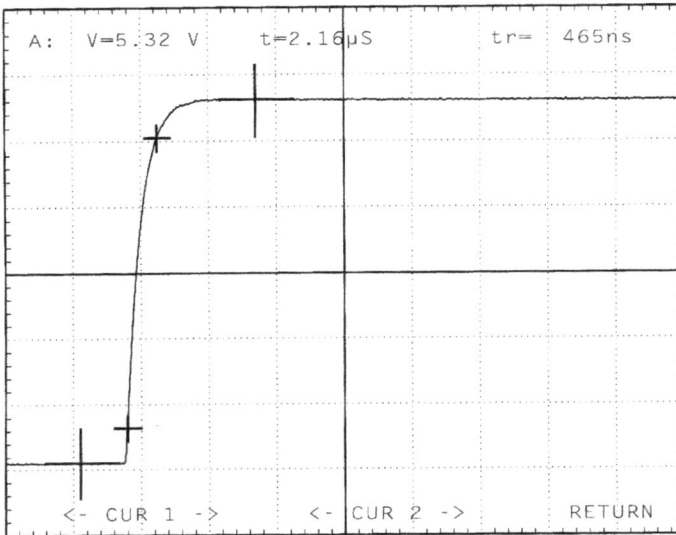

Abb. 3.67: Arbeitsweise eines speicherbezogenen Cursors.

Die zweite Art von Cursors (Abb. 3.67) beruht auf den digitalisierten Signaldaten, die im Oszilloskop abgespeichert sind. Diese Cursors definiert man als speicherbezogene Cursors und sind nicht mit den Fehlern behaftet, die durch das Ablenksystem hervorgerufen werden können. Die Cursors folgen dem Signal auf dem Bildschirm. Da alle Signaldaten im Oszilloskop gespeichert sind, können weitere Messwerte wie Anstiegszeit, Frequenz und Periode für den interessierenden Signalabschnitt berechnet werden. Bei einigen Messgeräten lassen sich den Cursors verschiedene Schreibspuren zuordnen, um Laufzeitverzögerungen Schaltzeiten usw. zu messen.

Eine dritte, aber weniger verbreitete Art von Cursors sind die amplitudenqualifizierten Cursors. Diese Cursors sind besonders nützlich für die Definition von anwendungsspezifischen Zeitmessungen, die von „normalen" Messungen, wie der Ermittlung der Anstiegszeit, abweichen. Beispiele finden sich bei der Prüfung von Bauelementen, z. B. Messung der Dioden-Sperrschichtverzögerungszeit, bei Messung der Einschwingzeit von Regelkreisen, der Verriegelungszeit (Einrastfunktion) von PLL-Schaltungen usw. Die Bezeichnung dieses Cursors ist auf die Tatsache zurückzuführen, dass man Zeitmessungen durchführen kann, indem sich die Cursors auf bestimmte Amplitudenwerte des Signals stellen lassen. Ein Cursor kann z. B. auf den

Punkt gestellt werden an dem das Signal 20 % seiner Endamplitude erreicht, und zwar unabhängig von seiner vorliegenden Amplitude. Der andere Cursor wird auf den Punkt gestellt, an dem das Signal 80 % seiner Amplitude erreicht. Der Cursormesswert gibt die Zeit zwischen den beiden Cursors an, in diesem Fall die Zeit, die das Signal benötigt, um von 20 % auf 80 % seiner Amplitude anzusteigen.

Mit amplitudenqualifizierten Cursors lassen sich Zeitmessungen sehr flexibel und unabhängig von der tatsächlichen Signalamplitude durchführen. Die Cursors können auf jeden beliebigen Pegel in Bezug auf bestimmte Referenzwerte eingestellt werden und man kann diverse Referenzpegel aus einer Liste tatsächlicher amplitudenbezogener Werte auswählen (z. B. Minimumwert, Maximumwert, absoluter Pegel, Masse oder ein statistischer L- oder H-Pegel). Die Cursors müssen nicht auf den ersten Punkt gestellt werden, an dem der jeweilige Pegel erreicht wird; auch der zweite, dritte oder letzte Schnittpunkt lässt sich hierzu verwenden. In dem Oszillogramm (Abb. 3.68) erkennt man die Ausgangsspannung eines Regelkreises nach einer plötzlichen Änderung des Eingangssignals (Sprungfunktion). Für dieses System wurde die Einschwingzeit als diejenige Zeit angegeben, die der Regelkreis benötigt, um wieder die richtige Ausgangsspannung zu erreichen und diese mit einer maximalen Abweichung von 5 % einzuhalten.

Bei den meisten Oszilloskopen muss die Zeitmessung manuell mit den Cursors erfolgen; mit amplitudenqualifizierten Cursors kann die Messung hingegen automatisch durchgeführt werden. Die Messung beginnt, sobald sich die Spannung des Eingangs-

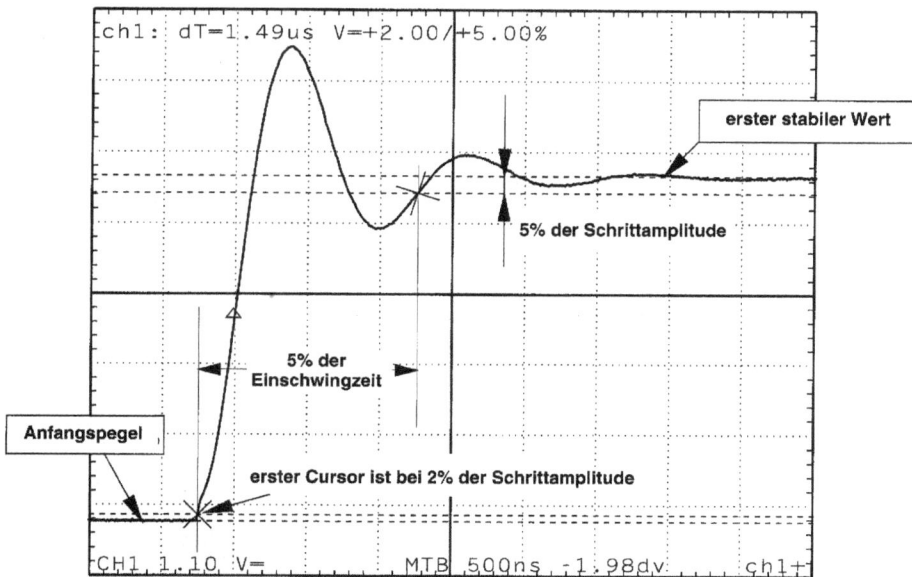

Abb. 3.68: Arbeitsweise eines amplitudenqualifizierten Cursors zur Messung der Einschwingzeit einer positiven Impulsflanke.

signals sprungweise ändert. Wenn nicht auf das Eingangssignal zugegriffen werden kann, lässt sich auch der Anfang des Ausgangssignalanstiegs benutzen. Das Oszilloskop ist so einzustellen, dass hiermit der Zeitpunkt kurz vor dem Anfang der ansteigenden Flanke ermittelt werden kann, bei dem das Signal z. B. einen Pegel von 2 % seiner Amplitude hat. In der Praxis reicht es aus, den Anfang der sprunghaften Anstiegsflanke der Eingangsspannung zu definieren. Für den ersten Cursor wird der anfänglich stabile Wert von 0 % angenommen und der Endwert als 100 %. Der erste Cursor wird auf 2 %, also zwischen diese Referenzpegel von 0 % und 100 %, gestellt. Der zweite Cursor kann andere Referenzpunkte besitzen und er befindet sich z. B. an dem Punkt, an dem das Signal den 5-%-Pegel durchläuft, wobei 0 % als Endwert definiert wurde und 100 % als Anfangswert der Stufenspannung. Der Endwert ist der Wert, der nach dem Ausklingen des Überschwingens erreicht wird. Diesen Wert definiert man als „statistischen H-Pegel". Um den Zeitpunkt herauszufinden, ab dem die Signalform innerhalb von 5 % ihrer Endamplitude bleibt, muss der Cursor auf den Punkt gestellt werden, bei dem das Signal die 5-%-Amplitude zum letzten Mal kreuzt. Die resultierende Anzeige einschließlich des Cursors und Referenzlinien sind in dem Oszillogramm (Abb. 3.68) dargestellt. Die Einschwingzeit ist in der oberen Textzeile mit 1,49 µs angegeben.

Diese Messung ergibt automatisch die Einschwingzeit des Regelkreises wieder und zwar unabhängig von der Amplitude der Eingangssignalstufe. Dies ist sehr nützlich für Messungen, die wiederholt vorgenommen werden, wie dies beispielsweise in der Fertigungsprüfung der Fall ist. Das Gerät ist damit in der Lage, die Messungen kontinuierlich und ohne Eingriff des Bedieners durchzuführen.

3.4.10 Arbeiten mit dem Messcursor

Wenn man die Periode und Frequenz mit Hilfe des Cursors messen muss, wird der Tastkopf mit CH1 und mit dem Tastkopf-Kalibrierausgang verbunden. Danach ist die AUTOSET-Taste zu drücken, um eine optimale Signaldarstellung zu erhalten. Die Cursors sind zu aktivieren und den Zeitmodus bzw. den vertikalen Cursor wählt man so, dass sich eine optimale Zeitmessung vornehmen lässt. Einen Cursor auf den Anfang einer Signalperiode stellen und den anderen auf das Ende der gleichen Periode. Die Cursors geben jetzt die Periodendauer des Signals an. Der Messwert kann als DT (Zeit zwischen den beiden Cursors), als Signalperiode, oder als 1/DT, als Frequenz, angezeigt werden.

Mit den gleichen Einstellungen für die Messung von Periode und Frequenz lässt sich auch das Tastverhältnis des Kalibriersignals ermitteln. Das Gerät wird so eingestellt, dass DT als Verhältnis angegeben wird. Die Cursors sind so einzustellen, dass sie genau eine Signalperiode einschließen. Jetzt muss man dem Oszilloskop (Abb. 3.69) mitteilen, dass diese Zeitspanne einer Periode von 100 % entspricht, d. h. hierfür ist „DT = 100 %" zu wählen.

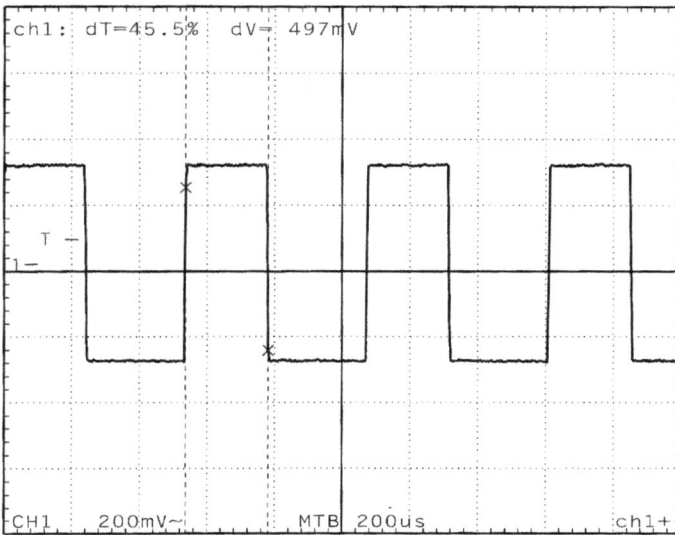

Abb. 3.69: Verwendung eines Cursors für die Messung des Tastverhältnisses.

Den ersten Cursor am Anfang der Periode stehen lassen und den zweiten Cursor auf die Flanke in der Mitte der Periode stellen. Jetzt wird das Tastverhältnis für den eingeschlossenen Impulsabschnitt angegeben. In dem Oszillogramm (Abb. 3.69) zeigt sich ein Tastverhältnis von ca. 50 %.

Bei der Phasenmessung mit Hilfe des Cursors ist der Ausgang des Funktionsgenerators mit CH1 und der TTL-Ausgang mit CH2 zu verbinden. Die Frequenz des Funktionsgenerators auf den höchstmöglichen Wert einstellen und ein Dreieckausgangssignal wählen. Die AUTOSET-Funktion des Oszilloskops aktivieren und sicherstellen, dass CH1 als Triggerquelle verwendet wird. Die vertikale Ablenkung und die vertikale Position der Schreibspuren so einstellen, dass die beiden Schreibspuren klar voneinander getrennt angezeigt werden. Die Zeitbasis so ändern, dass etwas mehr als eine Periode auf dem Bildschirm dargestellt wird und falls erforderlich, den Variable-Modus verwenden. Der Triggerpegel (Abb. 3.70) wird so eingestellt, dass genügend Informationen für die ansteigende Flanke des Signals von CH1 angezeigt werden.

Beide Signalformen sind symmetrisch in Bezug auf eine horizontale Rasterlinie zu positionieren. Die Cursors aktivieren, die vertikalen Cursors für die Zeitmessung und dann den Phasenmesswert wählen. Jetzt die Cursors so positionieren, dass sie eine Periode des CH1-Signals, beginnend mit der ersten ansteigenden Flanke, einschließen. Die Schnittpunkte mit der horizontalen Rasterlinie als Referenz verwenden, um die Mitte der Flanken zu ermitteln. Die Taste „$\Delta T = 360°$" drücken, damit das Oszilloskop diese Zeitspanne als eine volle Periode erkennt. Bei den meisten digitalen Speicheroszilloskopen wird die Periodendauer automatisch anhand der Frequenz der Triggerquelle erkannt. Die Position des ersten Cursors nicht verändern und den

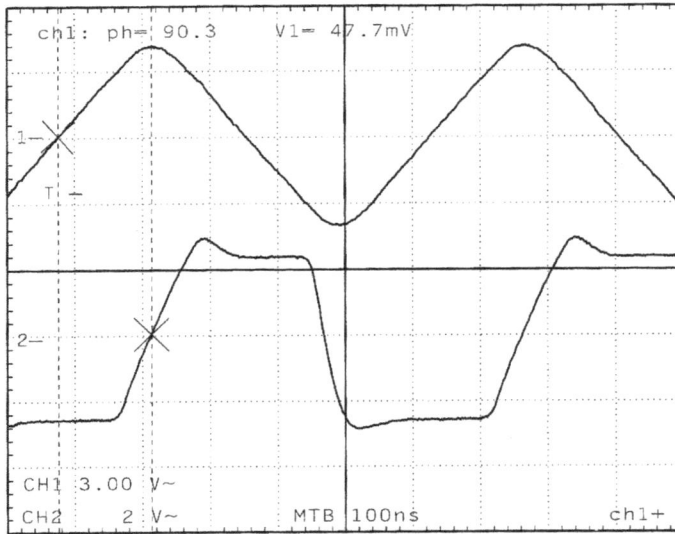

Abb. 3.70: Phasenmessung mit Hilfe des Cursors.

zweiten Cursor auf die Mitte der ansteigenden Flanke des CH2-Signals stellen. Bei einigen Speicheroszilloskopen kann man das kleine Kreuz, das den Schnittpunkt der Signalform mit der vertikalen Cursorlinie kennzeichnet, auf eine der beiden Signalformen einstellen. Die Auswahl wird im Cursormenü mit der Option „select cursor trace" getroffen. Die Phasendifferenz zwischen den beiden Signalformen wird in Grad angezeigt.

Bei den meisten Speicheroszilloskopen wird automatisch die Frequenz des Signals von der gewählten Triggerquelle erkannt. Von dieser Frequenz leitet das Messgerät die 360-Grad-Referenz für die Phasenmessung ab. Wenn sich die Signalfrequenz ändert, passt sich das Messgerät automatisch an und die Cursorreferenz wird geändert. Bei einfachen Geräten muss die neue Periode manuell gewählt werden.

Beim Messen der Amplitude eines Signals mit Hilfe des Cursors ist ein Eingangssignal an das Speicheroszilloskop anzulegen und die AUTOSET-Taste zu drücken. Danach sind die Cursors einzuschalten und der horizontale Cursor oder der Cursor für die Amplitudenmessung ist einzustellen. Einen Cursor so positionieren, dass er die niedrigsten Signalwerte schneidet und den anderen Cursor so positionieren, dass dieser die höchsten Signalwerte kennzeichnet. Jetzt gibt der Cursormesswert die Differenz zwischen den beiden Spannungspegeln an, die der Spitze-Spitze-Amplitude der Signalform entspricht. Bei einigen Oszilloskopen lässt sich die Messwertanzeige so ändern, dass der Absolutpegel für jeden einzelnen Cursor angegeben wird. Dies ist besonders nützlich, wenn ein Signal einem Gleichspannungsanteil überlagert ist oder Messungen an Logiksignalen durchgeführt werden.

Die hier bereits beschriebenen Amplitudenmessungen erscheinen eventuell recht einfach und zeigen vielleicht nicht viel von der Leistungsfähigkeit der Cursormessungen. Betrachtet man einmal eine kompliziertere Messung, bei der man die Cursors dazu verwendet, das Verhältnis zweier Amplituden zu ermitteln. Bei amplitudenmodulierten Signalen wird der Modulationsgrad definiert als das Verhältnis der Amplitude des Modulationssignals zum Verhältnis der Amplitude des Trägers. Zur Messung des Modulationsgrads den Funktionsgenerator so einstellen, dass er ein amplitudenmoduliertes Signal ausgibt. Falls dies möglich ist, sollte der Modulationsgrad auf einen bekannten Wert eingestellt werden. Das modulierte Signal an CH1 und das modulierende Signal an CH2 anlegen. Die AUTOSET-Taste drücken und bei den meisten Speicheroszilloskopen wählt die AUTOSET-Funktion automatisch das Signal mit der niedrigsten Frequenz der Triggerquelle. CH2 ausschalten, weil nur das modulierte Signal betrachtet werden soll. Zeitbasis und vertikale Empfindlichkeit so ändern, dass die Bildschirmanzeige des Oszillogramms (Abb. 3.71) entspricht.

Die Cursors sind einzuschalten, dann die horizontalen Cursors auswählen und die Messwertanzeige „ΔV ration" freigeben. Unabhängig vom Grad der Modulation lässt sich die Amplitude des Trägers messen, indem die Cursors auf die Signalpegel a und c gestellt werden. Die Taste „ΔV=100%" drücken, um diesen Wert als Amplitude des Trägersignals zu kennzeichnen und 100 % gleichsetzen. Anschließend den oberen Cursor nach unten bewegen bis er Signalpegel b erreicht. Jetzt wird als Cursormesswert der Amplitudenmodulationsgrad in Prozent angegeben.

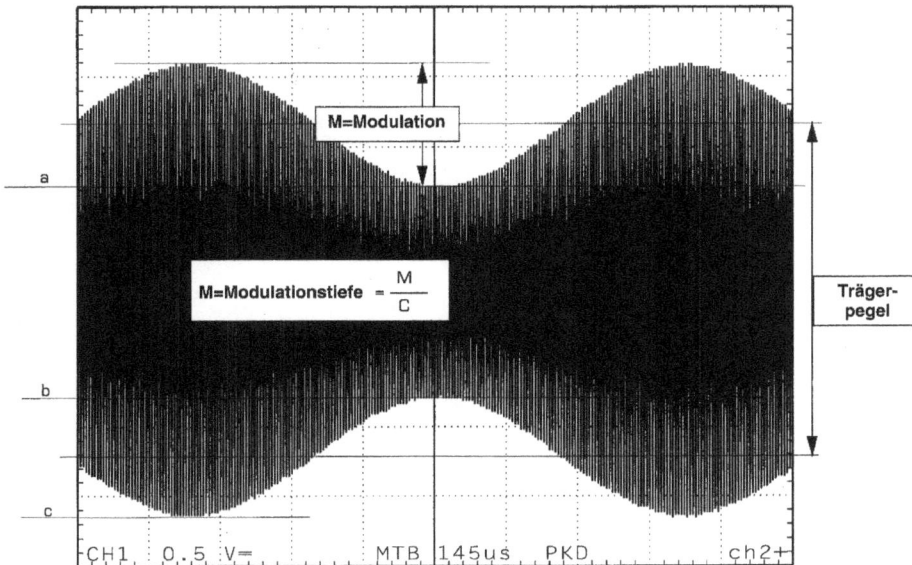

Abb. 3.71: Bildschirmanzeige eines AM-Signals.

4 Digitale Messgeräte

In der Messtechnik setzen sich seit 1980 immer mehr die digitalen Messgeräte in Labor, Fertigung, Service und Ausbildung (Schüler bzw. Studenten) durch. Hauptgrund sind die vielfältigen Möglichkeiten dieser Messgeräte mit hochintegrierten Schaltkreisen und in Verbindung mit Mikrocontrollern. In den nachfolgenden Teilkapiteln werden beschrieben:
- Digitalmultimeter mit LCD- und LED-Anzeige
- Zähler- und Frequenzmessgeräte
- Funktionsgeneratoren
- Elektronische Zähler
- Messgeräte mit Mikrocontroller

4.1 3½-stelliges Digitalvoltmeter mit LCD-Anzeige

An einem typischen Digitalmultimeter sollen zuerst die einzelnen Funktionen erklärt werden.

Für die Ausgabe des Messwertes eines Digitalmultimeters hat man eine 3½-, 4½-, 5½- und 6½-stellige LCD- oder LED-Anzeige. Die LCD-Technik (Flüssigkristallanzeige oder Liquid Crystal Display) sind passive Anzeigen, d. h. sie leuchten nicht und benötigen daher bei ungünstigen Lichtverhältnissen eine Hintergrundbeleuchtung. Der große Vorteil sind aber der geringe Leistungsbedarf ($< 10\,\mu W$ bei der Ansteuerung) und dass man selbst aufwendige Symbole (z. B. Ω-Zeichen, Lautsprecher-Symbol, Wechselstrom-Zeichen usw.) darstellen kann. Die LED-Technik (Light Emitting Diodes) sind aktive Anzeigen, d. h. sie leuchten, wenn das einzelne Segment angesteuert wird. Der Nachteil ist der sehr hohe Leistungsbedarf (5 mW bis 100 mW, je nach Anzeigengröße). Transportable Messgeräte mit LEDs sind sehr selten in der Praxis anzutreffen.

Bei den Messmöglichkeiten eines Digitalmultimeters, meistens integrierende Verfahren, hat man die Standardfunktionen zum Messen von Gleich- und Wechselspannung, von Gleich- und Wechselstrom und von Widerständen. Die Genauigkeit hängt von dem AD-Wandler ab. So bedeutet z. B. für eine 4½-LCD- oder LED-Anzeige die Angabe ±0,2 % + 1 Digit, dass der Fehler ±0,2 % vom Messwert und zusätzlich +1 der niederwertigsten Anzeigenstelle betragen kann.

https://doi.org/10.1515/9783110523140-005

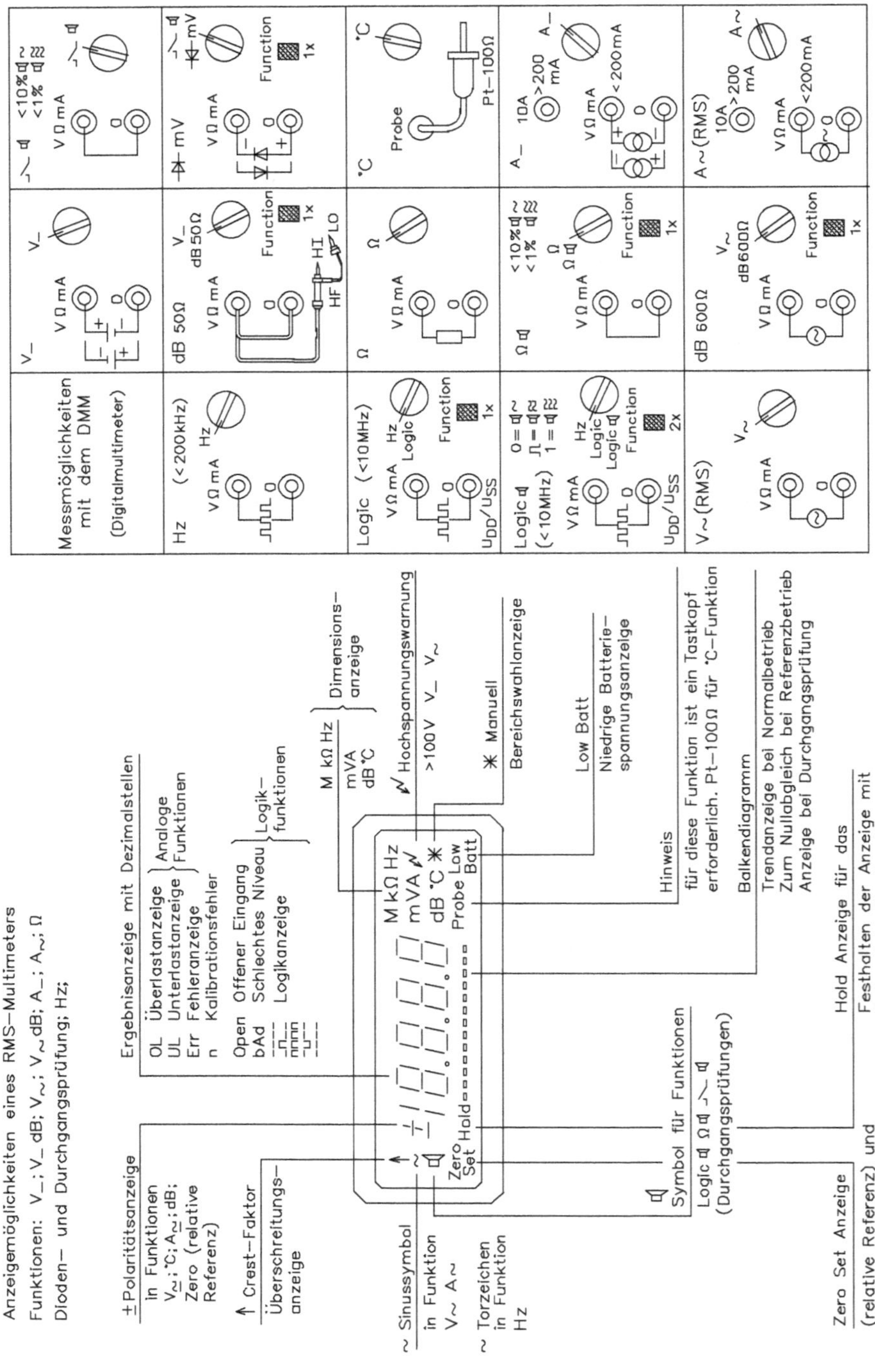

Abb. 4.1: Messmöglichkeiten eines Digitalmultimeters DMM.

Beispiel. Für ein 4½-stelliges Digital-Messgerät gibt der Hersteller die Fehlergrenzen ±0,5 % + 10 Digits an. In welchem Bereich liegt der tatsächliche Messwert, wenn eine Spannung von $U = 22,47$ V angezeigt wird?

$$U_{\text{min}} = 22,47\,\text{V} - 0,005 \cdot 22,47\text{V} = 22,36\,\text{V}$$

$$U_{\text{max}} = 22,47\,\text{V} - 0,005 \cdot 22,47\text{V} + 10\,\text{Digits} \cdot \frac{0,01\,\text{V}}{\text{Digits}} = 22,68\,\text{V}$$

Mit dem Digitalmultimeter kann man durch „U_{RMS}" (Root Mean Square oder Effektivwert) eine sich langsam ändernde Wechselspannung messen. Mit „$U_{\sim(\text{RMS})}$" lässt sich also die sinusförmige Wechselspannung bis 500 Hz messen. Das Gleiche gilt auch für die Strommessungen von „I_{RMS}" und „$I_{\sim(\text{RMS})}$". Wenn man einen unbekannten Widerstand zwischen den Buchsen „V Ω mA" anschließt, wird der ohmsche Wert gemessen und angezeigt. Steht der Schalter auf Hz und eine rechteckförmige Spannung liegt an, erhält man die Frequenz, wobei 200 kHz der maximale Messbereichsendwert ist. Mit einem Tastkopf lässt sich die HF-Spannung messen, wenn der Schalter auf $U_{(\text{RMS})}$ steht und es wird mit einer Impedanz von 50 Ω die HF-Spannungsquelle belastet. Über einen geeigneten Widerstand Pt-100 kann man die Temperatur messen. Mit dem Durchgangsprüfer lässt sich eine Diode oder ein Transistor in Durchlass- und Sperrrichtung auf Durchgang prüfen.

Mit der Polaritätsanzeige kann man die Polarität einer Gleichspannungs- oder Gleichstromquelle anzeigen lassen, ob eine Temperatur im positiven oder negativen Bereich ist, oder das Vorzeichen einer dB-Messung bestimmen.

Bei effektivwertbildenden elektronischen Messgeräten bezeichnet man das Verhältnis des höchsten zulässigen Spitzenwertes eines zeitabhängigen Vorgangs zum Vollausschlags-Effektivwert des gewählten Messbereichs als Crest-Faktor. Überschreitet man versehentlich die so definierte Spitzenwert-Grenze, so kommt es infolge von Übersteuerungserscheinungen zu groben Fehlanzeigen des Effektivwertmessers! Über die Crest-Faktor-Anzeige wird dies als Fehlermeldung ausgegeben.

Mit dem „$\sim$"-Symbol wird die Wechselspannung bzw. der Wechselstrom angezeigt. Dies gilt auch für die Tor- oder Gatterzeit, wenn man die Frequenz (< 200 kHz) misst.

In der Anzeige erscheint „OL", wenn Überlast (Overrange) auftritt, d. h. das Digitalmultimeter ist auf 2,000 V eingestellt und die Eingangsspannung beträgt z. B. 3 V. In der Anzeige erscheint „UL", wenn eine „Unterspannung" (Underrange) auftritt, d. h. das Digitalmultimeter ist auf 200,0 V eingestellt und die Eingangsspannung beträgt z. B. 3 mV. In der Anzeige erscheint „Err" (Error), wenn z. B. eine Spannung im Ohmbereich gemessen wird. In der Anzeige erscheint „n", wenn das Messgerät kalibriert werden muss. Unter Kalibrieren versteht man das Ermitteln des für eine gegebene Messeinrichtung gültigen Zusammenhangs zwischen dem Messwert oder dem Wert des Ausgangssignals und dem konventionell richtigen Wert der Messgröße.

In der Anzeige erscheint „OPEN", wenn kein Signal an der Eingangsbuchse liegt. Erscheint „bAd" in der Anzeige, hat das Messsignal ein ungünstiges Niveau, d. h. das anstehende Messsignal muss noch zusätzlich mit einem Oszilloskop untersucht werden.

Bei diesem Digitalmultimeter muss man zwischen fünf Logiksignalen unterscheiden:
- kontinuierliches 0-Signal
- kontinuierliches 0-Signal mit wenigen 1-Signalen
- rechteckförmige Eingangsspannung
- kontinuierliches 1-Signal mit wenigen 0-Signalen
- kontinuierliches 1-Signal

Das Lautsprechersymbol kennzeichnet eine Durchgangsprüfung. Die Amplitude der Lautstärker ist kontinuierlich, aber die Signalfrequenz ist unterschiedlich. Ein Symbol mit „~" hat ungefähr 400 Hz, mit zwei Sinuskurven etwas 800 Hz und mit drei Sinuskurven ca. 1,2 kHz. Erscheint in der Anzeige „ZERO SET", ist das Messgerät nicht auf „0" gestellt und eine Justierung des Digitalmultimeters ist erforderlich. Die „HOLD"-Anzeige ist für das Festhalten des Messwertes erforderlich, wenn ein Tastkopf für die Temperaturanzeige verwendet wird.

Das Balkendiagramm dient als
- Trendanzeige bei Normalbetrieb
- zum Nullabgleich bei Referenzbetrieb
- Anzeige bei Durchgangsprüfung

Erscheint in der Anzeige „Probe", ist ein Tastkopf für das Digitalmultimeter erforderlich. Mit „LOW BATT" wird eine zu geringe Batteriespannung angezeigt und ein Batteriewechsel ist unbedingt erforderlich. Erscheint ein Stern in der Anzeige, kann eine manuelle Bereichsauswahl vorgenommen werden. Übersteigt die Spannung an den Messbuchsen einen Wert von 200 V, erscheint eine Hochspannungswarnung.

4.1.1 Flüssigkristall-Anzeigen

Im Gegensatz zu den LED-Anzeigen (seit 1970) kennt man die Flüssigkristalle bereits seit über 130 Jahren. Die Einsatzmöglichkeiten waren bis zur Verwendung in der Mikroelektronik hauptsächlich die Wärmemesstechnik. Erwärmt man flüssige Kristalle oder kühlt diese ab, kann man anhand der Färbung meistens sehr präzise die entsprechende Temperatur ablesen.

Flüssigkristalle weisen drei Aggregatszustände auf, die von der Umgebungstemperatur abhängig sind:

- festkristalliner Zustand
- flüssigkristalliner Zustand oder die Mesophase
- flüssiger Zustand

In der Chemie sind mehrere Tausend chemische Verbindungen bekannt, die außer der festen (anisotrop) und der flüssigen (isotrop) Phase noch eine Übergangsmöglichkeit aufweisen, die Mesophase. Die Mesophase ist eine anisotrop-flüssige Phase, die auch als anisotrope Schmelze bezeichnet wird.

Als Flüssigkristalle verwendet man eine organische Verbindung, die aus langgestreckten Molekülen besteht. Durch die Umgebungstemperatur nehmen diese einen bestimmten Aggregatszustand ein, den man in einer LCD-Anzeige nutzen kann. Im festkristallinen Zustand sind die langgestreckten Moleküle in einer Reihe nacheinander angeordnet. Der Orientierungszustand ist ausgerichtet. Erwärmt man das Material, ändert sich auch der Orientierungszustand. Ein solches Verhalten ist nur erklärbar, wenn in der Flüssigkeit eine Teilordnung vorhanden ist, also Moleküle, die einen Orientierungszustand aufweisen.

Ab dem Schmelzpunkt ϑ_S geht das Flüssigkristall in die Mesophase über. Man erhält den Arbeitsbereich der LCD-Anzeigen. Der Übergang ist nicht genau definierbar und es entsteht immer eine Temperaturhysterese. Dieser Übergang ist weitgehend von der Kristallmischung abhängig. Der Arbeitsbereich von üblichen Flüssigkristallsubstanzen hat einen Temperaturbereich zwischen −20 °C und +65 °C. In diesem Bereich ergibt sich eine viskosetrübe Flüssigkeit, die man für die Anzeige ausnützt.

Oberhalb der Mesophase, also ab dem Klärpunkt ϑ_K, beginnt die flüssige Phase. Hier wird die Schmelze klar durchsichtig und isotrop. Ab diesem Punkt verliert die LCD-Anzeige ihre optoelektronischen Eigenschaften und lässt sich nicht mehr betreiben. Dieser Punkt ist ebenfalls nicht genau definierbar und hängt von der Kristallmischung ab. Eine längere Lagerung von LCD-Anzeigen in diesem Bereich führt unweigerlich zur Zerstörung.

Im festkristallinen Zustand sind die Moleküle in einer gestreckten Molekülstruktur aufgebaut. Mit Erwärmung ergibt sich ein undefinierter Zustand, der aber starke elektrische Momente aufweisen kann, wenn ein Magnetfeld angelegt wird. Hier sind die Moleküle leicht polarisierbar. In der flüssigen Phase gibt es zwar noch starke elektrische Dipolmomente, aber die räumliche Anordnung ist so verdreht, dass eine schwierige Polarisierung auftritt.

Drei Strukturtypen kennt man bei den flüssigen Kristallen:
- nematische (fadenförmige)
- cholesterinische (spiralförmige)
- smektische (schichtartige)

Bei nematischen Flüssigkristallen ist nur ein Ordnungsprinzip im Aufbau wirksam. Die Längsachsen der zigarrenförmigen Moleküle stehen im zeitlichen und räumlichen

Mittel parallel zueinander. Dabei gleiten die Moleküle aneinander vorbei. Dieses Flüssigkristall ist sehr dünnflüssig.

Der Aufbau von cholesterinischem Flüssigkristall ist ähnlich. In einer Ebene liegen die Moleküle parallel zueinander und es ergibt sich eine bestimmte Vorzugsrichtung, die große Vorteile mit sich bringt. Diese ist in ihrer Ebene gegenüber der benachbarten parallelen Ebene etwas verdreht. Senkrecht zu den einzelnen Ebenen dreht sich die Vorzugsrichtung so, dass eine Schraubenstruktur mit einer bestimmten Ganghöhe oder Periode durchlaufen wird.

Der Aufbau des smektischen Typs ist dem normalen festen Kristall am ähnlichsten. Allerdings sind die Moleküle nicht bestimmten festen Raumgitterplätzen zugeordnet, sondern lediglich an Ebenen gebunden. Die Längsachsen der Moleküle verlaufen parallel zueinander und sind in Ebenen angeordnet, die sich aber nur als Ganzes gegeneinander verschieben lassen. Mit dem hohen Ordnungszustand hängt die große Viskosität und Oberflächenspannung smektischer Flüssigkristalle zusammen. In den Anzeigen der Elektronik und Messtechnik findet man nur die nematischen Flüssigkristalle.

Bringt man an einer LCD-Anzeige Kontakte an und legt an diese eine elektrische Spannung, ändert das Flüssigkristall sofort sein Prinzip. Man erhält Drehzellen.

Flüssigkristalle weisen eine hohe, anisotrope Dielektrizitätskonstante auf, d. h. diese hat in beiden Richtungen parallel und senkrecht zur Molekülachse verschiedene Werte. Normalerweise wird diese Konstante in paralleler und senkrechter Richtung gemessen.

Unter positiver Anisotropie stehen die Moleküle senkrecht in dem elektrischen Feld. Aufgrund dieser Tatsache spricht man vom „Senkrechtwert". Die Umkehrung ist die negative Anisotropie. Hier liegen die Moleküle waagerecht in der Anzeige. Jetzt hat man den „Parallelwert" der Zelle. Unter „Anisotropie" versteht man die Eigenschaft von Körpern, bei LCD-Anzeigen sind dies die Kristalle, die sich in verschiedene Richtungen physikalisch verschieden verhalten und nicht gleich polar differenzieren. Ist die Speicherzelle bei der Anisotropie nicht angesteuert, wird das linear polarisierte Licht gedreht, da die Moleküle entsprechend angeordnet sind. Legt man jedoch eine Spannung an, beginnen sich die Moleküle auszurichten und das linear polarisierte Licht kann ungehindert die Anzeige passieren. Das Licht wird nicht gedreht.

Ist der Wert der dielektrischen Anisotropie positiv, wird sich das flüssige Kristall in einem elektrischen Feld so einstellen, dass die Struktursymmetrieachse parallel zum Feld verläuft. Ist der Wert negativ, versucht sich die Symmetrieachse senkrecht zum Feld zu stellen, aber nur, wenn dielektrische Kräfte auftreten.

4.1.2 Aufbau und Funktionen von Flüssigkristall-Anzeigen

Bei der Herstellung von Flüssigkristall-Anzeigen befindet sich das nematische Flüssigkristall mit positiver Anisotropie in einer etwa 5 µm bis 15 µm dicken Schicht zwischen zwei Glasplatten. Man verwendet als Träger zwei Glasplatten, die auf der Innenseite eine sehr dünne, elektrisch leitfähige Schicht aus dotiertem Zinnoxid (SnO_2) verwenden. Diese Schicht wird in einem Herstellungsverfahren aufgedampft und bildet entsprechend der Ausätzung die gewünschten Symbole, z. B. Ω-, Lautsprecherzeichen oder Text. Rechts und links befinden sich die beiden Verschlüsse der Anzeige, die gleichzeitig auch die Abstandshalter sind. In der Mitte hat man das Flüssigkristall. Die Elektrodenanschlüsse sind direkt mit den SnO_2-Elektroden verbunden. Hier liegt die Steuerspannung von einem elektronischen Segmenttreiber an. Wichtig noch für die Funktion sind die Polarisatoren.

Die Hersteller von LCD-Anzeigen behandelt die Elektroden durch ein spezielles Schrägbedampfen oder Reiben. Damit werden die Moleküle in eine Vorzugsrichtung gebracht. Die Orientierungsrichtung der oberen und unteren Elektrode steht senkrecht zueinander. Die Flüssigkristalle ordnen sich im Zwischenraum schraubenförmig an. Der Physiker bezeichnet die so entstandene Struktur als verdrillte nematische Phase. Gibt man auf diese Zelle ein polarisiertes Licht mit der Polarisationsrichtung parallel zur Vorzugsrichtung, erfolgt die Polarisationsrichtung der Lichtquelle der Vorzugsrichtung der Moleküle. Es findet eine Lichtdrehung um 90° statt.

Legt man an die Elektroden eine Spannung, kommt es durch das elektrische Feld zu einer elastoelektrischen Deformation der Flüssigkristalle. Die Moleküle beginnen sich parallel zu der Richtung des elektrischen Feldes auszurichten. Die gleichmäßige Verschraubung der Moleküle ist in zwei Übergängen von 90° vorhanden. Linear polarisiertes Licht lässt sich nicht mehr drehen und man erhält nun transmissive, reflektive oder transflektive Anzeigen.

Wo die Spannung anliegt, richten sich die Moleküle aus und die Anzeige wird durchsichtig. Dies ist nur möglich, da Moleküle Dipoleigenschaften aufweisen, die sich in einem elektrischen Feld aus der waagerechten homogenen Lage in eine senkrechte Lage bringen lassen. An diesen Stellen bleibt das polarisierte Licht unbeeinflusst und trifft auf den senkrecht stehenden zweiten Polarisator.

Mit einem Polarisator wird nur vertikales Licht auf die Flüssigkristallzelle gelassen. Dort findet eine Phasendrehung um 90° statt, wenn die Zelle nicht angesteuert wird. Mittels des Analysators, eigentlich nur ein zweiter Polarisator, wird die Lichtquelle sichtbar. In der Flüssigkristallzelle wurde das Licht um 90° gedreht, damit es den Analysator passieren kann. Legt man jedoch eine Spannung an die Flüssigkristallzelle, wird das Licht nicht um 90° gedreht, sondern passiert direkt die Zelle. Der nachfolgende Analysator lässt dieses vertikal polarisierte Licht nicht passieren und die Zelle ist lichtundurchlässig.

Mit einem Trick kann diese Technik von Polarisator und Analysator für interessante Darstellungsmöglichkeiten eingesetzt werden. Man hat eine Lichtquelle, die nicht polarisiertes Licht erzeugt. Mittels des Polarisators erhält man ein vertikales Licht für die Anzeige. In der Drehzelle findet nun eine Lichtverschiebung statt, wenn keine Spannung an den Elektroden liegt. Das Licht trifft nun auf zwei unterschiedliche Analysatoren. Der obere ist parallel, der untere gekreuzt. Es ergeben sich unterschiedliche Darstellungsmöglichkeiten. Oben hat man die Segmente im angesteuerten Zustand hell, im anderen Fall sind sie dunkel.

Man unterscheidet noch zwischen transmissiver, reflektiver und transflektiver LCD-Anzeige. Bei der transmissiven Anzeige sind die Polarisatoren parallel zueinander angeordnet, so dass die Anzeige im Normalzustand, also nicht angesteuerten Zustand, schwarz erscheint. Die angesteuerten Segmente sind lichtdurchlässig. Legt man eine rechteckförmige Spannung zwischen 1,5 V und 5 V an die Elektroden, wird sie lichtundurchlässig. Die transmissive LCD-Anzeige hat einige Vorteile: Sie erzeugt einen hohen Kontrast zwischen Anzeigenfeld und Symbol. Es wird kein Strom zum Ansteuern benötigt und man spricht daher auch von Feldeffektanzeigen. Der Leistungsverbrauch ist etwa 5 µW/cm². Die Anzeigensymbole lassen sich auch farbig gestalten. Der Nachteil ist die rückwärtige Beleuchtung, wenn das Messgerät in der Dunkelheit abgelesen wird.

Bei der reflektiven Ausführung sind die Polarisatoren senkrecht zueinander angeordnet. Der hintere Polarisationsfilter, der Analysator, ist mit einem Reflektor ausgestattet. Die aktivierten Elemente erscheinen schwarz auf hellgrünem bzw. silberfarbigem Hintergrund. Die reflektive Ausführung ist weit verbreitet, da sie ohne zusätzliche Beleuchtung und mit minimaler Stromaufnahme arbeitet. Sie hat auch bei einem extrem hellen Umgebungslicht einen hervorragenden Kontrast.

In der Praxis erzeugt der Reflektor auf dem Analysator eine diffuse Eigenschaft, um unerwünschte Spiegelungen zu unterbinden. Wird der linear neutrale Polarisator durch einen linearen selektiven Polarisator ersetzt, lassen sich einfache farbige Flüssigkristallanzeigen dieses Typs herstellen.

Die transflektive Ausführung ist im Prinzip gleich der reflektiven Ausführung mit Ausnahme des Reflektors. Der Reflektor ist bei der transflektiven Ausführung etwas lichtdurchlässig und erlaubt so im Bedarfsfall eine Beleuchtung mit einer Leuchtfolie oder einer ähnlichen Lichtquelle. Die Seitenablesbarkeit vermindert sich jedoch um etwa 20 %. Es entsteht ein schwarzes Bild auf hellgrauem und nicht auf weißem Hintergrund. Die reflektive LCD-Anzeige benötigt im Hintergrund eine zusätzliche Beleuchtung.

Flüssigkristall-Anzeigen werden grundsätzlich mit Wechselspannung angesteuert. Bei einer Gleichspannungsansteuerung werden durch elektrolytische Prozesse die Leitschichten unweigerlich zerstört. Durch Ablagerungen der Leitschichten erscheinen Segmente wie eingebrannt oder wie konstant angesteuert. Selbst bei minimalen Gleichspannungen wird die LCD-Anzeige zerstört. In den meisten Fällen verwenden alle Segmente einer LCD-Anzeige eine gemeinsame Rückelektrode, die „backplane". Die Segmente werden einzeln und direkt angesteuert. Für jedes Segment ist ein separater Treiber erforderlich. Heute verwendet man zur Ansteuerung nur noch die Phasensprungmethode. Ein Exklusiv-ODER-Gatter erzeugt entsprechend den Eingangsinformationen die Ausgangssignale. Die Eingangsinformationen liegen statisch an den Exklusiv-ODER-Gattern und dann erst erfolgt die Ansteuerung eines LCD-Segments. Die Steuerung erfolgt über einen Taktgenerator, der den anderen Eingang des Exklusiv-ODER-Gatters ansteuert. Gleichzeitig erfolgt die Ansteuerung der Rück-elektrode BP (backplane). Die vordere Elektrode, das Segment, kann jede beliebige Form aufweisen und deshalb sind auch LCD-Anzeigen für den Anwender so interessant.

Der Taktgenerator kann eine Frequenz zwischen 20 Hz und 200 Hz aufweisen. Das Tastverhältnis muss jedoch 50 zu 50 sein, damit ein ordnungsgemäßer Ablauf garantiert werden kann. Bei Frequenzen unter 20 Hz treten Flimmererscheinungen auf, die für den Betrachter unangenehm sind. Bei Frequenzen über 200 Hz steigen die Ansteuerungsströme rasch an und die Anzeige benötigt erheblich mehr Strom. Günstig ist ein Wert von 50 Hz.

4.1.3 3½-stelliges Digital-Voltmeter ICL7106 (LCD) und ICL7107 (LED)

Der Schaltkreis ICL7106 (früher Intersil, heute Maxim) ist ein monolithischer CMOS-AD-Wandler des integrierenden Typs, bei dem alle notwendigen aktiven Elemente wie BCD-7-Segment-Decodierer, Treiberstufen für das Display, Referenzspannung und komplette Takterzeugung auf dem Chip realisiert sind. Der ICL7106 ist für den Betrieb mit einer Flüssigkristallanzeige ausgelegt. Der ICL7107 ist weitgehend mit dem ICL7106 identisch und treibt direkt 7-Segment-LED-Anzeigen an.

ICL7106 und ICL7107 sind eine gute Kombination von hoher Genauigkeit, universeller Einsatzmöglichkeit und Wirtschaftlichkeit. Die hohe Genauigkeit wird erreicht durch die Verwendung eines automatischen Nullabgleichs bis auf weniger als 10 µV, die Realisierung einer Nullpunktdrift von weniger als 1 µV pro °C, die Reduzierung des Eingangsstromes auf 10 pA und die Begrenzung des „Roll-Over-Fehlers" auf weniger als eine Stelle.

Die Differenzverstärkereingänge und die Referenz als auch der Eingang erlauben die äußerst flexible Realisierung eines Messsystems. Sie geben dem Anwender die Möglichkeit von Brückenmessungen, wie es z. B. bei Verwendung von Dehnungsmessstreifen und ähnlichen Sensorelementen üblich ist. Extern werden nur wenige passive Elemente, die Anzeige und eine Betriebsspannung benötigt, um ein komplettes 3½-stelliges Digitalvoltmeter (Abb. 4.2, mit LCD-Anzeige) zu realisieren.

Beide Bausteine werden in einem 40-poligen DIL-Gehäuse geliefert. Abb. 4.3 zeigt die Ansicht einer 3½-stelligen LCD-Anzeige und Abb. 4.4 das Anschlussschema.

4.1.4 Betriebsfunktionen ICL7106 und ICL7107

Jeder Messzyklus beim ICL7106 und ICL7107 ist in drei Phasen aufgeteilt und diese sind:
- Automatischer Nullabgleich
- Signal-Integration
- Referenz-Integration oder Deintegration

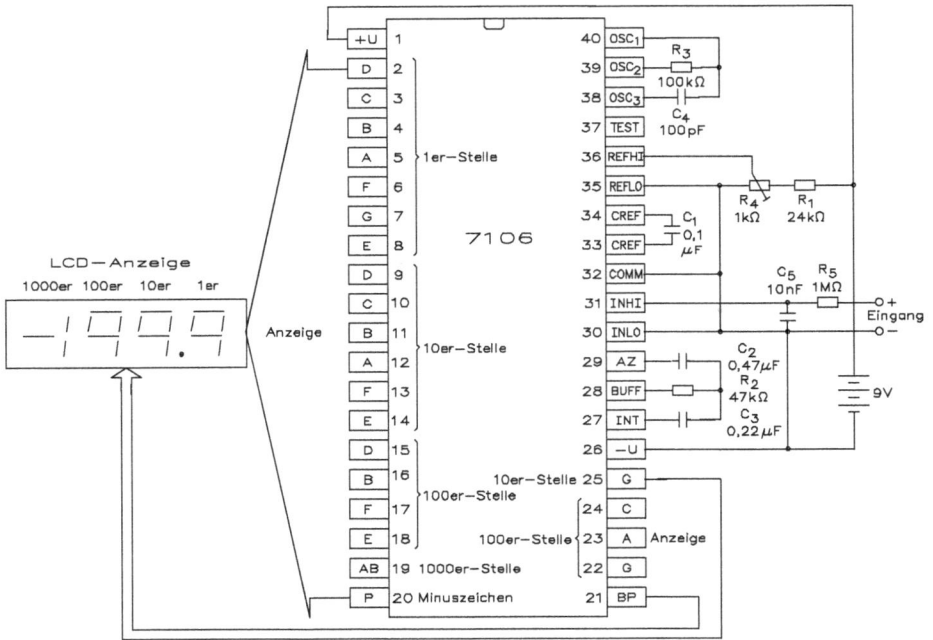

Abb. 4.2: Schaltung des ICL7106 (LCD-Anzeige) für $U_m = \pm 1{,}999$ V.

Abb. 4.3: Ansicht einer LCD-Anzeige.

– Automatischer Nullabgleich: Die Differenzeingänge des Signaleingangs werden intern von den Anschlüssen durch Analogschalter getrennt und mit „ANALOG COMMON" kurzgeschlossen. Der Referenzkondensator wird auf die Referenzspannung aufgeladen. Eine Rückkopplungsschleife zwischen Komparator-Ausgang und invertierendem Eingang des Integrators wird geschlossen, um den „AUTO-ZERO"-Kondensator C_{AZ} derart aufzuladen, dass die Offsetspannungen vom Eingangsverstärker, Integrator und Komparator kompensiert werden. Da auch der Komparator in dieser Rückkopplungsschleife eingeschlossen ist, ist die Genauigkeit des automatischen Nullabgleichs nur durch das Rauschen des Systems begrenzt. Die auf den Eingang bezogene Offsetspannung liegt in jedem Fall niedriger als 10 µV. Abb. 4.5 zeigt die Schaltung für den Analogteil im ICL7106 und ICL7107.

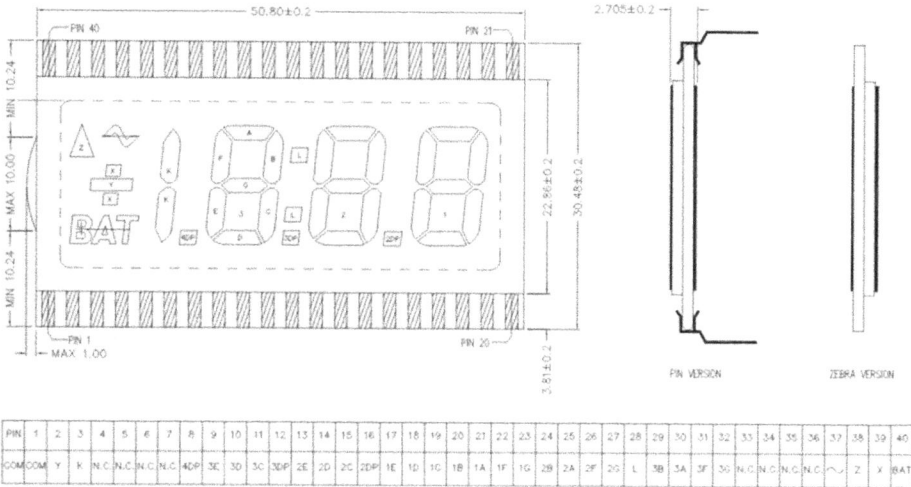

Abb. 4.4: Anschlussschema für eine LCD-Anzeige.

- Signal-Integration: Während der Signalintegrationsphase wird die Nullabgleich-Rückkopplung geöffnet, die internen Kurzschlüsse werden aufgehoben und der Eingang wird mit den externen Anschlüssen verbunden. Danach integriert das System die Differenzeingangsspannung zwischen „INPUT HIGH" und „INPUT LOW" für ein festes Zeitintervall. Diese Differenzeingangsspannung kann im gesamten Gleichtaktspannungsbereich des Systems liegen. Wenn andererseits das Eingangssignal keinen Bezug hat relativ zur Spannungsversorgung, kann die Leitung „INPUT LOW" mit „ANALOG COMMON" verbunden werden, um die korrekte Gleichtaktspannung einzustellen. Am Ende der Signalintegrationsphase wird die Polarität des Eingangssignals bestimmt.
- Referenz-Integration oder Deintegration: Die letzte Phase des Messzyklus ist die Referenzintegration oder Deintegration. „INPUT LOW" wird intern durch Analog-schalter mit „ANALOG COMMON" verbunden und „INPUT HIGH" wird an den in der „AUTO-ZERO"-Phase aufgeladenen Referenzkondensator C_{ref} angeschlossen. Eine interne Logik sorgt dafür, dass dieser Kondensator mit der korrekten Polarität mit dem Eingang verbunden wird, d. h. es wird durch die Polarität des Eingangssignals bestimmt, um die Deintegration in Richtung „0 V" durchzuführen. Die Zeit, die der Integratorausgang benötigt, um auf „0 V" zurückzugehen, ist proportional der Größe des Eingangssignals. Die digitale Darstellung ist speziell für 1000 (U_{in}/U_{ref}) gewählt worden.

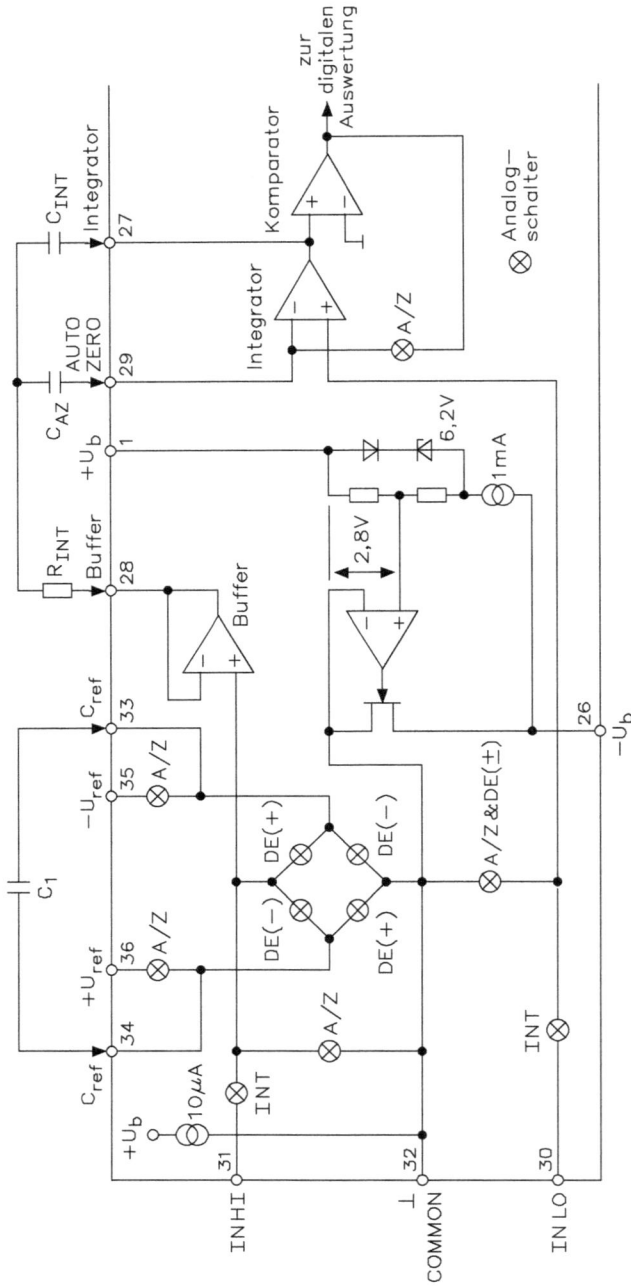

Abb. 4.5: Analogteil des ICL7106 und ICL7107.

– Differenzeingang: Es können am Eingang Differenzspannungen angelegt werden, die sich irgendwo innerhalb des Gleichtaktspannungsbereichs des Eingangsverstärkers befinden. Die Spannungsbereiche sind aber besser im Bereich zwischen positiver Versorgung von –0,5 V bis negativer Versorgung von +1 V vorhanden. In diesem Bereich besitzt das System eine Gleichtaktspannungsunterdrückung von typisch 86 dB.

Da jedoch der Integratorausgang auch innerhalb des Gleichtaktspannungsbereichs schwingt, muss dafür gesorgt werden, dass der Integratorausgang nicht in den Sättigungsbereich kommt. Der ungünstigste Fall ist der, bei dem eine große positive Gleichtaktspannung verbunden mit einer negativen Differenzeingangsspannung im Bereich des Endwertes am Eingang anliegt. Die negative Differenzeingangsspannung treibt den Integratorausgang zusätzlich zu der positiven Gleichtaktspannung weiter in Richtung positive Betriebsspannung.

Bei diesen kritischen Anwendungen kann die Ausgangsamplitude des Integrators ohne großen Genauigkeitsverlust von den empfohlenen 2 V auf einen geringeren Wert reduziert werden. Der Integratorausgang kann bis auf 0,3 V an jede Betriebsspannung ohne Verlust an Linearität herankommen.

– Differenz-Refererenz-Eingang: Die Referenzspannung kann irgendwo im Betriebsspannungsbereich des Wandlers erzeugt werden. Hauptursache eines Gleichtaktspannungsfehlers ist ein „Roll-Over-Fehler" (abweichende Anzeigen bei Umpolung der gleichen Eingangsspannung), der dadurch hervorgerufen wird, dass der Referenzkondensator auf- bzw. entladen wird durch Streukapazitäten an seinen Anschlüssen. Liegt eine hohe Gleichtaktspannung an, kann der Referenzkondensator aufgeladen werden (die Spannung steigt), wenn er angeschlossen wird, um ein positives Signal zu deintegrieren. Andererseits kann er entladen werden, wenn ein negatives Eingangssignal zu deintegrieren ist. Dieses unterschiedliche Verhalten für positive und negative Eingangsspannungen ergibt einen „Roll-Over"-Fehler. Wählt man jedoch den Wert der Referenzkapazität groß genug, so kann dieser Fehler bis auf weniger als eine halbe Stelle reduziert werden.

– „ANALOG COMMON": Dieser Anschluss ist in erster Linie dafür vorgesehen, die Gleichtaktspannung für den Batteriebetrieb (7106) oder für ein System mit – relativ zur Betriebsspannung – „schwimmenden" Eingängen zu bestimmen. Der Wert liegt bei typisch ca. 2,8 V unterhalb der positiven Betriebsspannung. Dieser Wert ist deshalb so gewählt, um bei einer entladenen Batterie eine Versorgung von 6 V zu gewährleisten. Darüberhinaus hat dieser Anschluss eine gewisse Ähnlichkeit mit einer Referenzspannung. Ist nämlich die Betriebsspannung groß genug, um die Regeleigenschaften der internen Z-Diode auszunutzen ($\approx$ 7 V), besitzt die Spannung am Anschluss „ANALOG COMMON" einen niedrigen Spannungskoeffizienten. Um optimale Betriebsbedingungen zu erreichen, soll die externe Z-Diode mit einer niedrigen Impedanz (ca. 15 Ω) und einen Temperaturkoeffizienten von weniger als 80 ppm/°C aufweisen.

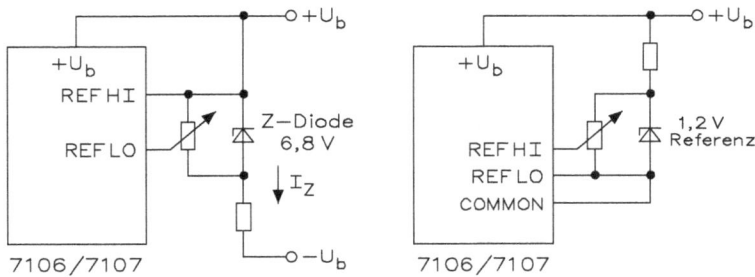

Abb. 4.6: Schaltung mit externer Referenz.

Andererseits sollten die Grenzen dieser „integrierten Referenz" erkannt werden. Beim Typ ICL7107 kann die interne Aufheizung durch die Ströme der LED-Treiber die Eigenschaften verschlechtern. Auf Grund des höheren thermischen Widerstandes sind plastikgekapselte Schaltkreise in dieser Beziehung schlechter als solche im Keramikgehäuse. Bei Verwendung einer externen Referenz treten auch beim ICL7107 keine Probleme auf. Die Spannung an „ANALOG COMMON" ist die, mit der der Eingang während der Phase des automatischen Nullabgleichs und der Deintegration beaufschlagt wird. Wird der Anschluss „INPUT LOW" mit einer anderen Spannung als „ANALOG COMMON" verbunden, ergibt sich eine Gleichtaktspannung in dem System, die von der ausgezeichneten Gleichtaktspannungsunterdrückung des Systems kompensiert wird. Abb. 4.6 zeigt die Schaltung mit einer externen Referenz.

In manchen Anwendungen wird man den Anschluss „INPUT LOW" auf eine feste Spannung legen (z. B. Bezug der Betriebsspannungen). Hierbei sollte man den Anschluss „ANALOG COMMON" mit demselben Punkt verbinden, um auf diese Weise die Gleichtaktspannung für den Wandler zu eliminieren. Dasselbe gilt für die Referenzspannung. Wenn man die Referenz mit Bezug zu „ANALOG COMMON" ohne Schwierigkeiten anlegen kann, sollte man dies tun, um Gleichtaktspannungen für das Referenzsystem auszuschalten.

Innerhalb des Schaltkreises ist der Anschluss „ANALOG COMMON" mit einem N-Kanal-Feldeffekt-Transistor verbunden, der in der Lage ist, auch bei Eingangsströmen von 30 mA oder mehr den Anschluss 2,8 V unterhalb der Betriebsspannung zu halten (wenn z. B. eine Last versucht, diesen Anschluss „hochzuziehen"). Andererseits liefert dieser Anschluss nur 10 μA als Ausgangsstrom, so dass man ihn leicht mit einer negativen Spannung verbinden kann, um auf diese Weise die interne Referenz auszuschalten.

– Test: Der Anschluss „TEST" hat zwei Funktionen. Beim ICL7106 ist er über einen Widerstand von 500 Ω (470 Ω) mit der intern erzeugten digitalen Betriebsspannung verbunden. Damit kann er als negative Betriebsspannung für externe zusätzliche Segment-Treiber (Dezimalpunkte etc.) benutzt werden (Abb. 4.7 und Abb. 4.8).

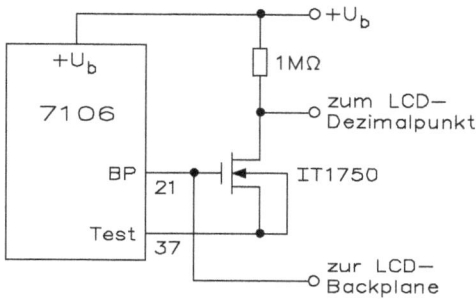

Abb. 4.7: Inverter zur festen Dezimalpunkt-ansteuerung.

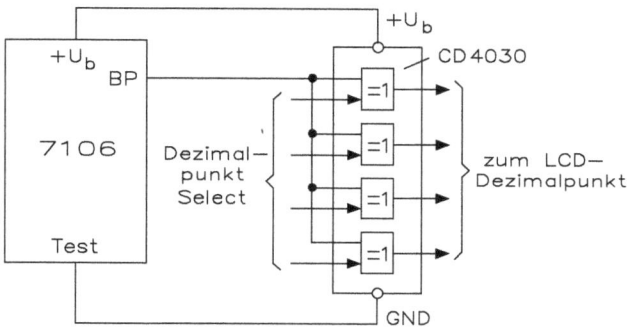

Abb. 4.8: Exklusiv-ODER-Gatter zur Ansteuerung des Dezimalpunktes (Bereichsumschaltung).

Die zweite Funktion ist die eines „Lampentests". Wird dieser Anschluss auf die positive Betriebsspannung gelegt, werden alle Segmente eingeschaltet und das Display zeigt –1.888. Vorsicht: Beim 7106 liegt in dieser Betriebsart an den Segmenten eine Gleichspannung (keine Rechteckspannung) an. Betreibt man die Schaltung für einige Minuten in dieser Betriebsart, kann das Display zerstört werden!

Beim 7106 wird der interne Bezug der digitalen Betriebsspannung durch eine Z-Diode mit 6 V und einen P-Kanal-„SOURCE-Folger" großer Geometrie gebildet. Diese Versorgung ist stabil ausgelegt, um in der Lage zu sein, die relativ großen kapazitiven Ströme zu liefern, die dann auftreten, wenn die rückwärtige Ebene des LCD-Displays geschaltet wird.

Die Frequenz der Rechteckschwingung, mit der die rückwärtige Ebene des Displays geschaltet wird, wird aus der Taktfrequenz durch Teilung um den Faktor 800 generiert. Bei einer empfohlenen externen Taktfrequenz von 50 kHz hat dieses Signal eine Frequenz von 62,5 Hz mit einer nominellen Amplitude von 5 V. Die Segmente werden mit derselben Frequenz und Amplitude angesteuert und sind, wenn die Segmente ausgeschaltet sind, in Phase mit dem BP-Signal (backplane), oder, bei eingeschalteten Segmenten, gegenphasig. In jedem Fall liegt eine vernachlässigbare Gleichspannung über den Segmenten an.

Der digitale Teil des ICL7107 ist identisch zum ICL7106 mit der Ausnahme, dass die regulierte Versorgung und das BP-Signal nicht vorhanden sind und dass die Segmenttreiberkapazität von 2 mA auf 8 mA erhöht worden ist. Dieser Strom ist typisch für die meisten LED-7-Segmentanzeigen. Da der Treiber der höherwertigsten Stelle den Strom von zwei Segmenten aufnehmen muss (Pin 19), besitzt er die doppelte Stromkapazität von 16 mA.

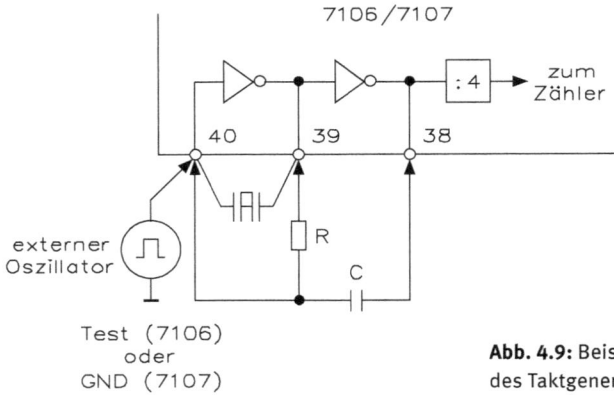

Abb. 4.9: Beispiel für eine Beschaltung des Taktgenerators.

Abb. 4.9 zeigt die Takterzeugung des ICL7106 und ICL7107. Drei Methoden können grundsätzlich verwendet werden:
– Verwendung eines externen Oszillators an Pin 40
– Quarz zwischen Pin 39 und Pin 40
– RC-Oszillator, der die Pins 38, 39 und 40 benutzt

Die Oszillatorfrequenz wird durch 4 geteilt, bevor sie als Takt für die Dekadenzähler benutzt wird.

Die Oszillatorfrequenz wird dann weiter heruntergeteilt, um die drei Zyklus-Phasen abzuleiten. Dies sind Signal-Integration (1000 Takte), Referenz-Integration (0 bis 2000 Takte) und automatischer Nullabgleich (1000 bis 3000 Takte). Für Signale, die kleiner sind als der Eingangsbereichsendwert, wird für den automatischen Nullabgleich der nicht benutzte Teil der Referenz-Integrationsphase verwendet. Es ergibt sich damit die Gesamtdauer eines Messzyklus zu 4000 (internen) Taktperioden (entspricht 16 000 externen Taktperioden) unabhängig von der Größe der Eingangsspannung. Für etwa drei Messungen pro Sekunde wird deshalb eine Taktfrequenz von ca. 50 kHz benutzt.

Um eine maximale Unterdrückung der Netzfrequenzanteile zu erhalten, sollte das Integrationsintervall so gewählt werden, dass es einem Vielfachen der Netzfrequenzperiode von 20 ms (bei 50 Hz Netzfrequenz) entspricht. Um diese Eigenschaft zu erreichen, sollten Taktfrequenzen von 200 kHz (t_i = 20 ms), 100 kHz (t_i = 40 ms), 50 kHz

(t_i = 80 ms) oder 40 kHz (t_i = 100 ms) gewählt werden. Es sei darauf hingewiesen, dass bei einer Taktfrequenz von 40 kHz nicht nur die Netzfrequenz von 50 Hz, sondern auch die 60 Hz, 400 Hz und 440 Hz unterdrückt werden.

4.1.5 Auswahl der externen Komponenten für ICL7106 und ICL7107

Für den Betrieb des ICL7106 und ICL7107 sind folgende externe Komponenten erforderlich:

- Integrationswiderstand R_I: Sowohl der Eingangsverstärker als auch der Integrationsverstärker besitzen eine Ausgangsstufe der Klasse A mit einem Ruhestrom von 100 μA. Sie sind in der Lage, einen Strom von 20 μA mit vernachlässigbarer Nichtlinearität zu liefern. Der Integrationswiderstand sollte hoch genug gewählt werden, um für den gesamten Eingangsspannungsbereich in diesem sehr linearen Bereich zu bleiben. Andererseits sollte er klein genug sein, um den Einfluss nicht vermeidbarer Leckströme auf der Leiterplatte nicht signifikant werden zu lassen. Für einen Eingangsspannungsbereich von 2 V wird ein Wert von 470 kΩ und für 200 mV einer mit 47 kΩ empfohlen.

- Integrationskondensator: Der Integrationskondensator sollte so bemessen werden, dass unter Berücksichtigung seiner Toleranzen der Ausgang des Integrators nicht in den Sättigungsbereich kommt. Als Abstand von beiden Betriebsspannungen soll ein Wert von 0,3 V eingehalten werden. Bei der Benutzung der „internen Referenz" (ANALOG COMMON) ist ein Spannungshub von ±2 V am Integratorausgang optimal. Beim ICL7107 mit ±5 V Betriebsspannung und „ANALOG COMMON" mit Bezug auf die Betriebsspannung bedeutet dies, dass eine Amplitude von ±3,5 V bis ±4 V möglich ist. Für drei Messungen pro Sekunde werden die Kapazitätswerte 220 nF (7106) und 100 nF (7107) empfohlen.

Es ist wichtig, dass bei Wahl anderer Taktfrequenzen diese Werte geändert werden müssen, um den gleichen Ausgangsspannungshub zu erreichen.

Eine zusätzliche Anforderung an den Integrationskondensator sind die geringen dielektrischen Verluste, um den „Roll-Over"-Fehler zu minimalisieren. Polypropylen-Kondensatoren ergeben hier bei relativ geringen Kosten die besten Ergebnisse.

- „AUTO-ZERO"-Kondensator C_Z: Der Wert des „AUTO-ZERO"-Kondensators hat Einfluss auf das Rauschen des Systems. Für einen Eingangsspannungsbereichsendwert von 200 mV, wobei geringes Rauschen sehr wichtig ist, wird ein Wert von 0,47 μF empfohlen. In Anwendungsfällen mit einem Eingangsspannungsbereichsendwert von 2 V kann dieser Wert auf 47 nF reduziert werden, um die Erholzeit von Überspannungsbedingungen am Eingang zu reduzieren.

– Referenzkondensator C_{ref}: Ein Wert von 0,1 µF zeigt in den meisten Anwendungen die besten Ergebnisse. In solchen Fällen, in denen eine relativ hohe Gleichtaktspannung anliegt, wenn z. B. „REF LOW" und „ANALOG COMMON" nicht verbunden sind, muss bei einem Eingangsspannungsbereichsendwert von 200 mV ein größerer Wert gewählt werden, um „Roll-Over"-Fehler zu vermeiden. Ein Wert von 1 µF hätte in diesen Fällen einen „Roll-Over"-Fehler kleiner als ½ Digit.
– Komponenten des Oszillators: Für alle Frequenzen sollte ein Widerstand von 100 kΩ gewählt werden. Der Kondensator kann nach der Funktion bestimmt werden:

$$f = \frac{0,45}{R \cdot C}$$

Ein Wert von 100 pF ergibt eine Frequenz von etwa 48 kHz.
– Referenzspannung: Um den Bereichsendwert von 2000 internen Takten zu erreichen, muss eine Eingangsspannung von $U_{IN} = 2\,U_{REF}$ anliegen. Daher muss die Referenzspannung für 200 mV Eingangsspannungsbereich zu 100 mV, für 2,000 V Eingangsspannungsbereich zu 1,000 V gewählt werden.

In manchen Anwendungen jedoch, vor allem dort, wo der AD-Wandler mit einem Sensor verbunden ist, existiert ein anderer Skalierungsfaktor als einer zwischen Eingangsspannung und der digitalen Anzeige. In einem Wägesystem z. B. kann der Entwickler Vollausschlag wünschen, wenn die Eingangsspannung auf beispielsweise 0,682 V liegt. An Stelle eines Vorteilers, der den Eingang auf 200 mV herunterteilt, benutzt man in diesem Fall besser eine Referenzspannung von 0,341 V. Geeignete Werte für die Integrationselemente (Widerstand, Kondensator) wären hier 120 kΩ und 220 nF. Diese Werte machen das System etwas ruhiger und vermeiden ein Teilernetzwerk am Eingang. Beim ICL7107 mit einer Betriebsspannung von ±5 V können Eingangsspannungen von ±4 V anliegen. Ein weiterer Vorteil dieses Systems ist der, dass in einem Fall eine „Nullanzeige" bei irgend einem Wert der Eingangsspannung eingestellt werden kann. Temperaturmess- und Wägesysteme sind Beispiele hierfür. Dieser „Offset" in der Anzeige kann leicht dadurch erzeugt werden, dass man den Sensor zwischen „INPUT HIGH" und „COMMON" anschließt und die variable oder feste Betriebsspannung zwischen „COMMON" und „INPUT LOW" anlegt.
– Betriebsspannungen des ICL7107: Der ICL7107 ist ausgelegt, um mit Betriebsspannungen von ±5 V zu arbeiten. Ist jedoch eine negative Versorgung nicht verfügbar, kann eine solche mit zwei Dioden, zwei Kondensatoren und einem einfachen CMOS-Gatter nach Abb. 4.10 erzeugt werden. In bestimmten Applikationen ist unter den folgenden Bedingungen keine negative Betriebsspannung notwendig:
Bedingung 1: Der Bezug des Eingangssignals liegt in der Mitte des Gleichtaktspannungsbereichs
Bedingung 2: Das Signal ist kleiner als ±1,5 V

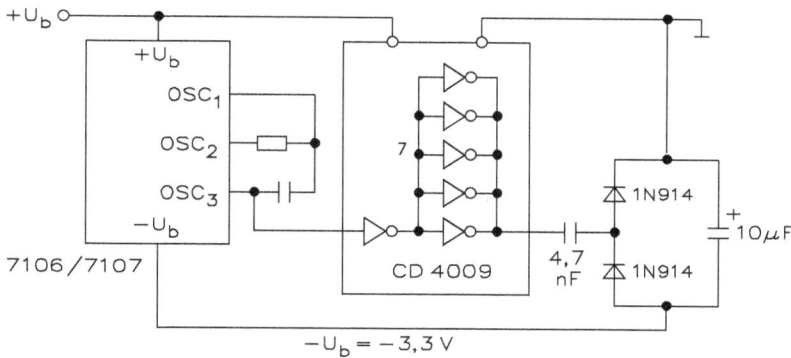

Abb. 4.10: Erzeugung einer negativen Betriebsspannung.

4.1.6 Praktische Anwendungshinweise

Spannungsverluste an den Kondensatoren erzeugen Leckströme. Der typische Leckstrom der internen Analogschalter (I_{DOFF}) bei nominellen Betriebsspannungen ist jeweils 1 pA und 2 pA am Eingang des Eingangsverstärkers und des Integrationsverstärkers. Hinsichtlich der Offsetspannung ist der Einfluss des Spannungsfalls am „AUTO-ZERO" (Kondensator und der des Abfalls am Referenzkondensator) gegenläufig, d. h., es tritt kein Offset auf, wenn der Spannungsfall an beiden Kapazitäten gleich ist. Ein typischer Wert für den durch diesen Spannungsfall hervorgerufenen Offset bezogen auf den Eingang ergibt sich aus einem Leckstrom von 2 pA, der eine Kapazität von 1 µF für 83 ms (10 000 Taktperioden bei einer Taktfrequenz von 120 kHz) entlädt zu einem Mittelwert von 0,083 µV.

Der Effekt dieses Spannungsfalls auf den „Roll-Over"-Fehler (verschiedene numerische Anzeigen für gleiche positive und negative Eingangswerte bei Eingangsspannungen in der Nähe des jeweiligen Bereichsendwertes) ist etwas verschieden. Bei negativen Eingangsspannungen wird während der Deintegrationsphase ein Analogschalter geschlossen. Damit ist der Einfluss des Spannungsfalls am Referenzkondensator und am „AUTO-ZERO"-Kondensator „differenziell" für den gesamten Messzyklus (und kompensiert sich im Idealfall). Für positive Eingangsspannungen wird in der Deintegrationsphase ein Analogschalter geschlossen und die „differenzielle" Kompensation ist in dieser Phase nicht mehr vorhanden. Hier ergibt sich ein typischer Wert aus 3 pA, die 1 µF für 166 ms entladen, von 0,249 µV.

Diesen Zahlen ist zu entnehmen, dass die in diesem Abschnitt behandelte Fehlerquelle bei 25 °C irrelevant ist. Bei einer Umgebungstemperatur von 100 °C betragen die entsprechenden Werte 15 µV bzw. 45 µV. Bei einer Referenzspannung von 1 V und einem System das bis 20 000 zählt, entsprechen 45 µV weniger als 0,5 der niederwertigsten Stelle (bei einer Referenz von 200 mV sind es aber schon vier bis fünf Zähler!).

Spannungsänderungen an den Kondensatoren verursachen keine Ladungsüberkopplungen mit der Ausschaltflanke der Schaltsteuerungssignale. Es ist kein Problem, die Kondensatoren bei eingeschalteten Analogschaltern auf den korrekten Wert aufzuladen Wenn jedoch der Schalter ausgeschaltet wird, gibt es durch die GATE-DRAIN-Kapazität des Schalters eine Ladungsüberkopplung auf den Referenz- und den „AUTO-ZERO"-Kondensator, wodurch die an diesen anliegende Spannung geändert wird. Die Ladungsüberkopplung, hervorgerufen durch das Ausschalten des Analogschalters, kann indirekt folgendermaßen gemessen werden: Anstelle von 1 μF wird 10 nF als „AUTO-ZERO"-Kondensator verwendet. In diesem Fall ist der Offset typisch 250 μV. Betrachtet man nun die Integrationsausgangsspannung über der Zeit, so ergibt sich im Wesentlichen ein linearer Verlauf, was darauf schließen lässt, dass der relevante Einfluss die Ladungsüberkopplung sein muss. Wäre es der Leckstrom, so ergäbe sich eine quadratische Abhängigkeit!

Aus den 250 μV ergibt sich mit $C = Q \cdot U$ eine effektive überkoppelte Ladung von 2,5 pC oder eine Kapazität von 0,16 pF, bei einer Amplitude der Gate-Steuerspannung von 15 V.

Der Einfluss der internen fünf Analogschalter ist komplizierter, da – abhängig vom Zeitpunkt – einige Schalter ausgeschaltet werden, während andere eingeschaltet werden. Die Verwendung eines Referenzkondensators von 10 nF anstelle des nominellen Wertes von 1 μF ergibt einen Offset von weniger als 100 μV. Damit ist der durch diese Ladungsüberkopplungen hervorgerufene Fehler bei einem Kondensator von 1 μF ca. 2,5 μV. Er hat keinen Einfluss auf den „Roll-Over"-Fehler und ändert sich nicht wesentlich mit der Temperatur.

Die externen Bauelemente sind dimensioniert für einen Messbereich von 200 mV und drei Messungen pro Sekunde. „IN LOW" kann entweder mit „COMMON" bei „schwimmenden" Eingängen relativ zur Versorgung verbunden oder an „GND" bzw. „0 V" angeschlossen werden, wenn der Differenzeingang nicht benutzt wird.

Da bei dem Eingangsverstärker die Signalspannung und die Referenzspannung in denselben Eingang der Schaltung eingespeist werden, hat in erster Näherung die Verstärkung des Eingangsverstärkers und des Integratorverstärkers keinen wesentlichen Einfluss auf die Genauigkeit, d. h. dass der Eingangsverstärker eine sehr ungünstige Gleichtaktunterdrückung über den Eingangsspannungsbereich aufweisen kann und trotzdem keinen Fehler hervorruft, solange sich die Offsetspannung linear mit der Eingangsgleichtaktspannung ändert. Die erste Fehlerursache ist hier der nicht lineare Term der Gleichtaktspannungsunterdrückung.

Sorgfältige Messungen der Gleichtaktspannungsunterdrückung an 30 Verstärkern ergaben, dass der „Roll-Over"-Fehler von 5 μV bis 30 μV möglich ist. In jedem Fall ist der Fehler durch die Nichtlinearität des Integrators kleiner als 1 μV.

Bei kurzgeschlossenem Eingang geht der Ausgang des Eingangsverstärkers in 0,5 μs mit in etwa linearem Verlauf auf U_{ref} (1 V). Dadurch gehen 0,25 μs der Deintegrationszeit verloren. Bei einem Takt von 120 kHz bedeutet dies ca. 3 % der Taktperiode oder 3 μV. Es ergibt sich daraus kein Offset-Fehler, da diese Verzögerung für positive und negative Referenzspannungen gleich ist. Der Wandler schaltet bei 97 µV anstatt bei 100 µV am Eingang von 0- auf 1-Signal.

Eine sehr viel größere Verzögerung bringt der Komparator mit 3 µs in die Schaltung ein. Auf den ersten Blick scheint das ein geringer Wert zu sein, vergleicht man die 3 µs mit den 10 ns bis 30 ns einiger Komparatoren. Letztere sind jedoch spezifiziert bei Übersteuerungen von 2 mV bis 10 mV. Wenn der Komparator am Eingang eine Übersteuerung von 10 mV besitzt, liegt der Nulldurchgang des Integratorausgangs schon bereits einige Taktperioden zurück!

Der verwendete Komparator hat ein Verstärkungsbandbreitenprodukt von 30 MHz und ist deshalb vergleichbar mit den besten integrierten Komparatoren. Das Problem ist nur, dass er mit 30 µV statt mit einer Übersteuerung von 10 mV arbeiten muss. Die Schaltverzögerung des Komparators bewirkt keinen Offset sondern führt dazu, dass der Wandler bei 60 µV von 0- auf 1-Signal schaltet, bei 160 µV von 1 nach 2 usw. Für die meisten Anwender ist dieses Umschalten bei ca. ½ LSB angenehmer als der sogenannte „ideale Fall", in dem bei 100 µV umgeschaltet wird.

Wenn es dennoch notwendig ist, in die Nähe des „idealen Falles" zu kommen, kann die Verzögerung des Komparators annähernd kompensiert werden durch die Einschaltung eines kleinen Widerstandswertes (ca. 20 Ω) in Reihe mit dem Integrationskondensator. Die Zeitverzögerung des Integrators liegt bei 200 ns und trägt zu keinem messbaren Fehler bei.

Jeder integrierende AD-Wandler geht davon aus, dass die Spannungsänderung an einer Kapazität proportional ist zum zeitlichen Integral des Kondensatorstromes.

$$C \cdot \Delta U_C = \int i_C(t) \cdot \mathrm{d}t$$

Tatsächlich jedoch wird ein sehr geringer Prozentsatz der Ladung dazu „missbraucht", im Dielektrikum des Kondensators Ladungsumordnungen vorzunehmen. Diese Ladungsanteile tragen naturgemäß nicht zur Spannung am Kondensator bei und man bezeichnet diesen Effekt als dielektrische Verluste.

Eine der wahrscheinlich genauesten Methoden zur Messung dielektrischer Verluste eines Kondensators ist die, diesen in einem integrierenden AD-Wandler als Integrationskapazität zu verwenden, wobei die Referenzspannung als Eingangsspannung angelegt wird (ratiometrische Messung). Der Idealwert auf der Anzeige wäre 1,0000, unabhängig von den Werten der anderen Komponenten. Sehr sorgfältige Messungen unter Beobachtung der Nulldurchgänge, um auf eine fünfte Stelle extrapolieren zu können und rechnerische Berücksichtigung aller Verzögerungsfehler ergaben für verschiedene Dielektrika die folgenden Anzeigenwerte:

Dielektrikum	Anzeige
Polypropylen	0,99998
Polycarbonat	0,9992
Polystyren	0,9997

Daraus ergibt sich, dass Polypropylen-Kondensatoren für diesen Einsatz sehr gut geeignet sind. Sie sind nicht sehr teuer und der relativ hohe Temperaturkoeffizient hat keinen Einfluss. Die dielektrischen Verluste des „Auto-Zero"- und des Referenzkondensators spielen nur eine Rolle bei Einschalten der Betriebsspannung oder bei der „Rückkehr" aus einem Überlastzustand.

Normalerweise ist die externe Referenz von 1,2 V mit „IN LOW" und „COMMON" verbunden, um die richtige Gleichtaktspannung einzustellen. Wird „COMMON" nicht mit „GND" verbunden, kann die Eingangsspannung relativ zu den Betriebsspannungen „schwimmen" und „COMMON" wirkt als Vorregelung für die Referenz. Wird „COMMON" mit „GND" kurzgeschlossen, wird der Differenzeingang nicht benutzt und die Vorregelung ist unwirksam.

Ladungsverluste am Referenzkondensator können außer durch Leckströme und überkoppelnde Schaltflanken auch durch kapazitive Spannungsteilung mit einer Streukapazität C_S (Kapazität vor dem Buffer) verursacht werden. Ein Fehler entsteht dadurch nur bei positiven Eingangsspannungen.

Während der „Auto-Zero-Phase werden beide Kondensatoren, C_{ref} und C_S über den Analogschalter auf die Referenzspannung aufgeladen. Wird nun ein negatives Eingangssignal angelegt, so liegen C_{ref} und C_S in Reihe und bilden – bezüglich C_{ref} – einen kapazitiven Spannungsteiler. Für $C_S = 15$ pF ist das Teilerverhältnis 0,999 985.

Wird nun in der Deintegrationsphase die positive Referenz über den Analogschalter auf den Eingang geschaltet, so ist derselbe Spannungsteiler wie in der Signalintegrationsphase in Aktion. Wenn sowohl Spannungsintegration als auch Referenzintegration mit demselben Teiler arbeiten, wird durch diesen Teiler kein Fehler hervorgerufen.

Für positive Eingangsspannungen ist der Teiler in der Signalintegrationsphase in gleicher Weise aktiv wie bei negativen Eingangsspannungen. Das Zuschalten der negativen Referenz erfolgt am Beginn der Deintegrationsphase durch Schließen des Analogschalters. Der Referenzkondensator wird nicht benutzt und der Teiler ist nicht in Aktion. In diesem Fall ist das entsprechende Teilerverhältnis 1,0000 anstelle von 0,999 985.

Dieser Fehler, der eingangsspannungsabhängig ist, hat einen Gradienten von 15 μV/V und ergibt beim Messbereichendwert einen „Roll-Over"-Fehler von 30 μV, d. h. die negative Anzeige liegt um 30 μV zu niedrig.

Bei der Realisierung eines integrierenden AD-Wandlers ICL7106 und ICL7107 sind vier Fehlertypen zu berücksichtigen. Mit den empfohlenen Bauelementen und einer Referenzspannung von 1 V sind dies:

- Offset-Fehler von 2,5 μV durch Ladungsüberkopplungen von Schaltflanken
- Ein „Roll-Over"-Fehler von 30 μV beim Bereichsendwert bedingt durch die Streukapazität C_S
- Ein „Roll-Over"-Fehler von 5 μV bis 30 μV beim Bereichsendwert bedingt durch Nichtlinearität des Eingangsverstärkers
- Ein „Verzögerungsfehler" von 40 μV bei der Umschaltung von 0- auf 1-Signal

Die Werte stimmen gut mit den tatsächlichen Messungen überein. Da das Rauschen etwa 20 μV_{ss} beträgt, ist nur die Aussage möglich, dass alle Offsetspannungen kleiner sind als 10 μV. Der beobachtete „Roll-Over"-Fehler entspricht einem halben Zähler (50 μV), wobei die negative Anzeige größer ist als die positive. Schließlich erfolgt das Umschalten von 0000 auf 0001 bei einer Eingangsspannung von 50 μV. Diese Angaben zeigen die Leistungsfähigkeit eines vernünftig ausgelegten integrierenden AD-Wandlers, wobei zu bemerken ist, dass diese Daten ohne besonders genaue und damit teure Bauelemente erreicht werden.

Auf Grund einer Verzögerung von 3 μs des Komparators ist die maximale empfohlene Taktfrequenz der Schaltung 160 kHz. In der Fehleranalyse ist gezeigt worden, dass in diesem Fall die Hälfte der ersten Taktperiode des Referenzintegrationszyklus verlorengeht, d. h. dass die Anzeige von 0 auf 1 geht bei 50 μV, von 1 auf 2 bei 150 μV usw. Wie schon vorher erwähnt ist diese Eigenschaft für viele Anwendungen wünschenswert.

Wird jedoch die Taktfrequenz wesentlich erhöht, wird die Anzeige sich in der letzten Stelle auch bei kurzgeschlossenem Eingang durch Rauschspitzen ändern.

Die Taktfrequenz kann größer als 160 kHz gewählt werden, wenn man einen kleinen Widerstandswert in Reihe mit dem Integrationskondensator schaltet. Dieser Widerstand bewirkt einen kleinen Spannungssprung am Ausgang des Integrators zu Beginn der Referenzintegrationsphase.

Durch sorgfältige Wahl des Verhältnisses dieses Widerstandes zum Integrationswiderstand (empfohlen werden 20 Ω bis 30 Ω) kann die Verzögerung des Komparators kompensiert und die maximale Taktfrequenz auf ca. 500 kHz (entsprechend einer Wandlungszeit von 80 ms) erhöht werden. Bei noch höheren Taktfrequenzen wird die Schaltung durch Frequenzgangsbeschränkungen im Bereich kleiner Eingangsspannungen erheblich eingeschränkt.

Der Rauschwert ist ca. 20 μV_{ss} (3σ-Wert). In der Nähe des Messbereichsendwertes steigt er auf ca. 40 μV. Da ein Großteil des Rauschens in der „Auto-Zero"-Rückkopplungsschleife generiert wird, kann das Rauschverhalten dadurch verbessert werden, dass man den Eingangsverstärker mit einer Verstärkung von ungefähr 5 versieht. Eine größere Verstärkung führt dazu, dass der „Auto-Zero"-Schalter nicht mehr richtig durchgeschaltet wird auf Grund der entsprechend verstärkten Offsetspannung des Eingangsverstärkers.

In vielen Anwendungen liegt das Geheimnis der Leistungsfähigkeit eines Systems in der richtigen Anwendung der einzelnen Komponenten. Der AD-Wandler kann auch als einzelne Komponente eines Systems betrachtet werden, und damit ist eine vernünftige Auslegung des Systems notwendig, um optimale Genauigkeit zu erreichen. Die monolithischen AD-Wandler sind auf Grund des verwendeten Integrationsverfahrens sehr genau. Um diese optimal einzusetzen, sollte die Auslegung der Schaltung und die Auswahl der externen passiven Bauelemente mit der notwendigen Sorgfalt erfolgen. Die verwendeten Messinstrumente sollten wesentlich genauer und stabiler sein als das zu entwickelnde System.

Die Verdrahtung des Bezugspotentials ist gründlich zu planen, denn es gilt „Erd-schleifen" zu vermeiden. Die häufigste Fehlerursache in einem AD-System ist nach al-ler Erfahrung eine ungünstige Verdrahtung des Bezugspotentials. Die Betriebsströme des Analogteils, des Digitalteils und der Anzeige fließen alle über einen Anschluss – den Bezug für den Analogeingang.

Der Mittelwert des Stromes, der durch den Bezugsanschluss des Eingangs fließt, erzeugt eine Offsetspannung. Sogar die automatische Nullabgleichschaltung eines in-tegrierenden Wandlers ist nicht in der Lage, diesen Offset zu kompensieren. Darüber hinaus hat dieser Strom einige Wechselanteile. Der Taktgenerator und die diversen digitalen Schaltkreise, die angesteuert werden, ergeben Wechselstromanteile mit der Taktfrequenz und möglicherweise mit „Subharmonischen" dieser Frequenz. Bei einem Wandler mit sukzessiver Approximation wird dadurch ein zusätzliches Offset erzeugt. Bei einem integrierenden Wandler sollten zumindest die höherfrequenten Anteile ausgemittelt werden.

Bei einigen Wandlern ändern sich auch die analogen Betriebsströme mit dem Takt oder einer „Subharmonischen" davon. Wird das Display im Multiplex betrieben, än-dert sich dieser Strom mit der Multiplexfrequenz, die normalerweise abgeleitet ist durch Herunterteilung der Taktfrequenz. Bei einem integrierenden Wandler werden sich die Ströme des Analogteils und des Digitalteils für die verschiedenen Wandlungs-phasen unterscheiden.

Eine weitere wesentliche Ursache der Betriebsstromänderung ist die, dass die Be-triebsströme des Digitalteils und der Anzeige abhängig sind vom dargestellten Mess-wert. Dies äußert sich häufig in Flackern der Anzeige und/oder durch fehlende Mess-werte. Ein angezeigter Wert ändert die effektive Eingangsspannung (durch Änderung deren Bezugspotentials). Dadurch wird ein neuer Messwert angezeigt, der wieder die effektive Eingangsspannung ändert usw. Das führt dann dazu, dass trotz einer kon-stanten Spannung am Eingang des Systems die Anzeige zwischen zwei oder drei Wer-ten oszilliert.

Eine weitere potenzielle Fehlerquelle ist der Taktgenerator. Ändert sich die Takt-frequenz auf Grund von Betriebsspannungs- oder -stromänderungen während eines Wandlungszyklus, ergeben sich ungenaue Ergebnisse.

Die digitalen und analogen Bezugsleitungen sind durch eine Leitung verbunden, durch die nur der Ausgleichsstrom zwischen diesen Teilen fließt. Der Anzeigenstrom beeinflusst den Analogteil nicht und der Taktteil ist durch einen Entkopplungskon-densator abgeblockt. Es sei darauf hingewiesen, dass die Ströme einer eventuell ver-wendeten externen Referenz sowie jeder weitere Strom aus dem Analogteil sorgfältig zum analogen Bezug zurückgeführt werden muss.

4.1.7 Umschaltbares Multimeter mit dem ICL7106

Der Messbereich soll für die Schaltung zwischen 0 V und 1,999 V liegen. Mit der Minusanzeige können wir sehen, ob der Spannungswert positiv oder negativ ist. Der Spannungseingang von Abb. 4.9 kann erweitert werden, wenn man die Zusatzschaltung von Abb. 4.11 verwendet. Durch einen AC-DC-Wandler wird der Messbereich auf Wechselstrom erweitert. Mittels des Ω-Wandlers kann man unbekannte Widerstände messen. Damit ergibt sich ein mechanisches Multimeter.

Mit den vier Funktionsschaltern wählt man den betreffenden Funktionsbereich aus:

DC$_V$: Gleichspannungsmessung
AC$_V$: Wechselspannungsmessung
DC$_A$: Gleichstrommessung
AC$_A$: Wechselstrommessung
kΩ: Ohmmessung

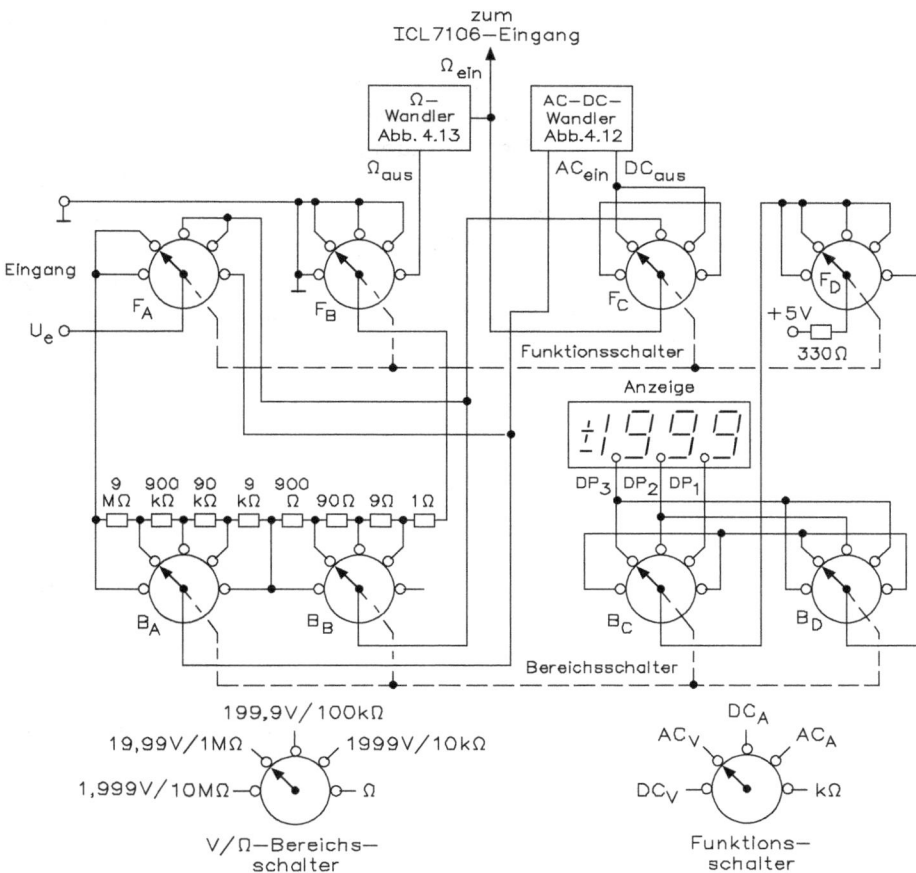

Abb. 4.11: Schaltung des mechanisch umschaltbaren Multimeters.

Mit den vier Bereichsschaltern stellt man den betreffenden Messbereich ein:

1,999 V/10 MΩ: 1,999-V-Spannungsmessung oder 10-MΩ-Messbereich
19,99 V/1 MΩ: 19,99-V-Spannungsmessung oder 1-MΩ-Messbereich
199,9 V/100 kΩ: 199,9-V-Spannungsmessung oder 100-kΩ-Messbereich
1999 V/10 kΩ: 1999-V-Spannungsmessung oder 10-kΩ-Messbereich

Die Eingangsspannung U_e liegt an dem Mittelpunkt des Funktionsschalters F_A an. Bei der Spannungsmessung im Gleich- oder Wechselstrombereich verwendet man den gleichen Spannungsteiler, der aus einer Hintereinanderschaltung von zahlreichen Präzisionswiderständen (Toleranz mit 1 %, möglichst Metallfilmwiderstände) besteht. Die Ansteuerung des Spannungsteilers erfolgt über die beiden Bereichsschalter B_A und B_B.

Der Mittelpunkt des Bereichsschalters B_A ist mit dem AC-DC-Wandler verbunden und der Mittelpunkt des Bereichsschalters B_B mit dem Funktionsschalter F_C. Der AC-DC-Wandler wandelt die Wechselspannung (alternating current) in eine Gleichspannung (direct current) um. Der Mittelpunkt des Funktionsschalters ist mit dem Eingang des Bausteines ICL7106 verbunden.

Mit den beiden Bereichsschaltern B_C und B_D steuert man die Dezimalpunkte der dreistelligen Anzeige an. Damit ergibt sich eine veränderbare Kommastelle und ein sehr einfaches Ablesen der Anzeige. Man muss vor die Dezimalpunkte noch eine elektronische Schaltung (jeweils ein UND- oder NAND-Gatter) einfügen, da die LCD-Anzeige empfindlich gegen Gleichspannung ist.

Mit einem AC-DC-Wandler kann man Wechselstrom in Gleichstrom umwandeln. Dies gilt auch für die Umwandlung von Wechselspannung in Gleichspannung. Hierzu muss man aber erst die einzelnen Umrechnungswerte an einer Sinusspannung betrachten.

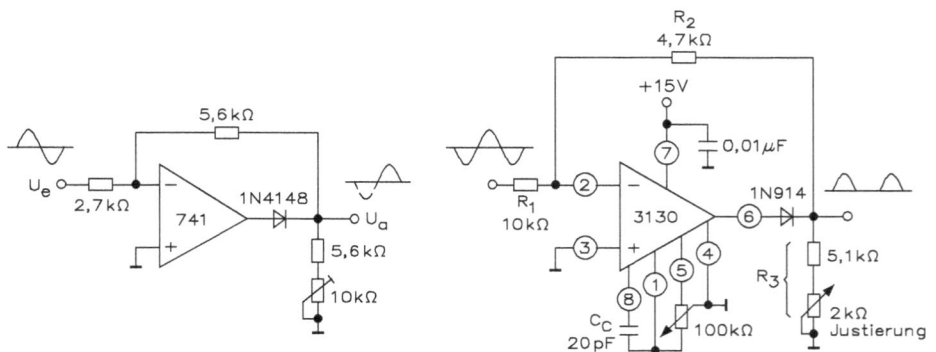

Abb. 4.12: Schaltung eines einfachen (links) und eines verbesserten AC-DC-Wandlers.

In Abb. 4.12 hat man links die Schaltung für den einfachen Wandler. Hierzu benötigt man einen Operationsverstärker, eine Siliziumdiode, drei Widerstände und einen Einsteller. Mit einem AC-DC-Wandler kann man Wechselstrom in Gleichstrom umwandeln. Dies gilt auch für die Umwandlung von Wechselspannung in Gleichspannung.

Liegt an dem Eingang eine positive Eingangsspannung an, so erhält man am Ausgang des Operationsverstärkers einen negativen Spannungswert. Die nachgeschaltete Diode lässt diesen Wert nicht passieren und man hat einen Spannungswert von $U_a = 0\,V$. Mit einer negativen Halbwelle am Eingang U_e wird an dem Operationsverstärkerausgang eine positive Halbwelle erzeugt, die dann die Diode passieren kann. Es ergibt sich eine positive Ausgangsspannung U_a. Durch die Verstärkung von $v = 2$ ist die Ausgangsspannung doppelt so groß wie die Eingangsspannung, wenn man von der negativen Halbwelle am Eingang ausgeht. Man erhält eine Gleichrichtung nach dem Einweg-Prinzip.

Durch den nachgeschalteten Spannungsteiler kann man die Ausgangsspannung U_a so einstellen, dass man den Effektivwert U_{eff} erhält. Wenn man nach dem Abgleich zwischen AC und DC misst, ergibt sich folgender Faktor:

$$\frac{U_{eff}}{U_{gl}} = 2{,}22$$

In Abb. 4.12 rechts ist eine verbesserte Schaltung gezeigt. Über den Widerstand R_1 liegt eine sinusförmige Wechselspannung an, die durch die Schaltung gleichgerichtet wird. Man erhält eine Präzisionsgleichrichtung nach dem Einwegprinzip. Die Verstärkung v errechnet sich aus

$$v = \frac{R_2}{R_1}$$

Die Höhe der Ausgangsspannung lässt sich durch das Potentiometer am Ausgang einstellen. Die Gleichung für die Verstärkung lässt sich damit neu formulieren und man erhält:

$$v = \frac{R_3}{R_1 + R_2 + R_3}$$

Die Größe des Widerstandes R_3, lässt sich aus Potentiometer und Festwiderstand berechnen.

$$R_3 = \frac{v + v^2}{1 - v} \quad \text{für} \quad v = 0{,}5: \frac{4{,}7\,k\Omega}{10\,k\Omega}$$

Als Eingangsspannung erhält man aus dem Netztransformator $U_{ss} = 10\,V$. Durch die Schaltung ergibt sich

$$U_{gl} = \frac{U_{ss}}{2 \cdot \pi} = \frac{10\,V}{2 \cdot 3{,}14} = 1{,}59\,V \approx 1{,}6\,V$$

Diesen Wert zeigt das Digitalmultimeter an, wenn man es auf DC einstellt. Bei der Stellung AC ergibt sich ein Wert von

$$U_{eff} = \frac{U_{ss}}{2 \cdot \sqrt{2}} = \frac{10\,V}{2 \cdot 1{,}41} = 1{,}59\,V \approx 1{,}6\,V$$

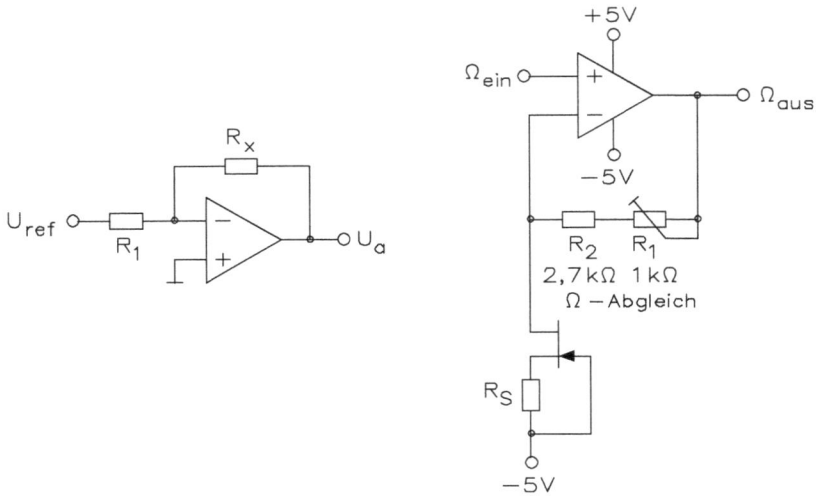

Abb. 4.13: Zwei Schaltungen für einen Ohmwandler.

Die Schaltung von Abb. 4.13 zeigt zwei Ohmwandler. An dem Eingang der linken Schaltung ist ein bekannter Widerstand, der mit R_1 bezeichnet wurde. Die Eingangsspannung der Schaltung ist mit der Referenzspannung U_{ref} verbunden. Daher ist die Ausgangsspannung U_a nur von dem Widerstand R_x, dem unbekannten Wert, abhängig:

$$U_a = \frac{U_{ref}}{R_1} \cdot R_x$$

Die Referenzspannung U_{ref} und der Widerstand R_1 bleiben konstant und man erhält eine Konstante. Diese wird mit dem Wert des unbekannten Widerstandes R_x multipliziert und es ergibt sich die Ausgangsspannung der Schaltung von Abb. 4.13. Der Baustein ICL7106 erhält diese und zeigt den Ohmwert in der Anzeige an.

Die rechte Schaltung ist als Ω-Wandler für die Schaltung geeignet. An dem nicht invertierenden Eingang des Operationsverstärkers liegt der Eingang des Ω-Wandlers. Der invertierende Eingang ist über einen Feldeffekttransistor mit $U = -5$ V verbunden. Mit dem Potentiometer R_1 kann man die Schaltung justieren, wenn man an den Eingang von Abb. 4.12 einen bekannten Widerstandswert anlegt. Den Ausgang des Ω-Wandlers verbindet man mit dem Eingang des Bausteins ICL7106.

Mit dem Funktionsschalter wählt man den Ω-Bereich. Mit dem Bereichsumschalter erhält man den Messbereich. Auf diese Weise kann man zwischen $\approx 0{,}001\,\Omega$ und $\approx 10\,\text{G}\Omega$ (Giga-Ohm oder $10 \cdot 10^9\,\Omega$) jeden Ohmwert erreichen. Die Genauigkeit des Ohmwertes ist hierbei nur von der Justierung des Widerstandes R_1 abhängig.

4.1.8 Digital-Voltmeter mit elektronischer Bereichsumschaltung

Der ICL7106 hat keine speziellen Ausgänge für den Überlauf. Was passiert, wenn in der Anzeige 1,999 V angezeigt wird und sich die Spannung auf 2,00 V ändert. Aus dem 3½-stelligen Messwert wird eine dreistellige Anzeige. Es tritt ein Überlauf in dem Messgerät auf. Was passiert, wenn in der Anzeige 2 mV angezeigt wird und sich die Spannung auf 1,999 mV ändert? Aus dem dreistelligen Messwert wird eine 3½-stellige Anzeige. Es tritt ein Unterlauf in dem Messwert auf.

Durch eine externe Schaltung (Abb. 4.14) lassen sich für den Überlauf (O/Range) und Unterlauf (U/Range) zwei Steuersignale gewinnen. Hierzu ist ein CMOS-Baustein vom Typ 74C86 (Exklusiv-NOR, Äquivalenz) mit vier Gattern und der 4023 (NOR) erforderlich.

Wenn man noch mehrere CMOS-Bausteine der 74CXXX- und 4XXX-Typen verwendet, erhält man eine Schaltung von Abb. 4.14 mit automatischer Bereichsumschaltung. Dabei beginnt eine Messung mit dem höchsten Eingangssignalwert von 200 V bzw. 199,9 V. Ist die Eingangsspannung kleiner 20 V bzw. 19,99 V, hat die Unterlaufleitung (U/Range) ein 1-Signal und die externe Steuerlogik schaltet den Spannungsteiler um auf 20 V (19,99 V). Ist der Messwert kleiner als 2 V (1,999 V) hat die Unterlaufleitung ein 1-Signal und der Spannungsteiler schaltet um und gibt diesen Messbereich frei. Jetzt lässt sich eine minimale Spannung von 1 mV messen.

Für die Steuerung ist ein voreinstellbarer CMOS-Vor/Rückwärtszähler vom Typ 4029 erforderlich. Der Baustein kann binär (0 bis 15) oder BCD-dekadisch (0 bis 9) zählen. Der 4029 enthält eine vierstufige Binär- oder BCD-Dekade, Vor/Rückwärtszähler mit Einrichtungen für „Look-Ahead"-Übertrag (Pin 7) in beiden Zählrichtungen. Eingänge für gemeinsamen Takt (Pin 15), Übertragseingang (Taktsteuerung an Pin 5), binär/dekadisch (Pin 9), Vor/Rückwärtsbetrieb (Pin 10), Preset-Steuerung (Pin 1) und vier getrennte Parallel-(Jam-)Signale (Pin 3, Pin 4, Pin 12 und Pin 13) sind vorhanden. Vier voneinander unabhängige, gepufferte Q-Signale sowie das Übertragssignal stehen an den entsprechenden Ausgängen zur Verfügung.

Liegt der Eingang „Preset-Steuerung" (Pin 1) auf 1-Signal, lassen sich mit den Parallelsignalen (Pin 3, Pin 4, Pin 12 und Pin 13) an den Eingängen für die Voreinstellwerte alle möglichen Zählerzustände einstellen, und zwar asynchron mit dem Taktsignal. 0-Signal an allen Paralleleingängen bei gleichzeitig 1-Signal am Eingang. „Preset-Steuerung" setzt den ganzen Zähler auf Null zurück. Liegen die Eingänge „Übertragseingang" und „Preset-Steuerung" auf 0-Signal, dann geht der Zähler bei jeder positiven Flanke des Taktsignals um einen Schritt weiter. Führt dagegen einer der beiden Eingänge 1-Signal, dann ist das Weiterzählen verhindert. Der Übertragsausgang ist normalerweise auf 1-Signal; er geht auf 0-Signal, wenn der Zähler bei Vorwärtszählung seinen höchsten, bei Rückwärtszählung seinen niedrigsten Stand erreicht hat – vorausgesetzt, der „Übertragseingang" befindet sich auf 0-Signal. Dieser Eingang lässt sich in diesem Fall also auch als Takt-Steuer-Eingang ansehen. Wenn der Anschluss „Übertragseingang" nicht benötigt wird, muss er mit 0 V verbunden sein. Tab. 4.1 zeigt die Bezeichnungen und Logik des 4029.

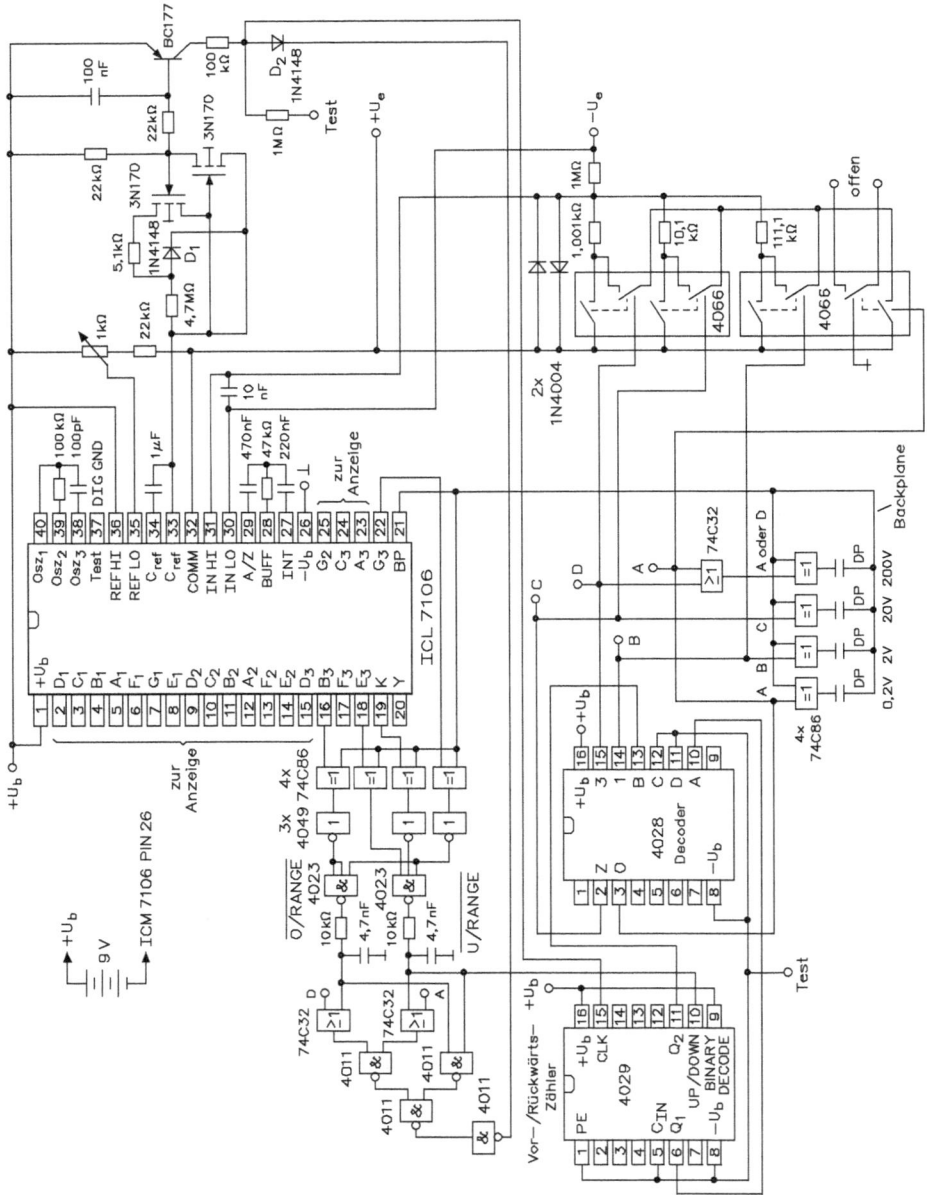

Abb. 4.14: Schaltung für die automatische Bereichsumschaltung.

Tab. 4.1: Bezeichnungen und Logik des 4029.

Steuereingang	Logikpegel	Wirkung
Binär/Dekade (B/D)	1	Binärzählung
	0	Dekadenzählung
Vor/Rückwärts (U/D)	1	Vorwärtszählung
	0	Rückwärtszählung
Preset-Steuerung (PE)	1	Parallelübernahme
	0	keine Parallelübernahme
Übertragseingang (CI)	1	keine Zählung bei positiver Taktflanke
	0	Zählschritt bei positiver Taktflanke

Binärzählung erfolgt, wenn der Binär/Dezimal-Anschluss auf 1-Signal liegt; liegt er auf 0-Signal, dann wird die Zählung dekadisch vorgenommen. Der Zähler arbeitet im Vorwärtsbetrieb, wenn der Vor/Rückwärts-Anschluss mit 1-Signal versehen ist, andernfalls erfolgt Rückwärtszählung. Mehrere Einheiten lassen sich entweder mit Paralleltakt oder mit Serientakt ansteuern. Paralleltakt-Betrieb ist durch synchrone Steuerung gekennzeichnet und gewährleistet schnelles Ansprechen aller Zählerausgänge. Serientakt-Betrieb ermöglicht das Arbeiten mit längeren Anstiegs- und Abfallzeiten des Eingangssignals.

Der 4028 ist ein BCD-/Dezimal- oder Binär/Oktal-Decoder, der an allen vier Eingängen mit Impulsformerstufen ausgerüstet ist, Decodierlogik-Gatter und zehn Ausgangs-Bufferstufen aufweist. Wird ein BCD-Code an die vier Eingänge A bis D gelegt, dann zeigt der durch diesen Code bestimmte Dezimalausgang 1-Signal. In ähnlicher Weise liefert ein an die Eingänge A bis C gelegter 3-Bit-Binärcode einen Oktalcode an den Ausgängen 0 bis 7. Ein 1-Signal am Eingang D unterbindet die Oktal-Decodierung und veranlasst die Ausgänge 0 bis 7, ein 0-Signal anzunehmen. Bei Nichtbenutzung muss der Anschluss D an Masse gelegt werden. Sämtliche Ausgänge sind für relativ hohe Ströme ausgelegt, um gute statische und dynamische Eigenschaften bei Anwendungen mit hohem Fan-Out zu gewährleisten. Alle Ein- und Ausgänge sind gegen elektrostatische Aufladungen geschützt. Tab. 4.2 zeigt die Arbeitsweise.

Für den Spannungsbereichsumschalter sind zwei CMOS-Bausteine 4066 (Analogschalter) erforderlich, da jeweils zwei Kanäle zusammengeschaltet werden müssen. Mit einem Analogschalter lassen sich analoge Signale schalten und für eine Batterieschaltung von 9 V sind Eingangsspannungen einer Polarität von 8 V bis zu Spitzenwerten von ±4 V möglich. Der Übergangswiderstand pro Kanal 50 Ω und da zwei Kanäle parallel betrieben werden, ergibt sich ein Kanalwiderstand von 25 Ω. Die Anschlüsse sind beschrieben und für die Betriebsspannungen gelten +U_b = 9 V (Pin 14) und Masse (Pin 7).

Tab. 4.2: Arbeitsweise des 4028 (Pinnummer in Klammern).

D (11)	C (12)	B (13)	A (10)	0 (3)	1 (14)	2 (2)	3 (15)	4 (1)	5 (6)	6 (7)	7 (4)	8 (9)	9 (5)
0	0	0	0	1	0	0	0	0	0	0	0	0	0
0	0	0	1	0	1	0	0	0	0	0	0	0	0
0	0	1	0	0	0	1	0	0	0	0	0	0	0
0	0	1	1	0	0	0	1	0	0	0	0	0	0
0	1	0	0	0	0	0	0	1	0	0	0	0	0
0	1	0	1	0	0	0	0	0	1	0	0	0	0
0	1	1	0	0	0	0	0	0	0	1	0	0	0
0	1	1	1	0	0	0	0	0	0	0	1	0	0
0	1	0	0	0	0	0	0	0	0	0	0	1	0
1	0	0	1	0	0	0	0	0	0	0	0	0	1

Für die Ansteuerung der Dezimalpunkte sind vier Exklusiv-ODER-Gatter vom Baustein 74C86 noch erforderlich. Die Anschlüsse sind von der LCD-Anzeige abhängig. Die Rückelektronik wird mit dem Anschluss „backplane" verbunden.

In der gesamten Elektronik werden nach Möglichkeit keine mechanischen Schalter, sondern Analogschalter (4066) in integrierter Halbleitertechnik verwendet. Trotzdem finden sich an den Ausgängen einer Steuerschaltung immer noch Relais, wenn es gilt, hohe Spannungen und große Ströme sicher zu schalten. Der wesentliche Unterschied zwischen Relais und Analogschalter ist die Isolation zwischen der Signalansteuerung (Relaisspule zum Gateanschluss) und dem zu steuernden Signal (Kontakt zum Kanalwiderstand). Bei den Halbleiterschaltern hängt das maximale Analogsignal von der Charakteristik der FET- bzw. MOSFET-Transistoren, und von der Betriebsspannung ab. Wird ein Analogschalter mit einem N-Kanal-J-FET verwendet und es liegt keine Ansteuerung des Gates vor, ist der Schalter offen. Dies gilt auch, wenn man das Gate mit einer negativen Spannung ansteuert. Die Spannung zwischen Gate und Drain bzw. Source ist die „pinch-off"-Spannung. Dieses Verhalten gilt auch für die MOSFET-Technik. Das analoge Signal wird vom Gate angesteuert und so ein Kanal aufgebaut (Schalter geschlossen) oder der Kanal abgeschnürt (Schalter offen).

Die Übergangswiderstände bei den Kontakten sind bei Relais wesentlich geringer als bei typischen Analogschaltern. Jedoch spielen Übergangswiderstände bei hohen Eingangsimpedanzen von Operationsverstärkern keine wesentliche Rolle, da das Verhältnis sehr groß ausfällt. Bei vielen Schaltungen mit Analogschaltern verursachen Übergangswiderstände von 0,1 Ω bis 1 kΩ keine gravierenden Fehler in einer elektronischen Schaltung, da diese Werte klein sind gegenüber den hohen Eingangsimpedanzen von Operationsverstärkern.

Seit der Einführung der CMOS-Technologie gibt es praktisch nur noch integrierte Analogschalter. Während früher noch zwischen „virtuellen Erdschaltern" und positiven Signalschaltern unterschieden werden musste, gibt es heute praktisch nur noch die universellen Signalschalter. Die Herstellung von CMOS-Analogschaltern ist fast identisch, so dass für diese Schaltertypen praktisch immer die gleichen Parameter gelten. Die CMOS-Schalter können Spannungen, die um 1 V geringer sind als die Betriebsspannung, ohne weiteres schalten. Der CMOS-Querstrom im mA-Bereich ist dadurch bedingt, dass auch der Betriebsstrom des kompletten Bausteins nur im mA-Bereich liegt. Die Steuereingänge der CMOS-Bausteine sind kompatibel mit der TTL-Technik.

In der Praxis bezeichnet man den Analogschalter als bilateralen Schalter, da Schutzmaßnahmen intern vorhanden sind. Die in diesem Analogschalter verwendete Technologie hat sich seit 1970 nicht geändert: Jeder Kanal besteht aus einem n- und einem p-Kanal-MOSFET, die auf einem Silizium-Substrat parallel angeordnet sind und von der Gate-Treiberspannung entgegengesetzter Polarität angesteuert werden. Die Schaltung des CMOS-Bausteins 4066 bietet einen symmetrischen Signalweg durch die beiden parallelen Widerstände von Source und Drain. Die Polarität jedes Schaltelements stellt sicher, dass mindestens einer der beiden MOSFETs bei jeder beliebigen Spannung innerhalb des Betriebsspannungsbereichs leitet. Somit kann der Schalter jede positive bzw. negative Signalamplitude verarbeiten, die innerhalb der Betriebsspannung liegt. Abb. 4.15 zeigt den internen Aufbau und das Anschlussschema eines bilateralen Schalters (Analogschalter) vom Typ 4066.

Jeder Analogschalter kann wie ein mechanischer Schalter Signale in zwei Richtungen verarbeiten, da diese keine Arbeitsrichtung aufweisen wie ein digitales Gatter. Abhängig von der Ansteuerlogik sind diese Schalter im Ruhezustand geschlossen (normally closed = NC) oder geöffnet (normally open = NO). Allgemein wird noch nach Anzahl der umschaltbaren Kontakte (single pole = SP, double pole = DP), der Kontaktart (single throw = ST) und der Umschalter (double throw = DT) unterschieden. Ein Umschalter mit einem Kontakt wird demnach als „SPDT" bezeichnet.

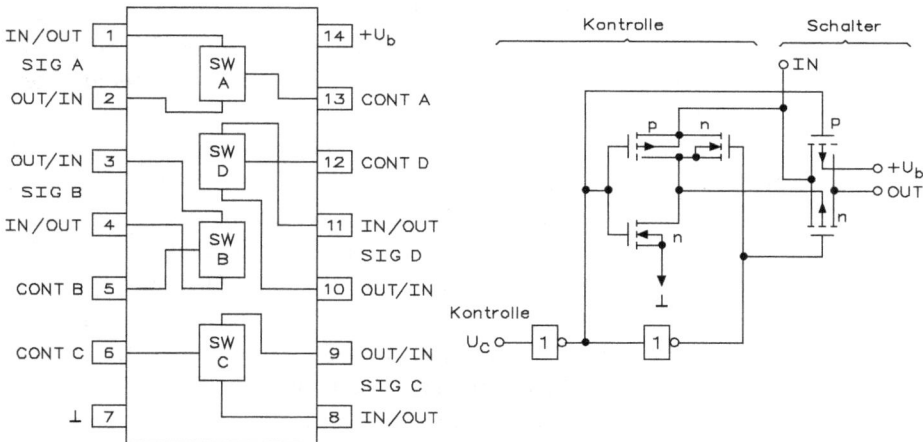

Abb. 4.15: Interner Aufbau und Anschlussschema eines bilateralen Schalters (Analogschalter) vom Typ 4066.

Beachten Sie bitte, dass die Schutzwiderstände für Spannungen von ±1500 V und für eine Dauerbelastung von 15 W geeignet sein müssen. Jedoch kann in den meisten Fällen eine wesentlich geringere thermische Belastbarkeit gewählt werden, da die Überspannung eine viel geringere Leistung umsetzt. Externe Widerstände bieten daher mehr Flexibilität, wobei nach Bedarf verschiedene Widerstandswerte mit entsprechend angepasster Belastbarkeit für die verschiedenen Kanäle des gleichen Bausteins gewählt werden können. Integrierte Widerstände sind dagegen durch die zulässige Belastbarkeit ihres Gehäuses eingeschränkt, wodurch die Anzahl der Kanäle, die gleichzeitig einer Überspannung widerstehen können, begrenzt ist.

Die Verwendung von Reihenwiderständen schützt den Analogschalter, aber sie verhindert nicht die Verfälschung der Signale in den Kanälen. Diese Signale werden von vorhandenen Überspannungen in nicht gewählten Kanälen beeinträchtigt. Die direkte Ursache ist jedoch nicht die Überspannung, sondern der Fehlerstrom (Minoritätsträgerstrom), der durch eine oder mehrere Schutzdioden in das Substrat einfließt. Durch das Eliminieren dieses Substratstromes verhindert man grobe Signalfehler.

Eine Möglichkeit diese Fehlerströme zu vermeiden besteht darin, diese in ein externes Netz abzuleiten. Zwei Z-Dioden erzeugen eine Klemmspannung von ±12 V die zwischen der Betriebsspannung von ±15 V des Analogschalters zentriert liegt. Der durch Überspannung in einem der Kanäle erzeugte Fehlerstrom fließt dann anstatt durch eine interne Schutzdiode durch eine der beiden externen Schutzdioden für diesen Kanal ab. Obwohl diese Technik einen ausgezeichneten Schutz bietet, erfordert sie viele externe Bauteile. Außerdem erzeugen diese externen Dioden einen zusätzlichen Leckstrom, der den Einsatz der bereits besprochenen hochohmigen Reihenwiderstände verhindert.

Die Eingangsspannung $-U_e$ liegt am Pin „IN LO" des ICL7106 und über den 1-MΩ-Widerstand an dem Spannungsteiler. Über die drei Widerstände 1,001 kΩ, 10,1 kΩ und 111,1 kΩ wird der Spannungsteiler entsprechend gesteuert. Da diese Widerstände normalerweise nicht erhältlich sind, wurden sie in Reihenschaltung aus mehreren Widerständen zusammengesetzt.

Zwischen den Widerständen des 4066 und dem Widerstand von 1 MΩ erhält man die Eingangsspannung für den Pin „IN HI". Die beiden Dioden 1N4001 verhindern eine Überspannung zwischen den Ein- und Ausgängen des Analogschalters 4066. Die Ansteuerung der beiden Analogschalterbausteine übernimmt der Baustein 4028. Der Ausgang „0" (Pin 3) erzeugt aus dem Codewort „0000" am 4-Bit-Eingang ein 1-Signal und der untere 4066-Schalter ist in den leitenden Zustand gebracht worden. Die Leitung A hat ein 1-Signal. Bei dem Codewort „0001" hat der Ausgang „1" (Pin 14) ein 1-Signal und der untere Analogschalter erhält das Signal über die Leitung B. Das gleiche gilt auch, wenn das Codewort „0010" anliegt und die Leitung C ein 1-Signal erhält. Der obere 4066 schaltet durch und beim Codewort „0011" hat die Leitung D ein 1-Signal und der 4066 wird leitend.

4.2 3 ½-stelliges Digitalvoltmeter mit LED-Anzeige

Der Schaltkreis ICL7107 ist ein monolithischer CMOS-AD-Wandler des integrierenden Typs, bei dem alle notwendigen aktiven Elemente wie BCD-7-Segment-Decodierer, Treiberstufen für das Display, Referenzspannung und Takterzeugung auf dem Chip realisiert sind. Der ICL7107 kann direkt 7-Segment-LED-Anzeigen treiben. Der Schaltkreis stellt eine gute Kombination von hoher Genauigkeit, universeller Einsatzmöglichkeit und Wirtschaftlichkeit dar. Die hohe Genauigkeit wird erreicht durch die Verwendung eines automatischen Nullabgleichs bis auf weniger als 10 µV, die Realisierung einer Nullpunktdrift von weniger als 1 µV pro °C, die Reduzierung des Eingangsstromes auf 1 pA und die Begrenzung des „Roll-Over"-Fehlers auf weniger als eine Stelle. Abb. 4.16 zeigt die Schaltung des 3½-stelligen Digitalvoltmeters.

Für den Betrieb des ICL7107 sind zwei Betriebsspannungen von ±5 V erforderlich. Abb. 4.17 zeigt eine 7-Segment-Anzeige (CA-Typ) mit gemeinsamer Anode.

Beim Typ ICL7107 kann die interne Aufheizung durch die Ströme der LED-Treiber die Eigenschaften verschlechtern. Auf Grund des höheren thermischen Widerstandes sind plastikgekapselte Schaltkreise in dieser Beziehung schlechter als solche im Keramikgehäuse. Bei Verwendung einer externen Referenz treten auch beim ICL7107 keine Probleme auf. Die Spannung an „ANALOG COMMON" ist die, mit der der Ein-

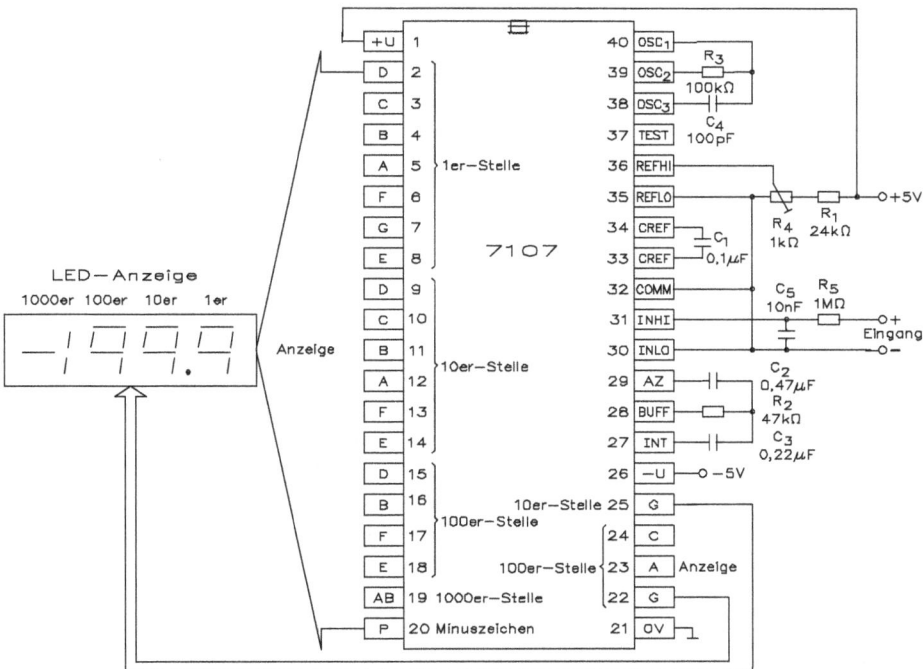

Abb. 4.16: Schaltung eines 3½-stelligen Digitalvoltmeters mit dem ICL7107.

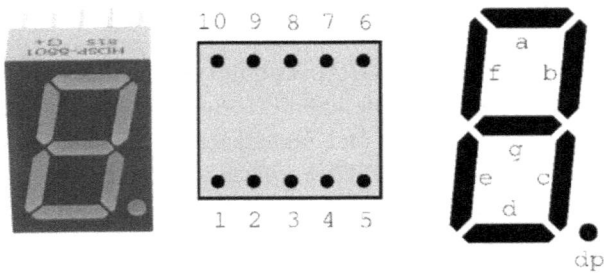

Abb. 4.17: 7-Segment-Anzeige (CA-Typ) mit gemeinsamer Anode.

gang während der Phase des automatischen Nullabgleichs und der Deintegration beaufschlagt wird. Wird der Anschluss „INPUT LOW" mit einer anderen Spannung als „ANALOG COMMON' verbunden, ergibt sich eine Gleichtaktspannung in dem System, die von der ausgezeichneten Gleichtaktspannungsunterdrückung des Systems kompensiert wird.

In manchen Anwendungen wird man den Anschluss „INPUT LOW" auf eine feste Spannung legen (z. B. Bezug der Betriebsspannungen). Hierbei sollte man den Anschluss „ANALOG COMMON" mit demselben Punkt verbinden, um auf diese Weise die Gleichtaktspannung für den Wandler zu eliminieren. Dasselbe gilt für die Referenzspannung. Wenn man die Referenz mit Bezug zu „ANALOG COMMON" ohne Schwierigkeiten anlegen kann, sollte man dies tun, um Gleichtaktspannungen für das Referenzsystem auszuschalten.

Innerhalb des Schaltkreises ist der Anschluss „ANALOG COMMON" mit einem n-Kanal-Feldeffekt-Transistor verbunden, der in der Lage ist, auch bei Eingangsströmen von 30 mA oder mehr den Anschluss 2,8 V unterhalb der Betriebsspannung zu halten (wenn z. B. eine Last versucht, diesen Anschluss „hochzuziehen"). Andererseits liefert dieser Anschluss nur 10 µA als Ausgangsstrom, so dass man ihn leicht mit einer negativen Spannung verbinden kann, um auf diese Weise die interne Referenz auszuschalten.

Um eine mit dem Sensor KTY10 gemessene Temperatur anzuzeigen, eignet sich die Schaltung von Abb. 4.18. Dieses elektronische Thermometer verwendet 13 mm hohe rote 7-Segment-LED-Anzeigen, es lässt sich überall dort einsetzen, wo Temperaturen von –50 °C bis +150 °C mit großer Genauigkeit gemessen werden sollen. Die 7-Segment-Anzeigen müssen gemeinsame Anoden aufweisen, denn andernfalls funktioniert die Schaltung nicht. Mit zwei Spindeleinstellern (10-Gang-Potentiometer) lässt sich das Thermometer hochgenau justieren. Die Schaltung lässt sich zum Messen von Raum- und Außentemperatur, für Heizungsvorlauf/-rücklauf sowie im Auto, Boot, Wohnmobil, Wochenendhaus, Labor, Klimatechnik, Industrie, Handwerk usw. einsetzen.

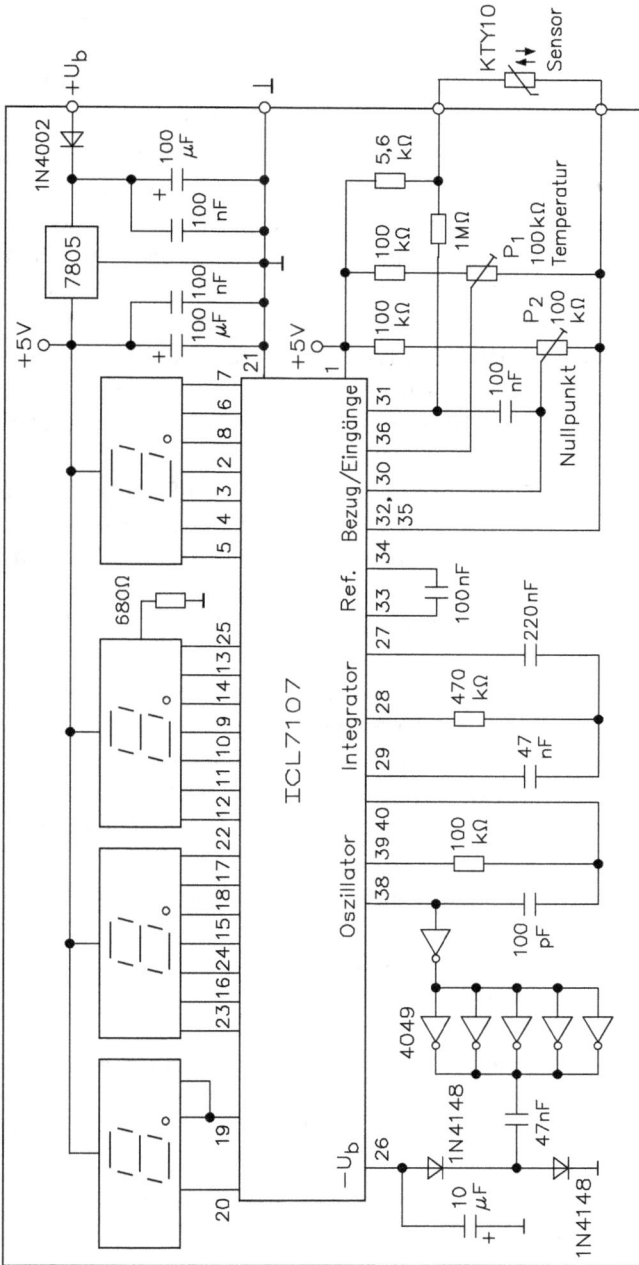

Abb. 4.18: 3½-stelliges LED-Thermometer mit dem ICL7107 für den Temperaturbereich zwischen −50 °C bis +150 °C.

In manchen Anwendungen, vor allen Dingen da, wo der AD-Wandler mit einem Sensor verbunden ist, benötigt man einen anderen Skalierungsfaktor zwischen der Eingangsspannung und der digitalen Anzeige. In einem Wägesystem z. B. kann der Entwickler einen Vollausschlag wünschen, wenn die Eingangsspannung etwa einen Wert von $U_e = 0,682\,\text{V}$ erreicht hat. Anstelle eines Vorteilers (Spannungsteiler), der den Eingang auf 200 mV herunterteilt, benutzt man in diesem Fall besser eine Referenzspannung von 0,341 V. Geeignete Werte für die Integrationselemente (Widerstand und Kondensator) sind in diesem Fall $R = 120\,\text{k}\Omega$ und $C = 220\,\text{nF}$. Diese Werte gestalten das System etwas ruhiger und vermeiden ein Teilernetzwerk am Eingang. Ein weiterer Vorteil dieses Systems ist der, dass in einem Fall eine „Nullanzeige" bei irgendeinem Wert der Eingangsspannung möglich ist. Temperaturmess- und Wägesysteme sind Beispiele hierfür. Dieser „Offset" in der Anzeige lässt sich leicht dadurch erzeugen, dass man einen Sensor zwischen „IN HI" und „COM" anschließt und die variable oder konstante Betriebsspannung zwischen „COM" und „IN LO" legt.

Nach dem Aufbau der Schaltung und der optischen Kontrolle auf Fehler schaltet man die Betriebsspannung ein. Je nach Schleiferstellung der Spindeleinsteller wird irgendein Wert in der Anzeige erscheinen. Sollten die 7-Segment-Anzeigen nicht leuchten bzw. sollte sich der nachfolgend beschriebene Abgleich nicht durchführen lassen, so muss man sofort die Betriebsspannung abschalten und die Schaltung nochmals überprüfen.

Zum Abgleich des Nullpunktes wird der Fühler in Eiswasser gehalten und die Anzeige mit dem Spindeltrimmer P_2 auf den Wert „00.0" eingestellt. Dazu wird ein Wasserglas halb mit zerstoßenen Eiswürfeln gefüllt, ein wenig Wasser hinzugegeben, bis etwa die halbe Höhe der Eisstücke bedeckt ist. Jetzt steckt man den Fühler mitten in das Eis hinein und wartet einige Minuten. Danach stellt man mit dem Spindeltrimmer die Anzeige auf genau „00.0" ein.

Zum Abgleich der Temperatur (100 °C oder 36,9 °C) kann man zwei verschiedene Möglichkeiten einsetzen:
– Abgleich mit kochendem Wasser (nicht optimal)
– Abgleich mit dem Fieberthermometer

Zunächst misst man seine Körpertemperatur mit einem gewöhnlichen Fieberthermometer im Mund. Die Temperatur eines gesunden Menschen beträgt etwa 36,9 °C. Nach ein paar Minuten wird dieses aus dem Mund genommen und die angezeigte Temperatur abgelesen. Danach nimmt man den vorher gereinigten Temperaturfühler in den Mund und kann nach ein paar Minuten die Justierung mit dem Spindeltrimmer (P_1) auf 36,9 °C einstellen. Man kann aber auch ein Gefäß mit warmem Wasser füllen und gleichzeitig mit Fieberthermometer und dem Fühler arbeiten.

Wenn die Schaltung mit einer Flüssigkristallanzeige (LCD) aufgebaut werden soll, muss man den ICL7106 verwenden. An der Eingangsschaltung ändert sich nichts, nur der Treiberbaustein 4049 entfällt. Der Anschluss der Anzeige ist ebenfalls nicht problematisch, da die Pinbelegung beibehalten wird. Nur Pin 21 ist nicht mehr mit Masse zu verbinden, sondern bildet den Anschluss der Rückelektrode für das LCD-Bauelement.

Der Anschluss des Temperatursensors an die Platine ist kein Problem, da die Polung beliebig sein kann. Um die Fühleranschlüsse vor Feuchtigkeit zu schützen, sollte der Fühler wie in Abb. 4.19 mit Schrumpfschlauch überzogen sein.

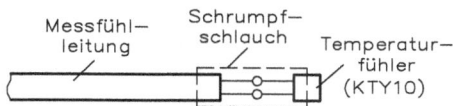

Abb. 4.19: Schutzhülle für den Sensor.

4.3 3½-stelliges Digitalvoltmeter mit dem ICL7116 und ICL7117

Die Schaltkreise ICL7116 und ICL7117 sind monolithische CMOS-AD-Wandler des integrierenden Typs, bei denen alle notwendigen aktiven Elemente wie BCD-7-Segment-Decodierer, Treiberstufen für die Anzeige, Referenzspannung und Takterzeugung auf dem Chip realisiert sind. Der ICL7116 ist für den Betrieb mit einer Flüssigkristallanzeige ausgelegt, der ICL7117 treibt direkt 7-Segment-LED-Anzeigen. Die Typen ICL7116 und ICL7117 unterscheiden sich vom ICL7106 und ICL7107 nur durch den HOLD-Eingang.

Mit Hilfe dieses Eingangs ist es möglich, eine Messung vorzunehmen und den Messwert beliebig lange darzustellen. Um einen Anschluss für diese Funktionen freizumachen, ist die Referenzspannung auf „COMMON" bezogen („REF LO" ist mit „COMMON" verbunden und nicht herausgeführt), so dass der Eingang für die Referenzspannung kein echter Differenzeingang mehr ist. In allen anderen Daten entsprechen diese Typen dem ICL7106 und dem ICL7107.

Die Schaltkreise sind eine gute Kombination von hoher Genauigkeit, universeller Einsatzmöglichkeit und Wirtschaftlichkeit. Die hohe Genauigkeit wird erreicht durch Verwendung eines automatischen Nullabgleichs bis auf weniger als 10 µV, die Realisierung einer Nullpunktdrift von weniger als 1 µV pro °C, die Reduzierung des Eingangsstromes auf 1 pA und die Begrenzung des „Roll-Over"-Fehlers auf weniger als eine Stelle.

Der Differenzverstärkereingang macht das System äußerst flexibel. Sie geben dem Anwender die Möglichkeit von Brückenmessungen, wie es z. B. bei Verwendung von Dehnungsmessstreifen und ähnlichen Sensorelementen üblich ist. Extern werden sieben passive Elemente, die Anzeige und eine Betriebsspannung benötigt, um ein komplettes 3½-stelliges Digitalvoltmeter zu realisieren.

4.4 4½-stelliges Digitalvoltmeter mit dem ICL7129

Der Schaltkreis ICL7129 ist ein monolithischer CMOS-AD-Wandler des integrierenden Typs, bei dem alle notwendigen aktiven Elemente wie BCD-7-Segment-Decodierer, Treiberstufen für das Display, Referenzspannung und komplette Takterzeugung auf dem Chip realisiert sind. Der ICL7129 ist für den Betrieb mit einer 4½-stelligen Flüssigkristallanzeige ausgelegt.

Der ICL7129 ist eine Kombination von hoher Genauigkeit, universeller Einsatzmöglichkeit und Wirtschaftlichkeit. Die hohe Genauigkeit wird erreicht durch die Verwendung eines automatischen Nullabgleichs bis auf weniger als 10 µV, die Realisierung einer Nullpunktdrift von weniger als 1 µV pro °C, die Reduzierung des Eingangsstromes auf 10 pA und die Begrenzung des „Roll-Over"-Fehlers auf weniger als eine Stelle.

Die Differenzverstärkereingänge und die Referenz als auch der Eingang erlauben die äußerst flexible Realisierung eines Messsystems. Sie geben dem Anwender die Möglichkeit von Brückenmessungen, wie es z. B. bei Verwendung von Dehnungsmessstreifen und ähnlichen Sensorelementen üblich ist. Extern werden nur wenige passive Elemente, die Anzeige und eine Betriebsspannung benötigt, um ein komplettes 4½-stelliges Digitalvoltmeter (Abb. 4.20) mit LCD-Anzeige zu realisieren.

Der ICL7129 hat mehrere Anschlüsse, die die Zusammenschaltung dieses Wandlers an komplexere Systeme vereinfachen. Es sind dies:
- OSC1, OSC2 und OSC3 (Taktgenerator): OSC1 (Pin 1) ist der Eingang, OSC2 (Pin 40) der Ausgang des ersten Taktgenerators und der Eingang des zweiten Taktgenerators und OSC3 (Pin 2) ist der Ausgang des zweiten Taktgenerators.
- Bereichseingang (Pin 3): Ausgang für die Backplane und für den externen Bereichsumschalter, wie Abb. 4.21 zeigt.
- B1, C1, CONT (Pin 4): Segmentausgang für die Anzeige
- A1, G1, D1 (Pin 5): Segmentausgang für die Anzeige
- F1, E1, DP1 (Pin 6): Segmentausgang für die Anzeige
- B2, C2, LO BAT (Pin 7): Segmentausgang für die Anzeige
- A2, G2, D2 (Pin 8): Segmentausgang für die Anzeige
- F2, E2, DP2 (Pin 9): Segmentausgang für die Anzeige
- B3, C3, Minus (Pin 10): Segmentausgang für die Anzeige
- A3, G3, D3 (Pin 11): Segmentausgang für die Anzeige
- F3, E3, DP3 (Pin 12): Segmentausgang für die Anzeige
- B4, C4, BC5 (Pin 13): Segmentausgang für die Anzeige
- A4, G4, D4 (Pin 14): Segmentausgang für die Anzeige
- F4, E4, DP4 (Pin 15): Segmentausgang für die Anzeige
- BP3 (Pin 16): Backplaneausgang #3 für die Anzeige
- BP2 (Pin 17): Backplaneausgang #2 für die Anzeige
- BP1 (Pin 18): Backplaneausgang #1 für die Anzeige

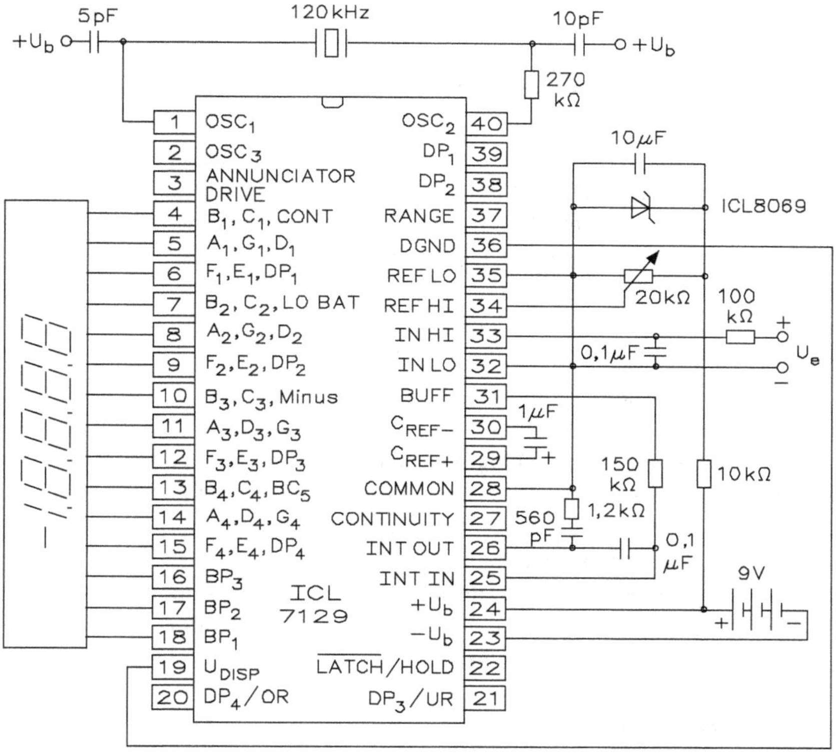

Abb. 4.20: Schaltung und Anschlussschema des ICL7129 für $U_e = \pm 1{,}9999\,\text{V}$.

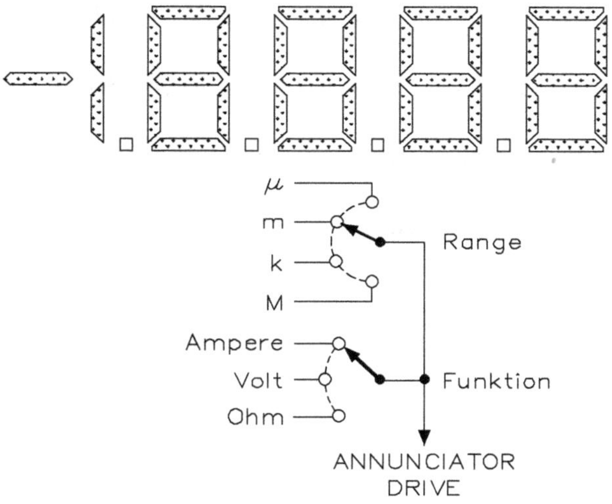

Abb. 4.21: Bereichsumschalter für eine DMM-Anzeige.

– DP4/OR (Pin 20): arbeitet als Eingang für den Dezimalpunkt, wirkt als Ausgang, wenn der interne Zähler ±19,999 anzeigt
– DP3/UR (Pin 21): arbeitet als Eingang für den Dezimalpunkt, wirkt als Ausgang, wenn der interne Zähler ±1,000 anzeigt
– LATCH/HOLD (Pin 22): bei undefiniertem Zustand (Eingang), arbeitet der AD-Wandler unkontrolliert. Bei einem 1-Signal wird der momentane Zustand des AD-Wandlers angezeigt. Bei einem 0-Signal wird der Wandler zurückgesetzt. Arbeitet der Pin als Ausgang, wird ein Statussignal ausgegeben.
– V– oder $-U_b$ (Pin 23): negative Betriebsspannung
– V+ oder $+U_b$ (Pin 24): positive Betriebsspannung
– INT IN (Pin 25): Eingang für Integrator
– INT OUT (Pin 26): Ausgang für Integrator
– CONTINUITY (Pin 27): arbeitet als Eingang, wenn ein 0-Signal anliegt, d. h. das Flag der Anzeige ist aus, und bei 1-Signal ist das Flag ein. Der Pin arbeitet als Ausgang mit einem 1-Signal, wenn die Referenzspannung +200 mV unterschreitet und hat ein 0-Signal, wenn die Referenzspannung +200 mV überschreitet.
– COMMON (Pin 28): gemeinsamer Spannungsanschluss
– CREF+ (Pin 29): positive Seite des externen Referenzkondensators
– CREF– (Pin 30): negative Seite des externen Referenzkondensators
– BUFFER (Pin 31): Ausgang des Verstärkers
– IN LO (Pin 32): negative Eingangsspannung
– IN HI (Pin 33): positive Eingangsspannung
– REF HI (Pin 34): positive Referenzeingangsspannung
– REF LO (Pin 35): negative Referenzeingangsspannung
– DGND (Pin 36): digitale Masse für digitalen Schaltungsteil
– RANGE (Pin 37): hat ein 0-Signal, wenn die Referenzspannung 200 mV beträgt und ein 1-Signal bei 2 V
– DP2 (Pin 38): Soll dieser Dezimalpunkt angesteuert werden, muss ein 1-Signal angelegt werden.
– DP1 (Pin 39): Soll dieser Dezimalpunkt angesteuert werden, muss ein 1-Signal angelegt werden.
– OSC2 (Pin 40): ist der Ausgang des ersten Taktgenerators und der Eingang des zweiten Taktgenerators

In der Schaltung von Abb. 4.22 ist eine Frequenz (Widerstand und Kondensator) von 120 kHz vorhanden, die drei Messungen pro Sekunde erlaubt.

4.4.1 Triplex-LCD-Anzeige für den ICL7129

Das Problem bei dem ICL7129 ist die LCD-Anzeige, denn es handelt sich um eine Triplex-Anzeige. In Abb. 4.23 ist das Verbindungsschema einer typischen 7-Segment-

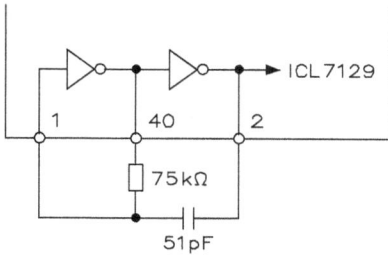

Abb. 4.22: Externer Widerstand und Kondensator für den ICL7129 zur Bestimmung des Messintervalls.

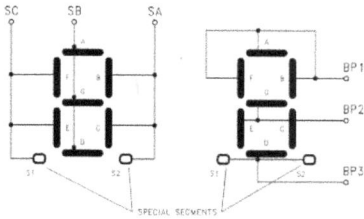

Abb. 4.23: Verbindungsschema der Triplex-LCD-Anzeige für den ICL7129.

Stelle mit Sonderzeichen dargestellt. Dieser numerische Anzeigentyp kann vom ICL7129 angesteuert werden. Dafür benötigt man Spannungsverläufe der gemeinsamen Leitungen und einer Segmentleitung und die Spannungsverläufe an den drei Backplanes für vier verschiedene AN/AUS-Kombinationen der Segmente A, G und D. Jede Leitungskreuzung (Segment oder Sonderzeichen) wirkt als Kapazität zwischen Segmentleitung und der entsprechenden gemeinsamen Leitung. Es gilt Tab. 4.3.

Tab. 4.3: Anschlussschema der Triplex-LCD-Anzeige.

Pin	COM1	COM2	COM3
1	4F	4E	5DP
2	4A	4G	4D
3	4B	4C	5B, C
4	3F	3E	4DP
5	3A	3G	3D
6	3B	3C	Y
7	2F	2E	3DP
8	2A	2G	2D
9	2B	2C	LOW
10	1F	1E	2DP
11	1A	1G	1D
12	1B	1C	CON
13	COM1	—	—
14	—	COM2	—
15	—	—	COM3
16 bis 30	NC	NC	NC

Der Grad der Polarisierung des Flüssigkristallmaterials und damit der Kontrast der Anzeige hängt von dem Effektivwert der Spannung über der „Kreuzungskapazität" ab. Der Effektivwert der AUS-Spannung beträgt immer $U_b/3$ und der AN-Spannung $1,92 \cdot U_b/3$. Bei einer Triplex-LCD-Anzeige ist das Verhältnis der Spannungseffektivwerte zwischen AN und AUS fest mit 1,92 eingestellt. Dabei ergibt sich ein akzeptables Kontrastverhältnis für eine Vielzahl von Flüssigkristallmaterialien.

Normalerweise ist die Kurve des Kontrastes über der angelegten Effektivspannung für ein Flüssigkristallmaterial, das für $U_b = 3,1$ V ausgelegt ist. Dies ist ein typischer Wert für Triplex-Anzeigen, wie sie in Taschenrechnern benutzt werden. Zu beachten ist, dass der Effektivwert der Aus-Spannung ($U_b/3 \approx 1$ V) gerade unterhalb der Schwellspannung liegt, bei der der Kontrast stark ansteigt. Die effektive An-Spannung liegt damit bei 2,1 V, woraus sich bei direkter Betrachtung ein Kontrast von 85 % ergibt.

Alle Elemente im ICL7129 benutzen eine interne Widerstandskette aus drei gleichen Widerständen zur Erzeugung der Ansteuerspannung für die Anzeige. Ein Ende dieser Kette liegt intern bei $+U$ und das andere Ende (Benutzereingang) ist an Anschluss 2 jedes Elements herausgeführt. Durch diese Konfiguration kann die Spannung U_{DISP} für das speziell verwendete Flüssigkristallmaterial optimiert werden. Dabei ist zu beachten, dass $U_p = +U_b - U_{DISP}$ ist und dass dieser Wert das dreifache der Schwellspannung des benutzten Flüssigkristallmaterials sein sollte. Es ist darauf zu achten, dass der Anschluss niemals negativer als 0 V wird, da sonst „latch up" auftreten kann und der ICL7129 zerstört wird.

Die Eigenschaften einer Flüssigkristallanzeige werden durch die Temperatur in zweierlei Hinsicht beeinflusst. Die Antwortzeit der Anzeige auf Änderungen der angelegten Effektivspannung wird länger bei sinkender Temperatur. Bei sehr tiefen Temperaturen (−20 °C) kann es bei einigen Anzeigen einige Sekunden dauern, ein neues Zeichen darzustellen. Für Temperaturen oberhalb von 0 °C ist dies jedoch mit den zur Verfügung stehenden Materialien für gemultiplexte Flüssigkristallanzeigen kein Problem. Für niedrige Temperaturen sind sehr schnelle Flüssigkristallmaterialien verfügbar. Ein bei höherer Temperatur auftretender Effekt beeinflusst das Plastikmaterial, aus denen die Polarisierer hergestellt werden. Einige Polarisierer werden bei hohen Temperaturen „weich" und verlieren permanent ihre Polarisierungswirkung. Dadurch entsteht eine wesentliche Verschlechterung des Kontrastes. Einige Anzeigetypen benutzen außerdem Verbindungsmaterialien, die für höhere Temperaturen ungeeignet sind. Aus diesen Gründen sollte man bei der Auswahl einer Flüssigkristallanzeige folgende Punkte beachten: Flüssigkristallmaterial, Polarisierer und Verbindungsmaterial.

Ein noch wichtigerer Temperatureffekt ist die Änderung der Schwellspannung. Bei typischen, für gemultiplexte Anzeigen geeigneten Flüssigkristallmaterialien hat die Spitzenspannung einen Temperaturkoeffizienten von −7 mV/°C bis −14 mV/°C. Das bedeutet, dass bei Anstieg der Temperatur die Schwellspannung sinkt. Nimmt man für U_p einen festen Wert von 4 kommt es dann, wenn die Schwellspannung unter $U_p/3$ sinkt, zur Aktivierung von Segmenten, die an sich ausgeschaltet sein sollten.

4.4.2 Anwendungen mit dem ICL7129

In den Anwendungen, in denen die Anzeigetemperatur sich nicht wesentlich verändert, kann U_p auf einen festen Wert eingestellt werden, der so gewählt wird, dass die effektive AUS-Spannung $U_p/3$ eben unterhalb der Schwellspannung bei der höchsten zu erwartenden Temperatur liegt. Dies verhindert, dass bei höheren Temperaturen ausgeschaltete Segmente sichtbar werden, führt allerdings zu geringen Kontrasten bei niedrigen Temperaturen.

In denjenigen Anwendungen, in denen die Temperatur der Anzeige über einen größeren Bereich schwanken kann, kann es notwendig werden, für die Anzeigenspannung U_{DISP} (und damit U_p) eine Temperaturkompensation vorzunehmen.

Alle Elemente erlauben die Beeinflussung der Anzeigenspitzenspannung dadurch, dass das untere Ende der Widerstandsteilerkette an Pin 19 herangeführt ist. Der einfachste Weg der Spannungseinstellung für eine spezielle Anzeige ist der, an Pin 19 einen Schleiferanschluss eines Potentiometers anzuschließen. Ein Potentiometer mit einem maximalen Wert von 200 kΩ ergibt dabei einen für die meisten Anzeigen hinreichend großen Abgleichbereich. Diese Methode der Erzeugung der Anzeigenspannung sollte allerdings nur da angewandt werden, wo sich die Temperatur der Anzeige um nicht mehr als ±5 °C ändert, da die auf dem Chip integrierten Widerstände einen positiven Temperaturkoeffizienten besitzen. Dies führt zu einer Erhöhung der Anzeigenspannung mit steigender Temperatur. Die Anzeigenspannung hängt außerdem noch von der Betriebsspannung ab, wodurch für diese engere Toleranzen über einen größeren Temperaturbereich notwendig sind.

Bei Batteriebetrieb, wo die Anzeigenspannung normalerweise gleich der Batteriespannung ist (≈ 3 V bis 4,5 V), kann ein Chip mit der Anzeigenspannung und Pin 19 an 0 V betrieben werden. Die Eingänge der Schaltkreise sind so ausgelegt, dass Eingangsspannungen oberhalb von $+U_b$ die Elemente nicht zerren können. Dabei muss allerdings sichergestellt werden, dass Eingänge unter keinen Umständen mit mehr als 6,5 V angesteuert werden.

In Abb. 4.24 ist das Verbindungsschema einer typischen 7-Segment-Anzeige mit zwei Zeichen dargestellt. Dieser numerische Anzeigentyp kann von dem ICL7129 angesteuert werden. Abb. 4.25 zeigt die Spannungsverläufe der gemeinsamen Leitungen und einer Segmentleitung und in diesem Beispiel handelt es sich um die Segmentleitung „y". Diese Leitung kreuzt COM1 für das Segment „a", COM2 für das Segment „g" und COM3 für das Segment „d".

Abb. 4.25 zeigt auch die Spannungsverläufe an „y" für vier verschiedene AN/AUS-Kombinationen der Segmente „a", „g" und „d". Jede Leitungskreuzung (Segment oder Sonderzeichen) wirkt als Kapazität zwischen Segmentleitung und der entsprechenden gemeinsamen Leitung wie in Abb. 4.26 dargestellt.

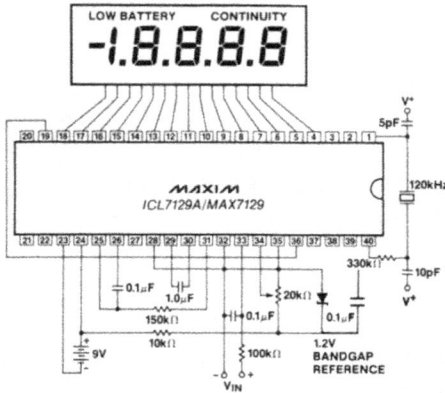

Abb. 4.24: Konfiguration einer 7-Segment-Anzeige.

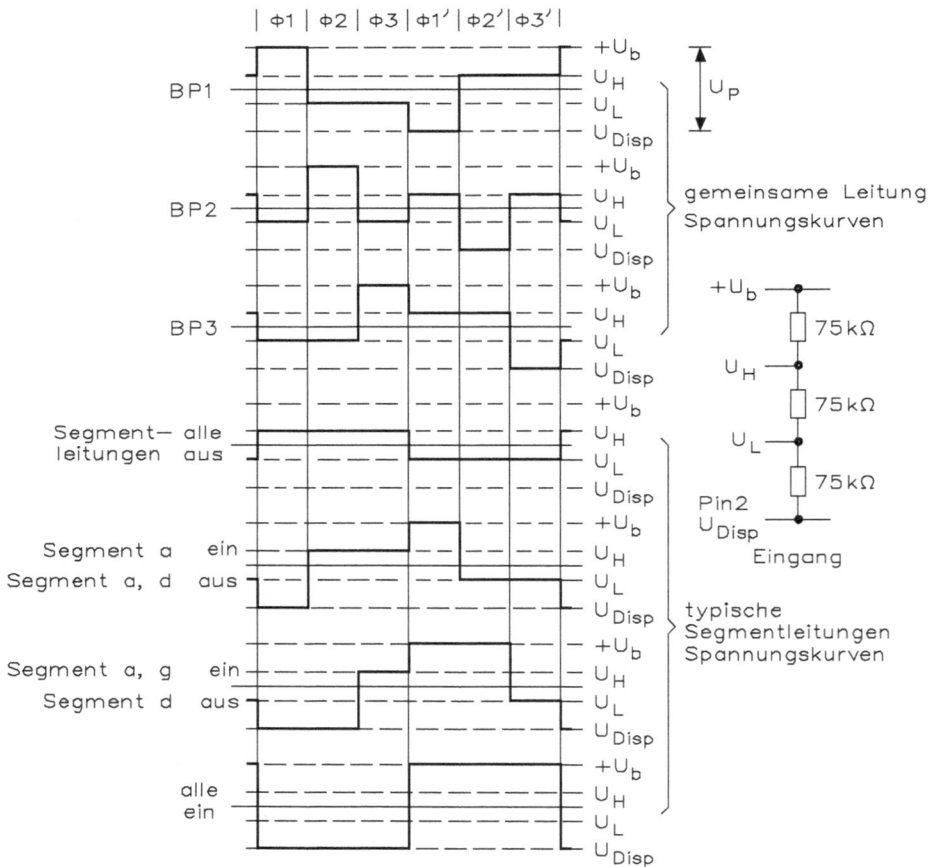

Abb. 4.25: Spannungskurven für die Ansteuerung der Triplex-LCD-Anzeige.

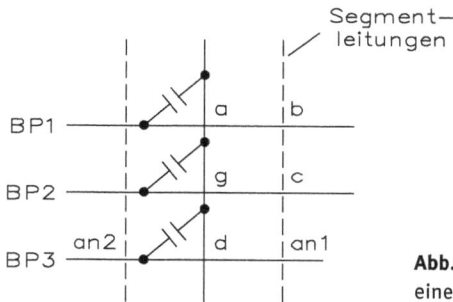

Abb. 4.26: Schematische Darstellung einer Triplex-LCD-Anzeige.

Der Grad der Polarisierung des Flüssigkristallmaterials und damit der Kontrast der Anzeige hängt von dem Effektivwert der Spannung über der „Kreuzungskapazität" ab. Der Effektivwert der AUS-Spannung ist immer $U_p/3$ und der AN-Spannung $1,92\,U_p/3$. Bei einer Triplex-LCD-Anzeige ist das Verhältnis der Spannungseffektivwerte zwischen AN und AUS fest zu 1,92 eingestellt. Dabei ergibt sich ein akzeptables Kontrastverhältnis für eine Vielzahl von Flüssigkristallmaterialien.

Normalerweise ist die Kurve des Kontrastes über der angelegten Effektivspannung für ein Flüssigkristallmaterial, für $U_p = 3,1$ V ausgelegt. Dies ist ein typischer Wert für Triplex-Anzeigen, wie sie in der Praxis beim ICL7129 und in Taschenrechnern benutzt werden. Zu beachten ist, dass der Effektivwert der Aus-Spannung ($U_p/3,1$ V) gerade unterhalb der Schwellspannung liegt, bei der der Kontrast stark ansteigt. Die effektive An-Spannung liegt damit bei 2,1 V, woraus sich bei direkter Betrachtung ein Kontrast von 85 % ergibt.

Alle Elemente des ICL7129 benutzen eine interne Widerstandskette aus drei gleichen Widerständen zur Erzeugung der Ansteuerspannung für die Anzeige. Ein Ende dieser Kette liegt intern bei $U\pm$ und das andere Ende (Benutzereingang) ist an Anschluss 2 jedes Elements herausgeführt. Durch diese Konfiguration kann die Spannung U_{DISP} für das speziell verwendete Flüssigkristallmaterial optimiert werden. Dabei ist zu beachten, dass $U_p = +U_b - U_{DISP}$ ist und dass dieser Wert das dreifache der Schwellspannung des benutzten Flüssigkristallmaterials sein sollte. Es ist darauf zu achten, dass der Anschluss 2 niemals negativer als 0 V wird, da sonst „latch up" auftreten kann und der Chip zerstört wird.

Die Eigenschaften einer Flüssigkristallanzeige werden durch die Temperatur in zweierlei Hinsicht beeinflusst. Die Antwortzeit der Anzeige auf Änderungen der angelegten Effektivspannung wird länger bei sinkender Temperatur. Bei sehr tiefen Temperaturen (–20 °C) kann es bei einigen Anzeigen einige Sekunden dauern, ein neues Zeichen darzustellen. Für Temperaturen oberhalb von 0 °C ist dies jedoch mit den zur Verfügung stehenden Materialien für gemultiplexte Flüssigkristallanzeigen kein Problem. Für niedrige Temperaturen sind sehr schnelle Flüssigkristallmaterialien verfügbar. Ein bei höherer Temperatur auftretender Effekt beeinflusst das Plastikmaterial, aus denen die Polarisierer hergestellt werden. Einige Polarisierer werden bei hohen

Temperaturen „weich" und verlieren permanent ihre Polarisierungswirkung. Dadurch entsteht eine wesentliche Verschlechterung des Kontrastes. Einige Anzeigetypen benutzen außerdem Verbindungsmaterialien, die für höhere Temperaturen ungeeignet sind.

Aus diesen Gründen sollte man bei der Auswahl einer Flüssigkristallanzeige folgende Punkte beachten: Flüssigkristallmaterial, Polarisierer und Verbindungsmaterial.

Ein noch wichtigerer Temperatureffekt ist die Änderung der Schwellspannung. Bei typischen, für gemultiplexte Anzeigen geeigneten Flüssigkristallmaterialien hat die Spitzenspannung einen Temperaturkoeffizienten von -7 bis $-14\,\mathrm{mV/°C}$, d. h. dass bei Anstieg der Temperatur die Schwellspannung sinkt. Nimmt man für U_p einen festen Wert an, kommt es dann, wenn die Schwellspannung unter $U_\mathrm{p}/3$ sinkt, zur Aktivierung von Segmenten, die an sich ausgeschaltet sein sollten.

In den Anwendungen, in denen die Anzeigetemperatur sich nicht wesentlich verändert, kann U_p auf einen festen Wert eingestellt werden, der so gewählt wird, dass die effektive AUS-Spannung $U_\mathrm{p}/3$ eben unterhalb der Schwellspannung bei der höchsten zu erwartenden Temperatur liegt. Dies verhindert, dass bei höheren Temperaturen ausgeschaltete Segmente sichtbar werden, führt allerdings zu geringen Kontrasten bei niedrigen Temperaturen.

In denjenigen Anwendungen, in denen die Temperatur der Anzeige über einen größeren Bereich schwanken kann, kann es notwendig werden, für die Anzeigenspannung U_DISP (und damit U_p) eine Temperaturkompensation vorzunehmen.

Alle Elemente erlauben die Beeinflussung der Anzeigenspitzenspannung dadurch, dass das untere Ende der Widerstandsteilerkette an Anschluss 2 (U_DISP) herangeführt ist. Der einfachste Weg der Spannungseinstellung für eine spezielle Anzeige ist der, an Anschluss 2 einen Schleiferanschluss eines Potentiometers anzuschließen.

Ein Potentiometer mit einem maximalen Wert von $200\,\mathrm{k\Omega}$ ergibt dabei einen für die meisten Anzeigen hinreichend großen Abgleichbereich. Diese Methode der Erzeugung der Anzeigenspannung sollte allerdings nur da angewandt werden, wo sich die Temperatur der Anzeige um nicht mehr als $\pm5\,°\mathrm{C}$ ändert, da die auf dem Chip integrierten Widerstände einen positiven Temperaturkoeffizienten besitzen. Dies führt zu einer Erhöhung der Anzeigenspannung mit steigender Temperatur. Die Anzeigenspannung hängt außerdem noch von der Versorgungsspannung ab, wodurch für diese engere Toleranzen über einen größeren Temperaturbereich notwendig sind.

Man kann auch eine andere Methode der Erzeugung der Anzeigenspannung mit fünf in Reihe geschaltete Siliziumdioden wählen. Diese Dioden vom Typ 1N914 oder Äquivalenztypen, besitzen eine Durchlassspannung von etwa $0{,}65\,\mathrm{V}$ bei einem Strom von ca. $20\,\mathrm{\mu A}$ bei Raumtemperatur. Bei fünf Dioden ergibt sich damit eine Spannung von $3{,}25\,\mathrm{V}$, die für 3-V-Flüssigkristallmaterial mit der Charakteristik geeignet ist. Werden höhere Spannungen benötigt, können weitere Dioden zugefügt werden. Diese Schaltung hat den zusätzlichen Vorteil einer Temperaturkompensation. Jede Diode besitzt einen negativen Temperaturkoeffizienten von $-2\,\text{mV/}°\text{C}$. Fünf in Reihe geschaltete Dioden ergeben $-10\,\text{mV/}°\text{C}$, näherungsweise vom optimalen Wert des beschriebenen Materials.

Da bei Batteriebetrieb, die Anzeigenspannung normalerweise gleich der Batteriespannung ist (ca. 3 V bis 4,5 V), kann der Chip mit der Anzeigenspannung und Anschluss 2 an 0 V (Masse) betrieben werden.

Die Eingänge der Schaltkreise sind so ausgelegt, dass Eingangsspannungen oberhalb von $+U_b$ die Elemente nicht zerstören können.

Damit ist es möglich, den Chip und die Anzeige mit einer geregelten 3-V-Versorgung zu betreiben und die Eingänge mit einem Mikroprozessor mit 5 V Versorgungsspannung anzusteuern. Dabei muss allerdings sichergestellt werden, dass die Eingänge unter keinen Umständen mit mehr als 6,5 V angesteuert werden.

4.5 4½-stelliges Digitalvoltmeter mit dem ICL7135

Der 4½-stellige AD-Wandler ICL7135 mit gemultiplexten BCD-Ausgängen benutzt die bewährte „Dual-Slope"-Integrationstechnik und erreicht eine Genauigkeit von ±1 bei einem Zählerstand von 20 000. Damit ist der ICL7135 der ideale Baustein für anzeigende digitale Voltmeter oder Panelmeter. Ein Messbereichsendwert von 20,000 V, automatischer Nullabgleich und automatische Polaritätsdetektion sind kombiniert mit echt ratiometrischem Betrieb, einer annähernd idealen differenziellen Genauigkeit und einem echten Differenzeingang. Alle notwendigen aktiven Elemente, mit der Ausnahme von Anzeigentreiber, Referenzspannungsquelle und Taktgenerator, sind auf einem Chip integriert.

4.5.1 Betriebsarten des ICL7135

Der ICL7135 bietet eine Kombination von hoher Genauigkeit, Universalität und Wirtschaftlichkeit an. Hohe Genauigkeit mit automatischem Nullabgleich bis auf weniger als 10 µV, eine Nullpunktdrift von weniger als 1 µV/°C, ein Eingangsstrom von maximal 10 pA und ein „Roll-Over"-Fehler von weniger als 1 sind wesentliche Merkmale. Die Flexibilität der gemultiplexten Ausgänge wird weiter erhöht durch mehrere zusätzliche Anschlüsse, die den Einsatz in Mikroprozessor- oder Mikrocontrollersystemen oder ähnlich komplexen Schaltungen vereinfachen. Dazu zählen z. B. die Signale STROBE, OVERRANGE, UNDERRANGE, RUN/HOLD und BUSY.

Die Schaltung (Abb. 4.27) zeigt ein 4½-stelliges Digitalvoltmeter mit dem ICL7135. Jeder Messzyklus ist in vier Phasen unterteilt. Es sind dies die Phase des automatischen Nullabgleichs (AUTO ZERO, AZ), die Signalintegrationsphase (INT), die Deintegrationsphase (DE) und die Phase des Integratorabgleichs (ZERO INTEGRATION, ZI).

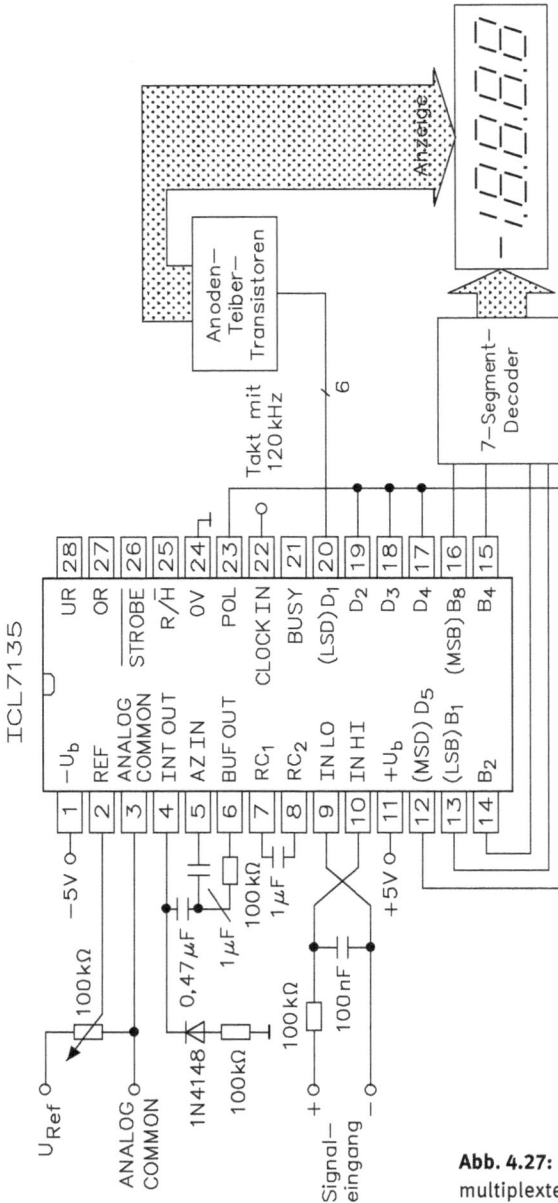

Abb. 4.27: 4½-stelliges Digitalvoltmeter mit gemultiplexter LED-Anzeige mit gemeinsamer Anode.

In der Auto-Zero-Phase geschehen drei Dinge. Zuerst wird die Verbindung der Differenzeingänge „INPUT HIGH" und „INPUT LOW" mit den entsprechenden Anschlüssen abgeschaltet und diese Eingänge werden intern mit COMMON-Potential verbunden. Der Referenzkondensator wird auf die Referenzspannung aufgeladen und drittens wird die Rückkopplungsschleife über das System geschlossen, um den AUTO-

ZERO-Kondensator C_{AZ} derart aufzuladen, dass die Offsetspannungen des Pufferverstärkers, des Integrators und des Komparators kompensiert werden. Da der Komparator in dieser Schleife liegt, wird die Genauigkeit des automatischen Nullabgleichs nur durch das Systemrauschen begrenzt. Das auf den Eingang bezogene Offset ist in jedem Fall kleiner als 10 µV.

Während der Signalintegration wird die AUTO-ZERO-Schleife geöffnet und die Eingänge werden auf die externen Anschlüsse geschaltet. Der Wandler integriert die Differenzspannung zwischen „IN HI" und „IN LO" für ein definiertes Zeitintervall. Dabei kann die Differenzeingangsspannung in einem großen Gleichtaktspannungsbereich liegen, der um 1 V niedriger als die Betriebsspannung liegt (+U bei −1 V bis −U bei +1 V). Wenn das Eingangssignal keinen Bezug zum Bezugspotential des Wandlers besitzt, kann „IN LO" mit „COMMON" verbunden werden, um die korrekte Gleichtaktspannung zu gewährleisten. Am Ende der Integrationsphase wird die Polarität des integrierten Signals in dem Polaritäts-Flipflop gespeichert.

Die dritte Phase ist die Deintegration oder Referenzintegration. „IN LO" wird intern mit „COMMON" und „IN HI" mit dem vorher aufgeladenen Referenzkondensator verbunden, wobei über eine interne Logik sichergestellt wird, dass die richtige Polarität der Referenzspannungen angelegt wird, um den Integratorausgang in Richtung des Bezugspotentials zu bringen. Die Zeit, die der Ausgang benötigt, um zum Bezugspotential „zurückzuintegrieren", ist proportional zur Eingangsspannung. Die digitale Anzeige ist bestimmt durch 10 000 (U_e/U_{ref}). Abb. 4.28 zeigt die Schaltung eines 4½-stelligen Digitalvoltmeters mit gemultiplexter LED-Anzeige mit gemeinsamer Anode und separaten RC-Taktgenerator.

Die letzte Phase ist die des Integrator-Nullabgleichs. „INPUT LO" wird mit „COMMON" verbunden. Dann wird eine Rückkopplungsschleife zwischen Komparatorausgang und „INPUT HI" geschlossen, um den Integratorausgang auf Null zu bringen. Unter normalen Verhältnissen dauert diese Phase zwischen 100 und 200 Taktzyklen, nach einer Eingangsübersteuerung kann sie jedoch bis zu 4000 Zyklen dauern.

Am Eingang können Differenzspannungen angelegt werden, die im Gleichtaktspannungsbereich des Eingangsverstärkers liegen: Genauer, von 0,5 V unter der positiven Betriebsspannung bis 1 V über der negativen Betriebsspannung. In diesem Bereich besitzt das System eine Gleichtaktunterdrückung von typisch 86 dB. Da jedoch der Integratorausgang auch der Gleichtaktspannung folgt, muss darauf geachtet werden, dass er nicht in die Sättigung geht. Der schlechteste Fall wäre der, dass eine große positive Gleichtaktspannung mit einer annähernd maximalen negativen Eingangsdifferenzspannung anliegt. Die negative Eingangsspannung bringt den Integratorausgang weiter in Richtung positiver Spannung, obwohl der Großteil des zur Verfügung stehenden Ausgangsspannungshubes schon von der positiven Gleichtaktspannung beansprucht worden ist. In derart kritischen Anwendungen kann die Ausgangsspannungsamplitude des Integrators auf weniger als die empfohlenen 2 V reduziert werden, wobei die Genauigkeit nur wenig beeinflusst wird. Der Ausgangsspannungshub des Integrators reicht von −U_b bei +0,3 V bis +U_b bei −0,3 V ohne Verlust an Linearität.

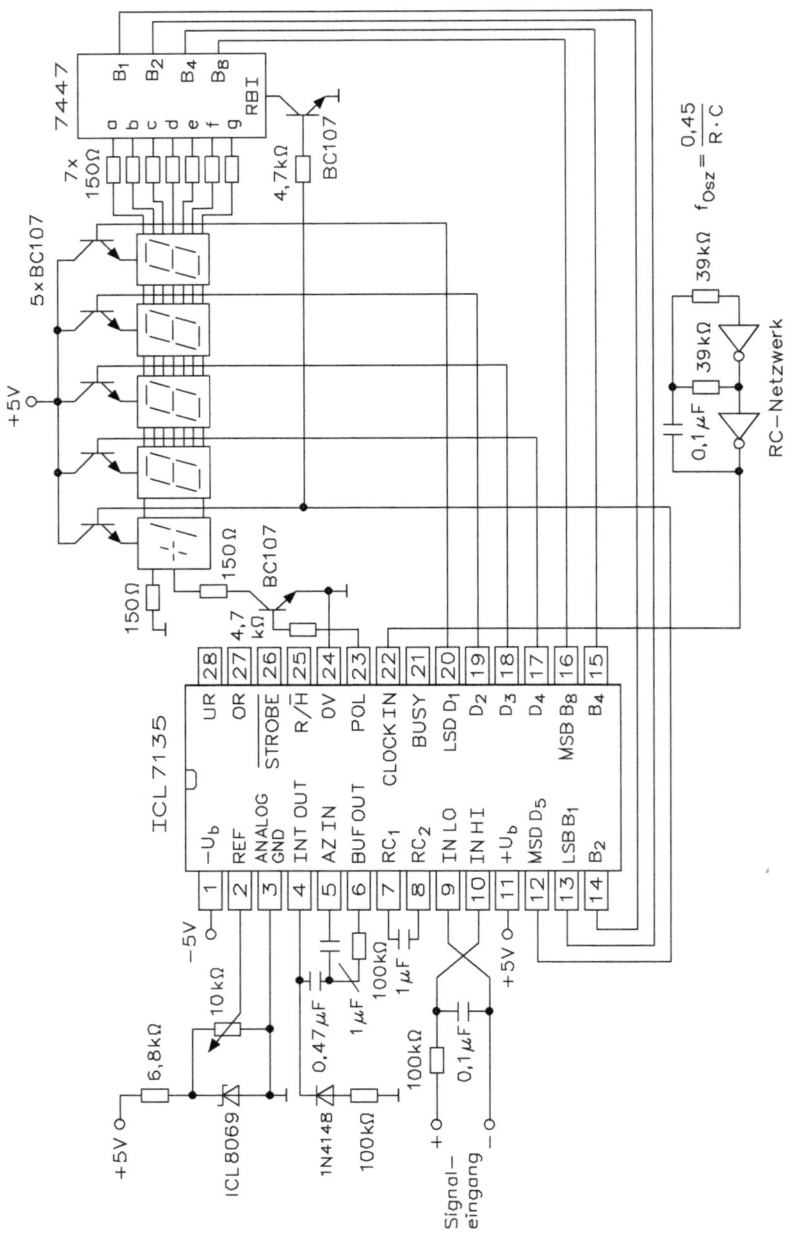

Abb. 4.28: Schaltung eines 4½-stelligen Digitalvoltmeters mit gemultiplexter LED-Anzeige und separatem RC-Taktgenerator.

Der Anschluss „ANALOG COMMON" wird als Bezugspotential in der AUTO-ZERO-
und Deintegrationsphase benutzt. Wenn zwischen „IN LO" und „ANALOG COMMON"
eine Spannungsdifferenz existiert, führt das im System zu einer Gleichtaktspannung,
die von der exzellenten Gleichtaktunterdrückung des Systems weitgehend eliminiert
wird. In den meisten Anwendungen wird „IN LO" mit einem festen Bezugspotential
verbunden sein (z. B. Bezugsspannung des Betriebsspannungssystems). In diesem
Fall sollte „ANALOG COMMON" mit demselben Punkt verbunden werden. Dadurch
wird die Gleichtaktspannung vom Wandler entfernt.

Die Referenzspannung muss extern erzeugt werden und als positive Spannung
relativ zu „COMMON" angelegt werden. Es gelten die Schaltungsmaßnahmen vom
ICL7106 und ICL7107.

4.5.2 Anschlussbelegung des ICL7135

Der ICL7135 hat mehrere Anschlüsse, die die Zusammenschaltung dieses Wandlers an
komplexere Systeme vereinfacht. Es sind dies:
- RUN/HOLD (Pin 25): Ist dieser Anschluss auf 1-Signal oder unbeschaltet, läuft
  der Wandler frei mit aufeinander folgenden Messzyklen. Dabei werden für jeden
  Messzyklus 40 002 Taktperioden benötigt. Wird dieser Anschluss auf 0-Signal gelegt, führt der Wandler den aktuellen Messzyklus zu Ende und hält dann den
  angezeigten Wert so lange, wie RUN/HOLD auf 0-Signal liegt.
  Ein kurzer positiver Impuls (länger als 300 ns) startet einen neuen Messzyklus,
  der mit 9001 oder 10 001 Taktperioden des automatischen Nullabgleichs (AUTO
  ZERO) beginnt. Wird dieser Impuls während eines Messzyklus angelegt, wird er
  nicht erkannt und der Wandler führt den aktuellen Messzyklus zu Ende. Ein externes Signal sorgt dafür, dass ein voller Messzyklus zu Ende ist. Dadurch erscheint
  101 Taktperioden nach Beendigung des Messzyklus der erste STROBE-Impuls an
  Anschluss 26. Ist daher der Eingang RUN/HOLD auf 0-Signal und wird für mindestens 101 Taktperioden nach Beendigung eines Messzyklus auf 0-Signal gehalten,
  hält der Wandler an und ist bereit für die Initialisierung eines neuen Messzyklus
  durch einen positiven Impuls an RUN/HOLD.
- STROBE (Pin 26): Dies ist ein negativer Ausgangsimpuls, der dazu benutzt wird,
  die BCD-Daten in externe Zwischenspeicher zu übernehmen. Es erscheinen fünf
  negative STROBE-Impulse etwa in der Mitte jedes DIGIT-Impulses. Zu beachten
  ist, dass diese STROBE-Impulse nur einmal nach jedem Messzyklus erscheinen,
  wobei der erste Impuls 101 Taktperioden nach der Beendigung des Messzyklus
  auftritt.

Der Ausgang DIGIT 5 (höchstwertige Stelle) geht nach jedem Messzyklus auf 1-Signal und bleibt für 201 Taktperioden auf diesem Pegel. In der Mitte dieses DIGIT-Impulses erscheint der erste STROBE-Impuls mit der Dauer einer halben Taktperiode. In ähnlicher Weise geht nach DIGIT 5 der Ausgang DIGIT 4 für 200 Taktperioden auf 1-Signal. 100 Taktperioden später erscheint der zweite negative STROBE-Impuls. Dies setzt sich bis DIGIT 1 fort, in dessen Mitte der fünfte und letzte STROBE-Impuls auftritt. Danach erscheinen die DIGIT-Impulse weiter ohne weitere STROBE-Impulse. Neue STROBE-Impulse werden erst nach dem nächsten Messzyklus ausgegeben.

- BUSY (Pin 21): Der Anschluss BUSY geht bei Beginn der Integrationsphase auf 1-Signal und bleibt bis zum ersten Taktimpuls nach dem Nulldurchgang des Komparators auf diesem Pegel. Im Fall einer Messbereichsüberschreitung steht ein 1-Signal bis zum Ende des Messzyklus an. Die internen Zwischenspeicher werden mit dem ersten Taktimpuls nach BUSY geladen. Die Schaltung geht automatisch in die Phase des automatischen Nullabgleichs (AUTO ZERO), wenn BUSY auf 0-Signal ist. Aus diesem Grund kann der Ausgang auch als AZ-Signal betrachtet werden.

- OVERRANGE (Pin 27): Dieser Ausgang geht auf 1-Signal, wenn das Eingangssignal größer als der Messbereichsendwert ist. Das Ausgangsflipflop wird am Ende von BUSY gesetzt und bei Beginn der Referenzintegration des nächsten Messzyklus zurückgesetzt.

- UNDERRANGE (Pin 28): Dieser Ausgang geht auf 1-Signal, wenn die Eingangsspannung kleiner gleich 9 % des Messbereichendwertes ist. Das Ausgangsflipflop wird am Ende von BUSY gesetzt, wenn der Zählerstand kleiner gleich 1.800 ist und bei Beginn der Integrationsphase des nächsten Messzyklus zurücksetzt.

- POLARITY (Pin 23): Dieser Ausgang ist bei Anliegen einer positiven Eingangsspannung auf 1-Signal. Dieser Ausgang gibt auch dann die richtige Polarität, wenn in der Anzeige Null angezeigt wird, d. h. dass bei einer Anzeige von +0000 ein positives Eingangssignal anliegt, das in seinem Pegel aber kleiner als das niederwertigste Bit ist. Der Ausgangspegel dieses Anschlusses ist mit dem Beginn der Referenzintegrationsphase stabil und liegt bis zum Beginn der nächsten Referenzintegrationsphase an.

- DIGIT DRIVES (Pins 12, 17, 18, 19 und 20): An jedem dieser Ausgänge wird ein positiver DIGIT-Impuls mit einer Dauer von 200 Taktperioden ausgegeben. Die Abtastsequenz ist D5 (MSD), D4, D3, D2 und D1 (LSD). Alle fünf Stellen werden solange kontinuierlich angesteuert, bis eine Messbereichsüberschreitung vorliegt. In diesem Fall werden alle Stellen vom Ende der STROBE-Sequenz bis zum Anfang der nächsten Referenzintegrationsphase nicht angesteuert. Dies ergibt eine blinkende Anzeige zur Darstellung einer Messbereichsüberschreitung.

- BCD (Pins 13, 14, 15 und 16): Die binär kodierten Dezimalausgänge B8, B4, B2, B1 sind positive Ausgangssignale, die synchron mit dem jeweiligen DIGIT-Treiber-Signal eingeschaltet werden.

4.5.3 Auswahl der Komponenten für den ICL7135

Zur optimalen Ausnutzung der hervorragenden Eigenschaften des Analogteils muss die Auswahl der Komponenten für Integrationskondensator, Integrationswiderstand, AUTO-ZERO-Kondensator sowie Referenzspannung und Wandlungsrate mit der notwendigen Sorgfalt durchgeführt werden. Die Werte müssen für die spezielle Anwendung angepasst werden.

- Integrationswiderstand: Der Wert des Integrationswiderstandes wird bestimmt durch die maximale Eingangsspannung und den Ausgangsstrom des Pufferverstärkers, der den Integrationskondensator auflädt. Sowohl der Pufferverstärker als auch der Integrator haben eine Ausgangsstufe der Klasse A mit einem Ruhestrom von 100 µA. Diese Ausgänge können 20 µA an Ausgangsstrom mit vernachlässigbarer Nichtlinearität liefern. Werte zwischen 5 µA und 40 µA ergeben gute Resultate. Der exakte Wert des Integrationswiderstandes kann berechnet werden:

$$R_{\text{INT}} = \frac{\text{maximale Eingangsspannung}}{20\,\mu\text{A}}$$

- Integrationskondensator: Das Produkt von Integrationskondensator und Integrationswiderstand sollte so gewählt werden, dass am Ausgang des Integrators der Ausgangsspannungshub groß genug ist. Andererseits muss darauf geachtet werden, dass der Ausgang, bedingt durch Bauelementetoleranzen, nicht in den Sättigungsbereich geht (ca. 0,3 V unterhalb der Betriebsspannungen). Bei Verwendung von Betriebsspannungen von ±5 V und bei Verbindung von COMMON mit 0 V ist ein Ausgangsspannungshub von ±3,5 V bis ±4 V der ideale Wert. Der Normalwert von C_{INT} kann nach der folgenden Beziehung berechnet werden:

$$C_{\text{INT}} = \frac{10^4 \cdot \text{Taktperiode} \cdot 20\,\mu\text{A}}{\text{Integrationsausgangsspannungshub}}$$

Eine wesentliche Anforderung an den Integrationskondensator ist die der möglichst niedrigen dielektrischen Verluste. Durch zu große dielektrische Verluste werden „Roll-Over"-Fehler oder ratiometrische Fehler hervorgerufen. Ein guter Test für die Größe der dielektrischen Verluste ist der, den Eingang des Wandlers mit dem Referenzspannungseingang zu verbinden. Jede Abweichung vom Anzeigewert 1.0000 ist mit hoher Wahrscheinlichkeit auf dielektrische Verluste zurückzuführen. Die Verwendung von Polypropylen-Kondensatoren ergibt kaum messbare Fehler. In weniger kritischen Anwendungen können Polystyren- oder Polykarbonat-Kondensatoren eingesetzt werden.

- AUTO-ZERO-Kondensator und Referenzkondensator: Die Größe des AUTO-ZERO-Kondensators beeinflusst das Rauschen des Systems. Ein großer Kapazitätswert ergibt weniger Rauschen. Der Referenzkondensator sollte so groß gewählt werden, dass die Streukapazität des entsprechenden Anschlusses vernachlässigbar ist. Die dielektrischen Verluste dieser beiden Kondensatoren spielen nur beim

Einschalten der Betriebsspannungen oder nach einer Eingangsübersteuerung eine Rolle.

- Referenzspannung: Der Messbereichsendwert der Wandlerschaltung ist

$$U_{\mathrm{Imax}} = 2 \cdot U_{\mathrm{ref}}$$

Die Stabilität der Referenzspannung ist ein ganz wesentlicher Faktor für die gesamte Genauigkeit des Wandlers. Es wird deshalb empfohlen, da, wo hochgenaue absolute Messungen durchgeführt werden müssen, eine Referenzspannung hoher Qualität einzusetzen.

- Maximale Taktfrequenz: Die maximale Wandlungsrate der meisten Dual-Slope-AD-Wandler wird durch den Frequenzgang des Komparators begrenzt. Der Komparator des ICL7135 folgt der Integrationsrampe mit einer Verzögerung von 3 μs, d. h. dass bei einer Taktfrequenz von 160 kHz (Periode 6 μs) die erste halbe Taktperiode der Referenzintegration durch Verzögerung verlorengeht. Damit ändert sich die Anzeige von 0 auf 1 bei einer Eingangsspannung von 50 μV, von 1 auf 2 bei 150 μV, von 2 auf 3 bei 250 μV usw. Dieser „Übergang in der Mitte" ist bei den meisten Anwendungen durchaus wünschenswert. Wird jedoch die Taktfrequenz erheblich höher als 160 kHz gewählt, können Rauschspitzen selbst bei kurzgeschlossenem Eingang zu fehlerhaften Anzeigen führen.

In vielen speziellen Anwendungen, bei denen das Eingangssignal nur eine Polarität besitzt, muss die Komparatorverzögerung keine Einschränkung bedeuten. Da sich Nichtlinearität und Rauschen nicht wesentlich mit der Taktfrequenz erhöhen, können in diesen Fällen Taktfrequenzen bis ca. 1 MHz benutzt werden. Bei einer genügend konstanten Taktfrequenz sind die durch die Komparatorverzögerung bedingten zusätzlich gezählten Taktimpulse eine Konstante, die digital subtrahiert werden kann.

Es gibt jedoch eine Möglichkeit, mit Taktfrequenzen von mehr als 160 kHz noch fehlerfrei zu arbeiten. Zu diesem Zweck muss ein kleiner Widerstandswert in Serie mit dem Integrationskondensator geschaltet werden. Dieser Widerstand führt bei der Frequenzintegration zu einem kleinen Spannungssprung am Integratorausgang. Bei sehr sorgfältiger Auswahl des Verhältnisses zwischen diesem Widerstand und dem Integrationswiderstand kann die Komparatorverzögerung kompensiert und die maximale Taktfrequenz um den Faktor 3 erhöht werden. Der Wert dieses zusätzlichen Widerstandes liegt meist im Bereich von 30 Ω bis 50 Ω. Noch höhere Taktfrequenzen führen zu wesentlichen Nichtlinearitäten.

Die minimale Taktfrequenz wird durch die Leckströme des AUTO-ZERO-Kondensators und des Referenzkondensators bestimmt. Bei den meisten Elementen ergibt eine Messzyklusdauer von 10 s keine messbaren Leckstromfehler. Zur Unterdrückung der Netzfrequenz von 50 Hz sollte die Dauer des Integrationszyklus so gewählt werden, dass sie ein ganzzahliges Vielfaches von 20 ms ist.

Taktfrequenzen von 100 kHz, 125 kHz oder $166\frac{2}{3}$ kHz sind für diesen Zweck geeignet. Der verwendete Takt sollte keinen wesentlichen Phasen- oder Frequenzjitter aufweisen. In der Schaltung ist ein einfacher, aus zwei Gattern realisierter Oszillator sowie einer mit dem Timer 555 (Abb. 4.29) dargestellt. Eine durch die gemultiplexten Ausgänge bedingte Forderung ist die, dass, wenn die Anzeige von der digitalen Betriebsspannung signifikanten Strom zieht, die Betriebsspannungsunterdrückung des Taktes entsprechend hoch sein sollte.

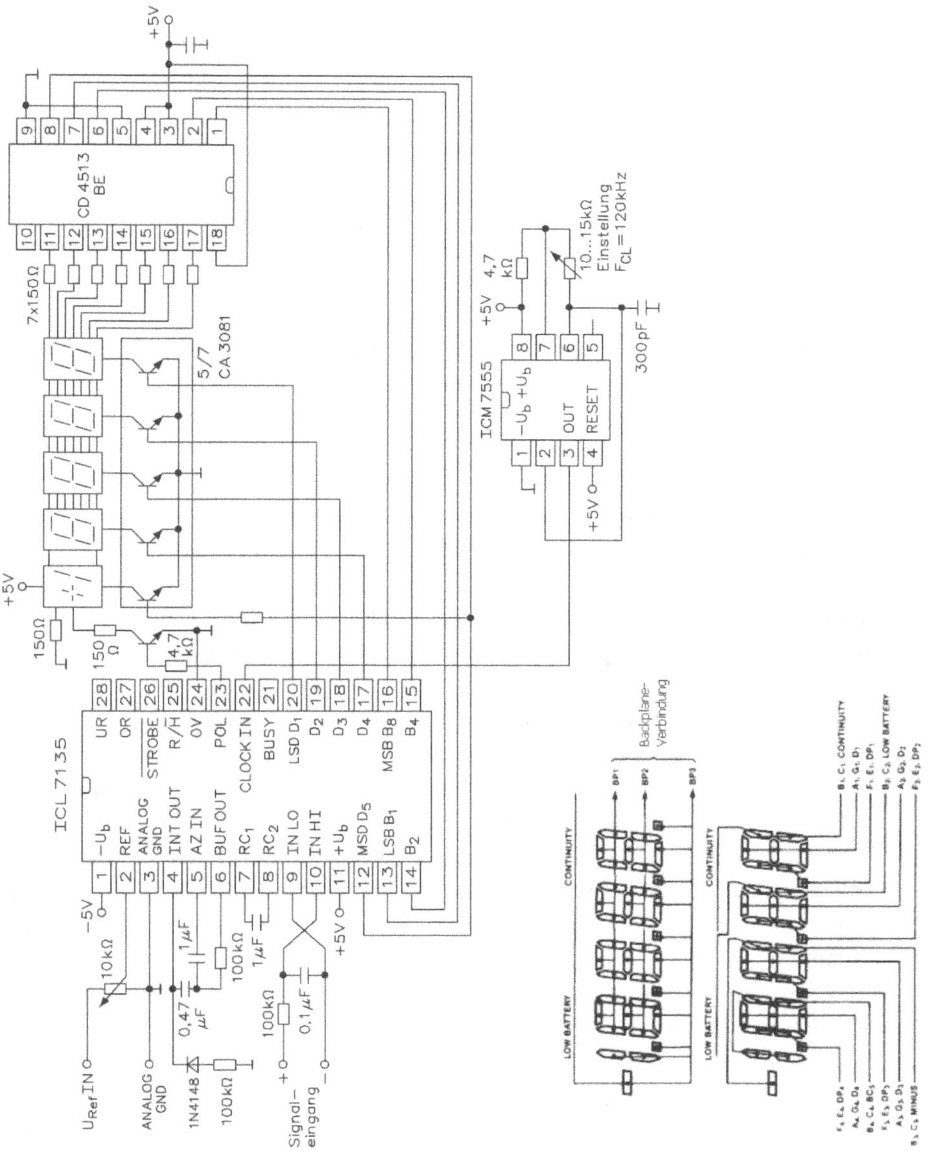

Abb. 4.29: 4½-stelliges Digitalvoltmeter mit gemultiplexter LED-Anzeige mit gemeinsamer Kathode.

- Nulldurchgangsflipflop: Dieses Flipflop dient zur Erkennung des Nulldurchgangs (Komparatorausgang). Die Information wird dann gespeichert, wenn vom Takt bedingte Störimpulse abgeklungen sind. Fehlerhafte, durch Übersprechen des Taktes bedingte Nulldurchgänge, werden nicht erkannt. Naturgemäß verzögert das Flipflop den tatsächlichen Nulldurchgang jedesmal um einen Takt. Falls keine Korrektur vorgenommen würde, wäre der angezeigte Messwert jeweils um einen Zähler zu groß. Daher wird der Zähler am Anfang der Phase 3 (Referenzintegration) für eine Taktperiode deaktiviert. Diese Verzögerung kompensiert die durch das Nulldurchgangsflipflop bedingte Verzögerung und führt dazu, dass der korrekte Messwert in der Anzeige dargestellt wird.
- Fehlerursachen: Fehler und Abweichungen vom „idealen" Wandler werden bedingt durch:
  - Spannungsfälle an Kondensatoren bedingt durch Leckströme
  - Spannungsänderungen an Kondensatoren durch Ladungsübertragungen beim Abschalten der Schalter
  - Nichtlinearitäten von Pufferverstärker und Integrator
  - Frequenzgangeigenschaften von Pufferverstärkern, Integrator und Komparator
  - Nichtlinearitäten des Integrationskondensators, hervorgerufen durch dielektrische Verluste
  - Ladungsverluste an C_{ref} durch Streukapazitäten
  - Ladungsverluste an C_{AZ} und C_{INT} durch Streukapazitäten
- Rauschen: Der Spitzenwert des Rauschens um den Nullpunkt ist ca. $20\,\mu V_{ss}$ (Spitze-Spitze, in 95 % der Zeit nicht überschritten). In der Nähe des Messbereichsendwertes steigt das Rauschen auf ca. $40\,\mu V_{ss}$. Ein großer Teil des Rauschens wird in der AUTO-ZERO-Schleife erzeugt und ist proportional zum Verhältnis zwischen Eingangsspannung und Referenzspannung.
- Analoges und digitales Bezugspotential: Es muss größte Sorgfalt darauf verwendet werden, Erdschleifen in Schaltungen mit dem ICL7135 speziell dann zu vermeiden, wenn es um hochgenaue Messungen geht. Es ist sehr wichtig, dass rückfließende „digitale" Ströme nicht über die analoge Bezugsleitung fließen.
- Betriebsspannung: Der ICL7135 ist für den Betrieb mit Betriebsspannungen von ±5 V ausgelegt. In speziellen Anwendungen kann der Wandler jedoch unter den folgenden Bedingungen auch nur aus einer +5-V-Betriebsspannung betrieben werden:
  - Eingangssignal kann auf die Mitte des Eingangsgleichtaktspannungsbereichs bezogen werden
  - Eingangssignal ist kleiner als ±1,5 V

Beachten Sie bitte die Differenzeingänge für die Beurteilung des Einflusses dieser Betriebsart auf den Ausgangsspannungshub des Integrators ohne Einbußen an Linearität.

4.5.4 Schaltungen mit dem ICL7135

Der ICL7135 benutzt das „Band-gap-Prinzip" und erreicht damit eine exzellente Stabilität und geringes Rauschen bis hinab zu Rückwärtsströmen von 50 µA. In dieser Schaltung ist ein typisches RC-Eingangsfilter dargestellt. Abhängig von der Anwendung kann die Zeitkonstante kürzer oder länger gewählt werden. Die halbe LED-Stelle wird von einem 7-Segment-Decodierer mit Vornullenunterdrückung angesteuert, wobei das Signal D5 mit einem RBI-Eingang des Decodierers verbunden ist. Für den aus zwei Gattern bestehenden Taktoszillator sollten CMOS-Gatter verwendet werden, um gute Betriebsspannungsunterdrückung zu gewährleisten.

Die Schaltung von Abb. 4.29 ist ähnlich der LED-Anzeige, mit der Ausnahme, dass die Stellentreiber der LED-Anzeige mit gemeinsamer Kathode mit einem Transistor-Array realisiert sind. Diese Methode führt zu einer geringeren Anzahl externer Komponenten. Bei beiden Schaltungen ergibt sich im Falle einer Messbereichsüberschreitung eine blinkende Anzeige. Der in Abb. 4.29 benutzte Taktoszillator ist mit einem CMOS-Timer des Typs 555 realisiert.

Die populären LCD-Anzeigen können bei Verwendung eines geeigneten Treibers wie dem ICM7211A als Anzeigeelement des ICL7135 verwendet werden. Standardelemente der CMOS-Serie 4000 werden für die Ansteuerung der halben Stelle, der Polaritätsanzeige und der Messbereichsüberschreitungsanzeige benutzt. Abb. 4.29 zeigt eine etwas komplizierte Schaltung zur Ansteuerung einer LCD-Anzeige. In dieser Schaltung werden die Ausgangsdaten des Wandlers im ICM7211A mit dem STROBE-Signal zwischengespeichert und die Messbereichsüberschreitung wird durch Austastung der vier vollwertigen Stellen angezeigt.

Ein in Verbindung mit LED- und Plasma-Anzeigen häufig auftretendes Problem ist, dass der Taktoszillator durch die von den wechselnden Anzeigeströmen schwankende Betriebsspannung beeinflusst wird. Jede durch verschiedene Anzeigen bedingte Betriebsspannungsschwankung kann zu einer Modulation des Taktes führen, speziell dann, wenn im Fall einer Messbereichüberschreitung die Anzeige blinkt (Wechsel zwischen ausgeschalteter Anzeige und 0000). Tritt eine solche Modulation während der Phase der Referenzintegration auf, führt das zu einem „vorgetäuschten" Anzeigewert direkt nach der Rückkehr von einer Übersteuerung. Ein Taktgenerator mit einem Spannungskomparator in einer Schaltung mit positiver Rückkopplung eliminiert weitgehend das Problem von Phasen- oder Frequenzjitter. Abb. 4.30 zeigt die Schaltung.

Als Anzeigentreiber setzt man den ICM7211 (LCD) oder den ICM7212 (LED) ein. Insgesamt vier Bausteine sind vorhanden.

Der ICM7211 (LCD) hat

- vierstellige 7-Segment LCD-Ansteuerung (kein Multiplexer) mit „Backplane"-Treiber
- integrierten RC-Oszillator (keine externen Komponenten) zur Erzeugung der „Backplane"-Frequenz

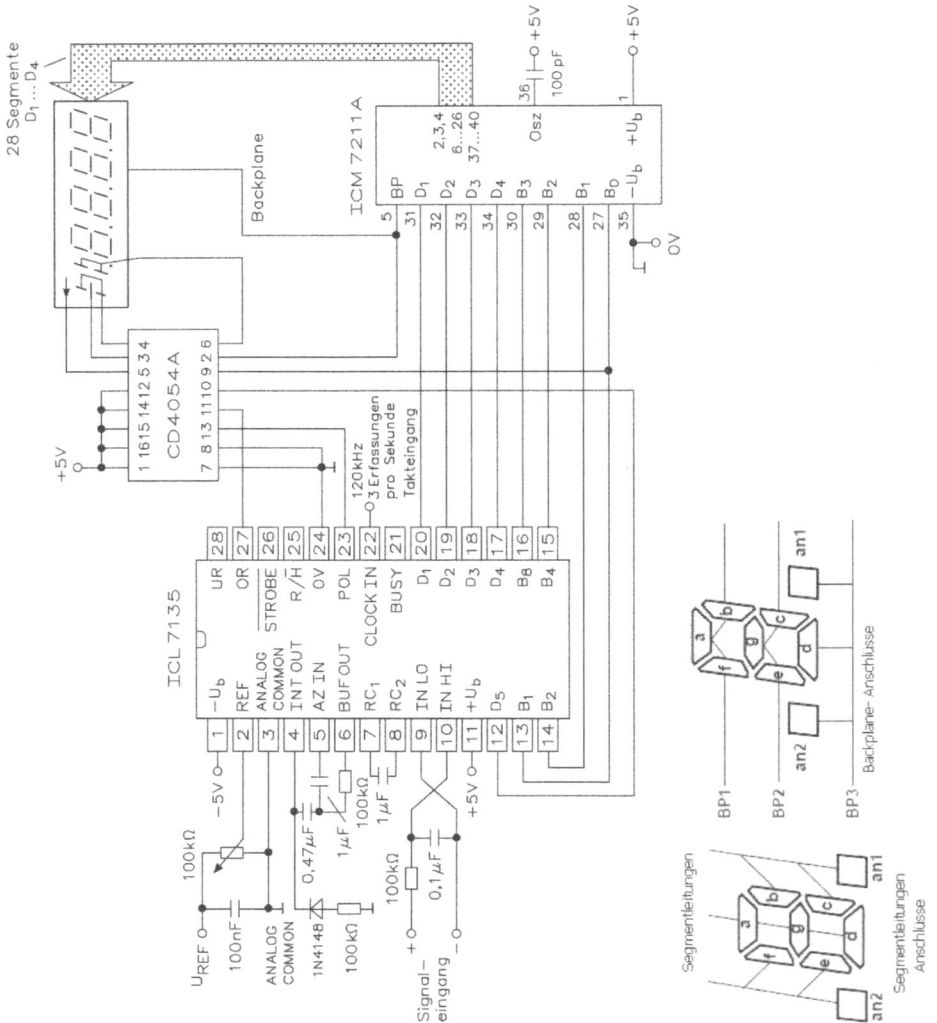

Abb. 4.30: Schaltung des ICL7135 für die Ansteuerung einer LCD-Anzeige.

- „Backplane"-Ein/Ausgang für einfache Synchronisation von mehreren Treibern eines „Backplane-Steuersignals"
- separate Stellenanwahleingänge beim ICM7211 für gemultiplexte Eingangssignale im BCD-Code
- Zwischenspeicher für Eingangsdaten und binär codierte Stellenanwahl beim ICM7211M, direkt kompatibel zu Mikroprozessorsystemen
- ICM7211 decodiert binär-hexadezimal
- ICM7211A decodiert auf EHLP-Dash-Blank-Code (Code B)

Der ICM7212 (LED) hat

- 28 strombegrenzte Segmentausgänge zur Ansteuerung von vierstelligen nicht gemultiplexten LED-Anzeigen mit Segmentströmen größer als 5 mA
- Eingang zur Helligkeitssteuerung der Anzeige und ein Potentiometer oder mit digitalem Signal als Anzeigenaktivierung
- ICM7212M und ICM7212A besitzen dieselben Ein/Ausgangscodierungen wie die entsprechenden Versionen des ICM7211

Die Schaltkreise ICM7211 (LCD) und ICM7212 (LED) sind konzipiert zur Ansteuerung nicht gemultiplexter vierstelliger Sieben-Segment Anzeigen. Der ICM7211 treibt normale LCD-Anzeigen. Er beinhaltet einen kompletten RC-Oszillator, eine Teilerkette, „Backplane"-Treiber und 28 Segmenttreiber. Diese Ausgänge liefern das Wechselspannungssignal, das zur Ansteuerung von LCD-Anzeigen benötigt wird.

Die Schaltkreise ICM7212 sind zur Ansteuerung von vierstelligen LED-Anzeigen mit gemeinsamer Anode ausgelegt. Diese besitzen 28 Anschlüsse mit steuerbaren Segmentausgängen (n-Kanal-Open-Drain mit geringem Leckstrom), die einen Strom am Ausgang erzeugen. Der Baustein besitzt einen Eingang für die Stromsteuerung der Segmente, der entweder mit einem Potentiometer zur kontinuierlichen Helligkeitssteuerung beschaltet oder mit einem digitalen Signal als Anzeigenaktivierung (Aus-Ein) angesteuert werden kann. Beide Treibertypen sind in zwei Eingangskonfigurationen erhältlich. Die Grundversion besitzt vier Daten-Bit-Eingänge und vier Stellen-Anwahl-Eingänge. Diese Version ist für die Zusammenschaltung mit Schaltungen geeignet, die über gemultiplexte BCD- oder Binär-Ausgänge verfügen.

Die Version mit Mikroprozessor-Interface (Kennbuchstabe M) besitzt interne Eingangsspeicher für Daten und den binären Stellen-Anwahl-Code.

Die Übernahme der Eingangsdaten wird von zwei „Chip-Select"-Leitungen gesteuert. Diese Schaltkreise bieten damit die Möglichkeit, alphanumerische 7-Segment-Anzeigen zu geringen Kosten an Mikroprozessor oder Mikrocontroller anzuschließen, ohne dass zusätzliche ROM-Speicher oder CPU-Zeit zur Decodierung und Aufdatierung der Anzeigen benötigt werden.

Die verfügbaren Standard-Typen sind mit zwei verschiedenen Decodierern erhältlich. Die Grundversion dekodiert einen binären 4-Bit-Eingang auf einen hexadezimalen 7-Segment-Ausgangscode. Das Gehäuse aller Versionen der Familie ICM7211/7212 ist das 40-polige Plastik-Dual-in-Line-Gehäuse.

4.6 3½-stelliges Digitalvoltmeter mit dem ICL7137

Der Schaltkreis ICL7137 ist ein 3½-stelliger integrierender AD-Wandler in CMOS-Technologie mit sehr guten Eigenschaften und niedriger Verlustleistung. Alle notwendigen aktiven Elemente wie 7-Segment-Decodierer, Anzeigentreiber, Referenzspannung und Taktoszillator sind auf einem CMOS-Chip integriert. Der ICL7137 ist für die direkte Ansteuerung von LED-Anzeigen konzipiert. Der Betriebsstrom (ohne Anzeigenstrom) liegt unter 200 µA und macht den ICL7137 ideal für batteriegespeiste Anwendungen, da die Anzeige abschaltbar ist.

Der ICL7137 bietet eine Kombination von hoher Genauigkeit, Universalität und Wirtschaftlichkeit. Hohe Genauigkeit, wie z. B. ein automatischer Nullabgleich auf weniger als 10 µV, eine Nullpunktdrift von weniger als 1 µV/°C, ein Eingangsstrom von maximal 10 pA und ein Roll-Over-Fehler von weniger als einem Zähler. Die echten Differenzeingänge für Eingangsspannung und Referenzspannung machen den ICL7137 universell für alle Anwendungen. Besonders nützlich ist diese Konfiguration jedoch für Spannungsmessungen in Brückenschaltungen (Dehnungsmessstreifen, Temperaturfühler usw.) Der ICL7137 erlaubt schließlich aufgrund seines niedrigen Preises den Aufbau eines hochwertigen Messinstrumentes mit nur sieben passiven Komponenten und einer Anzeige.

Der ICL7137 ist eine verbesserte Version des bewährten ICL7107. Er löst die bei diesem Typ noch störenden Übersteuerungs- und Hystereseprobleme und sollte in allen Anwendungen für diesen eingesetzt werden. Dabei ist darauf zu achten, dass einige passive Komponenten ausgetauscht werden müssen.

Abb. 4.31 zeigt das Blockschaltbild und die externen Bauteile des ICL7137.

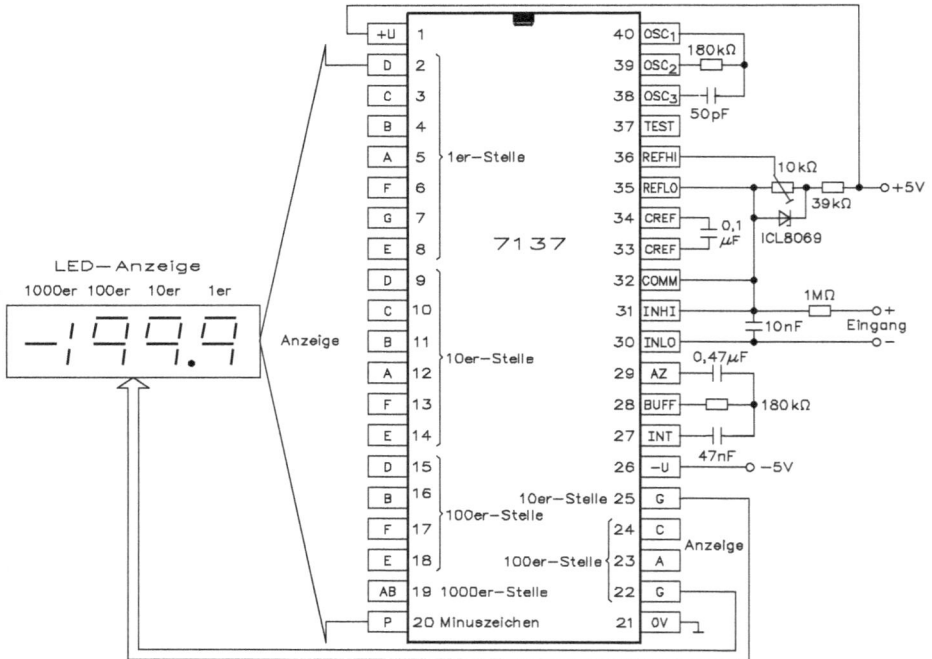

Abb. 4.31: ICL7137 mit LED-Anzeigen.

4.6.1 Messzyklen des ICL7137

Jeder Messzyklus ist in drei Phasen aufgeteilt. Dies sind:
– Automatischer Nullabgleich
– Signalintegration
– Referenz-Integration oder Deintegration
– Integratorabgleich (ZI)

– Automatischer Nullabgleich: Die Differenzeingänge des Signaleingangs werden intern von den Anschlüssen getrennt und mit „ANALOG COMMON" kurzgeschlossen. Der Referenzkondensator wird auf die Referenzspannung aufgeladen. Eine Rückkopplungsschleife zwischen Komparator-Ausgang und invertierendem Eingang des Integrators wird geschlossen, um den „AUTO-ZERO"-Kondensator derart aufzuladen, dass die Offsetspannungen von Eingangsverstärker, Integrator und Komparator kompensiert werden. Da auch der Komparator mit in dieser Rückkopplungsschleife eingeschlossen ist, ist die Genauigkeit des automatischen Nullabgleichs nur durch das Rauschen des Systems begrenzt. Die auf den Eingang bezogene Offsetspannung liegt in jedem Fall niedriger als 10 µV.
– Signalintegration: Während der Signalintegrationsphase wird die Nullabgleich-Rückkopplung geöffnet, die internen Kurzschlüsse werden aufgehoben und der Eingang wird mit den externen Anschlüssen verbunden. Sodann integriert das System die Differenzeingangsspannung zwischen „INPUT HIGH" und „INPUT LOW" für ein festes Zeitintervall. Diese Differenzeingangsspannung kann im gesamten Gleichtaktspannungsbereich des Systems liegen. Wenn andererseits das Eingangssignal keinen Bezug relativ zur Spannungsversorgung hat, kann die Leitung „INPUT LOW" mit „ANALOG COMMON" verbunden werden, um die korrekte Gleichtaktspannung einzustellen. Am Ende der Signalintegrationsphase wird die Polarität des Eingangssignals bestimmt.
– Referenzintegration: Die vorletzte Phase des Messzyklus ist die Referenzintegration oder Deintegration. „INPUT LOW" wird intern mit „ANALOG COMMON" verbunden und „INPUT HIGH" wird an den in der „AUTO-ZERO"-Phase aufgeladenen Referenzkondensator angeschlossen. Eine interne Logik sorgt dafür, dass dieser Kondensator mit der korrekten Polarität mit dem Eingang verbunden wird – bestimmt durch die Polarität des Eingangssignals – um die Deintegration in Richtung „0 V" durchzuführen. Die Zeit, die der Integratorausgang benötigt, um auf „0 V" zurückzugehen, ist proportional der Größe des Eingangssignals. Die digitale Darstellung ist speziell bei 1000 (U_{in}/U_{ref}).
– Integratorabgleich: Die letzte Phase ist die des Integratorabgleichs. Zuerst wird der Eingang „INPUT LOW" mit „ANALOG COMMON" kurzgeschlossen. Dann wird der Referenzkondensator auf die Referenzspannung aufgeladen. Zuletzt wird eine Rückkopplungsschleife vom Komparatorausgang nach „INPUT HIGH" geschlossen, um den Integratorausgang auf Null zu bringen. Normalerweise liegt die Dauer

dieser Phase zwischen 11 Taktimpulsen und 140 Taktimpulsen, sie kann jedoch nach „großer" Übersteuerung bis zu 740 Taktimpulse dauern.

Es können am Eingang Differenzspannungen irgendwo innerhalb des Gleichtaktspannungsbereichs des Eingangsverstärkers angelegt werden, besser spezifiziert im Bereich zwischen positiver Versorgung −0,5 V bis negative Versorgung −1 V. In diesem Bereich besitzt das System eine Gleichtaktspannungsunterdrückung von typisch 90 dB. Da jedoch der Integratorausgang auch in dem Gleichtaktspannungsbereich schwingt, muss dafür gesorgt werden, dass der Integratorausgang nicht in den Sättigungsbereich kommt.

Der ungünstigste Fall ist der, bei dem eine große positive Gleichtaktspannung verbunden mit einer negativen Differenzeingangsspannung im Bereich des Endwertes am Eingang anliegt.

Die negative Differenzeingangsspannung treibt den Integratorausgang zusätzlich zu der positiven Gleichtaktspannung weiter in Richtung positive Betriebsspannung. Bei diesen kritischen Anwendungen kann die Ausgangsamplitude des Integrators ohne großen Genauigkeitsverlust von den empfohlenen 2 V auf einen geringeren Wert reduziert werden. Der Integratorausgang kann bis auf 0,3 V an jede Betriebsspannung ohne Verlust an Linearität herankommen.

Die Referenzspannung kann irgendwo im Betriebsspannungsbereich des Wandlers erzeugt werden. Hauptursache eines Gleichtaktspannungsfehlers ist ein „Roll-Over"-Fehler (abweichende Anzeigen bei Umpolung der gleichen Eingangsspannung), der dadurch hervorgerufen wird, dass der Referenzkondensator auf- bzw. entladen wird durch Streukapazitäten an seinen Anschlüssen. Liegt eine hohe Gleichtaktspannung an, kann der Referenzkondensator aufgeladen werden (die Spannung steigt), wenn er angeschlossen wird, um ein positives Signal zu deintegrieren. Andererseits kann er entladen werden, wenn ein negatives Eingangssignal zu deintegrieren ist. Dieses unterschiedliche Verhalten für positive und negative Eingangsspannungen ergibt einen „Roll-Over"-Fehler. Wählt man jedoch den Wert der Referenzkapazität groß genug, so kann dieser Fehler bis auf weniger als eine halbe Stelle reduziert werden.

4.6.2 Anschlussbelegung des ICL7137

Dieser Anschluss „ANALOG COMMON" ist in erster Linie dafür vorgesehen, die Gleichtaktspannung für den Batteriebetrieb (ICL7137) oder für ein System mit − relativ zur Betriebsspannung − „schwimmenden" Eingängen zu bestimmen. Er liegt typisch ca. 2,8 V unterhalb der positiven Betriebsspannung. Dieser Wert ist deshalb so gewählt, um bei einer entladenen Batterie eine Versorgung von 6 V zu gewährleisten. Darüberhinaus hat dieser Anschluss eine gewisse Ähnlichkeit mit einer Referenzspannung. Ist nämlich die Betriebsspannung groß genug, um die Regeleigenschaften

der internen Z-Diode auszunutzen (≈7 V), besitzt die Spannung am Anschluss „ANA-
LOG COMMON" einen niedrigen Spannungskoeffizienten, eine niedrige Impedanz
(ca. 15 Ω) und einen Temperaturkoeffizienten von weniger als 80 ppm/°C (typisch).

Andererseits sollten die Grenzen dieser „integrierten Referenz" erkannt werden.
Beim Typ ICL7137 kann die interne Aufheizung durch die Ströme der LED-Treiber
die Eigenschaften verschlechtern. Auf Grund des höheren thermischen Widerstandes
sind plastikgekapselte Schaltkreise in dieser Beziehung schlechter als solche im Keramikgehäuse. Bei Verwendung einer externen Referenz treten auch beim ICL7137 keine
Probleme auf. Die Spannung an „ANALOG COMMON" ist die, mit der der Eingang während der Phase des automatischen Nullabgleichs und der Deintegration beaufschlagt
wird. Wird der Anschluss „INPUT LOW" mit einer anderen Spannung als „ANALOG
COMMON" verbunden, ergibt sich eine Gleichtaktspannung in dem System, die von
der ausgezeichneten Gleichtaktspannungsunterdrückung des Systems kompensiert
wird. In manchen Anwendungen wird man den Anschluss „INPUT LOW" auf eine
feste Spannung legen (z. B. Bezug der Betriebsspannungen). Hierbei sollte man den
Anschluss „ANALOG COMMON" mit demselben Punkt verbinden um auf diese Weise
die Gleichtaktspannung für den Wandler zu eliminieren.

Dasselbe gilt für die Referenzspannung. Wenn man die Referenz mit Bezug zu
„ANALOG COMMON" ohne Schwierigkeiten anlegen kann, sollte man dies tun, um
Gleichtaktspannungen für das Referenzsystem auszuschalten.

Innerhalb des Schaltkreises ist der Anschluss „ANALOG COMMON" mit einem
n-Kanal-Feldeffekt-Transistor verbunden, der in der Lage ist, auch bei Eingangsströmen von 100 µA oder mehr den Anschluss 3,0 V unterhalb der Betriebsspannung zu
halten (wenn z. B. eine Last versucht, diesen Anschluss „hochzuziehen"). Andererseits liefert dieser Anschluss nur 10 µA als Ausgangsstrom, so dass man ihn leicht mit
einer negativen Spannung verbinden kann, um auf diese Weise die interne Referenz
auszuschalten.

Beim ICL7137 ist er über einen Widerstand mit 500 Ω verbunden. Dieser ist mit der
intern erzeugten digitalen Betriebsspannung verbunden und hat die Funktion eines
„Lampentests". Wird dieser Anschluss auf die positive Betriebsspannung gelegt, werden alle Segmente eingeschaltet und das Display zeigt −1.888.

Die Segmenttreiberkapazität beträgt 8 mA. Dieser Strom ist typisch für die meisten LED-7-Segmentanzeigen. Da der Treiber der höchstwertigsten Stelle den Strom von
zwei Segmenten aufnehmen muss (Pin 19), besitzt er die doppelte Stromkapazität von
16 mA.

Drei Methoden können grundsätzlich verwendet werden:
– Verwendung eines externen Oszillators an Pin 40
– Ein Quarz zwischen Pin 39 und Pin 40
– Ein RC-Oszillator, der die Pins 38, 39 und 40 benutzt

Die Oszillatorfrequenz wird durch vier geteilt, bevor sie als Takt für die Dekadenzähler
benutzt wird. Sie wird dann weiter heruntergeteilt, um die drei Zyklus-Phasen abzulei-

ten. Dies sind Signalintegration (1000 Takte), Referenzintegration (0 bis 2000 Takte) und automatischer Nullabgleich (1000 bis 3000 Takte). Für Signale, die kleiner sind als der Eingangsbereichsendwert, wird für den automatischen Nullabgleich der nicht benutzte Teil der Referenz-Integrationsphase benutzt. Es ergibt sich damit die Gesamtdauer eines Messzyklus zu 4000 (internen) Taktperioden (entspricht 16 000 externen Taktperioden) unabhängig von der Größe der Eingangsspannung. Für ca. drei Messungen pro Sekunde wird deshalb eine Taktfrequenz von ca. 50 kHz benutzt.

Um eine maximale Unterdrückung der Netzfrequenzanteile zu erhalten, sollte das Integrationsintervall so gewählt werden, dass es einem Vielfachen der Netzfrequenzperiode von 20 ms (bei einer Netzfrequenz von 50 Hz) entspricht. Um diese Eigenschaft zu erreichen, sollten Taktfrequenzen von 200 kHz (t_i = 20 ms), 100 kHz (t_i = 40 ms), 50 kHz (t_i = 80 ms) oder 40 kHz (t_i = 100 ms) gewählt werden. Es sei darauf hingewiesen, dass bei einer Taktfrequenz von 40 kHz nicht nur die Netzfrequenz von 50 Hz, sondern auch die 60 Hz, 400 Hz und 440 Hz unterdrückt werden.

4.6.3 Auswahl der Komponenten

Integrationswiderstand: Sowohl der Eingangsverstärker als auch der Integrationsverstärker besitzen eine Ausgangsstufe der Klasse A mit einem Ruhestrom von 6 µA. Sie sind in der Lage, einen Strom von 1 µA mit vernachlässigbarer Nichtlinearität zu liefern. Der Integrationswiderstand sollte hoch genug ausgewählt werden, um für den gesamten Eingangsspannungsbereich in diesem sehr linearen Bereich zu bleiben. Andererseits sollte er klein genug sein, um den Einfluss nicht vermeidbarer Leckströme auf der Leiterplatte nicht signifikant werden zu lassen. Für einen Eingangsspannungsbereich von 2 V wird ein Wert von 1,8 MΩ und für 200 mV ein solcher von 180 kΩ empfohlen.

Integrationskondensator: Der Integrationskondensator sollte so bemessen werden, dass unter Berücksichtigung seiner Toleranzen der Ausgang des Integrators nicht in den Sättigungsbereich kommt (0,3 V Abstand von beiden Betriebsspannungen). Bei der Benutzung der „internen Referenz" („ANALOG COMMON") ist ein Spannungshub von ±2 V am Integratorausgang optimal. Für drei Messungen pro Sekunde wird ein Kapazitätswert von 47 nF empfohlen.

Es ist offensichtlich, dass bei Wahl anderer Taktfrequenzen diese Werte geändert werden müssen, um den gleichen Ausgangsspannungshub zu erreichen. Eine zusätzliche Anforderung an den Integrationskondensator sind die geringen dielektrischen Verluste, um den „Roll-Over"-Fehler zu minimieren. Polypropylen-Kondensatoren ergeben hier bei relativ geringen Kosten die besten Ergebnisse.

–   „AUTO-ZERO"-Kondensator: Der Wert des „AUTO-ZERO"-Kondensators hat Einfluss auf das Rauschen des Systems. Für 200 mV Eingangsspannungsbereichsendwert, wobei geringes Rauschen sehr wichtig ist, wird ein Wert von 0,47 µF empfohlen. In Anwendungsfällen mit einem Eingangsspannungsbereichendwert von 2 V kann dieser Wert auf 47 nF verringert werden, um die Erholzeit von Überspannungsbedingungen am Eingang zu reduzieren.

- Referenzkondensator: Ein Wert von 0,1 µF zeigt in den meisten Anwendungen die besten Ergebnisse. In solchen Fällen, in denen eine relativ hohe Gleichtaktspannung anliegt, (wenn z. B. „REF LOW" und „ANALOG COMMON" nicht verbunden sind) muss bei 200 mV Eingangsspannungsbereichsendwert ein größerer Wert gewählt werden, um „Roll-Over"-Fehler zu vermeiden. Ein Wert von 1 µF hält in diesen Fällen den „Roll-Over"-Fehler kleiner als ½ Digit.
- Komponenten des Oszillators: Für alle Frequenzen sollte ein Kondensator von 50 pF gewählt werden. Der Widerstand kann nach der Funktion bestimmt werden:

$$f = \frac{0,45}{R \cdot C}$$

Ein Wert von 180 kΩ ergibt eine Frequenz von etwa 48 kHz für drei Messungen pro Sekunde.

- Referenzspannung: Um den Bereichsendwert von 2000 internen Takten zu erreichen, muss eine Eingangsspannung von $U_{IN} = 2U_{ref}$ anliegen. Daher muss die Referenzspannung für 200 mV Eingangsspannungsbereich zu 100 mV und für 2,000 V Eingangsspannungsbereich zu 1,000 V gewählt werden.

In manchen Anwendungen jedoch, vor allen Dingen da, wo der AD-Wandler mit einem Sensor verbunden ist, existiert ein anderer Skalierungsfaktor als eins zwischen der Eingangsspannung und der digitalen Anzeige. In einem Wägesystem z. B. kann der Entwickler Vollausschlag wünschen, wenn die Eingangsspannung auf 0,682 V liegt. An Stelle eines Vorteilers (Spannungsteiler), der den Eingang auf 200 mV herunterteilt, benutzt man in diesem Fall besser eine Referenzspannung von 0,341 V. Geeignete Werte für die Integrationselemente. Widerstand und Kondensator sind hier 330 kΩ und 47 nF. Diese Werte machen das System etwas ruhiger und vermeiden ein Teilernetzwerk am Eingang. Ein weiterer Vorteil dieses Systems ist der, dass in einem Fall eine „Nullanzeige" bei irgendeinem Wert der Eingangsspannung gewünscht werden kann. Temperaturmess- und Wägesysteme sind Beispiele hierfür. Dieser „Offset" in der Anzeige kann leicht dadurch erzeugt werden, dass man den Sensor zwischen „INPUT HIGH" und „COMMON" anschließt und die variable oder feste Betriebsspannung zwischen „COMMON" und „INPUT LOW" anlegt.

4.7 Vierstelliger Vor-Rückwärtszähler ICM7217

Mit dem ICM7217 steht ein vierstelliger Zähler mit zahlreichen Möglichkeiten zur Verfügung, der sich universell einsetzen lässt. Von diesem Baustein sind vier Typen erhältlich:

– ICM7217: Dekadischer Zähler von 0 bis 9999 für Anzeigeeinheiten mit gemeinsamer Anode
– ICM7217A: Dekadischer Zähler von 0 bis 9999 für Anzeigeeinheiten mit gemeinsamer Kathode
– ICM7217B: Zeitgeber von 0 bis 5959 für Anzeigen mit gemeinsamer Anode
– ICM7217C: Zeitgeber von 0 bis 5959 für Anzeigen mit gemeinsamer Kathode

Der ICM7217 wird als dekadischer Zähler oder als Zeitgeber angeboten. Je nach verwendeter Anzeige unterscheidet man zwischen einem Typ mit gemeinsamer Anode oder Kathode. Die interne Logik ist so ausgelegt, dass man direkt eine 7-Segment-Anzeigeeinheit im Multiplexbetrieb ansteuern kann.

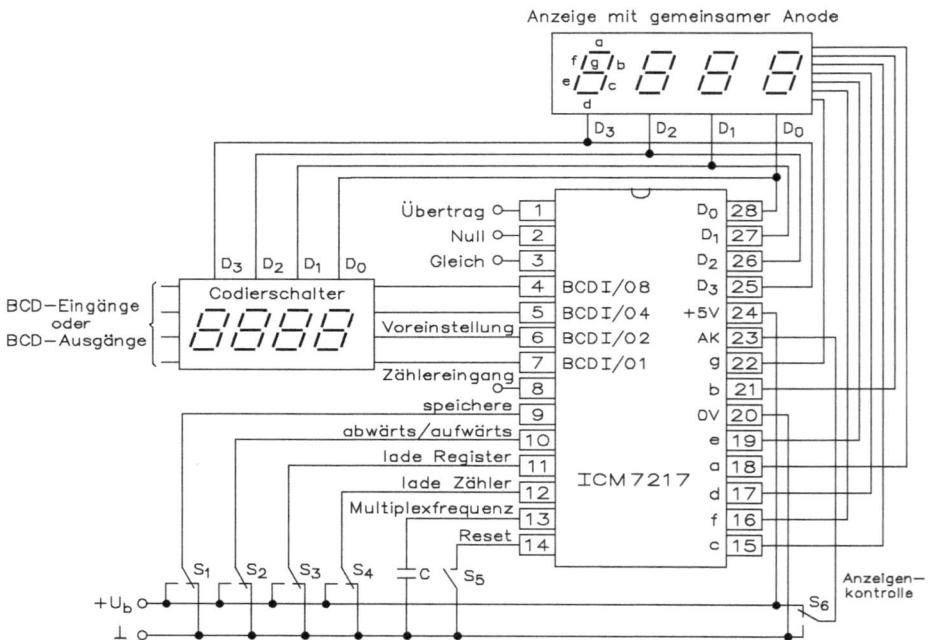

Abb. 4.32: Zählerbaustein mit einer vierstelligen 7-Segment-Anzeige und BCD-Codierschalter, wenn der ICM7217 als Vorwahlzähler arbeitet.

Die Schaltung von Abb. 4.32 zeigt den ICM7217 für die Ansteuerung einer Anzeigeeinheit mit gemeinsamer Anode. Die internen Steuersignale für die Digits und für die Segmente werden direkt erzeugt, d. h. es sind keine externen Bauelemente erforderlich. Die Segment- und Digitausgänge sind so ausgelegt, dass sie direkt Anzeigen bis zu einer Größe von 25 mm und mit einem Tastverhältnis von 25 % treiben können. Mit den Digitausgängen lässt sich direkt ein mechanischer BCD-Codierschalter ansteuern.

Je nach eingestelltem Wert übernimmt der ICM7217 diesen Wert und damit kann man bereits einen Vorwahlzähler realisieren.

Diese Schaltkreise besitzen drei Steuerausgänge:

- Der Übertragsausgang (Carry/Borrow, Pin 1) dient für die direkte Kaskadierung von Zähleinheiten. Tritt beim Vorwärtszählen ein Übertrag oder beim Rückwärts-zählen ein Borger auf, kann man dies durch ein 1-Signal feststellen. Solange der Zähler den Wert 9999 oder 5959 nicht erreicht hat, befindet sich dieser Ausgang auf 0-Signal. Wird dieser Zählerstand erreicht, schaltet der Ausgang für diese Zeitdauer auf 1-Signal. Damit lassen sich Überträge für die Ansteuerung weiterer ICM7217 realisieren.
- Der Steuerausgang „Null" zeigt durch ein 0-Signal an, wenn der Zählerstand Null erreicht worden ist. Dies gilt für den Vor- und Rückwärtsbetrieb der internen Zählerdekaden.
- Durch den Steuerausgang „Gleich" wird durch ein 0-Signal signalisiert, wenn der Zählerstand mit dem internen Vorwahlregister übereinstimmt. Ist das nicht der Fall, hat der Ausgang ein 1-Signal.

Die vier Pins 4, 5, 6 und 7 können je nach Betriebsart als Ein- oder Ausgänge arbeiten. Verbindet man den Steuereingang „Speichere" (Pin 9) mit Masse, arbeiten diese Pins als Ausgänge und geben in Verbindung mit den vier Digitleitungen den internen Zählerstand im BCD-Code aus. Durch diese Masseverbindung kann der ICM7217 als einfacher Ereigniszähler arbeiten.

4.7.1 Vierstelliger Ereigniszähler mit dem ICM7217

Für den Betrieb als vierstelliger Ereigniszähler benötigt man den ICM7217, eine Anzeigeinheit mit gemeinsamer Anode und einem Umschalter zwischen Pin 20 (Massean-schluss), Pin 24 (Betriebsspannung) und Pin 23 (Anzeigensteuerung). Hat Pin 23 ein 0-Signal, arbeiten die vier Anzeigeeinheiten ohne automatische Nullunterdrückung, bei einem 1-Signal sind sie dagegen hellgesteuert. Im normalen Betriebszustand ist dieser Eingang weder mit Masse noch mit $+U_b$ verbunden und die Anzeige arbeitet mit einer automatischen Nullunterdrückung. Diese Unterdrückung gilt aber nicht für die rechte 7-Segment-Anzeige, sondern für die voreilende Nullstellenunterdrückung. Durch einen Schalter zwischen Pin 14 (Eingang für Reset-Bedingung) lässt sich der Inhalt des internen Zählers löschen. Am Zählereingang (Pin 8) liegt die Eingangs-frequenz, die den ICM7217 aufwärts zählen (Vorwärtszählbetrieb) lässt. Um einen si-cheren Eingangsbetrieb zu gewährleisten, hat man hier eine Schmitt-Trigger-Funktion integriert, die optimale Impulse für die internen Funktionseinheiten erzeugt. Der Spei-chereingang (Pin 9) ist in dieser Betriebsart mit Masse verbunden.

Der Zähler kann abwärts oder aufwärts zählen. Diese Betriebsart wird durch den Eingang von Pin 10 bestimmt. Hat dieser Eingang ein 0-Signal, arbeiten die internen

Zähler abwärts und bei einem 1-Signal im Vorwärtsbetrieb. Mit dem ICM7217 lassen sich damit Werte von 0 bis 9999 erfassen. Wichtig in diesem Fall sind der Steuerausgang „Übertrag" und „Null", denn damit lässt sich eine externe Logik ansteuern.

Für die Realisierung eines Vorwahlzählers benötigt man vier BCD-Decodierschalter, die mit den vier Eingängen (Pin 4 bis Pin 7) verbunden sind. Diese BCD-Schalter werden auf einen bestimmten Wert, z. B. 1000 gestellt. Mit dem ICM7217 hat man zwei Möglichkeiten für die Übernahme dieses Vorwahlwertes. Verbindet man durch den Schalter 3 den Eingang „Lade Register" mit Masse, wird die Wertigkeit der BCD-Schalter in das Register übernommen. Zählt der ICM 7217 aufwärts und erreicht den Wert des Registers, schaltet der Ausgang „Gleich" (Pin 3) von 1- auf 0-Signal, denn Zähler- und Registerstand sind identisch. In dieser Betriebsart muss der Zählerbaustein vorwärts arbeiten und die Anzeige gibt den aktuellen Zählerstand aus, während die BCD-Schalter den voreingestellten Wert angeben.

Wenn die Wertigkeit der BCD-Schalter in den Zähler übernommen wird, steht in der Anzeige dieser Wert. Die Übernahme erfolgt, wenn der Schalter S4 den Eingang „Lade Zähler" mit Masse verbindet. In diesem Fall arbeitet der Zähler rückwärts und man erkennt in der Anzeige, wie sich pro Taktimpuls der Anzeigenwert verringert. Erreicht der Zähler den Wert Null, schaltet der Ausgang „Null" von 1-Signal nach 0-Signal um.

Durch den Einsatz des ICM7217B lässt sich eine zeitliche Steuerung realisieren, denn man kann sehr einfach die Sekunden und Minuten zwischen 0 und 59.59 erfassen. Hierzu verwendet man einen Quarz, der mit 4,1943 MHz arbeitet und ein nachfolgender Frequenzteiler erzeugt eine Ausgangsfrequenz von 1 Hz. Dieser Teiler beinhaltet 22 Flipflops für die Frequenzteilung. Mit der Frequenz von 1 Hz erhält der ICM7217B seinen Sekundentakt und die Sekunden und Minuten werden in der Anzeige mit gemeinsamer Anode direkt angezeigt.

Sind bei dieser Schaltungsvariante noch BCD-Schalter vorhanden, lässt sich der Zähler auf eine bestimmte Zeit einstellen oder durch das Laden des internen Registers mit dem Uhrenstand eine vergleichende Funktion ausführen. Wenn man den Zähler auf eine bestimmte Zeit stellt, muss zuerst dieser Wert an den BCD-Schaltern eingegeben werden. Drückt man die Taste 4 (lade den Zähler), erfolgt die Übernahme in den Zähler. Arbeitet der ICM7217B im Rückwärtsbetrieb, erkennt man in der Anzeige, wie sich der Wert je Taktimpuls verringert, bis der Zählerstand den Wert Null erreicht hat. Der Ausgang „Null" schaltet von 1 nach 0 und signalisiert diesen Nulldurchgang der externen Logik.

Durch diese Registerübernahme des eingestellten Wertes an den BCD-Schaltern lässt sich auch eine 12- oder 24-Stundenuhr realisieren. Damit die Uhr richtig funktioniert, muss der Sekundentakt noch um 60 heruntergeteilt werden, damit ein Minutentakt entsteht. Stellt man den BCD-Schalter auf 2400 ein und dieser Zählerstand wurde erreicht, schaltet der Ausgang „Gleich" auf 0-Signal und damit kann der neue Wert durch die Ansteuerung des Eingangs „Lade Register" vorgenommen werden. Nach der Übernahme des Wertes erzeugt die externe Logik eine kurze Zeitverzögerung und danach erfolgt die Rückstellung auf 0. Ab diesem Zeitmoment beginnt die Uhrenausgabe wieder mit 0000.

Interessant ist auch, wenn der Zähler im ICM7217B auf einen bestimmten Wert vorgestellt wird und der Baustein dann abwärts zählt. Ein Mischgerät soll 12 Minuten laufen und dann abschalten. Mit dem BCD-Schalter gibt man 1200 ein und mit einem 0-Signal an dem Eingang „Lade Zähler" wird dieser Wert übernommen. Pro Sekunde verringert sich der Zählerstand, bis 0000 erreicht worden ist. Ab diesem Zeitpunkt schaltet der Ausgang „Null" von 1 nach 0 und eine externe Logik kann reagieren.

Bei der Zusammenschaltung von zwei ICM7217 kann es Probleme geben, wenn mit einer automatischen Nullunterdrückung gearbeitet wird. Um dies zu vermeiden, schließt man an den Digitausgang D1 des werthöheren ICM7217 ein NICHT-Gatter an und dieses NICHT-Gatter steuert den Takteingang eines D-Flipflops an. Über ein NAND-Gatter mit zwei Eingängen verknüpft man die Segmentleitungen a und b und schließt den Ausgang des NAND-Gatters an den D-Eingang des Flipflops. Der Ausgang Q' ist mit der Anzeigenkontrolle Pin 23 des wertniedrigeren ICM7217 zu verbinden.

Das NAND-Gatter detektiert eine aktive Stelle, da in einem solchen Fall entweder das Segment a oder b in der werthöheren vierstelligen Anzeige bei einer automatischen Nullunterdrückung eingeschaltet ist. Das D-Flipflop wird durch die niederwertige Stelle des höherwertigen Zählers getaktet, so dass, wenn diese Stelle nicht dunkelgesteuert wird, sich der Q'-Ausgang auf 0-Signal befindet und den Pin 23 ansteuert. Dadurch ergibt sich eine Ausblendung der voreilenden Nullen beim niederwertigen Zähler.

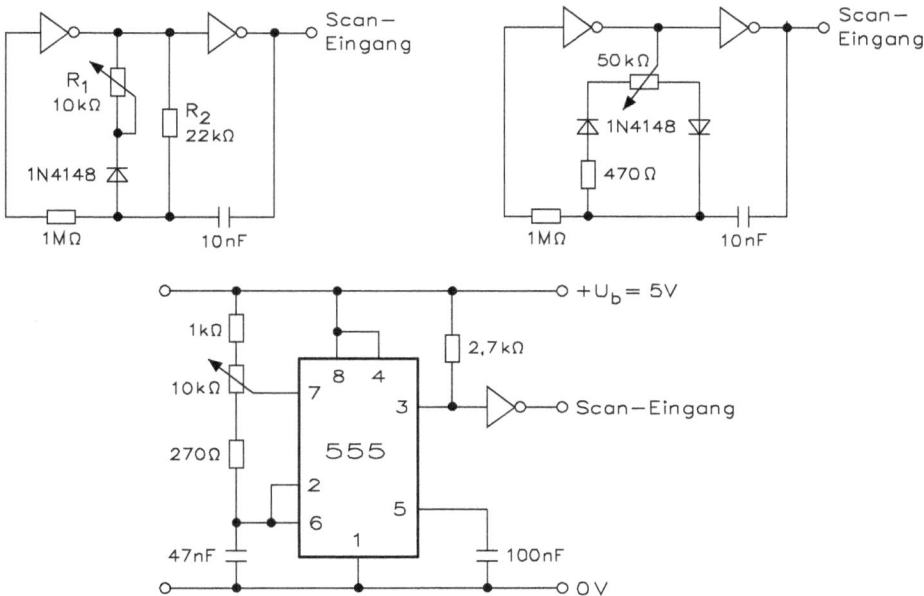

Abb. 4.33: Schaltungen für die Einstellung der Helligkeit.

Abb. 4.33 zeigt drei Schaltungen für die Einstellung der Helligkeit. Bei den NICHT-Gattern handelt es sich um CMOS-Bausteine. Ideal ist die Schaltung mit dem Timer 555.

Abb. 4.34 zeigt die Schaltung für einen vierstelligen Ereigniszähler. Man benötigt einen ICM7217, eine Betriebsspannung von +5 V und eine vierstellige Anzeige mit gemeinsamer Anode. Durch Hinzufügen eines Tasters für die Rückstellung und eines

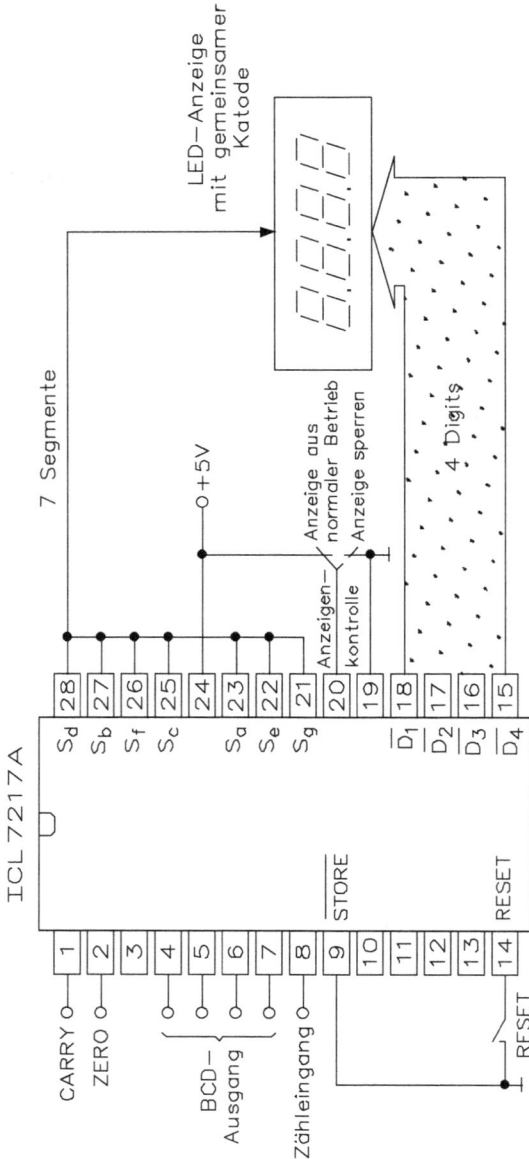

Abb. 4.34: Schaltung eines Ereignis-zählers.

Umschalters für das Ausschalten der Anzeige oder die Darstellung von voreilenden Nullen können weitere Funktionen realisiert werden. Ein weiterer Umschalter gibt dem Zähler die Möglichkeit des Auf-Ab-Zählens.

4.7.2 Vierstelliger Tachometer mit dem ICM7217

In vielen Kraftfahrzeugen befinden sich Drehzahlmesser, die für die Anzeige ein analoges Messinstrument verwenden, d. h. die Zündimpulse werden durch eine einfache Elektronik gemessen und dann durch ein Zeigermessinstrument ausgegeben. Abb. 4.35 zeigt die Schaltung und Impulsdiagramm für einen vierstelligen Tachometer.

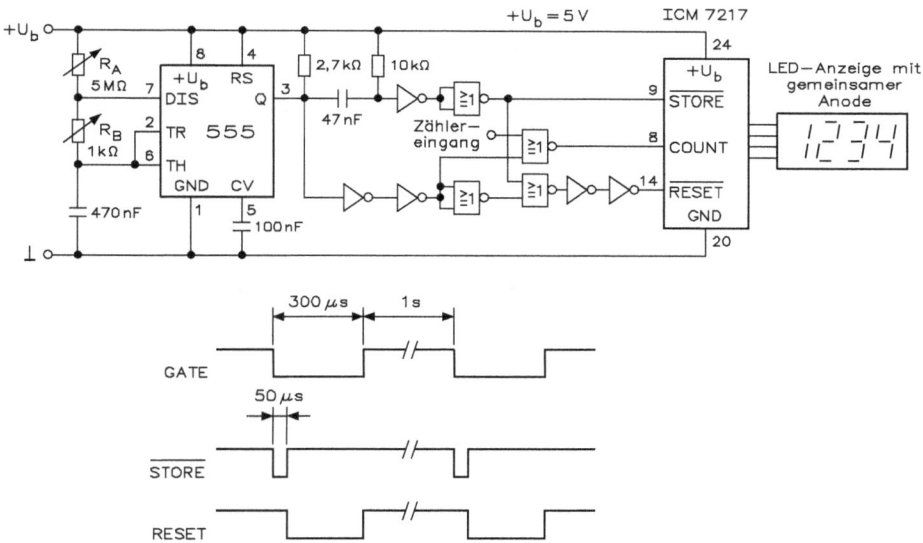

Abb. 4.35: Schaltung und Impulsdiagramm eines vierstelligen Tachometers mit dem ICM7217.

Die Schaltung zeigt einen digitalen Drehzahlmesser für ein Kraftfahrzeug mit Vierzylinder-Ottomotor. Der Funktionsgenerator bildet den Unterbrecher nach und steuert direkt das erste Monoflop an. Normalerweise muss man hier zwischen einem mechanischen und elektronischen Unterbrecher unterscheiden. Bei einer mechanischen Unterbrechung ist ein Transistor vorzuschalten, der mit Dioden für eine Spannungsbegrenzung in positiver und negativer Richtung ausgestattet ist. Hat man einen elektronischen Unterbrecher, muss das Signal untersucht werden, ob ein direkter Anschluss möglich ist oder ob man einen Impedanzwandler einschalten muss.

Wenn man einen Einzylinder-Viertaktmotor einsetzt, erhält man nach jeder zweiten Umdrehung des Motors einen Zündimpuls. Bezieht man dies auf eine Umdrehungszahl von 6000 U/min, ergibt sich pro Sekunde

$$\frac{6000\,\text{U}}{2\cdot 60\,\text{s}} = 50\,\text{U/s}$$

Hat man einen Vierzylinder-Viertaktmotor, arbeitet man mit 200 Hz, beim Sechszylinder mit 300 Hz und beim Achtzylinder mit 400 Hz. Je nach Anzahl der Zylinder erfolgt die Einstellung der Frequenz am Funktionsgenerator.

Der Zeitgeber 555 arbeitet als Rechteckgenerator und erzeugt eine Frequenz von 1 Hz, also 1 s. Es folgt ein Differenzierglied, bestehend aus zwei Widerständen und einem Kondensator. Der Ausgang des Differenzierglieds steuert zwei NICHT-Gatter an und dann den STORE-Eingang. Damit ergibt sich für diesen Ausgang ein 0-Signal von etwa 50 µs.

Der Ausgang des 555 steuert zwei NICHT-Gatter an und damit ergibt sich eine Impulsverzögerung von etwa 20 µs. Mit diesem Impuls wird das NAND-Gatter vor dem Zähleingang „COUNT" gesperrt und gleichzeitig die RESET-Bedingung für den ICM7217 erzeugt. Nach etwa 250 µs hat der RESET-Eingang wieder ein 1-Signal.

Durch diesen Drehzahlmesser lässt sich auch eine digitale Drehzahlbegrenzung realisieren. Nachdem der ICM7217 den Wert erreicht hat, schaltet man einen digitalen Komparator ein, der sich einstellen lässt. Stellt man den Vergleichswert des Komparators auf 50 ein, reagiert der Komparator, wenn der Zählerstand von 50 erreicht wurde. In der Praxis steuert der Ausgang des Komparators entweder die Zündunterbrechung oder die Benzinzufuhr an, d. h. wird die Drehzahl überschritten, tritt eine Begrenzung auf, wobei man das Ausgangssignal des Komparators noch entsprechend steuern muss.

Zeitgeber können mit zahlreichen Schaltungsvarianten realisiert werden. Die Verzögerung erreicht man meistens durch einen Kondensator, der über einen Widerstand nach einer e-Funktion aufgeladen wird. Diese Aufladung misst man und legt durch eine bestimmte Schaltungsmaßnahme einen Punkt fest, bei dem die Verzögerungszeit abgeschlossen ist.

4.7.3 IC-Zeitgeber 555

Einer der bekanntesten IC-Zeitgeber ist der Timer 555, der von zahlreichen Halbleiterherstellern produziert wird. Von diesem Schaltkreis werden weitere Schaltungsvarianten abgeleitet. In dem Timer 555 sind zwei Operationsverstärker vorhanden, die als Komparatoren geschaltet sind. Die Leerlaufverstärkung liegt in der Größenordnung von $v = 10^5$. Die Ausgänge der beiden Komparatoren steuern ein Flipflop an, das die Eingangsinformationen speichern kann. Dieses Flipflop hat eine Vorzugslage, d. h. beim Einschalten der Betriebsspannung kippt es immer in eine definierte Lage. Durch einen RESET-Eingang kann man das Flipflop zurücksetzen. Das Flipflop steuert einen internen Transistor an, der einen offenen Kollektor hat. Ist das Flipflop zurückgekippt oder in der Vorzugslage, ist der Transistor gesperrt. Im gesetzten Zustand schaltet der Transistor durch und kann z. B. einen Kondensator kurzschließen.

Der Ausgang des Flipflops steuert eine invertierende Ausgangsstufe an. Ist das Flipflop zurückgesetzt, hat der Ausgang des Timers 555 ein 1-Signal, d. h. man hat in der Vorzugslage immer 1-Signal.

Beide Komparatoren liegen über einem Spannungsteiler zwischen Betriebsspannung und Masse. Die drei Widerstände sind gleich groß und haben einen Wert von $R = 5\,k\Omega$ mit einer Toleranz von 1 %. Durch den Spannungsteiler erhält man folgende Verhältnisse an den Komparatoren:

Komparator I: 2/3 Betriebsspannung
Komparator II: 1/3 Betriebsspannung

Aus diesen Spannungsverhältnissen leitet der Timer 555 seine Funktionen ab. Die Betriebsspannung darf zwischen 4,5 V und 15 V schwanken, ohne dass sich die Verhältnisse der Vergleichsspannungen ändern.

Der invertierende Eingang des Komparators I ist mit einem Eingang verbunden, der als Kontrollspannung bezeichnet ist. Über diesen Eingang kann man den Spannungsteiler in seinen Spannungsverhältnissen etwas beeinflussen. Wird dieser Eingang nicht benötigt, so muss man ihn durch einen Kondensator mit dem Wert von $C = 0,1\,\mu F$ mit Masse verbinden. Andernfalls kann es beim Betrieb Störungen geben.

Die Vergleichsspannung von 2/3 der Betriebsspannung liegt an dem invertierenden Eingang des Komparators I an. Liegt an dem Eingang „Schwelle" eine Spannung, vergleicht der Komparator I diese mit der Vergleichsspannung und der Eingangsspannung. Ist die Spannung kleiner als 2/3 der Betriebsspannung, hat der Ausgang des Komparators ein 1-Signal. Überschreitet die Spannung den Wert von 2/3, kippt der Ausgang dieses Komparators auf 0-Signal. Da eine sehr hohe Leerlaufverstärkung vorhanden ist, erfolgt der negative Ausgangssprung im μs-Bereich. Mit dieser negativen Flanke wird das Flipflop getriggert und es setzt sich.

Unterschreitet die Spannung an dem Eingang „Schwelle" 2/3 der Betriebsspannung, kippt der Ausgang des Komparators I von L nach H zurück. Diese positive Flanke wird aber von dem Flipflop nicht verarbeitet und so bleibt der Zustand des Flipflops erhalten.

Die Vergleichsspannung von 1/3 der Betriebsspannung liegt an dem nicht invertierenden Eingang des Komparators II an. Liegt an dem Eingang „Trigger" eine Spannung an, so werden die beiden Spannungen miteinander verglichen. Ist die Triggerspannung kleiner als die Vergleichsspannung, hat der Ausgang des Komparators ein 0-Signal. Überschreitet die Spannung den Wert 1/3 der Betriebsspannung, kippt der Ausgang des Komparators auf 1-Signal. Es entsteht am Ausgang eine positive Flanke. Da aber das Flipflop nur mit einer negativen Flanke getriggert werden kann, bleibt der Speicherzustand des Flipflops erhalten.

Unterschreitet die Spannung an dem Triggereingang die Vergleichsspannung, entsteht an dem Komparator II eine negative Flanke und das Flipflop wird zurückgesetzt. Durch den invertierenden Ausgangsverstärker erhalten wir am Ausgang des Timers 1-Signal.

Für den Baustein 555 ergeben sich folgende Trigger-Bedingungen:
Eingang „Schwelle": positiver Triggerimpuls mit 2/3 Betriebsspannung
Eingang „Trigger": negativer Triggerimpuls mit 1/3 Betriebsspannung

Die beiden Triggerimpulse müssen an ihren Flanken keine Steilheit aufweisen. Selbst langsame Analogspannungen werden durch die Komparatoren digitalisiert und von dem Timer 555 weiter verarbeitet. Daher ist der Baustein universell in der Elektronik verwendbar.

Mit einem positiven Impuls am Eingang „Schwelle" setzt sich das Flipflop. Der Ausgang des Timers erhält ein 0-Signal. Der Transistor mit dem offenen Kollektor schaltet voll durch und der Eingang „Entladen" hat 0-Signal. Mit einem negativen Impuls kippt das Flipflop am Eingang „Trigger" zurück. Der Ausgang des Timers schaltet auf 1-Signal. Der Transistor mit dem offenen Kollektor sperrt und man hat an dem Eingang „Entladen" 1-Signal.

Durch diese aufwendige Schaltung des Timers 555 ergeben sich folgende Kenndaten:
Betriebsspannungsbereich: 4,5 V bis 15 V
Frequenzbereich: 10^{-3} Hz bis 10^6 Hz
Ausgangsstrom: 30 mA
Temperaturdrift: 50 ppm/K (Prozent pro Million/Kelvin)

Durch den weiten Betriebsspannungsbereich kann man den Timer in TTL- und CMOS-Schaltungen oder Operationsverstärker-Schaltungen einsetzen. Das Frequenzverhalten über diesen Spannungsbereich ändert sich kaum, da man durch den internen Spannungsteiler eine Vergleichsspannung erhält, die nur von der jeweiligen Betriebsspannung abhängig ist.

Der Frequenzbereich reicht von 0,001 Hz bis 1 MHz. Die unterste Frequenz kann deshalb erreicht werden, da man an den Eingängen Darlington-Transistorstufen hat. Der Timer 555 benötigt einen Eingangsstrom von 0,1 mA, wenn die Komparatoren schalten. Der maximale Ausgangsstrom ist 30 mA. Dabei benötigt man keinen externen Arbeitswiderstand, da der Timer 555 eine Gegentakt-Endstufe am Ausgang hat.

Die Temperaturdrift ist in 50 ppm/K definiert. Innerhalb der Temperaturgrenzen zwischen 0 °C und ±70 °C arbeitet der Timer fast ohne Temperaturdrift. Daher kann man diesen Baustein auch im Kraftfahrzeug als Frequenzgeber oder Steuerelement einsetzen.

In Abb. 4.35 arbeitet der Timer 555 in seiner astabilen Funktion. Man erkennt die Widerstände R_A und R_B. Schaltet man die Betriebsspannung ein, kippt das Flipflop immer in seine Ausgangslage oder Vorzugslage. Durch den invertierenden Endverstärker erhält man am Ausgang des Timers 555 ein 1-Signal. Gleichzeitig wird der Transistor für die Entladung gesperrt. Über die beiden Widerstände R_A und R_B lädt sich nun der Kondensator C nach einer e-Funktion auf.

Die Aufladung des Kondensators ist abgeschlossen, wenn die Spannung an dem Eingang „Schwelle" den Wert 2/3 der Betriebsspannung erreicht hat. Der Komparator I schaltet um und setzt das Flipflop durch eine negative Flanke. Der Ausgang des Timers schaltet auf 0-Signal und der Transistor für die Entladung steuert durch. Man erhält nun eine Entladung des Kondensators über den Widerstand R_B und dem Transistor gegen Masse. Die Spannung an dem Kondensator nimmt nach einer e-Funktion ab.

Die Entladung des Kondensators C über den Widerstand R_B ist beendet, wenn die Spannung an dem Kondensator den Wert 1/3 der Betriebsspannung unterschritten hat. Der Komparator II reagiert und setzt das Flipflop. Man erhält an dem Ausgang des Timers ein 1-Signal und gleichzeitig wird der Entlade-Transistor gesperrt. Ist die Entladung beendet, kann über die beiden Widerstände der Kondensatorstrom wieder fließen. Die Spannung an dem Kondensator steigt nach einer e-Funktion an, bis sie den Wert 2/3 der Betriebsspannung erreicht hat.

Durch die laufende Ladung und Entladung des Kondensators des Timers 555 ergibt sich am Ausgang eine rechteckförmige Spannung, also eine Rechteckfrequenz. Die Ladezeit t_1 und die Entladezeit t_2 für den Timer 555 ist unterschiedlich, da man beim Ladevorgang eine Reihenschaltung von R_A und R_B hat. Bei der Entladung ist aber nur der Widerstand R_B wirksam. Für die einzelnen Zeiten ergeben sich folgende Gleichungen:

$$t_1 = 0{,}7 \cdot (R_A + R_B) \cdot C$$
$$t_2 = 0{,}7 \cdot R_B \cdot C$$

Die Periodendauer der Ausgangsfrequenz ergibt sich aus der Lade- und Entladezeit des Timers. Es gilt die Gleichung:

$$T = t_1 + t_2$$
$$= 0{,}7 \cdot (R_A + R_B) \cdot C + 0{,}7 \cdot R_B \cdot C$$

Die Taktfrequenz ist

$$f = \frac{1}{T} = \frac{1}{0{,}7 \cdot (R_A + 2 \cdot R_B) \cdot C}$$

Das Tastverhältnis ist

$$T_V = \frac{R_A + R_B}{R_A + 2 \cdot R_B}$$

4.7.4 Vierstellige Uhr

Für eine vierstellige Uhr benötigt man den ICM7217B, denn es werden die Sekunden und Minuten angezeigt. Die LED-Anzeige arbeitet von 00.00 bis 59.99. Abb. 4.36 zeigt die Schaltung.

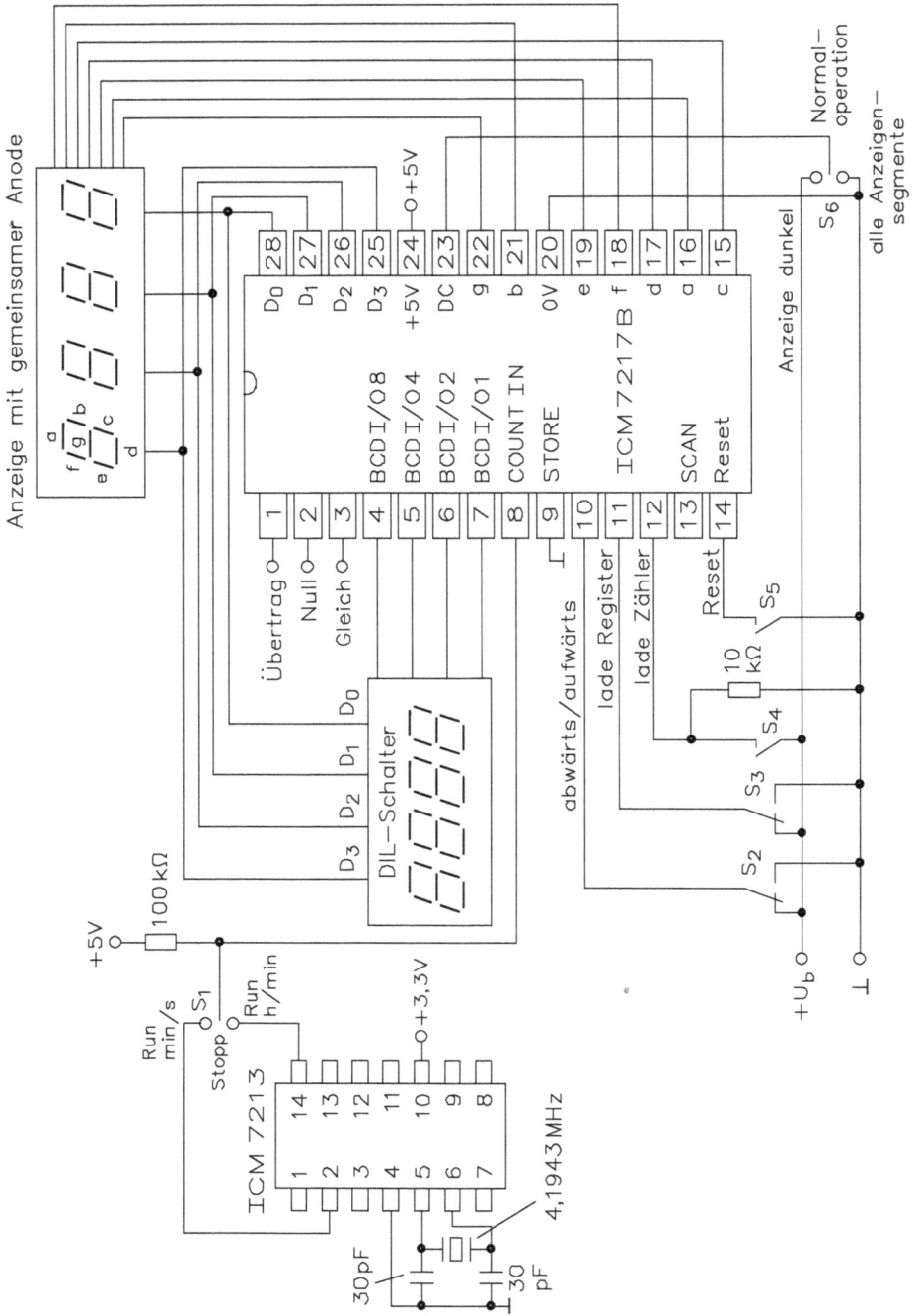

Abb. 4.36: Vierstellige Uhr mit dem ICM7217B mit Vorwahlmöglichkeiten.

Diese Schaltung benutzt einen ICM7213 als Oszillator-Zeitgeber. Mit Quarz von 4,1943 MHz und dem eingebauten Teiler erzeugt dieser Schaltkreis einen Impuls pro Sekunde und einen Impuls pro Minute. Der ICM7217B mit einem maximalen Zählerstand von 5959 zählt die Impulse.

Über die „Digit"-Schalter kann der Zähler auf eine Zeit eingestellt werden und dann als „COUNT DOWN"-Uhr verwendet werden. Desgleichen kann über diese Schalter das interne Register für Vergleichsfunktionen gesetzt werden.

Um z. B. eine 24-Stunden-Uhr mit BCD-Ausgängen zu realisieren kann das interne Register auf −2400 gesetzt und der „Gleich"-Ausgang zum Zurücksetzen des Zählers benutzt werden. In dieser Anwendung ist ein Widerstand von 10 kΩ von „LC" nach −U_b geschaltet. Wird die Ladefunktion nicht aktiviert, hält dieser Widerstand den Anschluss „LC" auf 0-Signal und die BCD-Ausgangstreiber sind deaktiviert. Sollen die BCD-Ausgänge benutzt werden, muss der Widerstand und der Schalter S4 durch einen Umschalter mit Mittelstellung ersetzt werden. Diese Methode kann an allen „dreiwertigen" Eingängen benutzt werden, um eine der Funktionen zu aktivieren.

Der Widerstand von 100 kΩ am Zählereingang stellt die richtigen logischen Pegel vom ICM 7213 sicher. Als preiswertere und ungenauere Zeitbasis kann ein Schaltkreis des Typs 555 benutzt werden, um einen Referenztakt von 1 Hz zu erzeugen.

Der Baustein ICM7213 ist ein voll integrierter Oszillator und Frequenzteiler mit vier gepufferten Ausgängen. Als Betriebsspannung kann entweder ein Satz von zwei Batterien (NiCd, Alkali-Mangan etc.) oder eine normale Betriebsspannung von mehr als 2 V verwendet werden. Abhängig von den Pegeln an den Anschlüssen „TESTPOINT" und „INHIBIT" können mit einem Quarz von 4194,304 kHz verschiedene Ausgangsfrequenzen – auch zusammengesetzte Frequenzen – erzeugt werden. Es sind dies z. B. 2048 Hz, 1024 Hz, 34 133 Hz, 16 Hz, 1 Hz und 1/60 Hz.

Der Baustein ICM7213 ist in einer sehr schnellen verlustleistungsarmen CMOS-Technologie hergestellt. Das führt dazu, dass zwischen Drain und Source jedes Transistors und damit auch über die Betriebsspannungsanschlüsse Z-Dioden von 6,4 V liegen, so dass die maximale Betriebsspannung des ICM7213 auf 6 V begrenzt ist. Mit einem einfachen Spannungsteilernetzwerk lässt sich der ICM7213 jedoch auch an höheren Betriebsspannungen betreiben.

Der Oszillator besteht aus einem CMOS-Inverter, der mit einem nicht linearen hochohmigen Widerstand zurückgekoppelt ist. Die erste Teilerkette besteht aus 29 Teilerstufen sowohl aus dynamischen als auch statischen Flipflops. Alle anderen Teilerstufen sind statisch. Der Eingang TP (Testpoint) schaltet den Ausgang 2^{18} ab und verbindet den 2^9-Ausgang mit dem 2^{21}-Teiler, so dass für Testzwecke am Teilerausgang 60 eine um den Faktor 2048 höhere Impulsfolge gemessen werden kann. Der Eingang „WIDTH" kann benutzt werden, um die Impulslänge am Ausgang OUT 4 von 125 ms auf 1 s zu verlängern oder diesen Ausgang während der INHIBIT-Phase von „EIN" auf „AUS" zu schalten (wenn OUT 4 bei Anlegen des INHIBIT-Signals auf „EIN" steht). Es ergibt sich Tab. 4.4.

Tab. 4.4: Ausgangsdefinition des ICM7213.

Eingänge			Ausgänge			
TP	INHIBIT	WIDTH	Q_1	Q_2	Q_3	Q_4
0	0	0	16 Hz $(:2^{18})$	1024 + 16 + 2 Hz $(:2^{12}:2^{18}:2^{21})$	1 Hz, 7,8 ms $:2^{24}$	1/60 Hz, 126 ms $(:2^{26}\cdot 3\cdot 5)$
0	0	1	16 Hz $(:2^{18})$	1024 + 16 + 2 Hz $(:2^{12}:2^{18}:2^{21})$	1 Hz, 7,8 ms $:2^{24}$	1/60 Hz, 1 s
0	1	0	16 Hz $(:2^{18})$	1024 + 16 Hz $(:2^{12}:2^{18})$	Aus	Aus
0	1	1	16 Hz $(:2^{18})$	1024 + 16 Hz $(:2^{12}:2^{18})$	Aus	Verschiedene Ausgangsimpulse
1	0	0	Ein	4096 + 1024 Hz $(:2^{10}:2^{12})$	2048 Hz $:2^{11}$	34,133 Hz mit $T_v = 50\,\%$ $(:2^{13}\cdot 5\cdot 3)$
1	0	1	Ein	4096 + 1024 Hz $(:2^{10}:2^{12})$	2048 Hz $:2^{11}$	34,133 Hz mit $T_v = 50\,\%$ $(:2^{13}\cdot 5\cdot 3)$
1	1	0	Ein	1024 Hz $:2^{12}$	Ein	Ein
1	1	1	Ein	1024 Hz $:2^{12}$	Ein	Ein

Der Baustein ICM7213 kann bei Verwendung eines Quarzes mit einer Nennfrequenz von 4194,304 kHz an verschiedenen Ausgängen Signale mit verschiedenen Frequenzen von 2048 Hz bis 1/60 Hz abgeben. Mit anderen Quarzfrequenzen lassen sich andere Ausgangsfrequenzen erreichen. Da die ersten Teilstufen des ICM7213 dynamisch arbeiten, gibt es gewisse Beschränkungen hinsichtlich der Betriebsspannung, die von der Oszillatorfrequenz abhängig sind. Wird z. B. ein Quarz mit niedriger Frequenz verwendet, sollte die Betriebsspannung so gewählt werden, dass sie in der Hälfte der Betriebsspannung liegt.

Die Betriebsspannung des ICM7213 kann über einen einfachen Spannungsteiler aus einer höheren Betriebsspannung abgeleitet werden, wenn der Gesichtspunkt der Verlustleistung keine wesentliche Rolle spielt. Ist jedoch die Verlustleistung zu minimieren, kann die Betriebsspannung auch über einen Serienwiderstand erzeugt werden.

Für die Zusammenschaltung mit anderen Logikfamilien werden generell „Pull-up"-Widerstände benötigt. Diese Widerstände werden zwischen Ausgang und positiver Betriebsspannung geschaltet.

Der Oszillator besteht aus einem CMOS-Inverter und einem Rückkopplungswiderstand, dessen Wert von der Spannung abhängt, die an den Anschlüssen Oszillatoreingang und Oszillatorausgang anliegt. Zusätzlich besteht eine Abhängigkeit von der

Betriebsspannung. Mit einer nominellen Betriebsspannung von 5 V kann eine Oszillatorstabilität von ca. 0,1 ppm pro 0,1 V Spannungsänderung erreicht werden.

Es wird empfohlen, dass die Lastkapazität des Quarzes (C_L) kleiner als 22 pF bei einem Serienwiderstand von weniger als 75 Ω ist, da bei Nichteinhaltung dieser Werte die Ausgangsamplitude des Oszillators zu klein wird, um die Teilerkette zuverlässig anzusteuern.

Wird ein Oszillator hoher Qualität verlangt, sollte ein Quarz verwendet werden, dessen Abgleichtoleranz bei ±10 ppm, dessen Serienwiderstand kleiner als 25 Ω ist und dessen Lastkapazität nicht höher als 20 pF ist. Der Kondensator C_{in} sollte einen Wert von 30 pF haben und der Trimmkondensator einen Kapazitätsbereich von 16 pF bis 60 pF abdecken. Bei Benutzung einer solchen Konfiguration sind Stabilitätswerte von 0,05 ppm pro 0,1 V Betriebsspannungsänderung erreichbar.

Der zur Zerstörung der Schaltung führende „latch-up-Effekt" tritt auf, wenn die Spannung an einem Eingang oder Ausgang die Betriebsspannungen in positiver oder negativer Richtung überschreitet. Beispiel: Wird der Ausgang des Oszillators mit einer Spannung beaufschlagt, die um einen gewissen Betrag negativer als 0 V oder positiver als $+U_b$ ist, so dass relativ hoher Strom in den Anschluss hinein- oder aus diesem Anschluss herausfließt, stellt die Schaltung für die Spannungsversorgung eine extrem niedrige Impedanz dar, so dass hohe Ströme aus der Spannungsversorgung fließen und den Schaltkreis zerstören können. Wird dieser maximale Betriebsstrom auf weniger als 20 mA begrenzt, wird die Zerstörung der Schaltung verhindert. Es wird deshalb vor allen Dingen im Zusammenhang mit Laboraufbauten empfohlen, einen Serienwiderstand und einen Abblockkondensator an der Spannungsversorgung zu verwenden.

4.7.5 Vierstelliger Präzisionszähler bis 1 MHz

Mit dem ICM7217 kann man einen vierstelligen Präzisionszähler bis maximal 1 MHz realisieren. Setzt man eine mehrstufige Zähldekade ohne Ansteuerungslogik ein, hat man einen typischen Ereigniszähler, d. h. jeder Taktimpuls am Eingang erhöht den Zählerstand um +1 und dieser Wert wird direkt über die Anzeigeeinheit ausgegeben. Durch den Einsatz einer einfachen Steuerlogik erhält man einen Vorwahlzähler mit mehreren Möglichkeiten zur Programmierung. Erweitert man die Steuerung für einen einfachen Zähler, lässt sich dieser beispielsweise als Frequenzmessgerät einsetzen.

Für die Realisierung eines Frequenzmessgerätes sind drei Funktionseinheiten erforderlich, wie Abb. 4.37 zeigt. Durch den Quarz erhält man das Frequenznormal, wobei man zwischen den einzelnen Frequenzen wählen kann. Die Quarzfrequenz wird durch den nachfolgenden Zeitbasisteiler auf einen bestimmten Wert gebracht und steuert die Torschaltung. Mit dieser Funktionseinheit ergibt sich die gewünschte Torzeit, mit der die Impulse der Eingangseinheit auf den Zähler geschaltet werden. Die Eingangsschaltung besteht aus einem Schmitt-Trigger, der die Eingangsimpulse

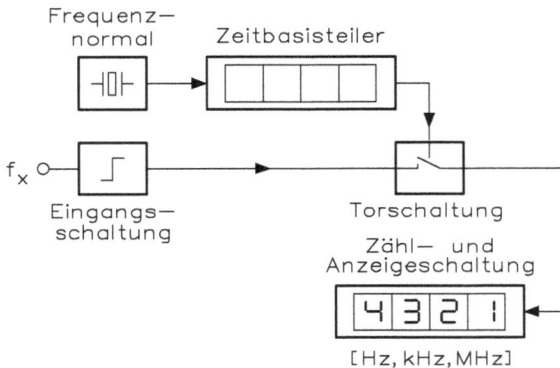

Abb. 4.37: Blockschaltbild eines digitalen Frequenzmessgerätes.

in kompatible TTL-Signale umsetzt. Für das Auszählen der Eingangsimpulse hat man eine mehrstufige Zähldekade mit einer entsprechenden 7-Segment-Anzeige. Zwischen dem Zähler und der 7-Segment-Anzeige sind D-Flipflops eingefügt, die zur Speicherung von Zwischenergebnissen dienen.

Die unbekannte Frequenz f_x liegt am Eingang und der Schmitt-Trigger erzeugt digitale Signale mit steilen Flanken, damit die Folgeelektronik vernünftige Messungen durchführen kann. Die Eingangsfrequenz verbindet man mit der Torschaltung und dieses Tor wird durch den Zeitbasisteiler für einen bestimmten Zeitabschnitt geöffnet. Das Tor lässt sich mittels eines UND-Gatters mit zwei Eingängen realisieren. Erhält dieses UND-Gatter vom Zeitbasisteiler für die Zeitdauer von 1 s ein 1-Signal, kann die unbekannte Frequenz das Tor passieren und den Zähler ansteuern. Die gezählten und angezeigten Impulse entsprechen dann der unbekannten Frequenz. Passieren z. B. 1000 Impulse in einer Sekunde das Tor, hat die unbekannte Frequenz einen Wert von $f = 1$ kHz, oder werden 15 000 Impulse angezeigt, hat man $f = 15$ kHz. Die Schaltung lässt sich ohne Probleme erweitern. Die gemessene Frequenz f_x berechnet sich aus

$$f_x = \frac{Z}{t_n}$$

Wenn die Messzeit t_n eine Zehnerpotenz (mit ganzen positiven oder negativen Exponenten) von einer Sekunde ist, beinhaltet die angezeigte Zahl Z direkt die Frequenz in Hertz. Nur das Komma bzw. der Dezimalpunkt ist entsprechend der Messzeitunterteilung in der Anzeige zu setzen.

Die Messgenauigkeit dieser Schaltung ist vorwiegend von dem Frequenznormal abhängig. Ohne großen Schaltungsaufwand erreicht man für das Frequenzmessgerät eine Genauigkeit von 10^6, wenn der Quarz mit einer Toleranz von 10^{-6} schwingt.

Bei der Blockschaltung von Abb. 4.38 passiert die Ausgangsfrequenz des Zeitbasisteilers das Tor, während die Eingangsschaltung die Öffnungszeit des Tors festlegt. Mit einem 1-Signal öffnet das Eingangssignal das Tor und die Frequenz des Zeitbasisteilers kann das UND-Gatter passieren. Damit wird die Zähleinheit hochgezählt und

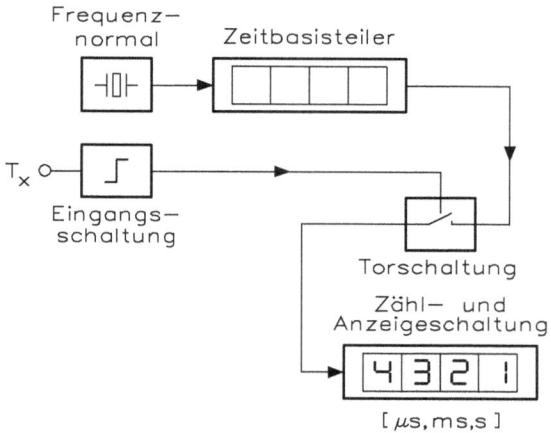

Frequenz–
normal   Zeitbasisteiler

T_x o–

Eingangs–
schaltung

Torschaltung

Zähl– und
Anzeigeschaltung

4 3 2 1

[μs, ms, s]

Abb. 4.38: Blockschaltbild eines digitalen Periodendauermessgerätes.

über die Anzeige ausgegeben. Bei einem 0-Signal des Eingangssignals wird die Messung unterbrochen.

Die Normalfrequenz f_n des digitalen Periodendauermessgerätes ist sehr groß im Vergleich zur unbekannten Frequenz f_x und zählt die während einer Periode T_x der unbekannten Schwingung durch das Tor passierenden Impulse der Zeitbasis. Aus der Anzeige Z des Zählers wird dann die Periodendauer ermittelt mit

$$T_x = Z \cdot t_n$$

Auch hier wird t_n als dekadischer Bruchteil einer Sekunde gewählt, so dass Z die Periodendauer T_x direkt in Sekunden, Millisekunden oder ähnlichen dekadischen Einheiten anzeigt.

Die Schaltung eines digitalen Periodendauermessgerätes ist ähnlich wie bei der Frequenzmessung, nur die Verschaltung des UND-Gatters wurde entsprechend abgeändert. Das UND-Gatter erhält direkt den Takt des Funktionsgenerators und der dreistufige Zähler kann diese Taktfolge auszählen. An diesem Ausgang ist eine Frequenz von $f_A = 0,5$ Hz vorhanden. Diese Frequenz öffnet für 1 s das UND-Gatter und die Ausgangsfrequenz wird ausgezählt. Dieser Ausgang hat eine Frequenz von $f = 512$ Hz. Dieser Wert muss nach 1 s im Zähler vorhanden sein. Aus der Anzeige Z des Zählers lässt sich nun die Periodendauer ermitteln, wobei man bei dieser Schaltung einen schaltungstechnischen Kompromiss eingehen muss.

Dieser Zeitbasiszähler teilt die Eingangsfrequenz in Stufen herunter, wobei jeder Ausgang der internen Flipflops herausgeführt ist. An dem Eingang liegt die Eingangsfrequenz und wird entsprechend heruntergeteilt. Wählt man eine Eingangsfrequenz von $f_E = 4096$ Hz, wird diese um 2^{12} auf eine Ausgangsfrequenz von $f_A = 1$ Hz heruntergeteilt. Die Ausgangsfrequenz von $f_A = 1$ Hz hat eine Periodendauer von 1 s, d. h. $t_i = 0,5$ s und $t_p = 0,5$ s. Mit der Impulspause t_i wird das UND-Gatter freigegeben und daher eignet sich diese Frequenz nicht für die Freigabe. Wenn man die Eingangsfrequenz auf $f_E = 2048$ Hz reduziert, ergibt sich eine Ausgangsfrequenz von $f_A = 0,5$ Hz.

Man hat jetzt eine Impulsdauer von $t_i = 1$ s und eine Impulspause von $t_p = 1$ s. Damit ergeben sich ideale Bedingungen für die Messung.

Für die Torschaltung verwendet man einen hochwertigen Quarz und damit erhält man eine hohe Frequenzkonstanz. Aus diesem Grunde muss man einen Quarzgenerator einsetzen, der z. B. mit 8,388 MHz schwingen soll. Dieser Quarzgenerator ist mit dem internen Teiler verbunden und man erhält 2,048 kHz für den Teiler.

Das Ausgangssignal des Zeitbasisteilers öffnet für die definierte Zeit von 1 s das Tor (UND-Gatter) und damit kann die Frequenz den dreistufigen Zähler erreichen. Ist die Frequenzmessung abgeschlossen, drückt man die Taste R und alle Zähleinheiten werden auf 0 zurückgesetzt.

In der messtechnischen Praxis treten bei Frequenzen unter $f = 10$ Hz größere Probleme auf, da zum Erreichen einer genügend großen Messgenauigkeit eine sehr lange Messzeit t_n von der Zeitbasis erzeugt werden muss. Zur genauen Erfassung einer Frequenz von 1 Hz muss die Torzeit z. B. 1000 s betragen, damit 1000 Impulse das Tor passieren können. Eine Öffnungszeit von 1000 s bedeutet aber ein Messintervall mit einer Öffnungszeit über 16 Minuten, bis das Messergebnis zur Verfügung steht.

Für die Zeitmessung verwendet man im Prinzip die Schaltungsvariante der digitalen Frequenzmessung. Anstelle der unbekannten Frequenz wird die Ausgangsfrequenz des Zeitbasisteilers in der Zähleinheit bestimmt. Mit einem Signal am Starteingang beginnt die Zeitmessung und die Impulse aus der Zeitbasis erreichen die Zähleinheit. Die Messung wird gestoppt, wenn der Start/Stopp-Eingang ein 0-Signal hat.

Der Zähler wird in Abb. 4.39 als elektronische Stoppuhr betrieben, denn mittels der Start/Stopp-Leitung lässt sich das Tor öffnen oder schließen. Während der Öffnungszeit werden die von der Zeitbasis kommenden Impulse gezählt. Bei den handelsüblichen Zählern mit Zeitbasis lässt sich die Periode des Zeitbasisimpulses meist in einem Bereich von 0,1 µs bis 10 s in dekadischen Schritten einstellen.

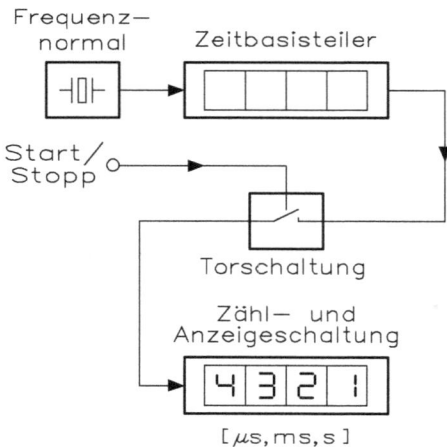

Abb. 4.39: Blockschaltbild eines digitalen Zeitmessgerätes.

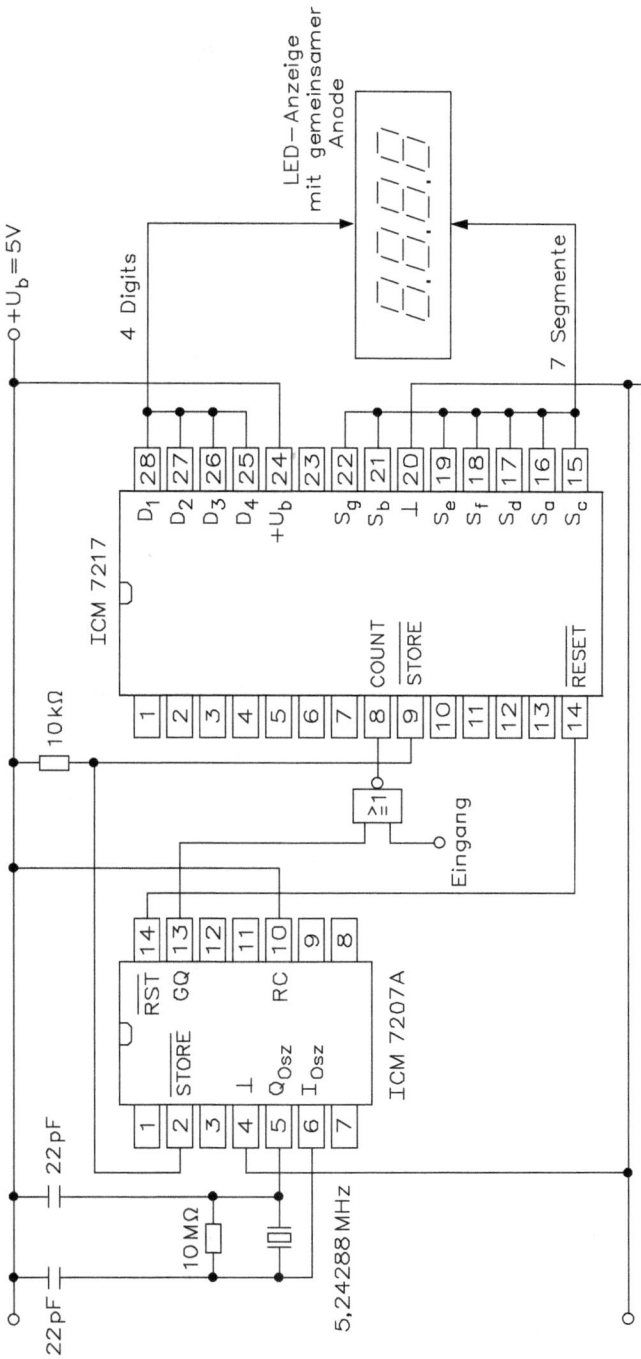

Abb. 4.40: Vierstelliger Präzisionszähler bis 1 MHz.

Eine digitale Zeitmesseinrichtung soll mit einer Auflösung von 10 ms diverse Zeiten bis zu 1 s erfassen können. Der Zeitbasisteiler muss hierzu eine Periodendauer von T_n = 10 ms erzeugen, denn

$$f_n = \frac{1}{T_n} = \frac{1}{10\,ms} = 100\,Hz$$

Bei einer maximalen Messzeit von t = 1 s können bis zu 100 Impulse das UND-Gatter in der Torschaltung passieren und den Zähler ansteuern.

Bei der Schaltung kann man über den Schalter S den Funktionsgenerator des dreistufigen Zählers anschalten (Start) oder abschalten (Stopp). In der Praxis wird dieser Schalter gegen einen Quarzgenerator mit nachgeschaltetem Teiler ausgetauscht. Auch der Schalter ist dann gegen ein UND-Gatter auszuwechseln.

Wenn man in der Schaltung die Taste S drückt, wird durch eine positive Flanke das Monoflop kurzzeitig gesetzt und der Ausgang Q hat ein 1-Signal. Mit diesem werden die Zähler auf 0 zurückgesetzt und bei einem Startvorgang beginnt man mit dem Zählerstand 0. Abb. 4.40 zeigt einen vierstelligen Präzisionszähler bis 1 MHz.

Der Baustein ICM7207 enthält einen sehr stabilen Quarzoszillator und einen Frequenzteiler mit vier Kontrollausgängen zur Verwendung als Frequenzzähler und Zeitbasis. Insbesondere bei der Verwendung als Zeitbasis zusammen mit dem Zählbaustein ICM7217, ergibt sich eine sehr einfache Anordnung dadurch, dass der ICM7207 sowohl das Tor-, Speicher- und Rückstellsignal, als auch die Multiplexfrequenz für die Ansteuerung der Anzeigen erzeugt. Die Toröffnungszeit lässt sich dabei noch im Verhältnis 10 : 1 spreizen.

Bei der Schaltung des Präzisionszählers bleibt der Store- und Reset-Eingang für eine Sekunde auf 1-Signal und hat damit keinen Einfluss auf die Funktion des ICM7217. Der Store-Eingang ist mit Pin 2 und der Reset-Eingang mit Pin 14 des ICM7207 verbunden. Pin 2 liefert für 1 ms ein 0-Signal und der ICM7217 speichert seinen Wert zwischen. In dieser Zeit hat Pin 14 ein 1-Signal. Nach 0,7 ms schaltet Pin 14 für 1 ms auf 0-Signal und der ICM7207 wird zurückgesetzt. Diese Ausgangssignale gelten nur für eine Quarzfrequenz von 6,5536 MHz.

Die Schaltung lässt sich ohne Probleme auf eine achtstellige Anzeige erweitern. Hierzu ist ein weiterer ICM7207 erforderlich.

4.8 Multifunktions- und Frequenzzähler

Für einen achtstelligen Multifunktions- oder Frequenzzähler mit LED-Anzeigen stehen folgende Typen zur Verfügung:
–   ICM7216A: Multifunktionszähler für LED-Anzeigen mit gemeinsamer Anode
–   ICM7216B: Multifunktionszähler für LED-Anzeigen mit gemeinsamer Kathode
–   ICM7216C: Frequenzzähler für LED-Anzeigen mit gemeinsamer Anode
–   ICM7216D: Frequenzzähler für LED-Anzeigen mit gemeinsamer Kathode

Die vier Bausteine verwenden unterschiedliche Pinbelegungen. Es werden der Multifunktionszähler ICM7216A und der Frequenzzähler ICM7216C für LED-Anzeigen mit gemeinsamer Anode erklärt.

4.8.1 Multifunktionszähler ICM7216A/B und Frequenzzähler ICM7216C/D

Die Eigenschaften für den Multifunktionszähler ICM7216A und ICM7216B sind
- einsetzbar für Frequenzmessung, Periodendauermessung, Ereigniszählung, Frequenzverhältnismessung und Zeitintervallmessung:
  - Vier interne Toröffnungszeiten von 0,01 s, 0,1 s, 1 s und 10 s als Frequenzzähler
  - 1 Zyklus, 10 Zyklen, 100 Zyklen, 1000 Zyklen bei Perioden-, Frequenzverhältnis- und Zeitintervallmessung
  - Misst Frequenzen von 0 Hz bis 10 MHz
  - Misst Periodendauer von 500 ns bis 10 s

Die Eigenschaften für den Frequenzzähler ICM7216C und ICM7216D sind:
- Einsetzbar für Frequenzmessung und messen Frequenzen von 0 Hz bis 10 MHz
- Dezimalpunkt und Unterdrückung voreilender Nullen

Für die vier Versionen gemeinsam:
- Ansteuerung einer 8-stelligen LED-Anzeige im Multiplex
- Direkte Ansteuerung der Stellen und Segmente großer LED-Anzeigen. Versionen für gemeinsame Anode und gemeinsame Kathode sind verfügbar
- Eine Betriebsspannung (+5 V)
- Stabiler Referenzoszillator, beschaltbar mit Quarz 1 MHz oder 10 MHz
- Interne Erzeugung der Multiplex-Signale, Austastung zwischen den Stellen, Unterdrückung voreilender Nullen und Überlaufanzeige
- Dezimalpunktansteuerung und Unterdrückung voreilender Nullen wird intern gesteuert
- Betriebsart „Anzeige aus" schaltet Anzeige aus und bringt den Schaltkreis in den Zustand sehr geringer Verlustleistung
- Eingang „Hold" und „Reset" bringen zusätzliche Flexibilität
- Alle Anschlüsse gegen statische Entladung geschützt

Die Typen ICM7216A und ICM7216B sind vollintegrierte Multifunktionszähler für die direkte Ansteuerung einer LED-Anzeige geeignet. Sie kombinieren die internen Funktionen für einen Referenzoszillator, einen dekadischen Zeitbasiszähler, einen 8-Dekaden-Daten-Zähler mit Zwischenspeicher, 7-Segment-Decodierer, Stellen-Multiplexer, Stellen- und Segmenttreiber für die direkte Ansteuerung großer achtstelliger LED-Anzeigen auf einem CMOS-Chip.

Der Zählereingang besitzt eine maximale Eingangsfrequenz von 10 MHz in den Betriebsarten Frequenzmessung und Ereignismessung und eine von 2 MHz in den anderen Betriebsarten. Beide Eingänge sind digitale Eingänge mit Schmitt-Trigger. In den meisten Anwendungen wird zusätzliche Verstärkung und Pegelanpassung des Eingangssignals notwendig sein um geeignete Eingangssignale für den Zählerbaustein zu erzeugen.

ICM7216A und ICM7216B arbeiten als Frequenzzähler, Periodendauerzähler, Frequenzverhältniszähler, (f_A/f_B) oder Zeitintervallzähler. Der Zähler benutzt einen Referenzoszillator von 10 MHz oder 1 MHz, der mit einem externen Quarz geschaltet wird. Zusätzlich ist ein Eingang für eine externe Zeitbasis vorhanden. Bei der Messung von Periodendauer und Zeitintervall ergibt sich bei Verwendung einer Zeitbasis von 10 MHz eine Auflösung von 0,1 µs. Bei den Mittelwertmessungen von Periodendauer und Zeitintervall kann die Auflösung im Nanosekundenbereich liegen.

Bei der Betriebsart „Frequenzmessung" kann der Anwender Toröffnungszeiten von 10 ms, 100 ms, 1 s und 10 s auswählen. Mit einer Torzeit von 10 s ist die Wertigkeit

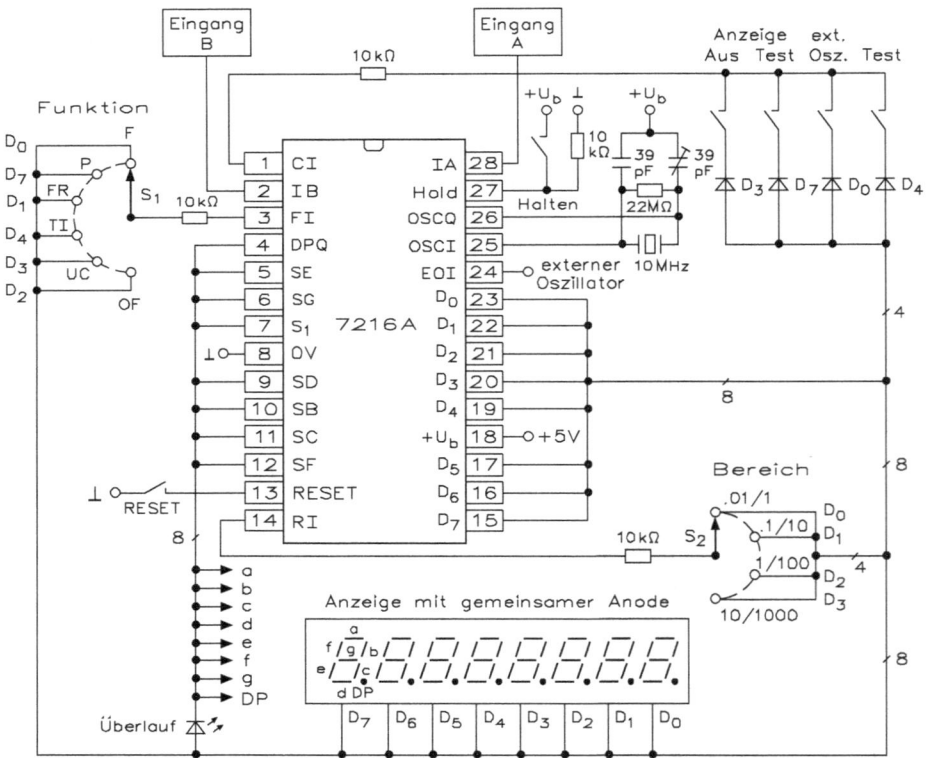

Abb. 4.41: Schaltung des ICM7216A (Multifunktionszähler) mit LED-Anzeigen für gemeinsame Anode.

der niederwertigsten Stelle 0,1 Hz. Zwischen aufeinanderfolgenden Messungen liegt eine Pause von 0,2 s in allen Messbereichen und Funktionen.

Die Typen ICM7216C und D arbeiten nur als Frequenzzähler. Alle Versionen des ICM7216 ermöglichen die Unterdrückung voreilender Nullen. Die Frequenz wird in kHz dargestellt. Beim ICM7216A und B erfolgt die Darstellung der Zeit in µs. Die Anzeige wird im Multiplex mit einer Frequenz von 500 Hz und einem Tastverhältnis von 12,5 % für jede Stelle angesteuert.

Die Typen ICM7216A und ICM7216C sind für die Ansteuerung von 7-Segment-Anzeigen mit gemeinsamer Anode mit einem typischen Segment-Spitzenstrom von 25 mA ausgelegt. Die Typen ICM7216B und ICM7216D steuern Anzeigen mit gemeinsamer Kathode an, wobei der typische Segment-Spitzenstrom bei 12 mA liegt. In der Betriebsart „Anzeige aus" werden die Stellen- und Segmenttreiber deaktiviert, so dass die Anzeige für andere Funktionen benutzt werden kann.

Mit dem ICM7216A soll ein Multifunktionszähler bis 10 MHz realisiert werden. Für die Arbeitsweise des ICM7216A (Abb. 4.41) ist ein externer Schalter für die Funktionen und einer für die Messbereiche erforderlich. Tab. 4.5 zeigt die Funktionen dieser Eingänge und die Zuordnung der entsprechenden Stellentreiberausgänge (Digit).

Tab. 4.5: Funktionen des ICM7216A und ICM7216B.

	Funktionen	**Digit**
Funktionseingang (Pin 3)	Frequenz (F)	D_0
	Periode (P)	D_7
	Differenzmessung (FR)	D_1
	Zeitintervall (TI)	D_4
	Zähler (U.C.)	D_3
	Oszillator (O.F.) D_2	
Bereichseingang (Pin 14)	0,01 s/1 Zyklus	D_0
	0,1 s/10 Zyklus	D_1
	1 s/100 Zyklus	D_2
	10 s/1000 Zyklus	D_3
	externer Bereichseingang	D_4
Kontrolleingang (Pin 1)	ohne Anzeige	D_3 und Halten
	Anzeigentest	D_7
	1-MHz-Quarz	D_1
	Sperre des externen Oszillators	D_0
	Sperre der Dezimalpunkte	D_2
	Test	D_4
Eingang für den Dezimalpunkt (Pin 13), nur ICM7216C und D	Ausgang für Dezimalpunkt	

4.8.2 Funktionen des ICM7216A/B

Die Eingänge A und B sind digitale Eingänge mit einer Schaltschwelle von 2,0 V bei einer Betriebsspannung von +5 V. Um optimale Bedingungen sicherzustellen sollte das Eingangssignal so eingestellt werden, dass die Amplitude (Spitze-Spitze) mindestens 50 % der Betriebsspannung beträgt und die „Null-Linie" bei der Schwellspannung liegt. Werden diese Eingänge von TTL-Schaltkreisen angesteuert, ist es zweckmäßig, einen „Pull-up"-Widerstand zur positiven Betriebsspannung zu verwenden. Die Schaltung zählt die negativen Flanken an beiden Eingängen.

Vorsicht: Die Amplitude der Eingangsspannungen darf die Betriebsspannung nicht überschreiten, die Schaltung kann dadurch zerstört werden.

Die Eingänge für Funktion, Messbereich, Steuerung und externen Dezimalpunkt werden im Zeitmultiplex betrieben. Dies geschieht dadurch, dass der jeweilige Eingang mit dem entsprechenden Stellentreiberausgang verbunden wird. Die Spannung an den Eingängen „Funktion", „Messbereich" und „Steuerung", muss für die zweite Hälfte jedes Stellentreiberausgangs stabil anliegen (typ. 125 µs). Der aktive Pegel an diesen Zugängen ist 1-Signal für die Versionen mit gemeinsamer Anode (ICM7216A, ICM7216C) und 0-Signal für die Versionen mit gemeinsamer Kathode (ICM7216B, ICM7216D).

Störspannungen an diesen Eingängen können zu Funktionsfehlern führen. Das gilt besonders bei der Betriebsart „Ereigniszählung", da hierbei Spannungsänderungen an den Stellentreibern kapazitiv über die LED-Dioden auf die Multiplex-Eingänge überkoppeln können. Um einen guten Störabstand zu erhalten sollte man einen Widerstand von 10 kΩ in Serie zu jedem Multiplexeingang schalten.
- Display Test: Alle Segmente und Dezimalpunkte sind eingeschaltet. Die Anzeige ist ausgeschaltet, wenn gleichzeitig „Display off" angelegt ist.
- Display off: Um diese Betriebsart einzustellen, ist es notwendig, den Stellentreiberausgang D_3 auf den Steuereingang „Control" zu schalten und den Anschluss „Hold" auf $+U_b$ zu legen. Der Schaltkreis bleibt solange in dieser Betriebsart, bis „Hold" wieder auf $-U_b$ oder 0 V gelegt wird. Bei „Display off" sind die Stellen- und Segmenttreiber deaktiviert. Der Referenzoszillator läuft jedoch weiter. Der typische Betriebsstrom ist 1,5 mA mit einem Quarz von 10 MHz. Signale an den Multiplex-Eingängen haben keinen Einfluss. Eine neue Messung wird dann vorgenommen, wenn der Anschluss „Hold" an $-U_b$ oder 0 V gelegt wird.
- 1 MHz Select: Diese Betriebsart erlaubt die Verwendung eines Quarzes von 1 MHz unter Beibehaltung der Multiplexfrequenz und dem Zeitbedarf für die Messungen, wie bei Verwendung eines 10-MHz-Quarzes. Bei Zeitintervall und Periodendauermessungen wird der Dezimalpunkt um eine Stelle nach rechts verschoben, da in diesem Fall die niederwertigste Stelle die Wertigkeit 1 µs besitzt.
- External Oszillator Enable: In dieser Betriebsart wird anstelle des internen Oszillators ein externer Oszillator als Zeitbasis benutzt. Der interne Oszillator läuft weiter. Die Eingangsfrequenz des externen Oszillators muss größer als 100 kHz

sein, da andernfalls der Schaltkreis automatisch den internen Oszillator wieder aktiviert.

- External Decimal Point Enable: Wenn diese Betriebsart aktiviert ist, wird der Dezimalpunkt an der Stelle eingeblendet, die durch die Verbindung des entsprechenden Stellentreiberausgangs mit dem Anschluss „External Decimal Point" festgelegt ist. Die Nullunterdrückung wird für alle nach dem Dezimalpunkt folgenden Stellen deaktiviert.
- Test Mode: In dieser Betriebsart wird der Hauptzähler in Gruppen von jeweils zwei Stellen aufgeteilt. Diese Gruppen werden parallel getaktet. Der Referenzzähler wird so aufgeteilt, dass der Takt direkt in die zweite Dekade eingespeist wird (Toröffnungszeit 0,1 s/10 Zyklen). Der Zählerstand des Hauptzählers wird kontinuierlich ausgegeben.
- Range Input: Der Messbereich bestimmt, ob eine Messung über 1, 10, 100 oder 1000 Zählzyklen des Referenzzählers durchgeführt wird. Bei allen Betriebsarten mit Ausnahme der Ereigniszählung wird bei einer Änderung an diesem Eingang die gerade laufende Messung abgebrochen und eine neue Messung initialisiert. Dies verhindert eine fehlerhafte erste Messung nach der Änderung des Messbereichs.
- Function Input: Die sechs wählbaren Funktionen sind: Frequenz, Periodendauer, Zeitintervall, Ereigniszählung, Frequenzverhältnis und Oszillatorfrequenz. Dieser Eingang ist nur bei den Versionen ICM 7216A und ICM 7216B vorhanden. Mit dieser Funktion wird festgelegt, welches Signal in den Hauptzähler und welches Signal in den Referenzzähler gezählt wird (Tab. 4.6).

Tab. 4.6: Wählbare Funktionen.

Beschreibung	Hauptzähler	Referenzzähler
Frequenz (f_A)	Eingang A	100 Hz (Oszillator 10^5 oder 10^4)
Periode (t_A)	Oszillator	Eingang A
Verhältnis (f_A/f_B)	Eingang A	Eingang B
Zeitintervall (A → B)	Intervall	Zeitintervall
Zähler (A)	Eingang A	Ohne Anwendung
Oszillatorfrequenz (f_{OSC})	Oszillator	100 Hz (Oszillator 10^5 oder 10^4)

Bei der Zeitintervallmessung wird ein Flipflop mit der negativen Flanke an Eingang A gesetzt und darauf mit der negativen Flanke an Eingang B wieder zurückgesetzt. Nachdem das Flipflop gesetzt ist, wird der Takt des Referenzoszillators solange in den Hauptzähler gezählt, bis das Flipflop mit der negativen Flanke an B wieder zurückgesetzt wird. Ein Wechsel am „Function"-Eingang unterbricht die laufende Messung. Dies verhindert eine fehlerhafte erste Anzeige nach Änderung der Verhältnisse am „Function"-Eingang.

- External Decimal Point Input: Dieser Eingang ist dann aktiv, wenn der externe Dezimalpunkt angewählt ist. Jede Stelle – außer D_7 – kann hier angeschlossen werden, weil der Überlaufausgang mit D_7 übersteuert wird und Nullen rechts vom Dezimalpunkt nicht unterdrückt werden. Dieser Eingang ist nur beim ICM7216C und ICM7216D vorhanden.
- „Hold"-Input: Wenn dieser Eingang an $+U_b$ gelegt wird, wird die laufende Messung angehalten, der Hauptzähler wird zurückgesetzt und der Schaltkreis wird für eine neue Messung vorbereitet. Die Zwischenspeicher, die den Inhalt des Hauptzählers halten, werden nicht aufdatiert, so dass das Ergebnis der letzten vollständigen Messung dargestellt wird. Wird „Hold" an $-U_b$ oder 0 V gelegt, wird eine neue Messung gestartet.
- Reset-Eingang: Dieser Eingang hat prinzipiell die gleiche Funktion wie der „Hold"-Eingang, außer dass die Zwischenspeicher für den Hauptzähler aktiviert werden und sich somit eine Nullanzeige ergibt.

Die Anzeige wird mit einer Multiplexfrequenz von 500 Hz und einer Digitzeit von 244 μs betrieben. Zwischen der Ansteuerung nebeneinanderliegender Stellen wird eine Austastzeit von 6 μs eingefügt, um den „Ghosting -Effekt zwischen den Stellen zu vermeiden. Die Unterdrückung voreilender Nullen und der Dezimalpunkt sind für rechtsorientierte Anzeigen ausgelegt. Nullen, die rechts vom Dezimalpunkt stehen, werden nicht unterdrückt.

Außerdem wird die Nullenunterdrückung nicht aktiviert, wenn der Hauptzähler überläuft.

Die Versionen ICM7216A und ICM7216C steuern LED-Anzeigen mit gemeinsamer Anode an (Segmentspitzenstrom 25 mA) bei einer Anzeige mit $U = 1{,}8$ V bei 25 mA. Der mittlere Segmentstrom liegt unter diesen Bedingungen über 3 mA.

Die Versionen ICM7216A und ICM7216C sind für Anzeigen mit gemeinsamer Kathode ausgelegt (Segmentspitzenstrom l5 mA) bei einer Anzeige mit $U = 1{,}8$ V bei 15 mA.

Bei Verwendung von Anzeigen mit sehr hohem Wirkungsgrad können – wenn notwendig – Widerstände in Serie zu den Segmenttreibern geschaltet werden. Zur Erzielung größerer Helligkeit kann $+U_b$ bis auf 6 V erhöht werden. Dabei muss man jedoch äußerste Vorsicht walten lassen, um die maximale Verlustleistung nicht zu überschreiten.

Die Treiberausgänge des ICM7216 für Segmente und Stellen sind nicht direkt kompatibel mit TTL- oder CMOS-Logik. Aus diesem Grund kann eine Pegelanpassung mit diskreten Transistoren notwendig werden.

Bei einem universellen Zähler führen Drift des Referenzoszillators (Quarz) und Quantisierungseffekte zu Fehlern. In den Betriebsarten Frequenzmessung, Periodendauermessung und Zeitintervallmessung wird ein von diesem Referenztakt abgeleitetes Signal entweder als Takt für den Referenzzähler oder für den Hauptzähler benutzt. Daher ergibt sich durch eine Frequenzabweichung des Referenztaktes eine identische Abweichung der Messung. Ein Oszillator, der einen Temperaturkoeffizienten von 20 ppm/°C aufweist, führt ebenfalls zu einem Messfehler von 20 ppm/°C.

Zusätzlich ist der „systeminhärente" Quantisierungsfehler eines digitalen Messsystems von ±1 vorhanden. Es ist offensichtlich, dass dieser Fehler durch Verwendung zusätzlicher Stellen verringert werden kann. Bei Frequenzmessungen erhält man die höchste Genauigkeit bei Eingangssignalen mit hoher Frequenz. Bei Periodendauermessungen ist die Messgenauigkeit bei niedrigen Eingangsfrequenzen am höchsten. Bei Zeitintervallmessungen kann ein Fehler von 1 LSD pro Intervall auftreten. Daraus ergibt sich, dass dieselbe „inhärente" Genauigkeit in allen Bereichen vorhanden ist.

Bei Frequenzverhältnismessungen kann man durch Mittelwertbildung über mehrere Zyklen des an B anliegenden Signals eine größere Genauigkeit erzielen.

4.8.3 Multifunktionszähler mit dem ICM7216A bis 10 MHz

Der ICM7216A ist in einem weiten Anwendungsbereich als Multifunktionszähler einsetzbar. Da die Eingänge A und B als digitale Eingänge ausgelegt sind, muss man häufig zusätzliche Schaltungen für Pufferung des Eingangssignals, Verstärkung, Hysterese und Pegelverschiebung vorsehen. Der Aufwand hierfür hängt sehr stark von der für das Messsystem spezifizierten maximalen Frequenz und von der Empfindlichkeit der Eingangsschaltung ab.

Die Typen ICM7216A und ICM7216B können zum Aufbau eines universellen Zählers mit sehr wenig externen Bauelementen verwendet werden. Die maximale Frequenz dieser Schaltung ohne Vorteiler (zusätzlicher Frequenzteiler) liegt bei 10 MHz für Eingang A und bei 2 MHz für Eingang B.

Vor dem ICM7216A befinden sich zwei NICHT-Gatter mit Schmitt-Trigger-Eingängen. Durch den Schmitt-Trigger-Eingang kann der ICM7216A auch mit langsamen sinusähnlichen Eingangsspannungen betrieben werden, d. h. durch den TTL-Baustein 7414 ergibt sich eine Ansteuerbarkeit mit Flanken beliebig langer Anstiegs- und Abfallzeit. Die obere Schwellspannung liegt bei 1,7 V (Standard) oder 1,6 V (LS). Die untere Schwellspannung beträgt 0,8 V und dadurch ergibt sich eine Hysterese von $\approx 0,8$ V. Die Hysterese ist temperaturkompensiert. Da der Baustein 7414 sechs invertierende Schmitt-Trigger beinhaltet, müssen die beiden nicht benötigten Gatter an Masse oder +5 V gelegt werden.

Schmitt-Trigger oder Schwellwertschalter sind bistabile Schwellwertschalter mit Hysterese und mit einem Steuereingang, die beim Über- bzw. Unterschreiten bestimmter Eingangsschwellwerte umkippen und 0- bzw. 1-Signal am Ausgang annehmen. Diese Schaltungen sind sowohl für analoge als auch für digitale Schaltungen von großer Wichtigkeit. Hauptanwendungen sind: Einsatz als Schwellwertschalter (z. B. Grenzwertüberwachung analoger Signale), Unterdrückung kleiner Störsignale in digitalen Systemen, Versteilerung von Signalverläufen („Rechteckigmachen"), Signalregenerierung und Impulsformung (Flankenregenerierung binärer Signale, Erzeugung von Rechteckimpulsen aus Sinusspannungen oder anderen Analogsignalen), Element zum Aufbau von Oszillatoren, Verzögerungs- und monostabile Schaltungen.

Schmitt-Trigger haben – bedingt durch ihre Hysterese – einen wesentlich größeren Störabstand als übliche Logikgatter. Die schaltungstechnische Realisierung erfolgt in Form rückgekoppelter Gleichspannungsverstärker (positive Rückkopplung).

Je nach den Forderungen an die Genauigkeit und die Konstanz der Trigger-schwellen bzw. an die Flankensteilheit des Ausgangsspannungssprungs werden unterschiedliche Verstärkerelemente eingesetzt. Die Schaltschwellen und die Größe der Hysterese lassen sich durch Verändern des Rückkopplungsfaktors und durch evtl. Zusatzspannungen häufig in einem weiten Bereich einstellen, was bei TTL-Bausteinen nicht möglich ist.

In dem Schaltplan ist noch ein kleines Netzgerät vorhanden. Ein externer Transformator erzeugt eine Wechselspannung von 9 V, der von einem kleinen Brücken-gleichrichter zu einer unstabilisierten Gleichspannung umgesetzt wird. Der IC-Regler 7805 erzeugt hieraus eine stabile Gleichspannung und dadurch ergibt sich eine kurzschluss- und überlastungssichere Ausgangsspannung. Befindet sich der IC-Regler auf einem Kühlkörper, lässt sich die thermische Abschaltung erheblich ver-zögern.

Für Eingangsfrequenzen bis 40 MHz kann für einen Frequenzzähler die Schal-tung mit Vorteiler benutzt werden. Um den richtigen Messwert zu erhalten, ist es not-wendig, die Frequenz des Referenzoszillators um den Faktor 4 zu teilen, da auch die Frequenz des Eingangssignals durch diesen Faktor geteilt wird. Durch diese Teilung wird auch die „Pausenzeit" zwischen den Messungen auf 800 ms verlängert und die Multiplexfrequenz der Anzeige auf 125 Hz reduziert. Es empfiehlt sich ein Quarz mit 2,5 MHz.

Wird die Eingangsfrequenz eines Messsystems durch den Faktor 10 geteilt, kann die Referenzoszillatorfrequenz bei 10 MHz oder 1 MHz bleiben. Jedoch muss der Dezi-malpunkt um eine Stelle nach rechts verschoben werden. Es sei darauf hingewiesen, dass auch links vom Dezimalpunkt eine Null dargestellt wird, da die interne Vornul-lenunterdrückung nicht geändert werden kann.

Der Oszillator ist als FET-Invertierungsstufe mit hoher Verstärkung realisiert. Ein externer Widerstand zwischen 10 MΩ und 22 MΩ sollte als Arbeitspunkteinstellung zwischen Eingang und Ausgang geschaltet werden. Der Oszillator ist so ausgelegt, dass er mit einem 10-MHz-Quarz in Parallelresonanz mit einer statischen Kapazität von 22 pF und einem Serienwiderstand von weniger als 35 Ω arbeitet.

Für einen speziellen Quarz mit einer Lastkapazität kann die benötigte Transkon-duktanz g_m wie folgt berechnet werden:

$$g_m = \omega^2 \cdot C_{IN} \cdot C_{OUT} \cdot R_S \left(1 + \frac{C_0}{C_L}\right)^2 \quad \text{mit} \quad C_L = \left(\frac{C_{IN} \cdot C_{OUT}}{C_{IN} + C_{OUT}}\right)$$

C_0: statische Quarzkapazität
R_S: Serienwiderstand des Quarzes

C_{IN}: Eingangskapazität

C_{OUT}: Ausgangskapazität

Die erforderliche Transkonduktanz g_{m} sollte um mindestens 50 % größer sein als die für den ICM7216 spezifizierte minimale Transkonduktanz g_{m}, um ein sicheres Anschwingen zu gewährleisten. Die Kapazität der Ein- und Ausgangsanschlüsse des Oszillators kann zu 5 pF angenommen werden. Die Kapazitäten für C_{IN} und C_{OUT} sollten für optimale Frequenzstabilität mindestens doppelt so groß wie die spezifizierte Quarzkapazität gewählt werden. In den Fällen, in denen nicht dekadische Vorteiler verwendet werden, kann ein Quarz mit einer Frequenz, die weder 1 MHz noch 10 MHz beträgt, notwendig werden. In diesem Fall ändert sich die Multiplexfrequenz der Anzeige und die „Pausenzeit" zwischen den Messungen. Die Multiplexfrequenz ist

$$f_{\mathrm{max}} = \frac{f_{\mathrm{OSC}}}{2 \cdot 10^4} \quad \text{bei Betriebsart „10 MHz"}$$

oder

$$f_{\mathrm{max}} = \frac{f_{\mathrm{OSC}}}{2 \cdot 10^5} \quad \text{bei Betriebsart „1 MHz"}$$

Die „Pausenzeit" zwischen den Messungen ist

$$t_{\mathrm{max}} = \frac{2 \cdot 10^6}{f_{\mathrm{OSC}}} \quad \text{bei Betriebsart „10 MHz"}$$

oder

$$t_{\mathrm{max}} = \frac{2 \cdot 10^5}{f_{\mathrm{OSC}}} \quad \text{bei Betriebsart „1 MHz"}$$

Der Quarz und die Bauelemente des Oszillators sollten so nah wie möglich am Schaltkreis aufgebaut werden, um die Überkopplung von anderen Signalen in diesem Schaltungsteil so gering wie möglich zu halten. Überkopplungen vom Eingang des externen Oszillators auf den Eingang oder Ausgang des Referenzoszillators können zu unerwünschten Frequenzverschiebungen führen.

4.8.4 Frequenzzähler bis 10 MHz mit dem ICM7216C/D

Die Funktionsweise des ICM7216C/D ist weitgehend mit dem ICM7216A/B identisch, nur das Anschlussschema ist etwas abgewandelt, wie Abb. 4.42 zeigt.

Der Baustein ICM7216C/D kann nur eine Rechteckfrequenz erfassen und die Frequenz ausgeben. Im Gegensatz zu den Bausteinen ICM7216A/B ist nur ein Eingang vorhanden und auch der Schalter „Funktion" fehlt. Der Schalter für den externen Oszillator ist nicht vorhanden und so lässt sich die Anzeige ein- bzw. ausschalten und die Anzeige testen.

Der Baustein ICM7216C/D kann Frequenzen von 0 bis 10 MHz erfassen. Dezimalpunkt und Unterdrückung voreilender Nullen lässt sich extern einstellen.

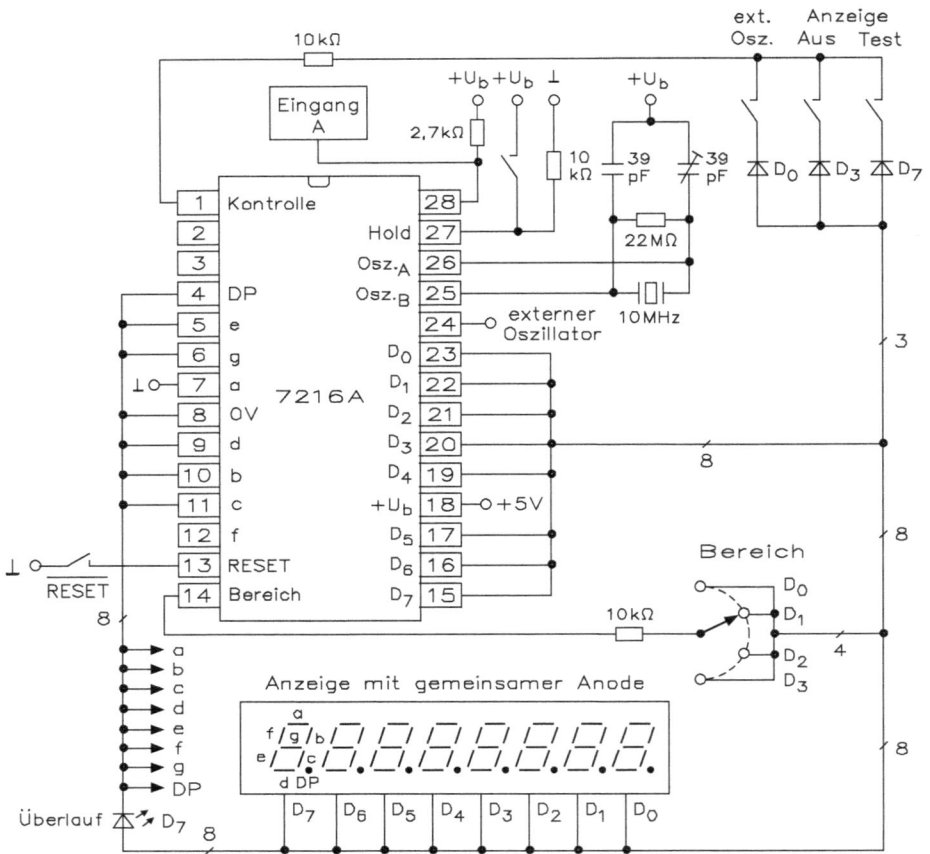

Abb. 4.42: Schaltung des Frequenzzählers bis 10 MHz.

Die Typen ICM7216C und ICM7216D können zum Aufbau eines universellen Zählers mit sehr wenig externen Bauelementen verwendet werden. Durch einen Vorteiler (zusätzlicher Frequenzteiler) kann der ICM7216C/D auf eine Eingangsfrequenz von 40 MHz erweitert werden. Zweckmäßigerweise wird dann ein Quarz von 2,5 MHz verwendet.

Es werden von den sechs Schmitt-Triggern nur zwei benötigt und daher müssen die anderen vier noch mit 0 V oder +5 V verbunden werden.

4.8.5 Erweiterte Schaltungen mit dem ICM7216

Der ICM7216 ist in einem weiten Anwendungsbereich als Universalzähler und Frequenzzähler einsetzbar. In vielen Fällen wird man Vorteilerschaltungen benutzen, um das Eingangssignal für den ICM7216 auf unter 10 MHz herunterzuteilen. Da die Eingänge A und B als digitale Eingänge ausgelegt sind, muss man häufig zusätzliche

Schaltungen für Pufferung des Eingangssignals, Verstärkung, Hysterese und Pegelverschiebung vorsehen. Der Aufwand hierfür hängt sehr stark von der für das Messsystem spezifizierten maximalen Frequenz und von der Empfindlichkeit der Eingangsschaltung ab.

Die Typen ICM7216C und ICM7216D können zum Aufbau eines universellen Zählers mit sehr wenig externen Bauelementen, wie in Abb. 4.43 dargestellt ist, verwendet werden. Die maximale Frequenz dieser Schaltung liegt bei 10 MHz für Eingang A und bei 2 MHz für Eingang B.

Bei Eingangsfrequenzen bis 40 MHz kann für den Frequenzzähler die Schaltung mit dem ICM7216C benutzt werden. Um den richtigen Messwert zu erhalten, ist es notwendig, die Frequenz des Referenzoszillators durch den Faktor 4 zu teilen, da auch die Frequenz des Eingangssignals durch diesen Faktor geteilt wird. Durch diese Teilung wird auch die „Pausenzeit" zwischen den Messungen auf 800 ms verlängert und die Multiplexfrequenz der Anzeige auf 125 Hz reduziert.

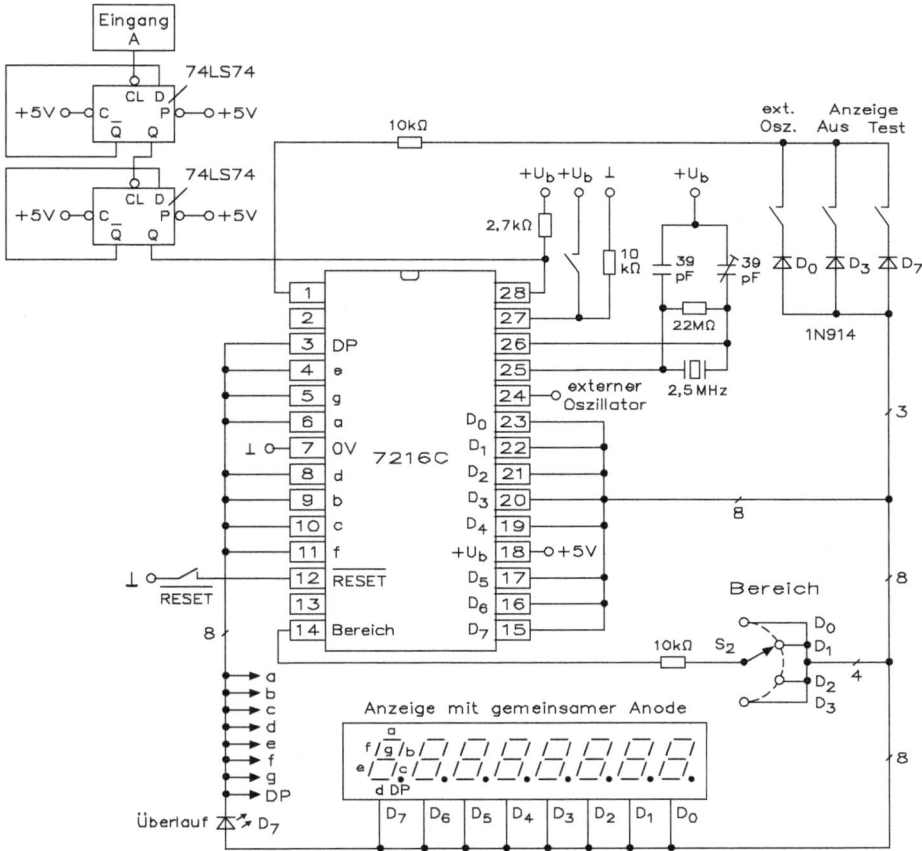

Abb. 4.43: Schaltung eines 40-MHz-Frequenzzählers mit dem ICM7216C.

Tab. 4.7: Statische Parameter für den 7474 der einzelnen TTL-Familien.

Statische Parameter	Standard	LS	Schottky	ALS	AS	HCMOS
Max. Ausgangsstrom I_{OL}	16 mA	8 mA	20 mA	8 mA	20 mA	4 mA
Max. Ausgangsstrom I_{OH}	0,4 mA	0,4 mA	1 mA	0,4 mA	2 mA	4 mA
Max. Eingangsstrom I_{IH}	1,6 mA	0,4 mA	2 mA	0,2 mA	0,5 mA	±1 µA
Typ. Verlustleistung	86 mW	20 mW	150 mW	6 mW	26 mW	200 pW

Tab. 4.8: Dynamische Parameter für den 7474 der einzelnen TTL-Familien.

Dynamische Parameter	Standard	LS	Schottky	ALS	AS	HCMOS
Min. garantierte Taktfrequenz	18 MHz	25 MHz	75 MHz	34 MHz	105 MHz	25 MHz
Min. Taktbreite bei High	30 ns	25 ns	6 ns	14,5 ns	4 ns	20 ns
Min. setup time	20 ns ↑	25 ns ↑	3 ns ↑	15 ns ↑	4,5 ns ↑	25 ns ↑
Min. hold time	5 ns ↑	5 ns ↑	2 ns ↑	0 ns ↑	0 ns ↑	0 ns ↑
Typ. Verzögerung PRE$'$/CLR$'$ → Q/Q'				9 ns	6 ns	20 ns
Typ. Verzögerung CLK → Q/Q'				11,5 ns	6,25 ns	20 ns
Typ. Verzögerung	17 ns	19 ns	6 ns	10 ns	6 ns	20 ns

Für den TTL-Baustein 7474 (zwei Flipflops mit Preset und Clear) gilt für die statischen Parameter Tab. 4.7 und die dynamischen Parameter Tab. 4.8.

Für die Realisierung des Vorteilers eignen sich Schottky, ALS (Advanced Low Power Schottky) und AS (Advanced Schottky).

Wenn die Schaltung nicht ordnungsgemäß funktioniert, muss ein Schmitt-Trigger zwischen Eingang und dem ersten Flipflop eingeschaltet werden.

Wechselt man den TTL-Baustein 7474 (zwei Flipflops mit Preset und Clear) gegen einen 74290 aus, erhält man einen Vorteiler von 10 zu 1. Abb. 4.44 zeigt die Schaltung eines 100-MHz-Frequenzzählers mit dem ICM7216C. Statt dem 74290 kann man auch den ECL-Baustein 11C90 (wird noch beschrieben) verwenden, der bis zu einer Frequenz von 650 MHz arbeitet. Verwendet man den Dezimalzähler 74290, erreicht man eine maximale Eingangsfrequenz von 32 MHz. Will man echte 100 MHz erreichen, muss man einen 7474 in Schottky, ALS und AS als 2-zu-1-Teiler vorschalten und der 74290 teilt die Frequenz mit dem 5-zu-1-Teiler.

Für den 100-MHz-Frequenzzähler verwendet man zwei 74AS74 und schaltet dann einen 74LS290 nach. Der 74LS290 ist ein Dezimalzähler mit vier internen Flipflops. Der Eingangszähler A hat eine garantierte Zählfrequenz von 32 MHz und arbeitet separat. Der andere Zähler B beinhaltet drei Flipflops und hat eine garantierte Zählfrequenz von 16 MHz. Für einen Dezimalzähler muss der Ausgang Q_A (Pin 9) vom Eingangszähler mit dem Eingang B (Pin 11) der zweiten Zählstufe verbunden sein. Tab. 4.9 zeigt den Zählerbetrieb und Tab. 4.10 die Ansteuerbedingungen für den 74290.

Q_A muss mit B verbunden sein.

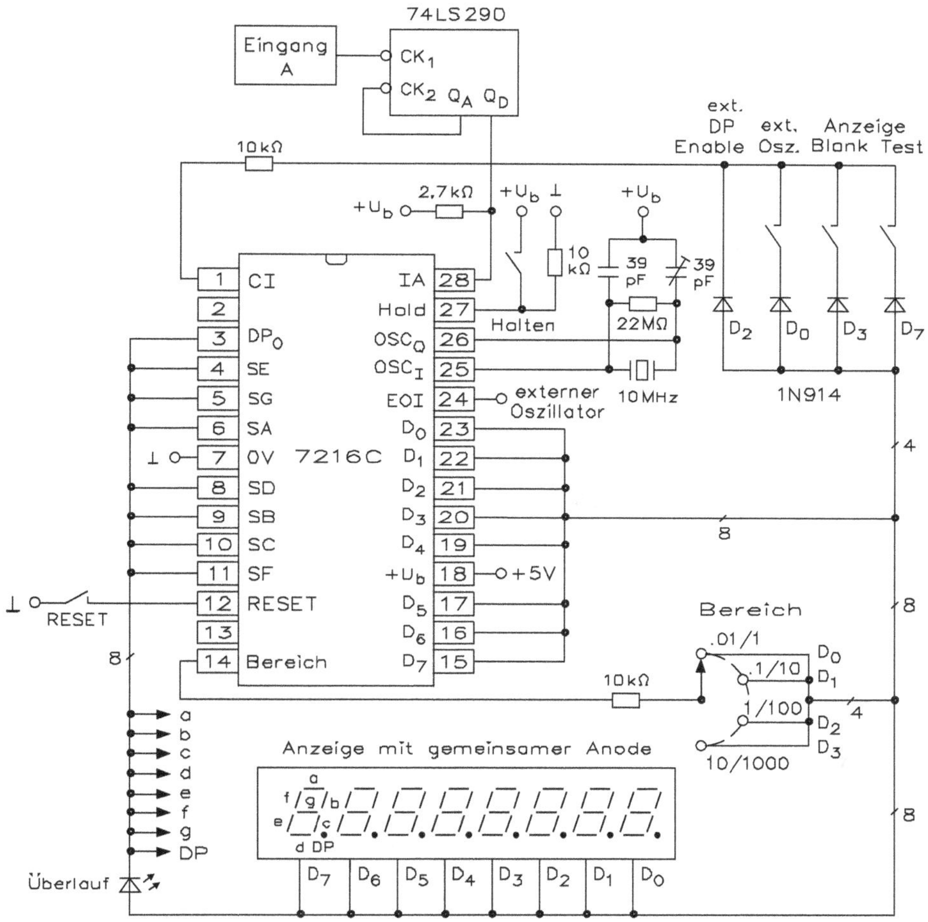

Abb. 4.44: Schaltung eines 100-MHz-Frequenzzählers mit dem ICM7216C.

Das erste Flipflop teilt die Eingangsfrequenz von 100 MHz auf 50 MHz. Das zweite Flipflop teilt diese Frequenz von 50 MHz auf 25 MHz und damit kann der 74290 arbeiten.

Für eine Eingangsfrequenz von 100 MHz muss man einen Vorteiler, bestehend aus dem 74LS74 und einem 74290 realisieren. An dem ersten 74LS74 liegt eine Eingangsfrequenz von 100 MHz an und diese wird auf 50 MHz heruntergeteilt. Dann folgt der nächste 74LS74 und eine Frequenzteilung auf 25 MHz. Diese Frequenz liegt nur an dem Dezimalzähler 74290 und wird entsprechend heruntergeteilt. Es ergeben sich 2,5 MHz an dem Ausgang Q_D. Man kann den Quarz wechseln. Die andere Möglichkeit ist die automatische Rückstellung durch das NAND-Gatter.

Tab. 4.9: Zählerbetrieb des Dezimalzählers 74290.

Wert	Ausgänge			
	Q_A	Q_B	Q_C	Q_D
0	0	0	0	0
1	0	0	0	1
2	0	0	1	0
3	0	0	1	1
4	0	1	0	0
5	0	1	0	1
6	0	1	1	0
7	0	1	1	0
8	1	0	0	0
9	1	0	0	1

Tab. 4.10: Ansteuerbedingungen des Dezimalzählers 74290.

Reset-Eingänge				Ausgänge			
$R_{0(1)}$	$R_{0(2)}$	$R_{9(1)}$	$R_{9(2)}$	Q_A	Q_B	Q_C	Q_D
1	1	0	×	0	0	0	0
1	1	×	0	0	0	0	0
×	×	1	1	1	0	0	1
×	0	×	0	zähle	n		
0	×	0	×	zähle	n		
0	×	×	0	zähle	n		
×	0	0	×	zähle	n		

Es gilt:

Q_3	Q_2	Q_1	Q_0	
0	1	1	1	
1	0	0	0	
1	0	0	1	
1	0	1	0	← für $\approx$ 10 ns automatische Rückstellung
0	0	0	0	

Tritt der Zählerstand von 10 auf, ist die NAND-Bedingung erfüllt und die RESET-Leitung hat ein 0-Signal. Die beiden Flipflops und die Zählerdekade werden auf den Zählerstand 0 zurückgesetzt. Wichtig ist die Verbindung zwischen dem Ausgang Q_A und Eingang B.

Mit zwei Vorteilern ergibt sich die Schaltung (Abb. 4.45) eines 100-MHz-Multifunktionszählers mit dem ICM7216A.

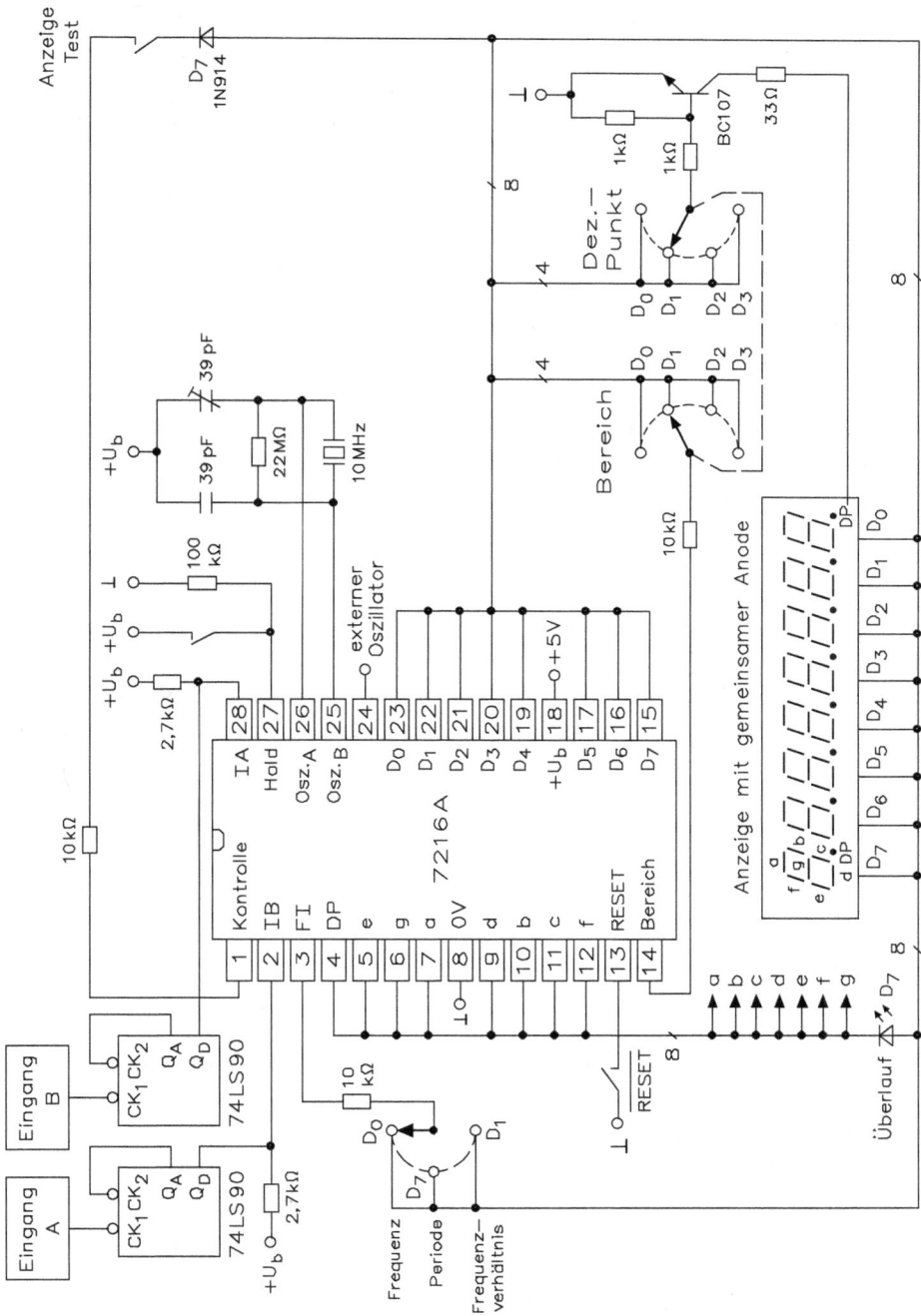

Abb. 4.45: Schaltung eines 100-MHz-Multifunktionszählers mit dem ICM7216A.

Wird die Eingangsfrequenz eines Messsystems durch den Faktor 10 geteilt, kann die Referenzoszillatorfrequenz bei 10 MHz oder 1 MHz bleiben. Jedoch muss der Dezimalpunkt um eine Stelle nach rechts verschoben werden. Die Schaltung von Abb. 4.45 zeigt einen Zähler mit einem Vorteiler (Faktor 10) und einem ICM7216C. Da der Anschluss für einen externen Dezimalpunkt beim ICM7216A und ICM7216B nicht vorhanden ist, muss man bei Verwendung dieser Versionen eine externe Treiberschaltung für den Dezimalpunkt realisieren.

Es sei darauf hingewiesen, dass auch links vom Dezimalpunkt eine Null dargestellt wird, da die interne Vornullenunterdrückung nicht geändert werden kann.

Bei der Schaltung sind zwei Bausteine 74LS74, ein Baustein 74390 und ein NAND-Gatter 74LS00 erforderlich, denn die beiden Eingangsfrequenzen werden dezimal geteilt. Der 74390 enthält zwei Dezimalzähler, die von jeweils einem Eingang angesteuert werden. Wichtig ist die Verbindung zwischen dem Ausgang Q_A und Eingang B.

Da der Anschluss für einen externen Dezimalpunkt bei ICM7216A/B nicht vorhanden ist, muss bei der Verwendung dieser Version eine externe Treiberschaltung für den Dezimalpunkt realisiert werden.

In der Schaltung nach Abb. 4.45 ist eine zusätzliche Beschaltung realisiert, um zur Erzielung der besten Genauigkeit die Periodendauer des Eingangssignals messen zu können. (Schalter „Function Switch"). In den Schaltungen der Abb. 4.65 und Abb. 4.66 wird das Eingangssignal für Eingang A des Zählers vom Ausgang Q_C des Vorteilers abgegriffen, um ein Tastverhältnis von 40 % oder mehr zu erhalten. Wenn das Tastverhältnis an Eingang A zu klein wird, muss man unter Umständen einen monostabilen Multivibrator oder eine ähnliche Schaltung einsetzen, um eine minimale Pulslänge von 50 ns sicherzustellen.

Abb. 4.46 zeigt die Schaltung eines 100-MHz-Frequenzzählers und eines 2-MHz-Periodenzählers mit dem ICM7216A.

4.8.6 Universalzähler ICM7226A/B

Der ICM7226A/B treibt LED-Anzeigen mit gemeinsamer Anode und der ICM7226B mit gemeinsamer Kathode. Die beiden Bausteine sind einsetzbar zur Messung von Frequenz, Periodendauer, Ereignissen, Frequenzverhältnis und Zeitintervall. Auf dem Chip sind Stellen- und Segmenttreiber für 8-stellige LED-Anzeigen integriert. Sie eignen sich für eine direkte Frequenzmessung von 0 Hz bis 10 MHz; die Periodendauermessung von 0,5 µs bis 10 s. Ein stabiler Oszillator mit Quarz von 1 MHz oder 10 MHz sorgt für exakte Messungen. Steuersignale für die Ansteuerung von Vorteilern und Vorteileranzeigen sind vorhanden.

Die Typen ICM7226A und ICM7226B sind vollintegrierte Universalzähler für die direkte Ansteuerung einer LED-Anzeige. Die Bausteine ICM7226A/B kombinieren die Unterfunktionen für einen externen Referenzoszillator, einen dekadischen Zeitbasiszähler, einen 8-Dekaden-Datenzähler mit Zwischenspeicher, 7-Segment-Decodierer,

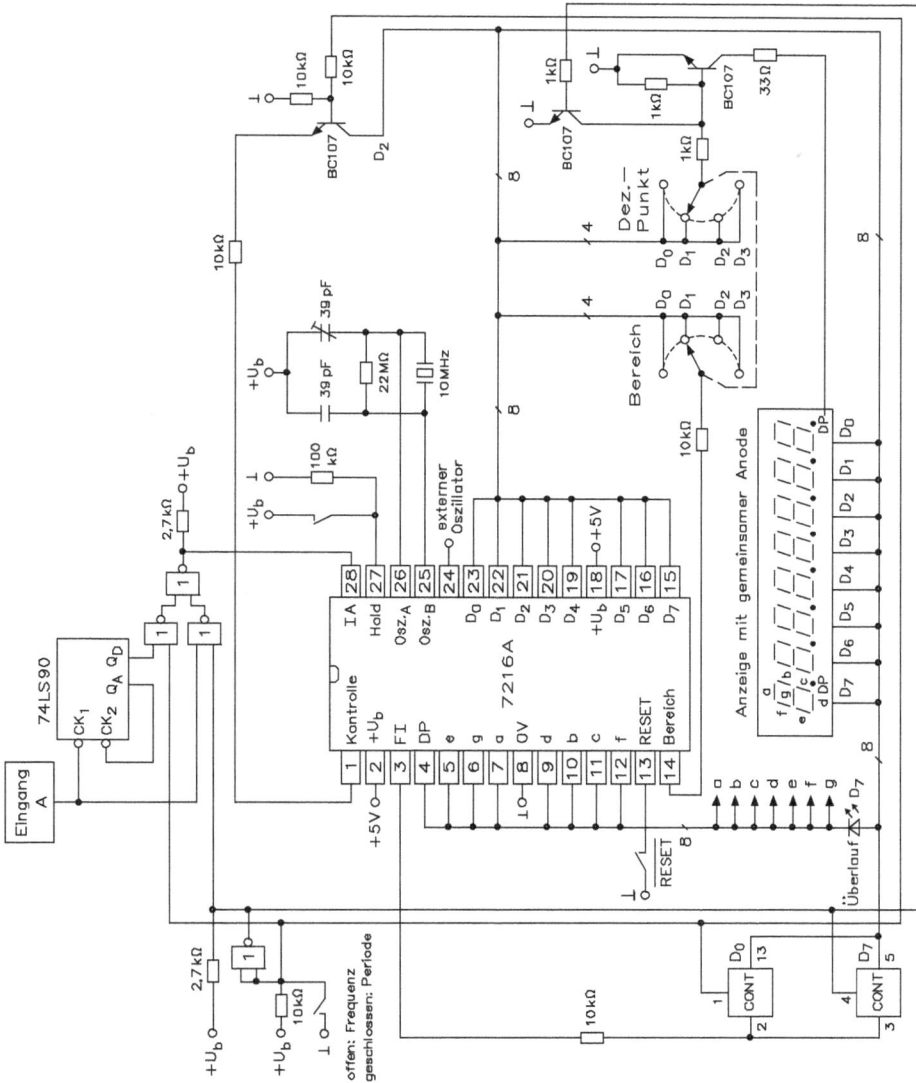

Abb. 4.46: Schaltung eines 100-MHz-Multifunktionszählers mit dem ICM7216A.

Stellen-Multiplexer, Stellen- und Segmenttreiber für die direkte Ansteuerung großer 8-stelliger LED-Anzeigen auf einem CMOS-Chip.

Der Zählereingang besitzt eine maximale Eingangsfrequenz von 10 MHz in den Betriebsarten Frequenzmessung und Ereignismessung und eine von 2 MHz in den anderen Betriebsarten. Beide Eingänge sind digitale Eingänge. In den meisten Anwendungen wird zusätzliche Verstärkung und Pegelanpassung des Eingangssignals notwendig sein, um geeignete Eingangssignale für den Zählbaustein zu erzeugen.

Der ICM7226A und der ICM7226B arbeiten als Frequenzzähler, Periodendauerzähler, Frequenzverhältniszähler (f_A/f_B) oder Zeitintervallzähler. Der Zähler benutzt einen Referenzoszillator von 10 MHz oder 1 MHz, der mit einem externen Quarz geschaltet wird. Zusätzlich ist ein Eingang für eine externe Zeitbasis vorhanden. Bei der Messung von Periodendauer und Zeitintervall ergibt sich bei Verwendung einer 10-MHz-Zeitbasis eine Auflösung von 0,1 ps. Bei den Mittelwertmessungen von Periodendauer und Zeitintervall kann die Auflösung im Nanosekundenbereich liegen.

Bei der Betriebsart Frequenzmessung kann der Anwender Toröffnungszeiten von 10 ms, 100 ms, 1 s und 10 s auswählen. Mit einer Toröffnungszeit von 10 s ist die Wertigkeit der niederwertigsten Stelle 0,1 Hz. Zwischen aufeinanderfolgenden Messungen liegt eine Pause von 0,2 s in allen Messbereichen und Funktionen. Steuersignale für die Ansteuerung von Vorteilern sind vorhanden.

Beide Versionen des ICM7226 ermöglichen die Unterdrückung voreilender Nullen. Die Frequenz wird in kHz dargestellt. Beim ICM7226A und B erfolgt die Darstellung der Zeit in µs. Die Anzeige wird im Multiplex mit einer Frequenz von 500 Hz und einem Tastverhältnis von 12,5 % für jede Stelle angesteuert.

Der Typ ICM7226A ist für die Ansteuerung von 7-Segment-Anzeigen mit gemeinsamer Anode mit einem typischen Segment-Spitzenstrom von 25 mA ausgelegt. Der Typ ICM7226B steuert Anzeigen mit gemeinsamer Kathode an, wobei der typische Segment-Spitzenstrom bei 12 mA liegt. In der Betriebsart „Anzeige aus" werden die Stellen- und Segmenttreiber deaktiviert, so dass die Anzeige für andere Funktionen benutzt werden kann.

Abb. 4.47 zeigt die Schaltung des ICM7226A/B, der als Frequenzzähler, Periodendauerzähler, Frequenzverhältniszähler (f_A/f_B) oder Zeitintervallzähler arbeitet. Die Eingänge A und B sind digitale Eingänge mit einer Schaltschwelle von 2,0 V bei einer Versorgungsspannung von +5 V. Um optimale Bedingungen sicherzustellen, sollte das Eingangssignal so eingestellt werden, dass die Amplitude (Spitze-Spitze) mindestens 50 % der Versorgungsspannung beträgt und die „Null-Linie" bei der Schwellspannung liegt. Werden diese Eingänge von TTL-Schaltkreisen angesteuert, ist es zweckmäßig, einen „Pull-up"-Widerstand zur positiven Versorgungsspannung zu verwenden. Die Schaltung zählt die negativen Flanken an beiden Eingängen.

Vorsicht: Die Amplitude der Eingangsspannungen darf die Versorgungsspannung nicht überschreiten, die Schaltung kann dadurch zerstört werden.

Die negative Flanke an Kanal A startet den Zeitintervallzähler. Die negative Flanke an Kanal B stoppt diesen Zähler. Zur Vervollständigung der Messung muss nach der negativen Flanke an B noch einmal eine negative Flanke an A angelegt werden. Bei der Messung periodischer Signale geschieht dies automatisch. Bei der Messung von Einzelimpulsen muss diese zweite negative Flanke an A zusätzlich erzeugt werden.

– Multiplex-Eingänge: Die Eingänge für Funktion, Messbereich, Steuerung und externen Dezimalpunkt werden im Zeitmultiplex betrieben. Dies geschieht dadurch, dass der jeweilige Eingang mit dem entsprechenden Stellentreiberausgang verbunden wird.

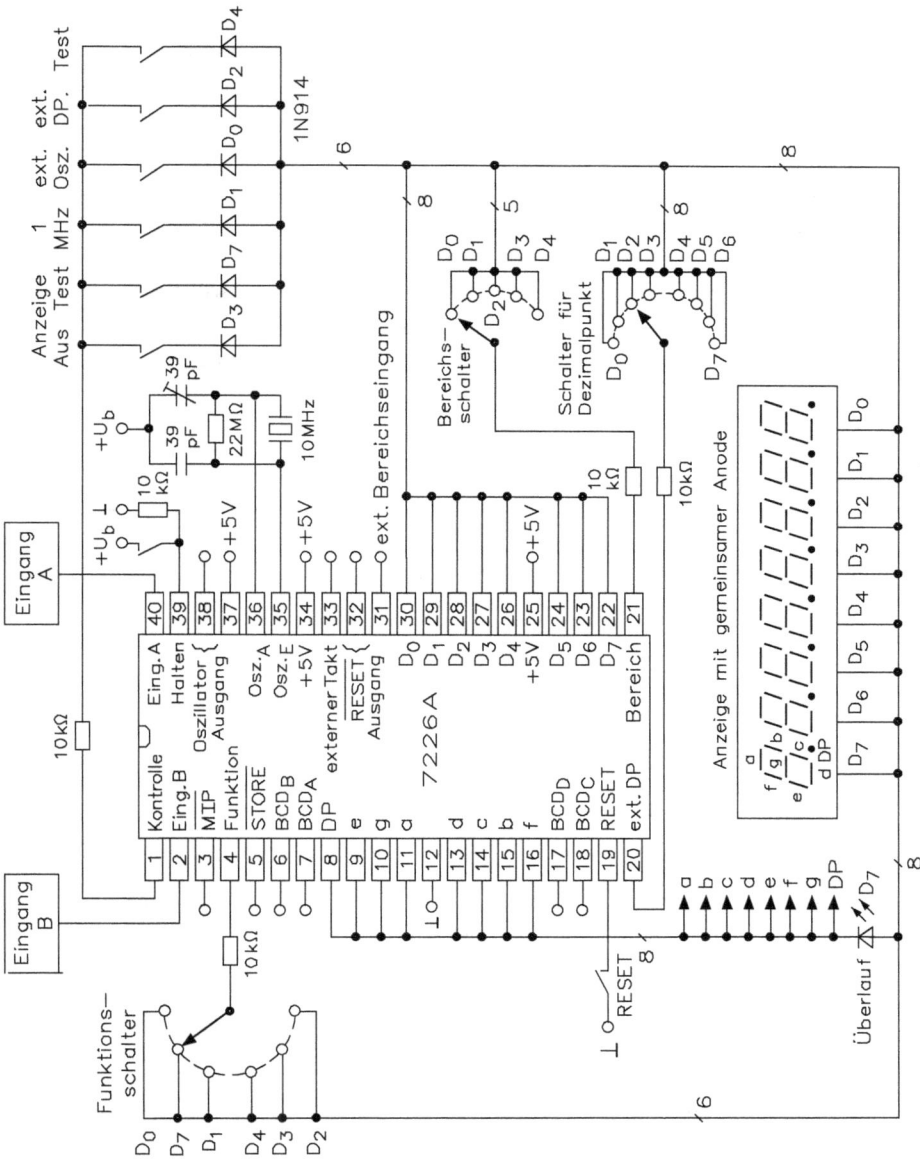

Abb. 4.47: ICM7226A/B arbeiten als Frequenzzähler, Periodendauerzähler, Frequenzverhältniszähler (f_A/f_B) oder Zeitintervallzähler.

Die Spannung an den Eingängen Funktion, Messbereich und Steuerung muss für die zweite Hälfte jedes Stellentreiberausgangs stabil anliegen (typ. 125 µs).

Der aktive Pegel an diesen Zugängen ist 1-Signal für die Version mit gemeinsamer Anode (ICM7226A) und 0-Signal für die Version mit gemeinsamer Kathode (ICM7226B).

Störspannungen an diesen Eingängen können zu Funktionsfehlern führen. Das gilt besonders bei der Betriebsart „Ereigniszählung", da hierbei Spannungsänderungen an den Stellentreibern kapazitiv über die LED-Dioden auf die Multiplex-Eingänge überkoppeln können. Um einen guten Störabstand zu erhalten, sollte man einen Widerstand von 10 kΩ in Serie zu jedem Multiplexeingang schalten.

Tab. 4.11 zeigt die Funktion dieser Eingänge und die Zuordnung der entsprechenden Stellentreiberausgänge.

Tab. 4.11: Funktionen des ICM7226A und ICM7226B.

	Funktionen	Digit
Funktionseingang (Pin 4)	Frequenz (F)	D_0
	Periode (P)	D_7
	Differenzmessung (FR)	D_1
	Zeitintervall (TI)	D_4
	Zähler (U.C.)	D_3
	Oszillator (O.F.)	D_2
Bereichseingang (Pin 21)	0,01 s/1 Zyklus	D_0
	0,1 s/10 Zyklus	D_1
	1 s/100 Zyklus	D_2
	10 s/1000 Zyklus	D_3
Externer Bereichseingang (Pin 31)	gesperrt	D_4
Kontrolleingang (Pin 1)	ohne Anzeige	D_3 und Halten
	Anzeigentest	D_7
	1-MHz-Quarz	D_1
	Sperre des externen Oszillators	D_0
	Sperre der Dezimalpunkte	D_2
	Test	D_4
Eingang für den Dezimalpunkt (Pin 20)	Ausgang für Dezimalpunkt	

4.8.7 Steuerfunktionen des Universalzählers ICM7226A/B

– Display Test: Alle Segmente und Dezimalpunkte sind eingeschaltet. Die Anzeige ist ausgeschaltet, wenn gleichzeitig „Display off" angelegt ist.
– Display off: Um diese Betriebsart einzustellen, ist es notwendig, den Stellentreiberausgang D_3 auf den Steuereingang „Control" zu schalten und den Anschluss „Hold" auf 0-Signal zu legen. Der Schaltkreis bleibt solange in dieser Betriebsart,

bis „Hold" wieder auf 0-Signal gelegt wird. Bei „Display off" sind die Stellen- und Segmenttreiber deaktiviert. Der Referenzoszillator läuft jedoch weiter. Der typische Versorgungsstrom ist 1,5 mA mit einem Quarz von 10 MHz. Signale an den Multiplexeingängen haben keinen Einfluss. Eine neue Messung wird dann vorgenommen, wenn der Anschluss „Hold" an 0-Signal gelegt wird.

- 1 MHz Select: Diese Betriebsart erlaubt die Verwendung eines Quarzes von 1 MHz unter Beibehaltung der Multiplexfrequenz und des Zeitbedarfs für die Messungen – wie bei Verwendung eines 10 MHz-Quarzes. Bei Zeitintervall und Periodendauermessungen wird der Dezimalpunkt um eine Stelle nach rechts verschoben, da in diesem Fall die niederwertigste Stelle die Wertigkeit 1 μs besitzt.

- External Oscillator Enable: In dieser Betriebsart wird anstelle des internen Oszillators ein externer Oszillator als Zeitbasis benutzt. Der interne Oszillator läuft weiter. Die Eingangsfrequenz des externen Oszillators muss größer als 100 kHz sein, da andernfalls der Schaltkreis automatisch den internen Oszillator wieder aktiviert.

- External Decimal Point Enable: Wenn diese Betriebsart aktiviert ist, wird der Dezimalpunkt an der Stelle eingeblendet, die durch die Verbindung des entsprechenden Stellentreiberausgangs mit dem Anschluss „External Decimal Point" festgelegt ist. Die Nullunterdrückung wird für alle nach dem Dezimalpunkt folgenden Stellen deaktiviert.

- Test Mode: In dieser Betriebsart wird der Hauptzähler in Gruppen von jeweils zwei Stellen aufgeteilt. Diese Gruppen werden parallel getaktet. Der Referenzzähler wird so aufgeteilt, dass der Takt direkt in die zweite Dekade eingespeist wird (Toröffnungszeit 0,1 s/10 Zyklen). Der Zählerstand des Hauptzählers wird kontinuierlich ausgegeben.

- Range Input: Der Messbereich bestimmt, ob eine Messung über 1, 10, 100 oder 1000 Zählzyklen des Referenzzählers durchgeführt wird. Bei allen Betriebsarten mit Ausnahme der Ereigniszählung wird bei einer Änderung an diesem Eingang die gerade laufende Messung abgebrochen und eine neue Messung initialisiert. Dies verhindert eine fehlerhafte erste Messung nach der Änderung des Messbereichs.

- Function Input: Die sechs wählbaren Funktionen sind: Frequenz, Periodendauer, Zeitintervall, Ereigniszählung, Frequenzverhältnis und Oszillatorfrequenz. Mit dieser Funktion wird festgelegt, welches Signal in den Hauptzähler und welches Signal in den Referenzzähler gezählt wird (Tab. 4.12).

Bei der Zeitintervallmessung wird ein Flipflop mit der negativen Flanke an Eingang A gesetzt und darauf mit der negativen Flanke an Eingang B wieder zurückgesetzt. Nachdem das Flipflop gesetzt ist, wird der Takt des Referenzoszillators solange in den Hauptzähler gezählt, bis das Flipflop mit der negativen Flanke an B wieder zurückgesetzt wird. Ein Wechsel am „Function"-Eingang unterbricht die laufende Messung.

Tab. 4.12: Wählbare Funktionen.

Beschreibung	Hauptzähler	Referenzzähler
Frequenz (f_A)	Eingang A	100 Hz (Oszillator 10^5 oder 10^4)
Periode (t_A)	Oszillator	Eingang A
Verhältnis (f_A/f_B)	Eingang A	Eingang B
Zeitintervall ($A \rightarrow B$)	Intervall	Zeitintervall
Zähler (A)	Eingang A	Ohne Anwendung
Oszillatorfrequenz (f_{OSC})	Oszillator	100 Hz (Oszillator 10^5 oder 10^4)

Dies verhindert eine fehlerhafte erste Anzeige nach Änderung der Verhältnisse am „Function"-Eingang.

- External Decimal Point Input: Dieser Eingang ist dann aktiv, wenn der externe Dezimalpunkt angewählt ist. Jede Stelle außer D7 kann hier angeschlossen werden, weil der Überlaufausgang mit D7 übersteuert wird und Nullen rechts vom Dezimalpunkt nicht unterdrückt werden.
- Hold-Input: Wenn dieser Eingang an das 1-Signal gelegt wird, wird die laufende Messung angehalten, der Hauptzähler wird zurückgesetzt und der Schaltkreis wird für eine neue Messung vorbereitet. Die Zwischenspeicher, die den Inhalt des Hauptzählers halten, werden nicht aufdatiert, so dass das Ergebnis der letzten vollständigen Messung dargestellt wird. Wird „Hold" an das 0-Signal gelegt, wird eine neue Messung gestartet.
- Reset-Eingang: Dieser Eingang hat prinzipiell die gleiche Funktion wie der „Hold-Eingang" außer dass die Zwischenspeicher für den Hauptzähler aktiviert werden und sich somit eine Nullanzeige ergibt.
- External Range Input: Dieser Eingang wird benutzt, um andere Messbereiche als im Schaltkreis vorgesehen einzufügen.
- Measurement in Progress, Store und Reset-Ausgänge: Diese Ausgänge sind vorgesehen, um die Darstellungslogik von Vorteilern anzusteuern. Alle drei Ausgänge sind in der Lage, eine TTL-LS-Last zu treiben. Der Ausgang „Measurement in Progress" kann direkt eine ECL-Last treiben, wenn der ECL-Schaltkreis an derselben Spannungsversorgung wie der ICM7226 betrieben wird.
- BCD-Ausgänge: Die Stellung jeder Zählstufe wird in BCD-Codierung an den BCD-Ausgängen ausgegeben. Die Vornullenunterdrückung hat keinen Einfluss auf die BCD-Ausgänge. Jeder dieser Ausgänge treibt eine TTL-Last. Tab. 4.13 zeigt die Wahrheitstabelle für diese Ausgänge.
- Buffered Oscillator Output: Dieser Anschluss ist vorgesehen, um den internen Oszillator benutzen zu können, ohne ihn zu belasten. Der Ausgang treibt eine TTL-LS-Last. Es sollte auf eine minimale kapazitive Belastung dieses Anschlusses geachtet werden.

Tab. 4.13: Wahrheitstabelle für die BCD-Ausgänge.

Nummer	D (Pin 7)	C (Pin 6)	B (Pin 17)	A (Pin 18)
0	0	0	0	0
1	0	0	0	1
2	0	0	1	0
3	0	0	1	1
4	0	1	0	0
5	0	1	0	1
6	0	1	1	0
7	0	1	1	1
8	1	0	0	0
9	1	0	0	1

Die Anzeige wird mit einer Multiplexfrequenz von 500 Hz und einer „Digit"-Zeit von 224 μs betrieben. Zwischen der Ansteuerung nebeneinanderliegender Stellen wird eine Austastzeit von 6 μs eingefügt, um den „Ghosting-Effekt" zwischen den Stellen zu vermeiden. Die Unterdrückung voreilender Nullen und der Dezimalpunkt sind für rechtsorientierte Anzeigen ausgelegt. Nullen, die rechts vom Dezimalpunkt stehen, werden nicht unterdrückt. Außerdem wird die Nullenunterdrückung nicht aktiviert, wenn der Hauptzähler überläuft.

Die Version ICM7226A steuert LED-Anzeigen mit gemeinsamer Anode an (Segmentspitzenstrom 25 mA) bei einer Anzeige mit $U_{LED} = 1,8$ V bei 25 mA. Der mittlere Segmentstrom liegt unter diesen Bedingungen über 3 mA. Die Version ICM7226B ist für Anzeigen mit gemeinsamer Kathode ausgelegt (Segmentspitzenstrom 15 mA) bei einer Anzeige mit $U_{LED} = 1,8$ V bei 15 mA. Bei der Verwendung von Anzeigen mit sehr hohem Wirkungsgrad können – wenn notwendig – Widerstände in Serie zu den Segmenttreibern geschaltet werden.

Zur Erzielung größerer Helligkeit kann $+U_b$ bis auf 6 V erhöht werden. Dabei muss man jedoch äußerste Vorsicht walten lassen, um die maximale Verlustleistung nicht zu überschreiten. Die Treiberausgänge des ICM7226 für Segmente und Stellen sind nicht direkt kompatibel mit TTL- oder CMOS-Logik. Aus diesem Grund kann eine Pegelanpassung mit diskreten Transistoren notwendig werden.

Für Eingangsfrequenzen bis 40 MHz kann für einen Frequenzzähler die Schaltung von Abb. 4.48 benutzt werden. Um den richtigen Messwert zu erhalten, ist es notwendig, die Frequenz des Referenzoszillators durch den Faktor 4 zu teilen, da auch die Frequenz des Eingangssignals durch diesen Faktor geteilt wird. Durch diese Teilung wird auch die „Pausenzeit" zwischen den Messungen auf 800 ms verlängert und die Multiplexfrequenz auf 125 Hz reduziert.

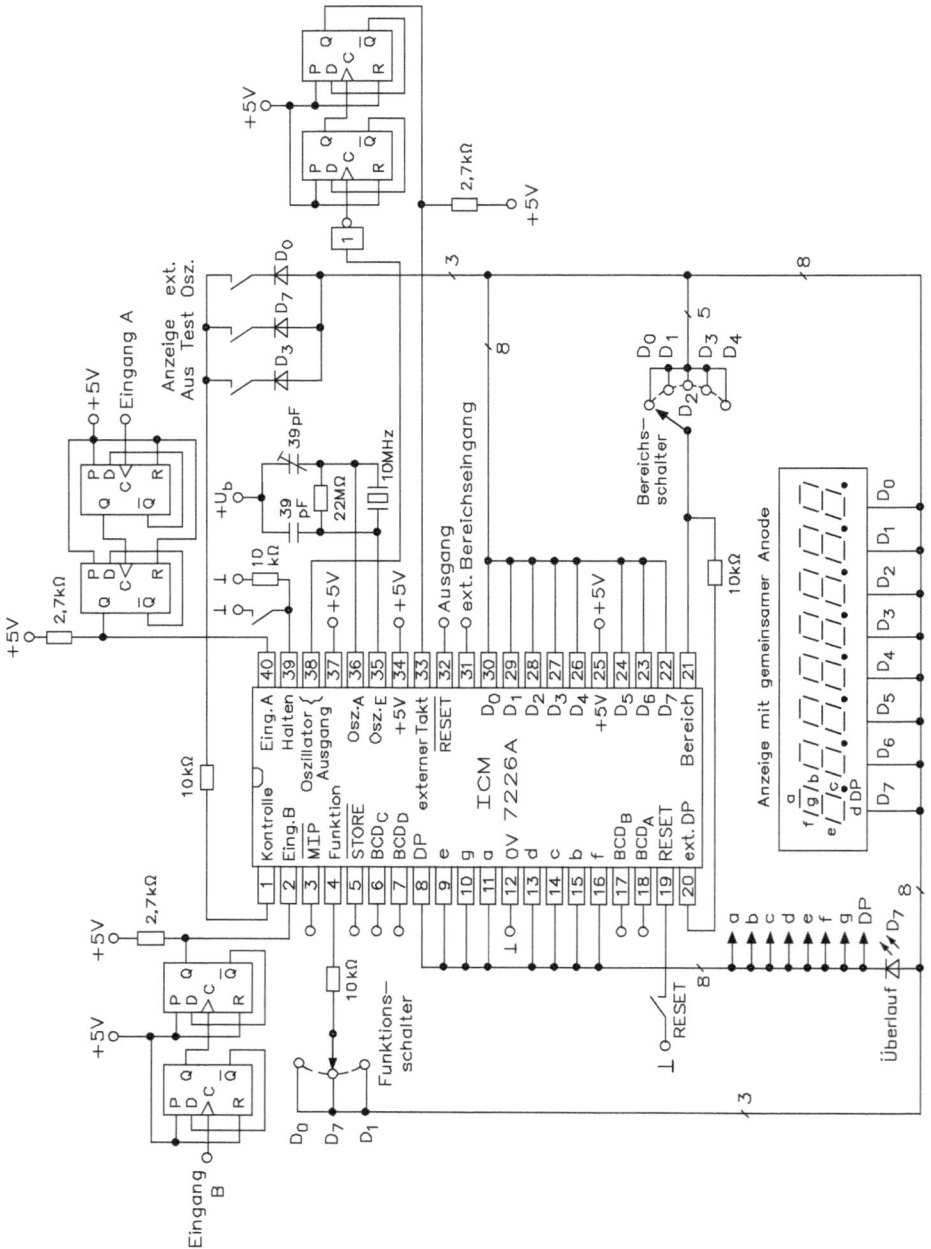

Abb. 4.48: ICM7226A arbeitet als Frequenzzähler und Periodendauerzähler für 40 MHz.

4.8.8 Genauigkeit des Universalzählers ICM7226A/B

Bei einem universellen Zähler führen Drift des Referenzoszillators (Quarz) und Quantisierungseffekte zu Fehlern. In den Betriebsarten Frequenzmessung, Periodendauermessung und Zeitintervallmessung wird ein von diesem Referenztakt abgeleitetes Signal entweder als Takt für den Referenzzähler oder für den Hauptzähler benutzt. Daher ergibt sich durch eine Frequenzabweichung des Referenztaktes eine identische Abweichung der Messung. Ein Oszillator, der einen Temperaturkoeffizienten von 20 ppm/°C aufweist, führt ebenfalls zu einem Messfehler von 20 ppm/°C.

Zusätzlich ist der „systeminhärente" Quantisierungsfehler eines digitalen Messsystems von +1 vorhanden. Es ist offensichtlich, dass dieser Fehler durch Verwendung zusätzlicher Stellen verringert werden kann. Bei Frequenzmessungen erhält man die höchste Genauigkeit bei Eingangssignalen mit hoher Frequenz. Bei Periodendauermessungen ist die Messgenauigkeit bei niedrigen Eingangsfrequenzen am höchsten. Aus einem Diagramm kann man den „Kreuzungspunkt" zwischen Periodendauergenauigkeit und Frequenzgenauigkeit bei 10 kHz ablesen (1 Zyklus oder 10 s Toröffnungszeit). Bei Zeitintervallmessungen kann ein Fehler von 1 LSD pro Intervall auftreten. Daraus ergibt sich, dass dieselbe „inhärente" Genauigkeit in allen Bereichen vorhanden ist. Bei Frequenzverhältnismessungen kann man durch Mittelwertbildung über mehrere Zyklen des an B anliegenden Signals eine größere Genauigkeit erzielen.

4.8.9 100-MHz-Universalzähler ICM7226A

Der ICM7226 ist in einem weiten Anwendungsbereich als Universalzähler und Frequenzzähler einsetzbar. In vielen Fällen wird man Vorteilerschaltungen benutzen, um das Eingangssignal für den ICM7226 auf unter 10 MHz herunterzuteilen. Da die Eingänge A und B als digitale Eingänge ausgelegt sind, muss man häufig zusätzliche Schaltungen für Pufferung des Eingangssignals, Verstärkung, Hysterese und Pegelverschiebung vorsehen. Der Aufwand hierfür hängt sehr stark von der Empfindlichkeit der Eingangsschaltung ab.

Der ICM7226 kann zum Aufbau eines universellen Zählers mit sehr wenig externen Bauelementen verwendet werden. Die maximale Frequenz der Schaltung liegt bei 10 MHz für Eingang A und bei 2 MHz für Eingang B.

Für Eingangsfrequenzen bis 40 MHz kann für einen Frequenzzähler eine einfache Schaltung benutzt werden. Um den richtigen Messwert zu erhalten, ist es notwendig, die Frequenz des Referenzoszillators durch den Faktor 4 zu teilen, da auch die Frequenz des Eingangssignals durch diesen Faktor geteilt wird. Durch diese Teilung wird auch die „Pausenzeit" zwischen den Messungen auf 800 ms verlängert und die Multiplexfrequenz der Anzeige auf 125 Hz reduziert.

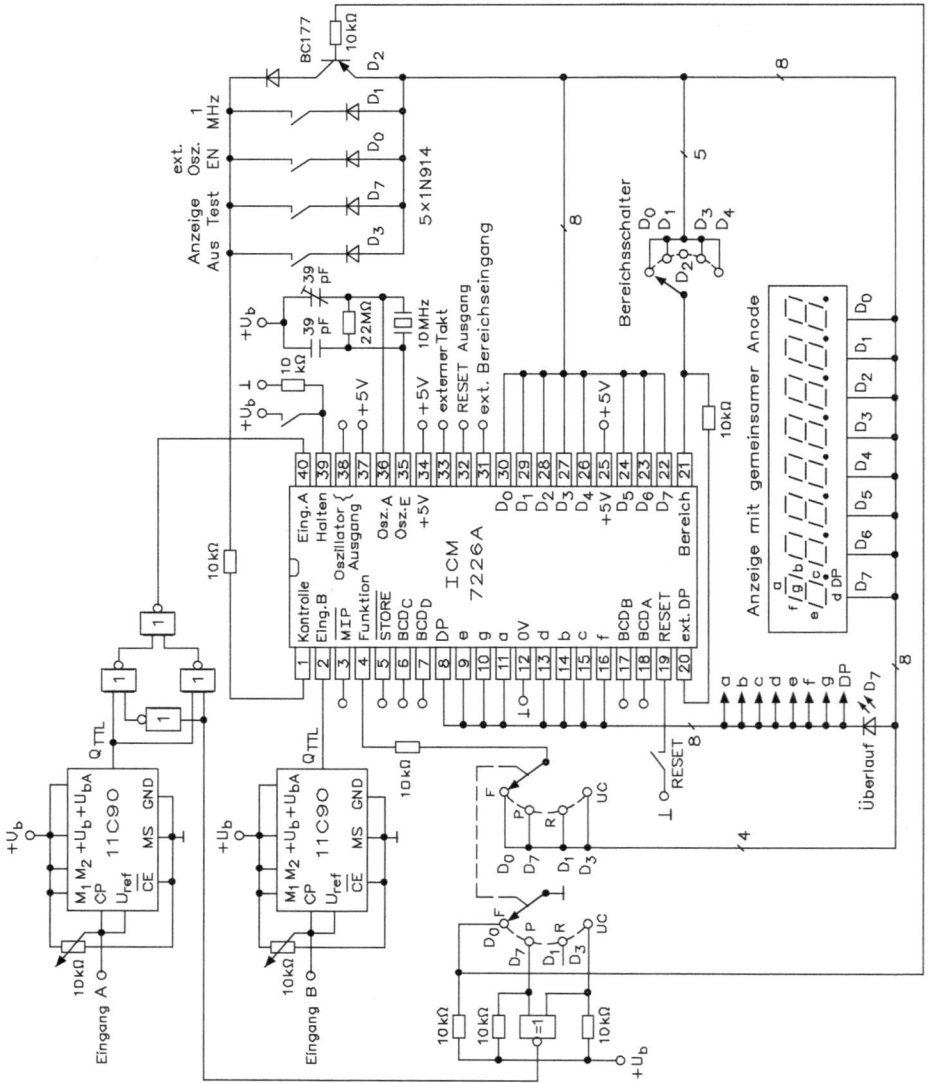

Abb. 4.49: 100-MHz-Universalzähler mit dem ICM7226A und Vorteiler 11C90.

Abb. 4.49 zeigt die Schaltung mit dem 100-MHz-Universalzähler, ICM7226A und Vorteiler 11C90. Wird die Eingangsfrequenz eines Messsystems durch den Faktor 10 geteilt, kann die Referenzoszillatorfrequenz bei 10 MHz oder 1 MHz bleiben. Jedoch muss der Dezimalpunkt um eine Stelle nach rechts verschoben werden. Die Schaltung zeigt einen Zähler mit einem Vorteiler (Faktor 10) und einem ICM7226A.

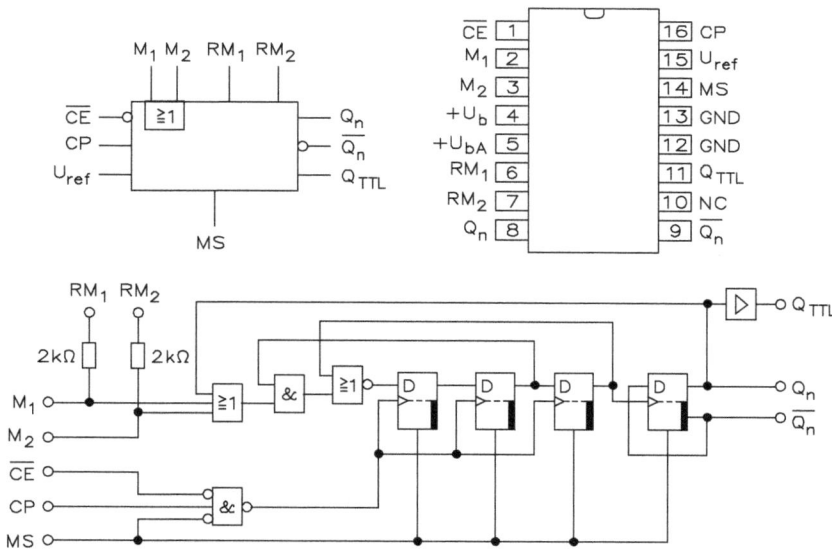

Abb. 4.50: Innenschaltung, Logiksymbol und Anschlussschema des ECL-Zählers 11C90.

Für einen echten 100-MHz-Betrieb benötigt man den ECL-Baustein 11C90. Abb. 4.50 zeigt Innenschaltung, Logiksymbol und Anschlussschema des 11C90. Der 11C90 erlaubt einen Betrieb von maximal 650 MHz. Die Schaltung eines Zählers lässt sich daher bis auf 650 MHz erweitern.

Nach dem Vorverstärker wird die Frequenz durch Frequenzteiler auf einen bestimmten Wert heruntergesetzt. Als Frequenzteiler kann man keine TTL-Bausteine verwenden, sondern soll auf die ECL-Technik (Emitter Coupled Logic) ausweichen. Die ECL-Technik ist eine emittergekoppelte Logikschaltung in Bipolartechnik mit sehr kurzen Schaltzeiten, aber sehr hohem Leistungsverbrauch. ECL benötigt auch einen höheren Fertigungsaufwand und ist entsprechend teuer.

Mit dem Baustein 11C90 teilt man eine Eingangsfrequenz von 650 MHz entweder durch 10 oder 11. Auf diese Weise ergibt sich eine Ausgangsfrequenz von 65 MHz oder 59,1 MHz. Beide Ausgangsfrequenzen werden mit TTL-Bausteinen weiter geteilt. Bei einer Eingangsfrequenz von 100 MHz arbeitet der 11C90 im 10er-Teilerverhältnis und erreicht damit 10 MHz. Damit lässt sich der ICM7226 und auch der ICM7216 problemlos ansteuern.

Aus der Innenschaltung des 11C90 erkennt man vier Flipflops, die an einer gemeinsamen Taktleitung liegen, außer dem vierten Flipflop. Es ergibt sich die Arbeitsweise von Tab. 4.14.

Tab. 4.14: Arbeitsweise des 11C90.

Takt	Q_1	Q_2	Q_3	Q_{TTL}
0	1	1	1	1
1	0	1	1	1
2	0	0	1	1
3	0	0	0	1
4	1	0	0	1
:10 5	1	1	0	1 :11
6	0	1	1	0
7	0	0	1	0
8	0	0	0	0
9	1	0	0	0
10	1	1	0	0

Die vier Flipflops arbeiten nicht nach dem üblichen Zählerschema, sondern als Schieberegister. Dadurch ergibt sich der Johnson-Zähler-Code.

Gesteuert wird das Teilerverhältnis beim 11C90 von den einzelnen Eingängen. Es gilt Tab. 4.15.

Tab. 4.15: Ein- und Ausgangsverhalten.

Eingänge				Ausgangsfunktionen
MS	CE'	M1	M2	
1	×	×	×	auf 1 setzen
0	1	×	×	halten
0	0	0	0	: 11
0	0	1	×	: 10
0	0	×	1	: 10

4.8.10 100-MHz-Frequenzzähler ICM7226A

In der Schaltung der Abb. 4.50 ist eine zusätzliche Schaltung realisiert um zur Erzielung der besten Genauigkeit die Periodendauer des Eingangssignals messen zu können. (Schalter „Function Switch"). In den Schaltungen der Abb. 4.50 und Abb. 4.51 wird das Eingangssignal A des Zählers vom Ausgang Q_C des Vorteilers abgegriffen, um ein Tastverhältnis von 40 % oder mehr zu erhalten. Wenn das Tastverhältnis an Eingang A zu klein wird, muss man unter Umständen einen monostabilen Multivibrator oder eine ähnliche Schaltung einsetzen, um eine minimale Impulslänge von 50 ns sicherzustellen.

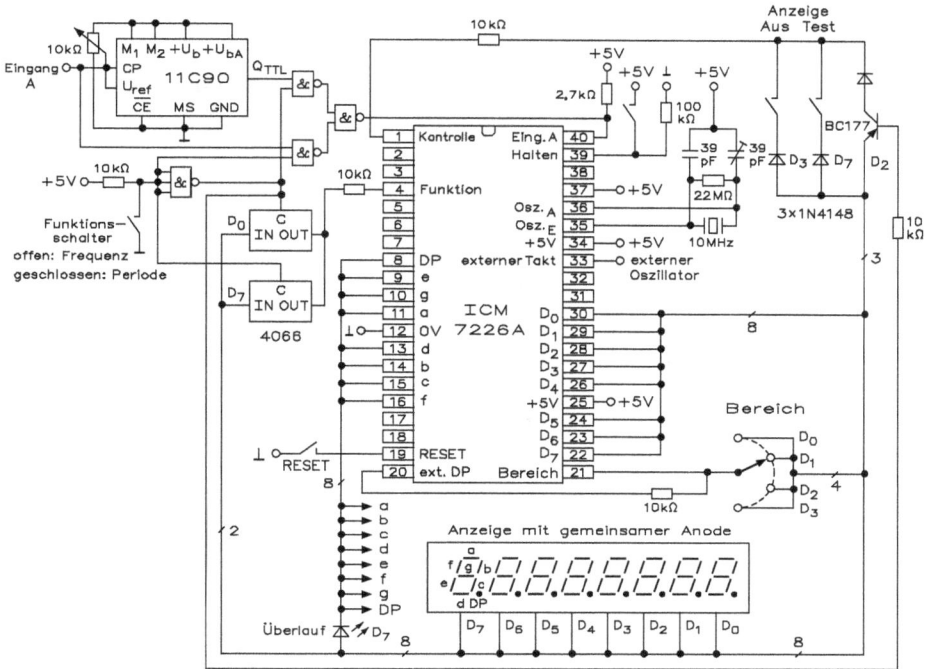

Abb. 4.51: 100-MHz-Frequenzzähler ICM7226A.

Abb. 4.51 zeigt die Anwendung von Multiplexern des Typs 4066 um die digitalen Stellenausgänge auf den Eingang „Function" zu schalten. Da der 4066 ein digital gesteuerter Analogmultiplexer ist, ist keine Pegelverschiebung der Stellentreiberausgänge notwendig. Anstelle des 4066 können auch Multiplexer des Typs CMOS 4051/4052 verwendet werden. Diese Analogmultiplexer können auch in Systemen benutzt werden, bei denen die Betriebsart von einem Mikroprozessor anstelle von Schaltern angewählt wird. Bei Verwendung zusätzlicher Elemente zur Pegelanpassung der Stellentreiberausgangspegel in TTL-Pegel können auch TTL-Multiplexer wie 74153 oder 74251 verwendet werden.

Soll die Vorteilerinformation dargestellt werden, können die drei Ausgänge „Measurement in Progress", „Store" und „Reset" zur Steuerung des Vorteilers und Speicherung der Daten benutzt werden.

4.9 Funktionsgeneratoren

Funktionsgeneratoren können mehrere Ausgangsspannungen erzeugen.

4.9.1 Funktionsgenerator ICL8038

Der Funktionsgenerator 8038 (Anschlussschema und Innenschaltung) ist ein monolithischer, integrierter Schaltkreis (Abb. 4.52), mit dem Funktionen hoher Genauigkeit erzeugt werden können. Die parallel zur Verfügung stehenden Funktionen sind Sinus, Rechteck und Dreieck oder Sägezahn. Die Frequenz kann in einem Bereich von 0,1 Hz bis 30 kHz extern eingestellt werden und ist sehr stabil über einen weiten Temperatur- und Betriebsspannungsbereich. Der Betrieb als spannungsgesteuerter Oszillator (Frequenzmodulation, Wobbler) ist durch Anlegen einer externen Spannung möglich. Dabei kann die Frequenz sowohl durch externe Widerstände als auch durch Kondensatoren voreingestellt werden. Der Funktionsgenerator ist in moderner monolithischer Technologie unter Verwendung von Dünnfilm-Widerständen und integrierten Schottky-Dioden hergestellt.

Die Eigenschaften sind:
- Kleine Frequenzdrift mit der Temperatur $50 \cdot 10^{-6}/°C$
- Simultaner Ausgang für Sinus, Rechteck und Dreieck (Sägezahn)
- Hoher Ausgangspegel bis 28 V, wenn ±18 V oder +36 V als Betriebsspannung vorhanden sind

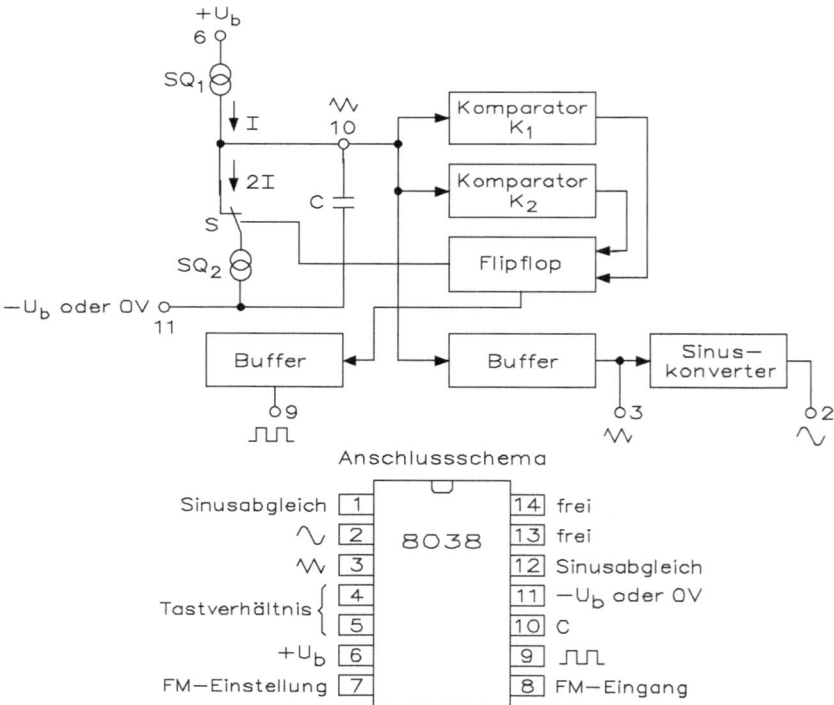

Abb. 4.52: Innenschaltung und Anschlussschema des ICL8038.

– Geringer Klirrfaktor
– Große Linearität
– Wenig externe Bauelemente
– Großer Frequenzbereich 0,001 Hz bis 300 kHz
– Einstellbares Taktverhältnis von 2 % bis 98 % (nicht für Sinusfunktion)

Erklärung der Ausdrücke:
– Betriebsstrom: Strom, der von der Betriebsquelle zum Betrieb des Bauteiles entnommen wird. Der Laststrom und die Ströme, die durch Widerstände R_A und R_B fließen, sind nicht inbegriffen
– Frequenzbereich: Frequenzbereich der Rechteckfunktion, den der Schaltkreis sicher erreicht
– FM-Wobbelbereich: Verhältnis zwischen Höchst- und Mindestfrequenz die man mit einer Wobbelspannung an Pin 8 erhält. Für richtiges Verhalten muss die Wobbelspannung im Bereich $\frac{2}{3} \cdot U_b < U_{Wobbel} < U_b$ liegen
– FM-Linearität: Die prozentuale Abweichung von einer geradlinigen Steuerspannung gegenüber der Ausgangsfunktion
– Frequenz-Drift mit der Temperatur: Die Änderung der Ausgangsfrequenz in Abhängigkeit von der Temperatur
– Frequenz-Drift mit der Betriebsspannung: Die Änderung der Ausgangsfrequenz in Abhängigkeit von der Betriebsspannung
– Ausgangsamplitude: Die „Spitze-Spitze" Signal-Amplitude an den Ausgangspins
– Sättigungsspannung: Die Ausgangsspannung des Kollektors vom Ausgangstransistor, wenn dieser Transistor durchgesteuert ist. Sie wird bei einer Stromabnahme von 2 mA gemessen
– Anstiegs- und Abfallzeiten: Die Zeit in der Rechteckfunktion, die von 10 % bis 90 % oder von 90 % bis 100 % ihres Endwertes wechselt
– Dreieck-Funktion Linearität: Die prozentuale Abweichung der steigenden und fallenden Dreieckfunktion von einer geradlinigen Dreieckfunktion
– Oberwellen-Verzerrung: Die gesamte harmonische Verzerrung der Sinusfunktion

Die Symmetrie aller Wellenformen kann durch externe zeitbestimmende Widerstände eingestellt werden. Drei Möglichkeiten der Einstellung sind in Abb. 4.53 dargestellt. Das beste Resultat erhält man durch getrennte zeitbestimmende Widerstände. Der Widerstand R_A steuert den ansteigenden Teil der Sinusspannung sowie die Nullphase am Rechteckausgang. Wie vorher ausgeführt, ist die Referenzspannung der beiden Stromquellen $0,2 \cdot U_b$. Daher berechnet sich der Strom:

$$I_A = \frac{0,2 \cdot U_b}{R_A}$$

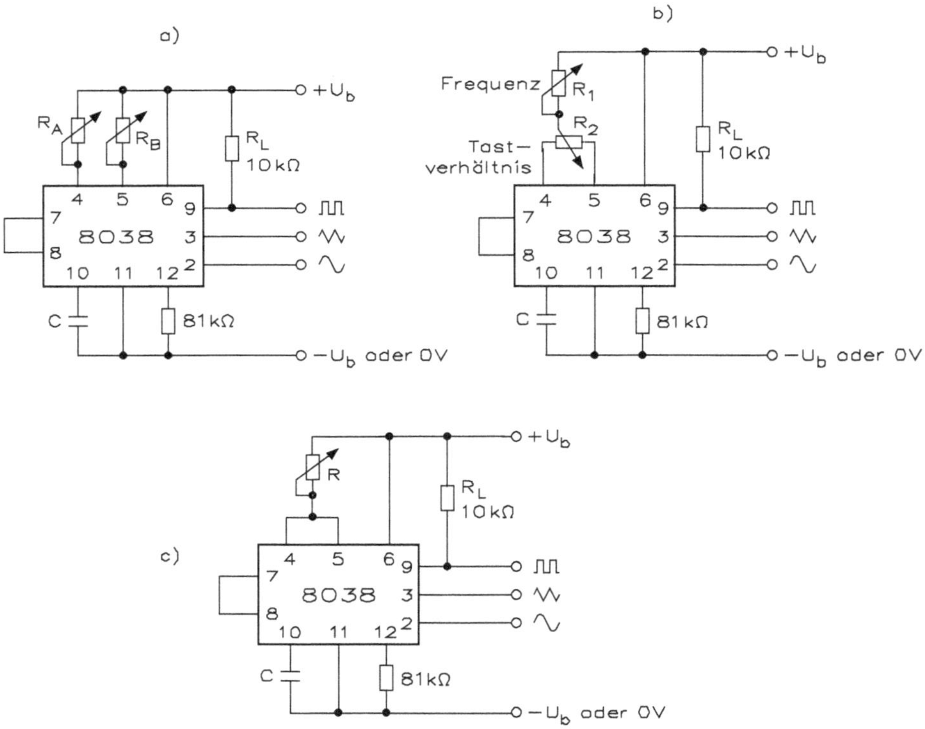

Abb. 4.53: Schaltung des ICL8038 für externe Widerstände.

Die Amplitude der Dreieckspannung ist $\frac{1}{3} \cdot U_b$. Daher ist:

$$t_1 = \frac{C \cdot U_b}{I} = \frac{C \cdot \frac{1}{3} \cdot U_b \cdot R_A}{\frac{1}{5} \cdot U_b} = \frac{5}{3} \cdot R_A \cdot C$$

Während des abfallenden Teils des Dreiecks sind beide Stromquellen eingeschaltet. Der durch den Widerstand R_B erzeugte Strom wird verdoppelt und von diesem wird der Strom I_A abgezogen.

$$t_1 = \frac{\frac{1}{5} \cdot U_b}{R_B} \cdot 2 - I_A = \frac{2}{5} \cdot \frac{U_b}{R_B} - \frac{1}{5} \cdot \frac{U_b}{R_A}$$

Damit ist die Zeit für die fallende Rampe des Dreiecks (fallender Teil des Sinus sowie Phase der logischen „1" am Rechteckausgang):

$$t_2 = \frac{C \cdot U_b}{I} = \frac{C \cdot \frac{1}{3} \cdot U_b}{\frac{2}{5} \cdot \frac{U_b}{R_B} - \frac{1}{5} \cdot \frac{U_b}{R_A}} = \frac{5}{3} \cdot \frac{R_A \cdot R_B \cdot C}{2 \cdot R_A - R_B}$$

Ein Tastverhältnis von 50 % kann mit $R_A = R_B$ eingestellt werden und ist in Abb. 4.53 (a) gezeigt.

Soll das Tastverhältnis nur wenig um 50 % variiert werden, ist die Schaltung Abb. 4.53 (b) zweckmäßiger. Wird kein Abgleich des Tastverhältnisses gewünscht, können die Anschlüsse 4 und 5 verbunden werden (Abb. 4.53 (c)), wobei diese Schaltung jedoch große Variationen des Tastverhältnisses erlaubt.

Mit zwei separaten zeitbestimmenden Widerständen ist die Frequenz der Ausgangsfunktion bestimmt durch:

$$f = \frac{1}{t_1 + t_2} = \frac{1}{\frac{5}{3} \cdot R_A \cdot C \left(1 + \frac{R_B}{2 \cdot R_A - R_B} \right)}$$

oder wenn $R_A = R_B = R$ ist

$$f = \frac{0,3}{R \cdot C}$$

Wird ein einziger Widerstand verwendet, ist die Frequenz:

$$f = \frac{0,15}{R \cdot C}$$

Obwohl keine interne Spannungsregelung im ICL8038 realisiert ist, sind weder die Zeiten noch die Frequenzen abhängig von der Betriebsspannung. Das wird dadurch erreicht, dass sowohl die Ströme als auch die Schaltschwellen der Komparatoren lineare Funktionen der Betriebsspannung sind und dadurch der Einfluss der Betriebsspannung kompensiert wird.

Zur Minimierung des Klirrfaktors der Sinusausgangsfunktion wird der Widerstand zwischen den Anschlüssen 11 und 12 am besten als Potentiometer ausgeführt. Mit dieser Konfiguration können Klirrfaktoren kleiner als 1 % erreicht werden. Um diesen Wert noch weiter zu reduzieren, können zwei Einsteller eingebaut werden. Damit kann der Klirrfaktor auf Werte in der Nähe von 0,5 % gebracht werden.

Für jede gewünschte Ausgangsfrequenz ist ein weiter Bereich von RC-Kombinationen möglich. Allerdings gelten gewisse Einschränkungen für den Ladestrom wenn ein optimaler Betrieb erreicht werden soll. Im unteren Bereich sind Ströme kleiner 1 µA unerwünscht, da Leckströme der Schaltung bei hohen Temperaturen große Fehler verursachen würden. Bei hohen Strömen ($I > 5$ mA) wird die Stromverstärkung und Restspannung der Transistoren zusätzliche Fehler verursachen.

Optimale Funktion wird bei Strömen zwischen 10 µA und 1 mA erreicht. Falls Pin 7 und 8 verbunden sind, kann der Ladestrom verursacht durch R_B wie folgt berechnet werden:

$$I = \frac{R_1 \cdot U_b}{R_1 + R_2} \cdot \frac{1}{R_A} = \frac{U_b}{50 \, k\Omega \cdot R_A}$$

(R_1 und R_2 sind interne Widerstände und weisen Werte von 10 kΩ und 40 kΩ auf).

Eine entsprechende Formel gilt auch für den Widerstand R_B.

Abb. 4.54 zeigt die Phasenbeziehungen zwischen den drei Ausgangsformen in Abhängigkeit von der Einstellung der Rechteckfunktion, oben den Arbeitszyklus von 50 % und unten von 20 %.

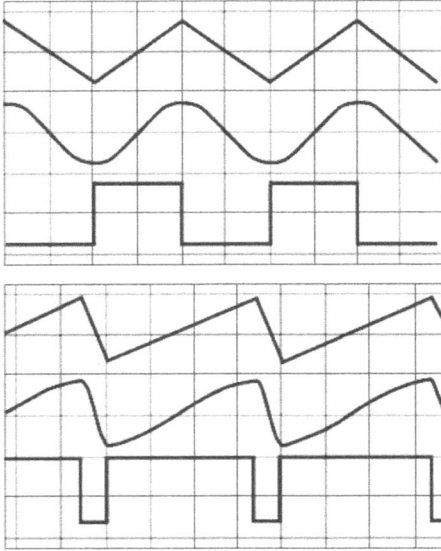

Abb. 4.54: Phasenverhältnisse für den ICL8038.

4.9.2 Funktionsgenerator und Wobbler

Der Funktionsgenerator kann sowohl mit einer unipolaren Betriebsspannung (10 V = U_b ≤ 30 V) als auch mit einer symmetrischen bipolaren Betriebsspannung (±5 V bis ±15 V) betrieben werden.

Mit unipolarer Betriebsspannung liegen Sinus- und Dreieckausgang auf einer Gleichspannung, die exakt der halben Betriebsspannung entspricht, während der Rechteckausgang zwischen $+U_b$ und 0 V schaltet. Bei symmetrischer bipolarer Versorgung liegen alle Ausgänge symmetrisch um 0 Volt.

Der Kollektor des Transistors am Rechteckausgang hat keine interne Verbindung. Der Lastwiderstand dieses Transistors kann an eine andere Betriebsspannung, die unterhalb der Durchbruchsspannung des Transistors liegen muss (30 V), angeschlossen werden. Durch diesen Freiheitsgrad kann der Rechteckausgang TTL-kompatibel gestaltet werden (Lastwiderstand an +5 V, unipolare Versorgung), während der Funktionsgenerator mit einer höheren Betriebsspannung betrieben wird (U_b ≥ +10 V).

Wie im Vorhergehenden ausgeführt, ist die Frequenz der Ausgangsfunktion direkt von der Gleichspannung an Anschluss 8 (relativ zu U_b) abhängig. Durch Änderung dieser Spannung kann eine Frequenzmodulation durchgeführt werden.

Für kleine Abweichungen um den eingestellten Wert (10 %) kann das Modulationssignal direkt an den Anschluss 8 angelegt werden, wobei die Gleichspannung durch einen Kondensator nach Abb. 4.55 ausgekoppelt wird.

Ein externer Widerstand zwischen den Anschlüssen 7 und 8 ist nicht notwendig. Dieser Widerstand kann jedoch benutzt werden, um den Eingangswert zu erhöhen.

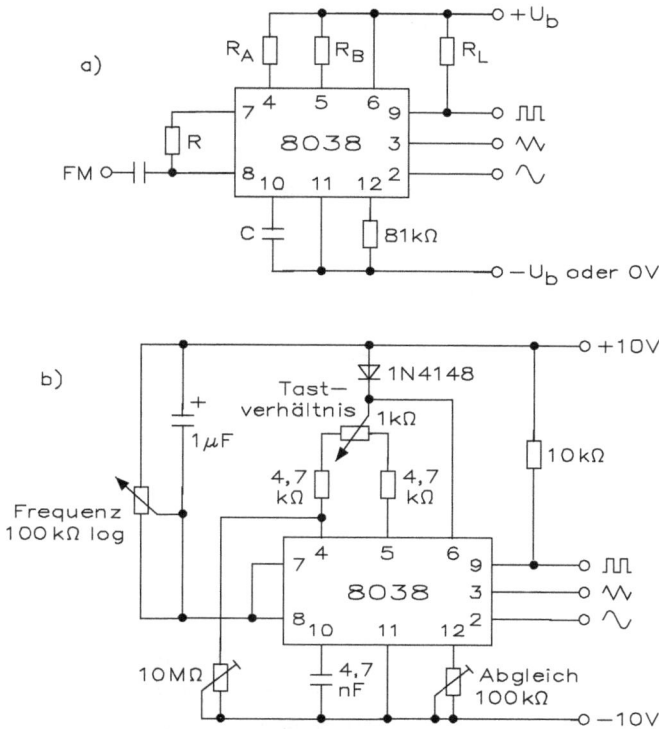

Abb. 4.55: Schaltungen für Frequenz-Modulation (a) und Wobbler (b).

Ohne diesen Widerstand R (Anschlüsse 7 und 8 kurzgeschlossen) ist die Eingangsimpedanz 8 kΩ, mit Widerstand wächst sie auf $R + 8$ kΩ.

Für einen größeren Frequenzhub wird das Modulationssignal zwischen der positiven Betriebsspannung und Anschluss 8 angelegt. Damit wird die gesamte Vorspannung der Stromquellen durch das Modulationssignal bestimmt und ein sehr großer Hubbereich erzeugt (ca. 1000 : 1). Bei dieser Anwendung muss allerdings die Betriebsspannung stabil gehalten werden. Die zeitbestimmenden Ströme sind hier keine Funktion der Betriebsspannung mehr (die Schaltschwellen der Komparatoren sind es nach wie vor) und damit ist die Frequenz von der Betriebsspannung abhängig. Das Potential an Pin 8 kann zwischen U_b und $\frac{2}{3} \cdot U_b$ geändert werden.

Die hohe Frequenzstabilität erlaubt den Funktionsgenerator für den Einsatz als spannungsgesteuerter Oszillator in PLL-Schaltungen. Die verbleibenden Funktionsblöcke – Phasendetektor und Verstärker – können mit diversen, auf dem Markt erhältlichen integrierten Schaltkreisen realisiert werden. Um diese Funktionsblöcke kompatibel zu machen, müssen gewisse Vorkehrungen getroffen werden.

Wenn zwei verschiedene Betriebsspannungen benutzt werden, wird zweckmäßigerweise der Rechteckausgang des 8038 über einen Widerstand auf die Versorgung des Phasendetektors zurückgeführt. Diese Maßnahme stellt sicher, dass die Eingangsspannung des VCO den zulässigen Bereich des Phasendetektors nicht überschreitet. Wenn ein kleineres VCO-Signal benötigt wird, kann ein ohmscher Spannungsteiler zwischen Anschluss 9 des Funktionsgenerators und dem VCO-Anschluss des Phasendetektors geschaltet werden.

Der Gleichspannungspegel am Verstärkerausgang muss auf den FM-Eingang des ICL8038 angepasst werden (Anschluss 8, $0,8 \cdot U_\mathrm{b}$). Die einfachste Lösung ist auch hier ein Spannungsteiler (R_1, R_2 nach $+U_\mathrm{b}$ oder nach 0 V), abhängig davon, ob der Verstärker einen niedrigeren oder einen höheren Gleichspannungspegel am Ausgang hat als der FM-Eingang des Funktionsgenerators. Dieser Teiler kann darüber hinaus als Teil des Tiefpassfilters benutzt werden. Die Anwendung des ICL8038 als VCO in einer PLL-Schaltung bietet nicht nur eine Verlaufsfrequenz mit sehr niedriger Temperaturdrift, sondern außerdem steht ein Sinussignal mit der Eingangsfrequenz zur Verfügung.

4.9.3 Schaltungen mit dem ICL8038

Anhand von Beispielen sollen praktische Anwendungen für den ICL8038 gezeigt werden.

Die Schaltung von Abb. 4.56 zeigt einen einfachen Sinusgenerator mit nachgeschaltetem Operationsverstärker. Mit dem Operationsverstärker lässt sich eine Endstufe mit einem Innenwiderstand von $R_A \approx 60\,\Omega$ realisieren und zwar im Ausgangsbereich von 0 V bis 15 V oder von −7,5 V bis +7,5 V, je nach Stromversorgung. Die Ausgangsfrequenz und das Tastverhältnis wird von den beiden Widerständen R_A und R_B, und vom Kondensator C bestimmt.

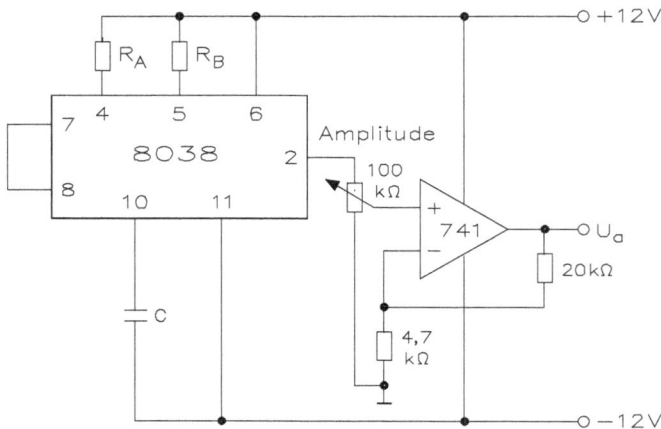

Abb. 4.56: ICL8038 als Sinusgenerator.

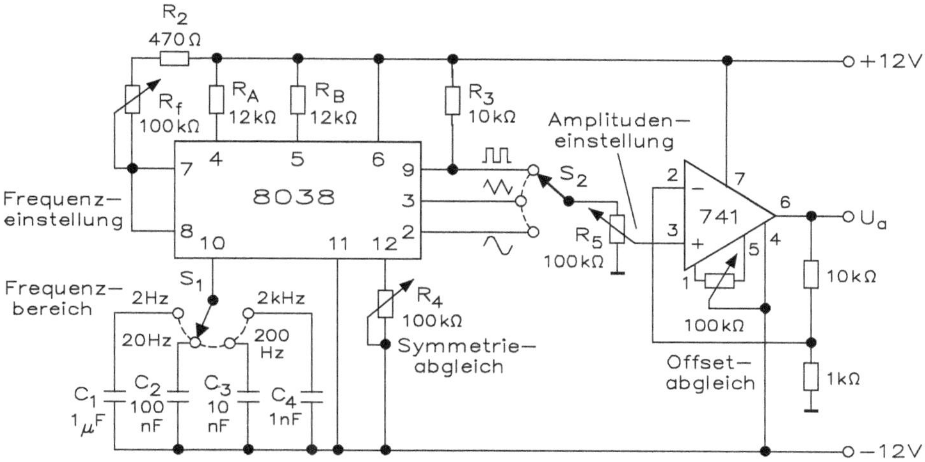

Abb. 4.57: ICL8038 als umschaltbarer Sinusgenerator.

Abb. 4.57 zeigt den ICL8038 als umschaltbaren Sinusgenerator mit vier Grundbereichen für die Ausgangsfrequenzen. Die beiden Widerstände R_A und R_B sind nicht veränderbar, sondern es wird mit dem Eingang F_{MBias} und dem Eingang F_{MSweep} gearbeitet. Der Widerstand R_f ist als Potentiometer ausgelegt und beeinflusst den Ladestrom der Kondensatoren. Für jede gewünschte Ausgangsfrequenz ist ein weiter Bereich von RC-Kombinationen möglich. Allerdings gelten gewisse Einschränkungen für den Ladestrom, wenn ein optimaler Betrieb erreicht werden soll. Im unteren Bereich sind Ströme kleiner 1 µA unerwünscht, da Leckströme der Schaltung bei hohen Temperaturen große Fehler verursachen würden. Bei hohen Strömen ($I > 5$ mA) wird die Stromverstärkung und Restspannung der Transistoren zusätzliche Fehler verursachen.

Verbessert man die Schaltung mit aktiven Bauelementen, kommt man zur Schaltung von Abb. 4.58, ein Funktionsgenerator mit einem Wobbelhub von 1000 : 1. Der Wobbelhub bei der Schaltung ist nicht linear, aber durch den zusätzlichen Operationsverstärker und Sägezahngenerator, ebenfalls mit dem ICL8038, lässt sich die Linearität wesentlich verbessern.

Die Schaltung (Abb. 4.58) zeigt einen Funktionsgenerator mit Wobbeleinrichtung, wobei sich ein Wobbelhub von 1000 : 1 ergibt. Die Frequenzänderung liegt zwischen 20 Hz und 20 kHz, einstellbar mit dem Potentiometer von 10 kΩ. Wenn man eine Frequenz eingestellt hat, kann mit dem Potentiometer von 1 kΩ das Tastverhältnis geändert werden. Der Bereich der Ausgangsspannung beträgt in der Schaltung zwischen −8,5 V bis +8,5 V, ausgenommen für die Rechteckfunktion. Wenn mehrere Kondensatoren über eine Stufenschaltung zwischen Pin 10 und −U_b eingeschaltet werden, kann man zwischen mehreren Frequenzbereichen wählen.

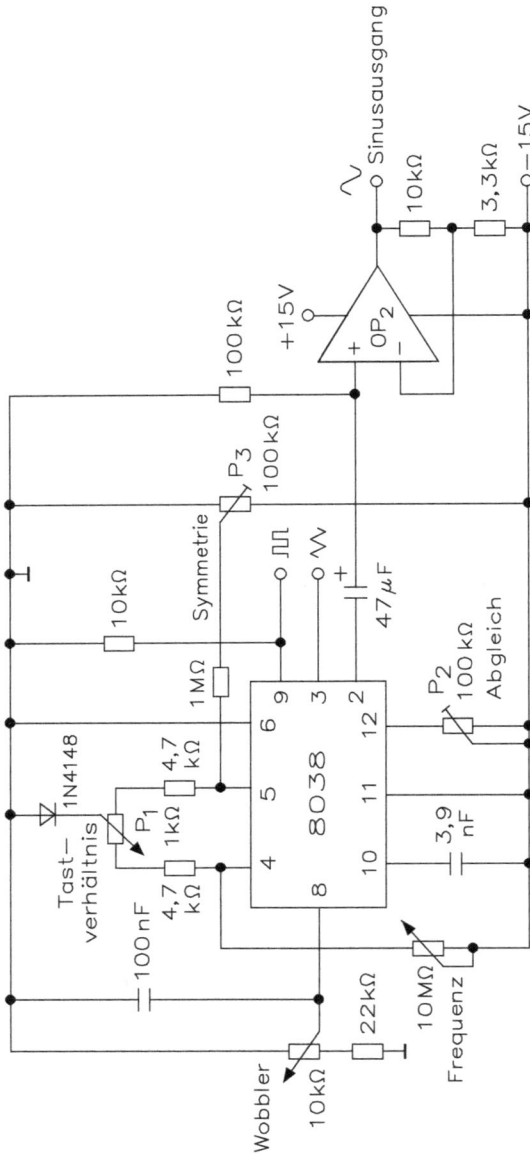

Abb. 4.58: ICL8038 als Funktions-generator mit Wobbeleinrichtung von 20 Hz bis 20 kHz.

4.9.4 Funktionsgenerator mit Endstufe

Eine weitere Anwendung der grundsätzlichen Leistungsverstärkerschaltung ist der einfache Funktionsgenerator nach Abb. 4.58. Als Ausgangssignale stehen Sinus-, Drei-eck- und Rechteckspannungen im Frequenzbereich von 2 Hz bis 20 kHz zur Verfügung. Dieser vollständige Funktionsgenerator kann direkt vom Netz gespeist werden. Die

Ausgangsspannung reicht bis ±25 V (50 V_{ss}) an Lasten bis hinunter zu 10 Ω, woraus maximal Ausgangsströme bis zu 2,5 A resultieren. Die Spannungsfestigkeit aller Kondensatoren sollte größer als 50 V Gleichspannung sein. Alle Widerstände sind, wenn nicht anders angegeben, 1/2-Watt-Typen. Die Leitungen zwischen Anschluss 2 des Operationsverstärkers 741 und dem 10-kΩ-Rückkopplungswiderstand sowie zum Amplitudeneinstellpotentiometer sollten so kurz wie möglich gehalten werden. Beachtet man dies nicht, kann es Probleme mit der Stabilität der Schaltung geben. Durch die Begrenzung der Anstiegsgeschwindigkeit des 741 erhält man nicht die volle Amplitude von 56 V_{ss} bis hinauf zu 20 kHz, sondern nur bis ca. 5 kHz.

Die Ausgangsamplitude ist ca. 20 V_{ss} (±10V) bei 20 kHz. Durch Verwendung eines schnelleren Operationsverstärkers z. B. LF442 – anstelle des Typs 741 – kann diese Amplitude vergrößert werden.

Die Eigenschaften des Treiberverstärkers ICL8063 sind:
- Pegelumsetzung der ±12-V-Ausgänge von Operationsverstärkern und anderen linearen Schaltungen auf +30 V
- Zusammen mit Standard-Operationsverstärkern und externen komplementären Leistungstransistoren kann das System mehr als 50 W an externe Lasten liefern
- Eingebaute „Safe-Area"- und Kurzschlussschutzschaltung
- Betriebsstrom von 25 mA in einer Leistungsverstärkerschaltung, die +2 A maximalen Ausgangsstrom liefert
- Interner ±13-V-Spannungsregler zur Versorgung der Operationsverstärker oder anderer Schaltungen
- Eingangswiderstand von 500 kΩ mit R_{BIAS} = 1 MΩ

Der ICL8063 (Abb. 4.59) ist ein monolithischer Verstärker-Treiber für die Ansteuerung von Leistungstransistoren. Er erlaubt den Aufbau eines Leistungsverstärkers mit „SAFE-AREA"-Schutz, Kurzschlussschutz und Spannungsreglern für die Versorgung von Standardoperationsverstärkern mit einem minimalen Aufwand an externen Bauelementen. Der Schaltkreis ist für komplementäre, symmetrische Ausgangsschaltungen konzipiert. Der ICL8063 arbeitet als Pegelumsetzung, die die Ausgangsspannungen (typisch +11 V) von Operationsverstärkern auf ±30 V zur Ansteuerung von Leistungstransistoren z. B. 2N3055 (NPN) bzw. 2N3789 (PNP) oder 2N2955 umsetzt. Der verfügbare Basisstrom für die Leistungstransistoren liegt bei 100 mA maximal.

Durch die integrierten Spannungsregler (Umsetzung der ±30-V-Betriebsspannung des Leistungsverstärkers auf ±13 V für die Betriebsspannung des ansteuernden Operationsverstärkers) kann ein Leistungsverstärker ohne zusätzliche Betriebsspannungen realisiert werden. Der ICL8063 kann mit den Ausgangsspannungen nahezu aller üblichen Operationsverstärker und ähnlicher linearer Schaltungen als Eingangsspannung betrieben werden. Er treibt seinerseits fast alle Leistungstransistoren mit Durchbruchspannungen bis 70 V.

Lange Zeit haben sich die Hersteller integrierter Schaltkreise vor einer Lösung des folgenden Problems gedrückt, weil die Materie als zu schwierig empfunden wurde.

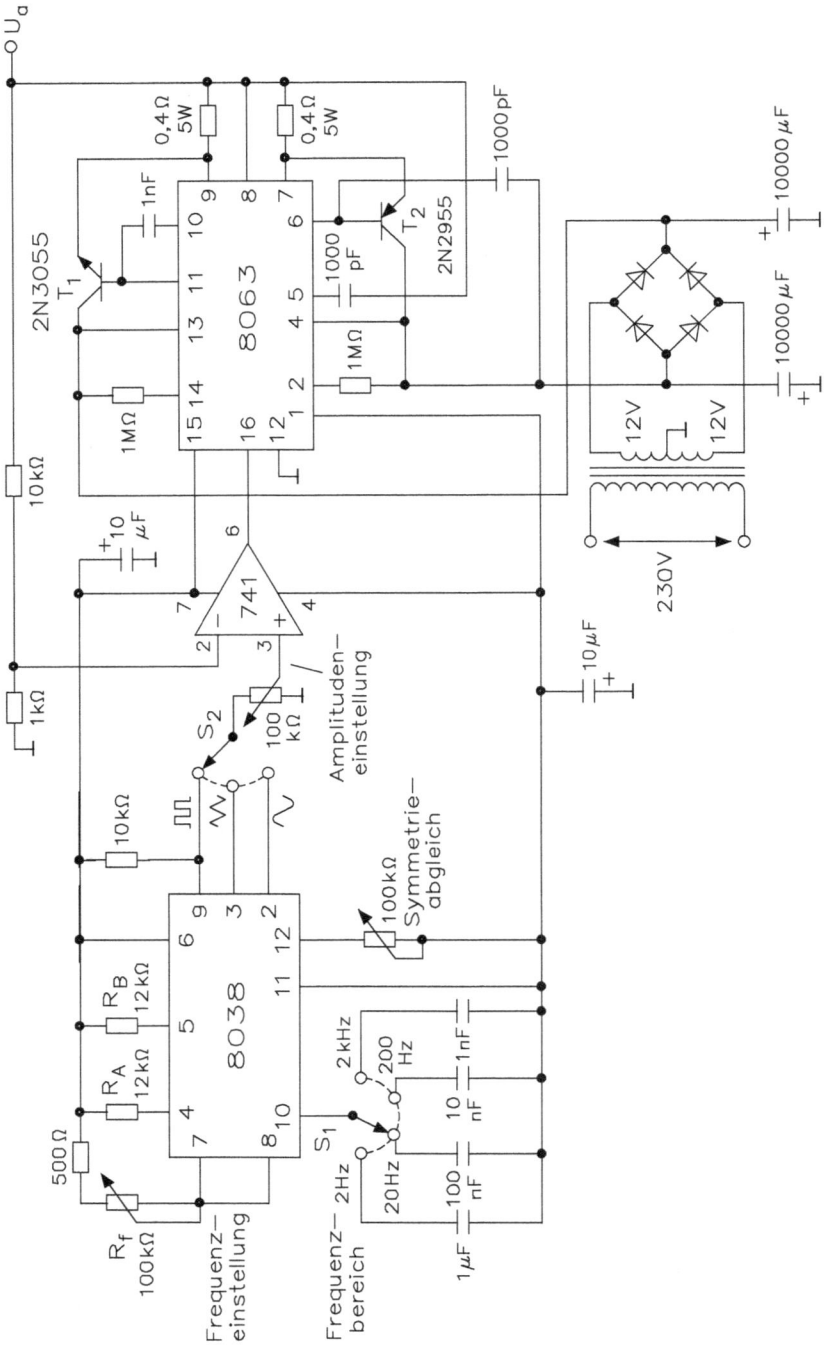

Abb. 4.59: ICL8038 als Funktionsgenerator mit Endstufe (ICL8063).

Es geht dabei um die Zusammenschaltung der linearen und digitalen Schaltungen mit relativ niedrigen Spannungen und Strömen mit Leistungselementen wie Leistungstransistoren bzw. Darlington-Leistungstransistoren, die mit Spannungen und Strömen betrieben werden, die um eine Größenordnung höher liegen als die integrierter Schaltungen von Operationsverstärkern, TTL- und CMOS-Bausteinen. Die Ausgangsspannung eines Standardoperationsverstärkers liegt im Bereich zwischen ±6 V und ±12 V bei Ausgangsströmen von etwa 5 mA. Ein Leistungstransistorsystem wird z. B. mit einer Betriebsspannung von ±35 V bei Kollektorströmen um 5 A betrieben. Bei einer angenommenen Stromverstärkung von etwa $\beta \approx 100$ wird zur Ansteuerung der Leistungstransistoren ein Treiberstrom (Basisstrom) von 50 mA benötigt.

Für den Großteil all dieser Anwendungen war es deshalb bisher notwendig, für Leistungsverstärkung und Pegelumsetzung eine Schaltung aus diskreten Elementen zu realisieren. Es ist allerdings nicht damit getan, die Ströme und Spannungen auf die erforderlichen Pegel zu verstärken, sondern es müssen auch Schutzmaßnahmen, wie z. B. eine Schutzschaltung für den sicheren Arbeitsbereich (Safe-Area-Protection) und eine Kurzschlussschutzschaltung vorgesehen werden. Darüber hinaus ist es wohl unumgänglich, für die verschiedenen diskreten Komponenten unterschiedliche Betriebsspannungen vorzusehen.

Als vernünftige Lösung bietet sich an, den Pegelumsetzer mit den Schutzschaltungen als integrierte Schaltung zu realisieren wie beim ICL8063. Dieser Schaltkreis ist ein monolithischer Treiberverstärker zur Ansteuerung von Leistungstransistoren mit eingebauter „Safe-Area"-Schutzschaltung, Kurzschlussschutzschaltung und integrierten +13-V-Spannungsreglern, um zusätzliche externe Betriebsspannungen zu vermeiden.

Die Abb. 4.59 zeigt die Verwendung des ICL8063 in einem kompletten Leistungsverstärker, der +2 A bei +25 V (50 W) zu liefern in der Lage ist. Es werden nur drei zusätzliche diskrete Elemente und acht passive Bauteile benötigt. Der Ruheversorgungsstrom (ohne Last) beträgt +30 mA aus jeder Betriebsspannung von ±30 V. Beim Aufbau eines solchen Verstärkers mit diskreten Elementen würde die Anzahl der Bauelemente sicherlich zwischen 50 und 100 liegen.

Die Anstiegsgeschwindigkeit der Ausgangsspannung ist die gleiche wie die des Operationsverstärkers des Typs 741, außer dass der Ausgangsstrom bis zu 2 A bei 1 V/μs (10 Ω Last und ±20 V über der Last) betragen kann. Eingangsstrom, Offsetspannung, Gleichtaktunterdrückung und Betriebsspannungsunterdrückung weisen die gleichen Werte auf wie Typ 741. Durch die Verwendung von drei Kompensationskapazitäten (1 nF) wird eine gute Stabilität selbst bei einer Verstärkung von $v = 1$ erreicht. Die Schaltung treibt problemlos kapazitive Lasten bis zu 1 nF. Dies entspricht ca. 10 m Koaxialkabel (z. B. RG58) in einer Anwendung des Verstärkers als Leitungstreiber.

Die Beziehung für den sicheren Arbeitsbereich lautet:

$$U_{\text{Out}} + I_{\text{L}} \cdot 0{,}4\,\Omega = 0{,}7\,\text{V} + I \cdot 24{,}5\,\text{k}\Omega$$

Die Schutzschaltung wird aktiv bei:

$$I_L \cdot R_3 - I \cdot R_2 = 0,7\,\text{V}$$

Durch Auflösung dieser Beziehungen erhält man Tab. 4.16 für die Temperaturbereiche von 25 °C und 125 °C.

Aus Tab. 4.16 geht hervor, dass die maximale Leistung bei Ausgangsspannungen größer als 24 V an die Last geliefert wird. Dies ist die optimale Spannung zum Betrieb von Gleichspannungsmotoren, Linearmotoren usw. Es kommt häufig vor, dass bei positiven Ausgangsspannungen ein anderer Ausgangsstrom benötigt wird als bei negativen. In diesem Fall können auch die Werte der Strombegrenzungswiderstände verschieden gewählt werden.

Tab. 4.16: Maximale Leistung am Ausgang des ICL8063.

U_{Out}	I	I_L (25 °C)	I_L (125 °C)
24 V	1 mA	3 A	2,4 A
20 V	830 µA	2,8 A	
16 V	670 µA	2,6 A	
12 V	500 µA	2,4 A	1,8 A
8 V	333 µA	2,1 A	
4 V	167 µA	1,9 A	
0 V	0 µA	1,7 A	1,1 A

Beispiel. Bei Ausgangsspannungen von +24 V und größer wird ein Strom von 3 A, bei Ausgangsspannungen kleiner als −24 V, ein Ausgangsstrom von 1 A benötigt.

Lösung: Für diese Konfiguration sollte man den Widerstand zwischen den Anschlüssen 8 und 9 zu 0,4 Ω und den Widerstand zwischen den Anschlüssen 7 und 8 zu 10 Ω wählen. Der maximale Ausgangsstrom bei verschiedenen Ausgangsspannungen ist in Tab. 4.17 dargestellt.

Tab. 4.17: Maximaler Ausgangsstrom bei verschiedenen Ausgangsspannungen bei einer Betriebstemperatur von 25 °C.

U_{Out}	0,4 Ω bei 25 °C	0,68 Ω bei 25 °C	1 Ω bei 25 °C
24 V	3 A	1,7 A	1,2 A
12 V	2,4 A	1,4 A	0,9 A
0 V	1,7 A	1 A	0,7 A

Der BIAS-Widerstand zwischen den Anschlüssen 13 und 14 bzw. 2 und 3 ist typisch $R_{BIAS} = 1\,M\Omega$ bei $U_b = \pm30\,V$. Ein solcher Wert garantiert den sicheren Betrieb in Anwendungen wie Gleichspannungsmotoransteuerungen, Leistungs-DA-Wandler, programmierbare Spannungsversorgungen und Leistungstreibern (Tab. 4.18).

Tab. 4.18: Geeigneter Wert für R_{BIAS} bei unterschiedlichen Betriebsspannungswerten.

$\pm U_b$	R_{BIAS}
30 V	1 MΩ
25 V	680 kΩ
20 V	500 kΩ
15 V	300 kΩ
10 V	150 kΩ
5 V	62 kΩ

Bei der Auswahl der externen Leistungstransistoren sollte auf die Stromverstärkungswerte geachtet werden. Bei Transistoren des NPN-Typs 2N3055 und PNP-Typs 2N3789 oder 2N2955 sollte die Stromverstärkung nicht größer sein als $\beta = 150$ bei $I_C = 20\,mA$ und $U_{CE} = 30\,V$ sein. Bei diesem Wert ist der Ruheversorgungsstrom (ohne Last) kleiner als 30 mA. Die Schaltung kann beliebig lange mit dem Bezugspotential kurzgeschlossen werden, solange ein genügend großer Kühlkörper vorhanden ist. Wird der Ausgang jedoch mit einer der Versorgungsspannungen ($\pm30\,V$) kurzgeschlossen, werden die Ausgangstransistoren zerstört. Da der sichere Arbeitsbereich für die Ausgangstransistoren mit 4 A bei 30 V spezifiziert ist, ergibt sich das Problem bei $U_b = +15\,V$ nicht.

Als Ausgangssignale stehen Sinus-, Dreieck- und Rechteckspannungen im Frequenzbereich von 2 Hz bis 20 kHz zur Verfügung. Der ICL8063 als vollständiger Funktionsgenerator kann direkt vom Netz gespeist werden. Die Ausgangsspannung reicht bis ±25 V an Lasten bis hinunter zu 10 Ω, woraus maximal Ausgangsströme bis zu 2,5 A resultieren.

Die Spannungsfestigkeit aller Kondensatoren sollte größer als 50-V-Gleichspannung sein. Alle Widerstände sind, wenn nicht anders angegeben, $\frac{1}{2}$-Watt-Typen. Die Leitungen zwischen Anschluss 2 des Operationsverstärkers 741 und dem Rückkopplungswiderstand von 10 kΩ, sowie die Leitungen zum Amplitudeneinstellpotentiometer sollten so kurz wie möglich gehalten werden. Beachtet man die genannten Aspekte nicht, kann es Probleme mit der Stabilität der Schaltung geben. Durch die Begrenzung der Anstiegsgeschwindigkeit des 741 erhält man nicht die volle Amplitude von 56 V_{ss} bis hinauf zu 20 kHz, sondern nur bis ca. 5 kHz. Die Ausgangsamplitude ist ca. 20 V_{ss} (±10 V) bei 20 kHz. Durch Verwendung eines schnelleren Operationsverstärkers von Typ LF442N anstelle des Typs 741 (Standardoperationsverstärker) kann diese Amplitude vergrößert werden.

4.10 Präzisions-Funktionsgenerator MAX038

Bei dem Schaltkreis MAX038 von Maxim handelt es sich um einen Präzisions-Funktionsgenerator, der genaue Sinus-, Rechteck- Dreieck-, Sägezahn- und Impulswellenformen mit nur wenigen externen Bauelementen erzeugt. Durch die Ansteuerung mittels DA-Wandler erhält man einen programmierbaren Funktionsgenerator, der sich über den PC-Bus einfach ansteuern lässt.

Der MAX038 ist ein präziser Funktionsgenerator mit einem sehr großen Arbeitsfrequenzbereich zur Erzeugung von genauen Signalformen wie Dreieck-, Sägezahn-, Sinus- sowie Rechteck- und Pulssignale. Die Ausgangsfrequenz kann über einen Frequenzbereich von 0,1 Hz bis 20 MHz durch eine interne Bandgap-Referenzspannung von 2,5 V und je einem externen Widerstand in Verbindung mit einem Kondensator gesteuert werden. Das Tastverhältnis lässt sich über einen weiten Bereich durch eine Steuerspannung in einem Amplitudenbereich von ±2,3 V einstellen, wodurch Pulsbreitenmodulation und die Erzeugung von Sägezahnsignalformen sehr vereinfacht wird. Frequenzmodulation und Frequenzwobbeln kann man ebenso ohne großen Aufwand an externen Bauelementen realisieren. Die Steuerung des Tastverhältnisses und der Frequenz sind voneinander unabhängig.

4.10.1 Blockschaltung des Funktionsgenerators MAX038

Der MAX038 ist der Nachfolger des ICL8038 und die internen Funktionseinheiten wurden erheblich verbessert. Bei einer Betriebsspannung von ±2,5 V erzeugt der MAX038 stabile Ausgangsamplituden, die massesymmetrisch von ±2 V sind. Die Auswahl der jeweiligen Ausgangsspannung U_a erfolgt digital über die beiden Eingänge A_0 und A_1. Es ergeben sich Möglichkeiten für die Ansteuerung (Tab. 4.19).

Hat der Eingang A_1 ein 1-Signal, zeigt das angelegte Signal am Eingang A_0 keine Wirkung.

Durch abwechselndes Laden und Entladen eines externen Kondensators C_F erzeugt ein spezieller Relaxationsoszillator simultane Rechteck- und Dreieckschwingungen. Ein internes Sinusnetzwerk erzeugt aus der Dreieckschwingung eine sinusförmige Wechselspannung mit konstanter Amplitude und geringen Verzerrungen. Die Sinus-, Rechteck- und Dreieckschwingungen liegen an einem internen Multiplexer,

Tab. 4.19: Einstellungen der Ausgangsamplitude des MAX038.

A_0	A_1	Ausgang
×	1	Sinusschwingung
0	0	Rechteckschwingung
1	1	Dreieckschwingung

der die Wahl der Ausgangswellenform über den Status der beiden Adressleitungen A_0 und A_1 ermöglicht. Der Ausgang des Multiplexers steuert dann einen Ausgangsverstärker an, der einen niederohmigen Ausgang hat und Ströme bis zu ±20 mA treiben kann.

Die nominelle Betriebsspannung des MAX038 beträgt ±5 V (±5 %). Die Ausgangsfrequenz wird im Wesentlichen durch den externen Kondensator C_F bestimmt. In Abb. 4.60 wird der Anschluss des externen Kondensators C_F an dem internen Oszillator gezeigt. Der Oszillator arbeitet durch Laden und Entladen des externen Kondensators mit konstanten Strömen und erzeugt gleichzeitig eine Dreieck- und eine Rechteckspannung. Die Lade- und Entladeströme werden durch den Strom in den Anschluss I_{IN} gesteuert und durch die Spannungen an den Anschlüssen F_{ADJ} (Eingang für den Frequenzabgleich) und D_{ADJ} (Eingang für den Abgleich des Tastverhältnisses) moduliert. Der Strom in I_{IN} kann zwischen 2 μA und 750 μA variieren, so dass bei jedem Wert von C_F die Frequenz über einen Bereich von mehr als zwei Dekaden geändert werden kann. Durch Anlegen einer Spannung von bis zu ±2,4 V am Anschluss F_{ADJ} lässt sich die nominelle Frequenz (bei F_{ADJ} = 0 V) um ±70 % ändern. Dies erleichtert die Feinabstimmung der jeweiligen Ausgangsfrequenz.

Das Tastverhältnis kann über einen Bereich von 10 % bis 90 % durch Anlegen einer Spannung am Anschluss D_{ADJ} bis zu ±2,3 V eingestellt werden. Diese Spannung ändert das Verhältnis der Lade- und Entladeströme für den frequenzbestimmenden Kondensator C_F bei nahezu konstant bleibender Ausgangsfrequenz. Durch die Eingänge F_{ADJ} und D_{ADJ} bzw. I_{IN} (Stromeingang für die Frequenzsteuerung) ergibt sich für den Funktionsblock der Stromsteuerung ein entsprechender Wert, der direkt auf den Oszillator einwirken kann.

Eine stabile Referenzspannung von U_{ref} = 2,5 V erlaubt die einfache Einstellung für die drei Eingänge I_{IN}, F_{ADJ} und D_{ADJ} entweder mit festen Widerstandswerten, mit Potentiometern oder mit Digital-Analog-Wandlern. F_{ADJ} und/oder D_{ADJ} kann man zur Einstellung der nominellen Frequenz bei einem Tastverhältnis von 50 % mit dem Bezugspotential verbinden.

Die Frequenz des Ausgangssignals wird bestimmt durch den in den Eingang I_{IN} eingespeisten Strom, die Kapazität C_{Osz} (C_F + Streukapazität, $C_S = C_F^*$) und die Spannung am Anschluss F_{ADJ}. Wenn der Anschluss F_{ADJ} auf 0 V liegt, wird die Frequenz der Grundwelle f_0 des Ausgangssignals durch folgende zugeschnittene Größengleichung bestimmt:

$$f_0[\text{MHz}] = \frac{I_{IN}[\mu A]}{C_F^*}$$

Entsprechend berechnet sich die Periode T zu:

$$T[\mu s] = \frac{C_F^*[\text{pF}]}{I_{IN}[\mu A]}$$

Die in diesen Gleichungen verwendeten Größen weisen folgende Bedeutung auf:

I_{IN}: Eingangsstrom in dem Anschluss I_{IN} (von 2 μA bis 750 μA)

C_F^*: Kapazität (20 pF bis 100 μF) zwischen dem Anschluss C_{Osz} und GND

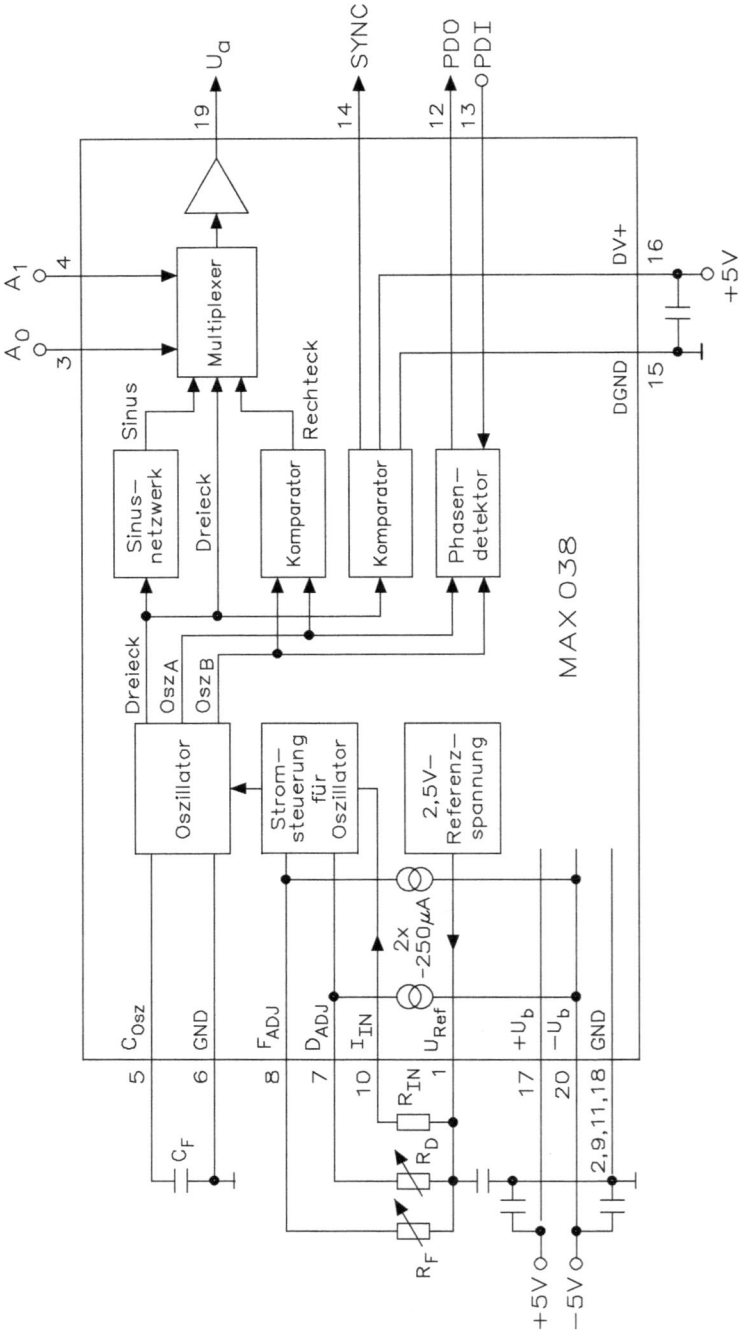

Abb. 4.60: Blockschaltung des Funktionsgenerators MAX038.

Da in den praktischen Anwendungsfällen fast immer die Frequenz vorgegeben ist und der geeignete Kondensatorwert an C_{Osz} gesucht werden muss, ergeben sich:

$$C_F^*[pF] = \frac{I_{IN}[\mu A]}{f_0[MHz]}$$

Für eine praktische Anwendung wird eine Frequenz von 500 kHz benötigt und es soll ein Strom von $I_{IN} = 100\,\mu A$ fließen. Der Wert des Kondensators ist dann

$$C_F^*[pF] = \frac{100\,\mu A}{0,5\,MHz} = 200\,pF$$

Die optimale Arbeitsbedingung für das Frequenzverhalten des MAX038 wird am Eingang I_{IN} bei Strömen zwischen 10 μA und 400 μA erreicht, obwohl bei Werten zwischen 2 μA und 750 μA keine negativen Auswirkungen der Linearität auftreten. Stromwerte außerhalb dieses Bereichs sind aber nicht zu empfehlen. Für den Betrieb mit konstanten Frequenzen sollte man für $I_{IN} \approx 100\,\mu A$ wählen und damit lässt sich ein geeigneter Kondensator C_F bestimmen. Bei diesem Strom ergibt sich der niedrigste Temperaturkoeffizient und die geringste Beeinflussung der Frequenz bei einer Änderung des Tastverhältnisses.

Der Kapazitätsbereich von C_F liegt zwischen 20 pF und 100 μF. Es sollte jedoch darauf geachtet werden, die Streukapazität C_S durch Verwendung kurzer Anschlüsse so gering wie möglich zu halten. Dazu wird empfohlen, den Anschluss C_{Osz} und die zu diesem führende Leiterbahn mit einer Massefläche abzuschirmen, um die Einkopplung externer Signale soweit wie möglich zu vermeiden. Signale mit Ausgangsfrequenzen von mehr als 20 MHz sind möglich, jedoch vergrößern sich die Signalverzerrungen. Die geringste erreichbare Frequenz wird durch den Leckstrom von C_F und die geforderte Frequenzgenauigkeit bestimmt. Für den Betrieb mit sehr geringen Frequenzen bei Einhaltung einer guten Genauigkeit der Frequenz sollten keine gepolten Kondensatoren (Elektrolytkondensatoren) von 10 μF und mehr verwendet werden. Dabei kann man Frequenzen unter 0,001 Hz erreichen.

Die Oszillogramme von Abb. 4.61, Abb. 4.62, Abb. 4.63, Abb. 4.64 und Abb. 4.65 zeigen unterschiedliche Ansteuerungen.

4.10.2 Funktionsgenerator mit dem MAX038

Der Anschluss I_{IN} ist der invertierende Eingang eines Operationsverstärkers mit geschlossener Rückkopplung und liegt deshalb auf „virtuellem Bezugspotential" mit einer Offsetspannung von weniger als ±2 mV. Deshalb kann I_{IN} sowohl mit einer Stromquelle I_{IN} als auch mit einer Spannungsquelle U_{IN} in Reihenschaltung mit einem Widerstand R_{IN} betrieben werden. Diese einfache Methode zur Erzeugung eines geeigneten Stromes I_{IN} ist die Verbindung von U_{ref} über einen Widerstand R_{IN} mit dem Eingang I_{IN}, so dass $I_{IN} = U_{ref}/R_{IN}$ wird. Wenn eine Spannungsquelle in

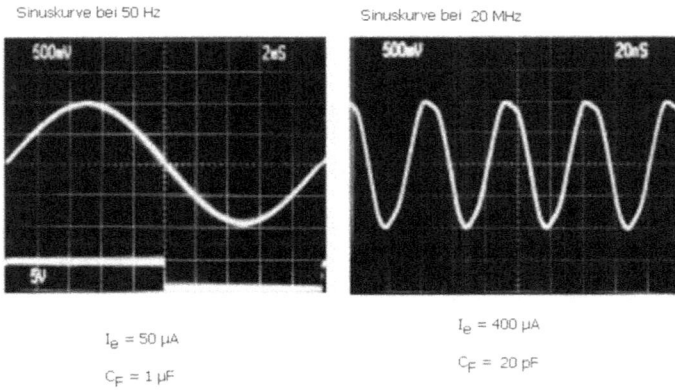

$I_e = 50\ \mu A$

$C_F = 1\ \mu F$

$I_e = 400\ \mu A$

$C_F = 20\ pF$

Abb. 4.61: Ausgang der Sinusfunktion bei 50 Hz und 20 MHz.

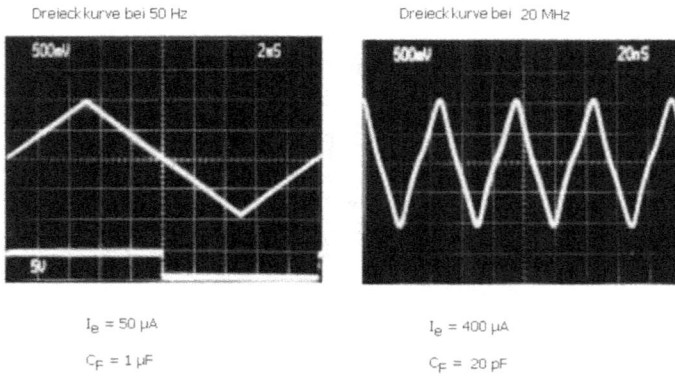

$I_e = 50\ \mu A$

$C_F = 1\ \mu F$

$I_e = 400\ \mu A$

$C_F = 20\ pF$

Abb. 4.62: Ausgang der Dreieckfunktion bei 50 Hz und 20 MHz.

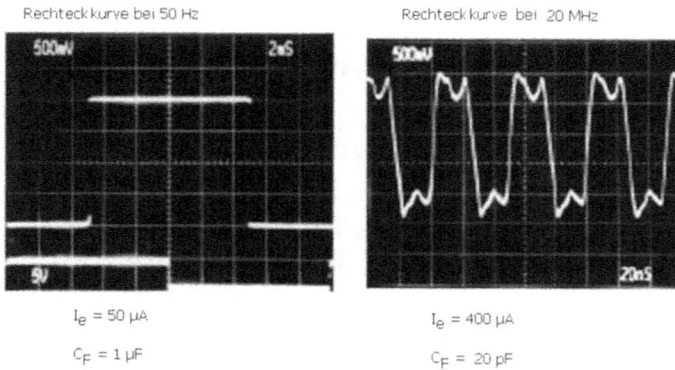

$I_e = 50\ \mu A$

$C_F = 1\ \mu F$

$I_e = 400\ \mu A$

$C_F = 20\ pF$

Abb. 4.63: Ausgang der Rechteckfunktion bei 50 Hz und 20 MHz.

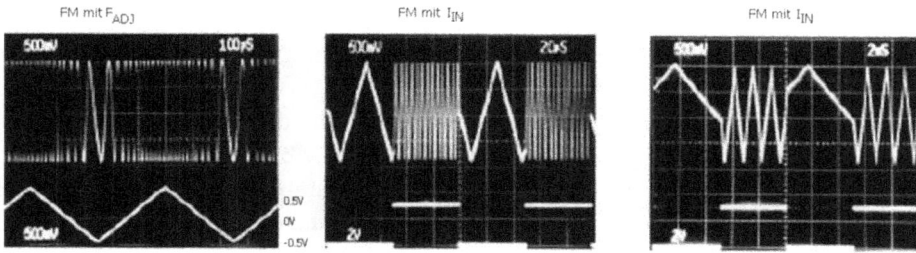

Abb. 4.64: Frequenzmodulation, wenn der Eingang F_{ADJ} (a) und der Eingang I_e (b), (c) angesteuert wird.

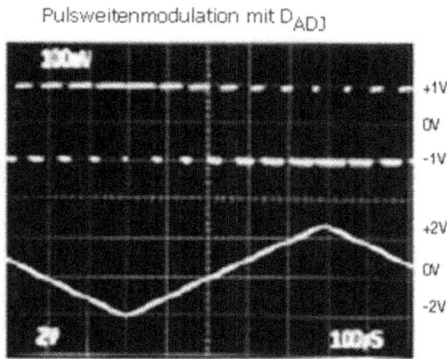

Oben: Rechteckkurvenform 2 V_{SS}

Unten: U_{DADJ} -2 V bis +2,3 V

Abb. 4.65: Impulsbreitenmodulation, wenn der Eingang U_{DADJ} angesteuert wird.

Reihenschaltung mit einem Widerstand verwendet wird, lautet die zugeschnittene Größengleichung für die Oszillatorfrequenz:

$$f_0[\text{MHz}] = \frac{U_{IN}[\text{mV}]}{R_{IN}[\text{k}\Omega] \cdot C_F[\text{pF}]}$$

Wenn die Frequenz des Ausgangssignals durch eine Spannungsquelle U_{IN} in Reihenschaltung mit einem konstanten Widerstand R_{IN} gesteuert wird, ist dies eine lineare Funktion der Spannung U_{IN}, wie aus der Gleichung zu entnehmen ist. Eine Änderung von U_{IN} ändert proportional die Frequenz des Ausgangssignals. Hierzu ein praktisches Beispiel: Mit einem $R_{IN} = 10\,\text{k}\Omega$ und einem Variationsbereich von $U_{IN} = 20\,\text{mV}$ bis $U_{IN} = 7,5\,\text{V}$ tritt eine Änderung der Ausgangsfrequenz im Verhältnis 375 : 1 auf. Der Widerstand R_{IN} sollte so gewählt werden, dass der Strom I_{IN} in dem empfohlenen Bereich von $2\,\mu\text{A}$ bis $750\,\mu\text{A}$ bleibt. Die Bandbreite des internen Verstärkers am Ausgang I_{IN}, die die höchste Modulationsfrequenz bestimmt, hat einen typischen Wert von $2\,\text{MHz}$.

Die Frequenz des Ausgangssignals kann auch durch eine Spannungsänderung am Eingang F_{ADJ} erfolgen. Dieser Eingang ist prinzipiell für den Feinabgleich der Ausgangsfrequenz vorgesehen.

Wenn die Nominalfrequenz f_0 durch die Einstellung des Stromes I_{IN} festgelegt worden ist, kann dieser durch eine Spannung von −2,4 V bis +2,4 V an dem Eingang F_{ADJ} mit einem Faktor von 1,7 bis 0,3 gegenüber dem Wert bei F_{ADJ} = 0 V variiert werden (f_0 mit ±70 %). Achtung: Spannungen an dem Eingang F_{ADJ} außerhalb von ±2,4 V führen zu Instabilitäten.

Die an F_{ADJ} benötigte Spannung zur Änderung der Frequenz um einen Prozentsatz D_X (in %) wird durch die folgende Beziehung bestimmt:

$$U_{F_{ADJ}} = -0{,}034 + D_X$$

Die Spannung $U_{F_{ADJ}}$ muss am Anschluss F_{ADJ} zwischen −2,4 V und +2,4 V liegen!

Anmerkung. Während I_{IN} direkt proportional zur Grundfrequenz f_0 ist, besteht zwischen $U_{F_{ADJ}}$ und der prozentualen Abweichung D_X eine lineare Beziehung. $U_{F_{ADJ}}$ kann ein bipolares Signal entsprechend einer positiven oder negativen Änderung sein.

Die am Anschluss F_{ADJ} notwendige Spannung berechnet sich zu:

$$U_{F_{ADJ}}[\text{V}] = \frac{f_0 - f_X}{0{,}2915 \cdot f_0}$$

Die in der Gleichung verwendeten Größen weisen folgende Bedeutung auf:
f_X: Frequenz des Ausgangssignals
f_0: Frequenz des Ausgangssignals bei $U_{F_{ADJ}}$ = 0 V

Daraus folgt für die Berechnung der Spannung $U_{F_{ADJ}}$ die Periodendauer T mit:

$$U_{F_{ADJ}}[\text{V}] = \frac{3{,}43(t_X - T)}{t_X}$$

Die Zeit t_X ist die Periode des Ausgangssignals bei $U_{F_{ADJ}} \approx 0$ V und T die Periode der Grundfrequenz bei $U_{F_{ADJ}}$ = 0 V. Bei einem bekannten $U_{F_{ADJ}}$ kann die Frequenz f_X entsprechend errechnet werden:

$$f_X = f_0(1 - 0{,}2915 \cdot U_{F_{ADJ}}[\text{V}])$$

Für die Zeit t_X folgt entsprechend:

$$t_X = \frac{T}{1 - 0{,}2915 \cdot U_{F_{ADJ}}[\text{V}]}$$

Am Anschluss F_{ADJ} befindet sich eine interne Stromsenke von $-250\,\mu A$ nach $-U_b$, die von einer Spannungsquelle angesteuert werden muss. Normalerweise geschieht dies durch den Ausgang eines Operationsverstärkers, so dass der Temperaturkoeffizient der Stromsenke unerheblich ist. Zur manuellen Einstellung der Frequenzabweichung kann ein Potentiometer zur Einstellung von $U_{F_{ADJ}}$ verwendet werden. Es ist jedoch zu beachten, dass in diesem Fall der Temperaturkoeffizient der Stromsenke nicht mehr zu vernachlässigen ist. Da externe Widerstände nicht in der Lage sind, diesen internen Temperaturkoeffizienten zu kompensieren, wird empfohlen, diese Einstellungsart nur dann zu verwenden, wenn eine weitere Möglichkeit zur Fehlerkorrektur vorhanden ist. Diese Beschränkung entfällt, wenn F_{ADJ} von einer echten Spannungsquelle (d. h. mit vernachlässigbarem Innenwiderstand) betrieben wird.

Ein Potentiometer zwischen dem Referenzspannungsausgang $U_{ref} = +2,5\,V$ und dem Anschluss F_{ADJ} ist eine einfache Methode zur Einstellung der Frequenzabhängigkeit. Der Widerstand R_F kann mit der folgenden Größengleichung berechnet werden:

$$R_F = \frac{U_{ref} - U_{F_{ADJ}}}{250\,\mu A}$$

Zu beachten ist, dass U_{ref} und $U_{F_{ADJ}}$ vorzeichenbehaftete Größen sind, so dass algebraisch korrekt zu rechnen ist. Hat z. B. $U_{F_{ADJ}}$ einen Wert von $-2,0\,V$ (dies entspricht einer Frequenzabweichung von $+58,3\,\%$), ergibt sich aus der Gleichung:

$$R_F = \frac{+2,5\,V - (-2,0\,V)}{250\,\mu A} = 18\,k\Omega$$

Durch den internen Schaltungsteil im MAX038 tritt bedingt durch einen kleinen Temperaturkoeffizienten eine Beeinflussung von F_{ADJ} für die Ausgangsfrequenz auf. In kritischen Anwendungen kann dieser Schaltungsteil durch Verbindung von F_{ADJ} über einen Widerstand von $12\,k\Omega$ mit GND (nicht mit U_{ref}) deaktiviert werden. Die Stromsenke von $-250\,\mu A$ an F_{ADJ} erzeugt einen Spannungsfall von $-3\,V$ über den Widerstand, wodurch zwei Effekte bewirkt werden: Der erste Effekt ist, dass die F_{ADJ}-Schaltung in ihrem linearen Bereich bleibt, sich aber vom Oszillatorteil trennt. Dadurch ergibt sich eine verbesserte Temperaturstabilität. Der zweite Effekt ist eine Verdopplung der Oszillatorfrequenz!

Obwohl bei dieser Methode die Frequenz des Ausgangssignals verdoppelt wird, erfolgt keine Verdopplung der oberen Grenzfrequenz. Der Anschluss F_{ADJ} darf nicht unbeschaltet betrieben werden oder muss mit einer Spannung verbunden sein, die negativer als $-3,5\,V$ ist. In solchen Fällen kann es zu Sättigungseffekten im MAX038 kommen, die zu nicht vorhersehbaren Änderungen der Frequenz und des Tastverhältnisses führen können. Bei deaktiviertem F_{ADJ} lässt sich die Frequenz nach wie vor über die Änderung von I_{IN} steuern. Abb. 4.66 zeigt die Schaltung des Funktionsgenerators.

Die Schaltung zeigt einen einstellbaren Funktionsgenerator mit einem Stufenschalter. Damit ergeben sich die Frequenzbereiche von Tab. 4.20.

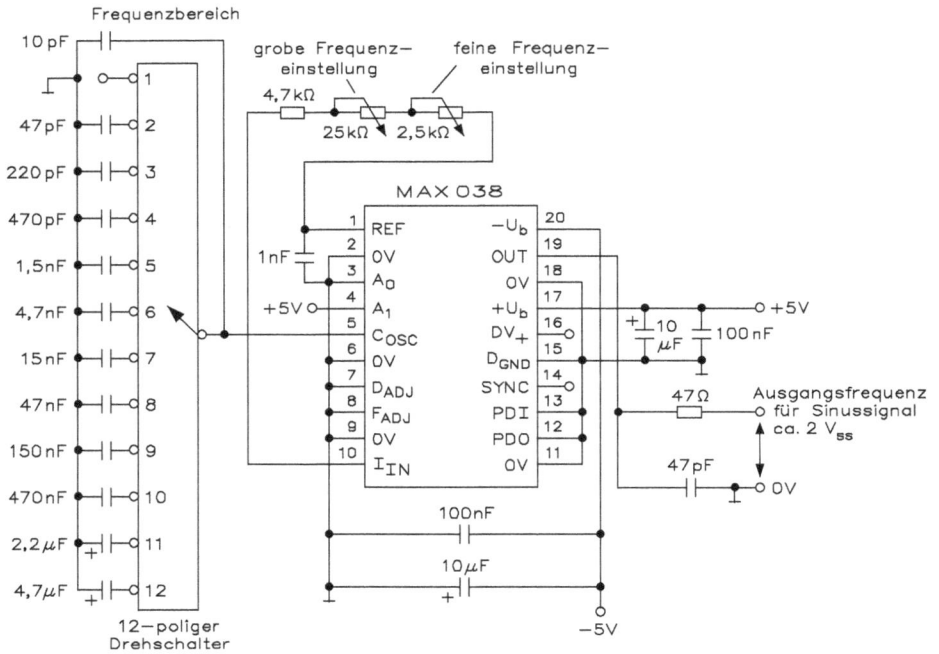

Abb. 4.66: Schaltung des Funktionsgenerators mit dem MAX038.

Tab. 4.20: Frequenzbereiche für den MAX038.

Stellung	Kondensator	Frequenzbereiche
1	4,7 µF	≈ 25 Hz bis ≈ 160 Hz
2	2,2 µF	≈ 90 Hz bis ≈ 500 Hz
3	470 nF	≈ 440 Hz bis ≈ 2,2 kHz
4	220 nF	≈ 1,3 kHz bis ≈ 6,2 kHz
5	47 nF	≈ 4,3 kHz bis ≈ 21,5 kHz
6	22 nF	≈ 12,4 kHz bis ≈ 61 kHz
7	4,7 nF	≈ 43 kHz bis ≈ 200 kHz
8	2,2 nF	≈ 130 kHz bis ≈ 620 kHz
9	470 pF	≈ 420 kHz bis ≈ 1,9 MHz
10	220 pF	≈ 920 kHz bis ≈ 4 MHz
11	47 pF	≈ 2,7 MHz bis ≈ 12,5 MHz
12	—	≈ 8,8 MHz bis ≈ 20 MHz

Mit dem Potentiometer von 25 kΩ lässt sich die Ausgangsfrequenz „grob" und mit dem Potentiometer von 2,5 kΩ „fein" einstellen. Mit den beiden Schaltern an A_0 und A_1 wird die entsprechende Ausgangsamplitude eingestellt. Die Ausgangsspannung liegt bei einer Betriebsspannung von ±5 V bei ±2 V_{ss}.

4.10.3 Wobbler mit dem MAX038

Mit dem MAX038 kann man auch einen NF- und HF-Wobbler realisieren. Abb. 4.67 zeigt die Schaltung des Funktionsgenerators.

Die Schaltung des Wobblers benötigt einen Sägezahngenerator. Der Sägezahngenerator besteht aus drei Operationsverstärkern und der ICL7641 beinhaltet vier gleiche Operationsverstärker.

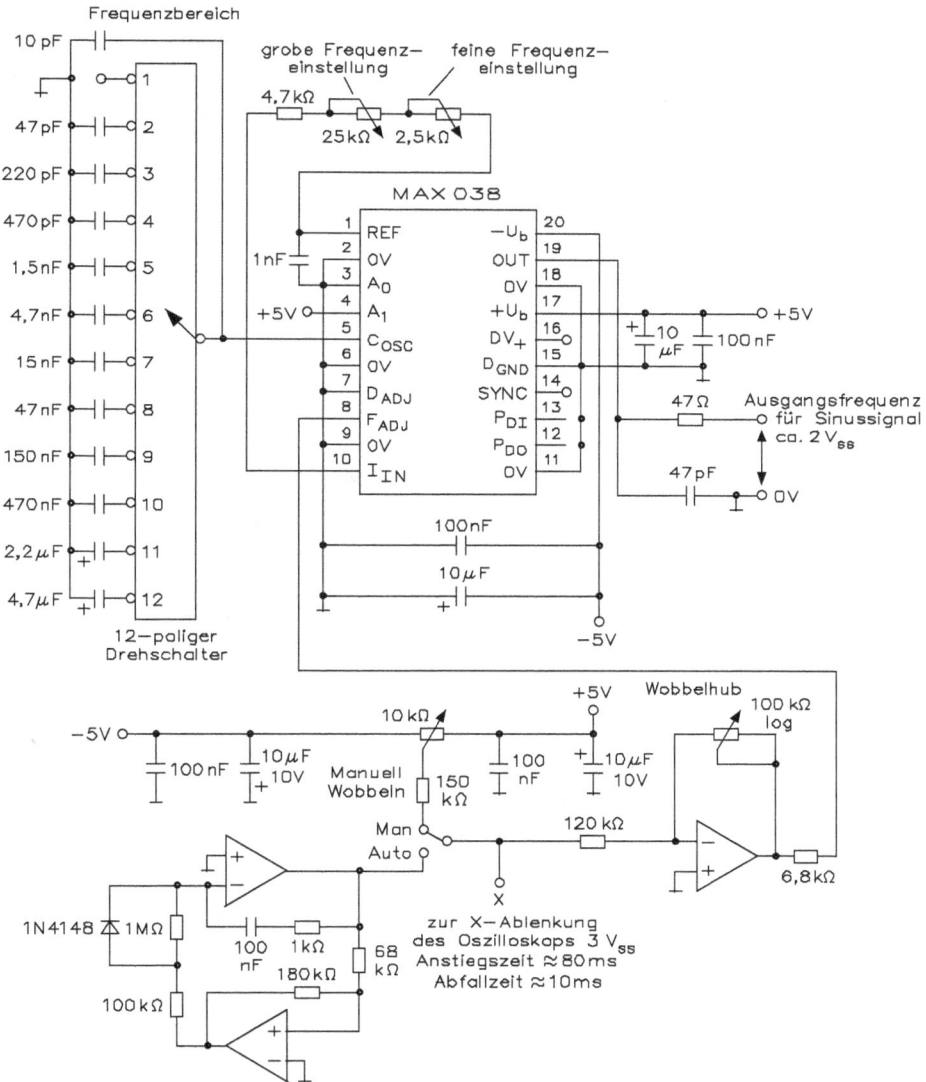

Abb. 4.67: Schaltung des Wobblers mit dem MAX038.

Um die Frequenz digital einzustellen, schließt man über einen Reihenwiderstand den Ausgang des Sägezahngenerators an. Der Ausgang reicht von 0 V bis etwa 2,5 V in der Vollansteuerung. Dadurch ändert sich der Strom von 0 μA bis etwa 748 μA. Die Referenzspannung speist einen konstanten Strom von 2 μA ein, so dass der eingespeiste Nettostrom (durch Überlagerung) von 2 μA bis etwa 750 μA reicht. Der DA-Vierfachwandler arbeitet mit einer Betriebsspannung von +5 V (unipolar) oder ±5 V (bipolar).

Der Eingang F_{ADJ} hat eine Stromsenke von −250 μA nach −U_b, der von einer Spannungsquelle gespeist werden muss. Im Normalfall ist die Spannungsquelle der Ausgang eines Operationsverstärkers, wobei der Temperaturkoeffizient dieses Eingangs vernachlässigbar ist. Wird allerdings an diesem Eingang ein Widerstand zur manuellen Einstellung des Tastverhältnisses eingesetzt, ist dieser Temperaturkoeffizient zu berücksichtigen. Da mit externen Widerständen eine Kompensation dieses Temperaturkoeffizienten nicht möglich ist, wird die Verwendung eines Widerstandes nur für die Fälle empfohlen, in denen man die Fehler nachträglich abgleichen muss. Diese Beschränkung gilt nicht bei Verwendung einer „echten" Spannungsquelle, also in Verbindung mit einem Operationsverstärker. Ein über einen Widerstand erzeugter Spannungsfall stellt keine optimale Spannungsquelle dar.

Die Ausgangsstufe des MAX038 liefert bei allen Signalformen eine fest eingestellte Amplitude von U_a = 2 V_{SS}, die symmetrisch zum Bezugspotential ist. Der Ausgang hat einen Innenwiderstand unter 0,1 Ω und kann einen Ausgangsstrom bis zu ±20 mA bei einer kapazitiven Last von 50 pF erzeugen. Größere kapazitive Lasten sollten mit einem Widerstand (typisch 50 Ω) oder einem Pufferverstärker isoliert werden.

Der SYNC-Ausgang ist ein TTL/CMOS-kompatibler Ausgang zur Synchronisierung externer Schaltungen. Dieser Ausgang liefert ein Rechtecksignal, dessen positive Flanke mit dem positiven Nulldurchgang des Sinus- oder Dreiecksignals zusammenfällt. Wird als Ausgangssignal das Rechtecksignal gewählt, erscheint die positive Flanke an SYNC in der Mitte der positiven Hälfte des Ausgangssignals.

Da der Ausgang „SYNC" ein schneller TTL-Ausgang ist, können durch die hohen Übergangsströme zwischen DGND (digitaler Masseanschluss) und D_{V+} (digitale Betriebsspannung von +5 V) diverse Störspitzen entstehen, die auf die Ausgangssignale an U_a eingekoppelt werden. Diese Störspitzen lassen sich aber nur mit einem 100-MHz-Oszilloskop messen. Die Induktivitäten und Kapazitäten der IC-Sockel und der Leiterbahnen verstärken diesen Effekt aber noch zusätzlich. Deshalb sollte bei Verwendung des SYNC-Teils auf die Verwendung von Sockeln unbedingt verzichtet werden. Der SYNC-Teil der Schaltung wird von einer separaten Betriebsspannung gespeist. Setzt man keinen SYNC-Teil ein, soll dieser D_{V+}-Anschluss offen bleiben, d. h. er wird nicht mit der Betriebsspannung oder Masse verbunden.

Der Anschluss P_{DO} ist der Ausgang des Phasendetektors. Wird dieser nicht benützt, ist er mit GND zu verbinden. Der Anschluss P_{DI} ist der Eingang des Phasendetektors für den Referenztakt. Auch dieser ist mit GND zu verbinden, wenn die interne Funktionseinheit nicht verwendet wird.

Die fünf GND-Anschlüsse des MAX038 für das Bezugspotential sind aus schaltungstechnischen Gründen nicht intern verbunden. Deshalb müssen diese Anschlüsse immer mit GND verbunden sein oder es kommt zu Funktionsstörungen.

Der MAX038 erzeugt eine stabile Ausgangsfrequenz über Temperatur und Zeit. Jedoch können die zur Frequenzeinstellung verwendeten Widerstände und Kondensatoren die Eigenschaften verschlechtern, wenn diese nicht sorgfältig ausgewählt wurden. Es sollten nur Kondensatoren mit einem kleinen Temperaturkoeffizienten über den gesamten Arbeitstemperaturbereich eingesetzt werden.

Die Spannung an dem Anschluss C_{Osz} hat einen dreieckförmigen Kurvenverlauf in einem Bereich zwischen 0 V und –1 V. Gepolte Kondensatoren sollten wegen ihres großen Temperaturkoeffizienten und ihres Leckstromes vermieden werden. Werden diese dennoch in der praktischen Schaltungstechnik eingesetzt, sollte der negative Anschluss an C_{Osz} und der positive Anschluss mit GND verbunden sein. Große Kapazitätswerte, die für sehr niedrige Frequenzen notwendig sind, sollten mit äußerst großer Sorgfalt ausgewählt werden, da die möglichen hohen Leckströme und die dielektrischen Verluste das Laden und Entladen des Kondensators C_{F} wesentlich beeinflussen können. Wenn möglich, sollte bei einer gegebenen Frequenz ein kleiner Wert für I_{IN} gewählt werden, um die Größe der Kapazität zu reduzieren.

Der Wobbler erzeugt eine Sinusspannung und daher ist A_0 an Masse und A_1 an +5 V. Durch die vier Kondensatoren ergibt sich ein weiter Frequenzbereich, der sich über das Potentiometer von 100 kΩ einstellen lässt.

4.11 Integrierter Funktionsgenerator XR2206

Die Arbeitsweise des XR2206 unterscheidet sich wesentlich vom ICL8038 und vom MAX038. Abb. 4.68 zeigt das Anschlussschema und die internen Funktionseinheiten. Die Frequenzerzeugung erfolgt mittels eines spannungsgesteuerten Oszillators VCO (Voltage-Controlled Oscillator), eines Analogmultiplizierers mit Sinuskonverter, eines Verstärkers mit $V = 1$, zwei Stromschaltern und einem Transistor für Synchronisationszwecke, der gleichzeitig auch den Ausgang für die Rechteckfunktion darstellt.

Über den Eingang AM (Amplitudenmodulation) kann mit dem Baustein eine Modulation nach dem AM-Verfahren durchgeführt werden. Dieser Eingang hat eine Impedanz von ca. 50 kΩ. Durch Anlegen einer externen Spannung kann ein Modulationsgrad bis zu 99 % erreicht werden. Mit diesem Eingang lassen sich die Ausgangsfunktionen beeinflussen, wie dies bei der Schaltung von Abb. 4.69 der Fall ist. Durch Anlegen einer Gleichspannung gibt man auf den Analogmultiplizierer mit Sinuskonverter einen Gleichspannungsanteil. Die Eingangsspannung lässt sich zwischen 0 V und $+U_{\mathrm{b}}$ ändern, wobei der optimale Gleichspannungsanteil bei $U_{\mathrm{b}}/2$ liegt.

An dem Ausgang von Pin 2 steht entweder die Sinus- oder die Dreieckfunktion zur Verfügung. Durch den internen Operationsverstärker, der als Impedanzwandler geschaltet ist, kann die Ausgangsspannung des Multiplizierers oder Sinuskonverters ab-

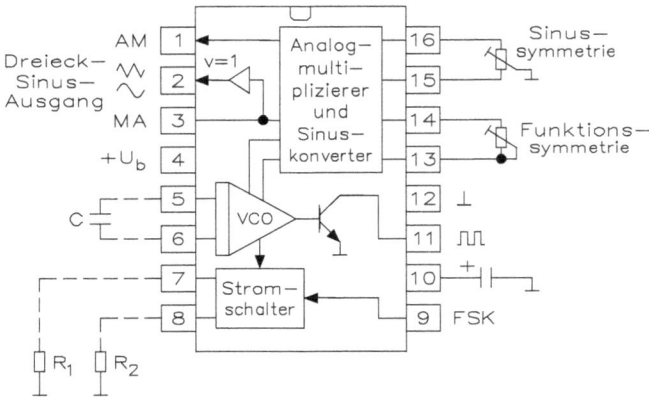

Abb. 4.68: Anschlussschema und interne Funktionseinheiten des Funktionsgenerators XR2206.

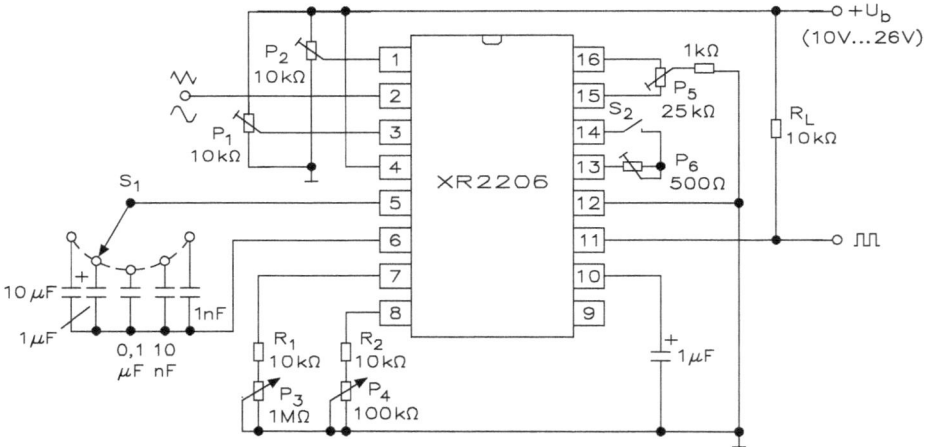

Abb. 4.69: Externe Schaltung des integrierten Funktionsgenerators XR2206.

gegriffen werden. Die Ausgangsimpedanz liegt bei 600 Ω. Die betreffende Ausgangs-funktion an Pin 2 lässt sich mit dem Schalter S_2 bestimmen, wobei ein offener Schalter eine Dreieckfunktion und ein geschlossener Schalter eine Sinusfunktion ergibt.

Der Ausgang MA (Pin 3) ist der direkte Ausgang des Multiplizierers. Normaler-weise hat man hier ein externes Netzwerk aus Widerständen und Kondensatoren, wenn man den XR2206 als Funktionsgenerator betreibt. Man kann hier durch Anle-gen einer externen Spannung den Gleichspannungsanteil am Eingang des Verstärkers mit $V = 1$ ändern, wodurch der Gleichspannungsanteil der Sinus- und Dreieckfunk-tion entsprechend geändert wird.

Pin 4 verbindet man mit der Betriebsspannung und Pin 12 mit Masse. Die Be-triebsspannung kann zwischen 10 V und 25 V liegen und sollte möglichst einen stabilen Wert aufweisen. Dabei ergibt sich eine Stromaufnahme von 20 mA. Die Frequenz ist weitgehend von der Betriebsspannung unabhängig. Typische Betriebsspannungsabhängigkeiten der Frequenz liegen bei 0,01 %/V. Bei einer Betriebsspannung von $+U_b = 12$ V erzeugt der Baustein eine Spannung für den Sinus-/Dreieckausgang von $U_a = 6$ V, für den Rechteckausgang dagegen von $U_a = 12$ V, wobei ein externer Arbeitswiderstand erforderlich ist, da Pin 11 einen offenen Kollektorausgang hat.

Mit dem externen Kondensator C zwischen Pin 5 und Pin 6 lässt sich die Ausgangsfrequenz für den Baustein XR2206 bestimmen. Bei gepolten Kondensatoren muss der positive Anschluss mit Pin 5 verbunden sein, damit der Baustein und der Kondensator durch falsche Polung nicht zerstört werden. Mittels eines Drehschalters kann zwischen den einzelnen Frequenzbereichen umgeschaltet werden. In Verbindung mit dem Potentiometer P_3 ergeben sich die Frequenzbereiche von Tab. 4.21.

Tab. 4.21: Frequenzbereiche des integrierten Funktionsgenerators XR2206.

Kondensator	Frequenzbereich
10 µF	0,1 Hz bis 10 Hz
1 µF	1 Hz bis 100 Hz
100 nF	10 Hz bis 1 kHz
10 nF	100 Hz bis 10 kHz
1 nF	1 kHz bis 100 kHz

Der Feinabgleich der einzelnen Frequenzen lässt sich durch die externen Widerstände an den Stromschaltern bestimmen. Pin 7 und Pin 8 sind die Steuerausgänge für die Stromschalter. Je nach Wert des externen Trimmers oder Potentiometers lässt sich die Ausgangsfrequenz einstellen. Durch ein externes Potentiometer kann die Frequenz typisch im Verhältnis 2000 : 1 geändert werden. Bei dieser Schaltungsvariante kommt man auf 100 : 1. Die Leerlaufspannung von Pin 7 und Pin 8 beträgt 3 V und darf in keinem Fall überschritten werden, wenn eine Spannungsansteuerung der beiden Ausgänge realisiert wird.

Die Bedingungen für Pin 7 und Pin 8 sind identisch, aber beim XR2206 gibt es eine Besonderheit, wenn der Baustein als Funktionsgenerator betrieben wird. Der Widerstand R_2 und das Potentiometer P_4 sind nicht erforderlich, wodurch die Ausgangsfrequenz nur vom Widerstand R_1 und dem Potentiometer P_3 bestimmt wird. Verwendet man ein Potentiometer mit $P_3 = 1$ MΩ, erreicht man eine Frequenzänderung von 100 : 1. Hat $P_3 = 100$ kΩ, lässt sich die Frequenz von 10 : 1, also innerhalb einer Dekade ändern. Die Frequenzänderung erfolgt aber nicht linear, sondern hat einen hyperbolischen Verlauf. Setzt man ein lineares Potentiometer für P_3 an, ergibt sich ein logarithmischer Verlauf der Einstellfunktion. Bei einem logarithmischen Potentiometer für P_3 erhält man fast einen linearen Verlauf.

Der Eingang FSK an Pin 9 dient zur Frequenzumtastung (Frequency Shift Keying) für spezielle PLL-Schaltungen (Phase-Locked-Loop). Der FSK-Eingang ist TTL-kompatibel, d. h. man kann direkt eine Ansteuerung per TTL-Signalpegel vornehmen. Bei einer Eingangsspannung über 2 V oder bei offenem Eingang erkennt der Baustein ein 1-Signal und unter 1 V ein 0-Signal an. In der Schaltung steuert die VCO-Einheit den internen Transistor an und Pin 11 hat eine Rechteckspannung.

Pin 10 dient als Referenzspannungsstabilisierung für die interne Spannungsquelle. Normalerweise verbindet man diesen Eingang über einen Kondensator mit Masse. Damit bleibt die interne Referenzspannung für den Stromschalter und den spannungsgesteuerten Oszillator stabil und man erhält eine Entkopplung.

Mit Pin 13 und Pin 14 erfolgt der Abgleich und die Einstellung des Klirrfaktors für den Multiplizierer und den Sinuskonverter. Verbindet man Pin 13 mit Pin 14, steht am Ausgang von Pin 2 eine sinusförmige Wechselspannung zur Verfügung. Die Verbindung zwischen den beiden Pins sollte nicht direkt, sondern über einen Widerstand von 220 Ω erfolgen. Damit hat die Sinusfunktion den geringsten Klirrfaktor von 0,5 %. Ohne den Widerstand ergibt sich ein Klirrfaktor von 2,5 %. In der Praxis setzt man jedoch einen Einsteller ein, um die Schaltung individuell abgleichen zu können.

Bei einer Verbindung zwischen Pin 13 und Pin 14 hat man an Pin 2 eine Sinusfunktion mit einer Amplitude von $U_{ss} = 6$ V bei einer Betriebsspannung von $+U_b$. Besteht jedoch keine Verbindung zwischen Pin 13 und Pin 14, wird intern eine Dreieckfunktion für Pin 2 erzeugt, wobei sich eine Linearität von 1 % bei einer Amplitude von $U_{ss} = 6$ V ergibt. Die Symmetrie der Sinus- und Dreieckfunktion lässt sich über einen externen Einsteller justieren, der zwischen Pin 15 und Pin 16 eingeschaltet ist.

4.12 Elektronischer Stromzähler

Der Stromzähler ist ein Messgerät zur Erfassung gelieferter und genutzter elektrischer Energie, also elektrischer Arbeit mit

$$W = P \cdot t \quad \text{oder} \quad W = U \cdot I \cdot t$$

Die physikalische Einheit der Arbeit ist das Joule (J) bzw. die Wattsekunde (Ws). In der Praxis arbeitet man bei den Stromzählern mit der Einheit Kilowattstunde (kWh).

Falls Strom und Spannung eine Phasenverschiebung aufweisen, ist bei der Leistung zwischen Schein-, Wirk- und Blindleistung zu unterscheiden. Nur die Wirkkomponente der Leistung und der Energie wird von den Messgeräten erfasst.

Die im Haushalt in Deutschland verbreiteten Zähler zur Verbrauchsabrechnung erfassen den vom Stromnetz bezogenen Wechselstrom oder Drehstrom, den Wirkstrom sowie die momentan anliegende Wechselspannung. Sie ermitteln daraus durch Multiplikation und anschließende Integration nach der Zeit die genutzte Wirkenergie in Kilowattstunden.

Neben den üblichen Haushaltsstromzählern 10(60) A kennt man für gewerbliche Nutzung noch die Stromzähler mit 200 A für kleinere Betriebe, jeweils ausgelegt auf die Nennspannung 230 V (entsprechend 400 V zwischen den Außenleitern). Der hinter dem Nennstrom in Klammern angegebene Ampere-Wert gibt die Maximal- oder Grenzstromstärke an, die der Zähler dauernd aushalten kann, ohne beschädigt zu werden. Bis zu diesem Stromwert müssen auch die Eichfehlergrenzen eingehalten werden. Der Nennstrom ist vornehmlich für die Eichung relevant, auf diesen Wert beziehen sich die Messpunkte, die beim Eichvorgang geprüft werden.

Bezahlt wird bei Kleinverbrauchern (Haushalten) nur die abgenommene Wirkenergie, also das zeitliche Integral der Wirkleistung. Das Integral der Blindleistung wird bei Großverbrauchern (Industrie) zusätzlich gemessen und berechnet, weil diese Form der Leistung die Versorgungsnetze zusätzlich belastet. Sie erfordert stärkere Leitungen und Transformatoren als zur Verrichtung der Arbeit erforderlich sind und produziert erhöhte Leitungsverluste. Daher ist auch die Blindenergie ein Abrechnungsmerkmal der Energieversorger.

Bei Tarifkunden in den privaten Haushalten, wird die Ausführung mit zwei Tarifzählwerken eingesetzt. So kann der Energieverbrauch in Zeiten schwacher Netzbelastung, z. B. nachts, für den Verbraucher günstiger abgerechnet werden. Dies wird vereinbart, um in den so genannten Schwachlastphasen, meist nachmittags und in der Nacht, für elektrische betriebene Wärmespeicherheizungen die Energie kaufen zu können. Für die Energieversorger wird durch diese Zu- oder Abschaltung von Verbrauchern zur Wärmeerzeugung ein Ausgleich der Netzbelastung erreicht. Solche Tarife können mit einfachen Zählern nicht mehr erfasst werden.

Es gibt elektromechanische Energiezähler mit zwei und mehr Zählwerken, um zeitbezogen unterschiedliche Tarife abrechnen zu können. Zwischen diesen Zählwerken wird beispielsweise durch eingebaute oder externe Rundsteuerempfänger (die durch zentrale Rundsteueranlagen im Energieversorgungsunternehmen gesteuert werden) umgeschaltet. Die Tarifumschaltung erfolgt entweder über Spannungsstöße aus einer Rundsteueranlage mit einer so genannten Mittelfrequenz, welche der Netzspannung von 50 Hz überlagert wird, oder gesteuert durch eine Tarifschaltuhr.

4.12.1 Umstellung auf elektronische Zähler

Nachdem elektronische Zähler schon länger für Industrieanwendungen eingesetzt werden, halten sie auch seit einigen Jahren Einzug in die privaten Haushalte. Die Verbreitung dort ist je nach Energieversorger sehr unterschiedlich. Elektronische Zähler können mit Tarifumschaltern ausgestattet werden, die eine vereinbarte zeitabhängige Tarifeinstellung berücksichtigen.

Neue elektronische Zähler werden über Datenschnittstellen per Fernauslesung vom Energieversorgungsunternehmen und der Gebäudeautomation ausgelesen. Mit elektronischen Zählern kann die Tarifierung ohne Eingriff in den Zähler verändert werden. Es werden im Zähler keine elektromechanischen Zählwerke mehr benötigt. Bei diesen Zählern ist zu beachten, dass die Anzeige für die HT (Hochpreistarif)- und NT (Niedrigpreistarif)-Tarife eventuell anders angeordnet sind (HT-Anzeige oben und NT-Anzeige unten).

Nach der Änderung des Energiewirtschaftgesetzes EnWG und der neuen Messstellenzugangsverordnung (beide in Kraft getreten im September 2008) besteht ab 1. Januar 2010 die Pflicht, bei Neubauten und Modernisierungen sogenannte intelligente Zähler zu verwenden.

Wird ein vereinbartes Tarifmerkmal überschritten, kann durch eine eingestellte Begrenzung des Leistungswertes oder der Energiemenge eine Last abgeworfen werden. Alternativ wird bei solchen Lastüberschreitungen für deren Dauer ein anderer Tarif zugrunde gelegt. Solche Tarife können mit einfachen Zählern nicht mehr erfasst werden.

Der elektronische Stromzähler zeigt in der ersten Displayzeile den für die Abrechnung relevanten Zählerstand bzw. die Zählerstände rollierend alle zehn Sekunden an. Zusätzlich werden in der zweiten Displayzeile individuelle Verbrauchswerte angezeigt, die helfen sollen, den Stromverbrauch transparenter zu gestalten. Diese Verbrauchswerte dienen ausschließlich der Information und sind nicht für die Stromrechnung relevant. Folgende individuelle Stromverbrauchswerte können hier angezeigt werden:

- Aktuelle Leistung: Die aktuelle Leistung entspricht der augenblicklichen elektrischen Leistungsaufnahme aller in Betrieb oder Standby befindlichen Geräte.
- Stromverbrauch seit letzter Nullstellung: Hier wird der Stromverbrauch solange aufsummiert, bis man diesen wieder auf Null zurückstellt. Diese Funktion ist mit dem Tageskilometerzähler eines PKW vergleichbar.
- Stromverbrauch in der Vergangenheit: Hier kann der Stromverbrauch der letzten 24 Stunden sowie der letzten 7, 30 und 365 Tage angezeigt werden.

Abb. 4.70 zeigt die Front eines elektronischen Stromzählers. Zur Bedienung des Zählers ist lediglich eine handelsübliche Taschenlampe notwendig, mit welcher der Lichtsensor auf der Vorderseite des Gerätes angeleuchtet wird.

Um die individuellen Verbrauchswerte vor dem Zugriff Unbefugter zu schützen, ist die zweite Displayzeile im Auslieferungszustand abgeschaltet und kann durch die Eingabe Ihrer persönlichen vierstelligen Identifikationsnummer (PIN) eingeschaltet werden. Nach dem Einbau des Zählers wird auf Anfrage die PIN-Nummer per Post zugeschickt.

Die Erläuterungen für das Display von Abb. 4.71 geben die nachfolgenden Tabellen.

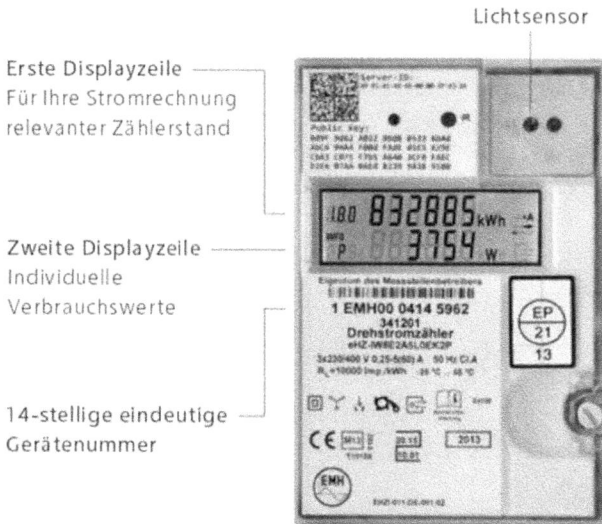

Abb. 4.70: Front eines elektronischen Stromzählers.

Abb. 4.71: Display eines elektronischen Stromzählers.

1. Zählwerkkennzeichen

Kennziffern	Bedeutung
1.8.0	Strombezug gesamt
1.8.1	Strombezug Tarifzone 1
1.8.2	Strombezug Tarifzone 2
2.8.0	Stromlieferung gesamt
Rollierende Anzeige auf dem Display ohne Tarifierung	
1.8.0	Strombezug gesamt, tariflos
2.8.0	Stromlieferung, falls Lieferzählwerk vorhanden
Rollierende Anzeige auf dem Display mit Tarifierung	
	Die aktuelle aktive Tarifzone ist durch einen Unterstrich gekennzeichnet.
1.8.1	Strombezug Tarifzone 1
1.8.2	Strombezug Tarifzone 2
2.8.0	Stromlieferung, falls Lieferzählwerk vorhanden

2. Für die Abrechnung relevante(r) Zählerstand/-stände
3. Einheit zu den angezeigten Zählerständen (kWh = Kilowattstunden)
4. Einheiten zu den angezeigten individuellen Verbrauchswerten (W = Watt, kWh = Kilowattstunden)
5. Anzeige individueller Verbrauchswerte
6. Infofeld

Info	Bedeutung der Anzeige in Feld 6
PIN	PIN-Eingabe erforderlich
P	Aktuelle Leistung
E	Verbrauch seit letzter Nullstellung
1 d	Verbrauch der letzten 24 Stunden
7 d	Verbrauch der letzten 7 Tage
30 d	Verbrauch der letzten 30 Tage
365 s	Verbrauch der letzten 365 Tage
0.2.2	Aktivierung PIN-Schutz

Sobald die zweite Displayzeile aktiviert ist, kann man durch wiederholtes kurzes Anleuchten des Lichtsensors die folgenden Informationen auswählen.

Anleuchten	Anzeige	Bedeutung der Anzeige in Feld 6	
1. Mal	888	Displaytest für beide Zeilen	
2. Mal	PIN	PIN-Eingabe erforderlich	(a)
Nach erfolgreicher PIN-Eingabe			
1. Mal	P	Aktuelle Leistung	
2. Mal	E	Verbrauch seit letzter Nullstellung	(b)
3. Mal	1 d	Verbrauch der letzten 24 Stunden	(c)
4. Mal	7 d	Verbrauch der letzten 7 Tage	(c)
5. Mal	30 d	Verbrauch der letzten 30 Tage	(c)
6. Mal	365 s	Verbrauch der letzten 365 Tage	(c)
7. Mal	0.2.2	Aktivierung PIN-Schutz	(d)
8. Mal	888	Displaytest für beide Zeilen	

anschließend wieder von vorne

Zwei Minuten nach dem letzten Anleuchten zeigt die zweite Displayzeile wieder die aktuelle Leistung an.

(a) Man sieht diese Zeile nur, wenn eine korrekte PIN-Eingabe durchgeführt worden ist.

(b) Man sieht den Stromverbrauch seit der letzten Nullstellung. Diese Funktion ist hilfreich, wenn der Stromverbrauch während einer gewählten Zeitspanne, z. B.

für die Dauer des Urlaubs ermittelt werden soll. Diese Funktion ist mit dem Tages-kilometerzähler eines Autos vergleichbar. Für die Rückstellung auf Null leuchtet man den Lichtsensor ohne Unterbrechung so lange an, bis der Wert in der Anzeige gelöscht wird (länger als fünf Sekunden).

(c) Hier sieht man den zurückliegenden Stromverbrauch, wie links in der Tabelle unter 3. bis 6. dargestellt ist. Ist der in der Tabelle genannte Zeitraum erstmalig noch nicht vollständig durchlaufen (z. B. 365 Tage) so wird „–.–" angezeigt.

Wenn man möchte, kann man diese Stromverbrauchswerte auf Null setzen. Hierzu leuchtet man den Lichtsensor ohne Unterbrechung so lange an, bis der Wert in der Anzeige gelöscht wird (länger als fünf Sekunden), während einer der vier Stromverbrauchswerte angezeigt wird. Diese Stromverbrauchswerte können nur gemeinsam auf Null gesetzt werden.

(d) Man erkennt mit der Angabe „0.2.2" und „– – –" im Display, ob die Aktivierung des PIN-Schutzes durchgeführt worden ist. Sofern man dies wünscht, hat man nun die Möglichkeit, die zweite Displayzeile wieder auszuschalten. Dafür leuchtet der Lichtsensor ohne Unterbrechung so lange, bis die zweite Displayzeile abgeschaltet wird (länger als fünf Sekunden). Die zweite Zeile ist jetzt wieder deaktiviert. Sofern man die zweite Displayzeile wieder aktivieren möchte, leuchtet man den Lichtsensor zweimal kurz an. Die Anzeige springt wieder zur PIN-Eingabe.

4.12.2 Arten von Stromzählern in der Praxis

Weit verbreitet sind die Stromzähler oder Ferraris-Zähler, die nach dem Induktions-prinzip arbeiten. Hierbei wird durch den Ein- oder Mehrphasenwechselstrom sowie die Netzspannung in einem Ferrarisläufer (Aluminiumscheibe) ein magnetisches Drehfeld induziert, welches in ihr durch Wirbelströme ein Drehmoment erzeugt. Dieses ist in jedem Augenblick proportional zum Produkt aus Strom und Spannung und somit im zeitlichen Mittel zur Wirkleistung. Die Scheibe läuft in einer aus einem Dauermagnet bestehenden Wirbelstrombremse, die ein geschwindigkeitsproportionales Bremsmoment erzeugt. Die Scheibe, deren Kante als Ausschnitt durch ein Fenster von außen sichtbar ist, hat dadurch eine Drehgeschwindigkeit, welche zur elektrischen Wirkleistung proportional ist. Die Zählung der Umdrehungen ist dann zur tatsächlich bezogenen elektrischen Energie proportional.

Ferraris-Zähler summieren in ihrem üblichen Aufbau auch bei Oberschwingungs- oder Blindstromanteilen nur die Wirkleistung. Es gibt ähnlich aufgebaute Blindver-brauchszähler, welche die induktive bzw. kapazitive Blindleistung summieren. Ihre innere Schaltung entspricht der Schaltung bei Blindleistungsmessung.

Mit der Aluminiumscheibe ist ein Rollenzählwerk verbunden, so dass der Energie-durchsatz als Zahlenwert in Kilowattstunden (kWh) abgelesen werden kann. Mithilfe der am Zähler angebrachten Angabe „Umdrehungen pro Kilowattstunde" kann man visuell auch die aktuelle Leistung ermitteln, indem man über einen bestimmten Zeitraum die Umdrehungen zählt. Diese Zähler können den Verbrauch in zwei oder mehr Tarifen unterteilt zählen.

4.12.3 Elektronische Stromzähler

Die seit einigen Jahren neu entwickelten elektronischen Stromzähler enthalten keine mechanisch bewegten Elemente. Der Strom wird durch Stromwandler, beispielsweise mit einem weichmagnetischen Ringkern (oder einem Strommesssystem mit Rogowskispulen) mittels Nebenschlusswiderstand (Shunt) oder Hallelementen erfasst. Die Zählung der Energie erfolgt mit einer elektronischen Schaltung. Das Ergebnis wird einer alphanumerischen Anzeige (meist Flüssigkristallanzeige) zugeführt. Als Datenschnittstellen sind Infrarot, S0-Schnittstelle, M-Bus, potentialfreier Kontakt, EIB/KNX, 20 mA (verbunden mit GSM- oder PSTN-Modems) bzw. Power Line Carrier (PLC) üblich. Die Impulsausgänge (S0) liefern in der Praxis eine Impulswertigkeit von 2000 Impulsen bis 5000 Impulsen pro kWh. Dieser Wert muss dann abhängig vom Zähler mit einem festen Faktor von zum Beispiel 30 oder 50 multipliziert werden, um den kumulierten Messwert zu bekommen.

Für Zähler konventioneller Bauart mit mechanischer Verbrauchsanzeige besteht die Möglichkeit, diese mit einem elektronischen Auslesegerät zu versehen. Diese Geräte besitzen eine Optik, mit deren Hilfe der Zählerstand mittels Texterkennung (OCR) in eine elektronische Information umgewandelt wird. Diese Information kann dann wie bei den elektronischen Energiezählern über diverse Datenschnittstellen weiter übermittelt werden. Damit ist ein automatisches Ablesen des Zählers möglich (englisch: AMR, Automated Meter Reading) und das manuelle Auslesen kann entfallen.

Die in Europa gültigen Normen für elektronische Energiezähler sind: IEC 62053-21 bis IEC 62053-23. Für die Datenschnittstellen werden IEC 62056-21 sowie IEC 62056-42, -46 und -53 (DLMS) und IEC 870 genutzt.

Die relativen Fehlergrenzen als Maß für die Genauigkeit der Zähler liegt im Haushaltsbereich bei 2 %. Bei hoher zu zählender elektrischer Arbeit sind auch Zähler der Genauigkeitsklassen 1, 0,5 und 0,2 (meist in Verbindung mit Messwandlern) im Einsatz. Höchste Anforderungen bestehen z. B. an der Übergabestelle vom Kraftwerk ins Netz oder zwischen Übertragungsnetzen. Die Genauigkeitsklasse ist auf den Zählern hin und wieder angegeben. Diese Angabe kann so aussehen: Etwa ein Kreis, in dem sich eine Zahl befindet oder Kl. 2 oder Kl. 1, wobei die Zahl immer die relative Verkehrsfehlergrenze in Prozent angibt. Aus speziellen Legierungen aufgebaute Ringbandkerne ermöglichen seit Kurzem hochpräzise elektronische Energiezähler in gleichstromtoleranter Ausführung.

Jeder Energiezähler, der für die Abrechnung des Energieverbrauches genutzt wird, trägt in Deutschland bisher eine Eichmarke nach dem Eichgesetz.

In Deutschland unterliegen Stromzähler, die in privaten Haushalten eingesetzt werden, der Eichpflicht. Nach Ablauf der Eichgültigkeitsdauer (16 Jahre beziehungsweise acht Jahre bei elektronischen Zählern, 12 Jahre für mechanische Messwandlerzähler mit Induktionswerk [mit Läuferscheibe]) muss das Messgerät ausgetauscht oder die Eichgültigkeit verlängert werden. Ausnahmen sind möglich. Ein übliches Verfahren zur Verlängerung der Eichgültigkeit ist die Stichprobenprüfung.

Die Eichung wird bei (staatlich anerkannten) Prüfstellen durchgeführt. Viele Netzbetreiber und Hersteller unterhalten eigene Prüfstellen. Es gibt jedoch auch Firmen, die sich auf die Eichung spezialisiert haben. Als Staatsbehörde für die Eichung zuständig ist in Deutschland die PTB in Braunschweig.

Die Europäische Messgeräterichtlinie (MID) regelt seit dem 30. Oktober 2006 das Inverkehrbringen verschiedener neuer für den Endnutzer bestimmter Messgeräte in Europa – unter anderen eben auch der Wirk-Stromzähler. Sie regelt nicht die Eichpflicht und die Anforderungen nach dem Inverkehrbringen bzw. der Inbetriebnahme. Dies bleibt nationalem Recht vorbehalten. Allerdings müssen sich die Mitgliedstaaten vor der Kommission und den anderen Mitgliedstaaten rechtfertigen, wenn sie dies nicht regeln. MID-konforme Messgeräte müssen vor der ersten Inbetriebnahme nicht mehr geeicht werden.

Die MID-Anforderungen ersetzen derzeit viele gültige nationale Anforderungen für geeichte Zähler (zum Beispiel in Deutschland, Österreich, Schweiz und skandinavischen Ländern). Sie sind überwiegend identisch mit der PTB-Zulassung in Deutschland, teilweise etwas härter. Für ältere Zulassungen (etwa PTB) gilt eine Übergangsfrist bis 30. Oktober 2016. Alle am 30. Oktober 2006 auf dem Markt befindlichen Zähler mit PTB-Zulassung können also bis 30. Oktober 2016 weiterhin in Verkehr gebracht werden. Nur neu eingeführte Messgeräte müssen der MID entsprechen. Die entsprechende Prüfung wird in Deutschland übrigens ausschließlich von der PTB durchgeführt, kann jedoch in jedem Mitgliedstaat beantragt werden und muss dann in jedem Mitgliedstaat anerkannt werden.

Bei Stromzählern gilt die MID formal nur für Wirkstromzähler. Hieraus ergibt sich eine Problematik für Zähler, die sowohl Wirk- als auch Blindleistung messen: Für den Geräteteil der Wirkmessung ist eine MID-Konformitätserklärung erforderlich. Eine Ersteichung darf nicht mehr vorgeschrieben werden, der Teil für die Blindmessung muss herkömmlich nach dem jeweiligen Eichrecht zugelassen bzw. geeicht werden.

4.12.4 Elektronischer Stromzähler mit Mikrocontroller

Mit den neuen Multifunktionsstromzählern kann eine Leistungsfaktorüberwachung auf kleine Industriekunden und sogar private Endkunden ausgedehnt werden. Werden diese Multifunktionsstromzähler zum Standard, können Strombezugstarife individuell festgelegt werden, beispielsweise unter dem Aspekt der Wirk- und Blindleistungsabnahme des Stromkunden. Weiterhin stellt sich auch die Frage des Auslesens der Zählerstände und der Übertragung an die Abrechnungsstelle der Lieferanten. Ein manuelles Ablesen im Feld ist nicht nur teuer, sondern auch fehlerträchtig.

Die Grundlagen eines Multiraten- und Multifunktionsmessgerätes sind in der Hardware relativ einfach. Man tastet Spannung und Strom ab, stellt die Messergebnisse dar und fügt eine Kommunikationsschnittstelle, einen nicht flüchtigen Speicher, eine interne Stromversorgung und einen Mikrocontroller hinzu. Die meisten dieser Komponenten sind bereits in einem Mikrocontroller integriert. Beispielsweise enthält der MAXQ3120 von Dallas Semiconductor/Maxim zwei 16-Bit-AD-Wandler zur Strom- und Spannungsabtastung, zwei UARTs (einer ist für die asynchrone Infrarot-Kommunikation konfiguriert), einen LCD-Controller für die Anzeige, eine 16×16-MAC-Einheit, integriertes RAM sowie einen Flash-Speicher auf einem einzigen Chip. Damit ist der Baustein ideal für Multifunktionsstromzähler geeignet.

Die Software für diesen Zähler zu schreiben, stellt eine größere Herausforderung dar. Dadurch, dass die Software die fundamentale Funktion des Gerätes implementiert, muss sie jeweils entsprechend lokaler Kundenanforderungen angepasst werden. Weiterhin muss die Software, selbst wenn in einer Hochsprache wie C geschrieben wird, an die jeweilige Messumgebung angepasst werden, in der sie eingesetzt werden soll. Da die Hardware des Stromzählers im Vergleich zur Software einfach und flexibel gestaltet ist, kann das Basis-Stromzählerboard produziert und auf Lager gehalten werden. Die jeweils gewünschte Funktion wird über einen geeigneten Softwaredownload festgelegt. Dallas Semiconductor/Maxim stellt ein Referenz-Design in C-Source-Code zur Verfügung, das an Kundenwünsche angepasst und modifiziert werden kann.

Mit einem AD-Wandler ist die Spannungsmessung einfach. Man muss lediglich die Netzspannung entsprechend dem zulässigen Eingangsbereich des Differenzeingangs des Wandlers skalieren (typischerweise im Bereich von wenigen 10 mV bis zu 1 V). Im Referenzdesign wird ein Widerstandsteiler benutzt, um das Signal auf den Bereich von −1 V bis 1 V zu skalieren.

Der Strom wird gemessen, indem der Spannungsfall im Milli-Volt-Bereich über einen Shunt gemessen wird. Der Spannungsfall über diesen Shunt muss minimiert werden, um die Verlustleistung gering zu halten. Ein Shunt mit 0,5 mΩ liefert ein Signal von 20 mV bei Vollaussteuerung, erzeugt bei einer Last von 40 A aber bereits eine Verlustleistung von 1 W.

Betrachten wir zuerst den AD-Wandler. Zunächst erscheinen die Anforderungen an die Messung eines Signals von 50 Hz und 60 Hz trivial, allerdings sind verschiedene Randbedingungen einzuhalten. Die meisten Messgeräte erfordern eine Genauigkeit von 1 % über den gesamten Lastbereich. Das Referenzdesign garantiert diese Genauigkeit zwischen 1 A und 40 A. Um diese Genauigkeit zu erreichen, muss eine Auflösung von 10 mA erreicht werden und trotzdem bis zu 40 A gemessen werden können, d. h. ein Verhältnis von 4000 : 1. Das bedeutet, dass der AD-Wandler mindestens eine Auflösung von 12 Bit, besser 14 Bit oder mehr erreichen muss.

Bei einer Grundfrequenz von 50/60 Hz reicht eine Nyquist-Frequenz von 100/120 Hz aus. Allerdings schreiben die meisten Vorschriften vor, dass die Leistung bis zur 21. Oberwelle akkurat gemessen werden muss. Das entspricht einer auflösenden Frequenz von 1260 Hz und einer Abtastrate von mindestens 2520 Hz. Diese Anforderungen sind für moderne AD-Wandler kein Problem, können aber interne AD-Wandler in Mikrocontrollern überfordern.

Der Zähler besteht aus dem Mikrocontroller MAXQ3120, einer Stromversorgung, einem LCD-Display, einem I^2C-EEPROM, einem Eingangssignal-Sensor sowie einer Kommunikationsschnittstelle. Auf dem Markt gibt es zu viele unterschiedliche Kommunikationsstandards, als dass man sie alle mit einer integrierten Lösung abdecken könnte. Allerdings ist es wahrscheinlich, dass in einem kostengünstigen Zähler eine asynchrone serielle Schnittstelle eingesetzt werden wird. Der MAXQ3120 bietet zwei serielle Kommunikationskanäle. Der erste Kanal basiert auf dem EIA485-Standard. Im Referenzdesign arbeitet der Mikrocontroller auf Netzebene. Als zentrale Steuer- und Abfrageeinheit dient ein Laptop oder PC, der den Stromzähler über diese galvanisch getrennte Verbindung abfragen kann. Von hier lassen sich dann die ausgelesenen Verbrauchsdaten zur Rechnungsstelle übertragen.

Der zweite Kanal wird mit einem Infrarottransceiver mit einfachem asynchronem Protokoll hergestellt. Ein digitales 0-Signal wird als Signalimpuls von 38 kHz übertragen, ein 1-Signal wird durch das Fehlen der Impulse signalisiert. Der Empfänger kann mit einer preisgünstigen IR-Fotodiode und einem Detektor von 38 kHz aufgebaut werden. Damit wird mit nur zwei optischen Bauelementen ein voll funktionsfähiger Infrarottransceiver implementiert.

Da moderne Mikrocontroller nur eine sehr geringe Leistungsaufnahme benötigen, kann als Stromversorgung eine einfache transformatorbasierte lineare Spannungsversorgung verwendet werden. Im Referenzdesign ist der Mikrocontroller nicht von der Netzspannung galvanisch getrennt. Der Massepegel liegt auf Netzspannungsebene. Damit kann der Mikrocontroller nicht direkt mit einem PC kommunizieren. Eine galvanische Trennung ist nötig, die mit einem Optokoppler entsprechend EIA485 realisiert ist. Der Optokoppler selbst wird über eine separate Wicklung im Transformator versorgt.

Zwei Arten von nicht flüchtigen Speichern werden im Design eingesetzt. EEPROM ist deutlich preiswerter als FRAM, weist aber längere Schreibzyklen (im ms-Bereich) auf und bietet bis eine Million Schreibzyklen. Diese Zahl hört sich zunächst groß an. Allerdings muss die Software mit jedem Abtastschritt Daten in den nicht flüchtigen Speicher schreiben. Bei 50 Hz kann man das EEPROM bestenfalls fünf Stunden nutzen, bevor die maximale Anzahl der Schreibzyklen erreicht wird. In der Praxis wird man eine Art Cache einsetzen, um diese Probleme zu vermeiden. Das FRAM hat diese Probleme nicht. Ein Schreib- und ein Lesezyklus sind gleich lang (einige Mikrosekunden), und es gibt keine Limitierung der maximal möglichen Schreibzyklen. Leider kosten FRAMs ein Vielfaches von EEPROMs gleicher Größe.

Eine Vielzahl verschiedener Faktoren bestimmt die Auswahl eines Mikrocontrollers, der für einen elektronischen Stromzähler geeignet ist. Man sollte folgende Faktoren berücksichtigen:

- Hat der Mikrocontroller alle peripheren Einheiten, die benötigt werden? Hierzu gehören eine integrierte Uhr, serielle Schnittstellen, Timer, Zähler, IR-Schnittstelle, Display-Controller, ausreichende Rechenleistung bzw. MAC zur Signalverarbeitung.
- Hat der Mikrocontroller genügend Programmspeicher? Falls die Anwendung in C geschrieben wird, ist die Codespeicherung von 16 Kbyte bis 64 Kbyte Code notwendig. Das Referenzdesign passt in einen Speicher von 32 Kbyte.
- Hat der Mikrocontroller ausreichend RAM, um alle Datenstrukturen aufnehmen zu können?
- Viele Mikrocontroller bieten integrierte Wandler an. Reichen diese Merkmale wirklich aus (Abtastrate, Auflösung, Linearität)? Idealerweise wird eine 14-Bit-Auflösung bei mindestens 10 ksps benötigt.
- Kann die Uhr auf eine Genauigkeit von einer halben Sekunde pro Monat getrimmt werden? Falls nicht, sollte ein externer Oszillator oder ein zusätzlicher Uhrenbaustein eingesetzt werden.

4.13 Mikrocontroller in der Messtechnik

Der Baustein ATtiny26 ist ein vielseitig verwendbarer 8-Bit-Mikrocontroller von Atmel und wegen seines einfachen Aufbaus und seiner leichten Programmierbarkeit in der Messtechnik einsetzbar. Mit diesem Mikrocontroller lassen sich z. B. Wattmeter, Ohmmeter, LCR-Meter und vieles mehr realisieren. Zum Programmieren steht ein Assembler und C kostenlos über das Internet zur Verfügung. Man spricht beim ATtiny26 von einem „analogen" 8-Bit-Mikrocontroller und Abb. 4.72 zeigt das Anschlussschema.

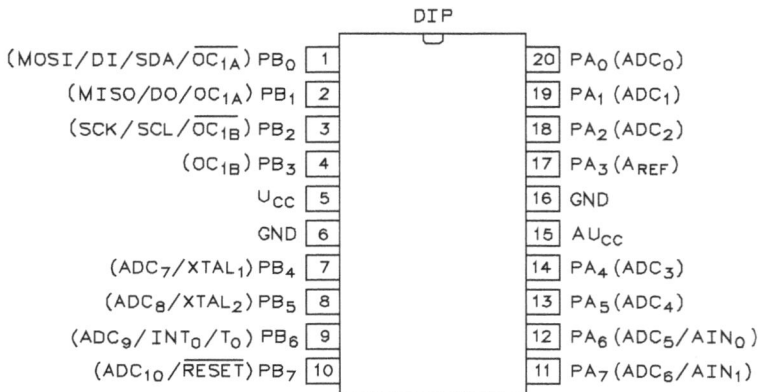

DIP

$(MOSI/DI/SDA/\overline{OC_{1A}})\ PB_0$	1 — 20	$PA_0\ (ADC_0)$
$(MISO/DO/OC_{1A})\ PB_1$	2 — 19	$PA_1\ (ADC_1)$
$(SCK/SCL/\overline{OC_{1B}})\ PB_2$	3 — 18	$PA_2\ (ADC_2)$
$(OC_{1B})\ PB_3$	4 — 17	$PA_3\ (A_{REF})$
U_{CC}	5 — 16	GND
GND	6 — 15	AU_{CC}
$(ADC_7/XTAL_1)\ PB_4$	7 — 14	$PA_4\ (ADC_3)$
$(ADC_8/XTAL_2)\ PB_5$	8 — 13	$PA_5\ (ADC_4)$
$(ADC_9/INT_0/T_0)\ PB_6$	9 — 12	$PA_6\ (ADC_5/AIN_0)$
$(ADC_{10}/\overline{RESET})\ PB_7$	10 — 11	$PA_7\ (ADC_6/AIN_1)$

Abb. 4.72: Anschlussschema des 8-Bit-Mikrocontrollers ATtiny26.

Der interne 10-Bit-AD-Wandler setzt die analogen Eingangsspannungen entweder in ein 8- oder 10-Bit-Format um. Über einen Analogmultiplexer stehen elf separate AD-Wandler zur Verfügung. Diese AD-Wandler lassen sich auch zu acht Differenzeingängen verschalten und man kann selbstverständlich mit einfachen und/oder Differenzeingängen arbeiten. Sieben Differenzeingänge lassen eine programmierbare Verstärkung von $v = 1$ und $v = 20$ zu. Die absolute Genauigkeit liegt bei $\pm2\,LSB$ und die Nichtlinearität ist $0,5\,LSB$. Die Umsetzzeit beträgt zwischen $13\,\mu s$ und $230\,\mu s$.

Die Programmspeicherung erfolgt beim ATtiny26 im 2-Kbyte-Flash-Speicher und es sind bis zu 10 000 Schreib- und Lesezyklen möglich. Parallel dazu ist ein EEPROM-Speicher mit 128 Byte an Systeminformationen vorhanden und dieser lässt bis 100 000 Schreib- und Lesezyklen zu. Für beide Speicher ist eine Datenzugriffssperre vorhanden.

Der ATtiny26 hat 118 leistungsfähige Befehle und arbeitet voll statisch. Daher kann auf den externen Quarz verzichtet werden.

- Pin 1: Dieser Pin arbeitet hauptsächlich als bidirektionaler Port PB0 und hat mehrere Nebenfunktionen. „MOSI" ist der Eingang für die SPI-Programmierung, wie beim ATtiny2313. „DI" dient als Eingang für die serielle USI-Schnittstelle und „SDA" kann für die serielle Datenleitung der seriellen USI-Schnittstelle verwendet werden. Die vierte Funktion ist der invertierende Ausgang für den Zeitgeber bzw. Zähler 1 in der PWM-Betriebsart.
- Pin 2: Dieser Pin arbeitet hauptsächlich als bidirektionaler Port PB1 und hat mehrere Nebenfunktionen. „MISO" ist der Ausgang für die SPI-Programmierung, wie beim ATtiny2313. „DO" dient als Ausgang für die serielle USI-Schnittstelle. Die dritte Funktion ist der direkte Ausgang für den Zeitgeber bzw. Zähler 1 in der PWM-Betriebsart. In der vierten Funktion dient dieser Pin noch für den Anschluss des PCINT0 (externer Interrupt 0).
- Pin 3: Dieser Pin arbeitet hauptsächlich als bidirektionaler Port PB2 und hat mehrere Nebenfunktionen. „SCK" ist der Taktein- und Taktausgang für die USI-Schnittstelle. „SCL" arbeitet als Pin für einen externen Takt bei der USI-Schnittstelle. Die dritte Funktion ist der invertierende Ausgang für den Zeitgeber bzw. Zähler 1 in der PWM-Betriebsart. In der vierten Funktion dient dieser Pin noch für den Anschluss PCINT0 (externer Interrupt 0).
- Pin 4: Dieser Pin arbeitet als bidirektionaler Port PB3 und hat noch zwei Nebenfunktionen. Der Ausgang OC1B dient für den Zeitgeber bzw. Zähler 1 in der PWM-Betriebsart und als Vergleichsausgang. In dieser Funktion dient der Pin noch für den Anschluss PCINT0 (externer Interrupt 0).
- Pin 5: Positiver Betriebsspannungsanschluss
- Pin 6: Masseanschluss
- Pin 7: Dieser Pin arbeitet als bidirektionaler Port PB4 und hat noch drei Nebenfunktionen. In der ersten Funktion arbeitet er als analoger Eingang (ADC7) für den Kanal 7 des internen 10-Bit-AD-Wandlers. Wenn ein externer Quarz verwen-

det wird, arbeitet dieser Anschluss als Oszillatoreingang. In der dritten Funktion dient dieser Pin noch für den Anschluss PCINT1 (externer Interrupt 1).

- Pin 8: Dieser Pin arbeitet als bidirektionaler Port PB5 und hat noch drei Nebenfunktionen. In der ersten Funktion arbeitet er als analoger Eingang (ADC8) für den Kanal 8 des internen 10-Bit-AD-Wandlers. Wenn ein externer Quarz verwendet wird, arbeitet dieser Anschluss als Oszillatorausgang. In der dritten Funktion dient dieser Pin noch für den Anschluss PCINT1 (externer Interrupt 1).
- Pin 9: Dieser Pin arbeitet als bidirektionaler Port PB6 und hat noch mehrere Nebenfunktionen. In der ersten Funktion arbeitet er als analoger Eingang (ADC9) für den Kanal 9 des internen 10-Bit-AD-Wandlers. In der weiteren Funktion dient dieser Pin noch für den Anschluss INT0 (externer Interrupteingang 0). Der Pin dient für die Erfassung eines externen Signals eines Zählers oder Zeitgebers und die Funktion übernimmt der Timer/Counter 0. In der letzten Funktion dient dieser Pin noch für den Anschluss PCINT1 (externer Interrupt 1).
- Pin 10: Dieser Pin arbeitet als bidirektionaler Port PB7 und hat noch mehrere Nebenfunktionen. In der ersten Funktion arbeitet er als analoger Eingang (ADC10) für den Kanal 10 des internen 10-Bit-AD-Wandlers. Legt man kurzzeitig ein 0-Signal an, kann man den Mikrocontroller rückstellen, wenn man den Pin als „Reset"-Eingang programmiert hat. In der letzten Funktion dient dieser Pin noch für den Anschluss PCINT1 (externer Interrupt 1). Bei diesem Anschluss müssen die Funktionen genau beachtet werden, da es leicht zu Fehlfunktionen kommen kann. Normalerweise wird dieser Eingang nur für die Rückstellung des Mikrocontrollers verwendet.
- Pin 11: Dieser Pin arbeitet als bidirektionaler Port PA7 und hat mehrere Nebenfunktionen. In der ersten Funktion arbeitet er als analoger Eingang (ADC6) für den Kanal 6 des internen 10-Bit-AD-Wandlers. „AIN1" ist der negative Eingang für den analogen Komparator. In der letzten Funktion dient dieser Pin noch für den Anschluss PCINT1 (externer Interrupt 1).
- Pin 12: Dieser Pin arbeitet als bidirektionaler Port PA6 und hat mehrere Nebenfunktionen. In der ersten Funktion arbeitet er als analoger Eingang (ADC5) für den Kanal 5 des internen 10-Bit-AD-Wandlers. „AIN0" ist der positive Eingang für den analogen Komparator. In der letzten Funktion dient dieser Pin noch für den Anschluss PCINT1 (externer Interrupt 1).
- Pin 13: Dieser Pin arbeitet als bidirektionaler Port PA5 und hat nur eine Nebenfunktion. In dieser Funktion arbeitet er als analoger Eingang (ADC4) für den Kanal 4 des internen 10-Bit-AD-Wandlers.
- Pin 14: Dieser Pin arbeitet als bidirektionaler Port PA4 und hat nur eine Nebenfunktion. In dieser Funktion arbeitet er als analoger Eingang (ADC3) für den Kanal 3 des internen 10-Bit-AD-Wandlers.
- Pin 15: Wenn eine genaue Umsetzung vom AD-Wandler gefordert wird, legt man hier die analoge Betriebsspannung für den Mikrocontroller an.
- Pin 16: Masseanschluss

- Pin 17: Dieser Pin arbeitet als bidirektionaler Port PA3 und hat nur eine Nebenfunktion. Wenn eine genaue Umsetzung vom AD-Wandler gefordert wird, legt
man hier die Referenzspannungsquelle an. In der zweiten Funktion dient dieser
Pin noch für den Anschluss PCINT1 (externer Interrupt 1).
- Pin 18: Dieser Pin arbeitet als bidirektionaler Port PA2 und hat nur eine Nebenfunktion. In dieser Funktion arbeitet er als analoger Eingang (ADC2) für den Kanal 2 des internen 10-Bit-AD-Wandlers.
- Pin 19: Dieser Pin arbeitet als bidirektionaler Port PA1 und hat nur eine Nebenfunktion. In dieser Funktion arbeitet er als analoger Eingang (ADC1) für den Kanal 1 des internen 10-Bit-AD-Wandlers.
- Pin 20: Dieser Pin arbeitet als bidirektionaler Port PA0 und hat nur eine Nebenfunktion. In dieser Funktion arbeitet er als analoger Eingang (ADC0) für den Kanal 0 des internen 10-Bit-AD-Wandlers.

4.13.1 Grundfunktionen des 8-Bit-Mikrocontrollers ATtiny26

Der interne AD-Wandler hat eine Auflösung von 10 Bit, also 1023 Quantisierungsstufen. Bei einer Eingangsspannung von 2,56 V ergibt sich eine Quantisierungsstufe von
2,5 mV. Die maximale Anzahl der Quantisierungsstufen wird als Auflösung (resolu-
tion) bezeichnet. Hierbei muss beachtet werden, mit welcher Codierung der Umsetzer
arbeitet. Hierzu zwei Beispiele:

Auflösung: 10 Bit (Binär-Code) $\hat{=}$ 1024 Quantisierungsstufen

Auflösung: 10 Bit (BCD-Code) $\hat{=}$ 999 Quantisierungsstufen

- „Quantization Size" (Quantisierungsstufe): Die Quantisierungsstufe eines AD-
Wandlers entspricht dem Spannungspegel des Eingangssignals, innerhalb dem
keine Änderung des Ausgangscodes auftritt. Dieser Spannungswert ist die Differenz zwischen zwei benachbarten Entscheidungsschwellen des Ausgangscodes
und wird als Quantisierungsstufe Q bezeichnet. Die für die Quantisierungsstufe Q
entsprechende Spannung ist identisch mit dem niedrigstwertigen Bit (LSB: Least
Significant Bit) des Umsetzers. Die Amplitude von Q ist abhängig vom maximalen
analogen Eingangswert FSR (Full Scale Range) und der Auflösung N gemäß:

$$Q = \frac{\text{FSR}}{2^N}$$

So entspricht Q beispielsweise für einen 10-Bit-Umsetzer und einer maximalen
Eingangsspannung von 2,56 V der Spannung:

$$Q = \frac{\text{FSR}}{2^N} = \frac{2,56\,\text{V}}{1024} = 2,5\,\text{mV}$$

Der systembedingte Quantisierungsfehler beträgt auch bei einem idealen Wandler $\pm Q/2$ ($\pm\frac{1}{2}$ LSB). Der Fehler hat eine Sägezahnfunktion und ist nur dann Null,

wenn die Umsetzung exakt beim analogen Mittelwert zwischen zwei Ausgangsco-
deänderungen vorgenommen wird. Dieser Fehler wird auch als Quantisierungsrauschen bezeichnet.

Vergleichend dazu kann auch ein DA-Wandler aufgrund seiner Zuordnung zu
einem digitalen Code nur ganz bestimmte Ausgangswerte innerhalb eines vorgegebenen Bereichs (referenzabhängig) annehmen. Man spricht auch hier von
einem quantisierten Signal.

– „Offset Error" (Offset-Fehler): Der „Offset Error" äußert sich als Parallelversatz
   der realen Kennlinie. Der Fehler wird angegeben in „mV" oder „%FSR". Bei
   DA-Wandlern wird dieser Fehler auch durch Angabe der Ausgangsleckströme
   definiert. Mit einem externen Operationsverstärker und dessen Rückkopplungswiderstand lässt sich dann die Offsetspannung errechnen. Der „Offset Error" ist
   abgleichbar, wenn ein separater Eingang vorhanden ist.
– „Gain Error" (Verstärkungsfehler bei Endausschlag): Die Abweichung der realen
   Kennlinie von der idealen Kennlinie ergibt den maximalen Messwert FSR. Der
   „Gain Error" ist in Prozent von FSR angegeben und auf verschiedene Weise abgleichbar. Unter FSR (Full Scale Range) ist der Wert der Referenzspannung zu
   verstehen, wenn der Umsetzer mit einer Verstärkung von „1" arbeitet.
– „Linearity Error" (Nichtlinearität): Bei diesem Parameter muss unterschieden
   werden zwischen „Differential Non-Linearity" und der „Integral Non-Linearity".
   Dieser Fehler ist von großer Bedeutung, denn er kann normalerweise nicht
   abgeglichen werden. „Differential Non-Linearity" ist der Fehler zwischen zwei
   aufeinanderfolgenden Umsetzstufen. Die „Differential Non-Linearity" wird oft ersetzt durch die Angabe „Monotonic" bei DA-Umsetzern oder „No Missing Codes"
   bei AD-Umsetzern. Mit dem in Datenblättern angegebenen „Linearity Error" ist
   jedoch die „Integral Non-Linearity" gemeint. Es ist also die Abweichung der
   integrierten realen Kennlinie zur idealen Übertragungskennlinie. Dieser Wert
   wird angegeben in „%FSR" oder auch in Quantisierungsstufen „LSB".
– „Non-Monotony" (Nichtmonotonie): Diese Definition betrifft die Übertragungskennlinie eines DA-Umsetzers. „Non-Monotony" ist dann gegeben, wenn bei steigendem Eingangscode der Umsetzer am Ausgang steigendes oder sinkendes Verhalten zeigt.
– „Missing Codes" (Fehlende Codes): Dieser Parameter betrifft die Übertragungskennlinie eines AD-Umsetzers, wenn dieser einen oder mehrere digitale Ausgangswerte nicht zeigen kann. Dies ist dann der Fall, wenn ein AD-Umsetzer,
   der nach dem Prinzip der „Sukzessiven Approximation" arbeitet, mit Hilfe eines
   „Non Monotonic"-DA-Umsetzers aufgebaut wird. Die AD-Wandler im ATtiny26
   arbeiten mit einem SAR-Register (sukzessives Approximation Register) nach der
   Stufenverschlüsselung.

- „Settling Time Error" (Einschwingzeit-Fehler): Dieser Fehler zeigt sich, wenn dem Ausgang eines DA-Umsetzers nicht genügend Zeit gelassen wird, sich auf $\pm\frac{1}{2}$ LSB einzustellen. Unter „Settling Time" ist bei DA-Umsetzern die Zeit zu verstehen, die der Ausgang benötigt, um sich auf $\pm\frac{1}{2}$ LSB einzustellen. In die „Settling Time" eines DA-Umsetzers muss jedoch unbedingt noch der extern benötigte Operationsverstärker einbezogen werden.
- „Transient (Glitch) Error": Dieser Fehler entsteht bei DA-Umsetzern durch das Umschalten der internen Analogschalter. Er zeigt sich durch Spannungsspitzen bzw. Spannungseinbrüche am Ausgang zum Umschaltzeitpunkt. Dieser Effekt kann beispielsweise durch Nachschalten eines „Sample and Hold"Schaltkreises, der zum Umschaltzeitpunkt in den „Hold-Mode" geht, vermieden werden.
- „Quantization Noise" und „Dynamic Range" (Quantisierungsrauschen und Dynamikbereich): Auch ein idealer AD- oder DA-Umsetzer hat einen unvermeidlichen „Fehler", das Quantisierungsrauschen, da auch ideale Umsetzer nur Quantisierungsstufen unterscheiden können, die größer als 1 LSB sind. Die analoge Eingangsspannung wird mit der analogen Ausgangsspannung verglichen. Das Quantisierungsrauschen stellt sich dann als Sägezahnkurve mit einer Amplitude von $\pm\frac{1}{2}$ LSB dar. Der Effektivwert dieser Sägezahnkurve errechnet sich folgendermaßen:

$$U_{\text{eff}} = \frac{\text{LSB}}{\sqrt{12}}$$

Dieses dem analogen Signal überlagerte Rauschen kann dann auf folgende Weise ausgedrückt werden:

$$S/N_{\text{Ratio}}(\text{dB}) = 10 \log \frac{2^N \text{LSB}}{\text{LSB}/\sqrt{12}} = 20 \lg 2^N + 20 \log \sqrt{12} = 6{,}02N + 10{,}8$$

Tab. 4.22 gibt einen Überblick über das zu erwartende Quantisierungsrauschen bei Auflösungen von vier Bit bis 16 Bit.

- „Output Noise" (Ausgangsrauschen): Diese Angabe bezieht sich auf DA-Umsetzer und wird oft angegeben als „Equivalent Johnson Resistance". Der Effektivwert des Rauschens (e_n) errechnet sich dann folgendermaßen:

$$e_n = \sqrt{4KRT(\Delta f)}$$

wobei

$$K = 1{,}38 \cdot 10^{-23}\, \frac{\text{Ws}}{\text{K}}$$

R: Johnson Resistance
T: absolute Temperatur in K
Δf: Bandbreite des Systems
ist.

Tab. 4.22: Überblick: Quantisierungsrauschen für verschiedene Auflösungen.

Auflösung (n)	Zustände (2^n)	Binäre Gewichtung (2^{-n})	Q für 10 V FS	S/N-Verhältnis (dB)	Dynamischer Bereich (dB)	Max. Ausgang für 10 V FS
4	16	0,0625	0,625 V	34,9	24,1	9,3750
6	64	0,0156	0,156 V	46,9	36,1	9,6440
8	256	0,00391	39,1 mV	58,9	48,2	9,9609
10	1024	0,000977	9,76 mV	71,0	60,2	9,9902
12	4096	0,000244	2,44 mV	83,0	72,2	9,9976
14	16384	0,0000610	610 µV	95,1	64,3	9,9994
16	65536	0,0000153	153 µV	107,1	96,3	9,9998

4.13.2 Daten des AD-Wandlers

Die Umsetzzeit für einen analogen Wert in ein digitales Format dauert zwischen 13 µs und 260 µs. Es sind elf analoge Eingänge vorhanden. Diese Einzeleingänge kann man in acht differentielle Eingänge zusammenfassen. Von den acht lassen sich sieben Eingänge noch zusätzlich mit $v = 20$ verstärken, d. h. die Eingänge arbeiten mit 0 dB (1×) oder 26 dB (20×) für den AD-Wandler. Tab. 4.23 zeigt die Einzeleingänge und die positiven und negativen Eingänge, wenn differentiell gearbeitet wird.

4.13.3 Absolute und relative Genauigkeit

Bei der Untersuchung der Genauigkeit eines AD-Wandlers muss zwischen der absoluten und der relativen Genauigkeit unterschieden werden. Alleinige Angaben über die Auflösung, die einen Einfluss auf die Fehlergrenzen des Umsetzergebnisses haben, sind zur Bestimmung der Genauigkeit einer AD-Umsetzung nicht ausreichend. Die relative Genauigkeit kann auch als Linearität definiert werden, wobei zwischen dem integralen Linearitätsfehler und dem differentiellen Linearitätsfehler unterschieden wird. Da bei den meisten Wandlern die Möglichkeit besteht, den Verstärkungs- und den Offset-Fehler durch externe Trimmpotentiometer auf Null abzugleichen, können diese beiden Fehler – unter der Annahme eines sorgfältigen Abgleichs und einer entsprechenden Langzeitstabilität des AD-Wandlers – bei der Abschätzung der Genauigkeit außer acht gelassen werden. Diese Einstellmöglichkeiten fehlen beim Mikrocontroller ATtiny26.

Als absolute Genauigkeit eines AD-Wandlers definiert man die prozentuale Abweichung der maximalen realen Ausgangsspannung (FS) zu der spezifizierten Ausgangsspannung (FSR). Bei der Genauigkeitsspezifikation wird manchmal auch ein Genauigkeitsfehler angegeben. Ein Genauigkeitsfehler von 1 % entspricht der absoluten Genauigkeit von 99 %. Die absolute Genauigkeit wird von den drei einzelnen Fehlerquellen, wie dem inhärenten Quantisierungsfehler (dieser geht als ± LSB-Fehler

Tab. 4.23: Analoge Eingänge des 8-Bit-Mikrocontrollers ATtiny26.

Mux4.0	Einzel- eingänge	Positive differentielle Eingänge	Negative differentielle Eingänge	Verstärkung
00000	ADC0			
00001	ADC1			
00010	ADC2			
00011	ADC3			
00100	ADC4			
00101	ADC5			
00110	ADC6			
00111	ADC7			
01000	ADC8			
01001	ADC9			
01010	ADC10			
01011		ADC0	ADC1	20×
01100		ADC0	ADC1	1×
01101		ADC1	ADC1	20×
01110		ADC2	ADC1	20×
01111		ADC2	ADC1	1×
10000		ADC2	ADC3	1×
10001		ADC3	ADC3	20×
10010		ADC4	ADC3	20×
10011		ADC4	ADC3	1×
10100		ADC4	ADC5	20×
10101		ADC4	ADC5	1×
10110		ADC5	ADC5	20×
10111		ADC6	ADC5	20×
11000		ADC6	ADC5	1×
11001		ADC8	ADC9	20×
11010		ADC8	ADC9	1×
11011		ADC9	ADC9	20×
11100		ADC10	ADC9	20×
11101		ADC10	ADC9	1×
11110	1,18 V (V_{BG})			
11111	0 V (GND)			

ein), den Fehlern, die aufgrund nicht idealer Schaltungskomponenten des Wandleraufbaus und dem später abgeleiteten Umsetzfehler entstehen, bestimmt. Da die absolute Genauigkeit durch Temperaturdrift und durch die Langzeitstabilität ebenfalls beeinflusst wird, muss bei der Angabe der Genauigkeit eines AD-Wandlers der Fehler für die definierten Bereiche spezifiziert werden.

Aus den die absolute Genauigkeit bestimmenden Parametern lässt sich ableiten, dass die absolute Genauigkeit im Wesentlichen durch den Umsetzprozess bestimmt wird und von den Faktoren Umsetzzeit und Güte des Wandlers abhängt.

Unter dem Oberbegriff „relative Genauigkeit" werden sämtliche Fehler erfasst, die aufgrund von Nichtlinearitäten des AD-Wandlers bei der AD-Umsetzung erzeugt werden. Bei DA-Wandlern bevorzugt man die direkte Angabe der Nichtlinearität, während diese Fehler unter dem Begriff der relativen Genauigkeit bei AD-Wandlern summiert werden. Die relative Genauigkeit einer Umsetzung kann nur dann erhöht werden, wenn ein Wandler mit einer größeren Genauigkeit eingesetzt wird, da sich der Nichtlinearitätsfehler eines Wandlers nicht abgleichen lässt. Eine andere Möglichkeit ist auf der Hardwareseite der Einsatz digitaler Fehlerkorrekturschaltungen oder auf der Softwareseite die Verwendung spezieller Fehleralgorithmen, sofern ein Mikrocontroller in dem System integriert ist. Werden beispielsweise an eine 8-Bit-AD-Umsetzung höhere Genauigkeitsanforderungen gestellt, so lässt sich diese Bedingung durch die Verwendung eines 10-Bit-AD-Wandlers erfüllen, bei dem nur die ersten 8 Bit (gerechnet vom MSB) aufgeschaltet werden. Besitzt der 10-Bit-Wandler eine Nichtlinearität von ±1/2 LSB so verringert sich bei der ausschließlichen Benutzung der ersten acht Bits der Nichtlinearitätsfehler auf 1/16 LSB. Bei der Abschätzung der relativen Genauigkeit wird zwischen der integralen und der differentiellen Nichtlinearität unterschieden.

4.13.4 Integraler Linearitätsfehler

Der integrale Linearitätsfehler ist die Abweichung der realen Übertragungsfunktion des AD-Wandlers von der idealen Übertragungsfunktion. Die Auswirkungen des integralen Linearitätsfehlers sind bei Eingangssignalen mit maximalen Pegeln als schwerwiegender einzuschätzen als bei Signalen mit kleinen Pegeln, da bei letzteren die Wahrscheinlichkeit größer ist, dass sich der Pegel in einem Bereich befindet, wo der Linearitätsfehler kleiner ist als die Angabe für die vollständige Übertragungsfunktion. Es bestehen grundsätzlich zwei Möglichkeiten den Linearitätsfehler zu definieren, wobei stets die maximale Abweichung der fehlerbehafteten von der idealen Übertragungsfunktion angegeben wird.

Zum einen wird davon ausgegangen, dass Offset- und der Verstärkungsfehler abgeglichen sind, so dass die Endpunkte beider Funktionen übereinstimmen. Die zweite Möglichkeit besteht darin, durch externes Abgleichen eine gute Annäherung an die ideale Übertragungsfunktion zu erreichen.

Da letzteres ein zeitaufwendigeres Verfahren ist, wird von den meisten Herstellern die Angabe des Linearitätsfehlers nach der Endpunkt-Definition vorgezogen. Hierbei wird vom Anwender verlangt, dass der AD-Wandler genau abgeglichen wird, damit seine spezifizierten Daten eingehalten werden.

Der Ausgangscode steht in folgendem Verhältnis eines AD-Wandlers zur Eingangsspannung:

$$U_e = U_{N(FS)} \cdot (B_1 \cdot 2^{-1} + B_2 \cdot 2^{-2} + \cdots + B_n \cdot 2^{-n}) \pm \tfrac{1}{2} \text{LSB}$$

Die Analogspannung, die ein bestimmtes Bit einschaltet, lässt sich durch die Beziehung

$$U_e|_{N=Bi2(FS)} - i = U_{N(FS)}$$

bestimmen. Zur Messung der Nichtlinearität eines AD-Wandlers benötigt man n-Bit-Binär-Schalter, eine n-Bit-Binär-Anzeige und einen Präzisions-DA-Wandler als Spannungsquelle. Als erste Maßnahme werden der Offset- und der Verstärkungsfehler des AD-Wandlers abgeglichen. Der Offset-Abgleich erfolgt mit einer Ausgangsspannung des DA-Wandlers von 0 V. Ein sorgfältiger Schaltungsaufbau ist dabei selbstverständlich. Je nachdem, ob die Endpunkt-Definition oder die „best fit"-Form bei der Angabe des Linearitätsfehlers herangezogen werden soll, wird der Verstärkungsfehler auf FS oder ½ FS abgeglichen. Anschließend werden die einzelnen Bits durch Ein- bzw. Ausschalten geprüft. Bei einem idealen AD-Wandler sollten die Bitmuster der Binär-Schalter mit den Bitmustern der Binär-Anzeige übereinstimmen. Unter der eingangs erwähnten Voraussetzung der Verwendung eines idealen DA-Wandlers ist jede Differenz zwischen den beiden Bitmustern eine Anzeige für nicht lineares Übertragungsverhalten des AD-Wandlers. Der Betrag der Nichtlinearität kann unmittelbar in Bruchteilen vom LSB spezifiziert werden.

4.13.5 Differentielle Nichtlinearität

Unter dem Begriff „differentielle Nichtlinearität" erfasst man den Betrag der Abweichung jedes Quantisierungsergebnisses (d. h. jeder mögliche Ausgangscode) von seinem theoretischen idealen Wert. Anders ausgedrückt, die differentielle Nichtlinearität ist die analoge Differenz zwischen zwei benachbarten Codes von ihrem idealen Wert ($FSR/2^n = 1$ LSB). Wird für einen AD-Wandler der Wert der differentiellen Nichtlinearität von $\pm$½ LSB angegeben, so liegt der Wert jeder minimalen Quantisierungsstufe, bezogen auf seine Übertragungsfunktion, zwischen 1/2 und 3/2 LSB, d. h., jeder Analogschritt beträgt $\pm$½ LSB. Die beiden ersten Quantisierungsschritte zeigen ein ideales Verhalten. Der nächste Schritt beträgt dagegen nur $\frac{1}{2}Q$ und der darauffolgende $\frac{3}{2}Q$. Diese beiden Schritte kennzeichnen den Bereich, der für eine spezifizierte differentielle Nichtlinearität von $\pm$1/LSB gerade noch zulässig ist. Die differentielle Nichtlinearität kann durch eine Messung der Analogspannung, die einen Wechsel des Ausgangscodes des AD-Wandlers bewirkt, bestimmt werden. Bei einem idealen Wandler sollte dieser Spannungsbetrag konstant 1 LSB über den gesamten Eingangsspannungsbereich betragen. Für den normierten Schritt der Eingangsspannung gilt die Gleichung:

$$\Delta U_N = U_e \cdot 2^{-n}$$

Der Fehlerbetrag der differentiellen Nichtlinearität kann mit der Gleichung

$$\varepsilon_{DL} = \left[\Delta U - \frac{\Delta U_N}{U_N}\right] \cdot 100\,(\%)$$

bestimmt werden. In dieser Gleichung ist ΔU der gemessene Spannungsbetrag, der einen Wechsel des LSB bewirkt. Der maximale Fehler kann für den Fall angesetzt werden, wo ein digitaler Übertrag innerhalb des Ausgangscodes stattfindet. Bei der AD-Umsetzung von Signalen mit maximal zulässigen Eingangspegeln sind kleinere Linearitätsfehler – zumal wenn sie örtlich begrenzt sind – vielfach bedeutungslos. Liegt das Eingangssignal dagegen genau in dem Spannungsbereich, wo Linearitätsfehler auftreten, so erhöht sich allerdings der dadurch ausgelöste Umsetzfehler in unzulässiger Weise. Zwei andere wichtige Parameter, die in einem unmittelbaren Zusammenhang mit den Auswirkungen des Linearitätsfehlers stehen, müssen noch untersucht werden: die Monotonität und das Auftreten „Fehlender Codes".

Der Definition nach ist ein AD-Wandler dann monoton, wenn die Wertigkeit seines Ausgangscodes mit stetig steigender Eingangsspannung ebenfalls stetig steigt. Mathematisch lässt sich dieser Zusammenhang dadurch ausdrücken, dass für einen monotonen Umsetzbetrieb die Bedingung gilt, dass für eine Eingangsvariable mit diskreten Schritten die erste Ableitung der Übertragungsfunktion ≥ 0 und die erste Differenz ebenfalls ≥ 0 sein muss.

Die Bedingung für einen monotonen Betrieb lässt sich direkt ablesen. Es gilt: Ist die differentielle Nichtlinearität eines AD-Wandlers größer als ±1 LSB, so ist ein monotoner Betrieb dieses Wandlers nicht gewährleistet. Mit Sicherheit arbeiten die Wandler monoton, die über eine differentielle Nichtlinearität verfügen, die kleiner oder gleich 1 LSB ist. Diese Angaben sind auch für DA-Wandler von Bedeutung, weil zum Beispiel in AD-Wandlern, die nach dem Verfahren der sukzessiven Approximation arbeiten, stets auch entsprechende DA-Wandler verwendet werden.

Bei einem Einsatz von AD-Wandlern ist die Kenntnis, ob bei der Umsetzung fehlende Codes auftreten können, für eine Fehlerabschätzung von wesentlicher Bedeutung. Ist der Linearitätsfehler größer oder gleich 1 LSB, so ist zu erwarten, dass bei der Umsetzung Codes übersprungen werden. Nur bei einer differentiellen Nichtlinearität von kleiner 1 LSB treten mit Sicherheit keine fehlenden Codes auf. Auf die Möglichkeit des Auftretens fehlender Codes sollte besonders dann geachtet werden, wenn AD-Wandler in automatischen Servosystemen oder Nachlaufsystemen zur Steuerung der Verstärkung oder bestimmter Einsatzpunkte verwendet werden. Besonders störend macht sich der Linearitätsfehler auch in Systemen mit verrauschten Eingangssignalen bemerkbar.

Eine Verbesserung der Auswertung kann durch eine Angabe folgender Messergebnisse erreicht werden:

1. Mittelwert der Trefferquote pro Ausgangscode
2. Angabe des Codes mit der maximalen Trefferquote bei gleichzeitiger Beobachtung der benachbarten Codes
3. Angabe des Codes mit der minimalen Trefferquote und gleichzeitiger Beobachtung der benachbarten Codes.

Für den Fall, dass sämtliche möglichen Ausgangscodes mit Treffern besetzt sind kann davon ausgegangen werden, dass Wandler mit einem Linearitätsfehler von $\leq 1\,\mathrm{LSB}$ behaftet sind. Als Prüfsignale können alle Signalformen verwendet werden, deren Pegel-Wahrscheinlichkeitsverteilung bekannt ist. Dreieckspannungen besitzen dabei den Vorzug, dass die Verteilungsfunktion ihrer Amplituden eine Gerade ist. Der Pegel sollte so gewählt werden, dass seine Maxima und Minima gerade außerhalb des Umsetzbereiches liegen. Diese Vorkehrung garantiert in etwa eine Gleichverteilung der zwei zu erwartenden Trefferquoten, ohne dass die minimalen oder maximalen Ausgangscodes übermäßig mit Treffern besetzt sind.

4.13.6 Offset-Fehler

Der Offset-Fehler ist definiert als die Abweichung der tatsächlichen von der idealen Übertragungsfunktion im Nullpunkt der analogen Eingangsspannung. Wird dieser Fehler nicht abgeglichen, so tritt ein konstanter absoluter Genauigkeitsfehler für jeden Punkt der Übertragungsfunktion auf. Offset-Fehler beeinflussen nicht die relative Genauigkeit. In den Datenblättern der Hersteller wird der Offset-Fehler entweder in µV oder mV bezogen auf die Eingangsspannung und als Verhältnis zum Quantisierungsintervall (LSB) oder in Prozentanteilen der vollen Eingangsspannung angegeben.

Das reale Offset eines AD-Wandlers kann wegen der stufenweisen Umsetzung – es gibt nur eine endliche Anzahl von Messwerten – nicht direkt gemessen werden. Hilfsweise erfolgt eine Anzahl von Messungen mit anschließender Berechnung des Offsets. Dazu müssen die analogen Werte aufgezeichnet werden, bei denen sich der Ausgangscode des Wandlers ändert. Zu bemerken ist, dass jeder Wechsel des Ausgangscodes aufgrund der oben genannten Definition um $\frac{1}{2}\,\mathrm{LSB}$ früher als bei dem nominellen Eingangswert erfolgen muss. Man kann auch sagen, der nominelle Eingangswert wird um den Betrag $+\frac{1}{4}\,\mathrm{LSB}$ gespreizt. Dazu ein Beispiel: Der erste Übergang von $00\ldots00$ nach $00\ldots01$ findet nicht bei $1\,\mathrm{LSB}$, sondern bereits bei $\frac{1}{2}\,\mathrm{LSB}$ statt. Ebenso wechselt der Ausgangscode von $00\ldots01$ nach $00\ldots10$ bereits bei $3/2\,\mathrm{LSB}$ und nicht erst bei $2\,\mathrm{LSB}$.

4.13.7 Verstärkungsfehler

Der Verstärkungsfehler – er wird oft auch als Skalenfaktorfehler bezeichnet – ist die Abweichung der tatsächlichen Übertragungsfunktion von der idealen, unter Ausschluss des Offset-Fehlers. Verstärkungsfehler beeinflussen ebenso wenig die relative Genauigkeit eines AD-Wandlers wie der Offset-Fehler. Der Verstärkungsfehler wird generell von den Herstellern spezifiziert als die prozentuale Abweichung vom absoluten bzw. relativen vollen Eingangsspannungsbereich. Die Unterscheidung zwischen diesen beiden Bereichen ergibt sich dadurch, dass je nach Einsatzbereich der Wert der vollen Eingangsspannung differieren kann. Bei einem 10-Bit-AD-Wandler kann die maximale Eingangsspannung entweder 10 V oder 10,24 V betragen. Im ersten Fall würde eine Spannung von 9,766 mV gleich einem LSB sein und im zweitem Fall eine Spannung von 10 mV, aufgrund der Definition LSB = $FS/2^n$.

Offset-Fehler können in den meisten Fällen ebenfalls durch ein externes Trimmpotentiometer auf Null abgeglichen werden. Zu beachten ist die Angabe des Herstellers über die Langzeitstabilität des AD-Wandlers. Bei einem Abgleich des Verstärkungsfehlers sind besonders die Umstände zu beachten, die durch die Beeinflussung der Übertragungsfunktion aufgrund des Linearitätsfehlers entstehen. Unter der Annahme, dass der Wandler keinen Linearitätsfehler besitzt, wäre nach dem Abgleich des Offset-Fehlers nur ein Abgleich des Verstärkungsfehlers bei der vollen Eingangsspannung notwendig (der Ausgangscode wechselt von 11 . . . 10 nach 11 . . . 11).

Der Wert der Eingangsspannung für den exakten Umschaltpunkt unterliegt der gleichen Bedingung wie unter dem Offsetabgleich beschrieben, dass nämlich der volle Eingangsbereich (FSR – 1 LSB) um den Betrag ½ LSB kleiner sein muss; d. h., der letzte Codewechsel von 11 . . . 10 auf 11 . . . 11 findet bei einer Eingangsspannung von FSR – $\frac{2}{3}$ LSB statt.

In der Praxis muss davon ausgegangen werden, dass jeder reale AD-Wandler mit einem Linearitätsfehler behaftet ist. Deshalb könnte ein Abgleich des Verstärkungsfehlers zu größeren Abweichungen innerhalb der Übertragungsfunktion führen. Theoretisch müsste daher der Abgleich des Verstärkungsfehlers zur besseren Angleichung an die ideale Übertragungsfunktion bei der Eingangsspannung stattfinden, wo die größte Abweichung der realen Übertragungsfunktion von der idealen vorkommt. Das ist aus Kostengründen in den meisten Fällen undurchführbar, weil dazu bei einem n-Bit-Wandler 2^n Messpunkte vorhanden sind.

4.13.8 Digitaler TTL-Messkopf

Der „Worst-Case"-Störspannungsabstand lässt sich mit dem digitalen TTL-Messkopf erfassen und in der 7-Segment-Anzeige ausgeben. Beträgt die Eingangsspannung an einem TTL-Baustein zwischen 0 V und 800 mV, gibt die Anzeige ein L für „Low" aus. Ist die Eingangsspannung größer als 2,00 V, steht in der Anzeige ein H für „High". Befindet sich die Spannung zwischen 800 mV und 2,00 V, erscheint in der Anzeige „–" und der Störabstand wird angezeigt. Abb. 4.73 zeigt die Schaltung.

Mittelpunkt der Schaltung ist der ATtiny26 in seinem 20-poligen DIL-Gehäuse. An Port PB0 (Pin 1) ist der MOSI-Eingang für den 10-poligen Wannenstecker angeschlossen. Hier erhält der Mikrocontroller seine seriellen Daten von dem USB-Programmer. Über Port PB1 (Pin 2) gibt der Mikrocontroller seine seriellen Daten an den USB-Programmer aus. Wichtig ist Port PB2 (Pin 3) für das Taktsignal. Pin 5 ist die Betriebsspannung VCC ($+U_\text{b}$) für den Mikrocontroller. Da die Versuche in diesem Buch nicht den hohen industriellen Ansprüchen genügen müssen, wird der

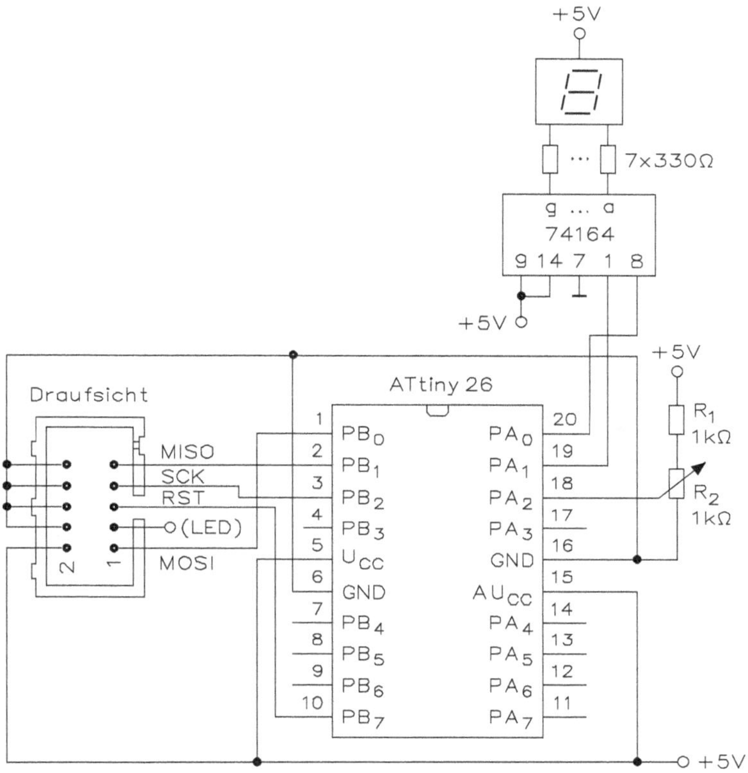

Abb. 4.73: Schaltung eines digitalen TTL-Messkopfes.

AUCC-Anschluss (Pin 15) für die internen analogen Einheiten direkt mit VCC ($+U_b$) verbunden. Pin 6 ist der Masseanschluss GND für den Mikrocontroller und auch dieser Anschluss wird mit dem AGND-Pin (Pin 16) direkt verbunden. Für den USB-Programmer ist noch die Verbindung zum Port PB7 (Pin 10) herzustellen, damit die Kommunikation zwischen den beiden Gehäusen automatisch zurückgesetzt werden kann.

Am Port PA0 (Pin 20) gibt der ATtiny26 sein Taktsignal für das Schieberegister 74164 aus. Das Taktsignal des ATtiny26 steuert direkt den Taktanschluss des Schieberegisters an. Die seriellen Daten gibt der ATtiny26 über Port PA1 (Pin 19) aus und die Daten liegen an Pin 1 (serieller Dateneingang A). Wichtig ist neben den beiden Anschlüssen $+U$ (Pin 14) und Masse (Pin 7) die Verbindung von Pin 9 nach Pin 14. Pin 9 ist der „Clear"-Eingang zum Löschen der acht Schieberegister-Flipflops. Ist dieser Eingang nicht auf +5 V, kann das Schieberegister nicht ordnungsgemäß arbeiten.

An den Ausgängen des Schieberegisters wird die 7-Segment-Anzeige mit gemeinsamer Anode angeschlossen, wobei noch sieben Widerstände für die Strombegrenzung notwendig sind. An der gemeinsamen Anode werden +5 V angeschlossen.

Die Messspannung soll zwischen 0 V und 2,55 V an Port PA2 (Pin 18) für den ATtiny26 betragen. Der Widerstand von 1 kΩ und das Potentiometer mit 1 kΩ stellen den Spannungsteiler dar. Tab. 4.24 zeigt die Ansteuerung einer 7-Segment-Anzeige mit gemeinsamer Anode für den TTL-Messkopf.

Tab. 4.24: Ansteuerung einer 7-Segment-Anzeige mit gemeinsamer Anode.

Symbol	Segmente							Hexadezimale Darstellung
	g	f	e	d	c	b	a	
L	1	0	0	0	1	1	1	87
–	0	1	1	1	1	1	1	7F
H	0	0	0	1	0	0	1	11

4.13.9 Digitales Thermometer von 0 °C bis 99 °C

Die Erfassung der Temperatur ist in zahlreichen Prozessen von überragender Bedeutung, man denke an Schmelzen, chemische Reaktionen, Lebensmittelverarbeitung usw. So unterschiedlich die genannten Bereiche sind, so verschieden sind auch die Aufgabenstellungen an die Temperatursensoren, ihre physikalischen Wirkungsprinzipien und technische Ausführung.

In Industrieprozessen ist der Messort vielfach weit vom Ort der Anzeige entfernt, da beispielsweise bei Schmelz- und Glühöfen die Prozessbedingungen dies erfordern, oder eine zentrale Messwerterfassung gewünscht ist. Häufig ist auch eine weitere Verarbeitung des Messwertes in Reglern oder Registriergeräten gefordert. Hier eignen sich keine direkt anzeigenden Thermometer, wie man sie aus dem Alltag kennt, sondern nur solche, welche die Temperatur in ein anderes, ein elektrisches Signal umformen.

Für Messobjekte, die eine Berührung gestatten, eignen sich neben anderen Messmethoden besonders Thermoelemente und Widerstandsthermometer. Sie finden in sehr großer Stückzahl Anwendung und werden beispielsweise für die Messung in Gasen, Flüssigkeiten, Schmelzen, Festkörpern an ihrer Oberfläche und im Innern benutzt. Genauigkeit, Ansprechverhalten, Temperaturbereich und chemische Eigenschaften bestimmen die verwendeten Sensoren und Schutzarmaturen.

Widerstandsthermometer nutzen die Tatsache, dass der elektrische Widerstand eines elektrischen Leiters mit der Temperatur variiert. Es wird zwischen Kalt- und Heißleitern unterschieden. Während bei den Kaltleitern der Widerstand mit wachsender Temperatur ansteigt, nimmt er bei den Heißleitern ab.

Zu den Kaltleitern zählen fast alle metallischen Leiter. Als Metalle kommen dabei vorwiegend Platin, Nickel, Iridium und nicht dotiertes Silizium zum Einsatz. Die weiteste Verbreitung hat dabei das Platin-Widerstandsthermometer gefunden. Die Vorteile liegen unter anderem in der chemischen Unempfindlichkeit dieses Metalls, was die Gefahr von Verunreinigungen durch Oxidation und andere chemische Einflüsse vermindert.

Platin-Widerstandsthermometer sind die genauesten Sensoren für industrielle Anwendungen und weisen auch die beste Langzeitstabilität auf. Als Richtwert kann für die Genauigkeit beim Platin-Widerstand ±0,5 Prozent von der Messtemperatur angegeben werden. Nach einem Jahr kann auf Grund von Alterungen eine Verschiebung um ±0,05 K auftreten.

Heißleiter sind Sensoren aus bestimmten Metalloxiden, deren Widerstand mit wachsender Temperatur abnimmt. Man spricht von Heißleitern, da sie erst bei höheren Temperaturen eine gute elektrische Leitfähigkeit besitzen. Da die Temperatur/ Widerstandskennlinie fällt, spricht man auch von einem NTC-Widerstand (negative temperature coefficient).

Wegen der Natur der zugrundeliegenden Prozesse nimmt die Zahl der Leitungselektronen mit wachsender Temperatur exponentiell zu, so dass die Kennlinie durch einen stark ansteigenden Verlauf charakterisiert ist.

Diese starke Nichtlinearität ist ein großer Nachteil der NTC-Widerstände und schränkt die zu erfassenden Temperaturbereiche auf ca. 50 Kelvin ein. Zwar ist eine Linearisierung durch eine Reihenschaltung mit einem rein ohmschen Widerstand von etwa zehnfachem Widerstandswert möglich, Genauigkeit und Linearität genügen jedoch über größere Messspannen meist nicht den Anforderungen. Auch die Drift bei Temperaturwechselbelastungen ist höher als bei den anderen aufgezeigten Verfahren. Wegen des Kennlinienverlaufes sind sie empfindlich gegenüber Eigenerwärmung durch zu hohe Messströme. Ihr Aufgabengebiet liegt in einfachen Überwachungs- und Anzeigeanwendungen, wo Temperaturen bis 200 °C auftreten und Genauigkeiten von einigen Kelvin hinreichend sind. In derartig einfachen Anwendungsfällen sind sie allerdings wegen ihres niedrigen Preises und durch die vergleichsweise einfache Folgeelektronik den teureren Thermoelementen und (Metall-)Widerstandsthermometern überlegen. Auch lassen sich sehr kleine Ausführungsformen mit kurzen Ansprechzeiten und geringen thermischen Massen realisieren.

Thermoelementen liegt der Effekt zugrunde, dass sich an der Verbindungsstelle zweier unterschiedlicher Metalle eine mit der Temperatur zunehmende Spannung ausbildet. Sie haben gegenüber Widerstandsthermometern den eindeutigen Vorteil einer höheren Temperaturobergrenze von bis zu mehreren tausend Grad Celsius. Ihre Langzeitstabilität ist demgegenüber schlechter (einige Kelvin nach einem Jahr), die Messgenauigkeit etwas geringer (im Mittel ±0,75 % vom Messbereich).

NTC-Widerstände weisen einen negativen Temperaturkoeffizienten auf, d. h., ihr Widerstand nimmt mit steigender Temperatur ab und sie werden daher auch als Heißleiter bezeichnet. Bei den Heißleitern erhöht sich mit steigender Temperatur die Zahl der freien Ladungsträger, wodurch die Leitfähigkeit zunimmt. Der Temperaturkoeffizient von Heißleitern liegt bei Zimmertemperatur zwischen $-30 \cdot 10^{-3} 1/K$ und $-55 \cdot 10^{-3} 1/K$. Der Temperaturkoeffizient hat nicht nur ein anderes Vorzeichen als bei Metallen, er ist im Mittel auch um den Faktor 10 größer, d. h., der Widerstandswert ändert sich bereits bei geringen Temperaturschwankungen.

NTC-Widerstände werden aus Eisen-, Nickel- und Kobaltoxiden hergestellt, denen zur Erhöhung der Stabilität noch andere Oxide zugesetzt werden. Die Oxidmasse wird zusammen mit plastischen Bindemitteln bei hohen Temperaturen unter hohem Druck zusammengepresst (gesintert). Bei NTC-Widerständen sind drei Bauformen üblich: scheibenförmige, stabförmige und Zwerg-NTC-Widerstände.

Heißleiter werden in vielen unterschiedlichen Bauformen hergestellt. Die Bauformen hängen von der Belastbarkeit, dem Temperaturverhalten und dem thermischen Zeitverhalten ab.

Abb. 4.74 zeigt die Kennlinie eines NTC-Widerstandes, der durch die Umgebungstemperatur erwärmt wird. Bei der linearen Darstellung sind die Widerstandsverhältnisse bei Temperaturen oberhalb 100 °C nicht mehr ablesbar, weshalb in Datenbüchern die Kennlinien halblogarithmisch dargestellt werden.

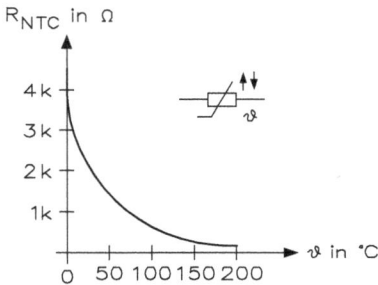

Abb. 4.74: Kennlinie eines NTC-Widerstandes.

Ein NTC-Widerstand kann nicht nur durch die Umgebungstemperatur, sondern auch durch elektrische Belastung erwärmt werden. Da sich mit ändernder elektrischer Belastung auch der Widerstand ändert, ergibt sich eine typische stationäre Strom/Spannungskennlinie für NTC-Widerstände. Diese Kennlinie heißt stationär, weil nach jeder Belastungsänderung mit dem Ablesen der Messwerte gewartet werden muss, bis ein thermisches Gleichgewicht mit der Umgebung besteht. Bei kleiner elektrischer Leistung ist die Erwärmung vernachlässigbar und der NTC-Widerstand verhält sich wie ein ohmscher Widerstand d. h. die Kennlinie verläuft geradlinig. Sobald die Leistung so groß wird, dass der NTC-Widerstand ca. 20 K bis 50 K wärmer als die Umgebung ist, wird die Widerstandsabnahme so groß, dass der Strom stark ansteigt, obwohl die Spannung kleiner wird.

NTC-Widerstände werden eingesetzt zur Temperaturmessung und Temperaturkompensation, zur Unterdrückung von Einschaltstromstößen, zur Beeinflussung von Relaisschaltzeiten, zur Amplitudenstabilisierung in Verstärkern und Stabilisierung kleiner Spannungen, zur Effektivwertmessung von nicht sinusförmigen hochfrequenten Wechselströmen und als ferngesteuerte Stellglieder in Steuerungen und Regelungen.

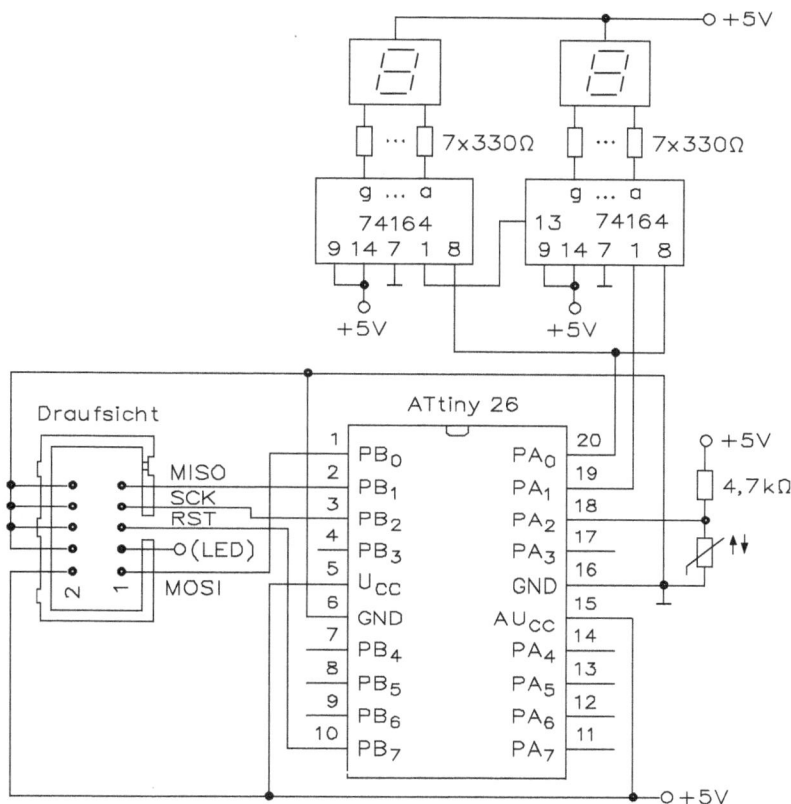

Abb. 4.75: Schaltung eines digitalen Thermometers von 0 °C bis 99 °C.

Wenn man die Schaltung von Abb. 4.75 aufbaut, ergeben sich keine Schwierigkeiten. Die Anzeige wird um eine Stelle nach links durch ein Schieberegister 74164 erweitert. Der Spannungsteiler besteht aus einem Widerstand mit 4,7 kΩ und dem NTC-Widerstand B57421V2152H062 von EPCOS. Wahlweise kann für diese Schaltung auch ein Potentiometer mit 5 kΩ verwendet werden.

Der Temperaturbereich des NTC-Widerstandes reicht von −55 °C bis 125 °C. Für ein zweistelliges Thermometer von 0 °C bis 99 °C sind in der Tabelle die einzelnen Widerstände und ihre Bereiche aufgelistet. Es ergeben sich zwei Temperaturgrenzen:

$$0 \,°C \Rightarrow 2,5 \,V$$

$$99 \,°C \Rightarrow 0,192 \,V$$

In Tab. 4.25 steht die Änderung der Ausgangsspannung für den NTC-Widerstand B57421V2152H062.

Tab. 4.25: Änderung der Ausgangsspannung.

ϑ in °C	U_a in V	Wandler	Differenz	Hex	Korrektur	Differenz in Hex	Messfaktor
0	2,55	1021		3FD			
			244			$316	0
10	1,95	777		309	$309 + 12		
			207			$315	1
20	1,43	570		23A	$23A + 10		
			161			$244	2
30	1,02	409		199	$23A + 10		
			119			$1A1	3
40	0,73	290		122	$199 + 8		
			84			$128	4
50	0,52	206		CE	$122 + 6		
			59			$D2	5
60	0,37	147		93	$CE + 4		
			41			$96	6
70	0,26	106		6A	$93 + 3		
			29			$6C	7
80	0,19	77		4D	$6A + 2		
			20			$4E	8
90	0,14	57		39	$4D + 1		
			15			$3A	9
100	0,105	42		2A	$39 + 1		

Zwischen den einzelnen Temperaturen, Widerstandsänderungen und Ausgangs-spannungen muss eine lineare Interpolation, eine Berechnung der Zwischenwerte erfolgen.

4.13.10 Dreistelliges Voltmeter von 0 V bis 2,55 V

Für die Schaltung eines dreistelligen Voltmeters von 0 V bis 2,55 V benötigt man drei 7-Segment-Anzeigen. Die rechte Anzeige gibt die Messung in Schritten von 10 mV aus. Abb. 4.76 zeigt die Schaltung.

Als Eingangsspannung für den analogen Kanal PA2 dient die Betriebsspannung von +4,8 V. Mit dem Spannungsteiler erhält man eine maximale Messspannung von 2,4 V. Die Eingangsspannung errechnet sich aus

$$U_e = U \frac{R_2}{R_1 + R_2}$$

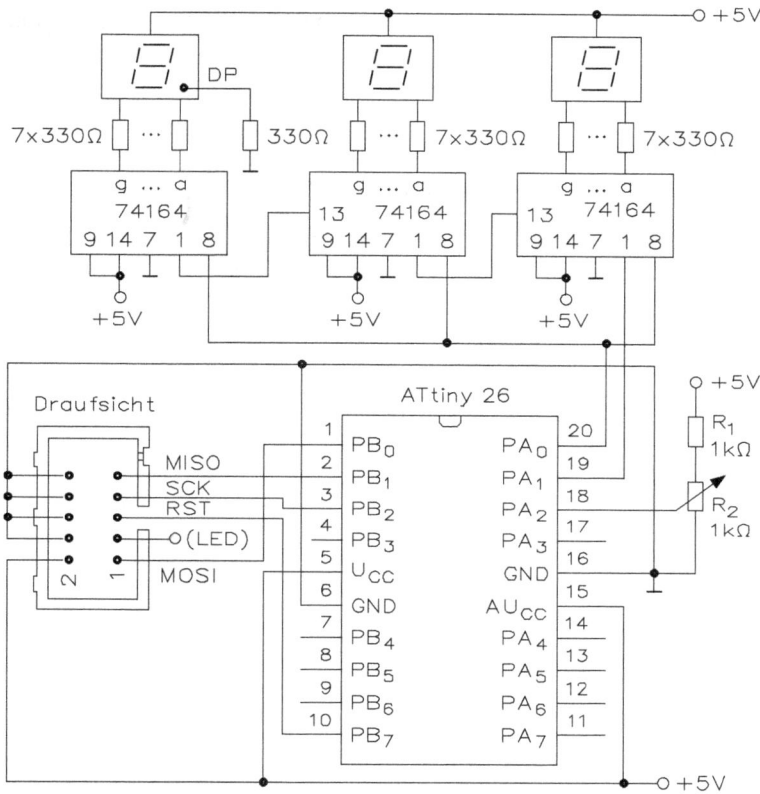

Abb. 4.76: Schaltung eines dreistelligen Voltmeters von 0 V bis 2,55 V.

Die Messspannung am Eingang PA2 ist vom Drehwinkel des Potentiometers abhängig und beträgt $U_{emin} = 0$ V bis $U_{emax} = 2,4$ V. Statt des Spannungsteilers kann man die Messspannung über einen Eingangswiderstand von 1 kΩ anlegen. Durch eine Diode zwischen Messspannung und $+U_b$ lässt sich auf $+2,56$ V $+0,7$ V $= 3,26$ V und durch eine Diode zwischen Messspannung und 0 V auf 0 V $- 0,7$ V $= -0,7$ V begrenzen.

Der zusätzliche Widerstand von 330 Ω ist für den Dezimalpunkt erforderlich. Zwischen der 100-mV- und der 1-V-Anzeige wird der Widerstand von 330 Ω gegen Masse geschaltet.

4.13.11 Differenzmessung von Spannungen im 10-mV-Bereich

Für eine Differenzmessung ist eine Brückenschaltung nach Wheatstone von vier gleich großen Widerständen erforderlich. Es ergibt sich

$$\frac{R_1}{R_2} = \frac{R_3}{R_4}$$

Die wheatstonesche Messbrücke besteht im Prinzip aus zwei Spannungsteilern und daher gilt

$$U_{a1} = U_e \cdot \frac{R_2}{R_1 + R_2} \quad \text{und} \quad U_{a2} = U_e \cdot \frac{R_4}{R_3 + R_4}$$

Die Differenzspannung errechnet sich aus

$$\Delta U = U_{a1} - U_{a2}$$

Schaltet man die Messbrücke an den Mikrocontroller ATtiny26, erhält man die Schaltung von Abb. 4.77. Der linke Zweig der Brückenschaltung ist mit Pin 13 (ADC5) und der rechte Zweig mit Pin 14 (ADC4) verbunden.

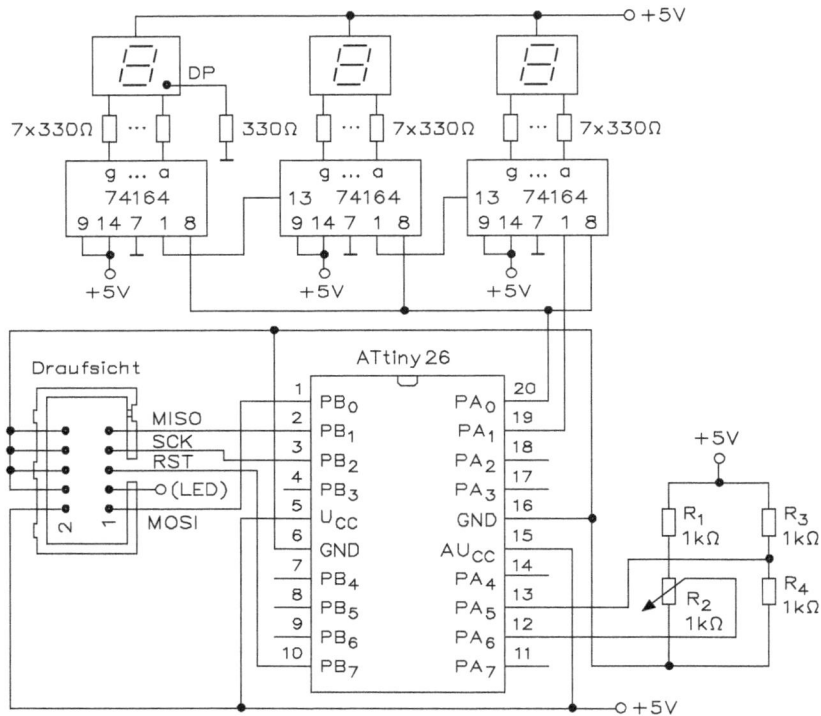

Abb. 4.77: Messbrücke zur Differenzmessung am Mikrocontroller ATtiny26.

Alle vier Widerstände der Messbrücke sollen einen Wert von 1 kΩ aufweisen. Die Messbrücke ist auf $\Delta U = 0\,V$ abgeglichen und die Anzeige des Mikrocontrollers zeigt 0 V an. Der rechte Zweig ist mit „+" gekennzeichnet und die Spannung beträgt 2,5 V gegen Masse. Diese Spannung wird am positiven Differenzeingang (Pin 14) angeschlossen. Der linke Zweig ist mit „−" gekennzeichnet und die Spannung beträgt 2,5 V gegen Masse. Diese Spannung wird am negativen Differenzeingang (Pin 13) angeschlossen. Diese Spannung ist einstellbar zwischen 0 V (Anzeige 0) und +2,5 V (2.50 V).

Wichtig! Die Spannung von U_{a2} ist konstant und definiert den Bezugspunkt der Messbrücke. Verändert man das Potentiometer, ändert sich auch die Spannung von U_{a1}, aber in negativer Richtung bis auf −2,5 V. Dies ist der Arbeitspunkt der Messbrücke. Wird die Spannung an U_{a2} positiver als U_{a1}, funktioniert der AD-Wandler des Mikrocontrollers ATtiny26 nicht. Tauscht man auch R_1 (Widerstand) und R_2 (Potentiometer), funktioniert die Messbrücke ebenfalls nicht.

Die interne Verstärkung für die Differenzspannung wurde mit $v = 1$ gewählt. Dieser Verstärkungsfaktor kann auch auf $v = 20$ eingestellt werden.

Die Reset-Bedingung muss der Schaltung angepasst werden. A0 und A1 sind der Takt und die seriellen Daten. A5 und A6 sind die analogen Eingänge und die freien Eingänge werden folgendermaßen definiert: „others Input with Pullup", d. h. A2, A3, A4 und A7 sind Eingänge mit einem „pullup"-Widerstand, also 1-Signal. A5 und A6 arbeiten als analoge Differenzspannungseingänge.

4.13.12 Messungen und Anzeigen von zwei Spannungen

Für das Messen von zwei Spannungen benötigt man die Eingangskanäle PA2 und PA4. Warum nicht den Eingangskanal PA3? Über den Anschluss PA3 kann man die interne Referenzspannung von 2,56 V messen. Misst man die Spannung, ergibt sich ein Messfehler von etwa ±5 %. Abb. 4.78 zeigt die Schaltung.

PA0 arbeitet als Ausgang für den seriellen Takt und PA1 dient als Anschluss für den seriellen Datenstrom vom Mikrocontroller zur Anzeige. PA2 arbeitet als analoger Eingang, ebenso PA4. PA6 und PA7 steuern die Ausgänge der beiden Leuchtdioden an. Wird PA2 im AD-Wandler angesteuert, emittiert die Leuchtdiode an PA6 ein Licht und findet die Wandlung am Eingang PA4 statt, leuchtet die Anzeige am Ausgang PA7. Entsprechend müssen die Ein- und Ausgänge programmiert werden. Jede Sekunde wird ein analoger Eingang abgefragt, digital ausgegeben und mit den beiden Leuchtdioden wird der Messkanal angezeigt.

4.13.13 Messungen von Wechselspannungen im niedrigeren und höheren Frequenzbereich

Die Messung von Wechselspannungen mit dem Mikrocontroller muss an den Eingängen PA6 (AIN0) und PA7 (AIN1) durchgeführt werden. Mit der Schaltung von Abb. 4.79 erhält man einen Frequenzzähler mit zwei Arbeitsbereichen.

Der obere Messbereich erfasst Frequenzen von $\approx 100\,\text{Hz}$ bis 9999 Hz und der untere Messbereich von $\approx 1\,\text{Hz}$ bis $\approx 700\,\text{Hz}$. Die Schaltung verwendet eine vierstellige Anzeige und kann Werte zwischen 1 Hz und 9999 Hz ausgeben, wobei sich schaltungsbedingt bei der Ausgabe diverse Fehler ergeben, die durch die Software bestimmt werden.

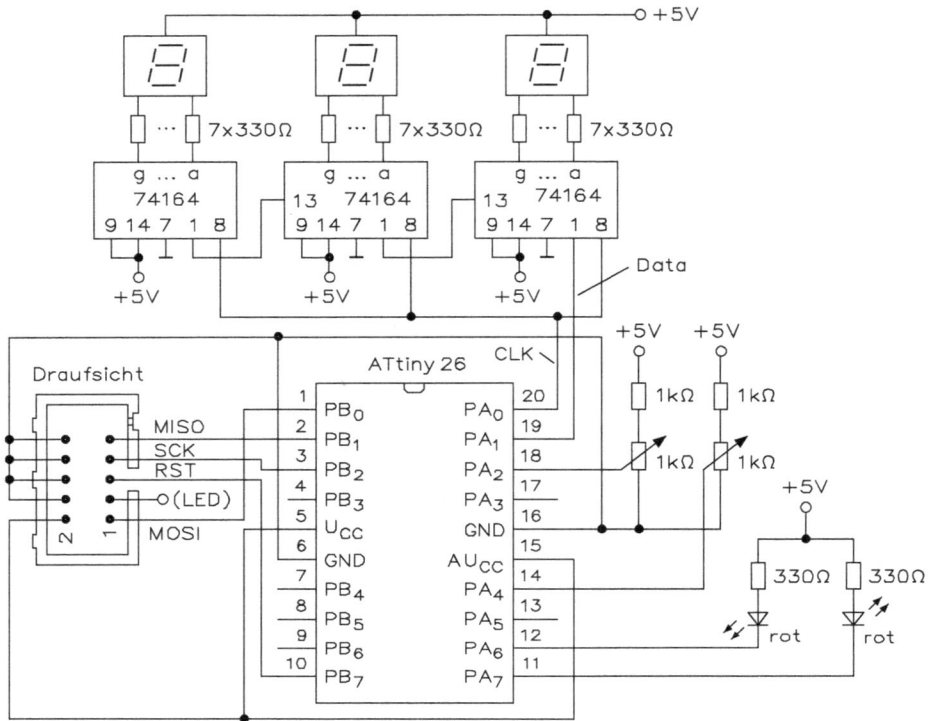

Abb. 4.78: Schaltung für das Messen und Anzeigen von zwei Spannungen.

Höhere Frequenzen von 100 Hz bis 10 kHz lassen sich jeweils im Nulldurchgang der Sinusspannung messen, wie das Messdiagramm zeigt. Für niedrige Frequenzen von 1 Hz bis 700 Hz bevorzugt man das andere Verfahren, d. h. bei jedem positiven Nulldurchgang misst man die Zeitdauer.

Der Sinusgenerator liegt über einen Koppelkondensator an dem Spannungsteiler. Der Koppelkondensator unterdrückt den Gleichspannungsanteil des Sinusgenerators und nur die Wechselspannung liegt an dem Eingang PA7. Mit dem Potentiometer an dem Anschluss PA7 verändert man den Gleichspannungsanteil. Bei niedrigen Frequenzen bildet der Koppelkondensator mit dem Potentiometer einen Tiefpass und daher muss man unter Umständen den Kondensator von 1 µF auf 10 µF erhöhen oder noch vergrößern.

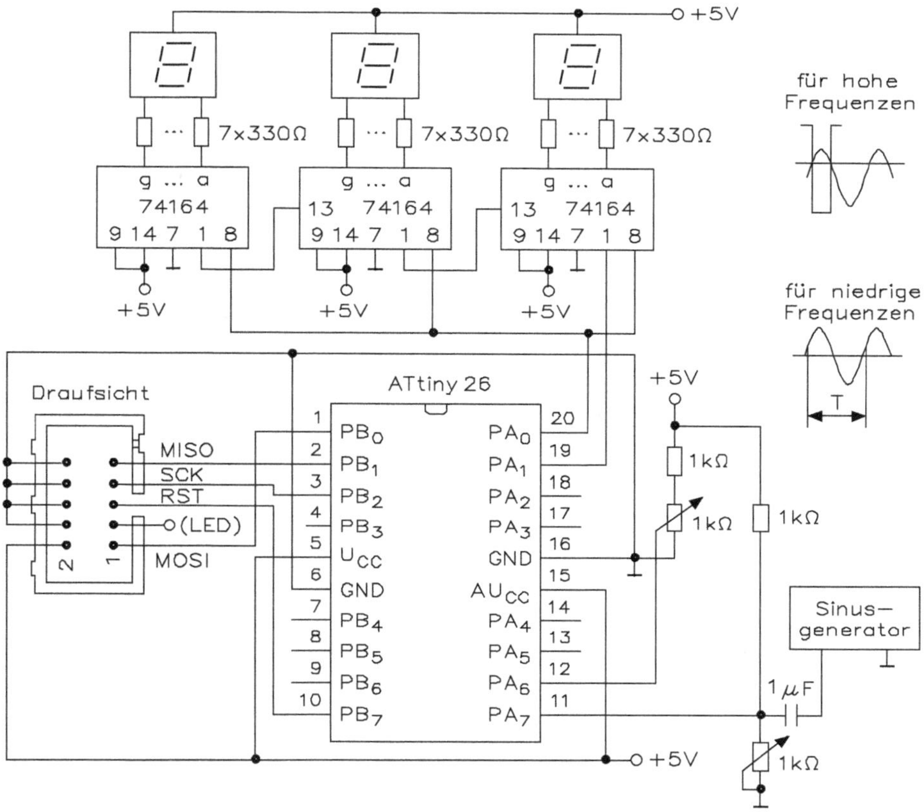

Abb. 4.79: Schaltung eines Frequenzzählers mit zwei Arbeitsbereichen.

4.13.14 Rechteckgenerator mit gemultiplexter Anzeige

Der Mikrocontroller wird in der Schaltung von Abb. 4.80 nicht mehr über die Schiebe-register betrieben, sondern die Anzeige wird im Multiplexbetrieb angesteuert.

Über die Anschlüsse PB0, PB1, PB2 und PB3 werden die BCD-Werte ausgegeben und die Anschlüsse weisen die Wertigkeit von PB0 ($2^0 = 1$), PB1 (Bit $2^1 = 2$), PB2 ($2^2 = 4$) und PB3 ($2^3 = 8$) auf. Diese Anschlüsse steuern den TTL-Baustein 7447 an. Der Baustein ist ein BCD zu 7-Segment-Decoder mit Anzeigentreiber. Die sieben Ausgänge sind offene Kollektoren und können Ströme bis 40 mA gegen 0 V (Masse) treiben. Am Ausgang des 7447 sind die sieben Strombegrenzungswiderstände vorhanden.

Für den Digitbetrieb benötigt man vier Transistoren vom Typ BC177 (pnp-Transis-toren) und diese werden über die Ausgänge PA0, PA1, PA2 und PA3 angesteuert. Wenn beispielsweise der Ausgang PA0 ein 0-Signal ausgibt, sind die anderen Ausgänge auf 1. Es fließt ein Basisstrom aus dem rechten Transistor und dieser schaltet durch. Damit liegt die Betriebsspannung von +5 V an der 7-Segment-Anzeige und es fließt ein Strom

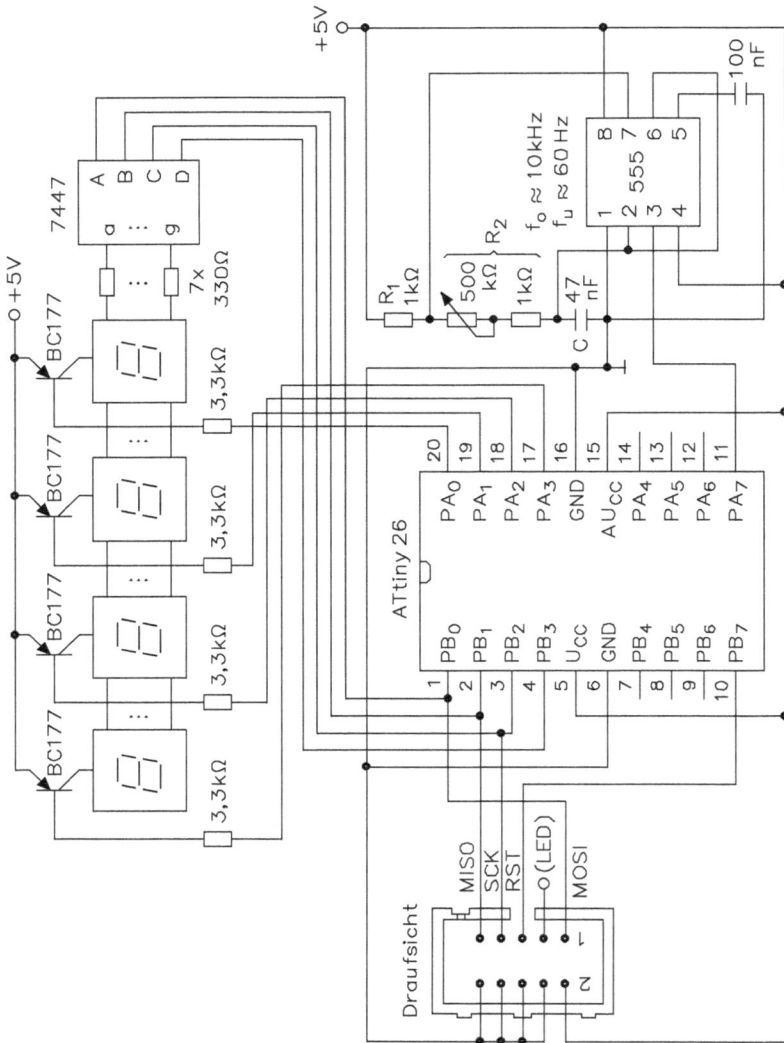

Abb. 4.80: Schaltung eines Rechteckgenerators mit gemultiplexter Anzeige.

durch die Leuchtdioden, wenn die entsprechenden Ausgänge des Bausteins 7447 auf 0-Signal sind.

Wie das Anschlussschema von Abb. 4.81 zeigt, sind vier BCD-Eingänge und sieben Segmentausgänge vorhanden. Der Baustein 7447 enthält jedoch keinen Zwischenspeicher für die Eingangsdaten.

Die drei Steuereingänge sind mit einem Querbalken versehen und im Normalbetrieb liegen die Anschlüsse LT*, BI/RBO* und RBI* auf 1-Signal. Eine Überprüfung aller sieben Segmente erfolgt, indem man LT* (Lamp Test) auf 0-Signal legt. Es müssen

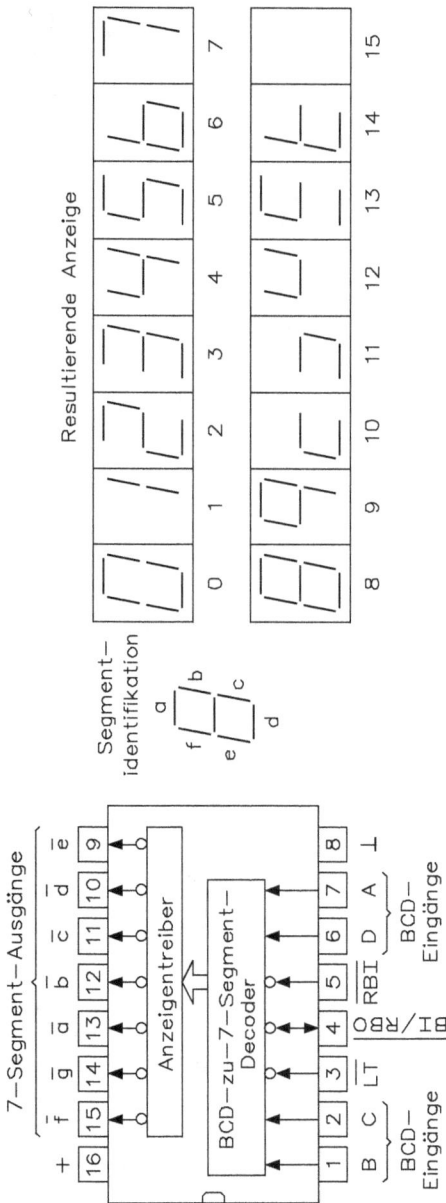

Abb. 4.81: TTL-Baustein 7447 mit resultierender Anzeige.

alle Segmente eingeschaltet sein, d. h. es wird eine 8 angezeigt. Eine Unterdrückung führender Nullen in mehrstelligen Anzeigen erhält man, indem der Ausgang BI/RBO* (Ripple Blanking Output) einer Stelle mit dem Eingang RBI* (Ripple Blanking Input) der nächstniedrigen Stufe verbunden wird. RBI* der höchstwertigen Stufe ist dann mit Masse (0 V) zu verbinden. Da im Allgemeinen eine Nullen-Unterdrückung in der niedrigsten Stelle nicht gewünscht wird, lässt man den Eingang RBI* für diese Stelle offen. Ähnlich kann man nachfolgende Nullen in gebrochenen Dezimalzahlen unterdrücken. Da mit BI/RBO auf Masse alle Segmente dunkel gesteuert werden, kann man über diesen Anschluss eine Helligkeitssteuerung über eine Impulsdauer-Modulation durchführen.

Für den Betrieb in der Schaltung in Abb. 4.80 sind die Anschlüsse LT*, BI/RBO* und RBI* entweder nicht angeschlossen oder sie sind mit +5 V zu verbinden.

4.13.15 Zwei Rechteckgeneratoren mit gemultiplexter Anzeige

Bei der Schaltung von Abb. 4.82 wird mit zwei Rechteckgeneratoren gearbeitet und ausgewertet.

Der linke Timer 555 liegt mit seiner Rechteckspannung am Eingang PA7 und der rechte am Eingang PB6 (Funktion für den externen Interrupt INT0). Die beiden Frequenzen werden für eine Sekunde abwechslungsweise an der 7-Segment-Anzeige ausgegeben. Damit man den Unterschied der beiden Frequenzen erkennen kann, dient die LED1 an PA5 für den linken Timer 555 und die LED2 an PA6 für den rechten.

Die beiden Timer sind gleich aufgebaut. Die untere Frequenz errechnet sich aus

$$f_u = \frac{1}{0{,}7 \cdot (R_1 + 2 \cdot R_2) \cdot C} = \frac{1}{0{,}7 \cdot (1\,\text{k}\Omega + 2 \cdot 501\,\text{k}\Omega) \cdot 47\,\text{nF}} \approx 60\,\text{Hz}$$

Die obere Frequenz errechnet sich aus

$$f_o = \frac{1}{0{,}7 \cdot (R_1 + 2 \cdot R_2) \cdot C} = \frac{1}{0{,}7 \cdot (1\,\text{k}\Omega + 2 \cdot 1\,\text{k}\Omega) \cdot 47\,\text{nF}} \approx 10\,\text{kHz}$$

4.13.16 Differenzmessung zweier Frequenzen der Rechteckgeneratoren

Bei der Schaltung von Abb. 4.83 erfolgt eine Differenzmessung zwischen den beiden Ausgangsfrequenzen.

Der linke Timer 555 liegt mit seiner Rechteckspannung an dem Eingang PA7 und der rechte am Eingang PB6 (Funktion für den externen Interrupt INT0). Die beiden Frequenzen werden für eine Sekunde abwechslungsweise über die 7-Segment-Anzeige ausgegeben. Damit man den Unterschied der beiden Frequenzen erkennen kann, dient die LED1 an PA5 für den linken Timer 555 und die LED2 an PA6 für den rechten. Wenn man die Taste drückt, wird die Differenz der beiden Rechteckspannungen angezeigt. Zur Kennzeichnung der Differenzmessung leuchten beide LEDs auf. Die Differenzmessung wird solange durchgeführt, bis die Taste nochmals gedrückt wird. Die beiden Leuchtdioden zeigen wieder an, welcher Timer 555 arbeitet.

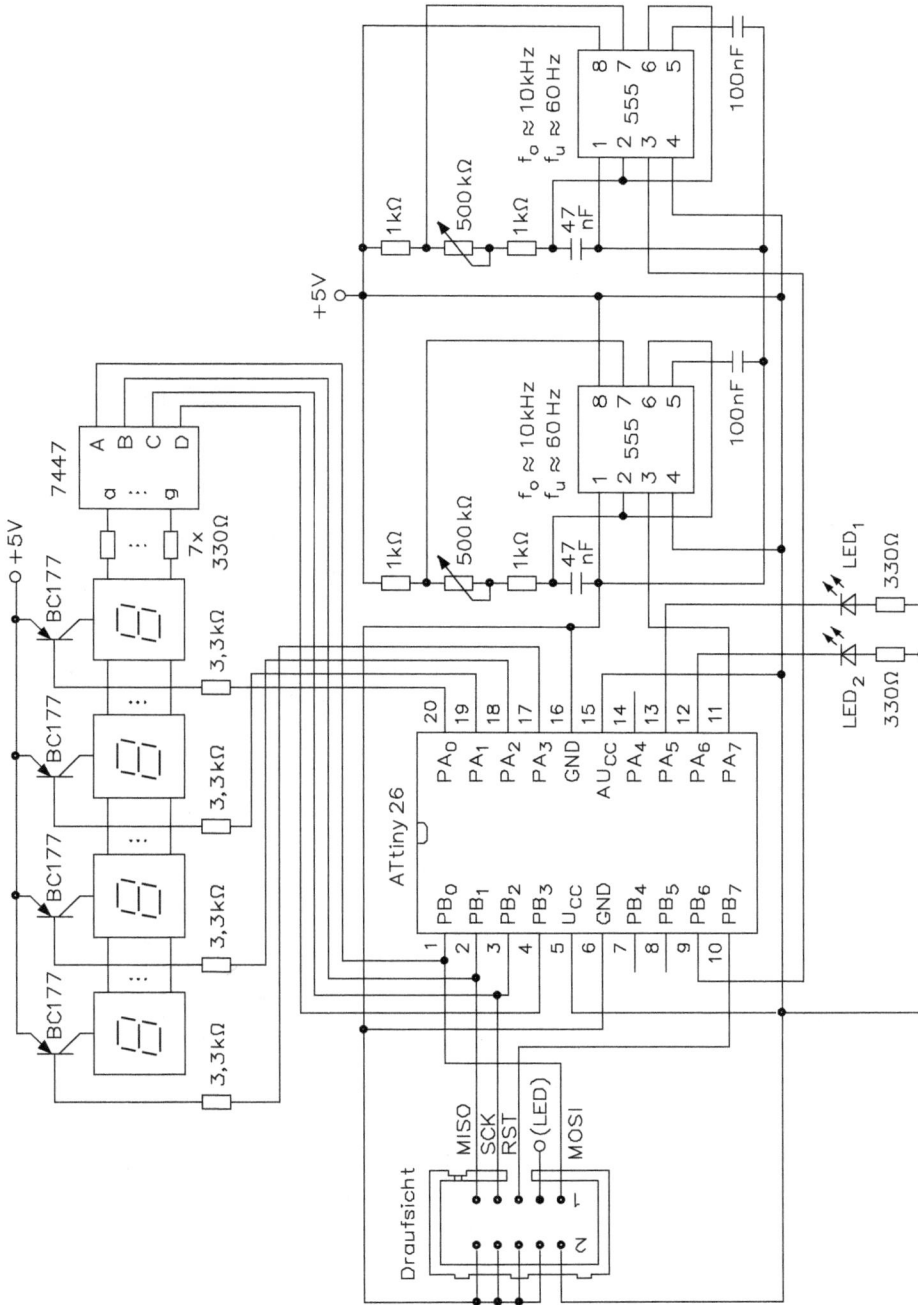

Abb. 4.82: Schaltung mit zwei Rechteckgeneratoren und einer gemultiplexten Anzeige.

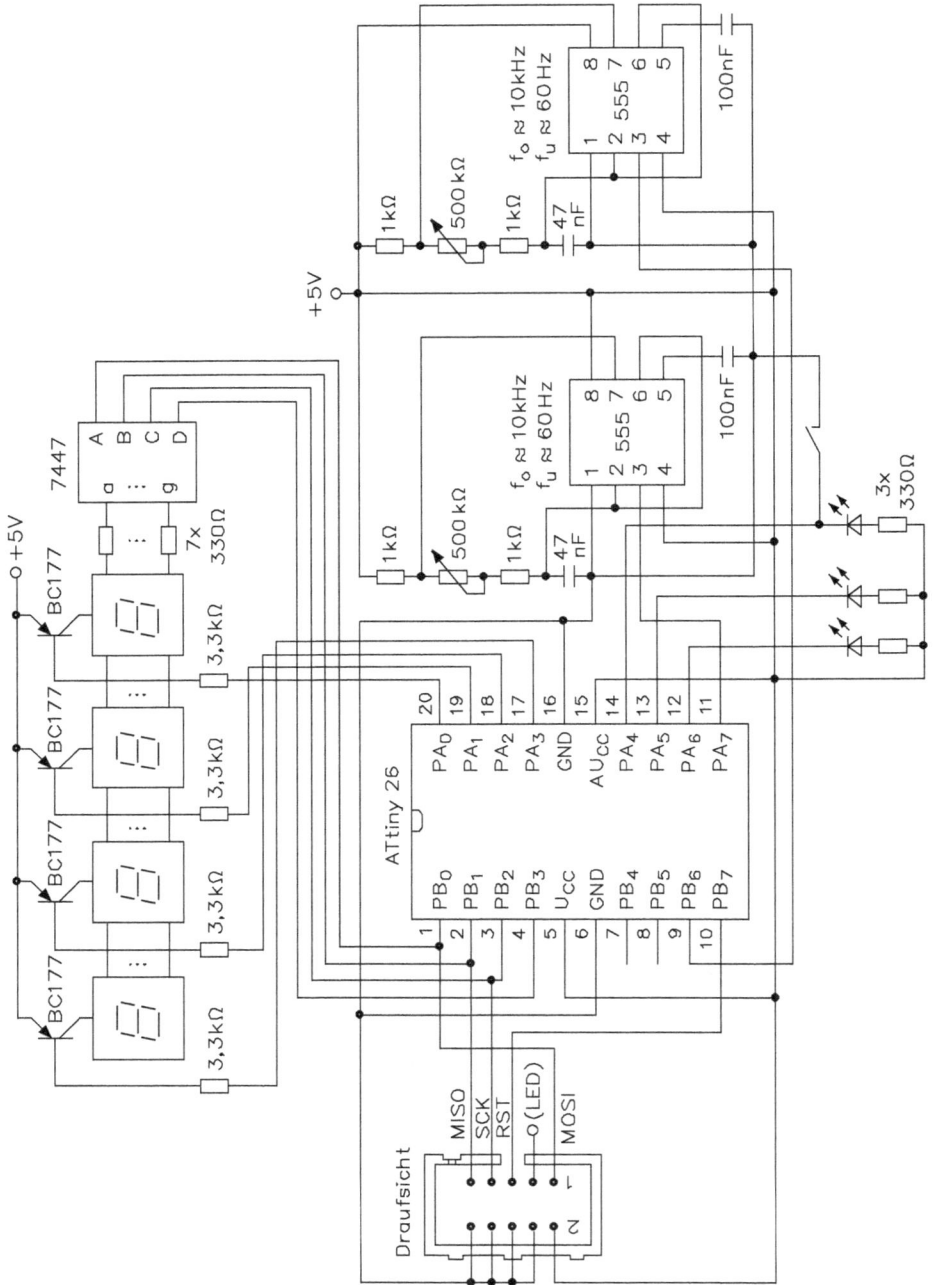

Abb. 4.83: Schaltung für die Differenzmessung zweier Frequenzen der Rechteckgeneratoren.

4.13.17 Einstellbarer Rechteckgenerator

Der veränderbare Rechteckgenerator mit dem ATtiny26 hat einen Frequenzbereich von 2 kHz bis 7,5 kHz und ist über ein Potentiometer einstellbar. Der Anschluss PB3 ist ein Ausgang für die Impulsweitenmodulation PWM und daher muss die Datenleitung für die Anzeige auf PB4 geändert werden. Abb. 4.84 zeigt die Schaltung.

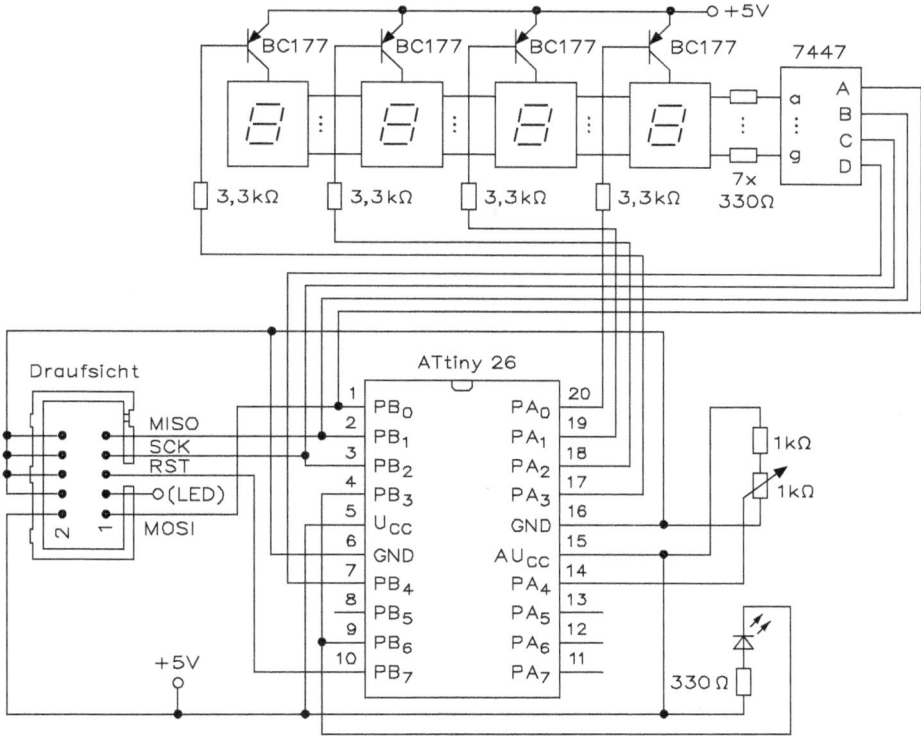

Abb. 4.84: Schaltung für einen einstellbaren Rechteckgenerator.

Der Umbau für die Datenleitung D des BCD-Ausgabecodes ist kein großes Problem, aber die Software muss umgeschrieben werden, was aber nicht sehr aufwendig ist. Pin PB3 dient als Rechteckausgang und über die Leuchtdiode wird der Ausgang angezeigt. Gleichzeitig ist der Ausgang PB3 mit Pin PB6 für die Frequenzmessung verbunden. Über einen Spannungsteiler erhält der interne AD-Wandler (ADC3) seine Spannung von 0 V bis 2,5 V und diese analoge Eingangsspannung bestimmt die Ausgangsfrequenz von 2 kHz bis 7,5 kHz.

4.13.18 Mikrocontroller mit externem DA-Wandler

Wenn man einen kompletten DA-Wandler kauft, sind die meisten erheblich teurer als der Mikrocontroller ATtiny26. Ausweg schafft ein Schieberegister mit seriellem Eingang und parallelen Ausgängen. An den Ausgängen befindet sich ein R2R-Widerstandsnetzwerk mit acht Widerständen von $1\,k\Omega$ (R) und $2{,}2\,k\Omega$ ($2R$). Wenn man den Innenwiderstand des TTL-Ausgangs betrachtet, ergibt sich kein großer Fehler, wenn für $2R$-Werte $2{,}2\,k\Omega$ verwendet werden, besser sind natürlich $2\,k\Omega$. Die Schaltung von Abb. 4.85 zeigt den ATtiny26 mit externem DA-Wandler.

Für die Realisierung des Bewertungsnetzwerks, das im Wesentlichen die Genauigkeit eines DA-Wandlers bestimmt, gibt es unterschiedliche Möglichkeiten (Bewertungswiderstände, abgestufte Teilströme usw.), von denen sich für integrierte Schaltungen das R2R-Leiternetzwerk als besonders geeignet erwiesen hat. Dies hängt damit zusammen, dass für dieses Netzwerk nur zwei Widerstandswerte im Verhältnis $2:1$ erforderlich sind. Es kommt also nicht auf die absoluten Toleranzen der Widerstände an, sondern auf die relativen. Dies ist insofern vorteilhaft, als sich Widerstände der gleichen Größenordnung mit geringen relativen Toleranzen in integrierter Technik gut herstellen lassen.

Abb. 4.85 zeigt die Schaltung eines DA-Wandlers mit R2R-Leiternetzwerk. Da die Ausgänge des Schieberegisters, in ihren TTL-Stromausgängen entsprechend ihrer Strombelastung gewählt werden, erreicht man in Verbindung mit dem für alle Endstufen erzeugten Ausgangsstrom, dass die Ausgangsstufen auf gleichem Spannungspotential liegen. Dies ist notwendig, damit sich die gewünschte Stromverteilung im Leiternetzwerk einstellt.

Der Referenzstrom I_{Ref} teilt sich am Knoten 1 im Verhältnis der beiden dort angreifenden Widerstände auf. Der eine Widerstand liegt als diskreter Wert $2R$ vor dem anderen Widerstand R und wird gebildet durch das restliche R2R-Netzwerk. Betrachtet man dieses ausgehend vom Knoten 8, so findet man oben neben jedem Knoten den Wert $2R$. Dieser bildet zusammen mit dem nach rechts abgehenden Widerstand $2R$ die Parallelschaltung R. Dies bedeutet gleichzeitig, dass in diesem Knoten der nach links abfließende Summenstrom halbiert wird. Zu dieser Parallelschaltung addiert sich der nach links abgehende Serienwiderstand R, sodass vom nächsten linken Knoten (7) aus gesehen wieder der Wert $2R$ erscheint. Also wird auch in diesem Knoten die nach links abfließende Stromsumme halbiert. Dies lässt sich fortsetzen bis zum Knoten 1 und bedeutet, dass sich der Referenzstrom wie folgt verteilt:

Am Knoten 1 entstehen zwei Ströme $I_{\text{Ref}}/2$ am Knoten 2 zwei Ströme $I_{\text{Ref}}/4$ usw. bis zum Knoten 8, wo zwei Ströme $I_{\text{Ref}}/256$ auftreten. Es ergeben sich zwei Gleichungen:

$$I_0 = I_{\text{Ref}}\left(\frac{B_7}{2} + \frac{B_6}{4} + \cdots + \frac{B_1}{128} + \frac{B_0}{256}\right)$$
$$I_0 = \frac{255}{256}\cdot I_{\text{Ref}}$$

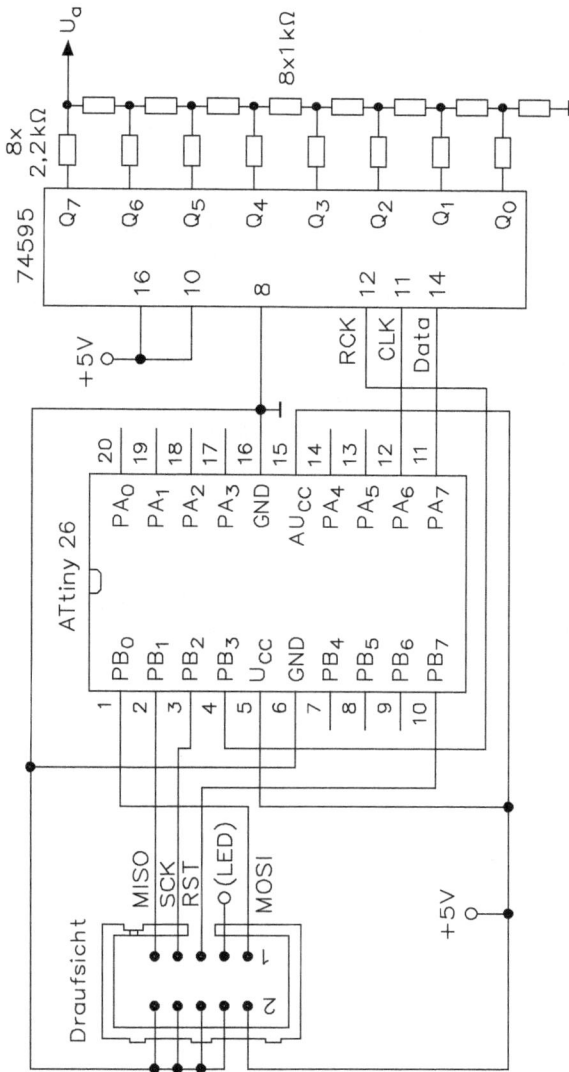

Abb. 4.85: ATtiny26 mit externem DA-Wandler nach dem R2R-Prinzip.

Damit die Gleichungen hinsichtlich der Stromverteilung erfüllt sind, muss der letzte Teilstrom $I_{Ref}/256$ über den Ausgang fließen.

Die acht Ausgänge, gewährleisten nicht nur gleiche Potentiale an den $2R$-Widerständen, sie entkoppeln auch das Netzwerk von den anderen Ausgängen. Auf diese Weise verhindert man, dass im Bewertungsnetzwerk parasitäre Kapazitäten umgeladen werden müssen, was sich in Störspitzen, auch als „Glitches" bekannt, auf den Ausgangsstrom I_0 bemerkbar machen würde.

An den Ausgängen des Schieberegisters, stehen jetzt die binär bewerteten Teilströme zur Verfügung, die, je nach Wertigkeit über den Ausgang I_0 oder über den Masseanschluss fließen. Damit wurde die in der ersten Gleichung aufgestellte Beziehung
zwischen Ausgangs- und Referenzstrom im Prinzip schaltungstechnisch realisiert.

Neben dem Betrieb mit einem festen Referenzstrom sind einige DA-Wandler in
der Lage, mit einem variablen Referenzstrom und unter Umständen sogar mit einem
Referenzwechselstrom zu arbeiten. Diese Wandler werden als multiplizierende DA-
Wandler bezeichnet, denn sie gestatten, wie aus erster Gleichung ersichtlich ist, die
Multiplikation einer analogen Größe (dargestellt durch den Strom I_{Ref}) mit einer digitalen Größe (dargestellt durch das Digitalwort B_7 bis B_0). Das Produkt tritt am Ausgang
des DA-Wandlers in analoger Form auf. Dies ist neben der reinen DA-Umsetzung ein
weit verbreiteter Anwendungsbereich des DA-Wandlers.

Mit dem Potentiometer am Eingang PA4 bestimmt man die Ausgangsspannung
der Schaltung. Der interne AD-Wandler PA4 liefert eine digitalisierte Spannungswer-
tigkeit von 0 V bis 2,55 V und gibt diesen an das Schieberegister 74595 als seriellen Datenstrom aus. Damit entsteht eine Ausgangsspannung zwischen 0 V und 4 V, je nach
Belastungsfall. Die Ausgangsspannung des DA-Wandlers wird über den Spannungsteiler auf den internen AD-Wandler gegeben und dieser Wert wird als Anzeige ausgegeben. Abb. 4.86 zeigt das Anschlussschema des TTL-Schieberegisters 74595.

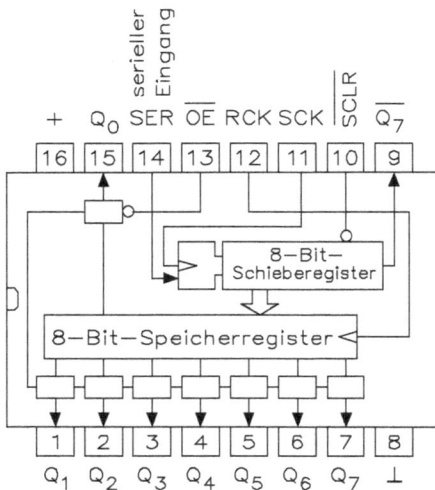

Abb. 4.86: TTL-Schieberegister 74595.

Für die Schaltung ist ein TTL-Schieberegister 74595 mit einer Speicherung der Aus-
gangswertigkeiten erforderlich. Dieser Baustein enthält ein 8-stufiges Schieberegister
mit serieller Eingabe und paralleler und serieller Ausgabe. Die parallele Ausgabe erfolgt über einen getakteten Zwischenspeicher mit Tristate-Ausgängen.

Die Dateneingabe erfolgt seriell über den Eingang SER. Bei jedem 01-Übergang (positive Flanke) des Taktes an SCK (Shift Register Clock) werden die Informationen von Pin 14 übernommen und die im Schieberegister bereits befindlichen Daten um eine Stufe weitergeschoben. Am Anschluss 9 (Q_7^*) können die Daten seriell entnommen werden. Der asynchrone Löschanschluss SCLR (Shift Register Clear) liegt normalerweise auf 1-Signal. Wird der Löschanschluss auf 0-Signal gebracht, gehen alle Stufen des Schieberegisters auf Null.

Wenn am Takteingang für den Ausgangszwischenspeicher RCK (Register Clock) ein 01-Übergang des Taktes anliegt, werden die im Schieberegister befindlichen Daten in den 8-Bit-Zwischenspeicher übernommen.

Die parallelen Daten liegen an den Ausgängen Q_0 bis Q_7, wenn der Anschluss für die Ausgangs-Freigabe OE (Output Enable) auf 0-Signal liegt. Legt man diesen Anschluss auf 1-Signal, gehen alle Ausgänge in den hochohmigen Zustand.

Man kann beide Takteingänge (SCK und RCK) miteinander verbinden und dann wird der Inhalt des Schieberegisters immer um einen Taktimpuls später in den Ausgangszwischenspeicher übernommen. Der 74596 ist ein ähnlicher Baustein, besitzt jedoch Ausgänge mit offenem Kollektor.

4.13.19 Synthetischer Sinusgenerator mit dem ATtiny26

Für die Schaltung eines synthetischen Sinusgenerators mit dem ATtiny26 benötigt man keine Anzeige für die Frequenzmessung oder die Messung der Ausgangsspannung. Es soll mit der Schaltung von Abb. 4.87 eine sinusförmige Wechselspannung mit einer Frequenz von 5 kHz erzeugt werden.

Das Schieberegister 74595 ist an dem Mikrocontroller angeschlossen. Am Eingang „Daten" (Pin 14) erhält das Schieberegister die Daten des Mikrocontrollers vom Ausgang PA7. Das Taktsignal CLK an Pin 11 des Schieberegisters sorgt für den ordnungsgemäßen Schiebebetrieb. Für die Steuerung des Ausgabezwischenregisters im 74595 sorgt der Ausgang PB3 des Mikrocontrollers und dieser Pin arbeitet in der PWM-Betriebsart.

Bevor man mit dem Programm beginnt, sind einige Überlegungen und Rechnungen erforderlich. Der interne Taktgenerator wird auf 16 MHz eingestellt und mit der internen PLL-Schaltung ergibt sich eine Taktfrequenz von 64 MHz des Timers 1. Damit arbeitet der Mikrocontroller mit einem Systemtakt von 16 MHz, der relativ genau ist.

Viele Anwendungen benutzen Tabellen zum Speichern von Werten, die während der Verarbeitung benötigt werden. Bei einigen Programmen sind in diesen Tabellen die Ergebnisse von Berechnungen gespeichert, für deren mathematische Ableitung viel Zeit erforderlich wäre, wie beispielsweise das Berechnen des Sinus eines Winkels. Bei anderen Anwendungen enthalten die Tabellen Parameter, die eine vordefinierte Beziehung zu den Programmeingaben aufweisen, aber nicht berechnet werden können. Man kann beispielsweise nicht erwarten, dass der Mikrocontroller automa-

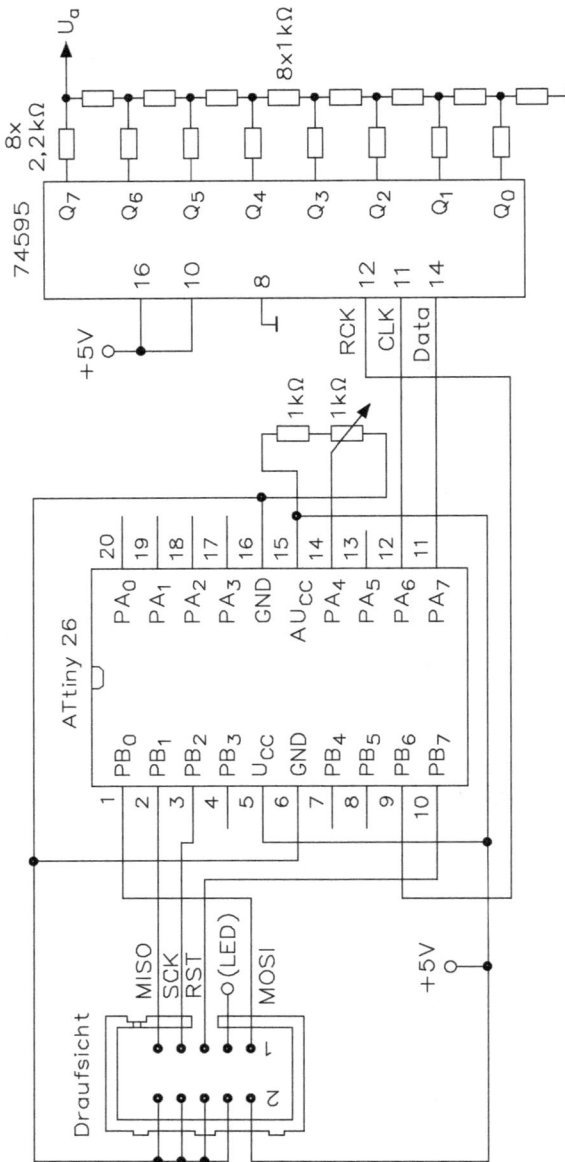

Abb. 4.87: Schaltung eines synthetischen Sinusgenerators.

tisch die Telefonnummer einer Person „berechnet", deren Namen man eingegeben hat. Anwendungen wie diese erfordern Tabellen. Über eine Tabelle kann man eine Informationseinheit (ein Argument) auf der Grundlage eines bekannten Wertes (einer Funktion) ausfindig machen.

Tabellen können komplizierte und zeitaufwendige Konvertierungen ersetzen, wie etwa das Berechnen der Quadrat- oder Kubikwurzel einer Zahl oder die Ableitung einer trigonometrischen Funktion (Sinus, Cosinus und so weiter) eines Winkels. Tabellen sind besonders dann effektiv, wenn eine Funktion nur einen kleinen Argumentbereich abdeckt. Durch die Verwendung von Tabellen braucht der Mikrocomputer komplexe Berechnungen nicht mehr jedesmal durchzuführen, wenn die Funktion benötigt wird.

Tabellen reduzieren die Verarbeitungsgeschwindigkeit der 8-Bit-Mikrocontroller in fast allen Fällen. Nur bei ganz einfachen Beziehungen nicht, man würde beispielsweise keine Tabelle verwenden, um Argumente zu speichern, die immer doppelt so groß sind wie die Funktion. Da Tabellen jedoch gewöhnlich einen großen Teil des Speichers belegen, sind sie bei solchen Anwendungen am effektivsten, bei denen man zugunsten der Ausführungszeit auf Speicher verzichten kann.

Man kann Verarbeitungs- und Programmierzeit sparen, indem man die Ergebnisse von komplexen Berechnungen in Tabellen bereitstellt. Als ein typisches Beispiel wird hier beschrieben, wie mit Hilfe einer Tabelle der Sinus eines Winkels gefunden werden kann.

Wie sicherlich aus der Schultrigonometrie noch bekannt ist, kann der Sinus aller Winkel zwischen 0° und 360° dargestellt werden. Mathematisch kann diese Kurve näherungsweise mit dieser Formel berechnet werden:

$$\text{Sinus}(x) = x - \frac{x^3}{3!} + \frac{x^5}{5!} - \frac{x^7}{7!} + \frac{x^9}{9!} - \cdots$$

Es ist durchaus möglich, ein Programm zu schreiben, das diese Berechnungen durchführt, doch ein solches Programm würde wahrscheinlich viele Millisekunden für die Ausführung benötigen. Wenn eine Anwendung sehr genaue Sinuswerte verlangt, kann es notwendig sein, ein solches Programm zu schreiben. Die meisten Anwendungen kommen jedoch mit einer Tabelle zur Umrechnung von Winkeln in Sinuswerte aus.

Wenn eine Anwendung den Sinus eines beliebigen Winkels zwischen 0° und 360° benötigt, wobei der Winkel eine ganzzahlige Gradangabe ist, wie viele Sinuswerte muss die Tabelle enthalten? 360 Werte? Nein, es reicht eine Tabelle mit elf Sinuswerten und man hat einen Wert für jeden Winkel zwischen 0° und 360°. Wenn man einen genauen Sinus am Ausgang benötigt, schreibt man eine Tabelle mit 91 Sinuswerten und rechnet mit einem Winkel von 0° bis 90°, d. h. der Mikrocontroller wird erheblich langsamer.

Nun muss man sich den Timer 1 genau betrachten. Mit OCR1B wird der Timer 1 auf 1-Signal am Ausgang gesetzt und nach maximal 40 Takten reagiert das Register OCR1C mit einem Wert von 255. Es ergibt sich eine Ausgangsfrequenz von

$$\frac{62{,}5 \text{ kHz}}{n} = \text{Sinusfrequenz}$$

Es ergibt sich eine Sinusfrequenz von 5,68 kHz und dies ist die Ausgangsfrequenz der PWM-Funktion. Aus diesen 255 Werten setzt sich die Sinusspannung zusammen, wie Abb. 4.88 zeigt.

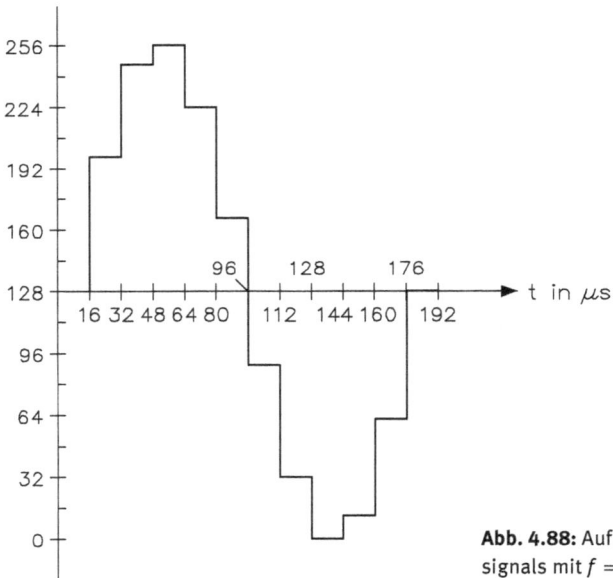

Abb. 4.88: Aufbau des synthetischen Sinussignals mit $f = 5,68\,$kHz.

Die Nulllinie des Sinussignals beginnt bei dem Wert 128 und die Gleichung zeigt die Berechnung:

$$127 \cdot \left(\sin \frac{360°}{11} \cdot n \right) + 128$$

Würde man in die Gleichung den Wert 10 einsetzen, hätte man alle 36° die Ausgabe eines Tabellenwertes und eine symmetrische Sinusspannung. In der Praxis ist es aber üblich, mit dem Wert 11 zu arbeiten, also 32,7°. Setzt man den Wert 11 in die Gleichung ein, ergibt sich Tab. 4.26.

Tab. 4.26: Symmetrische Sinusspannung.

Zeit in µs	Dezimalzahl	Hexadezimalzahl
0	128	80
16	197	C5
32	244	F4
64	254	FE
128	224	E0
144	164	A4
160	92	5C
176	32	20
192	2	02
208	12	0C
224	59	3B
240	128	80

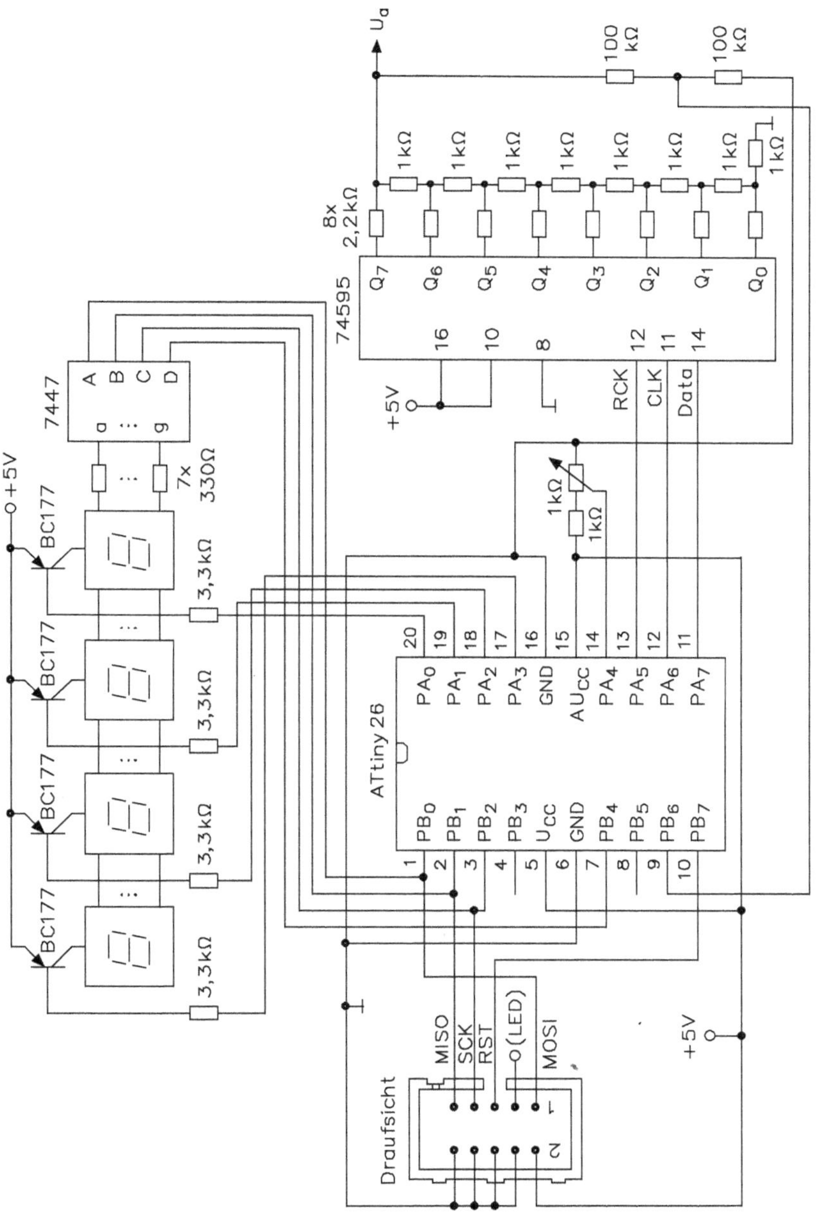

Abb. 4.89: Schaltung eines veränderbaren synthetischen Sinusgenerators.

4.13.20 Veränderbarer synthetischer Sinusgenerator

Für den veränderbaren synthetischen Sinusgenerator benötigt man einen Spannungsteiler, bestehend aus einem Festwiderstand und einem Potentiometer. Abb. 4.89 zeigt die Schaltung.

Literaturverzeichnis

Brinkmann, Burghart: Internationales Wörterbuch der Metrologie. Grundlegende und allgemeine Begriffe und zugeordnete Benennungen. Beuth-Verlag

Deutsche Akkreditierungsstelle GmbH (Hg.): Angabe der Messunsicherheit bei Kalibrierungen. Braunschweig: DAkkS, (= DAkkS-DKD-3).

Deutsche Akkreditierungsstelle GmbH (Hg.): Anleitung zum Erstellen eines Kalibrierscheines. Braunschweig: DakkS: (= DAkkS-DKD-5).

Deutsches Institut für Normung (Hg.): DIN 1319. Grundlagen der Messtechnik. Berlin: Beuth Verlag.

Deutsches Institut für Normung (Hg.): DIN EN ISO 100 12:2003. Messmanagementsysteme – Anforderungen an Messprozesse und Messmittel. Beuth: Verlag.

Deutsches Institut für Normung (Hg,): DIN EN ISO 1 0012-1. Forderungen an die Qualitätssicherung für Messmittel. Berlin: Beuth Verlag.

Deutsches Institut für Normung (Hg.): DIN V ENV 13005. Leitfaden zur Angabe der Unsicherheit beim Messen. Berlin: Beuth-Verlag.

PTB-Bericht: Probleme bei der Darstellung elektrischer Einheiten. PTB-E.

Winter, F. W.: Die neuen Einheiten im Messwesen. Girardet: Essen.

Schader, H. J.: Normalien der Messtechnik, VDE-Verlag: Berlin.

DIN 1319: Grundbegriffe der Messtechnik, Beuth-Vertrieb: Berlin.
- Blatt 1: Messen, Zählen, Prüfen
- Blatt 2: Begriffe für die Anwendung von Messgeräten
- Blatt 3: Begriffe für die Fehler beim Messen

DIN 1301: Einheiten, Einheitennamen, Einheitenzeichen

VDE 0410: Regeln für elektrische Messgeräte, VDE-Verlag: Berlin.

VDI/VDE 2600: Metrologie.
- Blatt 1: Gesamtstichwortverzeichnis
- Blatt 2: Grundbegriffe
- Blatt 3: Gerätetechnische Begriffe
- Blatt 4: Begriffe zur Beschreibung der Eigenschaften von Messeinrichtungen VDE/VDI 2620 Blatt 1 und 2: Fortpflanzung von Fehlergrenzen bei Messungen.

Bernstein, H.: Messtechnik, München: Franzis-Verlag.

Bernstein, H.: Analoge, digitale und virtuelle Messtechnik. Oldenbourg: München.

Bernstein, H.: Oszilloskop. Springer: Berlin.

Ludwig, R.: Methoden der Fehler- und Ausgleichsrechnung. Braunschweig: Vieweg-Verlag.

Barford, N. C.: Kleine Einführung in die statistische Analyse von Messergebnissen. Akademische Verlagsgesellschaft: Frankfurt/Main.

Kreyszig, E.: Statische Methoden und ihre Anwendung. Göttingen: Vandenhoek & Ruprecht.

Schrüfer, E.: Zuverlässigkeit von Mess- und Automatisierungseinrichtungen, München/Wien: Carl Hanser Verlag.

Dreyer, H. / Sauer, W.: Prozessanalyse, Berlin: VEB-Verlag Technik.

Rint, C.: Handbuch für Hochfrequenz- und Elektrotechniker, Band 1. Verlag für Radio-Foto-Kino-technik: Berlin.

Merz, L.: Grundkurs der Messtechnik, Teil 1. Oldenbourg: München.

Pflier, P. M./Jahn, H.: Elektrische Messgeräte und Messverfahren. Springer: Berlin.

Stöckl/Winterling: Elektrische Messtechnik. Teubner: Stuttgart.

Schultz, J.: Elektrische Messtechnik – 1000 Begriffe für den Praktiker. Berlin: VEB-Verlag Technik.

Klein, P. E.: Das Oszilloskop. München: Franzis Verlag.

Lipinski, K.: Das Oszilloskop, Funktion und Anwendung. Berlin: VDE-Verlag

https://doi.org/10.1515/9783110523140-006

Fricke, H. W.: Arbeiten mit Elektronenstrahl-Oszilloskopen. Heidelberg: Dr. Alfred Hüthig

Schrüfer, E.: Elektrische Messtechnik. München–Wien: Carl Hanser Verlag

Osinka, J./Maaskant, J. W.: Handbuch der elektronischen Messgeräte. München: Franzis Verlag,

Bergmann, K.: Elektrische Messtechnik. Braunschweig: Vieweg,

Arnochs, F.: Elektronische Messtechnik. Stuttgart: Verlag Berliner Union

Helke, H.: Gleichstrommessbrücken, Gleichspannungskompensatoren und ihre Normale. München/
    Wien: R. Oldenbourg-Verlag

Helke, H.: Messbrücken und Kompensatoren für Wechselstrom. München/Wien: R. Oldenbourg-
    Verlag

Rohde & Schwarz: Elektronische Messgeräte und Messsysteme.

Stichwortverzeichnis

www.ingramcontent.com/pod-product-compliance
Lightning Source LLC
Chambersburg PA
CBHW081225220326
41598CB00037B/6884